T0132742

**V&R** Academic

# Umwelt und Gesellschaft

Herausgegeben von

Christof Mauch und
Helmuth Trischler

Band 16

Vandenhoeck & Ruprecht

# Ökologische Genres

Naturästhetik – Umweltethik – Wissenspoetik

Herausgegeben von Evi Zemanek

Vandenhoeck & Ruprecht

*Für Hubert Zapf*

 Bundesministerium
für Bildung
und Forschung

 Deutsche
Forschungsgemeinschaft

 Rachel Carson Center
ENVIRONMENT AND SOCIETY

Gedruckt mit Unterstützung des Bundesministeriums für Bildung und Forschung,
der Deutschen Forschungsgemeinschaft und des Rachel Carson Center
for Environment and Society, LMU München.

Mit 2 Abbildungen und 1 Tabelle

Umschlagabbildung: Ernst Haeckel: Kunstformen der Natur.
Leipzig und Wien 1899–1904, Tafel 85: Cynthia. Ascidiae. Seescheiden. –
Mit freundlicher Genehmigung des Ernst-Haeckel-Archivs
der Friedrich-Schiller-Universität Jena.

Bibliografische Information der Deutschen Nationalbibliothek

Die Deutsche Nationalbibliothek verzeichnet diese Publikation in der
Deutschen Nationalbibliografie; detaillierte bibliografische Daten sind
im Internet über http://dnb.d-nb.de abrufbar.

 MIX
Papier aus verantwor-
tungsvollen Quellen
FSC
www.fsc.org  FSC® C016439

ISSN 2198-7157
ISBN 978-3-525-31721-1

Weitere Ausgaben und Online-Angebote sind erhältlich unter: www.v-r.de

Satz: textformart, Göttingen | www.text-form-art.de
Druck und Bindung: ⊕ Hubert & Co GmbH & Co. KG BuchPartner,
Robert-Bosch-Breite 6, D-37079 Göttingen

Gedruckt auf alterungsbeständigem Papier.

# Inhalt

Evi Zemanek

# Ökologische Genres und Schreibmodi

## Naturästhetische, umweltethische und wissenspoetische Muster

## Zur Einführung

Rund hundert Jahre nach der Etablierung der Ökologie als biologische Teildisziplin durch Ernst Haeckel begann mit der internationalen Umweltbewegung um 1970 eine erneute und bis heute andauernde Konjunktur des Ökologiebegriffs, der seither eine zunehmende Ausweitung erfahren hat. Die nun festzustellende semantische Unschärfe und Mehrdeutigkeit alles ›Ökologischen‹ in öffentlichen massenmedialen Diskursen und im Alltagsgebrauch verlangt nach einer Rückbesinnung auf die ursprüngliche Begriffsbedeutung ebenso wie nach einer Vergegenwärtigung der Entwicklung der Ökologie zu einer integrativen Leitwissenschaft. Diese hat zur Herausbildung einer Kulturökologie und einer Literaturökologie angeregt, die einen Teil des theoretischen Hintergrunds bilden, vor dem vorliegender Band entstanden ist. Als anderer Teil jenes Hintergrunds ist im Folgenden das gleichermaßen junge, zumeist als Ecocriticism firmierende Forschungsparadigma vorzustellen, und es sind dessen bisherige gattungstheoretische Beiträge zu diskutieren, die dieser Band wesentlich ergänzen will.

Mit Blick auf die beiden genannten unterschiedlichen, und doch in vielen literatur- und kulturwissenschaftlichen Studien kombinierten Ansätze kann man zunächst holzschnittartig zwischen ökologisch konzipierter und ökologisch engagierter Literatur unterscheiden. Ziel des Bandes ist es jedoch, die Verschränkungen beider Aspekte in diversen Genres zu beschreiben. So wird auf der *histoire*-Ebene ihre Modellierung des Mensch-Natur-Verhältnisses und ihre explizite Auseinandersetzung mit ökologischen Fragen oder gar einer ökologischen Krise betrachtet, während auf der *discours*-Ebene ihr Texthaushalt, ihre Rhetorik sowie Modi der Wissensgenerierung und -popularisierung unter die Lupe genommen werden. Da sich dies in verschiedenen Genres und zugleich innerhalb dieser, im Verlauf der Gattungsgeschichten unterschiedlich gestaltet, lassen sich sowohl synchrone, gattungsvergleichende als auch diachrone Beobachtungen machen. In Anbetracht bisheriger gattungstheoretischer Überlegungen im Feld von Ecocriticism und Literaturökologie plädiert dieser Band, wie es im Folgenden ausführlich dargelegt wird, für eine Revision der vorherrschenden oppositiven Kategorien, eine kontinuierliche Erweiterung des Gattungskanons, eine genauere Untersuchung des Konnex von Ethik und Ästhetik sowie eine transhistorische Bestandsaufnahme von Gattungswissen, d. h. gattungsspezifischem ökologischem Wissen. Ausgangspunkt ist die Grundannahme, dass ein Zuwachs ökologischen Wissens ebenso wie natürliche und anthropogene ökologische Transformationen verschiedenster Art Transformationen des literarischen Gattungssystems bewirkt haben und bewirken.

## 1. Ökologie: Von der biologischen Teildisziplin zur integrativen Leitwissenschaft

Eine ebenso kompakte wie hinreichend präzise aktuelle Definition, die sich gar nicht allzu weit von derjenigen Haeckels aus dem Jahr 1866 entfernt hat, lautet:

> Ausgehend von dem griechischen Wort oikos (= Haus) verstehen wir unter Ökologie alle Interaktionen zwischen Organismen (Individuen, Populationen, Lebensgemeinschaften) und mit ihrer abiotischen und biotischen Umwelt im Hinblick auf Energie-, Stoff- und Informationsfluss.[1]

Das damit umrissene Forschungsfeld lässt sich in verschiedene Arbeitsbereiche unterteilen: Auf der untersten Ebene beschäftigt sich die Ökologie mit Organismen und Arten, ihrer Umwelt und ihrer diesbezüglichen Anpassung (Ökophysiologie), auf einer nächsthöheren Ebene mit den Interaktionen der Individuen in Populationen (Populationsökologie); sodann mit den Wechselwirkungen zwischen den Arten; in Lebensgemeinschaften werden Dynamiken, Gleichgewichte und Ungleichgewichte, Biodiversität und -geographie untersucht; auf der Ebene der Ökosysteme (Ökosystemökologie) werden Energie-, Stoff- und Informationsflüsse betrachtet; und auf der obersten Ebene geht es um die terrestrischen, limnischen und maritimen Großlebensräume.

Ergänzt werden diese Arbeitsfelder durch die »Angewandte Ökologie«, welche die Transformation von der Naturlandschaft zur Kulturlandschaft betrachtet und sich der Nachhaltigkeit in der Landnutzung sowie dem Natur- und Artenschutz widmet.[2] Heutzutage wird die biologische Ökologie zunehmend mit der Erwartung der Gesellschaft konfrontiert, Lösungen für sämtliche Umweltprobleme zu liefern.[3] Dafür stellt sie zwar das Voraussetzungswissen über die Dynamik der Ökosysteme zur Verfügung, gibt jedoch eigentlich keine ethischen

---

1 Wolfgang Nentwig/Sven Bacher/Roland Brandl: Ökologie kompakt. Heidelberg ³2012, XIV.
2 Vgl. ebd., VII.
3 Vgl. ebd., XIV.

Normen vor – ungeachtet der Tatsache, dass von verschiedener Seite versucht wird, solche von ihr abzuleiten.[4]

Haeckel hatte die Ökologie als »Wissenschaft von den gesammten Beziehungen des Organismus zur umgebenden Außenwelt, zu den organischen und anorganischen Existenzbedingungen« bestimmt, welche die »Oekonomie der Natur« untersuche, also die »Wechselbeziehungen aller Organismen« und »ihre Anpassung an die Umgebung, ihre Umbildung durch den Kampf um's Dasein«.[5] Dem liegt die Vorstellung eines organisierten Systems von wechselseitigen Abhängigkeiten zugrunde, in dem es sowohl Koexistenz als auch Konkurrenz gibt.[6] Damit schließt die Ökologie durchaus an Darwins Selektionsprinzip an, interessiert sich aber weniger für die Antagonismen als für funktionale Wechselseitigkeit.[7]

Die Vorstellung eines auf Wechselseitigkeit basierenden Gleichgewichts ist viel älter als die Ökologie als Wissenschaft, gehört sie doch seit der Antike zu den Grundannahmen über die Beschaffenheit der Natur. Tatsächlich geht man allerdings seit den 1970er Jahren in Anbetracht der realen Instabilität vieler Systeme von Nichtgleichgewichtsmodellen aus: Das Ungleichgewicht ist internen Dynamiken und äußeren Einflüssen geschuldet; es wird mit zufälligen »Störungen« gerechnet.[8] Ganz unabhängig vom aktuellen Wissensstand der Ökologie rekonstruieren die historischen Beiträge des vorliegenden Bandes ›protoökologische‹ Diskurse. Für die Literatur- und Kulturwissenschaft sind auch die wissenschaftlich überwundenen Vorstellungen wichtig, weil sie den historischen Wissenshorizont bilden, auf den sich Werke und kulturelle Praktiken zu verschiedenen Zeiten bezogen.

Die Ökologie hat sich seit ihrer Gründung in verschiedene Richtungen ausdifferenziert und Phasen mit wechselnder Schwerpunktbildung durchlaufen, die hier mit Blick auf das literatur- und kulturwissenschaftliche Erkenntnisinteresse nicht alle auszuführen sind. Zu erwähnen ist jedoch ihre frühe Wahrnehmung als integrative Leitdisziplin, das heißt ihre interdisziplinäre Anlage, ihre Inanspruchnahme als Weltanschauung sowie die Entwicklung der Human- und der Kulturökologie.

---

4 Vgl. Hansjörg Küster: Das ist Ökologie. Die biologischen Grundlagen unserer Existenz. München 2005, 7.

5 Ernst Haeckel: Natürliche Schöpfungsgeschichte. Gemeinverständliche wissenschaftliche Vorträge über die Entwickelungslehre. Berlin 1870, 645.

6 Vgl. Ernst Haeckel: Generelle Morphologie der Organismen. Allgemeine Grundzüge der organischen Formen-Wissenschaft. Bd. 2. Berlin 1866, 234f. Hier spricht Haeckel auch vom »Haushalte der Natur« (234).

7 Vgl. dazu Georg Toepfer: Ökologie, in: Historisches Wörterbuch der Biologie. Geschichte und Theorie der biologischen Grundbegriffe. Bd. 2. Darmstadt 2011, 681–714, hier 685.

8 Vgl. ebd., 698. Die Gleichgewichtstheorie ist hier exemplarisch genannt für verschiedene protoökologische Grundgedanken, darunter auch Kreislauftheorien, die Toepfer rekapituliert (ebd., 685–692).

Schon Mitte des 20. Jahrhunderts bezeichnen Ökologen ihr Fachgebiet als »Brückenwissenschaft« oder »Dachwissenschaft«,[9] die alle Naturwissenschaften integriere. Mit ihrem holistischen oder systemtheoretischen Ansatz gehe sie sogar darüber hinaus und verbinde die Natur- mit den Gesellschaftswissenschaften, etwa mit der Soziologie, so dass man sie als Leitwissenschaft ansehen kann.[10] Verschiedene Gesellschafts- und Naturwissenschaften kollaborieren zum Beispiel in der Humanökologie, die sich schon seit Beginn des 20. Jahrhunderts mit den Beziehungen der Menschen zu ihrer Umwelt beschäftigte. Seither bedienen sich nicht nur Biologen und Geographen, sondern auch Soziologen, Politologen und Anthropologen ökologischer Modelle zur Beschreibung menschlicher Interaktionen.

## 2. Kulturökologie und Kulturkritik

In Orientierung daran untersuchen seit Mitte des 20. Jahrhunderts auch Kulturwissenschaftler unter der Flagge einer Kulturökologie Kulturen als ökologische Systeme und fragen nach den Wechselwirkungen zwischen menschlicher Kultur und natürlicher Umwelt – im Bewusstsein von der Abhängigkeit der Ersteren von der Letzteren. Es lohnt, hier die Kerngedanken dieser ›neuen Kulturwissenschaft‹ in aller Kürze zu vergegenwärtigen, da einige Beiträge dieses Bandes darauf rekurrieren. Die Kulturökologie versucht einer illusionistischen Selbstwahrnehmung der Kultur als ein autonomes System, die zur lange Zeit dominanten Natur-Kultur-Dichotomie führte, entgegenzuwirken. Klarzustellen ist, dass die Kulturökologie keineswegs notwendig normativ ist, einzelne Vertreter aber Verfechter einer ökologischen Ethik sind.

Die »Lösung der Ökologie aus dem Bannkreis der Biologie«, die man mit Jakob von Uexküll und Gregory Bateson verbindet, und die »Öffnung der herkömmlichen Kulturwissenschaft für ein Denken in ökologischen Strukturen«, die Julian H. Steward, Arne Naess u. a. vorantrieben, beschreibt der Wissenschaftstheoretiker Peter Finke als interdisziplinären Fortschritt, der es erlaube, »auch die spezifischen Menschenwelten ökologisch zu verstehen: seine Kulturen.«[11]

---

9 Vgl. August Friedrich Thienemann: Vom Wesen der Ökologie, in: Biologia Generalis 15, 1941, 312–331, hier 324, sowie Karl Friederichs: Der Gegenstand der Ökologie, in: Studium Generale 10, 1957, 112–144, hier 119.

10 Vgl. z. B. Eugene P. Odum: Der Aufbruch der Ökologie zu einer neuen integrierten Disziplin, in: Ders.: Grundlagen der Ökologie. 2 Bde. Übs. v. Jürgen Overbeck u. Ena Overbeck. Bd. 1. Stuttgart/New York 1980, XIV–XXVI; und Ludwig Trepl: Ökologie – eine grüne Leitwissenschaft. Über Grenzen und Perspektiven einer modischen Disziplin, in: Kursbuch 74, 1983, 6–27.

11 Peter Finke: Kulturökologie, in: Nünning, Ansgar/Nünning, Vera (Hrsg.): Konzepte der Kulturwissenschaften. Theoretische Grundlagen – Ansätze – Perspektiven. Stuttgart/

Er prägte den Begriff des »kulturellen Ökosystems«, »das seine Energien nicht mehr in Biomasse, sondern in symbolisch codierte Information umsetzt; seine Kreisläufe sind keine Nahrungsketten, sondern Informationszyklen.«[12] Die Kulturökologie interessiert sich für die Quellen, den Verbrauch und die Freisetzung von Energie im kulturellen Prozess, wobei die psychischen Energien der Akteure von primärer Bedeutung sind: Zu den wichtigsten Quellen kultureller Energie zählt u. a. die Sprache.[13]

Analog zur Angewandten Ökologie darf eine ›Angewandte Kulturökologie‹ die oben genannten Prozesse durchaus bewerten im Sinne einer ›neuen Kulturkritik‹, die prüft, inwiefern unser kulturelles Handeln mit den ökosystemischen Strukturbedingungen verträglich ist, und ggf. Gegenstrategien entwickelt.[14] Als Bewertungskriterien für die Zukunftsfähigkeit einer Kultur gelten ihre Kreativität, ihr Grenzregime, ihre Vielfalt und ihre Nachhaltigkeit.[15]

## 3. Literaturökologie

Betrachtet man Sprachen, die ihrerseits auch von der natürlichen Umwelt geprägt sind, als »die wichtigsten aller kulturformenden und -differenzierenden energetischen Kräfte«[16], so liegt die kulturökologische Funktion der Literatur auf der Hand. Das kreative Potenzial von Sprache(n) entfaltet sich insbesondere in der Literatur, die zugleich vielfältige Kulturentwürfe präsentiert und Alternativen imaginiert.[17] Basierend auf einer konstatierten Analogie von literarischem und ökologischem System sieht schon William Rueckert in einem Aufsatz, mit dem er 1978 den Begriff *Ecocriticism* einführte, Poesie als kulturschaffende Energiequelle an und empfiehlt ökologische Denkmuster für die Literaturbetrachtung.[18]

Weimar 2003, 248–279, hier 250. Aus der biologischen Systemökologie wird das Konzept des offenen Systems entlehnt, das von seiner Umwelt abhängig ist und diese zugleich selbst verändert. Ebd., 251.
12 Ebd., 260. Verglichen mit Naturgesetzen sind die menschengemachten Regeln weniger verbindlich. Die Handlungsalternativen des Menschen machen jedoch die Verständigung auf eine Ethik nötig (vgl. ebd.). – Wenn in dieser Einleitung unter konkurrierenden kulturökologischen Ansätzen nur Finke referiert wird, so geschieht dies mit Blick auf den primären Referenzhorizont der Beiträge des Bandes.
13 Vgl. ebd., 264f. Wegweisend waren in diesem Zusammenhang u. a. Gregory Batesons *An Ecology of Mind* (1972) und Einar Haugens *Ecology of Language* (1972).
14 Vgl. ebd., 266f.
15 Vgl. ebd., 267.
16 Ebd., 271.
17 Vgl. ebd., 272.
18 »I am going to try […] to develop an ecological poetics by applying ecological concepts to the reading, teaching, and writing about literature.« William Rueckert: Literature and Ecology. An Experiment in Ecocriticism [1978], in: Cheryll Glotfelty/Harold Fromm (Hrsg.): The Ecocriticism Reader. Athens/London 1996, 105–123, hier 107. – Neben William Rueckert

Obwohl dieser originelle Ansatz einige Beachtung erfuhr, wurde er von anglophonen Ecocritics wenig fruchtbar gemacht.

Eine ähnliche Analogisierung aufgrund von »Affinitäten zwischen ökologischen Prozessen und den spezifischen Strukturen und kulturellen Wirkungsweisen der literarischen Imagination« liegt Hubert Zapfs Verständnis von »Literatur als Medium einer ›kulturellen Ökologie‹« zugrunde, das von Annahmen der Kulturökologie und der Systemtheorie geprägt ist.[19] Zapf spricht der Literatur unabhängig von ihren Gegenständen eine zentrale Aufgabe im ›Haushalt der Kultur‹ zu, die zwei konträre Leistungen – Dekonstruktion und Regeneration – verbindet:

> Zum einen erscheint Literatur als Sensorium und symbolische Ausgleichsinstanz für kulturelle Fehlentwicklungen und Ungleichgewichte, als kritische Bilanzierung dessen, was durch dominante geschichtliche Machtstrukturen, Diskurssysteme und Lebensformen an den Rand gedrängt, vernachlässigt, ausgegrenzt oder unterdrückt wird. Zum anderen wird sie, gerade in der Inszenierung des kulturell Verdrängten und in der Freisetzung von Vielfalt, Mehrdeutigkeit und dynamischer Interrelation aus der Dogmatik erstarrter Weltbilder und diskursiver Eindeutigkeitsansprüche, zum Ort einer beständigen kreativen Erneuerung von Sprache, Wahrnehmung und kultureller Imagination.[20]

Die Leistung dieses Modells liegt in der Revision von Wesen, Voraussetzung und Funktion der Literatur innerhalb der Kultur. In Verbindung mit den funktionalen Aspekten interessiert sich die Literaturökologie auch für die im Verlauf der Evolution der Literatur entstandenen und entstehenden Formen und Gattungen, die im vorliegenden Band im Fokus stehen.

Die oben zitierte kulturökologische Funktion der Literatur differenziert Zapf in drei Teilfunktionen, die sich in Textanalysen als hilfreich erweisen können, wie dies mehrere Beiträge dieses Bandes zeigen. Besagtes triadisches Modell, das hier trotz seiner Bekanntheit knapp vergegenwärtigt sei, unterscheidet: ers-

---

zählt auch Joseph Meeker zu den Vorreitern einer »Literary ecology«, verstanden als »the study of biological themes and relationships which appear in literary works. It is simultaneously an attempt to discover what roles *literature* has played in the ecology of the human species.« Joseph Meeker: The Comedy of Survival. Studies in Literary Ecology. New York 1972, 9.

19 Hubert Zapf: Das Funktionsmodell der Literatur als kultureller Ökologie: Imaginative Texte im Spannungsfeld von Dekonstruktion und Regeneration, in: Marion Gymnich/Ansgar Nünning (Hrsg.): Funktionen von Literatur. Theoretische Grundlagen und Modellinterpretationen. Trier 2005, 55–75, hier 56. Ausführlicher vgl. auch: Hubert Zapf: Literatur als kulturelle Ökologie. Zur kulturellen Funktion imaginativer Texte an Beispielen des amerikanischen Romans. Tübingen 2002; sowie Ders.: Literature as Cultural Ecology. Sustainable Texts. London u. a. 2016. – Zur Zusammenführung von Ecocriticism und Systemtheorie vgl. auch Stefan Hofer: Die Ökologie der Literatur. Eine systemtheoretische Annäherung. Mit einer Studie zu Werken Peter Handkes. Bielefeld 2007.

20 Zapf: Das Funktionsmodell der Literatur als kultureller Ökologie, 56.

tens einen kulturkritischen Metadiskurs, d. h. literarische Texte beschreiben, hinterfragen und dekonstruieren »kulturbestimmende Machtstrukturen und Ideologien, die auf hierarchisch-binäre Deutungssysteme wie Eigenes vs. Anderes, Geist vs. Körper, Kultur vs. Natur aufgebaut sind«[21]; zweitens einen imaginativen Gegendiskurs, d. h. Literatur imaginiert kulturelle Vielfalt, Alternativen zur Realität und rückt Marginalisiertes ins Zentrum, wobei gerade dieses »entscheidend zur ästhetischen Produktivität der Texte bei[trägt]«[22]; drittens einen reintegrativen Interdiskurs, d. h. literarische Texte führen gegenläufige Spezialdiskurse und unterschiedliche Arten und Formen von Wissen und Erfahrung zusammen, wodurch Spannungen entstehen, die intellektuell-imaginativ ausgetragen werden. Die Reintegration erfülle ihrerseits dreierlei Zwecke: Sie wirke einer »Vereinseitigung kulturellen Wissens« entgegen und bringe »interdiskursive Deutungsmodelle« hervor; sie habe eine »gestaltbildend-strukturierende, konnektiv-musterbildende« Funktion, d. h. sie schaffe »strukturelle Analogien zwischen Lebensprozessen und kulturell-ästhetischen Prozessen«, wofür Gregory Bateson die vielzitierte Formel ›patterns which connect‹ prägte, und sie befördert die kulturelle Selbsterneuerung und Kreativität, indem sie kulturelle Traumata verarbeitet, Erstarrungen löst und Neuanfänge inszeniert.[23]

Gemäß dieser drei Grundfunktionen entdecken die Beiträge dieses Bandes das Ökologische in Texten sowohl auf der semantisch-diskursiven als auch auf der ästhetisch-strukturellen Ebene und beschreiben die Verschränkungen. Ausgehend von der Beobachtung, dass die Kulturwissenschaft dazu neigt, jegliches Natur- zum Kulturphänomen zu erklären, und die Naturwissenschaft im Gegenzug alles Kulturelle als biologisch determiniert ansieht, wäre es Aufgabe einer ökologisch orientierten Literaturwissenschaft, die komplexen Interdependenzen von Naturgegebenem und Menschgemachtem zu analysieren[24] – im Bewusstsein, dass diese Gemengelage sprachlich konstruiert und ästhetisch stilisiert ist.[25] Eine solche Analyse betrifft nicht nur die thematische Ebene und die Struktur der Texte, sondern ihren ideellen wie materiellen Status in der Kultur, die nur unter bestimmten elementaren, biosphärischen Voraussetzungen überhaupt existiert.

21 Hubert Zapf: Kulturökologie und Literatur, in: Gabriele Dürbeck/Urte Stobbe (Hrsg.): Ecocriticism. Eine Einführung. Köln 2015, 172–184, hier 178.

22 Ebd., 179.

23 Alle zitierten Formulierungen und Paraphrasen ebd., 180 f. Siehe außerdem: Gregory Bateson: Steps to an Ecology of Mind. New York 1972.

24 Zapf: Das Funktionsmodell der Literatur als kulturelle Ökologie, 57.

25 Vgl. dazu eingängig: Albrecht Koschorke: Zur Epistemologie der Natur/Kultur-Grenze und ihren disziplinären Folgen, in: Deutsche Vierteljahrsschrift für Literaturwissenschaft und Geistesgeschichte 83.1, 2009, 9–25.

## 4. Ecocriticism

Blickt man noch einmal auf die eingangs referierten Arbeitsgebiete der biologischen Ökologie, so bietet sich der Literatur- und Kulturwissenschaft ein weites Feld zur Untersuchung dar. Sie beschränkt sich jedoch meist auf das Interessensgebiet der Angewandten Ökologie und impliziert eine Umweltethik,[26] die im Begriff *Ecocriticism* wie auch schon im alternativ verwendeten, aber mittlerweile weniger gebräuchlichen *Environmental Criticism* mitklingt. So findet man im internationalen Ecocriticism[27] trotz aller methodischen Vielfalt relativ wenige Beiträge, die das Ökologieverständnis der Biologie fruchtbar machen oder dem ökologischen Kulturverständnis der Kulturökologie Rechnung tragen. Dies erklärt Ursula Heise unter anderem damit, dass viele Ecocritics die Darstellung und Analyse der gegenwärtigen Realität, besonders die fortgeschrittene Naturzerstörung, als dringlicheres Anliegen priorisieren.[28] Sie verortet den Ecocriticism durchaus im Spannungsfeld zwischen naturwissenschaftlichem Denken und Literatur-/Kulturtheorien, insbesondere dem Poststrukturalismus, verweist jedoch auf die Konkurrenz und Interferenz dieser wissenschaftlichen Ansätze mit dem umweltpolitischen Engagement vieler Autoren.[29]

Die Frage, inwiefern sich der Ecocriticism nicht nur für umweltethische Aspekte in literarischen Werken interessiert, sondern selbst eine Umweltethik propagiert, wird von seinen Vertretern unterschiedlich beantwortet. Überblickt man einflussreiche Definitionen aus dem angloamerikanischen Raum[30], so reicht das Spektrum von dem allgemein formulierten konsensfähigen Anliegen, bei der wissenschaftlichen Auseinandersetzung mit Literatur deren physische Umwelt (wieder) als maßgeblichen Faktor in den Blick zu nehmen[31] und in

---

26 Vgl. dazu einführend Konrad Ott u. a. (Hrsg.): Handbuch Umweltethik. Stuttgart 2016; sowie Angelika Krebs (Hrsg.): Naturethik. Grundtexte der gegenwärtigen tier- und ökoethischen Diskussion. Frankfurt a. M. 1997.

27 Überblicke über das vielfältige Forschungsfeld bieten: Greg Garrard: Ecocriticism. London 2004; Ders. (Hrsg.): The Oxford Handbook of Ecocriticism. Oxford/New York 2014; Hubert Zapf (Hrsg.): Handbook of Ecocriticism and Cultural Ecology. Berlin/Boston 2016; sowie für den deutschsprachigen Raum: Dürbeck/Stobbe: Ecocriticism; Benjamin Bühler: Ecocriticism. Grundlagen – Theorien – Interpretationen. Stuttgart 2016.

28 Ursula K. Heise: Ecocriticism/Ökokritik, in: Ansgar Nünning (Hrsg.): Metzler Lexikon Literatur- und Kulturtheorie. Ansätze – Personen – Grundbegriffe. 5. aktual. u. erw. Aufl. Stuttgart 2013, 155–157, hier 156.

29 Ebd.

30 Siehe die Synopsen ausgewählter Definitionen bei Garrard: Ecocriticism, 3 ff. und Bühler: Ecocriticism, 29 f.

31 Früh und einflussreich Glotfelty: »Simply put, Ecocriticism is the study of the relationship between literature and the physical environment.« Cheryll Glotfelty: Introduction. Literary studies in an age of environmental crisis, in: Dies./Harold Fromm (Hrsg.): The Ecocriticism Reader. Landmarks in Literary Ecology. Athens 1996, xv–xxxvii, hier xviii.

der Textanalyse die Interaktionen zwischen Menschen und nichtmenschlicher Natur zu fokussieren[32] über das (vergleichsweise wenig verbreitete) unpolitische Interesse am Import von Grundsätzen der biologischen Ökologie in die Literaturwissenschaft[33] bis zu einem (verbreiteten) ›green reading‹[34] im Sinne einer Reinterpretation von Texten in umweltethischer Perspektive und schließlich einer eher literaturkritisch-wertenden Lektüre, die umweltethischen Texten Geltung verschaffen will, wobei die Verfasser ihre umweltpolitische Position offen artikulieren und sogar an den Leser appellieren.

Letzteres ist verbunden mit dem Engagement für eine Neuorientierung der Literatur- und Kulturwissenschaft »in a spirit of environmental concern not limited to any one method or commitment«.[35] Eine solche Politisierung der Literaturwissenschaft ist eher im angloamerikanischen, bislang kaum im deutschsprachigen Raum zu beobachten. Diese Differenz mag allgemein mit den unterschiedlichen Selbstverständnissen von ›-criticism‹ und ›Literaturwissenschaft‹ verbunden sein. Ein gemeinsamer Nenner ist jedoch die Überzeugung von der gesellschaftlichen Relevanz der Literatur(-wissenschaft). Ausnahmen bestätigen bekanntlich die Regel: Der in den USA lehrende Germanist Jost Hermand forderte als einer der ersten von seiner Disziplin Aufklärung und eine ethische Stellungnahme.[36] Ebenso ermahnte Hartmut Böhme die Germanistik schon früh dazu, bei ihrer Selbstpositionierung und Methodenreflexion die stetig akuter werdende ökologische Problemlage zu berücksichtigen.[37] Die allermeisten deutschsprachigen Studien der jüngeren und jüngsten Generation legen jedoch großen Wert darauf, ihre neutrale wissenschaftliche Beobachterposition zu wahren. Entsprechend unpolitisch ist die im *Metzler-Lexikon Literatur- und Kulturtheorie* zu findende Definition, die dem Ecocriticism kurz nach der Jahrtausendwende Eintritt in die deutsche Forschungslandschaft verschaffte:

Die ökologisch orientierte Literatur- und Kulturkritik analysiert Konzepte und Repräsentationen der Natur, wie sie sich in verschiedenen historischen Momenten in

---

32 »Indeed, the widest definition of the subject of ecocriticism is the study of the relationship of the human and the non-human, throughout human cultural history and entailing critical analysis of the term ›human‹ itself.« Garrard: Ecocriticism, 5.

33 Zum Bezug auf die biologische Ökologie siehe Meeker u. Rueckert.

34 »We believe that every literary work can be read from a ›green‹ perspective […]«. Michael P. Branch/Scott Slovic: Introduction: Surveying the emergence of Ecocriticism, in: Dies.: The ISLE Reader. Ecocriticism 1993–2003. Athens/London 2003, xiii–xxiii, hier xix.

35 Lawrence Buell/Ursula K. Heise/Karen Thornber: Literature and Environment, in: Annual Review of Environment and Resources 36, 2011, 417–440, hier 418.

36 Vgl. Jost Hermand: Literaturwissenschaft und ökologisches Bewusstsein. Eine mühsame Verflechtung, in: Anne Bentfeld/Walter Delabar (Hrsg.): Perspektiven der Germanistik. Neueste Ansichten zu einem alten Problem. Opladen 1997, 106–125.

37 Vgl. Hartmut Böhme: Germanistik in der Herausforderung durch den technischen und ökonomischen Wandel, in: Ludwig Jäger (Hrsg.): Germanistik in der Mediengesellschaft. München 1994, 63–77.

bestimmten Kulturgemeinschaften entwickelt haben. Sie untersucht, wie das Natürliche definiert und der Zusammenhang zwischen Menschen und Umwelt charakterisiert wird und welche Wertvorstellungen und kulturellen Funktionen der Natur zugeordnet werden.[38]

Im Bewusstsein, es bei ›Natur‹ immer mit einem kulturellen Konstrukt zu tun
zu haben, ersetzen manche Studien den Naturbegriff durch ›Umwelt‹, der sei-
nerseits aufgrund seiner verschiedenen Konnotationen aber auch mit Vorsicht
zu gebrauchen ist.[39] Ökologisch orientierte Studien rekurrieren in unterschiedlicher Weise einerseits auf die traditionellen geistes- und die neueren kulturwissenschaftlichen sowie andererseits auf natur- und umweltwissenschaftliche
Konzepte von Natur, Umwelt und Ökologie, wobei die Kompatibilität der Ansätze erwartungsgemäß variiert. Dies entspricht dem immer wieder festgestellten Methodenpluralismus innerhalb des Ecocriticism, der nicht zuletzt in der
Interdisziplinarität des Ansatzes begründet ist. Bei allen methodischen Differenzen versprechen sich dennoch fast alle Studien durch den Bezug auf die
Ökologie die Auflösung der Dichotomie Mensch/Umwelt bzw. Kultur/Natur.
Darüber hinaus wird die ökologische Perspektive für die Ästhetik fruchtbar gemacht und umgekehrt bietet der ästhetische Blick auf die Natur eine Alternative
zur naturwissenschaftlichen Sichtweise.[40]

Diese Hinweise auf die Spannbreite des Ecocriticism sollen genügen, um den
vorliegenden Band in einem weiten heterogenen Feld bei derjenigen Forschung
zu verorten, die umweltethische Diskurse untersucht, ohne daraus einen Appell
abzuleiten, stattdessen aber die Untersuchung der ethischen stets mit den ästhetischen, speziell generischen Aspekten verbindet.

## 5. Ökologische Genres und Schreibmodi

*Für eine Revision der Paradigmen ›Pastoral‹ und ›Apocalypse‹*

Literaturwissenschaftliche Studien mit ›ökologischen‹ Fragestellungen beschäftigen sich gewöhnlich mit einer überschaubaren Auswahl von Genres und
Schreibmodi: zum einen mit dystopischen Texten, die ökologische Katastrophen
inszenieren, zum anderen mit solchen, die ein ideales Gegenbild, eine harmo-

38 Heise: Ecocriticism/Ökokritik, 155.
39 Vgl. dazu die Ausführungen zur Begriffsgeschichte von ›Umwelt‹ bei Bühler: Ecocriticism, 35–42.
40 Vgl. dazu die Entwürfe einer Naturästhetik bei Gernot Böhme: Für eine ökologische
Naturästhetik. Frankfurt a.M. 1989; Martin Seel: Eine Ästhetik der Natur. Frankfurt a.M.
1991; und Elmar Treptow: Die erhabene Natur. Entwurf einer ökologischen Ästhetik. Würzburg 2001.

nische Mensch-Natur-Beziehung entwerfen, also Utopien verschiedenster Art. Entsprechend basiert auch Greg Garrards international rezipierte Einführung in den Ecocriticism auf den beiden Polen »Pastoral« und »Apocalypse«. Garrard denkt dabei jedoch gemäß der in der angloamerikanischen Forschung dominanten Sichtweise weniger an klar definierte Gattungen als an transgenerische, thematisch-motivisch bestimmte Schreibweisen oder oppositive rhetorische Strategien.[41] Beide Modelle, Pastoral und Apocalypse, werden allerdings aus wirkungsästhetischer Sicht kritisch betrachtet.

Diejenigen Genres und Schreibmodi, die im angloamerikanischen Ecocriticism zunächst bevorzugt untersucht und mit dem Label »Pastoral« versehen wurden – d. h. jegliche verklärend-ideale Naturschilderung in verschiedenster Textform, v. a. im traditionellen *Nature Writing* – werden in eben jenem Forschungskontext mittlerweile als »schwarze Schafe« angesehen: erstens stünden sie in einem Spannungsverhältnis zur aktuellen ökologischen Krise[42] – ein Argument, das man nur nachvollziehen kann, wenn man Literatur zur realistischen Abbildung der Wirklichkeit verpflichtet –, und zweitens könnten eskapistische Phantasien keine ökologische Botschaft vermitteln, da sie die Natur fälschlicherweise als stabiles Gleichgewicht menschlicher destruktiver Dynamik gegenüberstellen.[43] Pastorale Ideale sollten, so fordern es einige, abgelöst werden von neuen Konzepten wie dem »Post-Pastoral«, das laut Gifford zwar aus der pastoralen Tradition hervorgehe, aber diese transzendiere, indem es vom kritischen Bewusstsein der konstruierten Idealität zeuge.[44] Dass ›pastorale‹ Darstellungsmodi nicht auf ihre mimetische oder gar ideologische Dimension reduziert werden sollten und in jedem Fall eine genauere rhetorisch-stilistische, ideengeschichtliche Untersuchung wert sind, ja dass sie sogar auf verschiedenste Weise – sei es durch ironische Distanzierung und Transformation – effektives Muster eines ökologischen Textes sein können, zeigen einige Beiträge des vorliegenden Bandes.

Letzteres gilt ähnlich auch für das Narrativ der Apokalypse, nach Ansicht von Lawrence Buell »the single most powerful master metaphor that the con-

41 Garrard beschreibt die »literary genres of pastoral and apocalypse« als »pre-existing ways of imagining the place of humans in nature that may be traced back to such sources as Genesis and Revelation, the first and last books of the bible« (2). Er spricht von »pastoral and apocalyptic imagery« (3) und »apocalyptic rhetoric« (5), bezeichnet beide als »large-scale metaphors« und »established literary tropes«, »ways of imagining, constructing or presenting nature in a figure« (7). Alle Zitate in Garrard: Ecocriticism.

42 Vgl. Astrid Bracke: The Contemporary English Novel and its Challenges to Ecocriticism, in: Garrard: The Oxford Handbook of Ecocriticism, Oxford 2014, 423–439, hier 434.

43 Vgl. Garrard: Ecocriticism, 56.

44 Siehe dazu im Bemühen, Ordnung in den heterogenen Begriffsgebrauch in der Diskussion um das ›Pastoral‹ zu bringen: Terry Gifford: Pastoral, Anti-Pastoral, and Post-Pastoral, in: Louise Westling (Hrsg.): The Cambridge Companion to Literature and the Environment. New York 2014, 17–30, bes. 26.

temporary environmental imagination has at its disposal.«[45] Er denkt dabei an eine mit Autorität ausgesprochene Prophetie einer großen Katastrophe, womit er die biblische Apokalypse um ihre zweite, wesentliche Dimension beschneidet, nämlich das Heilsversprechen eines paradiesischen Zustands nach der Katastrophe. Diejenigen, die ein solch verkürztes, säkuläres Verständnis der Apokalypse teilen, argumentieren, dass solch drastische Prognosen zwar die Leser am effektivsten alarmieren, jedoch wenig Anlass zu Hoffnung geben und nicht zum Handeln animieren. Erachtet man hingegen das Versprechen eines postkatastrophalen paradiesischen Zustands als essenziellen Teil des Narrativs, so kann man es wiederum mit den oben zitierten Argumenten gegen das Pastorale kritisieren. Weitere Argumente gegen einen »environmental apocalypticism« lauten, dass eine solche Rhetorik tendenziell komplexe Zusammenhänge vereinfache, indem sie zwischen Gut vs. Böse bzw. Unschuldigen vs. Schuldigen unterscheide und auf diese Weise stark polarisiere.[46] Letztlich wird das apokalyptische Narrativ in seinem Potenzial ambivalent bewertet, da es einerseits mit seiner Prophetie einer *zukünftigen* Katastrophe der aktuellen Erfahrung einer bereits andauernden Krise nicht ganz entspreche, andererseits einer gefährlichen Gewöhnung an die Krise entgegenwirke.[47] Zweifellos handelt es sich um ein Narrativ, das die heute notwendige globale Perspektive[48] beinhaltet.

Eine derart wirkungsorientierte Sichtweise, wie soeben diskutiert, mag für politisch engagierte Sachliteratur angemessen sein, rückt jedoch die ästhetischen Aspekte literarischer Werke zu weit in den Hintergrund und übersieht zahlreiche andere ökologische Genres und Schreibmodi, die sich allenfalls teilweise oder überhaupt nicht ›pastoraler‹ und ›apokalyptischer‹ Rhetorik bedienen.

## Für eine kontinuierliche Erweiterung des Kanons und für Gattungsvielfalt

Als klassische Genres, denen sich der angloamerikanische Ecocriticism seit seinen Anfängen vielfach gewidmet hat, sind die romantische Naturdichtung, das *Nature Writing* und auch der Western zu nennen; bald darauf wandte sich

---

45 Lawrence Buell: The Environmental Imagination. Thoreau, Nature Writing, and the Formation of American Culture. London 1995, 285.

46 Vgl. Garrard, der wie Buell die apokalyptische Rhetorik v. a. anhand von nicht-fiktionalen Texten, wie Rachel Carsons *Silent Spring*, diskutiert, bes. 95, 104–107; sowie Ursula K. Heise: Sense of Place and Sense of Planet. The Environmental Imagination of the Global. Oxford 2008, 141.

47 Vgl. Frederick Buell: From Apocalypse to Way of Life. Environmental Crisis in the American Century. New York 2003, 205 f.

48 Vgl. Heise: Sense of Place and Sense of Planet, 141.

die Forschung außerdem der Science Fiction zu.[49] Gegen einen derart beschränkten Kanon von »nature-oriented and environmentally inflected literature« polemisiert zum Beispiel Astrid Bracke im *Oxford Handbook of Ecocriticism*: Dass man sich bisher auf solche Texte konzentrierte, habe zwar dazu geführt, dass der Ecocriticism ein erkennbares Profil gewann und zuvor vergessene Werke kanonisiert wurden. Dieser Kanon werde jedoch den Möglichkeiten ökologisch orientierter Analysen nicht gerecht und müsse dringend erweitert werden.[50] Für die Inklusion anderer Gattungen plädiert schon früh qua Titel der von Karla Armbruster und Kathleen Wallace im Jahr 2001 herausgegebene Band *Beyond Nature Writing. Expanding the Boundaries of Ecocriticism* (2001), in dessen Nachfolge immer mehr Genres entdeckt werden.[51]

Im den beiden bislang erschienenen deutschsprachigen Ecocriticism-Einführungen wurde die Palette (mit vergleichendem Blick auf Garrards Einführung) bereits erweitert. Besonders das von Dürbeck und Stobbe herausgegebene Buch leistet dies erstens mit Genres, die im deutschsprachigen Kulturraum Innovationen darstellten, wie Idylle und Ökothriller; zweitens mit international neu auftretenden Subgenres wie dem Klimawandelroman; drittens durch Berücksichtigung von Kinder- und Jugendliteratur ebenso wie Drama und Theater.[52] Bracke plädiert allerdings überzeugend für eine Erweiterung des Kanons mit Texten, die auf der thematisch-motivischen Ebene keinen dominanten Naturbezug und keine erkennbare Überzeugungsabsicht haben.[53]

Im internationalen Ecocriticism finden sich gattungstheoretische Überlegungen bislang fast ausschließlich in Beiträgen zu einzelnen Genres; es fehlen gattungsgeschichtlich-diachrone und synchron-vergleichende Studien mit Blick auf das ganze mögliche Spektrum. Dieses Desiderat wird auch nicht vom *Oxford Handbook of Ecocriticism* erfüllt. Darin ist zwar eine Sektion mit »Genres« überschrieben, doch präsentiert diese ohne systematischen Anspruch einen bunten Strauß von methodisch heterogenen Beiträgen zu Eco-Film, Musik, digitalen Medien und vereinzelten literarischen ›Genres‹. Letztere Gruppe skizziert die Weiterentwicklung der ›klassischen‹ Genres, verzichtet aber auf eine theoretische Reflexion der Gattungsgenese und -transformation.

49 Diesen Gattungskanon findet man so auch bei Heise: Ecocriticism/Ökokritik, 155.

50 Bracke: Challenges to Ecocriticism, 423.

51 Einen ersten Überblick über die in der deutschen Forschung bevorzugt untersuchten Genres, der freilich angesichts der enormen Produktivität in diesem Forschungsfeld einer stetigen Aktualisierung bedürfte, bietet Axel Goodbody: German Ecocriticism. An Overview, in: Garrard (Hrsg.): Oxford Handbook of Ecocriticism, 547–559.

52 Die Auswahl dieser Genres erfolgt dort exemplarisch zur Veranschaulichung des »ökologischen Potenzials in Literatur, Film und Kunst« nach einem breiten einführenden Überblick über theoretische Perspektiven und Ansätze des Ecocriticism.

53 Vgl. Bracke: Challenges to Ecocriticism, 424f. Sie kritisiert an der verbreiteten Forschungspraxis zu Recht den Fokus auf explizit thematische Aspekte sowie die Vernachlässigung der Darstellungsverfahren, darunter zuvorderst der Gattungsfrage.

## Für eine genauere Untersuchung des Konnex von (Umwelt-)Ethik und (Natur-)Ästhetik

In dem einzigen Artikel, dessen Titel »Ecocritical Approaches to Literary Form and Genre« grundsätzliche Überlegungen und einen systematischen Überblick erwarten lässt – weshalb er hier diskutiert wird –, reflektiert Richard Kerridge aus einer erkennbar schreibpraktischen Perspektive, auf welche Weise Autoren ihre Leser zu ökologischem Denken motivieren können.[54] Dabei bedenkt er ein Kerninteresse des derzeit florierenden Material Ecocriticism, der den Menschen in der materiellen Welt als »Zusammenhang voller aktiver Agenzien«[55] untersucht: nämlich die Frage, wie ein konventionelles Narrativ eines menschlichen Subjekts mit konventioneller Sprache und einer zwangsläufig anthropozentrischen Perspektive überhaupt ein ökozentrisches Weltbild vermitteln kann.[56] Catriona Sandilands und Ursula Heise gaben darauf ähnliche Antworten, die als Beispiele genügen sollen: Sandilands meint, literarische Montagen demontieren starre Denkmuster des kapitalistischen Systems und schaffen neue dialektische Bilder; in neuen Arrangements treten zuvor unerkannte Eigenschaften und Relationen der Fragmente zutage.[57] Heise meint, literarische Collagen relativieren mit ihrer Multiperspektivität und ihrem sprachlichen Registerwechsel individuelle, subjektzentrierte Sichtweisen und ermöglichen so die Repräsentation sozialer und ökologischer Relationen, was sie am Beispiel eines Klassikers der Science Fiction zeigt.[58]

Freilich können solche Textverfahren den anthropozentrischen Blick nur tentativ-intentional unterlaufen. Auch wenn man sie in einigen Epochen und Genres häufiger findet als in anderen, sind sie nicht fest an bestimmte Genres gebunden. Montagen werden zum Beispiel im deutschen Ökothriller effektiv eingesetzt, um die globale ökologische Krise in all ihren regionalen Facetten darstellbar zu machen. Mit Fragmentierung und Rearrangement wird ebenfalls

---

54 Im Unterschied zu anderen Ecocritics plädiert Kerridge offensiv dafür, Texte danach zu beurteilen, welchen Beitrag sie zur Aufklärung in der ökologischen Krise leisten. Vgl. Richard Kerridge: Ecocritical Approaches to Literary Form and Genre. Urgency, Depth, Provisionality, Temporality, in: Garrard (Hrsg.): Oxford Handbook of Ecocriticism, 361–376, bes. 361.

55 Vgl. dazu einführend: Heather Sullivan: New Materialism, in: Gabriele Dürbeck/ Urte Stobbe (Hrsg.): Ecocriticism. Eine Einführung. Köln 2015, 57–67, hier 57. Siehe auch Serenella Iovino/Serpil Oppermann (Hrsg.): Material Ecocriticism. Bloomington 2014.

56 Vgl. Kerridge: Ecocritical Approaches to Literary Form and Genre, 368.

57 Vgl. ebd. und Catriona Sandilands: Green Things in the Garbage: Ecocritical Gleaning in Walter Benjamin's Arcades, in: Axel Goodbody/Kate Rigby (Hrsg.): Ecocritical Theory. New European Approaches, Charlottesville 2011, 30–42, hier 31.

58 Heise: Sense of Place and Sense of Planet, 77 f.

in der so genannten »found poetry« gearbeitet: Deren Produkte bestehen aus Fundstücken, die oftmals qua Collage – die *per se* das Recycling-Prinzip verkörpert – in ein neues Licht gerückt werden.[59]

Damit sei nur ein Verfahren erwähnt, mit dem auf verschiedene Weise experimentiert wird. Die Beiträge des vorliegenden Bandes stellen weitere Schreibmodi vor, beschreiben deren Ästhetik, reflektieren deren ethische Motivation und diskutieren deren Effektivität. Der vorliegende Band sucht jedoch gerade nicht nach *einem* universellen Darstellungsverfahren oder *einer* omnipotenten rhetorischen Strategie für ökologische Themen: Denn unterschiedliche Anliegen und Ansätze umweltbezogener Literatur verlangen nach unterschiedlichen literarischen Ausdrucksformen und -modi.

## Für eine (trans-)historische Untersuchung von Gattungswissen

Trotz aller Unterschiedlichkeit konvergiert der wirkungsästhetische Ansatz von Kerridge mit Zapfs kulturökologischer, funktional-evolutionärer Literaturtheorie in der Annahme, dass sich Genres aus bestimmten Bedürfnissen – auf Seiten der Produzenten und der Rezipienten – (weiter-)entwickelt haben und dies noch immer tun.[60] Kerridges (primär an Autoren gerichtetes) Plädoyer für die Gattungsvielfalt in ökologischer Literatur wurzelt in dem Wunsch, möglichst viele unterschiedliche Rezipienten zu erreichen, also gesellschaftlichen Einfluss auszuüben.[61] Der vorliegende Band geht jedoch davon aus, dass ›ökologische‹ Texte unterschiedliche Gegenstände und Anliegen haben: sei es ein naturphilosophisches, -wissenschaftliches oder ein ästhetisches Interesse, eine unpolitische Auseinandersetzung mit Naturphänomenen aller Art oder das Bedürfnis, infolge persönlicher Naturerlebnisse Gefallen oder Angst, Neugier oder Sorge zu artikulieren. Die Wirkungsziele sind vielfältiger als nur zu alarmieren.

Nicht zuletzt um die problematische Kategorie der Autorintention zu ersetzen, lohnt es, mit dem Konzept des Gattungswissens im Sinne eines den Gattungen jeweils inhärenten ökologischen Wissens zu operieren – und übrigens auch das Nicht-Wissen, also die Wissenslücken einer Gattung zu eruieren –,

---

59 Vgl. dazu Kerridge: Ecocritical Approaches to Literary Form and Genre, 369, und den Beitrag zur (Natur-)Lyrik im vorliegenden Band, 101, 113f.

60 Vgl. Kerridge: Ecocritical Approaches to Literary Form and Genre, 369, sowie Zapf: Literature as Cultural Ecology, bes. 27.

61 Dementsprechend präsentiert er – wiederum aus schreibpraktischer Sicht – eine unsystematische Liste, die verschiedenen Genres und Schreibmodi unterschiedliche Wirkungsziele zuweist und ihre politische Effizienz evaluiert. Sie wird hier nur punktuell referiert, nicht aber als Ganzes diskutiert, da sie verbreitete Annahmen widerspiegelt, über die dieser Band mit seinen Einzelbeiträgen hinausgeht.

basierend auf der Annahme, dass verschiedene Gattungen im Laufe der Geschichte Affinitäten zu unterschiedlichen Wissensarten und -bereichen ausgebildet haben.[62]

Folglich interessiert den Literaturwissenschaftler die Frage: Welche Gattungen haben Affinitäten für ökologisches Wissen ausgebildet? Im Bewusstsein von der Vielfältigkeit ›ökologischen‹ Wissens muss sie jedoch sogleich präzisiert werden: Welches Genre eignet sich besonders für das eine oder andere oben genannte Anliegen bzw. die Speicherung und Kommunikation der einen oder anderen Art von Wissen – und aufgrund welcher genrespezifischen Qualitäten ist das so? Welche ethischen Vorstellungen und welche ästhetischen Strategien manifestieren sich dabei bevorzugt im einen oder anderen Genre?

## Das Spektrum ökologischer Genres

Ad hoc würde man vermuten, dass sich Katastrophennarrative, darunter auch der Thriller, dazu eignen, den Leser zu ängstigen; soll der Rezipient hingegen angeregt werden, Problemlösungen zu entwickeln, scheint die Science Fiction als visionäres Genre prädisponiert zu sein; eine realistische Aufklärung über den *status quo* und Problemzusammenhänge kann der Gesellschaftsroman leisten; während die Naturlyrik gern als Medium der persönlichen emotionalen Auseinandersetzung mit ökologischen Transformationen angesehen wird.[63] Man muss diese holzschnittartige Typologie nicht fortsetzen, um das dabei aufkommende literaturwissenschaftliche Unbehagen noch zu steigern. Alle genannten Wirkungsziele werden nicht immer und vor allem nicht nur von den soeben genannten Genres erreicht. Jedes Genre zeitigt mehrere Effekte zugleich und entwickelt eine eigene ethisch-ästhetische Dynamik, die zur Ausbildung neuer (Sub-)Genres führt. Zu dem seit jeher auf verschiedene literaturinterne und -externe, sozio-kulturelle Bedürfnisse und Konditionen reagierenden Gattungswandel kommen literarische Reaktionen auf ökologische Transformationen, die belegen, in welchem Maß Literatur wie jede Form der Kultur auch von ihrer nicht-menschlichen Umwelt affiziert ist.

Verbreitet ist zum Beispiel die Feststellung, dass die traditionellen Genres, Formen und Narrative den raumzeitlichen, aber auch ethischen und ästhetischen Dimensionen des Klimawandels nicht gewachsen seien und dafür neue Schreibmodi entwickelt werden müssen. Der vorliegende Band reflektiert diese

---

62 Vgl. dazu die grundlegenden Ausführungen bei Michael Bies/Michael Gamper/Ingrid Kleeberg (Hrsg.): Einleitung, in: Gattungs-Wissen. Wissenspoetologie und literarische Form. Göttingen 2013, 7–18.

63 Vgl. die erwähnte Liste bei Kerridge: Ecocritical Approaches to Literary Form and Genre, 372 f.

Problematik in Beiträgen zu Risikonarrativ, Ökothriller, Science Fiction, Slave Narrative, Reisebericht, Chronik, Testimonio, Tagebuch, Jugendroman, Naturlyrik und Drama bzw. Theater, die mit unterschiedlichsten Strategien auf die neuen Herausforderungen reagieren. Mehrere Beiträge beobachten, dass sich die klassischen Gattungsgrenzen angesichts der aktuellen ökologischen Krise auflösen, wenn unterschiedliche Genrekonventionen und Schreibmodi miteinander kombiniert werden. Andere beobachten in diachroner Perspektive, wie sich eine Gattung in einer bestimmten historischen Konstellation für ökologische Diskurse öffnet.

Nicht nur die aktuelle, andauernde ökologische Krise sorgt für Innovationen: ein stetiger Wissenszuwachs und Komplexitätserfahrungen, die zur Ablösung verschiedener Naturkonzepte im Verlauf der Kulturgeschichte und zu Kritik an vorgängigen oder noch dominanten Sichtweisen führen, zeichnen sich historisch schon viel früher ab, wie Beiträge zur Idylle und zum Märchen zeigen. Bahnbrechende naturwissenschaftliche Erkenntnisse und einschneidende ideengeschichtliche Paradigmenwechsel prägen das Lehrgedicht und den Naturessay; beide bilden protoökologische Diskurse lange vor der ökologischen Krise aus. Des Weiteren verzeichnen die Robinsonade, der Bildungsroman sowie Schauer- und Sensationsroman Gattungstransformationen infolge von Veränderungen des Mensch-Natur-Verhältnisses. Selbst das heute unter den Vorzeichen des Material Ecocriticism geforderte, nur begrenzt realisierbare Bemühen um eine bio- oder ökozentrische Darstellungsperspektive lässt sich historisch zu frühen Experimenten zurückverfolgen.

Vorliegender Band bringt gattungs- und umweltgeschichtliche Transformationen miteinander in Verbindung. Dabei ist gemäß einem doppelten Erkenntnisziel nicht nur zu untersuchen, wie sich ökologische Themen ihrerseits auf die Entwicklung von Genres auswirken, sondern auch, wie Letztere mit ihren Konventionen ökologische Diskurse ästhetisch und semantisch transformieren – ein Kerninteresse der Wissenspoetologie.[64]

### Gattung, Genre, Schreibmodus und Diskurs

Angesichts des hier vorliegenden diskursgeschichtlich-wissenspoetologischen Interesses und unter Berücksichtigung der Herangehensweise seiner Beiträge verwendet dieser Band ›Gattung‹ und synonym dazu ›Genre‹ deskriptiv für verschiedenartige literarische »Textgruppen«, »die diachron und synchron in Op-

---

64 Gattungen sind freilich hier nicht als Gefäße zu denken, in die Wissen eingefüllt wird, um es unverändert wieder auszugießen. Vielmehr prägen die Gattungen das Wissen, denn die sprachlich-formale Speicherung prägt seine Weiterentwicklung ebenso wie seine Rezeption.

position zueinander stehen«.[65] Im Bewusstsein, es mit Konstrukten zu tun zu
haben, werden historische und transhistorische (im Sinne von kurz- und lang-
lebigen, ›ausgestorbenen‹ und bis heute produktiven) Gattungen behandelt, die
entweder vorrangig strukturell-formal oder auch funktional definiert sind. Will
man an die auch die Ökologie prägende Systemtheorie anschließen, kann man
auch sagen, dass Gattungen als »offene Systeme« anzusehen sind, die »in besonderem Maße den Einflüssen der Literatur-, Geistes- und Sozialgeschichte unterworfen« und daher »historisch äußerst wandelbar« sind, zumal ihr Charakter »nur durch ein Bündel von unterschiedlichen formalen, strukturellen und
thematischen Kriterien beschrieben werden kann«.[66] Entsprechend kann man
Gattungsgeschichte verstehen als »diachrone Systemtransformation«, die sowohl die einzelne Gattung als auch die gesamte Gattungslandschaft betrifft.[67]
Für die Beschreibung der komplexen Transformationsprozesse, die durch den
Wandel einer Gattung, Hybridisierungen, das Auftreten einer neuen oder das
Verschwinden einer alten Gattung aus dem System bewirkt werden, empfiehlt
Wenzel eine methodische Orientierung an der Biologie.[68]

In Anbetracht seines Erkenntnisinteresses greift der vorliegende Band die in
der Gattungsforschung insbesondere in den letzten Jahrzehnten des 20. Jahrhunderts entwickelten, hochkomplexen hierarchisch-verzweigten und doch nicht
stringenten Gattungssystematiken[69], die eine immer wieder beklagte ›Begriffsanarchie‹ eindämmen wollten, nicht auf – zumal diese in Einzelphilologien
verhaftet sind, nebeneinander existieren und kategorial wie begrifflich allzu
sehr von einander abweichen. Sie einleitend zu diskutieren wäre ein uferloses
Unterfangen und es verspräche kaum konkreten Erkenntnisgewinn für eine
Sammlung, in der die einzelnen Beiträge aus diversen Philologien dem usus

---

65 Vgl. Klaus W. Hempfer: Gattung, in: Klaus Weimar u. a. (Hrsg.): Reallexikon der
deutschen Literaturwissenschaft. Bd. 1. Berlin 1997, 651–655, hier 651. Die synonyme Verwendung von ›Gattung‹ und ›Genre‹ vertreten auch Birgit Neumann/Ansgar Nünning:
Einleitung: Probleme, Aufgaben und Perspektiven der Gattungstheorie und Gattungsgeschichte, in: Marion Gymnich/Birgit Neumann/Ansgar Nünning (Hrsg.): Gattungstheorie
und Gattungsgeschichte. Trier 2007, 1–28.
66 Vgl. Peter Wenzel: Literarische Gattung, in: Nünning (Hrsg.): Metzler Lexikon Li-
teratur- und Kulturtheorie. Ansätze – Personen – Grundbegriffe. 5. aktual. u. erw. Aufl.
Stuttgart 2013, 244–245, hier 244 mit Verweis auf Ulrich Suerbaum: Text, Gattung, Intertextualität, in: Berhard Fabian (Hrsg.): Ein anglistischer Grundkurs. Einführung in die Literaturwissenschaft. 7. neu bearb. Aufl. Berlin 1993, 83–88.
67 Peter Wenzel: Gattungsgeschichte, in: Nünning (Hrsg.): Metzler Lexikon Literatur-
und Kulturtheorie. Ansätze – Personen – Grundbegriffe. 5. aktual. u. erw. Aufl. Stuttgart
2013, 245–246, hier 245.
68 Vgl. ebd. Wie Finke und Zapf spricht auch Wenzel mit dem Vokabular der Evolutions-
biologie von engen Wechselwirkungen zwischen Gattung und Umwelt(veränderungen), bedenkt aber nur die soziale Umwelt.
69 Vgl. dazu überblicksweise Rüdiger Zymner (Hrsg.): Handbuch Gattungstheorie. Stuttgart 2010.

ihres jeweiligen Faches folgen und an die dort stattfinden Gattungsdebatten anknüpfen.

Daher sei hier auch nur am Rande Goethes triadisches, in der Germanistik erwartungsgemäß viel stärker als anderswo rezipiertes Modell erwähnt. Es liegt nahe, daran zu erinnern, weil seine gegen eine strikt präskriptive Gattungssystematik gerichtete Unterscheidung von drei ›Naturformen der Dichtung‹ (Epos, Lyrik und Drama) und zahlreichen, innerhalb dieser auftretenden ›Dichtarten‹ aus der naturkundlichen, genauer der morphologischen Beschäftigung hervorging und in seiner »Offenheit für Mischformen und Überschneidungen« der nachlinnéschen Gattungsklassifikation entspricht.[70] Anders als Goethes Modell zeugen die Beiträge dieses Bandes jedoch von der funktionalen Auffassung, dass Genres Verständigungsformen sind, die sich kontinuierlich transformieren – gemäß vorliegender Grundannahme mitunter in Reaktion auf ökologische Veränderungen – und nur mit Blick auf ihren jeweiligen Entstehungskontext verstanden werden können.

Um die häufig auftretenden Probleme bei einer stets hierarchisch verstandenen Ausdifferenzierung in ›Subgattungen‹ zu umgehen, könnte man alternativ ausschließlich von Diskursen sprechen,[71] doch wäre dann eine mangelnde Trennschärfe hinsichtlich historischer Ausprägungen ebenso wie hinsichtlich faktualer und fiktionaler Werke in Kauf zu nehmen. Die Diskurstypen entsprechen nämlich keineswegs bestimmten historischen Textgruppen. Ein ausschließlich diskursgeschichtlicher Ansatz würde bekanntlich die Rolle literarischer Gattungen relativieren, denn er fokussiert primär das ›Thema‹, während er zu Recht davon ausgeht, dass sich der formal noch unschärfer definierte Diskurs in verschiedenen Gattungen manifestieren kann.[72] Zugleich gibt es Diskurse, die sich vorrangig in einer bestimmten Gattung manifestieren. Will man, wie einige Beiträge dieses Bandes, ›normbildende Werke‹[73] identifizieren, so erweist sich dieses Unterfangen meist einfacher für Gattungen als für Diskurse.

Zwar werden freilich im vorliegenden Band auch die Diskurstradition und -transformationen untersucht, im Titel weicht der rein themabezogene Begriff jedoch dem Genre (und dem stets mitgedachten Schreibmodus), weil vor allem ersterer die doppelte Bedeutungsdimension des thematisch und struktu-

70  Vgl. dazu auch Bies/Gamper/Kleeberg: Einleitung, 15.

71  Als Entsprechungen für ›Textsorte‹ sind im Englischen ›discourse types‹ und im Französischen ›types de discours‹ geläufig. Während in der Germanistik die Begriffshierarchie der Gattungen immer weiter ausdifferenziert wurde, versuchen andere Philologien die zwangsläufigen Widersprüche eines feingliedrig-hierarchischen Terminologieapparats durch Unterscheidung nach Arten von Diskursen zu umgehen.

72  Vgl. auch Wilhelm Voßkamp: Gattungsgeschichte, in: Klaus Weimar u. a. (Hrsg.): Reallexikon der deutschen Literaturwissenschaft. Bd. 1. Berlin 1997, 655–658, hier 656.

73  Vgl. Marion Gymnich: Normbildende Werke, in: Rüdiger Zymner (Hrsg.): Handbuch Gattungstheorie. Stuttgart/Weimar 2010, 152 f.

rell ökologischen Textes deutlicher kommuniziert. Dass im Titel der Gattungsbegriff durch den des Genres ersetzt ist, erklärt sich nicht zuletzt dadurch, dass
ein Großteil der Beiträge aus Philologien stammt, die den Genrebegriff, der in
der angloamerikanischen Tradition längst nicht mehr für ein striktes Klassifikationssystem steht, sondern neben den klassischen Großgattungen (Prosa,
Drama, Lyrik) und ihren Subgattungen häufig auch für gattungsunspezifische
oder -übergreifende rhetorische Strategien verwendet wird, in die deutsche Forschung importiert haben.[74]

Da einzelne Beiträge dennoch davor zurückschrecken, verschiedene rhetorische Strategien oder Narrative als eigene Genres anzusehen, ist ergänzend von
Schreibmodi die Rede, womit ein zweiter international gebräuchlicher Begriff
gewählt wird.[75] Im vorliegenden Band erfasst er in einem sehr weiten Verständnis unter anderem wie Hempfers ›Schreibweisen‹ das »Repertoire transhistorischer Invarianten wie das Narrative, das Dramatische, das Satirische, das Komische usw.«,[76] darüber hinaus aber, jenseits jeglicher normativer Fundierung,
neue, experimentelle und individuelle Darstellungsmodi, also durchaus auch
historische und transhistorische Varianten. Mit Blick auf die vorangehenden
wirkungsästhetischen Überlegungen zu ökologischen Genres entsprechen die
Beiträge des Bandes Zymners Auffassung von Schreibweisen als »Wirkungsdispositionen, denn die im Text verwendeten poetischen Mittel sind zusammengenommen im Prinzip dazu geeignet, bestimmte Wirkungen zu erzielen.«[77]

## 6. Der vorliegende Band: Konzept und Aufbau

Jeder Beitrag dieses Bandes fokussiert ein (Sub-)Genre oder einen Schreibmodus und skizziert zunächst dessen wesentliche Merkmale und historische Entwicklung, bevor dessen ökologisches Potenzial in all seinen Dimensionen anhand von einem oder mehreren Beispielen gezeigt wird. Ausgewählt wurden
repräsentative Werke und solche, die oftmals Genretransformationen und Paradigmenwechsel eingeleitet haben, oftmals aber auch solche, die in der Forschung noch nicht ausreichend behandelt wurden.

Obwohl viele der Genres transnational auftreten (z. B. das Lehrgedicht, die
Naturlyrik, das Märchen, die Robinsonade, der Schauerroman, der Bildungs-

---

74 Das heißt, dieser Band teilt nicht Frickes zur Abgrenzung von ›Gattungen‹ dienendes,
sehr enges Verständnis von Genres als »historisch begrenzte Institutionen«. Vgl. Hempfer:
Gattung, 651.

75 Vgl. Alastair Fowler: Kinds of Literature. An Introduction to the Theory of Genres and
Modes. Cambridge 1982.

76 Hempfer: Gattung, 651.

77 Rüdiger Zymner: Gattungstheorie. Probleme und Positionen der Literaturwissenschaft.
Paderborn 2003, 187.

roman, die Science Fiction, der Essay, das Tagebuch u. a.), zeigen die Beiträge oft kulturspezifische Varianten, die entweder durch den Vergleich zutage treten und in der Diskussion um den Genrebegriff (z. B. die Idyllendichtung, die Ecopoetry, der Sensationsroman, der Ökothriller) ersichtlich werden. Einige Genrevarianten treten jedoch bevorzugt oder ausschließlich in einem bestimmten Kulturraum auf (z. B. das Slave Narrative sowie die Chronik- und Testimonialliteratur).

Da viele Beiträge mit den besprochenen Texten größere Zeiträume durchschreiten, ist eine Ordnung der Beiträge gemäß einer Chronologie der historischen Gattungen ebenso unmöglich wie eine Gruppierung nach Art des ökologischen Wissens oder des Wirkungsziels, die daran scheitern würde, dass immer mehrere Facetten konvergieren. Das Buch beginnt stattdessen mit drei Beiträgen zu Verstexten – Lehrgedicht, Idylle, Naturlyrik –, an die das Drama als formal-strukturelle Mischform zwischen gebundener und ungebundener Wechselrede anschließt, zumal dieser Beitrag wie der vorangehende grundlegend danach fragt, wie Texte und Theater prozessual-performativ ökologisch beschaffen sein können. Darauf folgen Beiträge zu fiktionaler Prosa: zuerst zum Märchen, das aufgrund seiner oralen Überlieferungstradition eine Übergangsform darstellt, bevor verschiedene Romantypen untersucht werden. Während das Drama und das Märchen als ökologische Gattungen schlichtweg lange Zeit ignoriert wurden, hat man dem Roman eine gewisse Inkompatibilität mit ökologischen Themen oder Prinzipien vorgeworfen, etwa mit dem Argument, dass die anthropozentrischen Kernthemen des Romans, die charakterlichen Entwicklungen menschlicher Individuen und ihre sozialen Interaktionen, die Natur automatisch marginalisieren. Wie in Romanen dennoch ökologische Beziehungen auf sehr unterschiedliche Weise thematisiert und strukturell imitiert werden können, zeigen die folgenden Beiträge zur Robinsonade, zum Schauer- und Sensationsroman sowie zum Bildungsroman, woran sich das Risikonarrativ, der Thriller, die Science Fiction und das Sklavennarrativ (hier behandelt als ein in der Science Fiction adaptiertes Narrativ) anschließen. Als Scharnier fungiert die Kinder- und Jugendliteratur, die hier als Metagenre eingefügt ist, da sie mehrere der bereits genannten Genres und Schreibmodi für ökologische Belange und für die Zielgruppe der jüngeren Leser adaptiert und transformiert, darunter auch das Tagebuch, dessen narrative Möglichkeiten für Krisenerzählungen in einem separaten Beitrag untersucht werden. Damit ist die Reihe semifiktionaler Genres, die tendenziell einen größeren Anteil faktualer Elemente aufweisen, eröffnet, die Reiseliteratur, Essay, Chronik und Testimonialliteratur sowie Ratgeber erschließt. Eine kategoriale Unterscheidung zwischen fiktionalen und faktualen Genres ist nur bedingt tragfähig, da in allen im Band behandelten Genres ökologisches Wissen ästhetisch transformiert, sprachlich stilisiert und teilweise fiktionalisiert wird.

In der Liste hier behandelter Genres mag man auf den ersten Blick die Utopie und ihr Pendant, die Dystopie, als die beiden in verschiedene Richtungen weisenden Ausprägungen des Zukunftsromans vermissen. Der Verzicht, sie in zwei separaten Beiträgen zu behandeln, erklärt sich aus der Beobachtung, dass jenseits der bekannten historischen Gattungsprototypen die Utopie und die Dystopie als Gattungsbegriffe nur bedingt brauchbar sind, weil sich utopische und dystopische Visionen in diversen Subgattungen bzw. Genres und Schreibweisen realisieren, die in diesem Band je eigens behandelt werden: Modelle idealer Mensch-Natur-Verhältnisse finden wir in Idyllen, einigen Lehrgedichten und in der Naturlyrik ebenso wie in der Ratgeberliteratur, gestörte Verhältnisse hingegen in Katastrophen- und Risikonarrativen sowie im Ökothriller, während in der Robinsonade, in Reiseliteratur und in der Science Fiction beiderlei Richtungen gewählt werden können. Dennoch kann vorliegender Band natürlich nicht das ökologische Potenzial aller Genres sämtlicher Literaturen ausloten; trotz seiner Fülle bietet er Anreiz für weitere Studien mit vergleichbarem Erkenntnisinteresse.

## 7. Die Beiträge im Einzelnen

### Lehrgedicht

Schon Goethe wies darauf hin, dass sich die Lehrdichtung den ›Naturformen der Dichtung‹ nicht zuordnen lasse, weil allein diese Gattung inhaltlich definiert sei, nämlich als eine der didaktischen Vermittlung aller Arten von Wissen verpflichtete Dichtung. Er selbst trug dazu bekanntlich »Die Metamorphose der Pflanzen« (1799) und andere morphologische Lehrelegien bei. Schon allein weil Lehrgedichte – neben den anderen Wissenssektoren – traditionell naturkundliches (d.h. biologisches, botanisches, geologisches, astronomisches u.a.) Wissen vermitteln, sind sie relevant für ökologische Interessen. Dem im Verlauf der Geschichte mehrfach laut gewordenen Hinweis, dass alle Dichtung belehrend sein solle – so argumentiert auch Goethe –, entgegnet Johann Georg Sulzer mit der Überzeugung, dass die Besonderheit des Lehrgedichts darin liege, »ein ganzes System von Lehren und Wahrheiten [...] als die Hauptmaterie im Zusammenhang [...] mit Gründen unterstützt und ausgeführt«[78] darzubieten. Wird die Betrachtung der Zusammenhänge im Sinne eines Systems für wichtig gehalten, entspricht dies im Prinzip ökologischem Denken. Außerdem wird Sulzers Vertrauen in die Fähigkeit der Poesie, begrifflich eine zergliederte Erkenntnis als Ganzes anschaulich vorstellen zu können, auch von einigen Vertretern des Ecocriticism artikuliert. Als Spezifikum des Lehrgedichts gilt ferner das Zusammenspiel von rationalistischer Erkenntnis und Moral, das

---

78 Johann Georg Sulzer: Lehrgedicht, in: Ders.: Allgemeine Theorie der schönen Künste. 2 Bde. Bd. 2. Leipzig 1775, 137–141, hier 137.

jedoch im späten 18. Jahrhundert konzeptuell in Zweifel gezogen wird. Den zu dieser Krise der Gattung führenden Autonomisierungsprozess der Ästhetik zeigt Urs Büttner in Albrecht von Hallers *Die Alpen* (1729), einem Text, der auf der thematischen Ebene die topische Idealisierung des (Schweizer) Landlebens als Gegenbild zur unsittlichen Stadt realisiert. Neu ist, dass Haller versucht, »ausgerechnet an der rauen Bergnatur die Providenz des göttlichen Schöpfungsplans nachzuweisen« (vgl. Büttner, 65).

Büttner konzentriert sich seinem Beitrag jedoch auf andere Aspekte: Er beleuchtet die Übergangsphase zwischen schöpfungstheologischer und säkularer Naturdeutung, weil sich hier erstmals eine Naturästhetik, und zwar als »eine Art immanente Theologie der Natur« (Büttner, 58), herausbilde. Demgemäß wird die Natur in ihrer Vielgestaltigkeit nun so genau betrachtet, dass aus der »Überfülle der ästhetischen Anschauung« (Büttner, 66) ein Darstellungsproblem erwächst. An einer Beschreibung von Wetterphänomenen zeigt Büttner, wie Haller, da er »die Natur als Natur noch nicht ästhetisch darzustellen vermag« (ebd.), sich zunächst an einem Gemälde orientiert. Fokussiert wird außerdem eine Passage, die einen Wetterpropheten vorstellt. Anhand von Hallers Modifizierung seiner Schilderung alpiner Wettererscheinungen in mehreren Auflagen zeigt Büttner die »Emanzipationsbewegung einer ästhetischen Naturanschauung«, also die Entwicklung in Richtung auf eine Darstellung einer für sich stehenden Natur. Anhand von Hallers Überarbeitungen lässt sich ein Wandel im Lehrgedicht nachvollziehen, den man wie folgt auf den Punkt bringen kann: Der Wetterprophet wird »vom Künder der Heilsgeschichte zum Künder von Niederschlag« (Büttner, 68). Ökologisch relevant ist übrigens auch, dass in der besagten Wetterpropheten-Passage, trotz des rasanten Zuwachses an naturwissenschaftlicher Erkenntnis, das Erfahrungswissen demjenigen aus Büchern vorgezogen wird. Die Erfahrung erlaubt eine Prognose und damit eine Risikoerwägung, die wiederum Vorsorge und Risikominimierung ermöglichen.

## Idylle

Jakob Heller untersucht die »Idylle als ökologisches Genre«, versieht diesen Untertitel jedoch mit einem Fragezeichen, denn die Idylle sei keine Beschreibung der natürlichen Umwelt, sondern, so seine These, ein Metadiskurs des Metadiskurses Literatur. Obwohl Heller hier den verwendeten Gattungsbegriff speziell auf Salomon Geßner und die Transformationen der Gattung im 18. Jahrhundert bezieht, gilt seine Diagnose nicht nur für Geßners Idyllen, sondern prinzipiell – wenn auch in geringerem Maße realisiert – bereits für die Bukolik, die er mit Iser auch schon als Reflexionsform von Dichtung ansieht.

Die Forschung versteht die Idylle mehrheitlich als Gegenbild zu bestehenden Umständen. Während sie im 18. Jahrhundert von ihren Zeitgenossen noch primär als Kritik an den soziopolitischen und ökonomischen Verhältnissen gelesen wurde, entdeckt der Ecocriticism im idealen, friedvoll-harmonischen Mensch-Natur-Verhältnis ihre ökologische Kritik. Heller relativiert allerdings eine Lesart, welche die »Idylle zur Landlebendichtung simplifiziert«, indem er ihre ausgestellte Artifizialität in den Vordergrund rückt. In einem ersten Schritt zeigt er in genauer Lektüre von Johann Christoph Gottscheds anleitender Bestimmung des »rechte[n] Wesen[s] eines guten Schäfergedichtes« (in: *Versuch einer critischen Dichtkunst*, 1729) das schon hier deutliche Bewusstsein vom intertextuellen Konstruktcharakter der Idylle und damit auch der Kalkulierbarkeit ihrer Wirkung. Daher erachtet Heller als eigentliches Anliegen der Idyllendichtung »nicht die Darstellung des Natürlichen, sondern die Suche nach Techniken und Möglichkeiten der Erzeugung der Illusion einer solchen Darstellung« (Heller, 82). Anhand von Geßners Idylle »Mycon« (in: *Idyllen*, 1772) zeigt er, »wie die literarische Reflexion der literarischen Konstruktion jener Natürlichkeit« (Heller, 83) funktioniert, so dass sich Natur als ideologisch ausgerichtetes kulturelles Konstrukt erweist. Gleichwohl konstatiert er, dass die »Idylle zum Dreh- und Angelpunkt der Reflexion der literarischen Darstellung des Verhältnisses von Kultur und Natur im 18. Jahrhundert« wurde (Heller, 78). Er vertritt die Ansicht, dass auch die metapoetische Dimension die Idylle zu einem ökologischen Genre macht: nämlich erstens indem sie demonstriere, »unter welchen Bedingungen [...] ein Rezipient bereit gewesen sein könnte, auf Ebene der *histoire* der dargestellten Natur eines gegebenen Textes Glauben zu schenken« (Heller, 86). Zweitens könne sie als Dichtung über Dichtung »dem Ecocriticism auch als Gradmesser seiner eigenen Reflexion dienen« (Heller, 76). Letztlich plädiert Heller also dafür, bei Idyllen-Lektüren neben der Naturdarstellung gleichermaßen die Autoreflexivität des Genres zu beachten.

## (Natur-)Lyrik

Die Naturlyrik gilt dank ihrer spezifizierenden Bezeichnung als diejenige (Sub-)Gattung, die für die poetische Darstellung von Natur zuständig ist. Über ihr ›ökologisches‹ Potenzial ist damit jedoch noch nichts gesagt, denn die thematisch-motivische Behandlung von Natur gründet nicht selbstverständlich in einem ökozentrischen Weltbild, präsentiert die Natur oder einzelne Phänomene nicht zwingend als ein von komplexen Interdependenzen gekennzeichnetes Ökosystem bzw. als Teile desselben, bringt nicht immer ein ökologisches Anliegen vor, ebenso wenig wie sie notwendig die eigene Struktur im Sinne eines komplexen Texthaushalts reflektiert. Alle diese Aspekte kann man als Kriterien ansehen, die es erlauben, von ›ökologischer‹ Lyrik zu sprechen, so Evi Zemanek und Anna Rauscher. Bisher war davon allerdings hauptsächlich dann die Rede, wenn ein Gedicht offenkundig Kulturkritik übt oder zum Schutz der Natur aufruft, wie dies die so genannte Ökolyrik und oft auch die Ecopoetry tut. Etiketten wie diese machen eine Bestandsaufnahme bestehender Subgattungen nötig.

Mit kritischem Blick auf die Tradition der Gattung bemessen Zemanek und Rauscher das ökologische Potenzial verschiedener Konzepte und Varianten der Naturlyrik, wobei sie zwischen Gedichten differenzieren, die (a) primär thematisch-diskursiv ökologisches Denken artikulieren, sei es, indem sie, etwa qua Kontrafaktur oder Parodie, menschliche Naturzerstörung anprangern oder zu einem nachhaltigen Umgang mit der Natur aufrufen; (b) bio-/ökozentrische Schreibweisen erproben (z. B. durch De-Hierarchisierung, Empathie, Anthropomorphisierung, Verschmelzungsphantasien oder Imitation der Natur im Rollengedicht); (c) in denen tradierte Gedicht- bzw. Strophenformen (z. B. Ode, Terzine und Sonett) für ökologische Belange fruchtbar gemacht werden; (d) in ihrer Struktur ökologische Relationen veranschaulichen.

Die Untersuchung verschiedenster lyrischer Strategien, ökologischem Denken Ausdruck zu verleihen, zeigt, welche formsemantischen Eigenschaften und gattungstypischen Ausdrucksmodi gewinnbringend einsetzbar sind: Schon früh wurden Personifizierung und Anthropomorphisierung verwendet, um eine empathische Haltung des Menschen gegenüber der nicht-menschlichen Umwelt auszudrücken, denn auf diese Weise kann man – obwohl die Anthropomorphisierung ambivalent zu beurteilen ist – allem Nicht-Menschlichen eigene Wirkmacht zusprechen. Ein Ergebnis der Einfühlung in die Natur sind Rollengedichte, deren pflanzliche oder tierische Sprecher eine biozentrische Perspektive vorstellen. Traditionelle Strophenformen lassen sich ökologisch umdeuten, etwa wenn eine Ode durch Ausweitung ihres Gegenstandsbereichs eindringlich zur Achtung nicht-menschlicher Lebewesen aufruft, Strophenform und Reimschema der Terzine zur Gestaltung von Kettenreaktionen und Naturkatastrophen herangezogen werden und die formsemantischen und literarhistorischen Charakteristika des Sonetts zur Darstellung von Naturgesetzen und Abweichungen davon fungieren oder systemische Dynamiken und Kreisläufe vorführen, indem sie Text- und Naturhaushalt verschmelzen. Scheinbar formlose Gedichte dagegen können durch außergewöhnliche grafische Setzung gestörte Systeme veranschaulichen. Intertextuelle Schreibweisen und Wiederholungsfiguren setzen schließlich *oikos*- und Nachhaltigkeitsdenken poetisch um.

## Drama

Anders als der Beitrag zur Naturlyrik, der eine Subgattung behandelt, widmet sich Christina Caupert der Großgattung Drama, ohne nur ›Umweltdramen‹ zu beachten. Letztere stehen hier nicht im Zentrum. Vielmehr geht es Caupert primär darum, Affinitäten zwischen dramatischen und ökologischen Organisationsprinzipien aufzuzeigen. Ausgehend von Zapfs kulturökologischem Ver-

ständnis ästhetischer Texte als »symbolisch verdichtete[n] Inszenierungs- und
Steigerungsformen lebensanaloger Prozesse«[79] fokussiert Caupert »die Beziehungen zwischen Sprache, Geist und Materie, das Verhältnis von Präsenz und
Repräsentation sowie die Zusammenhänge zwischen Subjekt und Objekt, Selbst
und Welt und zwischen dem Einzelnen, dem Anderen und den Vielen« als dra-
menspezifisch relevante Aspekte (Caupert, 122). Da dem Drama seine Bestimmung für die Aufführung eingeschrieben ist, kennzeichnet es »eine spezielle
Disposition zur Materialisierung, zur Überschreitung des Sprachlich-Literarischen in eine auch physisch bestimmte Merk-, Wirk- und Handlungswelt« (ebd.).
Sieht man die Funktion der Dichtung wie Bateson darin, eine Verbindung zum
Unbewussten, Nicht-Rationalen herzustellen, und den Zweck der Kunst wie Artaud darin, den ganzen Menschen zu affizieren, also Körper, Gefühl und Geist
zu integrieren, so wird dies nach Caupert nirgends so effektiv erreicht wird wie
im Theater. Ökologisch relevant ist v. a. das spezifisch ästhetische Leistungsvermögen des Theaters als »ganzheitlich-sinnliches Gemeinschaftserlebnis«,
das die Erfahrungen von Präsenz und Atmosphäre ermöglicht – jedoch besteht
Caupert darauf, dass diese »Ästhetik des Performativen« schon im Dramentext
angelegt ist. So trete etwa die atmosphärenbildende Funktion des Nebentexts
besonders eindrücklich in O'Neills *The Hairy Ape* (1922) zutage. Obwohl dieses
Drama inhaltlich-strukturell eher der Tragödie nahesteht, zeitigt es die kulturökologisch wichtige, im Ecocriticism bislang vor allem der Komödie zugespro-
chene vitalisierend-regenerative Wirkung, so dass Caupert die Einschätzung
der Tragödie als ›ökophobe‹ Gattung revidieren kann.

Eine Aktivierung der Leser streben selbst postdramatische Theatertexte
an, etwa durch Desautomatisierung der körperlichen Wahrnehmung, erreich-
bar durch eine selbstreferenzielle »Inszenierung der Sprache« in ungewöhn-
lichem Schriftbild und starke Rhythmisierung der Texte, die beide die sinnliche
Qualität des Lesens erhöhen. In der Resonanz der Leserinnen und Leser lasse
das Drama »das Zusammenwirken intellektuell-kognitiver, emotional-affektiver und physiologisch-sensorischer Prozesse in besonderer Eindringlichkeit in
Erscheinung treten« und bringe so »dualistische Entgegensetzungen von Geist
und Körper, Sprache und Welt, Text und Leben ins Wanken« (Caupert, 134).
Der dem Drama durch die Bezogenheit auf das Theater inhärente »Appell an
Geist *und* Körper« gilt Caupert als »ökologischer Kern der Gattung« (ebd.).

Demgegenüber nimmt sie die diskursive Funktion von ›Umweltdramen‹ am
Beispiel von ›Klimawandelstücken‹ kritisch in den Blick, da sich das Theater an
sich als »depragmatisierter Ort der Empathiebildung« (Caupert, 141) zwar anbietet, die Stücke aber oft nicht in der Tiefenstruktur ökologisch sind. Während
etwa Steve Waters' *The Contingency Plan* in puncto Aufklärung zunächst gelungen zu sein scheint, ist das Stück doch auf verschiedenen Ebenen von einer

---

79 Vgl. Zapf: Literatur als kulturelle Ökologie, 5.

dualistischen Subjekt-Objekt-Sichtweise auf die Natur geprägt, die (kultur-) ökologischem Denken zuwiderläuft. Trotzdem deutet sich hier eine weitere ökologische Besonderheit des Dramas an: Dank seiner dialogischen, partizipativen Grundstruktur, die Erkenntnis als Produkt diskursiver Interaktionsprozesse erfahrbar mache, eigne es sich bestens zur Integration unterschiedlicher Wissensformen – einer der von Zapf benannten kulturökologischen Funktionen der Literatur. Anhand von Edward Albees *The Goat, or Who is Sylvia?* (2002) und Marie Clements' *Burning Vision* (2002) reflektiert Caupert schließlich, wie im Drama kulturell Ausgegrenztes, nämlich nicht-menschliche Akteure – im ersten Fall die Ziege, im zweiten Fall ein ganzes Netzwerk von Tieren, Dingen und Materie – einbezogen werden können: sei es durch die Rollenverteilung, durch eine Simultanbühne oder Durchbrechen der Vierten Wand.


## (Kunst-)Märchen

Dass die Natur im Märchen eine zentrale Rolle spielt, ist schon daraus evident, dass die Handlung großenteils in der freien Natur stattfindet, sich dort das Wunderbare ereignet und die Protagonisten, sofern sie Menschen sind, durch ihr jeweiliges Naturverhältnis charakterisiert werden (vgl. Stobbe 147). Hinzufügen muss man, dass der Natur mit großer Selbstverständlichkeit Handlungsmacht zukommt, denn: Wen wundert es, wenn im Märchen Tiere und Pflanzen sprechen? Oft hilft und straft die Natur menschliche Figuren, je nachdem, wie sich diese ihr gegenüber verhalten. Urte Stobbe erschließt märchentypische Mensch-Natur-Verhältnisse durch den Blick auf Märchenmytheme wie Motive, Figuren, Handlungselemente und Erzählmodi.

Nicht zufällig erlebte das Märchen in der Romantik eine Blütezeit, als Dichtung von einer beseelten Natur handelte und deren Geheimnisse offenbarte. Wie Märchenfiguren (insbesondere Elfen und Feen) essentielles Wissen der Natur – also ökologisches Wissen – mit den Menschen teilen, dann jedoch von diesen verraten werden, so dass die fragile Mensch-Natur-Beziehung zerbricht, zeigt Stobbe an Ludwig Tiecks *Die Elfen* (1811) und E. T. A. Hoffmanns *Das fremde Kind* (1816/17). Sieht man den großen Unterschied zwischen Märchen und Kunstmärchen zugespitzt im Verlust der naiven Naturwahrnehmung und dem ungebrochenen Glauben an das Wunderbare, so kann man ebenso zugespitzt mit Stobbe feststellen, dass die ›einfachen‹ Märchen vor allem zum altruistischen Umgang mit der Natur anleiten, die romantischen Kunstmärchen hingegen zur kritischen Reflexion des Mensch-Natur-Verhältnisses.

In einem zweiten Schritt verfolgt Stobbe die Adaption und Transformation von Märchenmythemen in der modernen Kinder- und Jugendliteratur sowie in Fantasy und Science Fiction: Marie Luise Kaschnitz' Märchen *Der alte Garten* (entst. 1940) schildert die sanfte (Um-)Erziehung zweier Kinder durch die Natur, indem sie ihnen die biozentrische Perspektive auf »ewige Kreisläufe« und ein »schutzwürdige(s) Gleichgewicht« eröffnet. Mit Blick auf den Erfolg solcher Märchenmytheme im Blockbuster *Avatar – Aufbruch nach Pandora* (2009) argumentiert Stobbe, dass eskapistische Gegenwelten, in denen Mensch und Natur im Einklang leben, gerade in Zeiten ökologischer Krise vom Publikum nachgefragt sind. Da Stobbe das Fortleben einzelner Märchenmytheme nachzeichnet, kann sie vergleichend auf so unterschiedliche Werke wie Tolkiens *Lord of the Rings* und die Verfilmung von *The Hobbit* ebenso eingehen wie auf Christa Wolfs *Störfall* (1987) und Günter Grass' *Die Rättin* (1986), bevor sie zuletzt mit Claus-Peter Lieckfelds unbekannter Sammlung *Esel & Co* (1988) veritable »Ökomärchen« vorstellt, die zeitgenössische ökologische Probleme zur Sprache bringen und dafür verschiedene formale Realisationen des Märchens erproben.

Will man jenseits der Thematik ökologische Strukturen des Märchens erschließen, ist die nachträgliche literaturwissenschaftliche – laut Stobbe »wenig glückliche« (152) – Unterscheidung zwischen Volks- und Kunstmärchen zu überdenken. Im Idealfall sind Märchen aufgrund ihrer Archetypik global verständliche zeitlose Narrative, die »ein Gegenbild zur rationalen Betrachtung der Natur« offerieren. Insbesondere Volksmärchen speichern alte Mythen oder das, was von einer (vermeintlich) natürlich entstandenen ›Volkspoesie‹ bis zu ihrer Niederschrift überliefert werden konnte. Kann man sie deshalb mit den zeitlosen Naturgesetzen vergleichen und als ökologische Genres ansehen? Stobbe erinnert daran, dass die Brüder Grimm die Erzählstruktur des tradierten (Volks-) Märchens mit dem »stillen Forttreiben der Pflanzen«, also dem natürlichen Pflanzenwachstum verglichen (151). Sie sammelten solche Texte im Bewusstsein einer nachhaltigen Kulturpolitik.

## Robinsonade

Auch die im deutschsprachigen Raum nach dem gattungskonstitutiven Vorbild *Robinson Crusoe* benannte Robinsonade (engl. *castaway story* oder *desert island fiction*) als ein vorwiegend inhaltlich bestimmtes Genre – nämlich als die Schilderung des Überlebenskampfes eines Einzelnen oder einer kleinen Gruppe von Menschen auf einer Insel – handelt im Kern von der Auseinandersetzung des Menschen mit der urwüchsigen Natur. Ihre Besonderheit liegt darin, dass der (meist einsame) Protagonist nicht freiwillig, sondern infolge eines Schiffsbruchs in der freien Natur der Insel lebt und dort fern der Zivilisation überleben muss, da ihm eine Rückkehr in die Heimat vorerst nicht möglich ist. Aus der Perspektive des Ecocriticism betrachtet, bietet die Robinsonade deshalb die ideale Versuchsanordnung zur Untersuchung, wie sich der zivilisierte Mensch in einem ihm fremden Ökosystem verhält.

Unweigerlich charakterisieren sich die Protagonisten durch ihren Umgang mit Tieren sowie ihre Ernährung und bauliche Gestaltung der Insel, d. h. durch ihr Adaptionsvermögen, ihre Kultivierungsversuche oder ihren Herrschaftsanspruch. Oft bewirkt die Herausforderung des Überlebens im fremden Lebensraum eine Veränderung des Menschen. Die Ausgestaltung oder Entwicklung des Mensch-Natur-Verhältnisses in den jeweiligen Robinsonaden ist zum einen als Reflexion zeittypischer Haltungen gegenüber Natur, zum anderen als intertextuelle Reaktion auf vorgängige Gattungsexemplare zu verstehen. Anhand von Daniel Defoes *Robinson Crusoe* (1719), Jules Vernes *L'Île mystérieuse* (1875), Jean Giraudoux' *Suzanne et le Pacifique* (1921), Marlen Haushofers *Die Wand* (1963) und J. B. Ballards *Concrete Island* (1974) führt Claudia Schmitt das Spektrum möglicher Naturverhältnisse vor Augen: Sowohl bei Defoe als auch bei Verne messen sich die Figuren an ihrer Kultivierung der Insel, verzeichnen darin gewisse Erfolge und fühlen sich zeitweise dort wohl, ändern jedoch nicht ihre Wertmaßstäbe. Ballard experimentiert mit dem Genre, indem er das Modell auf eine Verkehrsinsel überträgt, auf der sein Protagonist im (Überlebens-) Kampf gegen die (Rest-)Natur zu unterliegen scheint. Bezeichnenderweise schildern nur die beiden Romane von Giraudoux und Haushofer, deren Robinson-Figuren weiblich sind, eine friedliche Koexistenz von Mensch und Natur.

Wie sich in dieser Auswahl zeigt, gehört die Robinsonade zu den wenigen Genres, in denen Utopisches und Dystopisches gleichermaßen angelegt sind: Das negative Moment der Ausgangssituation (d. h. die unfreiwillige Isolation) kann eine Umkehrung erfahren; der Protagonist muss die Insel nicht notwendig als ›schlechteren Ort‹ wahrnehmen, er kann im natürlichen Lebensraum ebenso gut einen ›besseren Ort‹ erkennen. Entsprechend kann die Insel vom empirischen Autor als Utopie angelegt sein, zumal diese nach dem klassischen Vorbild von Thomas Morus auf einer Insel angesiedelt ist. Von der daraus hervorgegangenen eigentlichen Gattung der Utopie unterscheidet sich die Robinsonade allerdings insofern, als sie keine komplexe Gesellschaftsordnung beschreibt, die im Rahmen der Fiktion zukünftig Bestand hat; die Utopie ist selbst Endresultat eines Transformationsprozesses, wohingegen die Exil-Situation eines Robinson in der Regel überwunden wird. Claudia Schmitt korrigiert die bisherige Forschungstendenz zur polarisierenden Semantisierung der Insel als ›Insel der Seligen‹ oder ›Toteninsel‹ aufgrund ihrer Beobachtung einer verbreiteten ambivalenten Erfahrung der Isolierten.

## Schauerroman und Sensationsroman

Keine andere epische Subgattung definiert sich im selben Maße wie der Schauerroman bzw. die *Gothic Novel* durch ihren Schauplatz: eine unheimliche, bedrohliche Szenerie, die handlungsgenerierende und stilprägende Funktion hat.

Klassischerweise spielt die Handlung in einem alten Schloss, einem mittelalterlichen Kloster oder anderen ruinösen Gebäuden, die in der Forschung bisher
mehr Aufmerksamkeit erhalten haben als die karge, düstere, menschenfeind-
liche Natur, in der sich die Bauten isoliert von der restlichen Zivilisation be-
finden. Die Interaktion von Mensch und Umwelt im Schauerroman – die man
analog zu Jonathan Bates »Romantic Ecology« auch als »Gothic Ecology« um-
reißen kann – unterzieht Ursula Kluwick einer Revision und vergleicht sie mit
dem verwandten, aus dem Schauerroman hervorgehenden und schließlich auch
zu dessen zweiter Renaissance führenden Sensationsroman. Gemeinsam sei beiden Subgattungen des Romans die Ästhetik der Unheimlichkeit, erzeugt durch
die Ent- und Verfremdung des Vertrauten, wodurch Verdrängtes (wieder) zutage tritt – ein Verfahren, das auch die Darstellung der Natur betrifft. Dabei
wird die reale Natur nicht bloß fiktionalisiert und stilisiert, sondern es werden
andere, ansonsten meist negierte Aspekte derselben sichtbar gemacht. In einer
solchen Neuperspektivierung sieht Kluwick das ökologische Potenzial der beiden Subgattungen, deren Naturdarstellungen und Strategien sich gleichwohl
unterscheiden.

Im Schauerroman (z. B. Ann Radcliffes *The Mysteries of Udolpho*, 1794)
habe eine fremdartige wilde Natur einen signifikanten Anteil an der Entwurzelung des Menschen, als dem zentralen Konflikt, der ihn zur Neupositionierung in einer fremden Welt zwingt. Im Sensationsroman als einer ›domestizierten‹ Form des Schauerromans sei es hingegen gerade die wohlbekannte Natur,
die plötzlich unheimlich und trügerisch werde. Während Leser und Figuren im
klassischen Schauerroman noch durch das optisch erfahrene Erhabene einer
statischen Natur zum Erschauern gebracht werden konnten, werden sie im Sensationsroman und im späten Schauerroman (z. B. Bram Stokers *Dracula*, 1897),
der vom zwischenzeitlich etablierten Sensationsroman geprägt ist, mit einer dynamischen Natur konfrontiert, die nicht nur Schauplatz des Konflikts ist, sondern diesen mit auslöst. Bewirkte der Anblick des Erhabenen in den Figuren
›nur‹ eine Erschütterung, die zur Neukonstitution des Subjekts führte, lösen der
Sensationsroman und der späte Schauerroman eine Zersetzung desselben aus,
wie es Kluwick anhand von Wilkie Collins' Sensationsroman *The Woman in
White* (1859) zeigt. Beide demonstrieren das Wirkungspotenzial der Landschaft
auf die menschliche Psyche und die enge Verknüpfung von Landschaft, Mensch
und Handlung.

## Bildungsroman

Da der Bildungsroman gemäß dem von Goethe verfassten Gattungsmuster
(*Wilhelm Meisters Lehrjahre*, 1795/96) die Frage nach einer Bildung stellt, die
den jungen Menschen zu einem nützlichen Mitglied der Gesellschaft macht und

ihm eine stabile Identität verleiht, liegt die grundsätzliche bildungspolitische und damit realitätsbezogene Relevanz des Genres auf der Hand. Ebenso unstrittig ist wohl, dass die in den kanonischen Gattungsexemplaren (von Karl Philipp Moritz' *Anton Reiser* bis Gottfried Kellers *Der grüne Heinrich*) gegebenen Antworten in Form verschiedener Bildungskonzepte wenig zu den gegenwärtigen und in der Gegenwartsprosa geschilderten Lebensbedingungen passen und also einer Aktualisierung bedürfen. Dass der Bildungsroman als Gattung jedoch keineswegs vergessen ist, sondern neue Blüten treibt, belegt das erneute Auftreten des Begriffs in Titeln und Untertiteln der Gegenwartsliteratur. Von Interesse ist folglich, welches Lehr- und Erfahrungswissen nun die Entwicklung der Protagonisten befördert und wie deren Bildungsgang im Vergleich mit dem klassischen Muster modifiziert wird.

Dass die Natur bei der Bildung des Menschen eine Rolle spielt, war schon der Grundgedanke in Adalbert Stifters wirkmächtigem *Nachsommer* (1857), in dem das Verständnis der Naturgesetze zentrales Bildungsziel und Voraussetzung für die Entwicklung des Protagonisten zum guten Menschen war. Anders als dort könne im gegenwärtigen Bildungsroman jedoch nur noch eine anthropogen massiv beeinflusste, beschädigte Natur als Lehrmeisterin fungieren, so Berbeli Wanning in ihrem Beitrag zum »kulturökologischen Bildungsroman« des späten 20. und frühen 21. Jahrhunderts. Letzterer gründet wie der *Nachsommer* auf der Überzeugung, dass die »Auseinandersetzung mit der Natur [...] unabdingbar für die individuelle Entwicklung« ist (Wanning, 199). Dies bedeutet letztlich, dass die Protagonisten von der Naturzerstörung betroffen oder gar daran beteiligt sind wie in Uwe Timms *Der Schlangenbaum* (1986), Friedrich Cramers *Amazonas* (1991) und Hans Platzgumers *Der Elefantenfuß* (2011). Den Protagonisten der beiden erstgenannten Texte ist gemeinsam, dass sie aus dem Kampf mit Umweltproblemen in Südamerika verändert hervorgehen. Laut Wanning indizieren diese Texte neue Bildungsinhalte wie einen nachhaltigen Umgang mit Ressourcen, Artenschutz und die Ausbildung zur Fähigkeit, Zusammenhänge zu begreifen und auf ökologische Veränderungen effektiv zu reagieren – sie ersetzen also ein klassisches statisches Bildungswissen. Mit dem Bildungsbegriff ändert sich das -konzept von der in Kindheit, Jugend und frühem Mannesalter abzuschließenden (Aus-)Bildung zu nun erforderlichem lebenslangem Lernen im Sinne einer Adaption an ökologische Krisen. Die genannten Texte weisen sich selbst nicht als Bildungsromane aus – Wanning macht sie erst als solche lesbar. Als Metakommentar zur Gattung bietet sich Judith Schalanskys *Der Hals der Giraffe* (2011) an, der sich zwar im Untertitel als Bildungsroman ausweist, die Bildung aber durch das Beharren der Protagonisten auf genetischer Determination und biologischer Evolution unterläuft. Auch Wanning versieht ihren Beitrag mit einem Fragezeichen, das eine Renaissance des Bildungsromans in Zweifel zieht und zugleich in Aussicht stellt. Die Fallbeispiele, die dafür sprechen, stehen Wannings Befund gegenüber, dass in Bezug auf das

Goethesche Gattungsmuster viele Elemente modifiziert erscheinen, u. a. auch der nun offene Schluss und die Abkehr von biografischer Zentrierung. Daher könnte man fragen, ob die neuen Texte überhaupt als Bildungsromane zu bezeichnen sind. Aufgrund des darin zentralen Bildungsprozesses plädiert dieser Band dafür. Den von Wanning genannten Neuerungen kann man noch hinzufügen, dass sich der notwendige Bildungsgang vom Individuum auf die Menschheit ausweitet und um die Frage kreist: Welches Wissen braucht der Mensch, um im Anthropozän überleben zu können?

## Utopie und Dystopie

Obwohl Utopie und Dystopie in diesem Band als transhistorische Schreibmodi behandelt werden, die zahlreiche Genres prägen und daher in den jeweiligen Beiträgen diskutiert werden, sind an dieser Stelle einige grundsätzliche Anmerkungen nötig, welche die unterschiedlichen Konzepte und Konkretisierungen beider Modelle in verschiedenen Kulturräumen und Philologien auf einen gemeinsamen Nenner bringen sollen. Konsens besteht darin, dass man unter Utopie im weitesten Sinne die Darstellung einer idealen Gesellschaft und unter einer Dystopie entsprechend deren negatives Gegenbild versteht. Hinsichtlich ihrer genaueren Charakterisierung priorisieren Definitionen, die sich noch stark am Gattungsprototyp, Thomas Morus' *Utopia* (1516), orientieren, entweder die Raumsemantik des fiktiven ›Nicht-Orts‹ und setzen daher ein insulares geschlossenes utopisches System voraus oder sie reduzieren die zahlreichen Darstellungsoptionen auf die Dialog- und Traktatform. Damit konkurriert das vom besagten Gattungsprototyp abweichende verbreitete Verständnis der Utopie (und analog der Dystopie) als ›Zukunftsroman‹, der eine (positive bzw. negative) Vision präsentiert, wobei zu unterscheiden ist zwischen Beschreibungen einer bereits etablierten idealen Gesellschaftsordnung und Narrativen, welche die Entwicklung hin zur idealen Gesellschaft schildern. Angesichts der Konkurrenz verschiedener Definitionen kann man zwischen Raum- und Zeitutopien unterscheiden, wobei Kombinationen beider häufig sind. Neben einer Differenzierung nach Zeit- und Raumstruktur gibt es jene nach ihrer ideologischen Ausrichtung: die Technik-, Wissenschafts-, Staats- und Sozialutopie, die feministische Utopie sowie auch die *Ökotopie*.[80]

---

80 Vgl. dazu die beiden bereits an anderer Stelle erschienenen Beiträge von Evi Zemanek: Bukolik, Idylle und Utopie aus Sicht des Ecocriticism, in: Dürbeck/Stobbe: Ecocriticism, 187–204; sowie Dies.: Die Kunst der Ökotopie. Zur Ästhetik des Genres und der fiktionsinternen Funktion der Künste (Morus, Morris, Callenbach), in: Erika Fischer-Lichte/Daniela Hahn (Hrsg.): Ökologie und die Künste. München 2015, 257–274.

Die Tatsache, dass bestimmte Technik-, Wissenschafts-, Staats- und Sozial-utopien je nach ideologischem Standpunkt des Lesers oder Autors auch als Dys-topien rezipiert werden können, verweist auf die enge Verbindung beider Arten von Zukunftsvisionen. Literarhistorisch bildete sich die als solche produkti-onsästhetisch intendierte Dystopie mehrere Jahrhunderte später heraus als die Utopie, nämlich erst im 19. Jahrhundert, tritt seitdem aber in deutlich größe-rer Menge auf. Während Utopien, so das Ergebnis der Zusammenschau ih-rer vielfältigen Ausprägungen seit der frühen Neuzeit, eher selten ein gutes oder ›ökologisches‹ Mensch-Natur-Verhältnis als zentrales Anliegen vorstel-len, findet man in Dystopien – was ursächlich sicher mit ihrer späteren Her-ausbildung zusammenhängt – beinahe immer auch Symptome eines gestörten Mensch-Natur-Verhältnisses bzw. eine zerstörte, marginalisierte Natur. Ana-log zu den Utopien gibt es auch unter den Dystopien solche, deren Handlung in einer bereits gänzlich negativen Welt einsetzt, und solche, welche die schritt-weise Verschlechterung der Zustände schildern, wobei eine Umkehr der nega-tiven Entwicklungen nicht vorgesehen ist. Hinsichtlich der Ursachen für den zivilisatorischen Niedergang, seines Entwicklungsverlaufs und Ausgangs ins-besondere angesichts der ökologischen Krise haben sich verschiedene Narrative etabliert. Daher verstehen im vorliegenden Band mehrere Beiträge das von ih-nen untersuchte Genre entweder als eine Form der Dystopie oder sie verweisen auf dystopische Varianten innerhalb ihres Genres (vgl. u. a. die Beiträge zu Ta-gebuch, Kinder- und Jugendliteratur, Science Fiction und Slave Narrative).

Wie bereits eingangs erwähnt, wird heute international oft vom *apokalypti-schen Narrativ* gesprochen, und zwar im verkürzten und säkularisierten Sinn: Meist sind damit undifferenziert *Katastrophen-*[81] oder *Weltuntergangsnarra-tive* gemeint, die man freilich mit Blick auf das Ausmaß der Katastrophe (lo-kal vs. global und menschheitsvernichtend) von einander abgrenzen könnte. Dies geschieht in der Forschung jedoch selten – insgesamt ist ein unsystema-tischer Umgang mit all diesen Begriffen festzustellen. Der Vollständigkeit hal-ber ist schließlich derjenige der *Postapokalypse* zu nennen, der (ausgehend von der anglophonen Forschung) für Darstellungen einer zerstörten Welt nach einer globalen Katastrophe verwendet wird.[82]

---

81 Vgl. dazu Peter Utz: Kultivierung der Katastrophe: Literarische Untergangsszenarien aus der Schweiz. München 2013.

82 Bezeichnenderweise wird der Begriff kaum verwendet für Visionen einer besseren Welt nach einer Zeitenwende, wie es die biblische Matrix eigentlich vorgibt.

## Risikonarrativ

Im Sinne einer stringenten Begriffsverwendung – die sich in der Analysepraxis aufgrund der facettenreichen Primärtexte und der terminologisch heterogenen Sekundärliteratur oft nicht durchhalten lässt – wäre es naheliegend, dass sich das *Katastrophennarrativ* auf die Darstellung der Katastrophe konzentriert, während eine weitere terminologisch neue Kategorie, das *Risikonarrativ*, idealiter die kalkulierende Antizipation einer Katastrophe fokussiert und es offen lässt, ob und in welchem Ausmaß sie eintreten wird oder abgewendet werden kann. Gemäß einer solchen Definition[83] entspricht das Risikonarrativ konzeptuell Ulrich Becks Abgrenzung des Risikos von der Katastrophe, das heißt der Definition des Risikos als Imagination möglicher, ja wahrscheinlicher, aber noch nicht real gewordener Ereignisse, die sich prinzipiell zwischen den Polen Utopie und Dystopie ansiedeln können. Hierbei kennzeichnet die Antizipation der Katastrophe die fiktionale und die reale Welt. Alternativ kann man wie Sylvia Mayer – die zwischen »risk narratives of anticipation« und »risk narratives of catastrophe« unterscheidet – auch Narrative miteinschließen, in denen die Figuren auf der Handlungsebene bereits eine Katastrophe erleben, die dem Leser auf der Rezeptionsebene ein auch in seiner Welt gegebenes Risiko vor Augen führt.

Nach einer Einführung in das Risiko-Konzept aus sozialwissenschaftlicher Perspektive erörtert Mayer die Frage, welcher Erzählverfahren und Gattungskonventionen sich Risikonarrative bedienen und welche Funktion sie auch in nicht-fiktionalen Risikodebatten haben. »Im Gegensatz zu nicht-literarischen Risikonarrativen inszenieren literarische Risikonarrative Umweltrisiken als vielschichtige, sich dynamisch entwickelnde und umstrittene kulturelle Phänomene«, so Mayer (217). Solche Narrative repräsentieren Umweltrisiken »(1) als auf menschliches Entscheidungshandeln zurückzuführende Gefahrenpotenziale der Spätmoderne, die die konzeptionelle Trennung von Natur und Kultur aufheben; (2) als auf die Gegenwart wie die Zukunft wirkende antizipatorische Kräfte [...]; (3) als in der Gegenwart umstrittene Antizipationen möglicher Zukünfte (*risk narratives of anticipation*); und (4) als Zukunftsentwürfe, die den Schwerpunkt auf die Darstellung katastrophaler Auswirkungen legen (*risk narratives of catastrophe*). Darüber hinaus weisen sie (5) eine metafiktionale Bedeutungsdimension auf, da sie die Konstruktionsbedingungen von Risiko re-

---

83  Vgl. dazu Evi Zemanek: A Dirty Hero's Fight for Clean Energy: Satire, Allegory, and Risk Narrative in Ian McEwan's Solar, in: ecozon@. European Journal of Literature, Culture and Environment, 3.1, 2012: Writing Catastrophes: Cross-disciplinary Perspectives on the Semantics of Natural and Anthropogenic Disasters. Hrsg. v. Gabriele Dürbeck, 51–60; Evi Zemanek: Unkalkulierbare Risiken und ihre Nebenwirkungen. Zu literarischen Reaktionen auf ökologische Transformationen und den Chancen des Ecocriticism, in: Monika Schmitz-Emans (Hrsg.): Literatur als Wagnis/Literature as a Risk. Berlin/Boston 2013, 279–302.

flektieren« (Mayer, 217). Mayer schließt sich Ursula Heise darin an, dass Risikonarrative Anleihen von anderen Genres und Schreibmodi machen, und verweist
hierbei u. a. auf *Science Fiction* und *Speculative Fiction*. Als Thema, für das sich
das Risikonarrativ *par excellence* anbietet, nennt Mayer den Klimawandel, dessen
Risikodiskurs von der globalen Dimension und der bestehenden Unsicherheit
angesichts der weitgehenden Unsichtbarkeit des Wandels geprägt ist. Entsprechend bewerten im *Klimawandelroman* die mit unterschiedlichem Klimawissen
ausgestatteten Figuren das Risiko kontrovers und tragen ideologische Konflikte
miteinander aus. Ferner handle es sich meist um Narrative, die Wetterphänomenen Handlungsmacht verleihen. Und schließlich erzählen nach Mayer alle
Risikonarrative im realistischen Modus, »der plausibel die Nähe zum Erfahrungsspektrum einer gegenwärtigen Leserschaft herstellen will« (Mayer, 223).
Dies kann man durchaus als Differenzmerkmal zur radikalen Dystopie und zur
Apokalypse begreifen.

## Ökothriller

Erwartungsgemäß partizipiert auch der Ökothriller an dystopischen Diskursen, integriert überraschenderweise zugleich aber auch utopische Schreibweisen und gestaltet beides auf seine spezifische Weise. Als Gattungsmuster wird
im deutschsprachigen Raum Frank Schätzings Bestseller *Der Schwarm* (2004)
betrachtet, der mit der Vermittlung von quasi-journalistisch recherchiertem
ökologischem Wissen Elemente des Wissenschaftsromans aktiviert. Schneider-
Özbek liest den Ökothriller als »Sonderweg des deutschen Kriminalromans«,
der auf Handlungs- und Figurenebene Gut und Böse in klarer Opposition gegenüberstellt und damit eine eindeutige moralische Bewertung vorgibt, wobei
das Genre zur Entwicklung von Verschwörungstheorien neigt. Außerdem werden meist klischeehaft-überzeichnete National- und Geschlechterstereotypen
eingesetzt, was in Schneider-Özbeks Beitrag besondere Beachtung findet. Die
feministische Lesarten geradezu herausfordernde chauvinistische Geschlech-
terdichotomie (des starken technikbeherrschenden Mannes und der schwachen
naturnahen Frau) verbindet sich im Ökothriller mit der konstitutiven Dichotomie von Technik und Natur insofern, als erstere männlich und letztere weiblich personifiziert und konnotiert sind und dadurch die Figurenkonstellation
und Handlungsentwicklung präfigurieren. Die meist vom Menschen herbei-
geführte ökologische Katastrophe führt zur Konfrontation mit den Kräften der
Natur, die der Mensch nur durch die Rückbesinnung auf die eigene Verbunden-
heit mit der Natur, d. h. durch »spiritistisch-animistische Lösungsstrategien«
(Schneider-Özbek, 244) bändigen kann. Für die Rettung der Welt und damit
für das genretypische Happy End müssen von weiblichen Figuren Impulse zu
einer Re-Mystifizierung der Welt ausgehen. Das Dilemma des Genres besteht

laut Schneider-Özbek für den Leser darin, dass er zwar die Anleitungen zu einem nachhaltigeren Umgang mit der Natur und die ökologische ›Utopie‹ eines Lebens im Einklang mit der Natur verinnerlichen soll, nicht jedoch mit den asymmetrisch-stereotypen Geschlechterverhältnissen einverstanden sein darf. Ebenso tragen zwar der spannungsreiche Plot und die klare Botschaft zur Aktivierung des Lesers bei, der nebenbei mit ökologischem Wissen gefüttert wird, zugleich läuft jedoch der auf allen Ebenen dichotomisch strukturierte Texthaushalt jeglichem ökologischen Denken zuwider.

## Science Fiction

Es wurde bereits erwähnt, dass auch Science Fiction sowohl dystopische als auch utopische Szenarien, Schreibmodi und Diskurse kombiniert. Seinen Namen verdankt das Genre bekanntlich seinem Fokus auf fantastische Innovationen in Wissenschaft und Technik, die den Menschen der Zukunft andere Lebens- und Gesellschaftsformen ermöglichen. Da es hierbei traditionell der *homo technicus* ist, der, auch wenn er sich selbst großenteils durch begabte Maschinen ersetzt, seine Lebenswelt plant und dabei die Natur beherrscht, ist davon auszugehen, dass der Natur in vielen Gattungsexemplaren allenfalls eine untergeordnete Rolle zugedacht ist, wenn sie nicht gar durch Kunstnatur ersetzt wird. Wie also darf man sich ›ökologische‹ Science Fiction vorstellen?

Jeanette Kördel entdeckt das ökologische Potenzial der Gattung mithilfe einer ökofeministischen Analyse zweier Beispiele aus der lateinamerikanischen *ciencia ficción* – und damit aus dem Globalen Süden, der in puncto technischem Fortschritt gegenüber dem Globalen Norden als unterlegen gilt. Dies mag ein Grund dafür sein, dass man die lateinamerikanische *ciencia ficción* großenteils zur so genannten *soft science fiction* zählt, deren Spekulationen eher die ›weichen‹ als die ›harten‹ Wissenschaften betreffen. Mit Bezug auf diese Unterscheidung stellt Kördel in ihrem Beitrag den Roman *Waslala* (1996) der nicaraguanischen Autorin Gioconda Belli als Beispiel der *soft science fiction* und den Roman *Cielos de la Terra* (1997) der Mexikanerin Carmen Boullosa als Beispiel für *hard science fiction* einander gegenüber. Unabhängig von dieser Unterscheidung kommt einer ›ökologischen‹ Ausrichtung der lateinamerikanischen SF deren Einbeziehung postkolonialer Diskurse zugute, die immer auch Skepsis gegenüber Modernisierung und Fortschrittsgläubigkeit artikulieren. Dadurch wird der Blick auf Ausgegrenztes, Marginalisiertes gelenkt, vor allem auf die Frau und die Natur, die in dieser Perspektive häufig miteinander identifiziert werden, wie in der ökofeministischen Analyse, die von einem »strukturellen Zusammenhang zwischen der Beherrschung und Ausbeutung der Natur und der Frau« ausgeht (Kördel, 252). Folglich dürfte man in einer ›femininen SF‹ erwarten, dass Frauen eine zentrale Rolle bei der Durchsetzung einer ›ökologischen Lebensweise‹ oder gar bei der Wiederherstellung des vielbeschworenen ›ökologischen Gleichgewichts‹ einnehmen. So eindimensional sind die Werke jedoch nicht. Gioconda Belli spielt fiktionsintern mit den hegemonialen, den Kolonialmächten, dem Westen oder dem globalen Norden zugeschriebenen Imaginationen einer noch unberührten Natur, um das von männlichen, angloamerikanischen und europäischen Autoren geprägte Genre von innen heraus zu unterminieren, während sie dieser Verklärung Lateinamerikas die problematische sozio-ökologische Realität, das heißt die fortschreitende Zerstörung durch Ausbeutung und internationalen Müllhandel, gegenüberstellt. Carmen Boullosa hingegen reaktualisiert mit dem utopischen »L' Atlàntide« Francis Bacons *Nova Atlantis* (1627), indem sie dessen technische Naturbeherrschung fortschreibt durch eine nurmehr artifizielle Herstellung von ›Natur‹, also ihrer Darstellung als Simulacrum. Jedoch führt dies bei Boullosa zur Dehumanisierung des Menschen und zum Scheitern der Utopie. Wissenschaft und Technik bieten in diesen beiden Romanen keine Problemlösungen an zur Bewältigung der ökologischen Krise oder Katastrophe. Eben dies alarmiert ihre Leser zu politischem Handeln, um die in der Fiktion dargestellten Szenarien in der Realität abzuwenden.

## Slave Narrative

Auch in Paolo Bacigalupis Science Fiction-Roman *The Windup Girl* (2009), an dessen Ende der Handlungschauplatz Thailand sintflutartig überschwemmt wird, bieten die hier fokusierten (gen-)technischen Innovationen dem Menschen keinen Schutz gegen die Folgen der globalen Erwärmung. Ganz im Gegenteil, letztlich überleben nur genetisch manipulierte Cyborgs in dieser zukünftigen Welt, in der »es keinen Platz mehr gibt für essentialistisch definierte, reine Spezies« (Grewe-Volpp, 278). Indem dieser Roman die Geschichte des zunächst als Sklavin gehaltenen, gedemütigten Windup Girls, einer posthumanen Hybridfigur aus Mensch und Maschine, erzählt, thematisiert auch er die Machtmechanismen von Ausgrenzung und Ausbeutung mitsamt deren Folgen für die Unterlegenen, erfüllt also eine kulturökologische Funktion.

Nicht nur in diesem Aspekt entdeckt Christa Grewe-Volpp Anleihen aus dem amerikanischen *Slave Narrative* des 19. Jahrhunderts, in dem ehemalige (d. h. in der Regel entflohene) Sklaven ihre Leidensgeschichte erzählen und damit die ihnen zu jener Zeit abgesprochenen intellektuellen und emotionalen Fähigkeiten demonstrieren und ihre Reduktion auf den bloßen Körper widerlegen. Bacigalupi gelingt dasselbe in seiner Zukunftsfiktion, so Grewe-Volpp, nämlich durch die interne Fokalisierung der leidenden, aber auch denkenden Protagonistin. Er überlässt es dem Leser, zu beurteilen, wer oder was an Mensch anzuerkennen ist und welche Rechte sich dadurch ergeben. Auch wenn die Natur qua Vegetation

und Tierreich wenig thematisiert wird, so zeigt es dieser Beitrag, wird mit der
Verwischung und Verhandlung der Grenzen des Menschen dessen Stellung in
der Welt und damit auch in seinem Ökosystem kritisch reflektiert.

Mit dem *Slave Narrative* wird das Spektrum dieses Bandes durch ein Genre
erweitert, das einem spezifischen historisch-kulturellen Entstehungskontext
entstammt. Jedoch sensibilisiert Grewe-Volpps Lektüre desselben als ökologisches Genre für die Entdeckung vergleichbarer Figurenkonstellationen, Plots
und Strukturen in ganz anderen Enstehungskontexten.


## Kinder- und Jugendliteratur

Im vorliegenden Band wird die Kinder- und Jugendliteratur (KJL) in *einem* Beitrag behandelt, obwohl sie strukturell nicht *ein* Genre bildet, sondern ein ›Metagenre‹, »das in seinem Symbolsystem ebenso unterschiedliche Genres wie die
Allgemeinliteratur subsumiert und facettenreich den Themenkomplex ökologischer Transformationen entfaltet« (Stemmann, 281). Daher ist die weite Frage,
inwiefern die KJL ein ökologisches Genre ist, zu präzisieren durch die Untersuchung, mit welchen narrativen und intermedialen Verfahren ökologische
Transformationen in den verschiedenen Genres der KJL dargestellt werden.

Auf der Basis zahlreicher thematisch wie ästhetisch facettenreicher Texte gelangt Anna Stemmann zu dem Befund, dass einerseits »Restriktionen in der
*histoire*«, nämlich der Verzicht, die ökologische Katastrophe in aller Drastik zu
schildern, und andererseits eine Vielfalt an Erzählverfahren festzustellen sind,
die zur Genretransgression und -hybridisierung neigen, dabei häufig inter- und
multimedial sind und fiktionale mit faktualen Elementen verbinden. Nachdem wir daran erinnert werden, dass ökologische Wechselwirkungen schon in
der Entstehungsgeschichte der KJL essenzielles Thema sind, konzentriert sich
der Beitrag auf die gegenwärtige KJL, die selbst als dynamisches, offenes System begriffen wird. Wie bimediales, verbo-visuelles Erzählen (qua Text, Illustration und Comicsequenzen) Multiperspektivität erzeugt, zeigt Stemmann
u. a. an Susan Schades Werk *Thelonius' große Reise* (2012), das Elemente der anthropomorphisierten Tiergeschichte, der fantastischen Literatur und der Science-Fiction kombiniert. Folglich erweist sich eine strikte gattungstypologische
Einordnung als schwierig und auch wenig fruchtbar. Genauer lautet daher eine
Beobachtung, dass gegenwärtig das höchst beliebte Ausgangssetting der ökologischen Dystopie mit verschiedenen Narrativen verbunden und formal unterschiedlich gestaltet wird, meist als Ich-Erzählung und oft gar als Tagebuch.
Dystopische Szenarien der KJL unterscheiden sich in der Grundkonstellation
kaum von denen der Allgemeinliteratur, die Handlung spielt etwa in einer Welt
nach dem Aussterben der Menschheit (vgl. *Thelonius' große Reise*), in einer nach
menschgemachter Umweltkatastrophe unbewohnbaren Welt (vgl. Yves Grevets

Trilogie *Méto*, 2012–13) oder konkreter, in einem infolge globaler Erwärmung überfluteten London (vgl. Saci Lloyds *Euer schönes Leben kotzt mich an!*, 2009). Als zwei Besonderheiten der dystopischen KJL erkennt Stemmann erstens (z. B. mit Blick auf den zuletzt genannten Text sowie auf Susan Beth Pfeffers *Die Welt, wie wir sie kannten*, 2010), dass das dystopische Setting funktionalisiert wird, um die Krisenerfahrung der Adoleszenz noch zu verstärken, was die auf die Realität bezogene Warnfunktion der Dystopie schwächt und eine Trivialisierung bewirkt. Dazu gehört die Beobachtung, dass dystopisch-katastrophale Szenarien in der KJL quasi immer mindestens mit einem positiven Ausblick auf eine mögliche Lösung enden. Zweitens fällt die Tendenz zur multiperspektivischen Darstellung der ökologischen Krise ins Auge, die den jungen Lesern die unterschiedlichen Aspekte und Standpunkte vorstellt, sei es durch Integration visueller Erzählelemente oder durch Integration faktualer Diskurse, um die Attraktivität und Brisanz des wichtigen Themas sowie seine Vermittelbarkeit zu erhöhen.[84]

## Tagebuch

Anders als die meisten in diesem Band behandelten Gattungen kann man die Tagebuchliteratur sowohl den faktualen als auch fiktionalen Genres zuordnen, denn die Tagebuchform als Textstrukturprinzip ist sowohl in empirisch-literarischen Schriftstellertagebüchern wie auch im fiktionalen Tagebuchroman realisiert. Gemeinsam ist diesen die Ich-Erzählsituation (ohne Adressaten), die chronologische Anlage datierter Einträge und eine suggerierte Unmittelbarkeit bzw. ein Authentizitätsanspruch. Sucht man gezielt nach Texten, welche die ökologische Krise reflektieren, so findet man sie also entweder unter dem Namen von Personen, die (seien es Schriftsteller oder Laien) besondere Krisenerfahrungen gemacht haben oder als schon in der Überschrift oder in Paratexten kenntlich gemachtes literarisches Werk zur Krise. Unabhängig von ihrem Fiktionalitätsstatus zeichnen sich letztere Tagebuchromane im Unterschied zu nicht-fiktionalen, ohne äußeren Anlass über längere Zeit geführten

---

84 Auf verbo-visuelle Verfahren zur Vermittlung ökologischen Wissens setzen neuerdings auch Sachcomics zur Umweltkrise. In den vorliegenden Band wurden bimediale Werke aufgrund des spezifischen Erkenntnisinteresses an *Text*gattungen nicht mitaufgenommen. Vgl. dazu exemplarisch: Christian Klein: Gezeichnete Helden? Figurendarstellungen in graphischer Umwelt- und Klimawandelliteratur, in: Gabriele Dürbeck/Urte Stobbe (Hrsg.): Helden, ambivalente Protagonisten, nicht-menschliche Agenzien. Zur Figurendarstellung in umweltbezogener Literatur. Sonderheft Komparatistik Online 2015, 69–83; sowie Evi Zemanek: »Climate change is real.« – »Kriegen wir die Kurve?« – »Je n'y crois pas«. Wissenspopularisierung und Appell im deutschen, englischen und französischen Sachcomic zum Klimawandel, in: Claudia Schmitt/Christiane Solte-Gresser (Hrsg.): Literatur und Ökologie. Neue literatur- und kulturwissenschaftliche Perspektiven. Bielefeld 2017, 547–562.

Tagebüchern durch stärkere Fokussierung des ökologischen Themas aus und machen authentische oder »authentisch wirkende, fingierte Wirklichkeitsaussagen« (Hollerweger, 299).

Die drei von Elisabeth Hollerweger in diesem Beitrag betrachteten Werke – von denen zwei fiktionale Szenarien entwerfen und eines die reale Katastrophe in Fukushima dokumentiert – zeigen, wie die tagebuchtypische »Subjektivierung, Ichbehauptung und individuelle Positionsbestimmung« angesichts der komplexen sozio-ökologischen Zusammenhänge der Krisensituation »zur immer größeren Herausforderung« werden (Hollerweger, 297). Von Interesse ist nicht nur, wie sich das schreibende Ich individuell zur Krise positioniert, sondern welche Funktion das diarische Schreiben angesichts der (in den drei ausgewählten Werken irreversiblen und das Leben der Diaristinnen erschwerenden) Krise erfüllt, das heißt auch, welche kulturökologische Funktion diese Tagebücher als Werke erfüllen. Während Tagebücher themenunspezifisch immer der Konstitution des Diaristen/der Diaristin und deren Selbstbespiegelung dienen, werden die hier untersuchten Texte zum Medium der persönlichen Krisenbewältigung (freilich ohne dass sie die ökologische Krise auflösen können).

Anhand von Liane Dirks *Falsche Himmel* (2006) zeigt Hollerweger, wie die tägliche Dokumentation der Ereignisse hilft, Kausalzusammenhänge zu rekonstruieren, Erklärungsansätze zu entwickeln, sich einen Überblick zu verschaffen, aber auch gezielt als letztes Lebenszeichen des aussterbenden Menschen intendiert ist. So wie die textinternen Funktionen der Tagebücher variieren, entwickeln sie mit unterschiedlicher Gewichtung kulturkritische (Meta-)Diskurse, imaginative Gegendiskurse und reintegrative Interdiskurse. Die Letzteren sieht Hollerweger zum Beispiel besonders ausgeprägt in Lloyds *Euer schönes Leben kotzt mich an!* (2009), wo Adoleszenz- und Umweltkrise miteinander verbunden sowie beides mit den Makrothemen »Konsum, Mobilität, Reisen, Ernährung, sozialer Sicherung, Wohnen und Lifestyle« verknüpft werden (Hollerweger, 312). Auf andere Weise integriert und vernetzt Yuko Ichimuras *03/11 Tagebuch nach Fukushima* (2012) verschiedene individuelle Geschichten und Meinungen der japanischen Gesellschaft während und nach der Fukushima-Katastrophe. Als ökologische Genres kann man Tagebücher schließlich aber auch deshalb ansehen (so Hollerweger, 313), weil sie »aufgrund ihrer fingierten Nähe zu alltäglichen schriftlichen Gebrauchsformen« ein »spezifisches Immersionspotential« besitzen.

## Reiseliteratur

Eine je individuelle Verbindung von faktualen und fiktionalen Elementen kennzeichnet auch die Reiseliteratur, die als Oberbegriff so unterschiedliche Phänomene wie Reiseführer, -bericht, -reportage, -roman und -tagebuch beinhaltet.

Allen gemeinsam ist die Verarbeitung einer Begegnung mit dem kulturell und landschaftlich Fremden, es variieren jedoch die subjektiv-autobiografischen bzw. objektiv-überindividuellen Anteile und der literarisch-ästhetische Anspruch. Da eine Reiseliteratur ohne Landschaftsbeschreibungen – und seien es Kulturlandschaften – schwer vorstellbar ist, liegt die Relevanz der Gattung für ökologische Fragestellungen auf der Hand. Von Interesse ist auch bei dieser Gattung bzw. ihren Subgattungen, wie die Natur-Kultur-Relation modelliert wird. Als Kontrast zur verbreiteten Dichotomisierung entdeckt Elisabeth Jütten ein Spiel mit narrativen Natur-Kultur-Hybriden in Christoph Ransmayrs episodischem *Atlas eines ängstlichen Mannes* (2012), dessen Subjektivität, Selbstreflexivität und Stilisierung schon im Erzähler angelegt sind. Mit dem Hinweis auf die Parallelen zwischen der reiseliteraturtypischen Neuverhandlung des Verhältnisses von kulturell Eigenem und Fremdem sowie zwischen Kultur und äußerer/innerer Natur verknüpft dieser Beitrag postkoloniale, transkulturelle und ökologische Perspektiven. Ähnlich wie der Ecocriticism von einer komplexen Verflechtung von Natur und Kultur in hybriden ›naturecultures‹ ausgeht, sind Abgrenzungen auch im Sinne der postmodernen Transkulturalität nicht möglich.

Zu den ideologischen Fallstricken der Reiseliteratur gehören neben dem euro- und anthropozentrischen Blick auf das Andere auch die unkritische Darstellung eines ›ökologischen Imperialismus‹, nämlich der Veränderung des ökologischen Gleichgewichts, etwa im Zuge der Eroberung indigenen Landes, durch das Einschleppen von fremden Pflanzen- und Tierarten, und auch ein ›ökologischer Rassismus‹, der darin besteht, entweder das Naturverhältnis der Indigenen naiv zu verklären oder fremde kulturelle Praktiken der Naturzerstörung zu bezichtigen. Jütten zeigt, wie Ransmayr diese Fallstricke in seinem generisch hybriden, Elemente aus Autobiografie, Erzählung, Reisebericht und Reportage integrierenden Text auf mehreren Ebenen umgeht, indem er erstens eine »dialektische Interaktion« zwischen Raum und Reisendem inszeniert (Jütten, 326); zweitens die Wahrnehmungsperspektive und damit auch die Subjektposition des Reisenden gegenüber Fremdem und Eigenem, Nichtmenschlichem und Menschlichem kontinuierlich neu austariert, wobei er im Sinne einer »reflexiven Ethnographie« Distanz bewahrt und auf Vereinnahmung des Anderen verzichtet (Jütten, 328); drittens die wahrgenommenen ökologischen Gegebenheiten für sich sprechen lässt, um den kolonialisierenden Gestus zu vermeiden; und viertens die Vernetzung oder gar Verwandtschaft von Mensch/Kultur und Tier/Natur durch narrative Überblendung von Selbst- und Fremdbeschreibungen suggeriert.

## Essay

Im Gattungsspektrum jener Texte, die sich mit Natur auseinandersetzen, nimmt in angloamerikanischer Perspektive das nicht-fiktionale *Nature Writing* (in der Nachfolge von Thoreau) einen wichtigen Platz ein. Nature Writing gilt als eine v. a. thematisch bestimmte Gattung, die formal als Tagebuch, Memoiren, Essay oder Abhandlung realisiert sein kann. Verbreitet ist die Ansicht, dass es in der deutschsprachigen Literatur kein vergleichbares Phänomen gäbe. Simone Schröder korrigiert dies, indem sie eine Tradition des Naturessays seit 1800 aufzeigt, exemplarisch vorgestellt anhand von Alexander von Humboldts *Ansichten der Natur* (1808), Ernst Jüngers *Subtile Jagden* (1967) und *Bullau. Versuch über Natur* (2006) von Andreas Maier und Christine Büchner. Anhand dieser Texte kann sie nicht nur eine deutsche Geschichte essayistischer Beschäftigung mit ökologischen Prozessen und Transformationen nachweisen, sondern die genretypischen rhetorisch-ästhetischen Verfahren für die Behandlung ökologischer Themen erläutern.

Den Essay zählt man üblicherweise zu den nicht-fiktionalen Gattungen, da in ihm ein empirisches, identifizierbares Autor-Ich einen nicht-fiktiven Gegenstand behandelt. Einer Auseinandersetzung mit Naturphänomenen ist damit zwar die Referenz auf die Realität vorgegeben, doch weiß er den dennoch vorhandenen Spielraum zu nutzen, indem er verschiedene literarische Schreibverfahren miteinander kombiniert, changiert er doch häufig spielerisch zwischen erzählendem, beschreibendem, lyrischem und auch dialogischem Modus. Seine Besonderheit sieht Schröder aber vor allem darin, dass die Darstellung ökologischer Interaktion wechselweise auf drei Ebenen stattfindet, nämlich einer Beschreibungs-, Introspektions- und Reflexionsebene; dieser Ebenenwechsel sei gar das »deutlichste Merkmal eines genuin essayistischen Verfahrens« (Schröder, 344). Das heißt, dass eine faktual-deskriptive naturkundlich-wissenschaftliche Darstellung ökologischer Zusammenhänge verbunden wird mit einer Deutung der Zusammenhänge auf der Basis subjektiver, aber zugleich auch universalisierbarer Naturerfahrung sowie mit einer eigenständigen kritischen Reflexion des Ganzen. Da der Essay damit an kategorial verschiedenartigen Diskursen partizipiert, kann man ihn als Interdiskurs betrachten, der nach Zapf eine zentrale kulturökologische Funktion erfüllt und der Darstellung ökologischer Dynamiken auch insofern entgegenkommt, als diese *per se* einer interdisziplinären Erfassung bedürfen. Bezeichnenderweise wird der Essay aufgrund seiner ungeordnet assoziativen, wuchernden Schreibweise als »organic form« (Denise Gigante) bezeichnet; oder, anders gesagt, die Gedankensprünge in verschiedene Richtungen wirken wie »eine Art Mimesis der Vernetzungsformen von Natur selbst« (Hartmut Böhme).

Obwohl den drei von Schröder untersuchten Naturessays dieses Verfahren gemeinsam ist, differieren Anliegen und Fokus ihrer Autoren. Während die genretypischen Assoziationen bei Humboldt bezwecken, globale Zusammenhänge bzw. ein dynamisches Naturganzes sichtbar zu machen, sind sie bei Jünger eher biografisch motiviert und fokussieren den Mikrokosmos der Insekten, den der Autor archivarisch bewahren möchte – wohlgemerkt zu einer Zeit, in der die Natur durch Urbanisierung und Industrialisierung bereits viel stärker marginalisiert und transformiert worden ist als zu Humboldts Zeiten. Dass die kollektive Entfremdung von der Natur im 21. Jahrhundert nochmals deutlich zugenommen hat, zeigt sich in der (schwierigen) Suche nach Natur und einem persönlichen Zugang zu ihr, die Maier und Büchner beschreiben.

## Chronik und Testimonialliteratur

Zu den Genres, die faktuale und fiktionale Elemente und Schreibmodi miteinander verbinden, gehören auch zwei lateinamerikanische Phänomene: die zeitgenössische Chronik und die Testimonialliteratur. Beide beschäftigen sich zunehmend mit Umweltproblemen und ökologischen Fragen – und zwar aus der Perspektive des Globalen Südens, die von derjenigen des Globalen Nordens deutlich abweicht. Eine stetig wachsende *ecocritica latinoamericana* macht darauf aufmerksam, wie zentral die kulturelle Funktion der heimischen, vielerorts durch Megadiversität gekennzeichneten Natur im Zuge von Dekolonialisierung und nationaler Selbstvergewisserung war und es weiterhin ist. Heute entsteht literarische ökologische Kritik vor dem Hintergrund einer ökonomisch motivierten extraktivistischen Entwicklungspolitik und der dadurch verursachten gravierenden Umweltschäden, welche die Verzahnung von sozialen und ökologischen Problemen offenbart und eine »ecología de los pobres« (›Ökologie der Armen‹), das heißt eine dem Globalen Süden gerecht werdende *environmental justice* notwendig macht. Darauf reagierende ökologische Diskurse machen sich die aktuell erfolgreichen Gattungen der *crónica* und des *testimonio* zu Nutze und modifizieren diese themenspezifisch.

Elmar Schmidt zeigt, dass sich die Chronik als historiografisch intendierte Hybridform aus investigativer journalistischer Berichterstattung und subjektiv arrangierter Zitatcollage insofern zur Verhandlung ökologischer Probleme eignet, als sie verschiedenste Zeitzeugen zitiert und deren Meinungen über aktuelle sozio-ökologische Entwicklungen zu einem Panorama einer chaotischen Gegenwart arrangiert. Als repräsentatives Beispiel hierfür untersucht er die mexikanische Chronik *Los rituales del caos* (1995) von Carlos Monsiváis, welche die prekäre urbane Realität in der Megalopolis Mexico Stadt in (post-)apokalyptischen Szenarien populär- oder gar gegenkulturell präsentiert und damit vorherrschende Deutungen des politischen *mainstreams* unterminiert. Wie zeitgenössische Chroniken die kolonialen Gattungsmuster in neuen medialen Formaten adaptieren, zeigt Schmidt außerdem anhand der *Novísima corónica i malgobierno* (2011) des peruanischen Comiczeichners Miguel Det, dessen kritische, bilderreiche Synopse der peruanischen Realität die Umweltprobleme Perus thematisiert und eindrücklich für den Schutz der vielgerühmten *megadiversidad* plädiert.

Das *testimonio* hingegen ist gewöhnlich eine Erzählung eines Einzelnen, der anhand seiner Geschichte die schwierige (in diesem Fall sozio-ökologische) Lage subalterner Bevölkerungsschichten bezeugt. Da diese Erzähler meist, wenn nicht Analphabeten, so doch keine Schriftsteller sind, wird ein *testimonio* als mündliche Erzählung aufgenommen und von einem Autor verschriftlicht, bearbeitet und ediert. Diese Gattung stellt Schmidt anhand des bekanntesten lateinamerikanischen Exemplars einer guatemaltekischen Maya-Aktivistin, *Me llamo Rigoberta Menchú y así me nació la conciencia* (1982), vor, um Berührungspunkte von ökologischem Denken und indigener Naturwahrnehmung aufzuzeigen, die oftmals zu einer (Selbst-)Stilisierung als »ecological native« führen. Jenes stereotype, politisch instrumentalisierte Selbst- und Fremdbild findet sich auch noch im heutigen *testimonio*, das längst auf verschiedenste Medien wie Film, Radio, Comic und Theater übergegriffen hat. Mehr noch als die Chronik verleiht es den Ausgegrenzten, Marginalisierten, Machtlosen eine Stimme bzw. verleiht es der mündlichen Narration eine Textform und erfüllt damit eine kulturökologische Funktion. Schmidt zeigt, wie sich beide Genres durch die Aneignung neuer medialer Formen fortlaufend weiterentwickeln, wie sie lokale und globale Perspektiven verbinden und dabei andere Genres und Schreibmodi – v. a. das Risikonarrativ, die Apokalypse, die Rhetorik des *toxic discourse*, aber auch Ökotopien – zitieren, adaptieren und modifizieren.

## Ratgeber

Eine weitere nicht-fiktionale Gattung, die thematisch zentral ökologisches Denken artikuliert, ist schließlich der Ratgeber, der sich, in der Nachfolge des seinerzeit berühmten *Öko-Knigge* (1984), heute vor dem Hintergrund der ökologischen Krise in mehreren Segmenten des Buchmarkts gut verkauft: je nachdem, ob er insgesamt für eine ›ökologische‹ Lebensführung, speziell für eine fleischlose Ernährung oder aber für ein naturnahes Leben auf dem Land wirbt. Über die gängigen und möglichen Schreibmodi und Strategien von ›Öko-Ratgebern‹, die zur Sachliteratur zählen, hat sich die Forschung bisher kaum verständigt. Der buchwissenschaftlichen Warenkunde folgend, grenzt Nadja Türke die Ratgeber von bloßen Anleitungen ab, die konkrete Handlungsanweisungen geben (wie etwa ein Kochbuch für Veganer), während die von ihr betrachteten Ratgeber ihre Ratschläge indirekt mittels eines autobiografischen Berichts über einen Selbstversuch kommunizieren. So lassen Jonathan Safran Foer (*Eating Animals/Tiere essen*, 2009), Karen Duve (*Anständig essen. Ein Selbstversuch,*

2010), Christiane Paul (*Das Leben ist eine Öko-Baustelle. Mein Versuch, ökologisch bewusst zu leben*, 2011) u. a. ihre Leser rückblickend daran teilhaben, wie sie ihre Gewohnheiten im Alltag auf deren Umweltverträglichkeit hin befragen und versuchen, sich zu ändern, um fortan ökologisch-nachhaltiger – und auf diese Weise, so hoffen sie, nicht nur ethisch vorbildlich, sondern auch zufriedener – zu leben. Die Spezifik solcher Texte liegt also darin, individualethische und sozialethische Anliegen miteinander zu verbinden (vgl. Türke, 389) – oder kann man von einer Bioethik sprechen, da hier auch Tiere und Pflanzen berücksichtigt werden?

Im erzählten Selbstversuch geben die hier vorgestellten Autoren die Autorität des Sachbuchautors und dessen üblichen Wissensvorsprung auf, um sich gemeinsam mit dem Leser über Möglichkeiten einer ökologischen Lebensreform zu informieren. Das erworbene Wissen lassen sie auf verschiedene Weise einfließen, sei es, indem sie Interviews mit Experten integrieren oder schlichtweg Fachwissen wiedergeben und statistische Erhebungen zitieren. Dadurch entsteht ein hybrider Text, der verschiedene Diskurse und Strategien einsetzt, um den Leser zu überzeugen. Diese Ratgeber gehen davon aus, so Türke, dass sich ihre Leser nicht allein durch Fakten überzeugen lassen und das prominente oder mindestens individuelle Vorbild, sei es als menschliche Orientierungsgröße oder zur unterhaltsamen Aufbereitung des ökologischen Wissens, brauchen. Folglich spiegeln diese Ratgeber das Bedürfnis an ökologischer Aufklärung, Unterhaltung und Wissenspopularisierung einer bestimmten Käufergruppe. Zugleich folgen sie wohlüberlegten Marketingstrategien. Sollen die prominenten Probanden als realistische Vorbilder angenommen werden, dürfen sie nur Teilerfolge bei der versuchten Änderung ihrer Gewohnheiten für sich verbuchen. Ihr Ziel, ein in umfassender Weise ökologisch-nachhaltiges Leben zu führen, ist utopisch und wird daher nur kurzzeitig oder teilweise erreicht, soll jedoch als Ideal wegweisend wirken.

Als Sachbücher entziehen sich diese Texte tendenziell einer Beurteilung nach ihrer literarischen Qualität und stellen ihre Funktionalität in den Vordergrund. Freilich könnte ihre effektive Wirkkraft – im Sinne einer Veränderung in Haltung oder Verhalten ihrer Leser – nur durch empirische Studien erfasst werden. Evident ist jedoch, dass diese Ratgeber im Unterschied zu Sachbüchern, die rein sachlich-wissenschaftlich in die Ökologie einführen oder Ursachen und Folgen der ökologischen Krise erläutern, eine weitere Käufergruppe jenseits der Akademiker erschließen.

# Literaturverzeichnis

Bateson, Gregory: Steps to an Ecology of Mind. New York 1972.

Bies, Michael/Gamper, Michael/Kleeberg, Ingrid (Hrsg.): Einleitung, in: Gattungs-Wissen. Wissenspoetologie und literarische Form. Göttingen 2013, 7–18.

Böhme, Gernot: Für eine ökologische Naturästhetik. Frankfurt a. M. 1989.

Böhme, Hartmut: Germanistik in der Herausforderung durch den technischen und ökonomischen Wandel, in: Jäger, Ludwig (Hrsg.): Germanistik in der Mediengesellschaft. München 1994, 63–77.

Bracke, Astrid: The Contemporary English Novel and its Challenges to Ecocriticism, in: Garrard, Greg (Hrsg.): The Oxford Handbook of Ecocriticism. Oxford/New York 2014, 423–439.

Branch, Michael P./Slovic, Scott: Introduction: Surveying the emergence of Ecocriticism, in: Dies.: The ISLE Reader. Ecocriticism 1993–2003. Athens/London 2003, xiii–xxiii.

Buell, Frederick: From Apocalypse to Way of Life. Environmental Crisis in the American Century. New York 2003.

Buell, Lawrence: The Environmental Imagination. Thoreau, Nature Writing, and the Formation of American Culture. London 1995.

Buell, Lawrence/Heise, Ursula K./Thornber, Karen: Literature and Environment, in: Annual Review of Environment and Resources 36, 2011, 417–440.

Bühler, Benjamin: Ecocriticism. Grundlagen – Theorien – Interpretationen. Stuttgart 2016.

Dürbeck, Gabriele/Stobbe, Urte (Hrsg.): Ecocriticism. Eine Einführung. Köln u. a. 2015.

Dürbeck, Gabriele/Stobbe, Urte/Zapf, Hubert/Zemanek, Evi (Hrsg.): Ecological Thought in German Literature and Culture. Lanham 2017.

Finke, Peter: Kulturökologie, in: Nünning, Ansgar/Nünning, Vera (Hrsg.): Konzepte der Kulturwissenschaften. Theoretische Grundlagen – Ansätze – Perspektiven. Stuttgart/Weimar 2003, 248–279.

Fowler, Alastair: Kinds of Literature. An Introduction to the Theory of Genres and Modes. Cambridge 1982.

Friederichs, Karl: Der Gegenstand der Ökologie, in: Studium Generale 10, 1957, 112 144.

Garrard, Greg: Ecocriticism. London u. a. 2012.

– (Hrsg.): The Oxford Handbook of Ecocriticism. Oxford/New York 2014.

Gifford, Terry: Pastoral, Anti-Pastoral, and Post-Pastoral, in: Westling, Louise (Hrsg.): The Cambridge Companion to Literature and the Environment. New York 2014, 17–30. Online: http://universitypublishingonline.org/cambridge/companions/ebook.

Glotfelty, Cheryll: Introduction. Literary Studies in an Age of Environmental Crisis, in: Dies./Fromm, Harold (Hrsg.): The Ecocriticism Reader. Landmarks in Literary Ecology. Athens 1996, xv–xxxvii.

Goodbody, Axel: German Ecocriticism, in: Garrard, Greg (Hrsg.): The Oxford Handbook of Ecocriticism. Oxford 2014, 547–559.

Gymnich, Marion: Normbildende Werke, in: Zymner, Rüdiger (Hrsg.): Handbuch Gattungstheorie. Stuttgart/Weimar 2010, 152–153.

Haeckel, Ernst: Generelle Morphologie der Organismen. Allgemeine Grundzüge der organischen Formen-Wissenschaft, mechanisch begründet durch die von Charles Darwin reformierte Descendenz-Theorie. 2 Bde. Berlin 1866.

– Natürliche Schöpfungsgeschichte. Gemeinverständliche wissenschaftliche Vorträge über die Entwickelungslehre im Allgemeinen und diejenige von Darwin, Goethe und Lamarck im Besonderen, über die Anwendung derselben auf den Ursprung des Menschen und andere damit zusammenhängende Grundfragen der Naturwissenschaft. Berlin 1870.

Heise, Ursula K.: Sense of Place and Sense of Planet. The Environmental Imagination of the Global. Oxford/New York 2008.

- Ecocriticism/Ökokritik, in: Ansgar Nünning (Hrsg.): Metzler Lexikon Literatur- und Kulturtheorie. Ansätze – Personen – Grundbegriffe. 5. aktual. u. erw. Aufl. Stuttgart 2013, 155–157.

Hempfer, Klaus W.: Gattung, in: Weimar, Klaus u. a. (Hrsg.): Reallexikon der deutschen Literaturwissenschaft. Bd. 1. Berlin 1997, 651–655.

Hermand, Jost: Literaturwissenschaft und ökologisches Bewusstsein. Eine mühsame Verflechtung, in: Bentfeld, Anne/Delabar, Walter (Hrsg.): Perspektiven der Germanistik. Neueste Ansichten zu einem alten Problem. Opladen 1997, 106–125.

Hofer, Stefan: Die Ökologie der Literatur. Eine systemtheoretische Annäherung. Mit einer Studie zu Werken Peter Handkes. Bielefeld 2007.

Iovino, Serenella/Oppermann, Serpil (Hrsg.): Material Ecocriticism. Bloomington 2014.

Kerridge, Richard: Ecocritical Approaches to Literary Form and Genre. Urgency, Depth, Provisionality, Temporality, in: Garrard, Greg (Hrsg.): The Oxford Handbook of Ecocriticism. Oxford/New York 2014, 361–376.

Klein, Christian: Gezeichnete Helden? Figurendarstellungen in graphischer Umwelt- und Klimawandelliteratur, in: Gabriele Dürbeck/Urte Stobbe (Hrsg.): Helden, ambivalente Protagonisten, nicht-menschliche Agenzien. Zur Figurendarstellung in umweltbezogener Literatur. Sonderheft Komparatistik Online 2015, 69–83.

Koschorke, Albrecht: Zur Epistemologie der Natur/Kultur-Grenze und ihren disziplinären Folgen, in: Deutsche Vierteljahrsschrift für Literaturwissenschaft und Geistesgeschichte 83.1, 2009, 9–25.

Krebs, Angelika (Hrsg.): Naturethik. Grundtexte der gegenwärtigen tier- und ökoethischen Diskussion. Frankfurt a. M. 1997.

Küster, Hansjörg: Das ist Ökologie. Die biologischen Grundlagen unserer Existenz. München 2005.

Meeker, Joseph: The Comedy of Survival. Studies in Literary Ecology. New York 1972.

Nentwig, Wolfgang/Bacher, Sven/Brandl, Roland: Ökologie kompakt. 3. Aufl. Heidelberg 2012.

Neumann, Birgit/Nünning, Ansgar: Einleitung: Probleme, Aufgaben und Perspektiven der Gattungstheorie und Gattungsgeschichte, in: Gymnich, Marion/Dies. (Hrsg.): Gattungstheorie und Gattungsgeschichte. Trier 2007, 1–28.

Odum, Eugene P.: Der Aufbruch der Ökologie zu einer neuen integrierten Disziplin, in: Ders.: Grundlagen der Ökologie. 2 Bde. Übs. v. Jürgen Overbeck u. Ena Overbeck. Bd. 1. Stuttgart/New York 1980.

Ott, Konrad/Dierks, Jan/Voget-Kleschin, Lieske (Hrsg.): Handbuch Umweltethik. Stuttgart 2016.

Rueckert, William: Literature and Ecology. An Experiment in Ecocriticism [1978], in: Glotfelty, Cheryll/Fromm, Harold (Hrsg.): The Ecocriticism Reader. Athens/London 1996, 105–123.

Sandilands, Catriona: Green Things in the Garbage: Ecocritical Gleaning in Walter Benjamin's Arcades, in: Goodbody, Axel/Rigby, Kate: Ecocritical Theory. New European Approaches. Charlottesville 2011, 30–42.

Seel, Martin: Eine Ästhetik der Natur. Frankfurt a. M. 1991.

Suerbaum, Ulrich: Text, Gattung, Intertextualität, in: Fabian, Bernhard (Hrsg.): Ein anglistischer Grundkurs. Einführung in die Literaturwissenschaft. 7. neu bearb. Aufl. Berlin 1993, 83–88.

Sullivan, Heather: New Materialism, in: Dürbeck, Gabriele/Stobbe, Urte (Hrsg.): Ecocriticism. Eine Einführung. Köln u. a. 2015, 57–67.

Sulzer, Johann Georg: Lehrgedicht, in: Ders.: Allgemeine Theorie der schönen Künste. 2 Bde. Bd. 2. Leipzig 1775, 137–141.

Thienemann, August Friedrich: Vom Wesen der Ökologie, in: Biologia Generalis 15, 1941, 312–331.

Toepfer, Georg: Ökologie, in: Ders.: Historisches Wörterbuch der Biologie. Geschichte und Theorie der biologischen Grundbegriffe. Bd. 2. Darmstadt 2011, 681–714.

Trepl, Ludwig: Ökologie – eine grüne Leitwissenschaft. Über Grenzen und Perspektiven einer modischen Disziplin, in: Kursbuch 74, 1983, 6–27.

Treptow, Elmar: Die erhabene Natur. Entwurf einer ökologischen Ästhetik. Würzburg 2001.

Utz, Peter: Kultivierung der Katastrophe: Literarische Untergangsszenarien aus der Schweiz. München 2013.

Voßkamp, Wilhelm: Gattungsgeschichte, in: Weimar, Klaus u. a. (Hrsg.): Reallexikon der deutschen Literaturwissenschaft. Bd. 1, Berlin 1997, 655–658.

Wenzel, Peter: Literarische Gattung, in: Nünning, Ansgar (Hrsg.): Metzler Lexikon Literatur- und Kulturtheorie. Ansätze – Personen – Grundbegriffe. 5. aktual. u. erw. Aufl. Stuttgart 2013, 244–245.

– Gattungsgeschichte, in: Nünning, Ansgar (Hrsg.): Metzler Lexikon Literatur- und Kulturtheorie. Ansätze – Personen – Grundbegriffe. 5. aktual. u. erw. Aufl. Stuttgart 2013, 245–246.

Zapf, Hubert: Literatur als kulturelle Ökologie. Zur kulturellen Funktion imaginativer Texte an Beispielen des amerikanischen Romans. Tübingen 2002.

– Das Funktionsmodell der Literatur als kultureller Ökologie: Imaginative Texte im Spannungsfeld von Dekonstruktion und Regeneration, in: Gymnich, Marion/Nünning, Ansgar (Hrsg.): Funktionen von Literatur. Theoretische Grundlagen und Modellinterpretationen. Trier 2005, 55–75.

– Kulturökologie und Literatur, in: Dürbeck, Gabriele/Stobbe, Urte (Hrsg.): Ecocriticism. Eine Einführung. Köln u. a. 2015, 172–184.

– Handbook of Ecocriticism and Cultural Ecology. Berlin/Boston 2016.

– Literature as Cultural Ecology. Sustainable Texts. London u. a. 2016.

Zemanek, Evi: A Dirty Hero's Fight for Clean Energy: Satire, Allegory, and Risk Narrative in Ian McEwan's Solar, in: ecozon@. European Journal of Literature, Culture and Environment, 3.1, 2012 = Sonderheft: Dürbeck, Gabriele (Hrsg.): Writing Catastrophes: Cross-disciplinary Perspectives on the Semantics of Natural and Anthropogenic Disasters, 51–60.

– Unkalkulierbare Risiken und ihre Nebenwirkungen. Zu literarischen Reaktionen auf ökologische Transformationen und den Chancen des Ecocriticism, in: Schmitz-Emans, Monika (Hrsg.): Literatur als Wagnis/Literature as a Risk. Berlin/Boston 2013, 279–302.

– Bukolik, Idylle und Utopie aus Sicht des Ecocriticism, in: Dürbeck, Gabriele/Stobbe, Urte (Hrsg.): Ecocriticism. Eine Einführung. Köln u. a. 2015, 187–204.

– Die Kunst der Ökotopie. Zur Ästhetik des Genres und der fiktionsinternen Funktion der Künste (Morus, Morris, Callenbach), in: Fischer-Lichte, Erika/Hahn, Daniela (Hrsg.): Ökologie und die Künste. München 2015, 257–274.

– »Climate change is real.« – »Kriegen wir die Kurve?« – »Je n'y crois pas«. Wissenspopularisierung und Appell im deutschen, englischen und französischen Sachcomic zum Klimawandel, in: Schmitt, Claudia/Solte-Gresser, Christiane (Hrsg.): Literatur und Ökologie. Neue literatur- und kulturwissenschaftliche Perspektiven. Bielefeld 2017, 547–562.

Zymner, Rüdiger: Gattungstheorie. Probleme und Positionen der Literaturwissenschaft. Paderborn 2003, 187.

– (Hrsg.): Handbuch Gattungstheorie. Stuttgart 2010.

Urs Büttner

# Die Subversion der Naturästhetik im Lehrgedicht

## Zu den Wetterdarstellungen in Albrecht von Hallers *Die Alpen*

Die Naturwahrnehmung des 18. Jahrhunderts ist keineswegs einheitlich und die Gegenstände vielfältig. Dennoch lässt sich zumindest eine Tendenz erkennen, den Blick weg vom Schöpfer und hin zur Schöpfung zu wenden.[1] Den Blick auf die Schöpfung zu richten, heißt, die natürlichen Gegebenheiten stärker in ihrer Spezifität und Vielfältigkeit wahrzunehmen. Im Zusammenhang der Fragestellung dieses Bandes von besonderem Interesse ist die Übergangsphase von nicht mehr allein schöpfungstheologischer und noch nicht überwiegend säkularer Naturdeutung deshalb, weil sich hier erstmals in der abendländischen Geschichte eine Ästhetik der Natur herausbildet.

Das Bemühen der Aufklärung, die Natur als Bereich von eigenem Recht und mit eigenen Gesetzen zu verstehen, stützt sich auf zwei Ordnungsraster. Das jüngere Ordnungsraster weist voraus auf eine hauptsächlich säkulare Naturdeutung, die seit dem letzten Drittel des 18. Jahrhunderts immer mehr Zuspruch finden wird. Dieses Raster bildet die Deutung der Natur am Leitfaden mechanistischer Modelle. Seit der zweiten Hälfte des 17. Jahrhunderts gründete sich die empirische Naturforschung zunehmend auf den Vergleich der Natur mit einem Uhrwerk. Da das natürliche Uhrwerk zuverlässig und präzise läuft, muss niemand nachjustieren, und der Mechanismus lässt sich mit der Vernunft entschlüsseln. Körper lassen sich auf die idealen Formen der Geometrie und Abläufe auf die überzeitlich gültigen Kausalgesetze rückführen. Dass aus einer solchen Naturauffassung leicht Materialismus und Atheismus erwachsen können, versuchte das frühe 18. Jahrhundert noch abzuwenden, indem viele seiner Vertreter daran das sogenannte Design-Argument knüpften: Dass die Natur perfekt wie ein Uhrwerk eingerichtet ist, beweist nachgerade die Existenz Gottes.[2]

Die mechanistische Naturauffassung beansprucht ein älteres Ordnungsraster zu ersetzen, die teleologische Erklärung der Naturordnung, die zurückweist

---

1 Vgl. Ernst Cassirer: Die Philosophie der Aufklärung. Hamburg 2007, 37–96.
2 Vgl. Charles Taylor: Ein säkulares Zeitalter. Frankfurt a. M. 2009, 173 f. und 199 f.

auf die Schöpfungstheologie.[3] Seit der Antike hatte man versucht zu zeigen, dass die Einrichtung der Natur gut und sinnvoll ist, weil sie bestimmte Zwecke erfüllt. An den Rändern der mechanistischen Naturdeutung behält dieses Deutungsschema weiter seine Gültigkeit, denn unter Bezug auf die *causa finalis* lassen sich Kausalketten abschneiden und Gesetzmäßigkeiten letztbegründen. Darüber hinaus versucht man, Naturphänomene, mit deren Erklärung sich die Maschinenmodelle schwer tun, auf ihre Zweckmäßigkeit hin zu interpretieren. Dabei handelt es sich vor allem um Erscheinungen, die am Maßstab der Geometrie unförmig wirken oder, und das bereitet der Kausalerklärung Probleme, sich unvorhersehbar wandeln. Zugespitzt hat sich die Diskussion am Problem des Erhabenen und des Organischen, es betrifft aber prinzipiell eine Reihe Naturphänomene darüber hinaus. Der Nachweis von Zweckmäßigkeit ist da am wichtigsten, aber auch am schwierigsten, wo die Naturerscheinungen vordergründig den Menschen keinen Nutzen oder sogar Schaden bringen. Den physikotheologischen Nachweisen geht es um eine Theodizee im Kleinen. Sie müssen Gott und, wie er die Schöpfung eingerichtet hat, verteidigen. Entweder versuchen sie doch noch einen mittelbaren Nutzen in der Natur für den Menschen aufzuspüren oder die Naturordnung in ihrer Ganzheit als beste mögliche Welt zu erweisen, wofür nicht in jeder Einzelhinsicht das Optimum realisiert werden konnte.[4] Um in der vermeintlichen Unordnung bestimmter Naturerscheinungen eine Ordnung zu erkennen, studieren die Physikotheologen sie im Detail. Diese Wende hin zur Schöpfung zielt hier aber gerade darauf, sie zurück auf den Schöpfer zu beziehen. Das Vorgehen ist letztlich darauf aus, eine erheblich komplexer wahrgenommene Natur noch als Einheit zu denken.

Im Rückblick wissen wir heute, dass sich beide Ordnungsraster der Natur in der damaligen Konzeption als Einheitsformeln der Natur als zu einfach erwiesen haben. Deshalb mag das Design-Argument nachgeschoben und das Vorgehen der Physikotheologie in sich selbst widersprüchlich wirken. Historisch muss man darin aber den Versuch sehen, ein von theoretischen Prämissen entworfenes Bild einer sinnhaften Naturordnung gerade angesichts des Zuwachses an sinnlicher Naturerkenntnis zu bewähren. Dieser Versuch führt dazu, dass sich in Gestalt der Naturästhetik eine Art immanente Theologie der Natur herausbilden kann. Die spannungsvolle Zwischenlage, die die Naturästhetik entstehen lässt, ist besonders gut dort zu studieren, wo sich epistemologische Fragen in Repräsentationsfragen niederschlagen. Da »alle Wissenszusammenhänge stets auch Darstellungsrücksichten unterliegen«, also »jedes Wissen bei seiner Entstehung, bei seiner Weiterentwicklung, bei seiner Verfestigung und

---

3 Vgl. dazu Stephan Schmid: Finalursachen in der Frühen Neuzeit. Eine Untersuchung der Transformation teleologischer Erklärungen. Berlin/Boston 2011.

4 Vgl. Hartmut Böhme/Gernot Böhme: Das Andere der Vernunft. Zur Entwicklung von Rationalitätsstrukturen am Beispiel Kants. Frankfurt a. M. 1983, 70–73.

bei seiner Distribution an Verfahren der Aufzeichnung gebunden ist«,[5] spitzt sich dieser Zusammenhang besonders dort zu, wo es um gezielten Sprachgebrauch geht. Die Dichtung und Dichtungstheorie des 18. Jahrhunderts befasst sich mit dem Problem eingehend in der Diskussion über das Lehrgedicht, insofern zu den »Formen der Aufzeichnung [...] auch Gattungen gehören«.[6] Diese Gattung bewegt sich nämlich in besonderer Nähe zur theoretischen Erkenntnis. Ihre poetologische Konzeption ist von rationalistischen Prämissen her entworfen. Dichtung wird als defizienter Modus von theoretischer Anschauung verstanden, der sich aber didaktisch rechtfertigen lässt. Diese Auffassung der Dichtungstheorie lässt die Dichtung selbst jedoch zunehmend zweifelhaft werden. Die Repräsentation der Natur veranschaulicht diese Entwicklung besonders eindrücklich. In der sinnlichen Darstellung der sinnlichen Erscheinung der Natur im Gedicht emanzipiert sich diese Wahrnehmungsweise vom Theorieprimat. Dabei sind es besonders jene Naturphänomene, das ist die These, die sich schwer mit den Ordnungsrastern fassen lassen, die den Keil zwischen begriffliche und anschauliche Repräsentation treiben. Die Prämisse einer prinzipiellen Entsprechung der beiden Repräsentationsmodi, auf der die Gattung Lehrgedicht fußt, gerät in Zweifel, wo Phänomene sich zwar beschreiben lassen, doch in ihrer Gesetzmäßigkeit oder Zweckmäßigkeit nicht oder nur schwer durchschauen lassen und sich mithin nicht mehr glatt auf den Begriff bringen lassen. Ihre ausführliche Beschreibung liefert oftmals nicht nur keine besonders überzeugende Illustration der physikotheologischen Argumente, sondern lässt jene sogar simplifizierend erscheinen angesichts der Fülle, die vor Augen geführt wird. Dadurch emanzipiert sich die sinnliche Darstellung und gewinnt als ästhetischer Wahrnehmungsmodus zunehmend ein Eigenrecht gegenüber der Theorie.

Ich möchte diese These in zwei Schritten genauer ausführen. Die Gattungsgeschichte des Lehrgedichts rolle ich dazu von ihrem Ende her auf. Johann Georg Sulzers Artikel ›Lehrgedicht‹ in seiner *Allgemeinen Theorie der schönen Künste* von 1774, den ich in einem ersten Schritt näher untersuchen will, erscheint zu einem Zeitpunkt, als die Hochphase der Gattung schon vorbei ist. Mit rund zweihundertfünfzig Vertretern hatte die Lehrdichtung ihre Hochphase zwischen 1730 und 1760 erfahren. Bei Sulzers Artikel handelt es sich dabei um einen letzten großen Versuch, die rationalistische Fundierung der Gattung zu verteidigen. Zugleich zeigt sich daran bereits überdeutlich die Krise der Gattung. Diese Krise wird ausgelöst durch die zunehmende Verselbständigung der Ästhetik. Die Dichtungstheorie holt dabei seit etwa der Mitte des 18. Jahr-

---

5 Michael Bies/Michael Gamper/Ingrid Kleeberg: Einleitung, in: Dies. (Hrsg.): Gattungs-Wissen. Wissenspoetologie und literarische Form. Göttingen 2013, 7–18, hier 7.
6 Ebd.

hunderts Entwicklungen ein, die in der Dichtung bereits zuvor zutage getreten waren.

In einem zweiten Schritt möchte ich Albrecht von Hallers *Die Alpen* analysieren, nicht nur eines der bekanntesten Lehrgedichte, sondern zugleich auch ein frühes Gattungsexemplar der Hochphase. In meiner Analyse konzentriere ich mich dabei auf die Darstellung von Wettererscheinungen.[7] Als diffuse, flüchtige und unberechenbare Naturphänomene sind sie mit mechanistischen kaum und auch mit teleologischen Naturdeutungen nur wenig besser zu bewältigen. Daran, wie Haller ihre Darstellung in mehreren Auflagen seines Gedichts verändert, möchte ich die Emanzipationsbewegung einer ästhetischen Anschauung der Natur nachvollziehen.

## 1. Poetologie

Johann Georg Sulzers Artikel zum Lehrgedicht blickt zurück auf die Hochphase der Gattung und schreibt den erreichten Entwicklungsstand fest. Seine Bestimmungen sind in der Mehrheit daher keineswegs neu, sondern tragen Argumente und Differenzierungen der vorausgegangenen poetologischen Diskussion zusammen. Der Lexikoneintrag stellt sich dem Zerfall der Gattung entgegen, wenn er versucht, die gattungsfundierende Allianz von Erkenntnislehre und Moral nochmals zusammen zu zwingen. Diese Allianz löst sich nämlich in der Lehrdichtung selbst schon länger auf und wird seit einiger Zeit auch in der gattungspoetologischen Diskussion zunehmend attackiert. Die Spannung, die in der Allianz liegt, wird deutlich, wenn Sulzer das Lehrgedicht auf zwei sich widersprechende gattungspoetologische Bestimmungen hin diskutiert.

»Man kann bey jeder Dichtungsart dem Menschen nüzliche Lehren geben, und dem Verstand wichtige Wahrheiten einprägen«, so identifiziert Sulzer die erste Position, fügt aber sogleich hinzu, dass »deswegen […] nicht jedes Gedicht, darin es geschieht, ein Lehrgedicht« ist.[8] Diese Zeilen richten sich gegen den unscharfen Gebrauch des Gattungsnamens in der Vergangenheit. Seitdem Georg Philipp Harsdörffer 1646 als Erster in der deutschen Literatur von Lehrgedichten gesprochen hatte, war die Bezeichnung immer öfter, aber selten terminologisch gebraucht worden. Das Gedichtete dieser Texte lag für die nächsten hundert Jahre darin, dass ihre Gegenstände fiktiv waren, und das Lehrhafte, dass sie die fiktiven Gegenstände moralisch ausdeuten sollten. Diese Bestim-

---

7 Vgl. dazu übergreifend Urs Büttner: Meteorologie, in: Roland Borgards/Harald Neumeyer/Nicolas Pethes/Yvonne Wübben (Hrsg.): Literatur und Wissen. Ein interdisziplinäres Handbuch. Stuttgart/Weimar 2013, 96–100.

8 Johann Georg Sulzer: Lehrgedicht, in: Ders.: Allgemeine Theorie der schönen Künste. Bd. 2. Leipzig 1771 und 1774, 688–691, hier 688.

mung umfasst aber eine Reihe von Texten, die Sulzer in seiner Gattungsdefinition nicht mehr einschließen will. Zugleich aber war eine Reihe von Texten entstanden, die sich selbst zwar nicht als Lehrgedichte bezeichnet haben, die Sulzer aber gerne retrospektiv der Gattung zurechnen möchte.[9] Bei einer Gattungsdefinition steht Sulzer also vor der Schwierigkeit, dass die Texte, die er im Auge hat, sich nicht spezifisch durch Formmerkmale von anderen Gattungen unterscheiden lassen. Lehrgedichte, wie er sie versteht, sind in ihrer Länge höchst variabel. Sie umfassen hundert bis mehrere tausend Verse. Auch wenn sie gerade keine Handlung schildern, orientieren sie sich am Epos und verwenden folglich mehrheitlich den Hexameter oder den Alexandriner. Das spezifische Gattungsprofil des Lehrgedichts bestimmt Sulzer mithin dadurch, dass es sich

von allen andern Gattungen dadurch unterscheidet, daß ein ganzes System von Lehren und Wahrheiten, nicht beyläufig, sondern als die Hauptmaterie im Zusammenhang vorgetragen, und mit Gründen unterstüzt und ausgeführt wird.[10]

Seine Poetik entwirft er ausgehend von den Prämissen der rationalistischen Erkenntnislehre. »Es ist das Werk der Philosophie diese Wahrheiten zu entdeken; aber die Dichtkunst allein, kann ihnen auf die beste Weise die würksame Kraft geben.«[11] Der Primat der Erkenntnis eignet dem Denken. Da die Dichtkunst selbst nicht die Erkenntnisschärfe des Denkens erreichen kann, ist sie von den Erkenntnissen des Denkens abhängig. Als sinnliche Anschauung hat die Dichtung allein einen Vorteil bei der Vermittlung. Lehrgedichte sollen vorgefasste Vernunfterkenntnisse illustrieren.

Wahrheiten, welche durch die mühesamte Zergliederung der Begriffe sind entdekt worden, können meistentheils auch dem blos anschauenden Erkenntnis im Einzeln sinnlich vorgestellt, und einleuchtend vorgetragen werden.[12]

Die Idee dabei ist, dass begriffliche und anschauliche Repräsentation einander ihrem Gehalt nach entsprechen können. Abstrakte Begriffe und Argumentationslinien sollen die Lehrgedichte konkret in Geschichten und Schilderungen übersetzen. Die Grundlage dafür bildet die rhetorische Fundierung der Dichtkunst, die mit dem Exempelschatz der Topik und uneigentlichen Schreibweisen wie Emblematik, Fabel, Allegorese und Parabolik die Mittel dafür bereitstellt. Die Darstellungsweise, fordert Sulzer, soll das Publikum wohlwollend stimmen,

---

9 Vgl. dazu ausführlich Leif Ludwig Albertsen: Das Lehrgedicht. Eine Geschichte der antikisierenden Sachepik in der neueren deutschen Literatur mit einem unbekannten Gedicht Albrecht von Hallers. Aarhus 1967, 10–29.
10 Sulzer: Lehrgedicht, 688.
11 Ebd., 690.
12 Ebd., 688.

für den Gegenstand interessieren und von den moralischen Lehren überzeugen. Dem entsprechend sind sie in mittlerer Stilhöhe recht schmucklos in rührendem Ton und mit wenig Pathos zu gestalten. In sinnlicher Darstellung ist der Gegenstand leichter fasslich und dadurch einprägsamer als in jeder gelehrten Abhandlung.

Die Wissensvermittlung des Lehrgedichts ist moralisch grundiert, denn die Kenntnis von der Einrichtung der Welt ermöglicht es erst, richtig zu handeln. Die natürliche Anlage des Menschen zum Guten, so sieht es der rationalistische Optimismus, kann sich nur verwirklichen, wenn der Mensch die Möglichkeiten, Grenzen und Folgen seines Tuns abzuschätzen vermag.

Der Mensch, dessen Herz von der Natur auf das beste gebildet worden, kann nicht allemal gut handeln, wenn er blos der Empfindung nachgiebt. Erst durch ein gründliches System praktischer Wahrheiten, wird der Mensch von gutem Herzen, zu einem vollkommenen Menschen.[13]

Es geht den Lehrgedichten folglich darum, Erkenntnisse der Theologie und Moral, der Geschichte, der Naturkunde und anderer Gegenstandsbereiche mit praktischem Nutzen aufzubereiten. Diese Kenntnisse, die die Dichtung popularisieren soll, bilden die Voraussetzung dafür, dass der Mensch seinen Zweck, die Schöpfung zu vervollkommnen, erfüllen kann.

In der spezifischen Allianz von rationalistischer Erkenntnislehre und Moral stützen sich beide Argumentationslinien wechselseitig und begründen einander dabei zirkulär: Zwar erreicht die Dichtung in ihrer Anschaulichkeit niemals die Klarheit und Trennschärfe begrifflicher Repräsentationen, doch kann die moralische Begründung diese prinzipiellen Defizite so weit ausgleichen, sodass im Lehrgedicht selbst beide Darstellungsmodi gleichrangig werden. Die Lehrhaftigkeit von Dichtung ist komplementär nicht mehr fraglos vorausgesetzt. Die besondere moraldidaktische Eignung des Lehrgedichts liegt in seiner Annäherung an begriffliche Erkenntnis. Beide Argumentationsstränge zielen darauf, eine Entsprechung von begrifflicher und anschaulicher Repräsentationsweise zu begründen.

Genau diese Entsprechung ist zu dem Zeitpunkt, zu dem Sulzers Artikel erscheint, aber bereits fragwürdig. Der Rationalismus hat seit der Jahrhundertmitte deutlich an Überzeugungskraft verloren. Begriff und Anschauung kommen immer weniger in Deckung. Ein Anzeichen dafür ist, dass Sulzer selbst zwischen zwei Ausformungen des Lehrgedichts unterscheiden muss. Er trennt zwischen dem moralischen Lehrgedicht, das »Wahrheiten, die blos durch richtige Schlüsse erkannt werden, zum Inhalt habe«, und dem deskriptiven Lehrgedicht, das »ein wolgeordnetes Gemählde von einem System vorhandener

---

13 Ebd., 690.

Dinge, die aus Erfahrung und Beobachtung erkannt werden,«[14] vor Augen führt. Die Entwicklung, dass sich die sinnliche Erkenntnis- und Darstellungsweise gegenüber der reinen denkerischen verselbstständigt und zunehmend ein Eigenrecht beansprucht, ist auch Thema der poetologischen Diskussion. Sulzer referiert folgenden Einwand:

> Es scheinet zwar, daß der Unterricht, oder der Vortrag zusammenhangender Wahrheiten, und die gründliche Bevestigung derselben, dem Geist der Dichtkunst entgegen sey, welcher hauptsächlich Lebhaftigkeit, Sinnlichkeit, und die Abbildung des Einzelen erfodert, da die unterrichtende Rede auf Richtigkeit, und Deutlichkeit sieht, auch abgezogene allgemeine Begriffe, oder Säze, vorzutragen hat. Besonders erfodert die Untersuchung des Wahren einen Gang, der sich von dem Schwung des Dichters sehr zu entfernen scheinet. Dieses hat einige Kunstrichter verleitet, das Lehrgedicht von der Poesie auszuschließen.[15]

Anders als bei der Frage nach der Spezifität des Lehrgedichts angesichts der Lehrhaftigkeit aller Dichtung, die Sulzer dazu nutzen konnte, seine Definition des Lehrgedichts zu schärfen, weiß er der gegensätzlichen Position, dass Dichtung und Lehrhaftigkeit einander wechselseitig in die Quere kommen, nur wenig entgegenzusetzen. Einige Gedichtbeispiele, die er anführt, sollen zeigen, dass der Einwand nicht notwendig trifft, systematisch weiß er ihn nicht zu entkräften. Hier deutet sich bereits das endgültige Zerbrechen der Allianz, die dem Lehrgedicht zugrunde liegt, an.

Es ist Gotthold Ephraim Lessing, der prominent die zentrale Kritik an der Allianz von Erkenntnislehre und Moral im Lehrgedicht formuliert hat. In der Streitschrift *Pope ein Metaphysiker!* von 1755, die er zusammen mit Moses Mendelssohn verfasst hat, bestreitet er, dass zusammenhängende Wahrheiten, im Sinne eines konsistenten theoretischen Systems, tatsächlich anschaulich repräsentiert werden können. Wohl lasse sich ein System in Versform bringen, das allein bringe aber noch kein Gedicht hervor, das diesen Namen auch verdient. Der grundlegende Unterschied zwischen Philosophie und Dichtung sei der, dass dem Philosophen die Kohärenz der Argumentation über alles gehe.

> Nun überlege man, daß in einem System nicht alle Teile von gleicher Deutlichkeit sein können. Einige Wahrheiten desselben ergeben sich so gleich aus dem Grundsatze; andere sind mit gehäuften Schlüssen daraus herzuleiten. Doch diese letzten können in einem andern System die deutlichsten sein, in welchem jene erstern vielleicht die dunkelsten sind.[16]

---

14　Ebd., 689.

15　Ebd., 688.

16　Gotthold Ephraim Lessing: Pope ein Metaphysiker!, in: Ders.: Werke und Briefe in zwölf Bänden. Bd. 3: Werke 1754–1757. Hrsg. v. Wilfried Barner u. a. Frankfurt a. M. 2003, 614–650, hier 619 f.

Mit anderen Worten heißt das, dass die begriffliche Repräsentationsweise ermüdende Beweisketten in Kauf nimmt und nicht in jedem Einzelschritt gleichermaßen prägnant sein kann und muss. Diese Prägnanz dagegen strebt die anschauliche Darstellung der Dichtung an jeder Stelle an. Systematizität bleibt dabei notwendig der Eindrücklichkeit ihrer Wirkung untergeordnet, weshalb sie eklektizistisch verfährt und Philosopheme ganz unterschiedlicher Provenienz kombiniert, oft mit der Folge der Inkonsistenz:

Alles was er [der Dichter; U. B.] sagt, soll gleich starken Eindruck machen; alle seine Wahrheiten sollen gleich überzeugend rühren. Und dieses zu können, hat er kein ander Mittel, als diese Wahrheit nach diesem System, und jene nach einem andern auszudrücken.[17]

Begriffliche Repräsentationen lassen sich folglich nicht Eins zu Eins in sinnliche Darstellungen übersetzen.

Elf Jahre später, im Jahr 1766, erscheint Lessings *Laokoon oder über die Grenzen der Malerei und Poesie*.[18] In dieser Schrift unterscheidet er beide Kunstarten als verschiedene Arten anschaulicher Repräsentation. Mit dieser Unterscheidung entwickelt er einen weiteren Einwand gegen das Lehrgedicht, der sich nun aus dem Eigenrecht dichterischer Repräsentation ergibt. Lessing erläutert, dass Sprachzeichen aufgrund ihrer Arbitrarität und Sequenzialität nicht geeignet sind, einen Simultaneindruck zu erzeugen, wie es die Malerei vermag. Mit diesem Argument läutet er das Ende der *Ut-pictura-poiesis*-Doktrin ein. Die Malerei taugt, anders als noch die Poetiker der frühen Aufklärung meinten, nicht zum Modell anschaulicher Repräsentation schlechthin. Die Orientierung an der Malerei läuft vielmehr den medialen Qualitäten der Dichtkunst zuwider. Damit muss jeglicher Versuch der Lehrgedichte, Wahrheiten auszumalen, als prinzipiell zum Scheitern verurteilt gelten.

Lessings Einwände hatten dem moralischen und dem deskriptiven Lehrgedicht seine Grundlage entzogen. Der Niedergang der Gattung ließ sich nicht mehr aufhalten – auch durch Sulzer nicht. In seinem Aufsatz *Über das Lehrgedicht* von 1827 besiegelt Johann Wolfgang von Goethe dann das Ende des Lehrgedichts als eigenständige Gattung:

Es ist nicht zulässig, daß man den drei Dichtarten: der lyrischen, epischen und dramatischen, noch die didaktische hinzufüge. Dieses begreift Jedermann welcher bemerkt, daß jene drei ersten der Form nach unterschieden sind und also die letztere, die von dem Inhalt ihren Namen hat, nicht in derselben Reihe stehen kann.

---

17 Ebd., 620.
18 Gotthold Ephraim Lessing: Laokoon: oder über die Grenzen der Malerei und Poesie, in: Ders.: Werke und Briefe in zwölf Bänden. Bd. 5.2: Werke 1766–1769. Hrsg. v. Wilfried Barner u. a. Frankfurt a. M. 1990, 9–321.

Alle Poesie soll belehrend sein, aber unmerklich; sie soll den Menschen aufmerksam machen, wovon sie zu belehren wert wäre; er muß die Lehre selbst daraus ziehen wie aus dem Leben.[19]

## 2. Poetik

Bereits hundert Jahre früher hatte der Autonomisierungsprozess der Ästhetik eingesetzt, der in Goethes Diktum auf den Begriff kommt. Anschaulich wird diese Entwicklung an Albrecht von Hallers (1708–1777) *Die Alpen,* deren Entstehung auf 1729 datiert ist.[20] Die Inspiration zu dem Lehrgedicht, das sich zu einem der gattungsprägenden Texte entwickeln sollte, geht auf eine Reise ins Gebirge zurück. Im Juli des Vorjahres hatte der junge Arzt und Naturforscher aus Bern zusammen mit seinem Studienfreund Johannes Geßner (1709–1790) eine Reise in die West- und Zentralschweiz unternommen. Bei Hallers und Geßners Reise handelt es sich um eine der ersten wissenschaftlichen Alpenreisen. Jahrhundertelang hatte das Gebirge als unwirtlicher Ort ohne jeden Reiz gegolten, und jeder, der konnte, vermied es, sich dort aufzuhalten.[21] Die Reise diente vornehmlich botanischen Studien, aber der vier Jahre später verfasste Reisebericht Hallers zeigt ein weit über die Pflanzenwelt hinausgehendes Interesse an der rauen Bergnatur, darunter auch ein deutliches an Wettererscheinungen.[22]

In den *Alpen* singt er ein Loblied auf die Gebirgsbewohner und versucht, ausgerechnet an der rauen Bergnatur die Providenz des göttlichen Schöpfungsplans nachzuweisen. Das ist kein leichtes Unterfangen, verlangt es doch ganz neue Darstellungsverfahren für einen Gegenstand zu erfinden, der vorher nicht würdig galt, bedichtet zu werden.[23] Das Gedicht umfasst im Druck etwas mehr als zwanzig Seiten. Es gliedert sich in zehnzeilige Strophen im Alexandriner mit zweimal alternierenden Versgruppen und einem Paarreim. Die letzten zwei Verse spitzen die vorherigen Schilderungen oft sentenzhaft zu. Der Alexandri-

19 Johann Wolfgang Goethe: Über das Lehrgedicht, in: Ders.: Sämtliche Werke nach Epochen seines Schaffens. Münchner Ausgabe. Bd. 13.1: Die Jahre 1820–1826. Hrsg. v. Karl Richter u. a. München/Wien 1992, 498–499.

20 Das ist auch die These von Florian Schneider: Vor der Natur. Ästhetische Landschaft und lyrische Form im 18. Jahrhundert. München 2013, 208–242, der allerdings nur am Rande auf die Wetterdarstellungen zu sprechen kommt (214 und 232).

21 Vgl. Fergus Fleming: Nach oben. Die ersten Eroberungen der Alpengipfel. München/ Zürich 2006, 13–27.

22 Eine Übersetzung des ursprünglich französischen Reiseberichts ist publiziert als: Albrecht von Hallers erste Reise durch die Schweiz 1728, in: Jean Bernoulli (Hrsg.): Archiv zur neuern Geschichte, Geographie, Natur- und Menschenkenntnis. Bd. 1. Leipzig 1785, 211–250.

23 Vgl. dazu Petra Raymond: Von der Landschaft im Kopf zur Landschaft aus Sprache. Die Romantisierung der Alpen in den Reiseschilderungen und die Literarisierung des Gebirges in der Erzählprosa der Goethezeit. Tübingen 1993.

ner ist virtuos gehandhabt und nähert die Verse der Syntax und dem Sprach-
rhythmus ungebundener Rede an. Zusammen mit anderen Gedichten erschien
der Text 1732 erstmals im Druck und erlebte in den Folgejahren viele Neuauf-
lagen, die sein Verfasser mehrfach nutzte, um Veränderungen vorzunehmen.
Auf diese werde ich im Weiteren noch zu sprechen kommen.

Wettererscheinungen schildert Haller mehrfach in den *Alpen*. Ein Gutteil
davon ist rein illustrativ. So versucht er etwa zu zeigen, dass das vordergründig ungünstige Klima der Schweiz durchaus vereinbar ist mit Gottes Fürsorge:
Wer maßvoll lebt, kann zufrieden sein, und es ist eindeutig zu viel erwartet,
dass »nie ein scharfer Nord die Blumen ab[]pflückt«.[24] Interessanter im hiesi-
gen Zusammenhang sind aber die Verse, die über bloße Illustration hinausgehen. So beschreibt Haller einmal, wie der Sonnenschein nach einem Regenguss
wieder durchbricht.

> Wann Phöbi helles Licht durch flücht'ge Nebel stralet/
> Und von dem nassen Land der Wolken Thränen wischt/
> Wird aller Wesen Glanz mit einem Licht gemahlet,
> [...]
> Ein lichtes Himmel-Blau beschämt ein nahes Gold
> Ein ganz Gebürge scheint gefirnißt von dem Regen,
> Ein grünender Tapet/ gestikt mit Regenbögen.[25]

Diese Schilderung ist sehr viel ausführlicher, als es für ein bloßes Beispiel notwendig wäre. Wenn die Beschreibungen gleichzeitig immer noch stark der Topik verhaftet bleiben, zeigt das, dass es für die Überfülle der ästhetischen Anschauung noch keine adäquaten Darstellungsmittel gibt. Das an sich noch nicht
Sagbare wird als Metapher auf Bekanntes rückgeführt und dadurch auf Distanz
gehalten.[26] Behelfsweise verwandelt Haller die Natur in ein Gemälde. Dass er
die Natur als Natur noch nicht ästhetisch darzustellen vermag, zeigt, dass die
Autonomisierung der Ästhetik erst am Anfang steht.[27]

Eine weitere Stelle verdient genauere Betrachtung, da Haller hier versucht,
die sinnliche Erscheinung der Wetterphänomene dezidiert auf die Ordnung des
Kosmos zu beziehen. Er berichtet von sogenannten Wetterpropheten. Bei Wetterpropheten handelt es sich um lokale Beobachter der Wetterveränderungen,

---

24 Albrecht von Haller: Die Alpen, in: Ders.: Versuch Schweizerischer Gedichte. Bern
1732, 1–25, hier 1.
25 Ebd., 19.
26 Vgl. dazu näher Urs Büttner: Schiffbruch mit Lohenstein. Versuch einer praxeologischen Begründung der Topik, in: Georg Braungart/Urs Büttner (Hrsg.): Wind und Wetter.
Kultur – Wissen – Ästhetik. Paderborn 2017, 221–235.
27 Vgl. dazu Albrecht Koschorke: Die Geschichte des Horizonts. Frankfurt a.M. 1990,
119–123.

die aus dieser Kenntnis heraus Vorhersagen wagen.[28] In der Fassung der ersten Auflage lautet die Stelle:

> Der eine lehrt die Kunst / das Schiksal künfft'ger Tagen /
> Im Spiegel der Natur vernüfftig vorzusehn /
> Er kan der Winden Strich / den Lauff der Wolken sagen /
> Und sieht in heller Lufft den Sturm von weitem wehn.
> Er kennt des Mondes Krafft / die Würkung seiner Farben /
> Er weiß / was am Gebürg ein früher Nebel will.
> Er zehlt im Merzen schon der fernen Ernde Garben /
> Und hält / wenn alles mäht / bey nahem Regen still.
> Er ist des Dorffes Raht / sein Außspruch macht sie sicher /
> Und die Erfahrenheit dient ihm vor tausend Bücher.[29]

Der Text listet eine Vielzahl an Phänomenen auf und weist auf deren Zeichencharakter hin. Von der prinzipiellen Möglichkeit ihrer Deutung wird hier gehandelt, und sie wird dem Wetterpropheten als Fähigkeit zugeschrieben. Der Schluss von den Phänomenen auf die Ordnung des Kosmos bleibt in diesen Zeilen aber bloße Behauptung. Das Gedicht selbst stellt den Zusammenhang nicht her. De facto bleiben die Idee des vernünftig geordneten Kosmos und die Phänomene unverbunden neben einander stehen. Dadurch stehen die Beschreibungen tendenziell für sich als ästhetischer Blick auf die Natur. Dies weist bereits auf die gänzliche Ablösung der sinnlichen Erkenntnis vom rationalistischen Primat im Laufe des 18. Jahrhunderts voraus. Interessant ist in diesem Zusammenhang der Hinweis auf Erfahrungswissen. Paradoxerweise geschieht dies hier in Form eines Buches, also ausgerechnet jenes Erkenntnismediums, gegen das sich das Erfahrungswissen gerade zu profilieren sucht. Vor allem bei der Darstellung von Gegenständen, die sich schwer in die Vorstellung einer geordneten Natur einfügen lassen, gewinnt die Ästhetik eigenen Raum in der gelehrten Dichtung.

Seit der zweiten Auflage enthalten die Ausgaben von Hallers Gedichten Vorreden.[30] In diesen erläutert er vor allem die Änderungen an seinen Texten. Diese begründet er sowohl von ihrer Lehrhaftigkeit her als auch mit ästhetischen Argumenten. Er streitet ab, die schöpfungstheologische Orthodoxie unterlaufen zu wollen und ›Freigeisterei‹ das Wort zu reden. Dass Haller hier Rechtfertigungsdruck empfindet, zeigt bereits, dass er sich bewusst ist, dass seine Schilderungen über die bloße Exemplifikation religiöser Lehrsätze hinausgehen und

---

28 Vgl. dazu näher Vladimir Janković: Reading the Skies. A Cultural History of English Weather 1650–1820. Chicago/London 2000; Jan Golinski: British Weather and the Climate of Enlightenment. Chicago/London 2007; Urs Büttner: Meteorologie, in: Benjamin Bühler/Stefan Willer (Hrsg.): Futurologien. Ordnungen des Zukunftswissens. Paderborn 2016, 405–415.

29 Haller: Die Alpen (Erste Auflage), 14.

30 Albrecht von Haller: Vorrede über die zweyte Auflage, in: Ders.: Versuch von Schweizerischen Gedichten. Zweyte, vermehrte und veränderte Auflage. Bern 1734, o. P. [vor 1].

die sinnliche Erfahrung der Natur an Eigenständigkeit gewinnt. Darüber hinaus führt er jetzt zwei genuin ästhetische Argumente an. Zum einen will er Sprachfehler korrigieren. Als deutscher Muttersprachler, der aber zum Entstehungszeitpunkt der Gedichte in einem frankophonen Umfeld lebte, sei er wenig in Übung im Ausdruck in deutscher Sprache gewesen, im Besonderen in einer von Helvetismen freien Hochsprache. Zum anderen habe er ›matte‹ Stellen ausbessern wollen und, aufgrund des Erfolgs der in erster Auflage noch anonym publizierten Gedichte, nun häufig längere Fassungen veröffentlicht. Beide Begründungen zielen nicht auf die Referenzialität der Sprache, sondern erheben Kriterien ästhetischer Eigenlogik zum Bewertungsmaßstab.

Es ist nun interessant, welche Änderungen Haller vorgenommen hat. Die deutlichsten Unterschiede zeigen sich dabei von der ersten Auflage von 1732 zu der zweiten Auflage von 1734 und von der dritten Auflage von 1743 zur vierten Auflage von 1748. In der eben ausführlich besprochenen Stelle über die Wetterpropheten verändert Haller in der zweiten Auflage den ersten und den dritten Vers. Statt »Der eine lehrt die Kunst / das Schiksal künfft'ger Tagen / // Im Spiegel der Natur vernüfftig vorzusehn / « heißt es jetzt »Der eine lehrt die Kunst / was uns die Wolken tragen / // Im Spiegel der Natur vernüfftig vorzusehn / «. Und weiter steht an Stelle von »Er kan der Winden Strich / den Lauff der Wolken sagen / « die Formulierung »Er kan der Winde Strich / den Lauff der Wetter sagen.«[31] Der Unterschied scheint kein großer zu sein, doch lässt sich bereits an solchen Mikroprozessen der sukzessive Wandel der Gattung Lehrgedicht studieren. In der Formulierung der ersten Auflage steht Natur noch zeichenhaft für das Schicksal, in der zweiten Auflage verweist die Natur auf nichts Anderes mehr, sondern nur noch auf sich selbst. Der Wetterprophet wird, wie man pointiert sagen könnte, innerhalb von zwei Jahren vom Künder der Heilsgeschichte zum Künder von Niederschlag.[32] Die zweite Änderung reagiert auf die erste, insofern Haller eine Wiederholung von Wolken vermeidet und nun beim zweiten Mal von »Wetter« spricht. Auch wenn das wohl der Hauptgrund für die Veränderung ist, ergibt sich dadurch doch auch eine kleine Bedeutungsverschiebung. Der Wetterprophet ist jetzt für alle Wetter zuständig. Die einzelnen Erscheinungen scheinen zunehmend nicht mehr allein durch ihren gemeinsamen göttlichen Urheber verbunden, sondern durch einen immanenten Zusammenhang.

Die Veränderungen zur vierten Auflage bestehen vor allem in einer umfassenden Kommentierung der Gedichte. Haller vertraut nicht mehr darauf, dass die Gedichte für sich selber sprechen. In einer Vorbemerkung zu den *Alpen* weist er darauf hin, welch große Mühen ihm das Verfassen des Textes bereitet

---

31  Beide Zitate ebd., 11.

32  Vgl. dazu François Walter: Katastrophen. Eine Kulturgeschichte vom 16. bis ins 21. Jahrhundert. Stuttgart 2010, 64–73.

hat und beklagt sich, wie unzufrieden er immer noch mit vielen Formulierungen ist. Ein solches Bekenntnis ist verwunderlich, gemessen am Publikationserfolg, den eine vierte Auflage darstellt. Man kann diese Vorbemerkung also durchaus nicht nur als *Captatio Benevolentiae* lesen, sondern umgekehrt darin auch seine anhaltenden oder vielleicht sogar gesteigerten ästhetischen Ambitionen sehen, zumal Haller zu dieser Zeit das Dichten fast gänzlich aufgegeben hatte und in Göttingen als Professor Medizin und Naturkunde lehrte. Dass das naturästhetische Wissen gegenüber bloß weiter zu vermittelndem wissenschaftlichem Wissen zunehmend selbstbewusster in Anschlag gebracht wird, zeigt eine Fußnote, die Haller der Passage über den Wetterpropheten anfügt:

Alle diese Beschreibungen von klugen Bauern sind nach der Natur nachgeahmt, obwohl ein Fremder dieselben der Einbildung zuzuschreiben versucht werden möchte.[33]

Haller verteidigt hier sein Gedicht gegen den möglichen Vorwurf der Fiktionalität. Zugleich rechtfertigt er, dass das Gedicht lebensweltliche Wissensbestände aufzeichnet, die nicht die methodische Sicherheit wissenschaftlicher Naturerkenntnis haben. Blättert man zum Ende des Gedichts, fällt auf, dass jetzt auch die Richtigkeit der Pflanzenbeschreibungen im Gedicht mit Fußnoten belegt wird. Hätte man hier im Barock noch den pauschalen Hinweis auf Plinius' *Historia naturalis* gefunden, so entdeckt man jetzt den Verweis auf aktuelle Botanikbücher. Statt die Richtigkeit des im Lehrgedicht präsentierten Wissens zu untermauern, haben die Supplemente eher den gegenteiligen Effekt. Man gewinnt den Eindruck, dass das Lehrgedicht offenbar nicht mehr mit wissenschaftlichen Präsentationsformen von Naturwissen mithalten kann und als abgeleitete Darstellungsform die Beglaubigung nötig hat.

Die Entwicklungen, die sich bei Haller andeuten, setzen sich in späteren Lehrgedichten fort. 1752 erscheint Gottfried Ephraim Scheibels *Die Witterungen. Ein historisch-physikalisches Gedicht,*[34] eines der längsten Lehrgedichte der deutschen Aufklärungsdichtung überhaupt, das auf 228 Seiten alle Arten von Wettererscheinungen bespricht. An diesem Gedicht wird der zweifache Ablösungsprozess der Ästhetik sichtbar. Zum einen nehmen dort gegenüber Haller die theologischen Thesen weitaus geringeren Raum ein, dafür verwendet das Gedicht noch weiteren Raum für Naturschilderungen. Die Naturästhetik emanzipiert sich immer stärker von der Schöpfungstheologie. Zum anderen lässt sich eine allmähliche Trennung vom Wissenschaftsdiskurs beobachten: Besonders auffällig an Scheibels Gedicht sind die vielen Fußnoten, die umfangreiche empirische Belege und Spezifizierungen ergänzen. Sie finden sich auf na-

33 Albrecht von Haller: Die Alpen, in: Ders.: Versuch Schweizerischer Gedichte. Vierte, vermehrte und veränderte Auflage. Göttingen 1743, 29–52, hier 41.
34 Gottfried Ephraim Scheibel: Die Witterungen. Ein historisch-physikalisches Gedicht. Breslau 1752.

hezu jeder Seite und kommen ihrer Länge nach fast dem gereimten Text gleich. Die Digressionen sprengen die Einheit des Gedichts auf, sodass fragwürdig wird, was hier eigentlich Text und was Kommentar ist. Offenbar hat die Naturforschung inzwischen ein so umfangreiches empirisches Wetterwissen gesammelt und dafür eine eigene Sprache gefunden, dass das Supplement des gereimten Textes wie ein verzweifelt aussichtsloser Versuch wirkt, zusammenhalten zu wollen, was sich nicht mehr zusammenhalten lässt.

Mit Blick auf Klopstock, Hölderlin und Goethe hat Michael Gamper die Darstellung von Wetterphänomenen in der Lyrik im ausgehenden 18. Jahrhundert und frühen 19. Jahrhundert unter das Schlagwort ›Meteo-Anthropologie‹ gestellt.[35] Ästhetische Darstellungsverfahren reklamieren zunehmend eigene Phänomenbereiche, die nur mit allen Sinnen erfahrbar sind und sich unterhalb der Reizschwelle naturkundlicher Wetteraufzeichnungen bewegen. Das Wetter wird damit zu einer umfassenden Erfahrung des ›ganzen Menschen‹. Mit der Subjektivierung geht ein gesteigertes Bewusstsein für die besonderen Schwierigkeiten und Möglichkeiten poetischer Sprachverwendung einher. Das zeigt sich darin, dass die Naturdarstellungen sich zunehmend von den topischen Vorprägungen ablösen und sich um individuelleren und damit präziseren Ausdruck bemühen. Diese Entwicklung setzt sich in der Verschiebung der Mimesis von der Darstellungs- zur Wirkungsästhetik fort. Bezugspunkt der Darstellung bildet zunehmend weniger die getreue Abbildung der Naturphänomene als das Ziel, durch die Dichtung ähnliche Wirkungen wie die Naturphänomene selbst zu evozieren. Für eine mögliche Lehrhaftigkeit von Gedichten bedeutet das, dass sie die Möglichkeit bieten, eigenständig bestimmte Erkenntnisprozesse zu durchlaufen und dadurch zu lernen. Die Ästhetik begründet jetzt die Didaxe und nicht mehr umgekehrt. Deutlich wird dies zuletzt in Goethes Sammlung »Gott und Welt« von 1827, in der sich auch das bekannte Gedicht *Howards Ehrengedächtnis* (1820/21) findet.[36] Auch dieses Gedicht zu Ehren des Begründers der modernen Wolkentypologie ist, wie die anderen Texte der Sammlung, der Bezeichnung nach ein Lehrgedicht. Indem die Lehrgedichte von »Gott und Welt« aber bereits das versuchen einzulösen, was Goethe 1827 theoretisch fordern wird, transzendieren sie die Gattung.

35 Vgl. Michael Gamper: Der Mensch und sein Wetter. Meteo-Anthropologie der Lyrik nach 1750, in: Zeitschrift für Germanistik 1, 2013, 39–57.

36 Johann Wolfgang Goethe: Luke Howards Ehrengedächnis, in: Ders.: Sämtliche Werke nach Epochen seines Schaffens. Münchner Ausgabe. Bd. 12: Zur Naturwissenschaft überhaupt, besonders zur Morphologie. Hrsg. v. Karl Richter u. a. München/Wien 1989, 612–618.

## Literaturverzeichnis

Albertsen, Leif Ludwig: Das Lehrgedicht. Eine Geschichte der antikisierenden Sachepik in der neueren deutschen Literatur mit einem unbekannten Gedicht Albrecht von Hallers. Aarhus 1967.

Bies, Michael/Gamper, Michael/Kleeberg, Ingrid: Einleitung, in: Dies. (Hrsg.): Gattungs-Wissen. Wissenspoetologie und literarische Form. Göttingen 2013, 7–18.

Böhme, Hartmut/Böhme, Gernot: Das Andere der Vernunft. Zur Entwicklung von Rationalitätsstrukturen am Beispiel Kants. Frankfurt a.M. 1983.

Büttner, Urs: Meteorologie, in: Borgards, Roland/Neumeyer, Harald/Pethes, Nicolas/Wübben, Yvonne (Hrsg.): Literatur und Wissen. Ein interdisziplinäres Handbuch. Stuttgart/Weimar 2013, 96–100.

– Meteorologie, in: Bühler, Benjamin/Willer, Stefan (Hrsg.): Futurologien. Ordnungen des Zukunftswissens. Paderborn 2016, 405–415.

– Schiffbruch mit Lohenstein. Versuch einer praxeologischen Begründung der Topik, in: Braungart, Georg/Büttner, Urs (Hrsg.): Wind und Wetter. Kultur – Wissen – Ästhetik. Paderborn 2017, 221–235.

Cassirer, Ernst: Die Philosophie der Aufklärung. Hamburg 2007.

Fleming, Fergus: Nach oben. Die ersten Eroberungen der Alpengipfel. München/Zürich 2006.

Gamper, Michael: Der Mensch und sein Wetter. Meteo-Anthropologie der Lyrik nach 1750, in: Zeitschrift für Germanistik 1, 2013, 39–57.

Goethe, Johann Wolfgang: Luke Howards Ehrengedächnis, in: Ders.: Sämtliche Werke nach Epochen seines Schaffens. Münchner Ausgabe. Bd. 12: Zur Naturwissenschaft überhaupt, besonders zur Morphologie. Hrsg. v. Karl Richter u.a. München/Wien 1989, 612–618.

– Über das Lehrgedicht, in: Ders.: Sämtliche Werke nach Epochen seines Schaffens. Münchner Ausgabe. Bd. 13.1: Die Jahre 1820–1826. Hrsg. von Karl Richter u.a. München/Wien 1992, 498–499.

Golinski, Jan: British Weather and the Climate of Enlightenment. Chicago/London 2007.

Haller, Albrecht von: Die Alpen, in: Ders.: Versuch Schweizerischer Gedichte. Bern 1732, 1–25.

– Vorrede über die zweyte Auflage, in: Ders.: Versuch von Schweizerischen Gedichten. Zweyte, vermehrte und veränderte Auflage. Bern 1734, o. P. [vor 1].

– Die Alpen, in: Ders.: Versuch Schweizerischer Gedichte. Vierte, vermehrte und veränderte Auflage. Göttingen 1743, 29–52.

– Albrecht von Hallers erste Reise durch die Schweiz 1728, in: Bernoulli, Jean (Hrsg.): Archiv zur neuern Geschichte, Geographie, Natur- und Menschenkenntnis. Bd. 1. Leipzig 1785, 211–250.

Janković, Vladimir: Reading the Skies. A Cultural History of English Weather 1650–1820. Chicago/London 2000.

Koschorke, Albrecht: Die Geschichte des Horizonts. Frankfurt a.M. 1990.

Lessing, Gotthold Ephraim: Laokoon: oder über die Grenzen der Malerei und Poesie, in: Ders.: Werke und Briefe in zwölf Bänden. Bd. 5.2: Werke 1766–1769. Hrsg. v. Wilfried Barner u.a. Frankfurt a.M. 1990, 9–321.

– Pope ein Metaphysiker!, in: Ders.: Werke und Briefe in zwölf Bänden. Bd. 3: Werke 1754–1757. Hrsg. v. Wilfried Barner u.a. Frankfurt a.M. 2003, 614–650.

Raymond, Petra: Von der Landschaft im Kopf zur Landschaft aus Sprache. Die Romantisierung der Alpen in den Reiseschilderungen und die Literarisierung des Gebirges in der Erzählprosa der Goethezeit. Tübingen 1993.

Scheibel, Gottfried Ephraim: Die Witterungen. Ein historisch-physikalisches Gedicht. Breslau 1752.

Schmid, Stephan: Finalursachen in der Frühen Neuzeit. Eine Untersuchung der Transformation teleologischer Erklärungen. Berlin/Boston 2011.

Schneider, Florian: Vor der Natur. Ästhetische Landschaft und lyrische Form im 18. Jahrhundert. München 2013.

Sulzer, Johann Georg: Lehrgedicht, in: Ders.: Allgemeine Theorie der schönen Künste. Bd. 2. Leipzig 1771 und 1774, 688–691.

Taylor, Charles: Ein säkulares Zeitalter. Frankfurt a. M. 2009.

Walter, François: Katastrophen. Eine Kulturgeschichte vom 16. bis ins 21. Jahrhundert. Stuttgart 2010.

Jakob Christoph Heller

# »Die stillen Schatten fruchtbarer Bäume«

## Die Idylle als ökologisches Genre?

### 1. Idylle, Bukolik, Hirtengedicht?
### Eine unumgängliche Vorbemerkung

Ein Aufsatz zur Idylle steht in der Pflicht, die eigene Begriffswahl und -verwendung
zu begründen. Die Diskussion der Terminologie ist unumgänglich, ist doch
in der deutschsprachigen Literaturwissenschaft das Problem der Unterscheidung von idyllischer und bukolischer Dichtung noch nicht hinreichend gelöst. Das gilt auch für die Frage nach der genauen deutschen Entsprechung zum
englischen Begriff *pastoral*. Während etwa das Reallexikon der deutschen Literaturwissenschaft mit dem Beitrag von Klaus Garber dafür optiert, den Begriff ›Idylle‹ ausschließlich für die »Ablösung der allegorischen Schäferdichtung
durch die Schäfer-, Landleben- und Naturdichtung des 18. [Jahrhunderts]«[1] zu
gebrauchen und die Begriffe ›Bukolik‹ und ›Pastorale‹ für die Gesamtheit der
Schäferdichtung seit Theokrit zu verwenden, sieht Renate Böschenstein ›Idylle‹
als Bezeichnung für die Gesamtheit der Gattung und setzt den Begriff somit
mit Garbers Verwendung von ›Bukolik‹ gleich. Als englischsprachige Entsprechungen nennt sie *pastoral* und *idyll*.[2] Ähnlich argumentiert auch Hans-Peter
Ecker, sieht aber in ›idyll‹ die treffendste englischsprachige Entsprechung, wenn
er auch Bedeutungsüberschneidungen mit *eclogue* und *pastoral* eingesteht.[3] In
der englischsprachigen Literaturwissenschaft wird der Begriff der *pastoral* oftmals für die Gesamtheit der Gattungsgeschichte verwendet – klare Abgrenzungen zur Georgik bzw. Landlebendichtung finden dabei nicht statt.[4] Daneben
ist eine weitere Traditionslinie feststellbar, die im Rekurs auf William Emp-

---

1 Klaus Garber: Bukolik, in: Klaus Weimar u. a. (Hrsg.): Reallexikon der deutschen Literaturwissenschaft. Bd. 1. Berlin/New York 2007, 287–291, hier 288.
2 Vgl. Renate Böschenstein: Idyllisch/Idylle, in: Karlheinz Barck (Hrsg.): Ästhetische
Grundbegriffe. Historisches Wörterbuch in 7 Bänden. Bd. 3. Stuttgart/Weimar 2005, 119–138,
hier 120, 119.
3 Vgl. Hans-Peter Ecker: Idylle, in: Gert Ueding (Hrsg.): Historisches Wörterbuch der
Rhetorik. Bd. 4. Tübingen 1998, 183–202, hier 183.
4 Vgl. etwa Paul Alpers: What Is Pastoral? Chicago/London 1996.

son *pastoral* nicht motivisch festmacht, sondern als den Text strukturierende Trope.[5]

Soweit ich die Forschung überblicke, scheint sich eine Variation der von Garber vorgeschlagenen Begriffsdifferenzierung einigermaßen etabliert zu haben: Bukolik bezeichnet die Schäferdichtung von Theokrit bis Salomon Geßner; mit Geßner kommt es zu einem relativ starken Bruch in der Gattungsgeschichte – erst ab dem historischen Marker Geßner wird von der Idylle bzw. idyllischer Dichtung gesprochen. Die Frage ist nicht nur müßige Beschäftigung unter LiteraturwissenschaftlerInnen. Mit ihr steht und fällt das Verständnis des Verhältnisses zwischen den bis in die Neuzeit vorherrschenden Formen der Schäferdichtung und der idyllischen Dichtung des 18. Jahrhunderts. Obwohl ich im Folgenden dafür argumentieren werde, die behauptete Diskontinuität zwischen Bukolik und Idylle – begründet durch die Verabschiedung der Allegorie – wenn nicht zu tilgen, so doch abzuschwächen, werde ich mich aus Gründen der besseren Nachvollziehbarkeit an der soeben angesprochenen Variation von Garbers Begrifflichkeit orientieren: Bukolik meint die Gesamtheit der Schäferdichtung; erst ab Geßner und den Transformationen des 18. Jahrhunderts kann von Idylle gesprochen werden. Damit entspricht der deutsche Begriff ›Bukolik‹ in seiner Tragweite dem englischsprachigen *pastoral*.[6] Meine terminologische Entscheidung kann ich hier nur offenlegen, aber schon aus Platzgründen nicht angemessen begründen.[7]

## 2. Einleitung: Idylle und Ökokritik

Die Idylle sei die »Schilderung einfach-friedlicher, meist ländlicher Lebensformen«[8] und »dem korrektiven Ideal einer unentfremdeten humanen Existenz verpflichtet«,[9] unter ihr werde die »Veranschaulichung der Idee des guten

---

5 Vgl. William Empson: Some Versions of Pastoral. New York 1974. Mit einer Mischform – *pastoral* sowohl als Gattung wie auch als rhetorische Technik und Modus – argumentiert etwa der relativ aktuelle Sammelband »Pastoral and the Humanities«, vgl. Mathilde Skoie/Sonia Bjørnstad-Velázquez (Hrsg.): Pastoral and the Humanities. Arcadia Re-inscribed. Exeter 2006.

6 Vgl. zur Definition Lorna Sage: Pastoral, in: Peter Childs/Roger Fowler (Hrsg.): The Routledge Dictionary of Literary Terms. London/New York 2006, 168–169; Terry Gifford: Pastoral. London/New York 1999, 1–2; und Pastoral, in Chris Baldick: The Concise Oxford Dictionary of Literary Terms. Oxford/New York ²2001, 186–187.

7 Ausführlicher diskutiere ich die Gattungskontinuität in meiner Dissertation »Idylle denken. Die Poetik und Praxis des Hirtengedichts im 18. Jahrhundert«, deren Veröffentlichung für 2018 geplant ist.

8 Günter Häntzschel: Idylle, in: Klaus Weimar u. a. (Hrsg.): Reallexikon der deutschen Literaturwissenschaft. Bd. 2. Berlin/Boston ³2007, 122–125, hier 122.

9 York-Gothart Mix: Idylle, in: Dieter Lamping/Sandra Poppe (Hrsg.): Handbuch der literarischen Gattungen. Stuttgart 2009, 393–402, hier 393.

Lebens und der heilen Welt im begrenzten Ausschnitt kleiner, friedlicher und harmonischer Szenen«[10] verstanden, so kann man in den einschlägigen – auch aktuellen – Beiträgen zur Definition der Gattung lesen. Implizit oder explizit kehrt in diesen Definitionen die bekannte Trias Ernst Blochs wieder, der in kritischer Abgrenzung von Utopie und Idylle letzterer »Freundlichkeit, Friedlichkeit, Menschlichkeit«[11] bescheinigte. In dieser Fokussierung auf eine gerahmte, beschränkte Gegen- oder Zwischenwelt könne die Idylle zwar nicht die »Gesellschaft immanent-konstruktiv« verbessern, als »Korrektiv«[12] des allzu technokratischen Traums habe sie jedoch eine wichtige Funktion. Die korrektive Funktion der Gegenwelt wurde fast zu einem Topos der Idyllenforschung: »[E]ine emanzipatorische Potenz« könne der Idylle dort zugesprochen werden, »wo sie ihren idealisierenden Charakter bewahrt«,[13] so Renate Böschenstein-Schäfer. Analog dazu die These von Gerhard Kaiser: »Gottsched und Geßner sehen kritisch das schlechte Vorhandene und stellen ihm ein Wunschbild entgegen. Ihre Stilisierung ist die des Ideals, nicht der Maske, hinter der ein Höfling [...] hervorblickt.«[14]

Die Idylle ist somit die Konstruktion eines im beschränkten Rahmen gewahrten Gegenbildes zu den herrschenden Umständen, im Ideal betreibt sie implizite Kritik an der bestehenden Gesellschaftsordnung. Betraf die Kritik in der Idylle des 18. Jahrhunderts die soziopolitischen und ökonomischen Verhältnisse, war sie Medium eines zu sich kommenden Bürgertums,[15] so wird sie aus der zeitgenössischen Perspektive des *Ecocriticism* zur Kritik der Mensch-Natur-Verhältnisse. Ein Gründungstext des *Ecocriticism* bringt dies auf den Punkt:

What, then, are the politics of our relationship to nature? For a poet, pastoral is the traditional mode in which that relationship is explored. Pastoral has not done well in recent neo-Marxist criticism, but if there is to be an ecological criticism the ›language that is ever green‹ must be reclaimed.[16]

Gegenbild wird die Idylle eben durch die Darstellung des korrektiven Ideals, das »einer unentfremdeten humanen Existenz verpflichtet«[17] ist. Statt Ausbeutung

---

10 Ecker: Idylle, 183.
11 Ernst Bloch: Arkadien und Utopien, in: Klaus Garber (Hrsg.): Europäische Bukolik und Georgik. Darmstadt 1976, 1–7, hier 6.
12 Ebd., 4 und 6–7.
13 Renate Böschenstein-Schäfer: Idylle. Stuttgart ²1977, 21.
14 Gerhard Kaiser: Wandrer und Idylle. Goethe und die Phänomenologie der Natur in der deutschen Dichtung von Geßner bis Gottfried Keller. Göttingen 1977, 17.
15 Vgl. Helmut J. Schneider: Naturerfahrung und Idylle in der deutschen Aufklärung, in: Peter Pütz (Hrsg.): Erforschung der deutschen Aufklärung. Königstein 1980, 289–315.
16 Jonathan Bate: Romantic Ecology. Wordsworth and the Environmental Tradition. London/New York 1991, 19.
17 Mix: Idylle, 393.

und Konflikt setzt die Idylle die harmonische Koexistenz und den Austausch zwischen gleichberechtigten Sphären.

In dieser Perspektivierung der Idylle geht, sowohl bei Jonathan Bate als auch bei den zitierten literaturwissenschaftlichen Definitionsversuchen, ein in meinen Augen entscheidender Aspekt verloren: das Bewusstsein für den reflektierenden Konstruktcharakter, der idyllische Dichtung in Nachfolge der Bukolik auszeichnet. Idylle ist – das ist ihre Hypothek seit der Antike[18] – immer bereits Auseinandersetzung mit den Bedingungen ihrer Möglichkeit. Darauf hat zuletzt, wenn auch in einem anderen Kontext, Hans Adler nachdrücklich hingewiesen: »Die Grunddefinition der Idylle ist die der Ordnung in zeitlicher und räumlicher Beschränkung. Beide – Ordnung und Beschränkung – sind dabei in ihrer Artifizialität markiert«.[19] Die Markierung der Artifizialität ist das metapoetische Moment der Idylle, das ich im folgenden Aufsatz weiter herausarbeiten möchte. Die mich leitende Frage ist, inwiefern – jenseits der manchmal anzutreffenden ›naiven‹ Lesart – die metapoetische Dimension der Idylle sie zu einem ökologischen Genre macht. Ich möchte zeigen, inwiefern die Lektüre der Idylle des 18. Jahrhunderts als Text, der gerade nicht Natur nachahmt, gerade deswegen auch für ökologische Fragestellungen fruchtbar gemacht werden kann. Zugespitzt: Dadurch, dass die Idylle immer auch Dichtung über Dichtung ist, kann sie dem *Ecocriticism* auch als Gradmesser seiner eigenen Reflexion dienen. Mein Verständnis der Forschungsrichtung folgt hierbei Ursula K. Heises pointierter Definition: *Ecocriticism* analysiere

Konzepte und Repräsentationen der Natur, wie sie sich in verschiedenen historischen Momenten in bestimmten Kulturgemeinschaften entwickelt haben. Sie untersucht, wie das Natürliche definiert und der Zusammenhang zwischen Menschen und Umwelt charakterisiert wird und welche Wertvorstellungen und kulturellen Funktionen der Natur zugeordnet werden.[20]

Innerhalb der Forschungsrichtung könne, so Heise weiter, unterschieden werden zwischen einem »realistische[n] und konstruktivistische[n] Naturverständnis.«[21] Während das realistische Naturverständnis oftmals darauf zielt, die Darstellung von Natur und Naturzerstörung zu fokussieren und darüber »kritische Reflexionen über das Wesen der literar[ischen] Sprache« zu vernach-

18 Genauer: seit Vergil. Vgl. Ernst A. Schmidt: Poetische Reflexion. Vergils Bukolik. München 1972.

19 Hans Adler: Gattungswissen: Die Idylle als Gnoseotop, in: Gunhild Berg (Hrsg.): Wissenstexturen. Literarische Gattungen als Organisationsformen von Wissen. Berlin u. a. 2014, 23–42, hier 28.

20 Ursula K. Heise: Ecocriticism/Ökokritik, in: Ansgar Nünning (Hrsg.): Metzler Lexikon Literatur- und Kulturtheorie. Ansätze, Personen, Grundbegriffe. Stuttgart ⁵2013, 155–157, hier 155.

21 Ebd.

lässigen, weisen die Vertreter des konstruktivistischen Naturverständnisses
darauf hin,»dass alle Diskurse über die Natur letztlich in der Kultur ihren Ursprung haben[.]«[22] Während die Bukolik in ihren topischen Naturszenerien
den Konstruktcharakter von Natur offen ausstellt, gilt das für die Idylle scheinbar nicht – zumindest nicht im geläufigen Verständnis der Gattung. Sie scheint
mit dem 18. Jahrhundert der realistischen Abschilderung von Mensch-Natur-
Verhältnissen verpflichtet zu sein und erschafft kritische Gegenbilder zu den
Macht- und Ausbeutungsverhältnissen, die die Realität prägen. So verstanden
ist sie für das von Heise beschriebene ›naive‹ Naturverständnis ausgezeichne-
ter Anknüpfungspunkt: Der ökokritische Blick, der »den Grad der Naturzerstörung und der Verdrängung nichtmenschlicher Lebensformen im frühen
21. J[ahrhundert] als so bedrohlich an[sieht]«, dass er der »Darstellung dieser
Realitäten«[23] seine Aufmerksamkeit widmet, findet in der Naturdarstellung
der Idylle das harmonische Gegenbild eines ›anderen‹ Naturverhältnisses. Zugespitzt: Die Interpretation der Idylle ist die Gretchenfrage der Ökokritik; an
ihr scheiden sich realistische und konstruktivistische Verständnisse von Natur.

In meinem Aufsatz gehe ich von dem konstruktivistischen Verständnis von
Natur aus. Genauer: Ich möchte zeigen, wie in der Idylle selbst nicht nur Natur konstruiert wird – das wäre banale Bestätigung des *celare-artem*-Grund-
satzes –, sondern die Konstruktion eines Mensch-Natur-Verhältnisses selbst
Gegenstand der Idylle ist. Somit lese ich Wolfgang Iser folgend bukolische und
idyllische Dichtung gleichermaßen als Reflexionsformen von Dichtung. Sie
sind Dichtung über Dichtung, das ist: über die Funktion, Wirkung, Produktion
und Rezeption des Textes, über seine Konstruktion, sein Verhältnis zur Tradition, zu anderen Texten wie auch zu anderen Wirklichkeitsebenen.»Arkadien
ist eine in den Eklogen Vergils geschaffene Welt der Dichtung; im Kunstprodukt
selbst wird Kunst thematisiert«,[24] so Isers knappe Fassung des Sachverhalts. Als
fiktionale Welt, die im auffällig werdenden Fingieren über das Fingieren von
Welt Auskunft erteilt, steht sie in expliziter Relation sowohl zu ihrer literarischen Tradition, also zum Formen- und Motivschatz der bukolischen Dichtung,
wie auch zur außerliterarischen, realen Welt.[25] Isers Verständnis der Bukolik
als »Selbstrepräsentation der Poesie«[26] ist somit ein Spezialfall der von Anselm
Haverkamp später generalisierten Funktionslogik der Fiktion, die »die Mittel der Inszenierung im Modus ihrer Verdecktheit [zeigt] und in der Paradoxie
solchen Zeigens doppelt das [verstellt], was es am Ende zu zeigen gibt in der Ver-

---

22 Ebd., 156.
23 Ebd., 155–156.
24 Wolfgang Iser: Das Fiktive und das Imaginäre. Perspektiven literarischer Anthropologie. Frankfurt a. M. 1993, 76.
25 Vgl. ebd., 91.
26 Ebd., 66.

stellung.«[27] Mit Haverkamp und Iser gesprochen: In Bukolik und Idyllik setzt mit der verstellten Inszenierung der Offenlegung des Verstellten eine Hyperreflexion ein; die Idylle wird zur Allegorie von Literatur.

So viel sei als theoretische Skizze vorausgeschickt. Mein Ziel ist es, gegen ein Verständnis der Idylle zu argumentieren, welches diese zur Landlebendichtung simplifiziert und auf der bloßen Ebene der *histoire* liest. Stattdessen soll stark gemacht werden, wie die Darstellungs*weise* in der Idylle als Reflexionsfigur des *literarischen* Mensch-Natur-Verhältnisses gelesen werden kann.

Meine Hauptbezugspunkte sind im Folgenden Johann Christoph Gottsched und der Schweizer Autor, Landschaftsmaler und nicht zuletzt ›Bestsellerautor‹ Salomon Geßner, dessen Idyllensammlungen zu den meistrezipierten und -diskutierten Texten der 1750er bis 1780er Jahre gehören.[28] Geßner steht an einem zentralen Punkt der Gattungsgeschichte: Gerade da er nicht einen absoluten Bruch mit der Geschichte der Gattung darstellt, lassen sich seine Werke als besondere Rekonfiguration des Verhältnisses von Mimesis und Performanz lesen.[29] Damit wird bei ihm, soviel sei vorausgeschickt, Natur nicht als Prinzip der Nachahmung – also im Aristotelischen Verständnis dem Doppelgehalt entsprechend als das Nachzuahmende und das zu Vollendende – verstanden, sondern der »Poet nimmt«, mit Breitingers *Critischer Dichtkunst* gesprochen, »die Originale seiner Nachahmung lieber aus der Welt der möglichen Dinge.«[30] Mit dieser Verschiebung wird die Idylle zum Dreh- und Angelpunkt der Reflexion der literarischen Darstellung des Verhältnisses von Kultur und Natur im 18. Jahrhundert.

---

27 Anselm Haverkamp: Figura cryptica. Theorie der literarischen Latenz. Frankfurt a. M. 2002, 156.

28 Vgl. Wolfgang Adam: Gessner-Lektüre, in: Maurizio Pirro (Hrsg.): Salomon Gessner als europäisches Phänomen. Spielarten des Idyllischen. Heidelberg 2012, 9–38; Thomas Bürger: Auch Er war in Arcadien! Stimmen für und wider Gessner, in: Martin Bircher (Hrsg.): Maler und Dichter der Idylle. Salomon Gessner 1730–1788. Wolfenbüttel ²1982, 181–191; Jan Gerstner: »Naïveté« und »Süßlichkeit«. Geßner-Rezeption und Idyllentheorie als deutsch-französisches Spannungsfeld, in: Jahrbuch für internationale Germanistik 45.1, 2013, 23–40.

29 Vgl. Iser: Das Fiktive und das Imaginäre, 485–492.

30 Johann Jacob Breitinger: Critische Dichtkunst. Bd. 1. Zürich/Leipzig 1740, 52. Vgl. Hans Blumenberg: »Nachahmung der Natur«. Zur Vorgeschichte der Idee des schöpferischen Menschen, in: Ders.: Ästhetische und metaphorologische Schriften. Hrsg. v. Anselm Haverkamp. Frankfurt a. M. 2001, 9–46, hier 43.

## 3. Gottscheds Versuch der Neubegründung der Idylle

Der entscheidende Wandel zwischen der Bukolik und der Idylle manifestiert sich – für die deutschsprachige Tradition – in der Verurteilung von Maskerade und Verstellung, das heißt: der grundlegenden allegorischen Operation, die Vergils *Bucolica* seit der Spätantike attestiert wird. So konnte Quintilian in der neunten Ekloge ohne weiteres eine Allegorie erkennen, wenn diese auch in seiner Deutung bis auf den Namen des Hirten ohne Metaphern auskommt: »verum non pastor Menalcas, sed Vergilius est intellegendus« (»jedoch soll nicht der Hirte Menalcas, sondern Vergil verstanden werden«).[31] Neben den bekannten christlich-allegorischen Lesarten der vierten Ekloge war vor allem die erste Ekloge gern genommenes Beispiel für die allegorische Dimension der *Bucolica*, das Maskenspiel: So formulierte etwa der spätantike Vergil-Kommentator Sidonius Apollinaris die bruchlose Identifikation von Tityrus und Vergil:

> Tityrus ut quondam patulae sub tegmine fagi
> volveret inflatos murmura per calamos,
> praestitit adflicto ius vitae Caesar et agri,
> nec stetit ad tenuem celsior ira reum[.]

Dass einst, damit Tityrus unter dem Schutz einer weitverzweigten Buche / seine Melodien weiter durch das Schilfrohr fließen ließ, / Caesar ihm bei seinem Konflikt mit dem Gesetz Leben und Feld gewährte / und sein hoher Zorn nicht gegen einen bescheidenen Angeklagten bestand (übs. v. J. C. H.).[32]

Auch in der frühneuzeitlichen Bukolik ist der allegorische Modus kennzeichnend und wird in den Texten auch offen ausgestellt – etwa wenn Philip Sidney in seiner *Countess of Pembroke's Arcadia* von 1593 Kalander über die Einwohner Arkadiens sagen lässt, diese würden im Gesang »sometimes under hidden forms uttering such matters as otherwise they durst not deal with.«[33]

---

31 Quintilian: Ausbildung des Redners. Zweiter Teil. Buch VII–XII. Hrsg. u. übs. v. Helmut Rahn. Darmstadt 1975, 236.

32 Zitiert nach: Jan M. Ziolkowski/Michael C. J. Putnam (Hrsg.): The Virgilian Tradition. The First Fifteen Hundred Years. New Haven 2008, 87. Freilich spielt Vergil selbst bereits mit dieser Identifikation, etwa wenn er in seiner *Georgica* in Anspielung auf die erste Ekloge mit Tityrus den Platz tauscht: »carmina qui lusi pastorum audaxque iuventa, / Tityre, te patulae cecini sub tegmine fagi« (»der ich [i. e. Vergil] spielend Hirtenlieder dichtete und mit der Kühnheit der Jugend dich, Tityrus, sang, unter dem Dach breitästiger Buche gelagert«), Vergil: Georgica. Vom Landbau. Lateinisch/Deutsch. Hrsg. v. Otto Schönberger. Stuttgart 1994, 142. – Die Position unter dem Buchendach kann sich auf Tityrus und das lyrische Ich gleichermaßen beziehen.

33 Philip Sidney: The Countess of Pembroke's Arcadia. Hrsg. u. komm. v. Maurice Evans. Harmondsworth/New York 1977, 84.

Erst mit der Poetik der Frühaufklärung wurde dem humanistisch-gelehrten Maskenspiel die Absage erteilt. Für Johann Christoph Gottsched waren die Hirten Tassos, Guarinis oder Marinos allesamt »viel zu scharfsinnig«,[34] und Fontenelle – die Kritik ist bekannt – habe seine »Schäfer zu scharfsinnigen Parisern gemacht. Sie sind oft so sinnreich, als Herr Fontenelle selbst[.]«[35] Gottscheds Gegenkonzeption der Idylle hat ihre Wurzeln in der Naturstandutopie:

Will man nun wissen, worinn das rechte Wesen eines guten Schäfergedichtes besteht; so kann ich kürzlich sagen: in der Nachahmung des unschuldigen, ruhigen und ungekünstelten Schäferlebens, welches vorzeiten in der Welt geführet worden. Poetisch würde ich sagen, es sey eine Abschilderung des güldenen Weltalters; auf christliche Art zu reden aber: eine Vorstellung des Standes der Unschuld, oder doch wenigstens der patriarchalischen Zeit, vor und nach der Sündfluth.[36]

Das wiederum darf nicht so verstanden werden, als ob in der Idylle die Nachahmung des Naturstands gelingt; vielmehr ist – und das ist in meinen Augen ein entscheidender Punkt, den zeitgenössische Deutungen oftmals übersehen – die Idylle die Verhandlung der Nachahmungsmöglichkeit dieses verlorenen Zustands. Ausgesprochen wird das schon in Gottscheds *Critischer Dichtkunst*:

Ich will damit nicht behaupten, daß die ältesten Gedichte, die wir haben, Schäfergedichte wären. Nein, was wir vom Theokritus, Bion und Moschus in dieser Art haben, das ist sehr neu. Die allerersten Poesien sind nicht bis auf unsre Zeiten gekommen; ja sie haben nicht können so lange erhalten werden; weil sie niemals aufgeschrieben worden. Was nur im Gedächtnisse behalten und mündlich fortgepflanzt wird, das kann gar zu leicht verlohren gehen. Daß aber vor Theokrits Zeiten wirklich Schäfergedichte müssen gemacht worden seyn, das kann aus seinen eigenen Idyllen erwiesen werden. Er berufft sich immer auf die arkadischen Hirten; [...]. Es müssen doch also unter den damaligen Schäfern mancherley Lieder im Schwange gewesen seyn, die zum Theile sehr alt gewesen seyn mögen.[37]

Wenn nun aber »das rechte Wesen eines guten Schäfergedichtes« in der »Nachahmung des unschuldigen, ruhigen und ungekünstelten Schäferlebens, welches vorzeiten in der Welt geführet worden«[38] besteht, so ist das ein Nachahmungsbegriff, der zum Pol der Performanz tendiert. Indem selbst Theokrit zum Nachahmer einer Nachahmung – nämlich der ursprünglichen Gedichte, somit des dichterischen Ausdrucks – wird, und dem zeitgenössischen Dichter einzig als

---

34 Johann Christoph Gottsched: Versuch einer Critischen Dichtkunst. Anderer Besonderer Teil. Ausgewählte Werke, Bd. 6,2. Hrsg. v. Joachim Birke/Brigitte Birke. Berlin/New York 1973, 82.
35 Ebd., 83.
36 Ebd., 76.
37 Ebd., 75–76.
38 Ebd., 76.

Vorbild dienen kann, schreibt sich wiederum die *imitatio* – und *aemulatio* – *veterum* in das Zentrum dieser scheinbar ›natürlichen Gattung‹ ein – etwas, was auch Salomon Geßner explizit ausspricht, so in der seiner ersten Idyllensammlung vorangestellten Anrede *An den Leser*: »Ich habe den Theokrit immer für das beste Muster in dieser Art Gedichte [i. e. der Idylle, J. C. H.] gehalten.«[39] Wie aber hat die in der Idylle abgeschilderte Welt auszusehen? Gottsched stellt sie ausführlich über mehrere Seiten hin dar; ich zitiere einen Ausschnitt:

Ein jeder Hausvater ist sein eigener König und Herr; seine Kinder und Knechte sind seine Unterthanen, seine Nachbaren sind seine Bundesgenossen und Freunde; seine Heerden sind sein Reichthum, und zu Feinden hat er sonst niemanden, als die wilden Thiere, die seinem Viehe zuweilen Schaden thun wollen. Eine hölzerne Hütte, oder wohl gar ein Strohdach, ist ihm ein Pallast, ein grüner Lustwald sein Garten, […] Milch und Käse sind seine Nahrung; die Feld -und Gartenfrüchte sind seine Leckerbissen; ein hölzerner Becher, eine Flasche, ein Schäferstab und seine Hirtentasche sein ganzer Hausrath.[40]

Die Reduktion auf den beschränkten Ausschnitt wird durchgängig praktiziert als Ersetzungsoperation – Kinder statt Untertanen, Herden statt Reichtum, Hütte statt Palast, etc. – und generiert so ein ›Bild‹ des Ideals, »des unschuldigen, ruhigen und ungekünstelten Schäferlebens.« Ungekünstelt ist an diesem Schäferleben freilich nichts, darauf weisen schon die rhetorischen Operationen der oben zitierten Miniaturidylle hin, darauf weist auch Gottscheds ausführliche Diskussion der ›richtigen‹ Dimension des Ungekünstelten: »Die Schreibart der Eklogen muß niedrig und zärtlich seyn. Ihre Zierrathe müssen nicht weit gesucht seyn, sondern sehr natürlich herauskommen«[41] – wenn sie aber sehr natürlich »herauskommen« und »nicht weit gesucht seyn« dürfen, so sind sie dennoch ausgesucht, nur nach Maßgabe des *stilus humilis*.

Gottsched bezieht sich in seiner Aufzählung der Insignien des Schäferstandes implizit auf die *Rota Vergilii* des mittelalterlichen Rhetorikers Johannes von Garlandia.[42] Garlandia postuliert in seiner Abhandlung *Poetria de arte prosayca metrica et rithmica* drei Stände (genauer: drei »genera hominum«), »curiales, civiles, rurales«[43]. Diesen drei ›Menschengattungen‹ entsprechend habe Vergil seine drei Stilarten gefunden: »Secundum ista tria genera hominum invenit Vir-

39 Salomon Geßner: Idyllen. Kritische Ausgabe. Hrsg. v. E. Theodor Voss. Stuttgart 1988, 17.

40 Gottsched: Critische Dichtkunst, 77.

41 Ebd., 95.

42 Vgl. Johannes von Garlandia: Poetria magistri Johannis anglici de arte prosayca metrica et rithmica. Hrsg. v. Giovanni Mari, in: Romanische Forschungen 13.3, 1902, 883–965, hier 900. Vgl. Kurt Spang: Dreistillehre, in: Ueding, Gert (Hrsg.): Historisches Wörterbuch der Rhetorik. Bd. 2. Tübingen 1994, 921–972, hier 940.

43 Johannes von Garlandia: Poetria, 888.

gilius stilum triplicem«[44] – die bedeutendste Neuerung gegenüber dem spätantiken Vergil-Kommentator Aelius Donatus liegt unter anderem darin, dass Garlandia eine umfangreiche Kodifizierung auf Seite der *res* leistete: Der *Aeneis*,
*Georgica* und *Bucolica* werden nicht nur die entsprechenden *modi elocutionum*
zugeordnet, sondern auch der Stand der Protagonisten, angemessene Eigen-
namen, angemessene Pflanzen, Tiere und Orte sowie Insignien.

Das Problem ist nun nicht nur, dass der *stilus humilis* seit der spätantiken
Tradition auf Vergils *Bucolica* referiert, die – wie ich oben kurz skizziert habe –
gerade nicht durch den Verzicht auf die Allegorie im Besonderen oder gar Tropen im Allgemeinen ausgezeichnet ist. Das weitaus größere Problem liegt in
meinen Augen darin, dass Gottsched selbst durch die wiederholten Substitutionsanweisungen in seiner Miniaturidylle eine Art Allegorie erschafft. Mit der
Gleichsetzung von Hausvater und König wird ein Ersetzungsprozess begonnen,
der aus Kindern Untertanen, aus Herden Reichtum, aus Hütten Paläste macht.

In der Gottsched'schen Idyllenpoetik treffen somit zwei Aspekte zusammen.
Einerseits liefert er Substitutionsanweisungen als Teil seiner normativen Poetik
dieser Gattung, die aber gleichsam eine Idylle *in statu nascendi* darstellt. Andererseits fordert er zur *imitatio* auf, freilich in der zeitgemäßeren Form der Imitation der besten Muster. Aber zugleich auch mehr: Denn neben Theokrit, der
dem ›Ursprung‹ am nächsten ist, wird auch implizit Gottsched selbst zum Vorbild. Und das nicht als Verfasser einer normativen Poetik, sondern aufgrund
seiner eigenen Miniaturidylle. Wenn Gottsched schreibt, er habe seinen »Ab-
riß mit Bedacht in der größten Vollkommenheit gemacht, ungeachtet noch kein
Poet denselben völlig beobachtet hat«,[45] so meint das nicht nur das Regelwerk,
sondern ebenso die in seiner eigenen Idylle vorgebildeten Substitutionen. Diese
basieren, ich habe es angesprochen, auf einer ersten Operation: der Setzung des
Hausvaters als sein eigener König. Von dort aus wechselt die Perspektive: Alle
folgenden Ersetzungen beschreiben die Geltung, die ein Phänomen für den
Hausvater-König hat; er wird zum textinternen Rezipienten. Die Gottsched'sche
Idylle führt vor, welche Tropen auf Ebene des Textes selbst eine Idylle herstellen.
Die Idylle ist somit, auch im 18. Jahrhundert, eine Auseinandersetzung mit der
Funktion von Dichtung, genauer: mit der Art und Weise, wie Dichtung Welt ab-
bilden kann. Die eigentliche ›Aufgabe‹ der Idyllendichtung ist somit eben nicht
die Darstellung des Natürlichen, sondern die Suche nach Techniken und Mög-
lichkeiten zur Erzeugung der Illusion einer solchen Darstellung.

44 Ebd.
45 Gottsched: Critische Dichtkunst, 79.

## 4. Salomon Geßners Idyllen als Produktion von Natur

Salomon Geßners Idylle *Mycon* gibt eine gute Vorstellung davon, wie die literarische Reflexion der literarischen Konstruktion jener Natürlichkeit vonstattengeht. Erschienen 1772 in Geßners zweiter Idyllensammlung, schildert die Idylle in direkter Übernahme Theokrit'scher Motive[46] die Reise – und vor allem Rast – des Ich-Erzählers und seines Freundes Milon. Beide sind aus der Stadt kommend unterwegs zu einem Tempel des Apollon und entscheiden sich zur Rast an einem *locus amoenus*:

Mit schauderndem Entzücken traten wir da in die lieblichste Kühlung. [...] Die Bäume umkränzten ein grosses Beth, worein die reinste, die kühleste Quelle sich ergoß [...]. Aber die Quelle rauschte aus dem Fuß eines Grabmals hervor [...]. Götter, so rief ich, wie lieblich ist dieser Ort der Erquikung! Heilig und gesegnet sey mir, der diese Schatten so gutthätig gepflanzt hat[.][47]

Am Grabmal finden sie eine Inschrift, verborgen »unter den Ranken von Geißblatt«,[48] die verkündet:

Hier ruhet die Asche des Mycon! Gutthätigkeit war sein ganzes Leben. Lange nach seinem Tod wollt' er noch gutes thun, und leitete diese Quelle hieher, und pflanzte diese Bäume.[49]

Während im Hypotext, in Theokrits *Erntefest*, die Begegnung mit einem singenden Schäfer die Handlung der Idylle vorantreibt, findet sich bei Geßner das Grabmal.

Diese Differenz verdankt sich, so ist zumindest stark anzunehmen, einer variierenden Übernahme aus einem anderen ›Hypotext‹, Nicolas Poussins in den 1630er Jahren entstandenem Gemälde *Les Bergers d'Arcadie*.[50] Während dort die Schäfer das mehrdeutige[51] »Et in Arcadia ego« auf dem Grabmal entziffern,

---

46 Vgl. Theokrit: Das Erntefest, in: Ders.: Sämtliche Dichtungen. Hrsg. u. übs. v. Dietrich Ebener. Leipzig 1973, 70–78.

47 Geßner: Idyllen, 105.

48 Ebd.

49 Ebd.

50 Der auch als Landschaftsmaler tätige Geßner kannte die Werke Poussins und nennt ihn in seinem »Brief über die Landschaftsmahlerey« von 1770 einen Maler, an dem er »wahre Grösse« fand: »[E]in poetisches Genie vereint bey den beyden Poussin alles was groß und edel ist«, ebd., 179.

51 Das Gemälde existiert bekanntlich in zwei Fassungen. Für die Interpretation wird gemeinhin die zweite Fassung von 1637/38 verwendet. So etwa eindrücklich von Louis Marin: In seiner Lesart des Gemäldes wird der auf das Grabmal fallende Schatten des Hirten zum Bild im Bild – und damit wiederum eine Reflexion der Bedingungen der Möglichkeit, die Idylle herzustellen und als solche zu lesen. Vgl. Louis Marin: Zu einer Theorie des Lesens in den

gibt sich *Mycon* eindeutig in der Identifikation des aussagenden Subjekts. Zugleich aber negiert in Geßners Variante die Inschrift ihre Funktion als Erinnerungszeichen:[52] Sie verweist nicht als Anwesendes auf die Abwesenheit des verstorbenen Mycon, sondern sie inszeniert stattdessen eine Blickführung, die von ihr als Erinnerungszeichen wegführt: Das deiktische »Hier ruhet« verweist auf das Grabmal selbst, um jedoch sogleich den Blick auf die Umgebung und die Natur zu lenken: Mycon »leitete diese Quelle hieher, und pflanzte diese Bäume«. Das heißt: Die Inschrift weist von sich und dem Grabmal weg, sie weist den *locus amoenus* als eigentlichen Erinnerungsort aus. Mehr noch: Es scheint beinahe, als sei die Abwesenheit Mycons die Bedingung für die Anwesenheit des *locus amoenus*, wie die Erzählung eines »gutthätigen Weib[s]«[53] nahelegt, dem die Wanderer am Grabmal begegnen:

Wie, wenn ich einen kühlen Schatten von fruchtbaren Bäumen hier pflanzte [...]? [...] So sprach er, und ließ vom Feld her die kühleste Quelle leiten, und pflanzte fruchtbare Bäume umher, die früher und später reifen. Die Arbeit war vollendet [...]. Den Morgen erwacht' er frühe und sah aus seinem Fenster nach der Strasse. Da sah er, wo er die Sprößlinge pflanzte, hochaufgewachsene Bäume. [...] Aber ach! Er wandelte nicht lange mehr in diesen Schatten; er starb und wir begruben ihn hier; daß der, welcher in diesen Schatten ruht, dankbar seine Asche segne.[54]

Nach dem Tod des Produzenten bleibe eine scheinbare Natur, die ihre Künstlichkeit zu verbergen weiß. Natur – und erst recht der *locus amoenus* – ist hier gerade nicht das Gegebene, das in der mimetischen Praxis reproduziert werden kann, sondern ist – das ist das Entscheidende der Idylle als Reflexion von Literatur – Ergebnis eines vergangenen performativen Moments, der erst Natur konstituiert. Natur ist ein kulturelles Konstrukt, das natürlich auch in diesem Fall an eine ideologische Ausrichtung geknüpft ist. Die Idylle in Zeiten der emphatischen Referenz auf Natur als Schlagwort und Kampfbegriff ist die Auseinandersetzung mit ihrer Herstellung. Und mit ihrem Verstellen, das heißt

---

bildenden Künsten: Poussins Arkadische Hirten, in: Wolfgang Kemp (Hrsg.): Der Betrachter ist im Bild. Kunstwissenschaft und Rezeptionsästhetik. Berlin 1992, 142–168, hier 165.

Zur Grammatik, Geschichte und Interpretation der Formulierung vgl. Erwin Panofsky: Et in Arcadia Ego. Poussin und die elegische Tradition, in: Klaus Garber (Hrsg.): Europäische Bukolik und Georgik. Darmstadt 1976, 271–305.

52 Meines Wissens ist Berthold Burk der einzige, der in seinen Forschungen auf diesen Aspekt bereits hingewiesen hat: Nach seiner These ist »Die Landschaft« in Geßners Idyllen »nicht einfach da, sondern in vielen Idyllen wird über ihre Entstehung berichtet. Sie ist immer Ergebnis einer tugendhaften Handlung und hat eine Art Denkmalfunktion, denn sie konserviert das Andenken an den Tugendhaften.« Berthold Burk: Elemente idyllischen Lebens. Studien zu Salomon Geßner und Jean-Jacques Rousseau. Bern/Frankfurt a. M. 1981, 43–44.

53 Geßner: Idyllen, 105.

54 Ebd., 107–108.

auf Ebene der *histoire*: dem Verschwinden ebendieses Prozesses; die »unter den Ranken Geißblatt« verborgene Grabinschrift ist die allegorische Darstellung dieser verstellten Herstellung.

Geßner lässt es sich nicht nehmen, diese Verstellung als Verkennung offenzulegen. Dies geschieht explizit in der Idylle *Daphnis und Micon*. Nachdem die Protagonisten Micon und Daphnis in einem Sumpf das verfallene Grabmal eines Adeligen finden – eine am *locus horribilis* offen ausgestaltete Opposition zwischen (moralisch verwerflichem) Adel und (sittsam-tugendhaftem) Bürgertum –, will Daphnis Micon ein »frohere[s] Denkmal« zeigen, »das ein redlicher Mann, mein Vater, sich errichtet hat«:[55]

[D]er Weg führte sie in die stillen Schatten fruchtbarer Bäume, in deren Mitte eine bequeme Hütte stand. In diesen anmuthsvollen Schattenplatz stellte Daphnis einen kleinen Tisch und holte einen Korb voll Früchte, und einen Krug voll kühlen Weins. Micon. Sag mir, wo ist das Denkmal deines Vaters […]? Daphnis. Hier, Freund […]. Was du hier siehest, ist sein rühmliches Denkmal. Die Gegend war öde; sein Fleiß hat diese Felder gebaut, und diese fruchtbaren Schatten hat seine eigne Hand gepflanzt. Wir, seine Kinder, und unsere späten Nachkommen werden sein Andenken segnen, und jeder dem wir aus unserm Segen Gutes thun […].[56]

Die Opposition ist offensichtlich und banal: Depravierter Adel gegen den Bürger im Schäferkostüm. Signifikant ist aber in meinen Augen, dass nach dem bisher Diskutierten eine These Gerhard Kaisers so nicht haltbar ist. Laut Kaiser sei in Geßners *Idyllen* die »unkritische Identifizierung von Natur und Kultur auf der Stufe einer Erlebnisnatur [am Werke]«.[57] Kaisers These wiederholt gewissermaßen Micons – und damit des textinternen wie textexternen Rezipienten! – Verkennung der Künstlichkeit des *locus amoenus* und ignoriert somit ein zentrales Moment der Idylle: jene Ausstellung des Verstellungsgrundsatzes, des »ars adeo latet arte sua« (»so sehr verbarg seine Kunst alles Künstliche«).[58] Die sittliche Natur als Ursprungsfiktion der Anthropologie der Aufklärung ist nur gemacht, das zeigt die Idylle offen auf, jedoch wird die Gemachtheit in der Inszenierung des Textes verborgen; statt des Produzenten begegnet dem Leser nur ein Produkt, das seinen Produktionscharakter vor dem textinternen Rezipienten verdeckt. So ist natürlich auch Micons Fehllektüre Vorführung einer Idylle innerhalb der Idylle. Für den textexternen Rezipienten wird diese Verstellung offengelegt; er kann daran teilhaben, wie die scheinbare Natur die Protagonisten der Werke täuscht. Damit reflektiert die Idylle auch im 18. Jahrhundert

---

55 Ebd., 117.
56 Ebd., 118.
57 Kaiser: Wandrer und Idylle, 22.
58 Publius Ovidius Naso: Metamorphosen. Hrsg. u. übs. v. Gerhard Fink. Düsseldorf/ Zürich 2004, 494.

die Funktionsweise von Dichtung; sie ist Auseinandersetzung mit den Möglichkeiten und Bedingungen für die Herstellung der Illusion von Natürlichkeit. Und
das heißt für das 18. Jahrhundert auch: Die Idylle reflektiert die Techniken der
>Wahrscheinlichmachung< von Natürlichkeit.

Mag sich die Kunst in der Kunst auch so verbergen, dass sie wie belebt erscheint: Die Idylle legt offen, wie dieser Prozess vonstattengeht. Aus diesem
Grunde aber ist die Fokussierung auf >Natur< in der Lektüre der Idylle kontraproduktiv. Stattdessen kann die Idylle aufzeigen, unter welchen Bedingungen zu
einer gegebenen Zeit und in einem gegebenen Raum ein Rezipient bereit gewesen sein könnte, auf Ebene der *histoire* der dargestellten Natur eines gegebenen
Textes Glauben zu schenken.

## 5. Coda

Wählt die zeitgenössische Literatur- und Kulturwissenschaft die Gattung der
Idylle aus Perspektive des *Ecocriticism* zu ihrem Gegenstand, so droht in gewissem Sinne ein Kurzschluss. Es ist fast schon ein Topos der noch jungen Un-
tersuchungsrichtung, ihre Herkunft aus der literaturwissenschaftlichen Untersuchung und Auseinandersetzung mit dem US-amerikanischen *nature writing*
und der Idylle bzw. der *pastoral* herzuleiten. Louise Westling etwa beginnt ihre
Definition des Begriffs *Ecocriticism* ebendort: »Ecocriticism developed out of
more traditional scholarship about literary treatments of the natural world, such
as studies of European pastoral and of the American nature writing genre«.[59]
Auch Lawrence Buell, Ursula K. Heise und Karen Thornber sekundieren:

Influential studies by Leo Marx and Raymond Williams of pastoral traditions in
American and British literatures in their ecohistorical contexts spotlighted literature
as crucial to understanding the environmental transformations of urbanization
and techno-modernity, influencing later work on environmental philosophy and
politics of genre, place, region, and nation. This partly explains ecocriticism's early
concentration on the pastoral imagination[.][60]

»Literature and environment studies have evolved significantly over time«[61] – so
Buell und seine MitautorInnen, ein Fallstrick aber wird, wie ich meine, nicht immer umgangen. Der Umkehrschluss führt von den Anfängen des *Ecocriticism*
zu der Aussage, die Idylle – genauer: *pastoral* – sei eine Gattung, die befasst ist

---

59 Louise Westling: Literature, the Environment, and the Question of the Posthuman, in:
Catrin Gersdorf/Sylvia Mayer (Hrsg.): Nature in Literary and Cultural Studies. Transatlantic
Conversations on Ecocriticism. Amsterdam/New York 2006, 26–47, hier 26.
60 Lawrence Buell/Ursula K. Heise/Karen Thornber: Literature and Environment, in:
Annual Review of Environment and Resources 36.1, 2011, 417–440, hier 418–419.
61 Ebd.

with our relationship with the natural environment. Ecocriticism is concerned not only with the attitude to nature expressed by the author of a text, but also with its patterns of interrelatedness, both between the human and the nonhuman, and between the different parts of the non-human world.[62]

Zusammenfassen lässt sich diese Perspektive folgendermaßen: Idylle und *pastoral* setzen sich auseinander mit dem menschlichen Verhältnis zu seiner natürlichen Umwelt. Der *Ecocriticism*, der sich aus der Untersuchung von Idyllen und *nature writing* entwickelt hat, untersucht einerseits das Verhältnis des Menschen zur Natur, andererseits die Interdependenzen und Interferenzen zwischen Mensch und Nicht-Mensch, zwischen unterschiedlichen nichtmenschlichen Entitäten. Er geht idealiter eine Reflexionsstufe über die realistisch verstandene Idylle hinaus: Die Idylle repräsentiert Natur, und damit aus der Perspektive auf das System Literatur das Verhältnis von Natur und Mensch. Der *Ecocriticism* untersucht dieses Verhältnis.

Wenn aber, wie ich zumindest zu zeigen versucht habe, die Idylle selbst die Konstruktion der Repräsentation eines Natur-Mensch-Verhältnisses verhandelt, führt das realistische Verständnis der Idyllennatur nicht weiter. Ein *Ecocriticism*, der das von Heise beschriebene realistische Verständnis von Natur pflegt, verkennt wie Geßners Micon die Künstlichkeit der Natur (in) der Idylle.[63] Es gilt somit, die Idylle *nicht nur* in Hinblick auf die Darstellung von Natur oder die Reflexion des Natur-Kultur-Verhältnisses zu lesen – *sondern auch* als Literatur, die selbstreferenziell sich selbst, ihre Möglichkeiten und Techniken zum Gegenstand macht.

## Literaturverzeichnis

Adam, Wolfgang: Gessner-Lektüre, in: Pirro, Maurizio (Hrsg.): Salomon Gessner als europäisches Phänomen. Spielarten des Idyllischen. Heidelberg 2012, 9–38.
Adler, Hans: Gattungswissen: Die Idylle als Gnoseotop, in: Berg, Gunhild (Hrsg.): Wissenstexturen. Literarische Gattungen als Organisationsformen von Wissen. Berlin u. a. 2014, 23–42.
Alpers, Paul: What Is Pastoral? Chicago/London 1996.
Baldick, Chris: The Concise Oxford Dictionary of Literary Terms. Oxford/New York ²2001.
Bate, Jonathan: Romantic Ecology. Wordsworth and the Environmental Tradition. London/New York 1991.
Bloch, Ernst: Arkadien und Utopien, in: Garber, Klaus (Hrsg.): Europäische Bukolik und Georgik. Darmstadt 1976, 1–7.

---

62 Gifford: Pastoral, 5.

63 Auf diese Künstlichkeit verweisen, wie Evi Zemanek gezeigt hat, auch die poetologischen Kommentare in Geßners programmatischer Idylle »Der Wunsch«, vgl. Evi Zemanek: Bukolik, Idylle und Utopie aus Sicht des Ecocriticism, in: Gabriele Dürbeck/Urte Stobbe (Hrsg.): Ecocriticism. Eine Einführung. Köln u. a. 2015, 187–204, hier 192–193.

Blumenberg, Hans: »Nachahmung der Natur«. Zur Vorgeschichte der Idee des schöpferischen Menschen, in: Ders.: Ästhetische und metaphorologische Schriften. Hrsg. v. Anselm Haverkamp. Frankfurt a.M. 2001, 9–46.

Böschenstein, Renate: Idyllisch/Idylle, in: Barck, Karlheinz (Hrsg.): Ästhetische Grundbegriffe. Historisches Wörterbuch in 7 Bänden. Bd. 3. Stuttgart/Weimar 2005, 119–138.

Böschenstein-Schäfer, Renate: Idylle. Stuttgart ²1977.

Breitinger, Johann Jacob: Critische Dichtkunst. Bd. 1. Zürich/Leipzig 1740.

Buell, Lawrence/Heise, Ursula K./Thornber, Karen: Literature and Environment, in: Annual Review of Environment and Resources 36.1, 2011, 417–440.

Burk, Berthold: Elemente idyllischen Lebens. Studien zu Salomon Geßner und Jean-Jacques Rousseau. Bern/Frankfurt a.M. 1981.

Bürger, Thomas: Auch Er war in Arcadien! Stimmen für und wider Gessner, in: Bircher, Martin (Hrsg.): Maler und Dichter der Idylle. Salomon Gessner 1730–1788. Wolfenbüttel ²1982, 181–191.

Ecker, Hans-Peter: Idylle, in: Ueding, Gert (Hrsg.): Historisches Wörterbuch der Rhetorik. Bd. 4. Tübingen 1998, 183–202.

Empson, William: Some Versions of Pastoral. New York 1974.

Garber, Klaus: Bukolik, in: Weimar, Klaus u.a. (Hrsg.): Reallexikon der deutschen Literaturwissenschaft. Bd. 1. Berlin/New York ³2007, 287–291.

Garlandia, Johannes von: Poetria magistri Johannis anglici de arte prosayca metrica et rithmica. Hrsg. v. Giovanni Mari, in: Romanische Forschungen 13.3, 1902, 883–965.

Gerstner, Jan: »Naïveté« und »Süßlichkeit«. Geßner-Rezeption und Idyllentheorie als deutsch-französisches Spannungsfeld, in: Jahrbuch für internationale Germanistik 45.1, 2013, 23–40.

Geßner, Salomon: Idyllen. Kritische Ausgabe. Hrsg. v. E. Theodor Voss. Stuttgart 1988.

Gifford, Terry: Pastoral. London/New York 1999.

Gottsched, Johann Christoph: Versuch einer Critischen Dichtkunst. Anderer Besonderer Teil. Ausgewählte Werke. Bd. 6.2. Hrsg. v. Joachim Birke/Brigitte Birke. Berlin/New York 1973.

Haverkamp, Anselm: Figura cryptica. Theorie der literarischen Latenz. Frankfurt a.M. 2002.

Häntzschel, Günter: Idylle, in: Weimar, Klaus u.a. (Hrsg.): Reallexikon der deutschen Literaturwissenschaft. Bd. 2. Berlin/Boston ³2007, 122–125.

Heise, Ursula K.: Ecocriticism/Ökokritik, in: Nünning, Ansgar (Hrsg.): Metzler Lexikon Literatur- und Kulturtheorie. Ansätze, Personen, Grundbegriffe. Stuttgart ⁵2013, 155–157.

Iser, Wolfgang: Das Fiktive und das Imaginäre. Perspektiven literarischer Anthropologie. Frankfurt a.M. 1993.

Kaiser, Gerhard: Wandrer und Idylle. Goethe und die Phänomenologie der Natur in der deutschen Dichtung von Geßner bis Gottfried Keller. Göttingen 1977.

Marin, Louis: Zu einer Theorie des Lesens in den bildenden Künsten: Poussins Arkadische Hirten, in: Kemp, Wolfgang (Hrsg.): Der Betrachter ist im Bild. Kunstwissenschaft und Rezeptionsästhetik. Berlin 1992, 142–168.

Mix, York-Gothart: Idylle, in: Lamping, Dieter/Poppe, Sandra (Hrsg.): Handbuch der literarischen Gattungen. Stuttgart 2009, 393–402.

Ovidius Naso, Publius: Metamorphosen. Hrsg. u. übs. v. Gerhard Fink. Düsseldorf/Zürich 2004.

Panofsky, Erwin: Et in Arcadia Ego. Poussin und die elegische Tradition, in: Garber, Klaus (Hrsg.): Europäische Bukolik und Georgik. Darmstadt 1976, 271–305.

Quintilian: Ausbildung des Redners. Zweiter Teil. Buch VII–XII. Hrsg. u. übs. v. Helmut Rahn. Darmstadt 1975.

Sage, Lorna: Pastoral, in: Childs, Peter/Fowler, Roger (Hrsg.): The Routledge Dictionary of Literary Terms. London/New York 2006, 168–169.

Schmidt, Ernst A.: Poetische Reflexion. Vergils Bukolik. München 1972.

Schneider, Helmut J.: Naturerfahrung und Idylle in der deutschen Aufklärung, in: Pütz, Peter (Hrsg.): Erforschung der deutschen Aufklärung. Königstein 1980, 289–315.

Sidney, Philip: The Countess of Pembroke's Arcadia. Hrsg. u. komm. v. Maurice Evans. Harmondsworth/New York 1977.

Skoie, Mathilde/Bjørnstad-Velázquez, Sonia (Hrsg.): Pastoral and the Humanities. Arcadia Re-inscribed. Exeter 2006.

Spang, Kurt: Dreistillehre, in: Ueding, Gert (Hrsg.): Historisches Wörterbuch der Rhetorik. Bd. 2: Bie-Eul. Tübingen 1994, 921–972.

Theokrit: Das Erntefest, in: Ders.: Sämtliche Dichtungen. Hrsg. u. übs. v. Dietrich Ebener. Leipzig 1973.

Vergil: Georgica. Vom Landbau. Lateinisch/Deutsch. Hrsg. v. Otto Schönberger. Stuttgart 1994.

Westling, Louise: Literature, the Environment, and the Question of the Posthuman, in: Gersdorf, Catrin/Mayer, Sylvia (Hrsg.): Nature in Literary and Cultural Studies. Transatlantic Conversations on Ecocriticism. Amsterdam/New York 2006, 26–47.

Zemanek, Evi: Bukolik, Idylle und Utopie aus Sicht des Ecocriticism, in: Dürbeck, Gabriele/Stobbe, Urte (Hrsg.): Ecocriticism. Eine Einführung. Köln u. a. 2015, 187–204.

Ziolkowski, Jan M./Putnam, Michael C. J (Hrsg.): The Virgilian Tradition. The First Fifteen Hundred Years. New Haven 2008.

Evi Zemanek / Anna Rauscher

# Das ökologische Potenzial der Naturlyrik

Diskursive, figurative und formsemantische Innovationen

## 1. Konzepte und Varianten der Naturlyrik

Die Naturlyrik gilt dank ihrer spezifizierenden Bezeichnung als diejenige Subgattung, die für die poetische Darstellung von Natur zuständig ist. Über ihr ›ökologisches‹ Potenzial ist damit jedoch noch nichts gesagt, denn die thematisch-motivische Behandlung von Natur gründet nicht selbstverständlich in einem ökozentrischen Weltbild, präsentiert die Natur oder einzelne Phänomene nicht zwingend als ein von komplexen Interdependenzen gekennzeichnetes Ökosystem bzw. als Teile desselben, bringt nicht immer ein ökologisches Anliegen vor, ebenso wenig wie sie notwendig die eigene Struktur im Sinne eines komplexen Texthaushalts reflektiert. Alle diese Aspekte kann man als Kriterien ansehen, die es, wenn sie einzeln oder im Verbund erfüllt sind, erlauben, von ›ökologischer‹ Lyrik zu sprechen. Bisher war davon allerdings hauptsächlich dann die Rede, wenn ein Gedicht ideologisch lesbar ist, es etwa offenkundig Kulturkritik übt oder zum Schutz der Natur aufruft, wie dies die so genannte Ökolyrik und manchmal, aber nicht immer, auch die Ecopoetry tut. Etiketten wie diese machen eine knappe Bestandsaufnahme bestehender Begriffe und ihrer Definitionen nötig.

Ein Vergleich jüngerer Versuche, Naturlyrik zu definieren, macht vor allem deren ideologische, thematisch-diskursive wie formale Vielgestaltigkeit deutlich, so dass der größte gemeinsame Nenner nurmehr darin zu bestehen scheint, dass sie auf die eine oder andere Weise Natur thematisiere.[1] Der Spielraum an semantischen und rhetorischen Gestaltungsmöglichkeiten wächst freilich proportional mit der Ausweitung der Gattungsgrenzen. Werden diese eng gezogen, so gilt die Naturlyrik bekanntlich als ein im Sturm und Drang bzw. in der Romantik geborenes und erst nachträglich im 20. Jahrhundert so benanntes Phä-

---

1 Braungart plädiert deshalb sogar dafür, die Naturlyrik nicht als Gattung, sondern als »dynamisch-funktionalen Komplex, der einer ständigen Neubestimmung und Neugestaltung unterworfen ist«, anzusehen und ihre Geschichte als eine von Naturthemen, -topoi und -modellen zu rekonstruieren. Vgl. Georg Braungart: Naturlyrik, in: Dieter Lamping (Hrsg.): Handbuch Lyrik. Theorie, Analyse, Geschichte. Stuttgart 2011, 132–139, hier 133.

nomen, das in der Folgezeit verschiedenste Wandlungen durchmacht;[2] gleichzeitig kann man sie aber auch an die Traditionen der Bukolik, der Idylle[3] und des naturkundlichen Lehrgedichts rückbinden. Letztere Traditionen werden im vorliegenden Beitrag komplett ausgeblendet, da er sich darauf konzentrieren wird, das ökologische Potenzial des einzelnen lyrischen Gedichts auszuloten. Auch die paradigmatischen Beispiele einer enger gefassten Naturlyrik werden allenfalls aufgerufen, denn es soll hier – obwohl dies eine lohnende Option wäre – nicht darum gehen, kanonische Texte neu zu beleuchten, sondern verschiedenste ökologische Schreibmodi aufzuzeigen, vor allem in wenig beachteten, aber bemerkenswerten historischen und in neuesten Werken.[4] Dazu bedarf es keiner extensiven Auseinandersetzung mit Definitionen von Naturlyrik, doch seien einige hier relevante Grundgedanken kommentiert.

Wichtig ist der Hinweis, dass die historische Varianz der Gattung dem semantischen Wandel der beiden Komponenten ›Natur‹ und ›Lyrik‹ im Lauf der Geschichte geschuldet ist.[5] Dabei ist stets zu bedenken, dass es sich um Natur*konzepte* handelt und der Naturgedichten (fast) immer zugrunde liegende Gegensatz von Natur und Kultur ein kulturelles Konstrukt ist.[6] Zugleich entscheidet das jeweilige Lyrikverständnis, das heißt die poetologischen Regeln und Lizenzen, über »die Möglichkeiten von ›Natur‹ in der Lyrik überhaupt als auch die je spezifische Art und Weise der Behandlung von Naturmotiven«.[7] In der Mehrzahl historischer Naturgedichte wird die Natur durch einen menschlichen textinternen Sprecher wahrgenommen, der selten hinter der Natur zurücktritt; vielmehr nutzt er die Naturbetrachtung als Vehikel zur Erkenntnis, zur Artikulation seiner weltanschaulichen Ansichten oder emotionalen Verfasstheit. Entsprechend definiert das *Reallexikon* Naturlyrik gar als »Lyrik, die naturhafte Phänomene vergegenwärtigt, um z. B. menschliche Subjektivität zu thematisieren«[8] – polemisch könnte man sagen: um die anthropozentrische Perspektive zu affir-

---

2 Kittstein hingegen verortet den Beginn der deutschsprachigen Naturlyrik bereits in der Frühaufklärung, als das christliche Bild des göttlich durchwirkten Kosmos zu wanken begann und dementsprechend die Natur neu definiert werden musste. Vgl. Ulrich Kittstein: Deutsche Naturlyrik. Ihre Geschichte in Einzelanalysen. Darmstadt 2009, 15.
3 Vgl. dazu Evi Zemanek: Bukolik, Idylle und Utopie aus Sicht des Ecocriticism, in: Gabriele Dürbeck/Urte Stobbe (Hrsg.): Ecocriticism. Eine Einführung. Köln u. a. 2015, 187–204.
4 Auch Gegenwartslyrik, aber andere Autorinnen und Autoren (nämlich E. H. Bottenberg, Brigitte Oleschinski und Raoul Schrott), untersucht Wendy Anne Kopisch: Naturlyrik im Zeichen der Ökologischen Krise. Begrifflichkeiten, Rezeption, Kontexte. Kassel 2012.
5 Vgl. Günter Häntzschel: Naturlyrik, in: Harald Fricke u. a. (Hrsg.): Reallexikon der deutschen Literaturwissenschaft. Bd. 2. Berlin/New York 2007, 691–693, hier 691 u. Braungart: Naturlyrik, 133.
6 Vgl. Braungart: Naturlyrik, 132 f.
7 Ebd., 133.
8 Häntzschel: Naturlyrik, 691.

mieren. Das »Aussprechen, Erklären und Deuten elementarer menschlicher Erfahrungen und Empfindungen in ›erlebten‹ oder allegorisch ›gedachten‹ Naturbildern« stelle eine transhistorische Konstante dar.[9] Gleichwohl verändert sich das im Gedicht artikulierte, für die Bemessung des ökologischen Gehalts ausschlaggebende Mensch-Natur-Verhältnis im Verlauf der Geschichte ebenso wie verschiedene Beziehungsarten immer auch zeitgleich miteinander konkurrieren.

Versuche, diesbezüglich für das Abendland eine Abfolge verschiedener historischer Phasen zu erkennen, erweisen sich als äußerst schwierig und können der Pluralität der Phänomene nicht gerecht werden. Zumal Naturlyrik einerseits das menschliche Naturverhältnis in so verschiedenen Kontexten wie in Mythos und Religion oder in den aufkommenden Naturwissenschaften spiegelt, andererseits aber als Gegendiskurs gezielt Alternativen zu all jenen Ausprägungen imaginiert. Folglich kann man zwar im Zuge zunehmender Emanzipation des Subjekts seit Mitte des 18. Jahrhunderts und aufgrund von Industrialisierung, Urbanisierung und Technisierung seit Mitte des 19. Jahrhunderts auch in der Lyrik Brüche im Mensch-Natur-Verhältnis feststellen, die mit dem Schlagwort ›Entfremdung‹ beschrieben werden.[10] Jedoch stehen klagenden Beschreibungen der gefühlten Distanz zur Natur immer auch Versuche der Überwindung oder Negierung dieser Distanz gegenüber.[11] Zugleich geben viele Texte Anlass, Kittstein zuzustimmen, wenn er – dennoch allzu verallgemeinernd – konstatiert, dass Naturgedichte Formen menschlicher Naturbeziehung skizzierten, »die nicht vom Interesse an Ausbeutung und Beherrschung diktiert« und »eher kontemplativ« seien.[12] Dadurch »erweitern sie das Reservoir an kulturellen Deutungsmustern und gewinnen zugleich ein zumindest latent kritisches Potential gegenüber dem herrschenden szientifischen Naturdiskurs.«[13] Das Nebeneinander dieser Alternativen kennzeichnet auch die moderne Naturlyrik bis in die Gegenwart, wobei die konkreten Themen die rezenten Natur- und Umweltveränderungen spiegeln und hierfür neue Textstrategien erprobt werden.

## 2. Ökolyrik und Ecopoetry

Ökolyrik und Ecopoetry stellen in Relation zur Naturlyrik Subgattungen dar, da sie gemäß aktuellem Forschungsstand thematisch und historisch enger gefasst und bis heute weitgehend in nationalphilologischen Perspektiven verhaftet

---

9  Ebd.
10  Vgl. ebd. und Braungart: Naturlyrik, 137.
11  Vgl. Häntzschel: Naturlyrik, 691.
12  Vgl. Kittstein: Deutsche Naturlyrik, 16.
13  Ebd.

sind. Der mit ihrer Bezeichnung signalisierte ›ökologische‹ Fokus garantiert jedoch nicht, dass diese Lyrik auch den ökologischen Ausdrucksmöglichkeiten der Gattung gerecht wird. Das Etikett Ökolyrik wird im engeren Sinne für deutschsprachige Lyrik verwendet, die zwischen den späten 1960er und den späten 1980er Jahren als Reaktion auf (auch öffentlich als solche wahrgenommene) ökologische Krisen entstand und dieses Krisenbewusstsein ausdrückte. Da die Mehrzahl der Gedichte, die in einschlägigen Anthologien[14] präsentiert wurden, den politischen Appell priorisiert, hat sich die Forschung bisher hauptsächlich dafür, kaum aber für ihre Ästhetik interessiert, sofern sie das Phänomen nicht gänzlich ignoriert hat.[15] Begreift man Ökolyrik als ein solchermaßen zeitlich begrenztes, politisches Phänomen, so ist sie konzeptuell von geringer Relevanz.[16] Fruchtbarer wäre ein transhistorisches Lyrik-Konzept, das auf die diversen, auf vielerlei Art sichtbaren ökologischen Probleme reagiert.

Mehr Anhaltspunkte für eine Bestimmung ›ökologischer‹ Lyrik bieten Versuche einer Definition der Ecopoetry, die man im angloamerikanischen Raum seit dem Erstarken der Umweltbewegung in der zweiten Hälfte des 20. Jahrhunderts kennt und insbesondere seit der Jahrtausendwende intensiver erforscht.[17] Bryson etwa beschreibt Ecopoetry als

a subset of poetry that, while adhering to certain conventions of romanticism, also advances beyond that tradition and takes on distinctly contemporary problems and issues, thus resulting in a version of nature poetry generally marked by three primary characteristics.

---

14 Vgl. Hans Christoph Buch (Hrsg.): Thema Natur. Oder: Warum ein Gespräch über Bäume heute kein Verbrechen mehr ist. Berlin 1977; Cornelius Mayer-Tasch (Hrsg.): Im Gewitter der Geraden. Deutsche Ökolyrik 1950–1980. München 1981; Manfred Kluge (Hrsg.): Flurbereinigung. Naturgedichte zwischen heiler Welt und kaputter Umwelt. München 1985; sowie die Sektion »Natur und Gesellschaft« in Hiltrud Gnüg (Hrsg.): Gespräch über Bäume. Moderne deutsche Naturlyrik. Stuttgart 2013.

15 Vgl. Hans-Jürgen Heise: Grün, wie ich dich liebe, Grün. Vom Naturgedicht zur Ökolyrik, in: Ders.: Einen Galgen für den Dichter. Stichworte zur Lyrik. Weingarten 1986, 74–88; Helmut Scheuer: Die entzauberte Natur. Vom Naturgedicht zur Ökolyrik, in: literatur für leser 1, 1989, 48–73; Axel Goodbody: Deutsche Ökolyrik. Comparative Observations on the Emergence and Expression of Environmental Consciousness in West and East German Poetry, in: Arthur Williams (Hrsg.): German Literature at a Time of Change. 1989–1990. Berlin u. a. 1991, 373–400.

16 Vgl. Heinrich Detering: Lyrische Dichtung im Horizont des Ecocriticism, in: Gabriele Dürbeck/Urte Stobbe (Hrsg.): Ecocriticism. Eine Einführung. Köln u. a. 2015, 204–218, hier 205.

17 Exemplarisch genannt seien Leonard M. Scigaj: Sustainable Poetry. Four American Ecopoets. Lexington 1999; J. Scott Bryson (Hrsg.): Ecopoetry. A Critical Introduction. Salt Lake City 2002; Scott Knickerbocker: Ecopoetics. The Language of Nature, the Nature of Language. Amherst/Boston 2012; Nick Selby: Ecopoetries in America, in: Jennifer Ashton (Hrsg.): The Cambridge Companion to Poetry since 1945. Cambridge/New York 2013, 127–142 und die Kapitel zur Lyrik in Susan Signe Morrison: The Literature of Waste. Material Ecopoetics and Ethical Matter. New York 2015.

Diese drei Charakteristika seien »ecocentrism, a humble appreciation of wilderness, and a scepticism toward hyperrationality and its resultant overreliance on technology«.[18] Bezieht man den Begriff Ökolyrik nur auf das historisch und kulturell begrenzte Phänomen und betrachtet demnach nur Gedichte, die in den 70er–80er Jahren in der BRD oder DDR entstanden, so zeigt sich, dass darin die genannte Skepsis gegenüber Technik weitaus häufiger festzustellen ist als positive Visionen eines ökozentrischen Weltbildes. Inhaltlich-weltanschauliche Kriterien stellen auch Moore und Astly auf: Ecopoetry beschäftige sich demnach mit »(RE)CONNECTION, WITNESSING, RESISTANCE and VISIONING«[19] und gehe

> beyond traditional nature poetry to take on distinctly contemporary issues, recognising the interdependence of all life on earth, the wildness and otherness of nature, and the irresponsibility of our attempts to tame and plunder nature. Ecopoems dramatise the danger and poverty of a modern world perilously cut off from nature and ruled by technology, self-interest and economic power.[20]

Diese Bestimmungsversuche geben wichtige Anhaltspunkte, doch lässt sich ein ›ökologisches‹ Naturverständnis noch präzisieren und die bei Bryson und Astly aufscheinende Konzentration auf die Gegenwart durch die Suche nach protoökologischen Gedichten relativieren.[21] Teilweise deckungsgleich mit den oben zitierten Definitionen der Ecopoetry sind Buells wohl gattungsübergreifend intendierte Kriterien für einen idealen ökologischen Text, nämlich: eine deutliche Präsenz der nicht-menschlichen Umwelt, eine Relativierung des Interessensmonopols des Menschen, eine ethische Position, welche die Verantwortung des Menschen gegenüber der Natur deutlich macht, und ein zumindest impliziter Hinweis auf ein Verständnis der Natur, das diese nicht als statisches Gegebenes, sondern als Prozess begreift.[22]

In Bezug auf gattungsspezifische Aspekte sind freilich grundlegende Überlegungen zur Spezifik von Lyrik essenziell, die von den oben angeführten Autoren leider großenteils unberücksichtigt bleiben. Detering hingegen – der unter einer ökologischen Perspektive »Darstellungen von und Reflexionen zu ›Natur‹

---

18 Bryson: Introduction, in: Ders.: Ecopoetry, 5, 7.

19 Helen Moore: What is Ecopoetry?, in: International Times. The Newspaper of Resistance 12.4.2012, o.P. http://internationaltimes.it/what-is-ecopoetry/.

20 Neil Astly: Introduction, in: Ders. (Hrsg.): Earth Shattering. Ecopoems. Tarset 2007, 15–20, hier 15.

21 Letzteres geschieht beispielsweise in Gyorgyi Voros: Notations of the Wild. Ecology in the Poetry of Wallace Stevens. Iowa City 1997; Jonathan Bate: The Song of the Earth. London 2001; M. Jimmie Killingsworth: Walt Whitman and the Earth. A Study in Ecopoetics. Iowa City 2004; Cecily Parks: The Swamps of Emily Dickinson, in: Emiliy Dickinson Journal 22.1, 2013, 1–29; oder Christine Gerhardt: A Place for Humility. Whitman, Dickinson, and the Natural World. Iowa City 2014.

22 Vgl. Lawrence Buell: The Environmental Imagination: Thoreau, Nature Writing, and the Formation of American Culture. Cambridge u. a. 1995, 7–8.

als einem offenen und dynamischen Wirkungszusammenhang (sei er mit oder ohne Beteiligung menschlicher Akteure)«[23] versteht – bedenkt die besonderen Ausdrucksmöglichkeiten der Lyrik, ihre Genrekonventionen und -traditionen sowie rhetorische, stilistische und metrische Eigenschaften von Gedichten als Verstexten, welche in Relation zum Inhalt zu betrachten seien.[24] Anschlussfähig sind auch Zymners Überlegungen zur Gattung: Zunächst kommen der relativierende Ansatz, im Zuge dessen sich der Autor gegen ein okzidental geprägtes Lyrikverständnis verwehrt, sowie die Feststellung, dass es sich bei lyrischem Sprechen um eine anthropologische Universalie handle,[25] dem Versuch einer Befragung der Gattung auf ihr ökologisches Potential entgegen, weil damit eine ganzheitliche, holistische Perspektive favorisiert wird. Wenn ein generisches Spezifikum der Lyrik außerdem darin besteht, dass sie durch ihre Faktur vor Augen führt, dass Sprache ein schöpferisches Organ des Gedankens, ein genuines Medium der prozeduralen Sinngenese ist, und Gedichte auch deshalb kulturelle Universalien sind, weil sie ein Bewusstsein für die Optionen eines der wichtigsten Medien der menschlichen Welterschließung lebendig halten,[26] dann kann man lyrischen Gedichten eine besondere Sensibilität für die Umwelt-Wahrnehmung des Menschen attestieren.[27] Anschließbar an die von Bryson konstatierte skeptische Haltung der Ecopoetry gegenüber einem extremen Rationalismus sind Zymners Hinweise auf ein bereits bei Gellert und Scuro formuliertes Lyrikverständnis. Demzufolge vermittle Dichtung, und Lyrik im Besonderen, Wissen durch ein Bild, und damit nichtpropositional, nichtargumentativ und ohne Begründungszwang, selektiv und so formatiert, dass dieses ›Wissen‹, diese Wahrheit semantisch offen gerahmt bleibe und in diesem poetischen Rahmen nur aufscheine.[28] Zwar sind einige dieser Überlegungen zum Zusammenhang von Lyrik und der Genese von (Welt-)Wissen in Teilen auch auf andere Gattungen übertragbar. Nichtsdestotrotz erscheint vor diesem Hintergrund die

23 Vgl. Detering: Lyrische Dichtung im Horizont des Ecocriticism, 207.

24 Außerdem stellt Scott Knickerbocker Überlegungen an zu »the ecocentric promise of poetry's natural artifice«. Knickerbocker: Ecopoetics, 8.

25 Vgl. Rüdiger Zymner: Das ›Wissen‹ der Lyrik, in: Michael Bies/Michael Gamper/Ingrid Kleeberg (Hrsg.): Gattungs-Wissen. Wissenspoetologie und literarische Formen. Göttingen 2013, 109–120, hier 111, 120.

26 Vgl. ebd., 119 f. Noch konkreter auf die Natur bezogen konstatiert auch Häntzschel (Naturlyrik, 691) eine grundsätzliche Affinität von Lyrik und Natur, da seit der Antike der Natur-Begriff die Bedeutungen von ›Beschaffenheit‹ und ›Wesen‹ mit denjenigen von ›Werden‹ und ›Wachstum‹ verbinde.

27 Mit Verweis auf Thesen von John Berger, Mark Johnson und George Lakoff zum figurativen Denken formuliert auch Knickerbocker: »Poetry, the most deliberately figurative of activities […] does foreground how we think and speak all the time. Figuration is thus not only part of ›nature‹ but also inevitably political in the broadest sense of the term, in that it motivates and shapes the way we behave in the world.« Knickerbocker: Ecopoetics, 4 f.

28 Vgl. Zymner: Das ›Wissen‹ der Lyrik, 114.

Lyrik als in besonderem Maß für die sprachliche Auseinandersetzung mit ökologischen Belangen geeignet.

Kombiniert man die oben vorgestellten weltanschaulich-semantischen und sprachlich-ästhetischen Bestimmungskriterien für eine ökologische Lyrik, so impliziert ein Gedicht im kritischen Bewusstsein der anthropozentrischen Perspektive eine Ethik der Verantwortlichkeit und versucht, ein öko- oder biozentrisches Weltbild zu repräsentieren; es inszeniert die ökologischen Prinzipien von Offenheit, Kreislauf, Interdependenz und Prozesshaftigkeit. Wie die weltanschaulich-semantischen Aspekte durch die gattungsspezifischen formalen Qualitäten deutlich verstärkt und differenziert werden können, wird anhand konkreter Beispiele aufgezeigt.

Im Folgenden wird unterschieden zwischen Gedichten:
- die primär thematisch-diskursiv ökologisches Denken artikulieren (z. B. Artenschutz);
- die bio-/ökozentrische Schreibmodi erproben (z. B. durch De-Hierarchisierung, Empathie, Anthropomorphisierung, Verschmelzungsphantasien oder Imitation der Natur im Rollengedicht);
- in denen tradierte Formen (z. B. Ode, Terzine und Sonett) für ökologische Belange fruchtbar gemacht werden;
- die durch ihre Struktur Aspekte ökologischen Denkens veranschaulichen;

(Dass dabei Primärtexte aus dem angloamerikanischen wie dem deutschen Sprachraum herangezogen werden, ist unseren Kenntnissen geschuldet, soll weder diese Kulturen privilegieren noch ihre literaturgeschichtlichen Differenzen nivellieren und geschieht in dem Wissen, dass eine global angelegte Untersuchung dem Gegenstand angemessener wäre.)

## 3. Varianten und Verfahren ökologischer Lyrik

### 3.1 Ökologische Diskurse in der Lyrik

Eine primär thematische, meist kritische Auseinandersetzung mit der Mensch-Natur-Beziehung oder gar mit ökologischen Problemen findet sich nicht erst in der (deutschsprachigen) Ökolyrik der 1970er und 1980er Jahre. Auf die diesbezügliche Relevanz von kanonischen, aus ökologischer Perspektive neu lesbaren Texten wie William Wordsworths »Hart-Leap Well« (1800), Lord Byrons »Darkness« (1816) oder Annette von Droste-Hülshoffs »Die Mergelgrube« (1842) wurde bereits hingewiesen.[29] Darüber hinaus lassen sich in der Lyrikgeschichte

---

29 Protoökologisches Denken entdeckt Peter Mortensen: Taking Animals Seriously. William Wordsworth and the Claims of Ecological Romanticism, in: Orbis Litterarum 555.4,

aller Kulturen, im Werk bekannter und heute unbekannter Autoren noch unzählige Entdeckungen machen, von denen hier nur wenige genannt werden
können. Das konzeptuelle Gegenmodell zu Texten, in denen sich ökologisches
Denken in negativen Darstellungen menschlicher Naturzerstörung manifestiert, findet man in positiven Visionen einer ökologischen Lebensweise.

## Negativ: Gegen menschliche Naturzerstörung

Gegen das Fällen eines Nussbaums plädiert bereits Anna Luise Karschs »Vorbitte
wegen eines Nussbaums« (1761).[30] Als Gegenargumente werden hier neben wirtschaftlichen Faktoren (Unrentabilität des Fällens, Aussicht auf Ernte) biologische
Aspekte (geringe Frostanfälligkeit), aber auch ästhetische und ethische Gesichts-
punkte ins Feld geführt: Die Gestalt des Nussbaums gilt als bewundernswert, die
Härte seiner Frucht wird zum Bildspender für eine Metapher, die ein Ideal weiblicher Tugend beschreibt. Darüber hinaus appelliert der Text an die Emotionen
des angesprochenen Du – schon biblische Propheten hätte das Sterben von Pflanzen emotional berührt (vgl. V. 5–8). Um der Bitte rhetorisch mehr Nachdruck zu
verleihen, wird der Baum unter anderem metaphorisch als »Herzog« (V. 17) und
»Held« (V. 25) beschrieben. Auch scheint im Gedicht eine Hierarchisierung von
Natur und Kunst auf: »Die Pyramidenbäume wuchsen nur / So durch die Kunst.
Er [der Nussbaum] spottete des Wartens, / Ihn zog die Natur!« (V. 18–20). Neben
dieser Aufwertung ist allerdings zu bedenken, dass eine angenommene Hierar-
chie zwischen Mensch und Baum bestehen bleibt. Der als »Herzog« bezeichnete
Baum untersteht seinem menschlichen »Fürst[en]« (V. 14) und liefert seinem
»Herrn« (V. 30) auf Schläge gegen den Stamm hin Nüsse.

Ein anderes Motiv ist das des vom Menschen regulierten oder verschmutz-
ten Flusses. Eine eindeutig kritische Position bezüglich menschlicher Eingriffe
in die Natur bezieht bereits im frühen 20. Jahrhundert Theodor Kramers Gedicht »Die sterbenden Flüsse« (1928).[31] Für die Feststellung, es gehe »ein gewal-

2000, 296–310. Jonathan Bate liest Byrons Gedicht vor dem Hintergrund zeitgenössischer
meteorologischer Phänomene und konstatiert: »When we read ›Darkness‹ now, Byron may
be reclaimed as a prophet of [...] ecocide.« Bate: Song of the Earth, 98. Für »Die Mergelgrube«
konstatiert Goodbody, dass das Gedicht den Blick auf die Gegenwart aus einer menschen-
losen Zukunft vorwegnehme, wobei die Menschheit als vorübergehende, dem Verschwinden
geweihte Erscheinung wahrgenommen werde. Axel Goodbody: Naturlyrik – Umweltlyrik –
Lyrik im Anthropozän. Herausforderungen, Kontinuitäten und Unterschiede, in: Anja Bayer/
Daniela Seel (Hrsg.): Lyrik im Anthropozän. Anthologie. Berlin 2016, 287–304, hier 301.

30 Anna Luise Karsch: Auserlesene Gedichte. Faksimiledruck nach der Ausgabe von
1764. Hrsg. v. Paul Böckmann u.a. Stuttgart 1966, 210f. – Ein vergleichbares Handlungs-
substrat, das die Idee des Naturschutzes einführt, findet sich übrigens in einer der »Idyllen«
(1756) Salomon Geßners: In »Amyntas« bewahrt ein Hirte eine Eiche durch Dammbau davor,
Opfer eines wilden Flusses zu werden. Vgl. dazu Zemanek: Bukolik, Idylle und Utopie, 193.

31 Theodor Kramer: Gesammelte Gedichte. Hrsg. v. Erwin Chvojka. Bd. 3. Wien 1987, 218.

tiges Sterben / allorts durch die Flüsse im Land« (V. 3 f.), werden unter anderem Veränderungen im Flusslauf durch Schleusen und Dämme und Verunreinigungen durch Abwässer verantwortlich gemacht, bevor das Gedicht mit der düsteren Prognose schließt, dass es in naher Zukunft statt Flüssen nur noch Fahrrinnen geben werde.[32]

Eine der Zivilisation, in dem Fall der zunehmenden Ausbeutung der Rohstoffvorkommen, geschuldete Entfremdung von der Natur klagt (auch) Bertolt Brechts Gedicht »Über das Frühjahr« (1928) an. Darin existiert der Anbruch des Frühlings noch in den Erinnerungen und Aufzeichnungen der Menschen, wird aber in einer zunehmend technisierten Welt kaum mehr wahrgenommen.[33] Deutliche Kritik artikuliert auch Erich Kästner in seinem Gedicht »Misanthropologie« (1929).[34] Die durch das Personalpronomen »man« verallgemeinerte Sprechinstanz kommt nach einem durch lärmende Mitmenschen vereitelten Versuch des Naturgenusses letztlich zu dem Ergebnis: »Diese Menschheit ist nichts weiter als / eine Hautkrankheit des Erdenballs« (V. 23 f.). Eine derartige Selbstkritik des Menschen wird zum Topos in der späteren Ökolyrik.[35]

Beachtenswert sind außerdem Texte, die durch intertextuelle, kontrafaktorische Referenz mit der Lesererwartung spielen – so etwa Hubert Weinzierls »Die Welt liegt schwarz und schweiget«, das Matthias Claudius' Abendstimmung durch das apokalyptische Szenario einer von den Menschen wissentlich unbewohnbar gemachten (Um-)Welt ersetzt, oder Jörg Zinks »Die letzten sieben Tage der Menschheit«, das in Umkehrung der Schöpfungsgeschichte das Ausmaß der sukzessiven Zerstörung des Erdballs durch menschliche Hybris, blinden Fortschrittsoptimismus und Machbarkeitsglauben beschreibt,[36] wie auch schon Friedrich Detjens frühe Eichendorff-Parodie »Abschied vom Walde«,[37] welche die großflächigen Rodungen des 19. Jahrhunderts und damit den ›Ausverkauf der Natur‹ beklagt.[38]

---

32 Vgl. dazu auch Horst Jarka: Theodor Kramer: Avantgardist der Ökolyrik. Diagnosen, Ahnungen, Widersprüche, in: Wendelin Schmidt-Dengler (Hrsg.): verLOCKERUNGEN. Österreichische Avantgarde im 20. Jahrhundert. Studien zu Walter Serner, Theodor Kramer, H. C. Artmann, Konrad Bayer, Peter Handke und Elfriede Jelinek. Wien 1994, 51–74.

33 Bertolt Brecht: Werke. Große kommentierte Berliner und Frankfurter Ausgabe. Hrsg. v. Klaus-Detlef Müller u. a. Bd. 14, Frankfurt a. M. 1993, 7.

34 Erich Kästner: Gesammelte Schriften. Bd. 1: Gedichte. Zürich 1959, 190 f.

35 Zahlreiche Beispiele bietet Mayer-Tasch (Hrsg.): Im Gewitter der Geraden. Deutsche Ökolyrik.

36 Vgl. ebd., 236, 237 f. Siehe zur Umkehrung der Schöpfungsgeschichte auch ebd., 20 f.

37 Friedrich Detjens: Abschied vom Walde, in: Fliegende Blätter 2626, 1895, 194 f. http://digi.ub.uni-heidelberg.de/diglit/fb103/0194.

38 Vgl. dazu: Evi Zemanek: Mocking the Anthropocene: Caricatures of Man-Made Landscapes in German Satirical Magazines from the Fin de siècle, in: Sabine Wilke/Japhet Johnstone (Hrsg.): Readings in the Anthropocene: The Environmental Humanities, German Studies, and Beyond. London 2017, 124–147.

In der Lyrik des ausgehenden 20. und frühen 21. Jahrhunderts bezieht sich letztere Klage dann eher auf die touristische Erschließung der Natur und ihre Marginalisierung durch umfassende Urbanisierung, so dass nur mehr eine ›Rest-Natur‹ oder ›Kunst-Natur‹ beschrieben wird. Die Kultivierung der Natur kritisiert etwa Ulrike Draesner in ihrem Band *berührte orte* (2008), wo im Gedicht »heimische flora« das »vernichten« und »züchten« angeprangert werden, in »toxikographie« die Naturbeschreibung zur Giftschrift gerät und sich ein verstörtes Ich im »anthropogen gestörte[n] wuchsplatz« zurecht finden muss.[39] Selbstkritisch verortet sich die neueste Naturlyrik im Anthropozän – der Epoche, in der der Mensch selbst zum globalen geologischen Faktor wird –, verzichtet jedoch im Unterschied zur so genannten Ökolyrik der 1960er, 70er und 80er meist auf politische Anklage und expliziten Appell.[40]

*Positiv: Für nachhaltigen Umgang mit der Natur*

Positive Visionen eines ökologischen Mensch-Natur-Verhältnisses findet man vor allem in der romantischen Lyrik, die dafür spezifische Verfahren erprobt (vgl. 3.2).[41] An dieser Stelle sei eines der selteneren Beispiele aus dem 21. Jahrhundert erwähnt. Zwar beginnt Silke Scheuermanns Gedicht »Skizze vom Gras«[42]

---

39 Vgl. Ulrike Draesner: berührte orte. München 2008, 51, 53, 57; und Evi Zemanek: »die Natur heißt es übersetzen erfinden«. Kunstnatur in der Lyrik Ulrike Draesners, in: Susanna Brogi/Anna Ertel/Evi Zemanek (Hrsg.): Ulrike Draesner. München 2014, 27–36, hier 29.

40 Vgl. dazu Goodbody: Naturlyrik – Umweltlyrik – Lyrik im Anthropozän sowie den Abschnitt »Neue Naturlyrik« in: Evi Zemanek: Gegenwart, in: Dieter Lamping (Hrsg.): Handbuch Lyrik. Theorie, Analyse, Geschichte. Stuttgart ²2016, 472–482.

41 Vgl. Jonathan Bate: Romantic Ecology. Wordsworth and the Environmental Tradition. London/New York 1991. Ökologische Lesarten romantischer Lyrik heben u. a. ab auf affektive Beziehungen zur nicht-menschlichen Umwelt, z. B. Ashton Nichols: The Loves of Plants and Animals: Romantic Science and the Pleasures of Nature, in: James McKusick (Hrsg.): Romanticism & Ecology. College Park/University of Maryland 2001, o. P. http://www.rc.umd. edu/praxis/ecology/nichols/nichols.html; Mensch-Tier-Beziehungen, z. B. Kurt Fosso: »Sweet Influences«: Human/Animal Difference and Social Cohesion in Wordsworth and Coleridge, 1794–1806, in: McKusick (Hrsg.): Romanticism & Ecology; Überlegungen zum Anthropozentrismus, z. B. Bo Earle: Back to the Bathtub of the Future: The Anthropocene and Romantic Post-Personal Personification, in: Oxford Literary Review 37.1, 2015, 93–117; David B. Morris: Dark Ecology: Bio-Anthropocentrism in »The Marriage of Heaven and Hell«, in: Isle. Interdisciplinary Studies in Literature and Environment 19.2, 2012, 274–294; Posthumanismus, z. B. Emmanouil Aretoulakis: Towards a Posthumanist Ecology: Nature without Humanity in Wordsworth and Shelley, in: European Journal of English Studies 18.2, 2014, 172–190, und Möglichkeiten nicht-anthropozentrischer Schreibweisen, z. B. Kate Rigby: »Wo die Wälder rauschen so sacht«: The Actuality of Eichendorff's Atmospheric Ecopoetics, in: Franz-Josef Deiters u. a. (Hrsg.): Die Aktualität der Romantik/The Actuality of Romanticism. Berlin u. a. 2012, 91–104. Rigby untersucht Gedichte Eichendorffs vor dem Hintergrund von Gernot Böhmes Ästhetik der Atmosphären.

42 Silke Scheuermann: Skizze vom Gras, in: Dies.: Skizze vom Gras. Gedichte. Frankfurt a. M. 2014, 95–97.

(aus dem gleichnamigen Band von 2014) als Dystopie, denn die Sprecherin verortet sich im »Jahr, in dem sie das Ministerium für Pflanzen auflösten,/ da die Erde nicht mehr genug Arten beherbergte, für die / der Aufwand sich gelohnt hätte« (V. 1–3) und zugleich in der »Zeit nach den vertikalen Gärten« (97, V. 26), d. h. selbst die vertikalen Gärten, welche die horizontalen ersetzt hatten, sind schon verschwunden. Jedoch gibt der Vater der Sprecherin, der echtes Gras noch aus seiner Jugend kennt, das für die Anlage vertikaler Gärten notwendige Wissen an die nächste Generation weiter, handelt also nachhaltig. Die im Titel angekündigten Reflexionen über Gras sind narrativ eingebettet in ein Szenario, in dem aufgrund des extremen Artenschwunds nur mehr eine spezielle Art von Gras zu gedeihen vermag. Nicht zuletzt dank einer Strophe, die eine Kollaboration zwischen Gras und Dichtern beschreibt, indem diese zum Sprachrohr für das Gras werden, ist die intertextuelle Referenz auf Whitmans *Leaves of Grass* (1855–1892) unübersehbar (überdies wird explizit auf ein »Dickinsongedicht« verwiesen, welches das »Gesumme der Bienen« enthält, 97, V. 68–69). In dieser auch metapoetischen Passage wird die Beziehung zwischen Gras und Dichter als Symbiose dargestellt. Zugleich wird der Poesie indirekt die Fähigkeit zugesprochen, die Belange der nonverbal agierenden Natur den Idealen von Wahrheit und Schönheit entsprechend auszudrücken. Das poetische Sprechen erscheint als adäquates Sprechen über die Natur. Formal lassen sich die intertextuellen Referenzen als Zusammenhang über Zeit, Raum und Text hinweg und als strukturelle Kopie des Recycling-Prinzips lesen.[43] Ein intratextuelles semantisches Netz entsteht durch das Wiederholen von Motiven wie dem des Grases (vgl. V. 23–25, 29, 36, 63, 85 u. a.) oder der Farbe grün (V. 75, 83, 93) und der wörtlichen Wiederholung ganzer Phrasen (vgl. V. 55, 71). Auf diese Weise thematisiert, demonstriert und realisiert dieses Gedicht die ökologischen Prinzipien Nachhaltigkeit, Vernetzung und Recycling.

## 3.2 Vom anthropozentrischen zum bio-/ökozentrischen Denken und Dichten

Obgleich sprachlich verfasste Gedichte als solche notwendig die Signatur des Menschen tragen, versucht dieser bisweilen, seine anthropozentrische Perspektive durch Imagination oder Imitation einem Bio- oder Ökozentrismus anzunähern, etwa durch Umkehrung oder Auflösung der anthropozentrischen Mensch-Natur-Hierarchie.

---

43 Zu ökologischen Aspekten von Whitmans *Leaves of Grass* vgl. u. a. Detering: Lyrische Dichtung im Horizont des Ecocriticism, 212. Auf die Analogie zwischen Intertextualität und Recycling weisen u. a. Harriet Tarlo: Recycles. The Eco-Ethical Poetics of Found Text in Contemporary Poetry, in: Journal of Ecocriticism 1.2, 2009, 114–130 und Morrison: Literature of Waste, 12, hin.

In Versgedichten des 18. Jahrhunderts werden Naturphänomene und -räume zunehmend genauer betrachtet und beschrieben, auch wenn dies nicht automatisch bedeutet, dass die anthropozentrische Perspektive selbstkritisch reflektiert oder aufgegeben wird.[44] Als »Gründungsdokument einer die empirische Natur in den Blick nehmenden Naturdichtung« bezeichnet Detering Barthold Hinrich Brockes' physikotheologisch geprägtes *Irdisches Vergnügen in Gott* (1721–1748).[45] Eine »Intimisierung« des Mensch-Natur-Verhältnisses erfolgte bekanntermaßen in den Oden Friedrich Gottlieb Klopstocks (1724–1803) und den Arbeiten des Göttinger Hainbundes, eine »emphatische Emotionalisierung und Subjektivierung« in der Lyrik des jungen Goethe.[46] Für ökologisch fokussierte Lesarten von Naturgedichten sind dies wichtige Entwicklungen, doch ökologischem Denken entsprechen diese Tendenzen nur bedingt. Zwar wird die Natur in Klopstocks Ode »Der Zürchersee« (1750) als »Mutter« apostrophiert, doch liefert sie im Gedicht nur den Hintergrund für das menschliche Erleben von Schönheit, Freude und Freundschaft, ähnlich wie Goethes Feier der herrlichen Natur in »Maifest« bzw. »Mailied« (1775) vornehmlich der Selbstbespiegelung des Sprechers und dem Ausdruck seiner Liebe für ein Mädchen dient.

## De-Hierarchisierung

Viel wichtiger für das Interesse an ökologischer Lyrik ist Goethes »Die Metamorphose der Pflanzen« (1798), da der Sprecher hier im Detailstudium der Pflanze ein Gesetz der Natur ergründet und seine Geliebte auf die prozesshafte Veränderung und Kreislaufstruktur alles Lebendigen aufmerksam macht. Indem er Pflanzenwachstum und Liebesbeziehung ineinander blendet, verweist er auf die Kontinuität zwischen menschlichen und anderen Lebensformen. Die Elegie räume der Pflanze semiotische Handlungsfähigkeit ein, so konstatiert Rigby, die von einem ökosemiotischen Gebrauch poetischer Sprache spricht.[47] Alternativ kann man den Text als »Explikation einer ökologisch fundierten Anthropologie« bezeichnen.[48]

44 Vgl. Häntzschel: Naturlyrik, 692, sowie Urs Büttner zum Lehrgedicht im vorliegenden Band.
45 Vgl. Detering: Lyrische Dichtung im Horizont des Ecocriticism, 211, der – das sei hier nur am Rande erwähnt, da es im vorliegenden Aufsatz in eine andere Kategorie ökologischen Schreibens fallen würde – erklärt, dass Brockes mit der formalen Vielfalt und Ästhetik dieses Werkes ein Äquivalent zur mannigfaltigen wie schönen Schöpfung schaffen wollte.
46 Braungart: Naturlyrik, 136.
47 Vgl. Kate Rigby: Art, Nature, and the Poesy of Plants in the Goethezeit. A Biosemiotic Perspective, in: Goethe Yearbook: Publications of the Goethe Society of North America 22, 2015, 23–44, hier 37 ff.
48 Detering: Lyrische Dichtung im Horizont des Ecocriticism, 212.

## Empathie

Ansätze einer empathischen Annäherung zwischen Mensch und Natur finden sich in Conrad Ferdinand Meyers »Der verwundete Baum« (1882).[49] Das Sprecher-Ich zieht eine Parallele zwischen der eigenen emotionalen Verwundung und einem von »Frevler[n]« mit dem Beil verwundeten Baum, dem er Schmerzempfinden und Leidensfähigkeit zuspricht:

> Sie haben mit dem Beile dich zerschnitten,
> Die Frevler – hast du viel dabei gelitten? [...]
> Auch ich erlitt zu schier derselben Stunde
> Von schärferm Messer eine tiefre Wunde. (V. 1–2, 5–6)

Zwar differenziert der menschliche Sprecher zwischen den beiden Verletzungen und misst seinem eigenen Leid größeres Gewicht zu, doch geht er mit dem Baum eine Beziehung ein, in der beide einander wechselseitig eine Hilfe sind – jeder auf seine Art. Auf den Menschen wirkt die eigenhändige Pflege des Baumes und das Betrachten der Regeneration der Pflanze therapeutisch, er nimmt sich die Pflanze zum Vorbild und vertraut schließlich in die Selbstheilungskraft, die Natur und Mensch gleichermaßen innewohnt:

> Du saugest gierig ein die Kraft der Erde,
> Mir ist, als ob auch ich durchrieselt werde!
> Der frische Saft quillt aus zerschnittner Rinde
> Heilsam. Mir ist, als ob auch ich's empfinde!
> Indem ich *deine* sich erfrischen fühle,
> Ist mir, als ob sich *meine* Wunde kühle!
> Natur beginnt zu wirken und zu weben,
> Ich traue: Beiden geht es nicht ans Leben!
> (V. 9–16, Hervorheb. im Orig.)

Der Einsatz von Paarreim, Apostrophe und Personifikation des Baumes etabliert hier ein Verhältnis der Annäherung, das zwar nicht allein auf altruistischen Motiven basiert, aber doch Sensibilität und Mitgefühl für die verwundete Natur erkennen lässt. Auf den ersten Blick ist man geneigt, aufgrund der Apostrophe eine Anthropomorphisierung festzustellen, weil sich der Mensch mit dem Baum identifiziert und ihm dazu – rein rhetorisch – auch menschliches Verhalten zuweist, tatsächlich aber lernt er durch die Beobachtung des natürlichen Regenerationsprozesses von der Natur.

Ebenso mag man in Friedrich Hölderlins Gedicht »Die Eichbäume« (1797)[50] zunächst eine Anthropomorphisierung, ja gar eine Apotheose der als »Söhne

---

49  Conrad Ferdinand Meyer: Sämtliche Gedichte. Mit einem Nachwort v. Sjaak Onderdelinden. Stuttgart 1978.
50  Friedrich Hölderlin: Sämtliche Werke und Briefe. Bd. 1: Gedichte. Hrsg. v. Jochen Schmidt. Frankfurt a. M. 1992, 181–182.

des Berges« (V. 1) und als »Volk von Titanen« (V. 4) apostrophierten Eichen konstatieren, in eine andere Richtung gelenkt wird dies aber durch den Wunsch
des Sprechers, sein Schicksal mit der verklärten Existenz der Bäume tauschen
zu können. Die hier einer zwar unerwünschten, aber unüberwindbaren Gegen-
sätzlichkeit geschuldete Distanz zwischen Mensch und Baum wird – wenigstens
für einen Augenblick – in Friedrich Schlegels »Im Speßhart« (1806)[51] überwunden, wenn der Sprecher in seiner Erinnerung (nur) eine im Wald erlebte Verschmelzung mit seiner Umwelt heraufbeschwört:

> Natur, hier fühl' ich deine Hand,
> und atme deinen Hauch,
> Beklemmend dringt und doch bekannt
> dein Herz in meines auch. (V. 21–24)

Wie hier enthalten die meisten Naturgedichte Anzeichen von Anthropomorphisierung, die in der Regel nicht konsistent durchgehalten werden (Schlegels
Wald ist überdies »Haus und Burg«, V. 29).

## Anthropomorphisierung

Zum Verfahren der Anthropomorphisierung ist allgemein zu sagen, dass dessen Einsatz immer eine genauere Betrachtung erfordert und ambivalent zu beurteilen ist: Einerseits kann man die Vermenschlichung von Tieren, Pflanzen
und anderen Naturphänomenen als anthropozentrisch motivierte Geste der
Unterwerfung und Aneignung alles Nicht-Menschlichen verstehen – und damit
als Weigerung, dessen Andersartigkeit zu ergründen sowie dessen Eigenständigkeit oder gar Gleichwertigkeit anzuerkennen. Andererseits kann poetische
Anthropomorphisierung auch ein (zuweilen etwas unbeholfener) Ausdruck der
Anerkennung einer Agency, das heißt einer Wirkmacht aller Elemente der Natur sein, auf die seit einiger Zeit im Rahmen des New Materialism hingewiesen
wird.[52] Inzwischen wird zur Darstellung der Wirkmacht von Materie allerdings
mit adäquateren poetischen Verfahren experimentiert.

## Verschmelzungsphantasien

Imaginationen einer Verschmelzung mit der Natur, wie sie schon Schlegel in der
oben zitierten Strophe andeutet, findet man auch, deutlich konsequenter aus-

---

51 Friedrich Schlegel: Kritische Friedrich-Schlegel-Ausgabe. Hrsg. v. Ernst Behler. Bd. 5.
Hrsg. u. eingel. v. Hans Eichner. Darmstadt 1962, 364.
52 Vgl. wegweisend: Stacy Alaimo: Bodily Natures. Science, Environment, and the Mate-
rial Self. Bloomington 2010; Jane Bennett: Vibrant Matter. A Political Ecology of Things.
Durham 2010; Karen Barad: Meeting the Universe Halfway: Quantum Physics and the
Entanglement of Matter and Meaning. Durham 2007.

geführt, in der Gegenwartslyrik. Im Gedicht »oxygen« versetzt Ulrike Draesner ihre Leser dank ihres anatomischen Blickes ins Gefäßsystem des Baumes, um voll Bewunderung dessen Sauerstoffproduktion, das heißt die Photosynthese als bedeutendstem biochemischen Prozess der Erde, nachzuvollziehen.[53] Das an sich farblose, unsichtbare chemische Element wird poetisch sichtbar gemacht und über all seine Stationen im ganzen Ökosystem verfolgt, bis es die Sprecherin selbst einatmet.

> zwischen zelle und zelle, unsichtbare rispe der luft,
> ihr kobold, stock des bewußtseins, selbst auf asphalt – sinkt,
> stiebt auf, wirft sich ins grüne bett, das blatt, steigt
> blauer dunst, in der ferne, wie es
> wirbelt und trägt, sein zeichen, das O,
> schaufelnder sand. meerperle, durch tunnel
> gerollt. potzderblitz, der nirgends bleibt,
> bohrt sich ins huhn, die alge, schmetterling,
> mücke und kopf. gitter, falle, du schaufel
> im moos. flügelschlaufe im unsichtbaren: du,
> schweiß des baums!
> [...]
> grüner kuß, koller, du. schwindel im
> kopf. flatternd, hinterher, am ende –
> ein summen, aus dem bauch
> – hinterher, taumelnd,
> dann ich? atmend, atmend
> ein                        aus.[54]

Der Atemzug der Sprecherin ist durch die graphische Setzung des letzten Verses nachempfunden, Atmen und Schreiben fallen hier zusammen, so dass die Vereinigung von Element und Mensch und damit auch die Abhängigkeit des Menschen von der Natur deutlich wird – insbesondere die des wortwörtlich um ›Inspiration‹ ringenden Dichters. Das Gedicht gehört zu einer mit »luft« überschriebenen Sektion aus dem Band *für die nacht geheuerte zellen* (2001), der in sechs Sektionen unterteilt ist, die jeweils einem Element (Feuer, Metall, Wasser, Luft, Erde, Holz) zugeordnet sind.[55] Diese Sammlung kann ebenso wie Draesners Sonettzyklus *anis-o-trop* (1997) als Elementarpoesie bezeichnet werden, welche die oben angesprochene Wirkmacht der Materie poetisch gestaltet. Dass hierbei die anthropozentrische Auffassung des Mensch-Natur-Verhältnis-

---

53 Vgl. Zemanek: Kunstnatur in der Lyrik Ulrike Draesners, 30.

54 Ulrike Draesner: für die nacht geheuerte zellen. Gedichte. München 2000, 76 f., V. 9–19, 25–30.

55 Die Sechszahl ergibt sich durch die Kombination verschiedener Elementelehren: der abendländischen Tetrade und der chinesischen Fünf-Elemente-Lehre (mit den Bestandteilen: Holz, Feuer, Metall, Wasser und Erde), die als daoistische Theorie der Naturbeschreibung dient.

ses als eines von Subjekt und Objekt gezielt dekonstruiert wird, machen all jene Gedichte der Sammlung deutlich, die ein Hervorgehen aus der Natur und das metamorphotische Wiedereingehen in dieselbe reflektieren, wie es in mehreren Texten aus der Sektion »erde« geschieht. Die endgültige Auflösung in der Natur wird nicht angstvoll imaginiert; im Gegenteil, das Sprecher-Ich sehnt sich nach erlösender Verschmelzung mit seiner natürlichen Umwelt und gibt sich dieser Phantasie hin, so etwa in »endschwammessen«: »wenn es mir schlecht geht, denke ich an den / schlamm / wenn ich im sand geh, grab ich mich nach unten / ein [...] / die eigenschaften des schlamms ergreifen von mir / besitz [...] ich lade mich / selbst / in diese form. Ein erdiges tier, mit schuppen bedeckt, / kaut an einem blatt. es ist warm, der schlamm / ist aus fleisch«.[56] Trotz aller symbiotischen Behaglichkeit heißt es hier aber auch, weniger behaglich: »stinkende luftgestalten dringen in mich ein« (V. 16 f.), und ein anderes Gedicht, das schlicht mit der Feststellung endet »wir sind erde«, ist überschrieben mit dem Datum »26. April 86«, das sich als Tag des Tschernobyl-Unglücks herausstellt – ein verschlüsselter Hinweis darauf, dass man es mit kontaminierter Erde zu tun hat.

## Imitation der Natur im Rollengedicht

Eine weitere, ebenfalls auf Einfühlung basierende Möglichkeit, die anthropozentrische gegen eine biozentrische Perspektive zu tauschen, bietet das Rollengedicht. Insbesondere Gedichte des 20. und 21. Jahrhunderts lassen Teile einer Natur zu Wort kommen, die nicht primär menschlichen Interessen dient. Theodor Däubler zum Beispiel imaginiert in seinem expressionistischen Rollengedicht »Die Buche« (1916)[57] die Selbstbeschreibung eines Baumes, doch gelingt es nur partiell, typisch menschliches Reden, Denken und Urteilen abzuschütteln, zumal die Sprecherrolle zur Artikulation ekstatischer Naturerfahrung genutzt wird. In Werner Bergengruens Gedicht »Altes Flußbett« (1952)[58] dagegen erinnert sich ein ausgetrocknetes Flussbett an das vergangene Leben, zu Zeiten, als dort ein rauschender Fluss voller Fische war. Das sprechende, denkende und fühlende Flussbett registriert auch seine gegenwärtige Verschmutzung durch Scherben, Rostgeschirr, Abfall und Schuttgeschiebe, Begründungen oder Schuldzuschreibungen unterbleiben jedoch.

In der Gegenwartslyrik findet man solche Rollengedichte in Silke Scheuermanns Gedichtzyklus »Flora« (2014).[59] Neben der Blumengöttin Flora kommen unter anderem Brennnessel, Gloria Dei und Akazie zu Wort, die hier Re-

---

56 Ulrike Draesner: für die nacht geheuerte zellen, 106, V. 1–4, 18 f., 22–27.

57 Theodor Däubler: Dichtungen und Schriften. Hrsg. v. Friedhelm Kemp. München 1956, 223; vgl. dazu Frank Krause: Literarischer Expressionismus. Göttingen 2015, 151–154.

58 Werner Bergengruen: Die heile Welt. Zürich 1952, 33.

59 Scheuermann: Skizze vom Gras, 41–54.

flexionsvermögen besitzen und den angesprochenen Menschen eine alternative Weltsicht eröffnen. So betont etwa der Efeu die Abhängigkeit menschlicher Trauerarbeit von der Existenz der häufig auf Friedhöfen wuchernden Pflanze und schließt belehrend:»Doch erst, wenn ihr aufhört, das Ende / zu denken, seid ihr geheilt« (ebd., 49, V. 16 f.). Und der Löwenzahn reagiert auf menschentypische Versuche, die Welt begrifflich, funktional und systematisch zu ordnen und alle Phänomene zu hierarchisieren:

> Wie ich den Wind liebe;
> er kämmt Gräser und schleift Steine glatt,
> lenkt meine Samen,
> [...]
> Wenn ich den Wind mit euch vergleiche,
> so wie ihr alles vergleicht,
> schneidet ihr schlecht ab.
> Er bemühte sich nie, mir einen Namen zu geben
> Wie ihr. Und dennoch: Ich bevorzuge ihn.
> In seiner körperlosen Präsenz ist er
> Mein Vater und Herr. Seine Art,
> mich zu berühren, zielbewusst, ohne falsches
> Gefühl, den Regen zu bringen, Gerüche.
> Er lässt mich vergessen, wie kleinlich die Welt ist,
> die mich Unkraut nennt. (Ebd., 50, V. 1–16)

Zwar nennt der Löwenzahn den Wind »Vater und Herr«, doch hat dies eine andere Konnotation als in der Menschenwelt, denn der Wind dient der Pflanze, anstatt sie bloß mit einem Namen zu versehen. Jedoch zeigt die Tatsache, dass der Löwenzahn durch die Bevorzugung des Windes selbst ein Werturteil ausspricht und eine Hierarchie aufstellt, die überdies auf einem menschentypischen Gefühl (Liebe) gründet, die Schwierigkeit oder gar Unmöglichkeit, das ›Erleben‹ der Pflanze nachzuempfinden. Das Gedicht schließt mit einer kritischen Reflexion über die Lebensweise der Menschen:

> Erstaunlich, dass ihr über die Runden kommt,
> ganz ohne Besitz, ohne eigenen Platz am Boden.
> Noch dazu seid ihr schwer,
> wie beladen mit zehntausend Blüten.
> Dass ihr nach eigenen Regeln lebt,
> kann ich nur vermuten.
> Wie froh ich bin, keine Gesetze zu kennen,
> die so viel Zerstörung bringen, so viel Leid. (Ebd., V. 17–24)

Hier deutet die Pflanze, wie zuvor schon die Konzepte von Vater- und Herrschaft, auch das von Besitz um und erklärt die Menschen für besitzlos. Ebenso fällt die Übersetzung des menschlichen Körpergewichts in pflanzliche Maßstäbe zu Ungunsten des Menschen aus. Die Pflanze stellt hier, wie die Menschen, einen Verständlichkeit befördernden Vergleich an, erkennt dabei aber die große Differenz zwischen Pflanze und Mensch. Durch den Vergleich der verschiedenen Weltsichten, die Umkehrung der Perspektive und die Umwertung von scheinbar dem Menschen vorbehaltenen Kategorien wird die Position des Menschen im Haushalt der Natur dezentralisiert.

## 3.3 Adaption tradierter lyrischer Formen

*Ode*

Auch traditionelle lyrische Formen werden für ökologische Belange fruchtbar gemacht. In Franz Werfels »Ode von den leidenden Tierchen«[60] etwa nimmt der Sprecher bei der Konfrontation mit einer sterbenden Eidechse und einem vor einer Haustür verendenden Kätzchen, das als ein den Tod erflehendes »Elend« (V. 12) beschrieben wird, eine empathische Haltung gegenüber der Tierwelt ein. Im Fall des Kätzchens gibt er, angedeutet durch dessen Bezeichnung als »[r]äudige[n] Wegwurf« (V. 11), dem Menschen die Schuld am Elend des Tiers. Dessen Anblick führt zu einer radikal veränderten Wahrnehmung der Umwelt: »Nicht mehr fühl' ich des Tags südlichen Jubel. Das Meer / Rollte schwarz. Die rings erdröhnende Schöpfung / War ein Kehrichthaufen verschollener Leiden« (V. 14–16). Entsprechend schwört der Sprecher feierlich diesen »[n]ichtige[n] Tierchen« (V. 18), ihr Andenken zu bewahren und es nach dem eigenen Tod vor den Schöpfer zu tragen. Dieser Aufwertung der als niedrig geltenden Tiere entspricht die Bezeichnung des Gedichts als Ode und die dafür typische hohe Stillage. Durch Kombination dieser Form mit einem ungewöhnlichen Gegenstand, der sich deutlich von den traditionell erhabenen Sujets absetzt, kommuniziert Werfel deutlich seinen Aufruf zur Achtung nicht-menschlicher Lebewesen und verleiht dem Gedicht damit ökologischen Gehalt.

*Terzine*

Wie sich die Terzine zur Gestaltung von Naturkatastrophen einsetzen lässt, zeigt George Szirtes' »Death by Deluge«. Das aus acht Terzinen bestehende Gedicht ist Teil der Sammlung *An English Apocalypse* (2001), in der die Zerstörung Englands in fünf apokalyptischen Szenarien imaginiert wird, darunter eine Überflutung Südenglands. Die Strophenform und das Reimschema unterstreichen die unaufhaltsame Wucht der das Land verschlingenden Nordsee; die

---

60 Franz Werfel: Das lyrische Werk. Hrsg. v. Adolf D. Klarmann. Frankfurt a.M. 1967, 476.

zahlreichen Enjambements steigern die der Terzine zugeschrieben Dynamik[61] und imitieren Geschwindigkeit und Wellenschlag des ansteigenden Wassers. Zudem betont eine Häufung unreiner Reime und die unregelmäßige Anzahl an Silben pro Vers, dass das Wasser sich Versuchen der Regulierung widersetzt.

> I have seen roads come to a full stop in mid
> sentence as if their meaning had fallen off
> the world. And this is what happened, what meaning did
>
> that day in August. The North Sea had been rough
> and rising and the bells of Dunwich rang
> through all of Suffolk. One wipe of its cuff
>
> down cliffs and in they went, leaving birds to hang
> puzzled in the air, their nests gone. Enormous
> tides ran from Southend to Cromer. They swung
>
> north and south at once, as if with a clear purpose,
> thrusting through Lincolnshire, and at a rush
> drowning Sleaford, Newark, leaving no house
> [...].[62]

Asyndetische Aufzählungen der überspülten Orte und elliptische Konstruktionen verleihen dem zeitlichen und geographischen Ausmaß der Überschwemmung Ausdruck. Die Personifikation der Nordsee, die das Auslösen der umfassenden Zerstörung nur »[o]ne wipe of its cuff« (V. 6), ein bloßes Wischen mit dem Ärmel, kostet, macht die Übermacht und Gewalt der Wassermassen deutlich. Die Brutalität der Zerstörung kommuniziert die Wahl der Verben: Ortschaften werden ertränkt (V. 12) und Stadtteile Londons vom London Clay verschluckt (V. 18). Angesichts dieser Ohnmacht menschlicher Zivilisation gegenüber der Naturgewalt setzt sich der Sprecher mit der Sinnhaftigkeit der Ereignisse auseinander: Mit der Flutkatastrophe geht ein radikaler Verlust an Bedeutung einher. Von Menschen gegründete, mit Namen versehene Orte verschwinden unter den Wellen, bis schließlich alles die »Wasser-Farbe« angenommen hat. Im Zuge der Ausdehnung dieses »pure English medium« (V. 22) wird die Bedeutung des Festlandes marginalisiert und zu »earth« generalisiert (V. 24). Das Wasser erscheint als ›Medium‹ im doppelten Sinne, als Element wie auch als Produzent von Bedeutung, der menschliche Namensgebungen und geographische Einschreibungen in Kürze zunichte macht und den Planeten nach eigenem Willen gestaltet.

---

61  Vgl. Pia-Elisabeth Leuschner: Terzinen, in: Jan-Dirk Müller u. a. (Hrsg.): Reallexikon der deutschen Literaturwissenschaft. Bd. 3. Berlin/New York 2007, 590–592, hier 590.
62  George Szirtes: An English Apocalypse. Tarset 2001, 140, V. 1–12.

Die letzte Terzine schöpft noch einmal die Möglichkeiten poetischer Kongruenz von Inhalt und Form, oder Aussage, Wortwahl und sogar Zeichengestalt aus, wenn hier die Verszeile (line) mit der Hügelzeile zusammenfällt und die alliterativ auffälligen »hohen Hügel herausragen« dank ihrer hochragenden Initialen, während gegen Versende Assonanzen und Reim die einheitliche Einfärbung der Welt sichtbar und hörbar machen:

> [...]                                            A slim
> line of high hills held out but all was water-colour,
> the pure English medium, intended for sky, cloud,
> and sea. Less earth than you could shift with a spatula. (V. 21–24)

## Sonett

Die romanische Sonettform nutzt Stephan Hermlin zum Anprangern von Missständen in »Die Vögel und der Test« (1979).[63] Der Bezug auf eine zeitgenössische anthropogene Störung des ökologischen Gleichgewichts wird durch das Motto des Gedichts deutlich: »Zeitungen melden, daß unter dem Einfluß der Wasserstoffbombenversuche die Zugvögel über der Südsee ihre herkömmlichen Routen ändern«.[64] Angesichts dieses Kontexts lässt sich das Sonett zugleich als pazifistisches und ökologisches Gedicht lesen und zeigt zudem eine enge Wechselwirkung zwischen menschlichem und tierischem Verhalten auf. In den beiden im Kreuzreim gehaltenen Quartetten bildet der konsequent regelmäßig gestaltete Versverlauf ein sprachliches Pendant zum Zug der Vögel: Diese folgen »von weit- und altersher« derselben Route, »[s]trebend nach gleichem Ziel [...],/ Auf gleicher Bahn und stets in gleichen Zügen« (V. 3, 7–8), wie auch das in Italien im 12. Jahrhundert entstandene Sonett, das im Verlauf der Lyrikgeschichte räumliche und zeitliche Distanzen überwand, formal erstaunlich konstant blieb.[65] Die lange Zeit geltende Unabänderlichkeit und Unbedingtheit des Vogelzugs unterstreichen Enjambements, welche durch das Überwinden der Versgrenzen das Hindernisse überwindendende Streben der Tiere imitieren und zugleich die Sprache der Form anpassen, wie auch die Vögel »[w]ie taub und blind« (V. 3) der Flugroute folgen. Polyptota des Adjektivs »gleich« (V. 7–8) kommunizieren zudem die saisonale Wiederholung des Naturphänomens. Gemäß traditioneller semantischer Zweiteilung werden die in den Quartetten für ihre Zielstrebigkeit gelobten Vögel im ersten Terzett nun mit den Wasserstoffbombenversuchen konfrontiert:

---

63 Stephan Hermlin: Gesammelte Gedichte. München/Wien 1979, 64.
64 Ebd.
65 Vgl. dazu umfassend Thomas Borgstedt: Topik des Sonetts. Gattungstheorie und Gattungsgeschichte. Tübingen 2009.

> Die nicht vor Wasser zagten noch Gewittern
> Sahn eines Tags im hohen Mittagslicht
> Ein höhres Licht. Das schreckliche Gesicht
>
> Zwang sie von nun an ihren Flug zu ändern.
> Da suchten sie nach neuen sanfteren Ländern.
> Laßt diese Änderung euer Herz erschüttern… (V. 9–14)

Die Wortwahl für die Umschreibung der Explosion täuscht zunächst eine erleuchtende Vision vor. Hier offenbaren sich aber weder göttliche Macht noch die aufgeklärte Vernunft des Menschen, sondern des Letzteren inhumane, dämonische Herrschaft über die Erde. Wie die Vögel daraufhin eine andere Route suchen, so sucht der Sprecher nach einem effektiven Abschluss, nämlich im Wechsel von der referenziellen zur appellativen Sprachfunktion, konkret mit einem Aufruf zur Empathie, der verstärkt wird durch die suggestiven Auslassungspunkte am Versende. Veränderung tritt im Verhalten der Vögel auf und wird nun auch von den Menschen erbeten – die Verwendung der figura etymologica unterstreicht hier den unmittelbaren Zusammenhang. Die anthropogene Störung althergebrachter Regelmäßigkeiten spiegelt sich in den letzten beiden Versen schließlich auch in den metrischen Unregelmäßigkeiten (Füllungsfreiheit). Dieser Text demonstriert par excellence, wie die literaturgeschichtlichen und ästhetischen Eigenheiten des Sonetts zur Artikulation von Technik- oder Fortschrittskritik beitragen können.

Auf ganz andere Weise nutzt Franz Josef Czernin die romanische Sonettform, um den Haushalt der Natur, genauer das Werden und Vergehen aller Dinge sowie deren Verwandtschaften und Verwandlungen ineinander prozessual vorzuführen. In den 129 Sonetten seines Bandes *elemente.sonette* (2002) verkörpern sich die vier Elemente als Bausteine der Welt in unterschiedlichsten Naturerscheinungen. Czernin führt dem Leser das generative Potenzial der Elemente vor Augen, indem er sie in einer inszenierten Autopoiesis kombinatorisch Gedichte bilden lässt.[66] Gemäß der Doppelbedeutung von *elementum* als Urkörper und Buchstabe werden mit dem (Sprach-)Material potenziell unzählige kombinatorische Sonette bzw. ein ganzer Kosmos erzeugt. Gemäß aristotelischem Verständnis des Menschen als Elementarwesen kann man in diesem Zyklus keine konsistente menschliche Sprechinstanz identifizieren, vielmehr sprechen die Elemente. Folglich scheint es, als generiere sich die Sprache selbst, ebenso wie sich die Natur als *natura naturans* selbst erschafft und erneuert; das wilde Wuchern der Natur wird durch kombinatorische Reduplikation des Wortmaterials veranschaulicht. Auf diese Weise präsentiert das Gedicht

---

66 Vgl. Evi Zemanek: Die generativen Vier Elemente: Zu einer Grundfigur der Welt- und Textschöpfung am Beispiel von Franz Josef Czernins *elemente*-Sonetten, in: Christian Moser/Linda Simonis (Hrsg.): Figuren des Globalen. Weltbezug und Welterzeugung in Literatur, Kunst und Medien. Göttingen 2014, 401–412.

›belebte Materie‹ wie sie kürzlich der New Materialism (wieder-)entdeckt hat.[67] Das kombinatorische Prinzip weist zurück auf die Aristotelische Definition der Elemente als Kombinationen von je zwei der vier Sinnesqualitäten, so dass sich die Elemente ineinander verwandeln, sobald sich eine der Qualitäten ändert.[68] Doch nicht nur aufgrund dieses Berührungspunkts erweist sich Czernins Gattungswahl als zwingend: Beachtet man Bauform und numerische Qualitäten des romanischen Sonetts, tritt seine Kongruenz zum Vier-Elemente-Modell zutage. Es war August Wilhelm Schlegel, der die romanische Form auf numerische Relationen und geometrische Konstruktionsprinzipien zurückgeführt und die (zwei) Quartette und (zwei) Terzette mit den geometrischen Figuren Quadrat und Dreieck korreliert hat:[69] just mit den Figuren, aus denen die platonischen Urkörper, also die Formprinzipien der Elemente, bestehen. Konzeptuell verbindet Czernins Elementarpoetik kalkulierende Textkonstruktion und Buchstabenmagie; ästhetisch besteht der Reiz der Texte im Kontrast zwischen strenger Form und semantischer Entropie bzw. sprachlichem Exzess. Eine derart experimentelle, die Materialität, aber auch die Klangqualität der Sprache reflektierende Naturlyrik ist selten. In der Verschmelzung von Texthaushalt und Naturhaushalt liegt eine idealtypische Übersetzung der Ökologie in Lyrik vor.

## 3.4 Freie Form, freier Vers

Ökologisches Denken lässt sich auch im Zusammenspiel mit der Formsemantik von Gedichten mit freiem Vers kommunizieren. Beispielhaft zeigt sich das in Rolf Dieter Brinkmanns Gedicht »Landschaft« (1975),[70] das ein zerstörtes und durch Abfall verschmutztes Territorium beschreibt. Teile des Gedichts nennen listenartig die vorhandenen Gegenstände (»1 Autowrack, Glasscherben / 1 künstliche Wand, schallschluckend«) und scheinen damit wie der Versuch einer die Eindrücke ordnenden Inventur. In Bezug auf die Typographie sind nicht alle wahrgenommenen ›Objekte‹ identisch eingerückt. So stehen beispielsweise die Verse »1 verrußter Baum, / nicht mehr zu bestimmen« (V. 3 f.) oder »mehrere flüchtende Tiere, / der Rest einer Strumpfhose an / einem Ast, daneben« (V. 15–17) nicht auf derselben Höhe, wie die Auflistung »1 rostiges Fahrradgestell / 1 Erinnerung an / 1 Zenwitz« (V. 18–20). Der Kontrast zwischen der rational ordnenden Liste und ihrem untypischen Gegenstand einerseits, und anderer-

---

67 Vgl. Anm. 52, bes. Bennett: Vibrant Matter.
68 Vgl. Zemanek: Die generativen Vier Elemente, 404.
69 Vgl. August Wilhelm Schlegel: Vorlesungen über die romantische Literatur [1803–1804], in: Ders.: Kritische Ausgabe der Vorlesungen. Begr. v. Ernst Behler u. Frank Jolles, hrsg. v. Claudia Becker. Bd. 2.1: Vorlesungen über Ästhetik (1803–1827). Hrsg. v. Georg Braungart. Paderborn u.a. 2007, 1–194, hier 159–168.
70 Rolf Dieter Brinkmann: Westwärts 1 & 2. Gedichte. Reinbek bei Hamburg 1975, 99.

seits die visuell dargestellte Unmöglichkeit, alles Wahrgenommene dem Prinzip von Nummerierung und typographischer Einheitlichkeit zu unterwerfen, lässt sich zugleich als nüchterne Bilanz einer zerstörten Ordnung und Verweis auf die Grenzen des unter anderem bei Bryson kritisierten rationalistischen Denkens (vgl. 2.) lesen.[71]

Freilich ging es Brinkmann jenseits eines ökologischen Anliegens hauptsächlich darum, vorgefundenes und per se unpoetisches Alltagsmaterial, ja gar Abfall poetisch fruchtbar zu machen. Deutlicher wird der Zusammenhang zwischen dem Umgang mit dem Zufallsfund und dem ökologischen Prinzip des Recycling in der so genannten Found Poetry, die Textmaterial aus poesiefernen Kontexten aufgreift, teilweise durch verschiedene Techniken modifiziert und qua ›reframing‹ als Dichtung präsentiert. So wurden beispielsweise Zeitungsmeldungen zur Erderwärmung (in Dorothy Alexanders »Final Warning«) oder Texte eminenter amerikanischer ›nature writers‹ (in Janis Butler Holms »Seminar«) appropriiert.[72]

## 4. Fazit

Lyrisches Schreiben nutzt, so zeigt unsere Übersicht, verschiedenste Strategien, um ökologischem Denken Ausdruck zu verleihen. Im Rahmen einer diskursiven Kritik an menschlicher Naturzerstörung spielen Kontrafakturen und Parodien auf Texte, die ein positives Mensch-Natur-Verhältnis beschreiben, mit der Lesererwartung, wodurch der kritische Gehalt der Texte verstärkt wird. Eine Verbindung zwischen Mensch und Natur kann hingegen hergestellt werden, indem Begriffe und Bilder aus dem Naturdiskurs metaphorisch auf menschliche Belange übertragen werden.

Eine spezifisch lyrische Strategie ist es, existenzielle biologische Parallelen durch den Paarreim sichtbar zu machen, der auch zur Veranschaulichung für eine De-Hierarchisierung des Mensch-Natur-Verhältnisses gebraucht wird. Daneben lassen sich weitere formsemantische Eigenschaften und gattungstypische

---

71 Gerhard W. Lampe versteht die typographischen Eigenschaften ebenfalls als von Arithmetik durchzogen, womit sich das Gedicht derselben Reduktion aufs Summieren und Bilanzieren bediene, die auch der Naturraum Landschaft erfahre, was letztendlich Verluste nach sich ziehe, die sich in der Unwirtlichkeit der hinterlassenen Landschaft zeigten. Vgl. Gerhard W. Lampe: Ohne Subjektivität. Interpretationen zur Lyrik Rolf Dieter Brinkmanns vor dem Hintergrund der Studentenbewegung. Tübingen 1983, 135. Vgl. dazu auch Dieter Hardt: Landschaften mit Müll. Zur Ikonografie der Zerstörung in der bundesdeutschen Lyrik der 70er Jahre, in: Götz Grossklaus (Hrsg.): Literatur in einer industriellen Kultur. Stuttgart 1989, 314–334, hier 319 f.

72 Eine Analyse des ethischen Potenzials entsprechender Techniken in jüngerer britischer und amerikanischer Lyrik findet sich in Tarlo: Recycles.

Ausdrucksmodi der Lyrik gewinnbringend einsetzen: Schon früh wurden Personifizierung und Anthropomorphisierung verwendet, um eine empathische Haltung des Menschen gegenüber der nicht-menschlichen Umwelt auszudrücken, denn auf diese Weise kann man – obwohl die Anthropomorphisierung ambivalent zu beurteilen ist – allem Nicht-Menschlichen eigene Wirkmacht zusprechen. Noch einen Schritt weiter geht die Dezentralisierung der Position des Menschen im Haushalt der Natur in lyrischen Verschmelzungsphantasien, welche die Fusion, etwa von Mensch und Materie, mit doppeldeutigen, auf beides referierenden Begriffen artikulieren. Ein Ergebnis der Einfühlung in die Natur sind außerdem Rollengedichte, deren pflanzliche oder tierische Sprecher eine biozentrische Perspektive vorstellen.

Traditionelle Strophenformen lassen sich ökologisch umdeuten, etwa wenn eine Ode durch Ausweitung ihres Gegenstandsbereichs eindringlich zur Achtung nicht-menschlicher Lebewesen aufruft, Strophenform und Reimschema der Terzine zur Gestaltung von Kettenreaktionen und Naturkatastrophen herangezogen werden und die formsemantischen und literarhistorischen Charakteristika des Sonetts zur Darstellung von Naturgesetzen und Abweichungen davon fungieren oder systemische Dynamiken und Kreisläufe vorführen, indem sie Text- und Naturhaushalt verschmelzen. Scheinbar formlose Gedichte dagegen können beispielsweise durch außergewöhnliche grafische Setzung gestörte Systeme veranschaulichen. Intertextuelle Schreibweisen und Wiederholungsfiguren setzen wiederum *oikos*- und Nachhaltigkeitsdenken poetisch um; ja Found Poetry entsteht nach dem Recycling-Prinzip.

Lohnenswert wäre in diesem Zusammenhang außerdem eine Untersuchung von Texten, welche die eigene Medialität mit dem Aspekt der Regionalität verknüpfen, nämlich dialektale Ökolyrik (u. a. von Harald Grill, Friedrich Brandl),[73] die durch den immer unzureichenden Versuch, den nicht-kodifizierten Dialekt zu verschriftlichen, auf den oralen Charakter und damit die Textualität des Gedichts verweist sowie außerdem Sprachenvielfalt und damit eine nachhaltige Kulturpolitik propagiert. Zu ergänzen wären die hier begonnenen Überlegungen also zum einen durch den im vorliegenden Beitrag vernachlässigten Aspekt der Oralität. Zum anderen ließen sich Gedanken über die metaphorische Bildlichkeit der Lyrik erweitern durch eine Betrachtung bimedialer Lyrikbände, wie

---

73 Eine frühe Untersuchung dialektal gefärbter Ökolyrik unternehmen Ralph Buecheler u. a.: Grauer Alltagsschmutz und grüne Lyrik. Zur Naturlyrik der BRD, in: Reinhold Grimm/ Jost Hermand (Hrsg.): Natur und Natürlichkeit. Stationen des Grünen in der deutschen Literatur. Königstein 1981, 168–195. Anhand dialektaler Gedichte und Protestlieder in alemannischer und niederdeutscher Sprache zeigen die Autorinnen und Autoren deren didaktische Möglichkeiten auf: Indem sie lokale Erfahrungsinhalte versprachliche, könne Dialektlyrik den Menschen in den betroffenen Regionen einen Zusammenhang zwischen dem Beherrschen der Sprache und der Politisierung individueller Erfahrung vermitteln (185) und Appelle an Solidarität im Widerstand gegen regionale Umweltvergiftungen bekräftigen (189).

etwa Esther Kinskys Kombination von Gedichten und Photographien in *Naturschutzgebiet* (2013).

Damit sind noch nicht alle Verfahren entdeckt – die hier vorgestellten lassen jedoch keinen Zweifel am ökologischen Potenzial der Lyrik.

## Literaturverzeichnis

Alaimo, Stacy: Bodily Natures. Science, Environment, and the Material Self. Bloomington 2010.

Aretoulakis, Emmanouil: Towards a Posthumanist Ecology: Nature without Humanity in Wordsworth and Shelley, in: European Journal of English Studies 18.2, 2014, 172–190.

Astly, Neil: Introduction, in: Ders. (Hrsg.): Earth Shattering. Ecopoems. Tarset 2007, 15–20.

Barad, Karen: Meeting the Universe Halfway: Quantum Physics and the Entanglement of Matter and Meaning. Durham 2007.

Barbey, Rainer: Unheimliche Fortschritte. Natur, Technik und Mechanisierung im Werk Hans Magnus Enzensbergers. Göttingen 2007.

Bate, Jonathan: Romantic Ecology. Wordsworth and the Environmental Tradition. London/ New York 1991.

– The Song of the Earth. London 2001.

Bennett, Jane: Vibrant Matter. A Political Ecology of Things. Durham 2010.

Bergengruen, Werner: Die heile Welt. Zürich 1952.

Borgstedt, Thomas: Topik des Sonetts. Gattungstheorie und Gattungsgeschichte. Tübingen 2009.

Braungart, Georg: Naturlyrik, in: Lamping, Dieter (Hrsg.): Handbuch Lyrik. Theorie, Analyse, Geschichte. Stuttgart 2011, 132–139.

Brecht, Bertolt: Werke. Große kommentierte Berliner und Frankfurter Ausgabe. Hrsg. v. Klaus-Detlef Müller u. a. Bd. 14: Gedichte 4. Gedichte und Gedichtfragmente 1928–1939. Bearb. v. Jan Knopf u. a. Frankfurt a. M. 1993.

Brinkmann, Rolf Dieter: Westwärts 1 & 2. Gedichte. Reinbek bei Hamburg 1975.

Bryson, J. Scott: Introduction, in: Ders. (Hrsg.): Ecopoetry. A Critical Introduction. Salt Lake City 2002, 1–13.

– (Hrsg.): Ecopoetry. A Critical Introduction. Salt Lake City 2002.

– The West Side of Any Mountain. Place, Space, and Ecopoetry. Iowa City 2005.

Buch, Hans Christoph (Hrsg.): Thema Natur. Oder: Warum ein Gespräch über Bäume heute kein Verbrechen mehr ist. Tintenfisch. Jahrbuch für Literatur 12. Berlin 1977.

Buecheler, Ralph/Lixl, Andreas/Riehl, Mary/Shearier, Steve/Sommer, Fred/Winkle, Sally: Grauer Alltagsschmutz und grüne Lyrik. Zur Naturlyrik der BRD, in: Grimm, Reinhold/ Hermand, Jost (Hrsg.): Natur und Natürlichkeit. Stationen des Grünen in der deutschen Literatur. Königstein 1981, 168–195.

Buell, Lawrence: The Environmental Imagination. Thoreau, Nature Writing, and the Formation of American Culture. Cambridge u. a. 1995.

Däubler, Theodor: Dichtungen und Schriften. Hrsg. v. Friedhelm Kemp. München 1956.

Detering, Heinrich: Lyrische Dichtung im Horizont des Ecocriticism, in: Dürbeck, Gabriele/ Stobbe, Urte (Hrsg.): Ecocriticism. Eine Einführung. Köln u. a. 2015, 204–218.

Detjens, Friedrich: Abschied vom Walde, in: Fliegende Blätter 2626, 1895, 194f. http://digi. ub.uni-heidelberg.de/diglit/fb103/0194 [23.4.2017].

Draesner, Ulrike: anis-o-trop. Gedichte. Hamburg 1997.

– für die nacht geheuerte zellen. Gedichte. München 2001.

– berührte orte. München 2008.

Earle, Bo: Back to the Bathtub of the Future: The Anthropocene and Romantic Post-Personal Personification, in: Oxford Literary Review 37.1, 2015, 93–117.

Fosso, Kurt: »Sweet Influences«: Human/Animal Difference and Social Cohesion in Wordsworth and Coleridge, 1794–1806, in: McKusick, James (Hrsg.): Romanticism & Ecology. College Park/University of Maryland 2001, o. P. http: //www.rc.umd.edu/praxis/ecology/nichols/nichols.html [23.4.2017].

Gerhardt, Christine: A Place for Humility: Whitman, Dickinson, and the Natural World. Iowa City 2014.

Gnüg, Hiltrud (Hrsg.): Gespräch über Bäume. Moderne deutsche Naturlyrik. Stuttgart 2013.

Goodbody, Axel: Deutsche Ökolyrik. Comparative Observations on the Emergence and Expression of Environmental Consciousness in West and East German Poetry, in: Williams, Arthur/Parkes, Stuart/Smith, Roland (Hrsg.): German Literature at a Time of Change. 1989–1990. German Unity and German Identity in Literary Perspective. Bern u. a. 1991, 373–400.

– Naturlyrik – Umweltlyrik – Lyrik im Anthropozän. Herausforderungen, Kontinuitäten und Unterschiede, in: Bayer, Anja/Seel, Daniela (Hrsg.): Lyrik im Anthropozän. Anthologie. Berlin 2016, 287–304.

Häntzschel, Günter: Naturlyrik, in: Fricke, Harald u. a. (Hrsg.): Reallexikon der deutschen Literaturwissenschaft. Bd. 2, Berlin/New York ³2007, 691–693.

Hardt, Dieter: Landschaften mit Müll. Zur Ikonografie der Zerstörung in der bundesdeutschen Lyrik der 70er Jahre, in: Grossklaus, Götz (Hrsg.): Literatur in einer industriellen Kultur. Stuttgart 1989, 314–334.

Heise, Hans-Jürgen: Grün, wie ich dich liebe, Grün. Vom Naturgedicht zur Ökolyrik, in: Ders.: Einen Galgen für den Dichter. Stichworte zur Lyrik. Weingarten 1986, 74–88.

Hermlin, Stephan: Gesammelte Gedichte. München/Wien 1979.

Hölderlin, Friedrich: Sämtliche Werke und Briefe. Bd. 1: Gedichte. Hrsg. v. Jochen Schmidt. Frankfurt a. M. 1992, 181–182.

Jarka, Horst: Theodor Kramer: Avantgardist der Ökolyrik. Diagnosen, Ahnungen, Widersprüche, in: Schmidt-Dengler, Wendelin (Hrsg.): verLOCKERUNGEN. Österreichische Avantgarde im 20. Jahrhundert. Studien zu Walter Serner, Theodor Kramer, H. C. Artmann, Konrad Bayer, Peter Handke und Elfriede Jelinek. Wien 1994, 51–74.

Kästner, Erich: Gesammelte Schriften. Bd. 1: Gedichte. Zürich 1959.

Karsch, Anna Luise: Auserlesene Gedichte. Faksimiledruck nach der Ausgabe von 1764. Hrsg. v. Paul Böckmann/Friedrich Sengle. Stuttgart 1966.

Killingsworth, M. Jimmie: Walt Whitman and the Earth. A Study in Ecopoetics. Iowa City 2004.

Kim, Yong-Min: Vom Naturgedicht zur Ökolyrik in der Gegenwartspoesie. Zur Politisierung der Natur in der Lyrik Erich Frieds. Bern u. a. 1991.

Kittstein, Ulrich: Deutsche Naturlyrik. Ihre Geschichte in Einzelanalysen. Darmstadt 2009.

Kluge, Manfred (Hrsg.): Flurbereinigung. Naturgedichte zwischen heiler Welt und kaputter Umwelt. München 1985.

Knickerbocker, Scott: Ecopoetics. The Language of Nature, the Nature of Language. Amherst/Boston 2012.

Kopisch, Wendy Anne: Naturlyrik im Zeichen der Ökologischen Krise. Begrifflichkeiten, Rezeption, Kontexte. Kassel 2012.

Kramer, Theodor: Gesammelte Gedichte. Hrsg. v. Erwin Chvojka. Bd. 3. Wien 1987.

Krause, Frank: Literarischer Expressionismus. Göttingen 2015.

Lampe, Gerhard W.: Ohne Subjektivität. Interpretationen zur Lyrik Rolf Dieter Brinkmanns vor dem Hintergrund der Studentenbewegung. Tübingen 1983.

Leuschner, Pia-Elisabeth: Terzine, in: Müller, Jan-Dirk u. a. (Hrsg.): Reallexikon der deutschen Literaturwissenschaft. Bd. 3. Berlin/New York ³2007, 590–592.

Mayer-Tasch, Cornelius (Hrsg.): Im Gewitter der Geraden. Deutsche Ökolyrik 1950–1980. München 1981.

Meyer, Conrad Ferdinand: Sämtliche Gedichte. Mit einem Nachwort v. Sjaak Onderdelinden. Stuttgart 1978.

Moore, Helen: What is Ecopoetry?, in: International Times. The Newspaper of Resistance 12.4.2012, o. P. http://internationaltimes.it/what-is-ecopoetry/ [23.4.2017].

Morris, David B.: Dark Ecology: Bio-Anthropocentrism in »The Marriage of Heaven and Hell«, in: Isle. Interdisciplinary Studies in Literature and Environment 19.2, 2012, 274–294.

Morrison, Susan Signe: The Literature of Waste. Material Ecopoetics and Ethical Matter. New York 2015.

Mortensen, Peter: Taking Animals Seriously. William Wordsworth and the Claims of Ecological Romanticism, in: Orbis Litterarum 55.4, 2000, 296–310.

Nichols, Ashton: The Loves of Plants and Animals: Romantic Science and the Pleasures of Nature, in: McKusick, James (Hrsg.): Romanticism & Ecology. College Park/University of Maryland 2001, o. P. http://www.rc.umd.edu/praxis/ecology/nichols/nichols.html [23.4.2017].

Parks, Cecily: The Swamps of Emily Dickinson, in: Emily Dickinson Journal 22.1, 2013, 1–29.

Rigby, Kate: »Wo die Wälder rauschen so sacht«. The Actuality of Eichendorff's Ecopoetics, in: Deiters, Franz-Josef/Fliethmann, Axel/Lang, Birgit/Lewis, Alison/Weller, Christiane (Hrsg.): Die Aktualität der Romantik/The Actuality of Romanticism. Berlin u. a. 2012, 91–104.

– Art, Nature, and the Poesy of Plants in the Goethezeit. A Biosemiotic Perspective, in: Goethe Yearbook: Publications of the Goethe Society of North America 22, 2015, 23–44.

Scheuer, Helmut: Die entzauberte Natur. Vom Naturgedicht zur Ökolyrik, in: literatur für leser 1, 1989, 48–73.

Scheuermann, Silke: Skizze vom Gras. Gedichte. Frankfurt a. M. 2014.

Schlegel, August Wilhelm: Vorlesungen über die romantische Literatur [1803–1804], in: Ders.: Kritische Ausgabe der Vorlesungen. Begr. v. Ernst Behler u. Frank Jolles, hrsg. v. Claudia Becker. Bd. 2.1: Vorlesungen über Ästhetik (1803–1827). Hrsg. v. Georg Braungart. Paderborn u. a. 2007, 1–194.

Schlegel, Friedrich: Kritische Friedrich-Schlegel-Ausgabe. Hrsg. v. Ernst Behler unter Mitw. v. Jean-Jacques Anstett u. a. Bd. 5. Hrsg. u. eingel. v. Hans Eichner. Darmstadt 1962.

Scigaj, Leonard M.: Sustainable Poetry. Four American Ecopoets. Lexington 1999.

Selby, Nick: Ecopoetries in America, in: Ashton, Jennifer (Hrsg.): The Cambridge Companion to Poetry since 1945. Cambridge/New York 2013, 127–142.

Szirtes, George: An English Apocalypse. Tarset 2001.

Tarlo, Harriet: Recycles. The Eco-Ethical Poetics of Found Text in Contemporary Poetry, in: Journal of Ecocriticism 1.2, 2009, 114–130.

Voros, Gyorgyi: Notations of the Wild. Ecology in the Poetry of Wallace Stevens. Iowa 1997.

Werfel, Franz: Das lyrische Werk. Hrsg. v. Adolf D. Klarmann. Frankfurt a. M. 1967.

Zemanek, Evi: Bukolik, Idylle und Utopie aus Sicht des Ecocriticism, in: Dürbeck, Gabriele/Stobbe, Urte (Hrsg.): Ecocriticism. Eine Einführung. Köln u. a. 2015, 187–204.

– »die Natur heißt es übersetzen erfinden«. Kunstnatur in der Lyrik Ulrike Draesners, in: Brogi, Susanna/Ertel, Anna/Zemanek, Evi (Hrsg.): Ulrike Draesner. München 2014, 27–36.

– Die generativen Vier Elemente: Zu einer Grundfigur der Welt- und Textschöpfung am Beispiel von Franz Josef Czernins elemente-Sonetten, in: Moser, Christian/Simonis, Linda (Hrsg.): Figuren des Globalen. Weltbezug und Welterzeugung in Literatur, Kunst und Medien. Göttingen 2014, 401–412.

– Gegenwart, in: Lamping, Dieter (Hrsg.): Handbuch Lyrik. Theorie, Analyse, Geschichte. Stuttgart ²2016, 472–482.

– Mocking the Anthropocene: Caricatures of Man-Made Landscapes in German Satirical Magazines from the Fin de siècle, in: Wilke, Sabine/Johnstone, Japhet (Hrsg.): Readings in the Anthropocene: The Environmental Humanities, German Studies, and Beyond. London 2017, 124–147.

Zymner, Rüdiger: Das ›Wissen‹ der Lyrik, in: Bies, Michael/Gamper, Michael/Kleeberg, Ingrid (Hrsg.): Gattungs-Wissen. Wissenspoetologie und literarische Formen. Göttingen 2013, 109–120.

Christina Caupert

# Materialität, Geist, Interaktion

## Ökologische Strukturen im Drama

### 1. Drama und Ökologie:
### Was macht einen dramatischen Text ›ökologisch‹?

Das Drama kann im Kontext des Ecocriticism als vernachlässigte Gattung gelten. Mit Ausnahme der Werke Shakespeares[1] haben Dramen im Ecocriticism bislang nicht nur vergleichsweise wenig Beachtung gefunden, sondern viele der vorhandenen Studien beschränken sich zudem ganz auf eine Analyse der Handlungsebene und blenden spezifische gattungsästhetische Wirkstrukturen aus. Darüber hinausführende Denkanstöße, die zur Schließung dieser Lücke beitragen könnten, gehen in erster Linie auf eine kleine Zahl angloamerikanischer, meist theaterwissenschaftlich orientierter ForscherInnen – wie Una Chaudhuri, Bonnie Marranca, Theresa J. May, Downing Cless oder Baz Kershaw – zurück und wurden im vornehmlich literaturwissenschaftlich geprägten Diskurs des ökokritischen Mainstreams bislang kaum wahrgenommen.[2] Vor diesem Hintergrund stellt der vorliegende Beitrag einen recht grundsätzlichen Versuch dar, das spezifische Potenzial der dramatischen Gattung für ökokritische Untersuchungen auszuloten und Affinitäten zwischen dramatischen und ökologischen Organisationsprinzipien aufzuzeigen.

---

1 Die Ausnahmestellung der Shakespeare-Dramen im Ecocriticism ist sicher zumindest zum Teil auf Shakespeares generelle Zentralität im abendländischen Literaturkanon zurückzuführen. Damit soll keineswegs die hohe Relevanz Shakespeares für den Ecocriticism bestritten werden, die allerdings auch bei zahlreichen anderen Dramatikern vorhanden ist, ohne dass ihnen vergleichbare Aufmerksamkeit zuteil würde.

2 Exemplarisch sei auf das von Greg Garrard herausgegebene *Oxford Handbook of Ecocriticism* (2014) verwiesen, in dem Theater und/oder Drama weder ein eigenes Kapitel gewidmet ist noch diese, außer in das Renaissance-Kapitel (Shakespeare), in gattungsübergreifend konzipierte Beiträge in nennenswertem Maß einbezogen werden. Für eine recht umfassende Zusammenstellung relevanter Untersuchungen zu Drama und Theater siehe Theresa J. May: Ecocriticism in Theatre and Performance Studies. A Working Critical Bibliography (1991–2014), in: Henry Bial/Scott Magelssen (Hrsg.): www.theater-historiography.org [24.4.2017]. Für eine knappe Überblicksskizze vgl. Christina Caupert: Umweltthematik in Drama und Theater, in: Gabriele Dürbeck/Urte Stobbe (Hrsg.): Ecocriticism. Eine Einführung. Köln u. a. 2015, 219–232.

Was also verbindet Ökologie und Drama? Was macht einen dramatischen Text ›ökologisch‹? Und ist eine textbasierte Auseinandersetzung mit dem Drama wie die vorliegende überhaupt (noch) sinnvoll? Fragen wie diese erfordern zunächst eine Klärung der Begrifflichkeiten. Als Drama soll im Folgenden ein schriftlich-literarischer Texttyp bezeichnet werden, der zur Aufführung bestimmt ist oder jedenfalls unter Bezugnahme auf theatrale Zeichensysteme und Darstellungsformen rezipiert wird. Es geht mithin um eine Textgattung, die – in der Formulierung Peter W. Marx' – »*per definitionem* eine Schnittstelle zur szenischen Darstellung bereit hält«,[3] welche gattungstheoretisch wie textanalytisch stets mitzuberücksichtigen ist. Von Manfred Pfisters einflussreicher Bestimmung des Dramas als szenisch realisiert, plurimedial und synästhetisch[4] unterscheidet sich dieser Zugang insofern, als er Drama (Schrifttext) und Theater (szenische Realisierung) definitorisch deutlicher auseinanderzuhalten sucht. Zugleich schließt er aber in dem wichtigen Punkt an Pfister an, dass er Dramentexte zur Aufführungsdimension hin als durchlässig erachtet und Text und Bühne nicht etwa hermetisch gegeneinander abriegelt. Drama und Theater werden hier somit als differente, nicht aufeinander reduzierbare Kunstformen aufgefasst, die gleichwohl in einem regen wechselseitigen Austausch-, Anregungs- und Reibungsverhältnis stehen.[5]

In welchem Sinn aber können Dramen ökologisch relevant sein? Es liegt auf der Hand, dass ein literatur- und kulturwissenschaftlicher Ökologiebegriff nicht mit dem naturwissenschaftlichen identisch sein kann, von dem er angeregt ist. Im vorliegenden Beitrag, der ästhetische, formale und gattungsspezifische Überlegungen in den Vordergrund stellt, ist unter der Bezeichnung ›ökologisches Drama‹ nicht zwingend ein thematisch definiertes ›Umweltdrama‹ zu verstehen. In einem frühen Beitrag verweist Cheryll Glotfelty, eine Wegbereiterin des Ecocriticism, als Begründung für ihre Befürwortung des Begriffs ›ecological‹ (anstelle von ›environmental‹) auf die bedeutendste Gemeinsamkeit ökologischer Literaturbetrachtungen mit der naturwissenschaftlichen Ökologie: ihren Fokus auf »*relationships* between things, [...] interdependent communities, integrated systems, and strong connections among constituent parts.«[6] Sie

---

3 Peter W. Marx: Vorwort, in: Ders. (Hrsg.): Handbuch Drama. Theorie, Analyse, Geschichte. Stuttgart/Weimar 2012, VII-VIII, hier VII.

4 Vgl. Manfred Pfister: Das Drama. Theorie und Analyse. München [11]2001, 24–25.

5 Der vorliegende Beitrag fügt sich damit ein in die von Marx konstatierte Tendenz jüngerer Arbeiten, »nach einer Phase der Grenzziehung wieder die Wechselwirkungen von Drama und Szene in das Zentrum der Betrachtung zu stellen« und die kulturelle Bedeutung des Dramas insbesondere in der »Gelegenheit zur Aushandlung des Verhältnisses von Textualität und Performativität« zu suchen. Peter W. Marx: Dramentheorie, in: Ders. (Hrsg.): Handbuch Drama. Theorie, Analyse, Geschichte. Stuttgart/Weimar 2012, 1–11, hier 10.

6 Cheryll Glotfelty: Introduction. Literary Studies in an Age of Environmental Crisis, in: Dies./Harold Fromm (Hrsg.): The Ecocriticism Reader. Landmarks in Literary Ecology. Athens/London 1996, xv–xxxvii, hier xx [Hervorheb. v. C.C.].

lenkt damit den Blick auf grundlegende Korrelationen zwischen den Organisationsprinzipien und Epistemologien der Ökologie und denjenigen der Ästhetik, ohne diese allerdings eingehender zu verfolgen. Hubert Zapf stellt gerade solche strukturellen Analogien in den Mittelpunkt seiner Betrachtungen. Wie Glotfelty knüpft er an den biologisch-naturwissenschaftlichen Ökologiebegriff an, wobei er sich aber den Entwurf eines spezifischen, literaturwissenschaftlich geprägten Paradigmas der kulturellen Ökologie zum Ziel setzt, in das er kulturanthropologische, epistemologische und ästhetische Aspekte ausdrücklich ebenso einbezieht wie politische und ethische.[7] Dank ihrer ästhetischen Verfasstheit fungieren literarische Texte nach Zapf als »symbolisch verdichtete Inszenierungs- und Steigerungsform lebensanaloger Prozesse«[8], in denen die ökologischen Leitsätze gelten, dass »*alles mit allem zusammenhängt*‹ und [...] ›*das Ganze mehr ist als die Summe seiner Teile*‹.«[9] Literarische Texte seien mithin eine Diskursform, die, anders als die Phänomene trennenden und isolierenden (Natur-)Wissenschaften, und anders als die Eindeutigkeit anstrebenden Diskurse der politisch-moralischen Handlungswelt, solche Strukturen bevorzugt zum Ausdruck bringen und in besonderer Intensität die Reintegration und Rückkopplungsbeziehung der geschiedenen Elemente inszenieren kann.[10]

Handelt es sich bei Zapfs Ökologiebegriff somit um eine analogische und teils metaphorische Prägung, so ist er doch nicht beliebig ersetzbar. Denn er beruht auf der unbedingten Grundannahme, dass kulturelle Prozesse, so sehr sie auch eigenen Bewegungslinien und Wirkprinzipien folgen, stets mit natürlichen Prozessen interagieren und symbolische Zeichensysteme folglich nie unmittelbar auf eine Lebenswelt, aber auch nie ausschließlich auf sich selbst verweisen. »Die zentrale Arbeitshypothese einer solchen kulturökologisch neuorientierten Literaturwissenschaft ist,« so Zapf, »dass Literatur sich in besonders komplexer und produktiver Weise mit der kulturbestimmenden Basisbeziehung von Kultur und Natur auseinandersetzt«.[11]

Dem vorliegenden Beitrag liegt ein vergleichbarer Ökologiebegriff zugrunde, sind ästhetische und epistemologische Aspekte doch von zentraler Bedeutung für den Versuch, ›ökologische‹ Schreibweisen aus einer gattungs- und genrespezifischen Perspektive heraus näher bestimmen zu wollen. Es soll hier allerdings nicht im engeren Sinne um Zapfs Funktionsmodell der Literatur als kultureller Ökologie gehen, dem zufolge imaginative Literatur die Diskurse ihrer

---

7 Vgl. Hubert Zapf: Literatur als kulturelle Ökologie. Zur kulturellen Funktion imaginativer Texte an Beispielen des amerikanischen Romans. Tübingen 2002, v. a. 21–52.

8 Ebd., 5.

9 Ebd., 6.

10 Ebd.

11 Hubert Zapf: Kulturökologie und Literatur. Ein transdisziplinäres Paradigma der Literaturwissenschaft, in: Ders. (Hrsg.): Kulturökologie und Literatur. Beiträge zu einem transdisziplinären Paradigma der Literaturwissenschaft. Heidelberg 2008, 15–44, hier 15–16.

kulturellen Umgebung kritisch hinterfragt, bereichert und vernetzt. Zwar ist dieses gattungsübergreifend konzipierte Modell[12] durchaus auch für die Arbeit mit dramatischen Texten nutzbar, doch die gattungsmäßigen Besonderheiten des Dramas legen spezielle Akzentsetzungen nahe. In den Mittelpunkt rücken etwa die Beziehungen zwischen Sprache, Geist und Materie, das Verhältnis von Präsenz und Repräsentation sowie die Zusammenhänge zwischen Subjekt und Objekt, Selbst und Welt und zwischen dem Einzelnen, dem Anderen und den Vielen.

## 2. Präsenz und Absenz: Ästhetik des Performativen und Akt des Lesens

### Sprache, Text und Leben in Drama und Theater

Aussagen über das Drama als Gattung bergen unweigerlich die Gefahr übermäßiger Vergröberungen und ahistorischer Setzungen. Immer wieder hat die neuere Forschung darüber hinaus auf das Schwinden traditioneller Gattungsmerkmale und -grenzen hingewiesen, und schon die Bezeichnung ›postdramatischer‹ zeitgenössischer Bühnenliteratur als ›Drama‹ wirft Probleme auf.[13] Lässt man allerdings die dramatische Gattung trotz aller historischer, kultureller und stilistischer Diversität als heuristische Größe zu, so ergibt sich als zentrales Kriterium die bereits erwähnte Bezogenheit aller der Gattung zugeordneten Texte auf das Theater. Das Drama ist somit gekennzeichnet durch eine spezielle Disposition zur Materialisierung, zur Überschreitung des Sprachlich-Literarischen in eine auch physisch bestimmte Merk-, Wirk- und Handlungswelt, die einerseits maßgeblich in dramatische Texte eingeschrieben ist (Reprä-

---

12 Wie schon der Untertitel seiner Monographie *Literatur als kulturelle Ökologie* verrät, entwickelt Zapf sein Modell primär anhand des Romans; anderen Publikationen (z. B. seinem einleitenden Beitrag zum Sammelband *Kulturökologie und Literatur*) legt er Gedichtanalysen zugrunde. Das Drama ist implizit und durch Querverweise in seine Überlegungen mit eingeschlossen, nimmt aber eine Randstellung ein. Für eine detaillierte kulturökologische Dramenlektüre siehe aber Andrea Bartl: Natur, Kultur, Kreativität. Zu Bertolt Brechts *Baal*, in: Hubert Zapf (Hrsg.): Kulturökologie und Literatur. Beiträge zu einem transdisziplinären Paradigma der Literaturwissenschaft. Heidelberg 2008, 209–228.
13 Eine Reihe von Forschern (z. B. Gerda Poschmann, Hans-Thies Lehmann, auch bereits Peter Szondi) knüpft den Begriff des Dramas bzw. des Dramatischen an eine ästhetisch-poetologische Logik des Subjekts und der Repräsentation, mittels derer eine Vielzahl jüngerer Texte nicht mehr zu fassen sei. Poschmann hat für solche postdramatischen Texte den Begriff Theatertext eingeführt. Aus pragmatischen Gründen wird ›Drama‹ im vorliegenden Beitrag, der dramatische wie auch postdramatische Texte in den Blick nimmt, (auch) als übergeordneter Sammelbegriff gebraucht, was aber keineswegs eine Ablehnung von Poschmanns nützlicher Begriffsprägung implizieren soll.

sentationen von Raum, Körper, Bewegung, Klang, Farbe besitzen im Drama
einen besonderen Stellenwert) und andererseits gerade dadurch eindringlich
spürbar macht, dass sie sich rein begrifflich-diskursiv nicht fassen lässt. So bewirkt das Drama eine Orientierung hin auf eine physisch-körperliche Wirklichkeit, die es weder bereitstellen noch ersetzen kann, von der es aber abhängt,
mit der es in Interaktion tritt und auf die es hinzielt. Damit verdichten sich im
Drama substanzielle sprachphilosophische und semiotische Fragen, die im ökokritischen Kontext neue Bedeutung gewonnen haben. Schon Glotfelty umreißt
in einer frühen Grobdefinition Ecocriticism als »the study of literature and the
physical environment«[14]; Christa Grewe-Volpp identifiziert als zentrale Herausforderung ökologisch eingestellter Autoren die Erkundung von Möglichkeiten,
eine Sprache für das Unsagbare der natürlich-außertextuellen Welt zu finden.[15]
Unter dem Stichwort der Krise der Repräsentation sind in der Dramen- und
der Theatertheorie immer wieder Fragen erörtert worden, die mit diesen Pro-
blematiken in gewissem Sinn in Zusammenhang stehen. Häufig hat dabei das
Drama eine Abwertung gegenüber dem Theater erfahren. Auf großes Interesse
ist insbesondere Artauds Forderung gestoßen, Theater habe nicht (Abwesen-
des) darzustellen, sondern sich durch die Manifestation vitaler Präsenz dem Leben selbst mit seinen treibenden, drängenden schöpferischen Energien an die
Seite zu stellen[16] und »an der intensiven Poesie der Natur«[17] zu partizipieren. In
Artauds Zielsetzung einer dionysischen Erneuerung der Lebenskräfte aus dem
kollektiven Unbewussten klingt das weiter oben zitierte Zapfsche Postulat einer
Steigerung der Lebensintensität durch die ästhetische Inszenierung lebensanaloger Prozesse an: »Wenn ich lebe, merke ich nicht, daß ich lebe. Aber wenn ich
spiele, dann merke ich, daß ich existiere.«[18] Eine solche Inszenierung aber verlangt nach Artaud eine synästhetische, körperlich-konkrete Formensprache, die
»für die Sinne bestimmt und unabhängig vom Wort ist« und »nur dann und in
dem Maße wirklich dem Theater eignet, in dem die Gedanken, die sie zum Ausdruck bringt, sich der artikulierten Sprache entziehen.«[19] Aus dieser Perspektive
mag das Drama als wort- und textbasierte Kunstform gegenüber dem Theater
minderwertig, ja kontraproduktiv anmuten.

In verschiedenen Punkten erinnern Artauds Positionen an die Thesen des
ökologischen Vordenkers Gregory Bateson, der ebenfalls wiederholt hervorhebt, dass die erlebnis- und beziehungshaften Dimensionen sinnlicher Leib-

---

14 Glotfelty: Introduction, xviii.

15 Vgl. Christa Grewe-Volpp: How to Speak the Unspeakable. The Aesthetics of the Voice
of Nature, in: Anglia 124.1, 2006, 122–143.

16 Vgl. Antonin Artaud: Das Theater und sein Double. Das Théâtre de Séraphin. Übs. v.
Gerd Henniger. Frankfurt a.M.1981, 125.

17 Ebd., 78.

18 Ebd., 162.

19 Ebd., 39–40.

lichkeit nicht ohne Weiteres durch Worte mitteilbar sind. Dennoch demonstrieren Batesons Ausführungen, dass sich diese Problematik nicht aus Fragen der Schriftlichkeit oder des Textmediums ergibt. Zu einem Zitat der Tänzerin Isadora Duncan – »If I could tell you what it meant, there would be no point in dancing it« – merkt er an:

If the message were the sort of message that could be communicated in words, there would be no point in dancing it, but it is not that sort of message. It is, in fact, precisely the sort of message which would be falsified if communicated in words, because the use of words (other than poetry) would imply that this is a fully conscious and voluntary message, and this would be simply untrue.[20]

Batesons Kommentar macht deutlich, dass die Problematik sprachlicher Unzulänglichkeit maßgeblich mit der Befangenheit von Sprache im Rationalen und ihrer damit einhergehenden Disposition zur Abstraktion, Klassifikation, Separation, Fixierung in Verbindung steht. Das Unbewusste – das für Bateson eine hohe ökologische Bedeutsamkeit birgt, zumal weit über verdrängte Triebrepräsentanzen hinaus zahlreiche essenzielle Lebens- und Beziehungsfunktionen dem Bewusstsein verborgen bleiben und der Geist seiner Auffassung nach über die Grenzen des eigenen Körpers hinaus auch »external pathways«[21] umfasst – ist dieser Sprache unverfügbar. In der ästhetisch-literarischen Sprache der Dichtkunst erkennt er jedoch eine logozentrische und zweckrationale Strukturen unterlaufende Verbindung zum Unbewussten. Denn im Anschluss an Freud fasst Bateson Literatur, Kunst, Traum und (unter Umständen) Religion insoweit als Analogien zu unbewussten Primärvorgängen auf, als sie sich gemäß den Funktionsprinzipien der Metapher vollziehen, nämlich ausgehend vom Primat der Relationen über die Relata.[22] Obwohl die Literatur kein Substitut für den inkommensurablen Prozess des Tanzens (oder auch des Theaters) darstellt, operiert sie doch wie jenes an der Schnittstelle von Bewusstem und Unbewusstem und wirkt auf beider Integration hin. »We might say that in creative art man must experience himself – his total self – as a cybernetic model.«[23] Für Bateson fördert die Kunst die Grundlagen des Lebens, indem sie sich einseitigem instrumentellem Denken ebenso wie einseitigem Triebhandeln entzieht und den Menschen zur aktiven und affektiven Erfahrung ökologisch-systemischer Daseinsprinzipien herausfordert. Dieses Potenzial erkennt er auch in der Literatur.

---

20 Gregory Bateson: Steps to an Ecology of Mind. Chicago/London 2000, 138.
21 Ebd., 319.
22 »[M]ere purposive rationality unaided by such phenomena as art, religion, dream, and the like, is necessarily pathogenic and destructive of life«, so Bateson. »[I]ts virulence springs specifically from the circumstance that life depends upon interlocking *circuits* of contingency, while consciousness can see only such short arcs of such circuits as human purpose may direct.« Ebd., 146.
23 Ebd., 444.

Artaud sieht die zentrale Funktion der Kunst ebenfalls in der Affizierung des »totalen Menschen«[24] und einer damit einhergehenden Integration von Körper, Gefühl und Geist. Und auch für ihn liegt eine notwendige Voraussetzung dafür im verstärkten Austausch mit dem Unbewussten, dessen bewusstseinserweiternder Effekt nur als Paradoxie, außerhalb der Logik, fassbar wird.[25] Artauds Haltung gegenüber der Sprache ist dabei zwiespältig. Zwar erwähnt auch er, dass »Wörter zu Zauberformeln«[26] werden können, wenn sie die Bedeutung annehmen, »*die sie im Traum haben.*«[27] Dies könne jedoch nirgends so effektiv und nachhaltig erreicht werden wie im Theater, wo das Wort aufgrund seiner leiblichen Verankerung niemals identisch wiederholbar und somit in Bewegung und lebendig sei. Schriftlich fixierte Literatur gilt ihm hingegen als Inbegriff tödlicher Lähmung und Erstarrung.[28] Artauds Abscheu gegenüber dem geschriebenen Text liegt zu einem guten Teil darin begründet, dass er ihn als Vor-Schrift interpretiert, die auf Unveränderlichkeit beharre und das kreative Lebensprinzip steten Wandels unterdrücke. Freilich übersieht er dabei, dass literarische Texte keine selbstgenügsam in sich ruhenden Objekte sind, sondern erst durch den Akt des Lesens, d.h. in der Interaktion des Texts mit je spezifischen LeserInnen unter je singulären Bedingungen, ihre Wirkung entfalten.[29] Festgelegt ist an einem literarischen Text für gewöhnlich der Wortlaut, nie aber die Eindrücke und Bedeutungen, die er erzeugt. Einstellungen, Sinnannahmen und Erkenntnisansprüche bleiben stets unabschließbar und einem permanenten Revisionsdruck ausgesetzt. Die Zweitlektüre eines Textes gleicht einer Erstlektüre daher nicht mehr – unter Umständen weniger –, als sich zwei Aufführungen einer Inszenierung gleichen.

Artauds Geringschätzung literarischer Texte beruht also mindestens teilweise auf einem verkürzenden Literaturbegriff. Dennoch wirkt sie in mancher Hinsicht in aktuellen Theatertheorien nach. Erika Fischer-Lichte etwa begreift den Dramentext gegenüber der theatralen Aufführung als grundsätzlich »defizitär [...], weil er als ein sprachlich verfasster nur auf das verweisen kann, was sich sprachlich ausdrücken lässt. Was sich der Sprache entzieht, kann nicht in ihn eingehen.«[30]

---

24 Ebd., 132.

25 »Wenn alles uns zum Schlaf treibt, indem es mit bewußten, zielgerichteten Augen blickt, ist es schwer für uns, zu erwachen und wie im Traum zu schauen«. Artaud: Das Theater, 14.

26 Ebd., 97.

27 Ebd., 100.

28 »Man muß Schluß machen mit dem Aberglauben der Texte und der *geschriebenen* Poesie. Die geschriebene Poesie taugt nur einmal, und dann verdient sie zerstört zu werden.« Ebd., 83.

29 Vgl. Wolfgang Iser: Der Akt des Lesens. Theorie ästhetischer Wirkung. München ⁴1994.

30 Erika Fischer-Lichte: Theaterwissenschaft. Eine Einführung in die Grundlagen des Faches. Tübingen/Basel 2010, 99.

Diese Sichtweise bezieht ihre Evidenz aus den vielfältigeren, insbesondere auch nonverbale Inszenierungsmittel umfassenden gestalterischen Verfahren, über die die leiblich-konkrete Live-Kunst des Theaters im Vergleich zur Literatur verfügt. In der Tat ergeben sich aus den von Fischer-Lichte ins Feld geführten charakteristischen Merkmalen des Aufführungsereignisses eine Reihe gewichtiger Unterschiede zum Akt des Lesens, die den Reiz und das spezifische ästhetische Leistungsvermögen des Theaters ausmachen. So ist die Aufführung durch die leibliche Ko-Präsenz von Akteuren und Zuschauern im Hier und Jetzt an gruppendynamische Prozesse geknüpft, die ihr ritualhaft-kollektivistische ebenso wie öffentlich-politische, der Textlektüre in dieser Form nicht zugängliche Dimensionen eröffnen. Auch kann, um ein weiteres Beispiel zu nennen, das Drama nicht in gleicher Weise mit sinnlichen Wahrnehmungen operieren wie das Theater, wo sich die irreduzible Eigenwertigkeit und Widerständigkeit individuellen phänomenalen Soseins entsprechend emphatischer Geltung verschafft. Aufführungsspezifische Wirk- und Erfahrungspotenziale wie diese besitzen auch in ökologischer Hinsicht erhebliche Relevanz und sind von entsprechend interessierten Theaterschaffenden intensiv genutzt worden. Die Vorstellungen des Bread and Puppet Theater beispielsweise, einer seit über fünfzig Jahren aktiven amerikanischen Theatergruppe, involvieren stets das ganzheitlich-sinnliche Gemeinschaftserlebnis des Teilens von frisch gebackenem Sauerteigbrot. Der kanadische Komponist R. Murray Schafer, Begründer der von John Cage inspirierten ›akustischen Ökologie‹, erkennt die ephemeren und je einzigartigen Klang- bzw. Sinneslandschaften der ›found spaces‹, an denen die Aufführungen seiner Freilicht-Musiktheaterprojekte stattfinden, dezidiert als konstitutive Bestandteile seiner Stücke an. Politisierende Akzente setzt hingegen die Gruppe Rimini Protokoll, wenn sie Besucher ihres Stücks *Welt-Klimakonferenz* in einem Rollenspiel zu Delegierten verschiedener Staaten und Institutionen macht, die unter wissenschaftlicher Begleitung Informationen zum Klimawandel sammeln, Argumente abwägen, Positionen formulieren und Abstimmungsentscheidungen treffen.

Trotz der Verschiedenartigkeit von Aufführungserlebnis und Leseakt scheint es allerdings wenig sinnvoll, das Verhältnis von Drama und Theater als ein oppositär-hierarchisches zu bestimmen, etwa entlang einer allzu einfach gedachten Bruchlinie statisch vs. dynamisch, intellektualistisch vs. sinnlich oder auch repräsentational vs. präsentisch. Notwendigerweise unterscheiden sich literarisch-textuelle Strategien von theatralen, und doch haben Dramentexte in mancher Hinsicht Anteil an der Ästhetik des Performativen, wie Fischer-Lichte sie mit Blick auf Aufführungsereignisse beschreibt.[31] Ihre Ausführungen zu Körperlichkeit, Räumlichkeit und Zeitlichkeit, zu Liminalität und Transformation oder auch zur Emergenz von Bedeutung sind aufschlussreich – und durchaus

---

31 Vgl. v. a. Erika Fischer-Lichte: Ästhetik des Performativen. Frankfurt a. M. ⁹2014.

anschlussfähig – auch für die Auseinandersetzung mit der dramatischen Gattung, wie das Beispiel der ›Atmosphäre‹ illustrieren soll.

## Atmosphärenbildung

Fischer-Lichte führt den Begriff der Atmosphäre, den sie von Gernot Böhme entlehnt, unter dem Stichwort der Räumlichkeit treffend als wichtige Komponente einer Ästhetik des Performativen ein. Als eine der »völlig andere[n] Möglichkeiten der Bedeutungserzeugung«[32] des Theaters gegenüber dem Dramentext kann die Atmosphäre jedoch nicht gelten. Zwar sieht auch Böhme, der seinen Atmosphärenbegriff im Rahmen seiner ›ökologischen Naturästhetik‹ entwickelt, einen engen Zusammenhang zwischen Atmosphäre und Raum. Dieser besteht für ihn darin, dass ihre Atmosphären es Dingen und Lebewesen (und deren Konstellationen) ermöglichen, ›ekstatisch‹ aus sich herauszutreten und ihre Umgebung affektiv abzutönen. Im Spüren einer Atmosphäre erfahren wir Wahrnehmungsgegenstände demzufolge nicht als in sich verschlossene, isolierte Einheiten oder als Projektionsflächen letztlich beliebig an sie herangetragener Stimmungen, sondern als uns leiblich ergreifende Präsenzen. Ausdrücklich bezieht Böhme aber auch literarische Text-Räume in seine Überlegungen ein und kommt zu dem Schluss, dass »auch durch Worte«[33] vollgültige Atmosphären erzeugt werden können:

Das Eigentümliche bei einer Geschichte, die man liest oder die einem vorgelesen wird, ist ja dies: sie teilt uns nicht nur mit, daß irgendwo anders eine bestimmte Atmosphäre geherrscht habe, sondern sie zitiert diese Atmosphäre selbst herbei, beschwört sie.[34]

Im Drama – insbesondere in den Traditionen des Realismus, aber auch im Symbolismus und Expressionismus – sind es bekanntlich häufig die (sogenannten) Nebentexte, die atmosphärenbildende Funktionen übernehmen und dabei in ihrer Verdichtung und dem typischen präsentischen Stil oft eindringliche Wirkung entfalten. Beispielhaft sind etwa die charakteristischen Szenenanweisungen Eugene O'Neills mit ihren Evokationen von Enge und Weite, Licht- und Schatteneffekten, Dunstgespinsten, Farbkontrasten, Klängen, Rhythmen und Bewegungslinien, die trotz ihres zweifellos vorhandenen Symbolgehalts unmöglich auf diesen allein reduzierbar sind. O'Neills *The Hairy Ape* (1922) etwa versetzt die LeserInnen »in the bowels of a ship«, in die Quartiere der Heizer unter Deck eines Transatlantikdampfers, wo »[t]he ceiling crushes down upon the

---

32 Fischer-Lichte: Theaterwissenschaft, 94.
33 Gernot Böhme: Atmosphäre. Essays zur neuen Ästhetik. Frankfurt a. M. 1995, 38.
34 Ebd.

men's heads. They cannot stand upright.«[35] Man beachte den leibkörperlichen (und damit auch räumlich sich materialisierenden) Widerhall, den O'Neills plastisch-expressive Formulierungen erzeugen. In der Interaktion mit der Imagination des Lesers/der Leserin gehen sie ›durch Mark und Bein‹, lassen im Zusammenspiel aus Ansprechen und Sich-Einlassen[36] den eigenen Nacken verkrampfen und die Brust eng werden, machen sich nach einem Ausflug in die trügerische Ruhe des sonnendurchfluteten Promenadendecks als Anflug lethargischer Trägheit bemerkbar und rufen anschließend umso größere, fast schockartige Überwältigung hervor, wenn der/die Leserin nach einem erneuten abrupten Szenenwechsel in den gleißenden, glühend heißen Kesselraum das dortige Scheppern, Stampfen und Dröhnen in den eigenen Ohren nachhallen zu spüren vermeint. »Dass diese Vorgänge uns paradox und rätselhaft erscheinen«, so Böhme, »liegt an einer Verkennung der leiblichen Bedeutung von Bildern und Reden, also an unserem habituellen Cartesianismus: Bilder und Worte werden der *res cogitans* zugeordnet und damit wird ihre Wirkung auf die *res extensa* ganz rätselhaft.«[37] Ein Durchgang durch die atmosphärischen Schauplätze des Dramas bringt demgegenüber die Zusammengehörigkeit und gegenseitige Durchdringung beider Instanzen zutage. Wenn, wie Böhme schreibt, aus philosophischer Sicht »das Umweltproblem« wesentlich aus einem »Problem der menschlichen Leiblichkeit«[38] resultiert – nämlich aus dem einseitigen Selbstverständnis des modernen, westlich geprägten Menschen zuallererst als Vernunftwesen, der mit der ›Natur‹ einschließlich des eigenen Körpers weniger in einem primären Lebenszusammenhang steht als vielmehr über sie als Werkzeug oder dinglich-objekthaften Rohstoff disponiert –, dann besitzt das Drama mit seinem gattungsbedingten Fokus auf dem Verhältnis von Geist und Körper, und allgemein von Geist und ›Materie‹, eine grundsätzliche ökologische Relevanz. *The Hairy Ape* rückt das erwähnte Problem der Leiblichkeit auch thematisch in den Vordergrund und zeigt den Menschen im Spannungsfeld von roher Primitivität und Überzivilisiertheit, Tier und Maschine. In den leitmotivisch wiederkehrenden gestischen Reminiszenzen an Auguste Rodins Plastik *Der Denker* bekundet sich ein (kultur-)ökologischen Positionen vergleichbares Verständnis von Körper und Geist, wonach sich geistige Aktivität in der Verbindung von Innen- und Außenwelt, als zutiefst physisch fundierter und zugleich die Physis substanziell prägender und gestaltender Vorgang vollzieht.

Auch wenn eine solche Weltanschauung von Kohärenz, Integration und Interdependenz als entscheidenden Faktoren ausgeht, schließt sie erschütternde

35 Eugene O'Neill: The Hairy Ape, in: Ders.: Nine Plays. Eingel. v. Joseph Wood Krutch. New York 1959, 37–88, hier 39.
36 Vgl. Böhme: Atmosphäre, 167, 187.
37 Gernot Böhme: Ich-Selbst. Über die Formation des Subjekts. Paderborn 2012, 202.
38 Böhme: Atmosphäre, 14.

Grunderfahrungen von Fremdheit, Entzweiung und Verlust keineswegs aus. So mündet *The Hairy Ape* trotz O'Neills Bezeichnung des Stücks als Komödie[39] nicht etwa in Versöhnung und Harmonisierung, sondern führt die Hauptfigur, und mit ihr die LeserInnen, in einer schonungslosen Abwärtsbewegung vom bombastischen Allmächtigkeitswahn und einer naiv unproblematischen Selbstwahrnehmung (»we belong, don't we?«[40]) zur qualvollen Einsicht in die körperliche und geistige Begrenztheit des Individuums wie auch zur Erfahrung unaufhaltsamen Entgleitens und Zerrinnens, worin das Drama eher der tragödientypischen Grundstruktur nahesteht. Gerade darin gründen zugleich wesentliche Affinitäten O'Neills sowohl zu Böhme als auch zu Artaud. Sie alle teilen nicht nur die starke Hervorhebung der existenziellen Bedeutung leibsinnlicher Erfahrungen, sondern verbinden mit diesen die Möglichkeit eines intuitiven Erfassens des – den Menschen unentrinnbar einschließenden – Urzusammenhangs von »Schöpfung, [...] Werden, [...] Chaos«[41] und Vernichtung. Auch Erneuerung und Metamorphose sind Teil dieses kosmischen Kreislaufs und bedingen das zumindest implizite Vorhandensein einer regenerativen Dimension auch in der Tragödie, wie sie beispielsweise in der aristotelischen Katharsis, Nietzsches dionysischem Prinzip oder Artauds tragikaffinem ›Theater der Grausamkeit‹ anklingt.[42]

## Tragödie und Metamorphose

In ökokritischen Kontexten ist die Tragödie mehrfach als Ausdruck einer destruktiv-lebensverneinenden, ökologisch inopportunen Weltanschauung gewertet und zugunsten der regenerativ-lebensbejahenden Komödie abgelehnt

---

39 Im Paratext beschreibt O'Neill *The Hairy Ape* als »A Comedy of Ancient and Modern Life in Eight Scenes« (und bekräftigt damit sein schon aus dem Titel sprechendes Interesse an Fragen der Kreatürlichkeit und der Evolution).

40 O'Neill: The Hairy Ape, 44.

41 Artaud: Das Theater, 96.

42 Da auf O'Neills bekannte Affinität zum Tragischen und zu Nietzsche hier nicht näher eingegangen werden soll, seien die dargestellten Zusammenhänge nur anhand einiger exemplarischer Verweise auf *The Hairy Ape* illustriert. Als sinnfällig erscheint etwa O'Neills bildliche Verschränkung des vorwärtstreibenden, lodernd verzehrenden Feuers im Kesselraum mit dem das Schiff umfangenden, kontinuierlich fluktuierenden und zirkulierenden Ozean. Diese Bildlichkeit korrespondiert auf der Handlungsebene mit dem Durchleben zunehmender Vereinsamung und verunsichernder Selbstreflexion durch den Protagonisten, die mit seinem Tod im Käfig eines im Zoo gehaltenen Gorillas enden. Der (vielsagend im Nebentext untergebrachte, keinem Figurenbewusstsein zuzuordnende) Schlusskommentar: »And, perhaps, the Hairy Ape at last belongs« hält anstelle der Aussicht auf eine ›höhere‹ jenseitige Sinnordnung oder gar auf personales Überdauern kaum mehr als den bittersüßen Trost einer Rückkehr in die Bewusstlosigkeit und eines Präsentbleibens in den fortwährenden Lebensvollzügen als solchen bereit. O'Neill: The Hairy Ape, 88.

worden. Doch verkennt eine solche Kontrastierung wesentliche Aspekte der tragischen Ästhetik ebenso, wie sie die komische verkürzt.[43] Die Feststellung, dass die Komödie, vom Ende her betrachtet, den Akzent traditionell vor allem auf die persistente, überlebensbezogene Funktion rekombinatorischer und transformatorischer Prozesse legt, wohingegen die Tragödie stärker den diese begleitenden qualvollen Zerrissenheits- und Dissonanzerfahrungen nachspürt, leuchtet im Grundsatz fraglos ein. Doch tragischer und komischer Modus stehen in einem komplementären, nicht in einem antithetischen Verhältnis. Wie entsprechende Studien (teils durchaus mit Unbehagen) immer wieder konstatiert haben, wirkt die Tragödie im Rezeptionsvorgang trotz allen dargestellten Leidens auf elektrisierende Weise belebend. Aus kulturökologischer Sicht ist gerade dieser Umstand bedeutsam. Ästhetisches Erleben ermöglicht eine Annäherung an die bedingungslose, auch Schmerz und Leid ausschöpfende »Lust des Werdens«[44], die Nietzsche als den Kern des Tragischen – und als gerade das Gegenteil eines pessimistischen oder nihilistischen Weltzugangs – identifiziert.

Unbeschadet seiner generellen Skepsis gegenüber scheinbar gesicherten Wahrheitsansprüchen besteht Nietzsche auf der Zwangsläufigkeit permanenter Transformation als Grundtatsache aller Erscheinungsformen des Lebens, aus welcher Zerfall ebenso unumgänglich folgt wie ›ewige Wiederkunft‹. Nachweise für diese unhintergehbaren Urvoraussetzungen findet er in den Naturwissenschaften. Im Einklang mit ökologischen Grundüberzeugungen bedeutet ›Leben‹ für Nietzsche beständiges Werden und somit beständiges Vergehen; eine Bejahung nur eines Teils dieser Bewegungsbahn kann es nicht geben. So wie sich Ordnung und Chaos wechselseitig bedingen, gilt mithin in subjektiver Perspektive, dass Genuss und Schmerz, Vertrautes und Unheimliches, Identität und Differenz einander immer schon beinhalten.

---

43 Joseph Meekers Studie *The Comedy of Survival* ist das prominenteste Beispiel einer solchen Sichtweise. Meeker charakterisiert die Komödie im Sinne einer vorbildhaften (Über-)Lebenskunst der Anpassung, Integration und Versöhnung, die Tragödie hingegen als Ausdruck anmaßend-anthropozentrischen, anti-ökologischen Denkens. Diese klare Argumentationslinie geht allerdings mit einer Ausblendung dunklerer und aggressiverer Varianten des Komischen und einer allzu undifferenzierten Sicht auf das Tragische einher. In der aktuellen Forschung verfolgt etwa Simon Estok eine ähnliche Richtung, wenn er, Shakespeares *King Lear* als Musterbeispiel wählend, die Tragödie als ›ökophobe‹ Gattung beschreibt: »[T]o imagine badness in nature and to market that imagination [...] is the very stuff that tragedy is made of.« Joseph Meeker: The Comedy of Survival. Studies in Literary Ecology. New York 1974. Simon C. Estok: Painful Material Realities, Tragedy, Ecophobia, in: Serenella Iovino/Serpil Oppermann (Hrsg.): Material Ecocriticism. Bloomington 2014, 130–140, hier 138, Anm. 1.

44 Friedrich Nietzsche: Ecce Homo, in: Giorgio Colli/Mazzino Montinari (Hrsg.): Sämtliche Werke. Kritische Studienausgabe in 15 Bänden. Bd. 6. Berlin u. a. ³1999, 255–374, hier 312.

Angesichts dieser Ausgangsbasis, so Nietzsches Argumentation, erweisen sich teleologische Sinnfragen oder ethisch-moralisch begründetes Hadern als ebenso verfehlt wie Kontroll- und Besitzfantasien. Stattdessen stellt sich ihm zufolge dem bewusstseinsbegabten Individuum in der sinnlich-emphatischen und vorbehaltlosen Annahme der Forderungen des Lebens – vom Auskosten aller sich darbietenden Leidenschaftswallungen bis zur Standhaftigkeit im Wissen um das unausweichliche Verlöschen des eigenen (und, nicht minder erschütternd: auch jedes anderen) Selbst – eine vor allen Dingen *ästhetische* Aufgabe. Die eingeforderte Leistung setzt Bewusstsein voraus. Doch die dafür notwendige begehrliche Kraft und Kühnheit entspringen für Nietzsche nicht aus Ratio, Moralität oder analytischem Verstand, sondern aus einem ekstatischen Sich-Öffnen für Instinkte und Stimuli, Affekte und Impulse. »Damit es [...] irgend ein ästhetisches Thun und Schauen giebt«, so Nietzsche, bedarf es zunächst einer Steigerung der physiologischen und affektiven »Erregbarkeit der ganzen Maschine«[45], d. h. des gesamten, als biopsychisches System verstandenen Organismus. Erst eine solcherart rauschhaft gesteigerte Erlebnisfähigkeit ermöglicht – zumindest partiell – die ›dionysische‹ Erfahrung der Selbstauflösung im Sinne eines entgrenzenden, destruktiv-kreativen Hinausreichens über sich selbst und als eigenes Betroffensein im Anderen – und in Anderen.

Das Wesentliche bleibt die Leichtigkeit der Metamorphose, die Unfähigkeit, nicht zu reagiren [...]. Es ist dem dionysischen Menschen unmöglich, irgend eine Suggestion nicht zu verstehn [...]. Er geht in jede Haut, in jeden Affekt ein: er verwandelt sich beständig.[46]

Es liegt eine starke kulturökologische Komponente in einem solchen Aufbrechen der Entgegensetzungen von Sein und Nichtsein, Eigenem und Fremdem, Selbst und Anderem. Nietzsche beschreibt die Fähigkeit dazu als Ausfluss des »dionysischen Histrionismus«[47]. Zumindest in späteren Jahren gilt ihm das Theater, mehr noch als die Musik, als ureigener Ort dionysischer Ästhetik. In der synthetisierenden, körpergebundenen, präsentisch-ephemeren Kunst des Theaters werden für ihn die Grundprinzipien umfassender leiblicher (An-)Verwandlung sowie der Unaufhaltsamkeit steten Voranschreitens, der Unmöglichkeit des Verweilens und der damit verknüpfte Zusammenhang von Präsenz und Absenz am eindringlichsten erlebbar, der Geist und Bewusstsein beständig an den abgründigen Rand der Selbstüberschreitung führt.

Für das Drama als Textgattung scheint auf den ersten Blick die histrionische Komponente ungleich geringere Bedeutung zu besitzen. Aber auch dort ist sie

45 Friedrich Nietzsche: Götzen-Dämmerung, in: Colli/Montinari (Hrsg.): Sämtliche Werke, 55–162, hier 116.
46 Ebd., 117–118.
47 Ebd., 118.

schon aufgrund des definitorischen Bezugs der dramatischen Gattung auf das Theater angelegt. Rückt man zudem auch für das Theater anstelle der Produktions- (d. h. hier: Darsteller-) die Rezeptionsseite in den Mittelpunkt (soweit sich beide Seiten voneinander trennen lassen), reduziert sich dessen Vorsprung an Histrionizität erheblich. Drama *und* Theater regen ihre RezipientInnen, so haben Theoretiker von Aristoteles bis Brecht immer wieder und mit unterschiedlichem (Miss-)Behagen bestätigt, zu bemerkenswerter emotionaler und leiblicher Anteilnahme bis hin zum Extrempol identifizierender Verschmelzung mit dem dargestellten Geschehen an. Am Beispiel der synästhetischen Evokation intensiver Atmosphären bei O'Neill hat sich dies bereits angedeutet. Für AutorInnen, die illusionistische Einfühlungsästhetiken im Sinne ›realistisch‹ konzipierter Handlungsstrukturen und individualisierend psychologisierter Figuren dezidiert zurückweisen, bedarf es anderer Methoden. Doch auch sie bemühen sich weiterhin in hohem Maße um die aktivierende Einbindung ihrer LeserInnen, ja verlangen diesen häufig ein ähnliches Maß an persönlicher schöpferischer Partizipation und Kooperation ab wie den DarstellerInnen ihrer Stücke.

### Präsenzeffekte durch Schrift und Sprache

In modernen Theatertexten der Art, die Hans-Thies Lehmann[48] oder auch Gerda Poschmann als ›postdramatisch‹ beschreiben, umfasst die Inanspruchnahme der Leserschaft neben der teils sehr weitgehenden Überantwortung von Sinn- und Bedeutungskonstruktionen die Desautomatisierung und Reaktivierung leibsinnlicher Wahrnehmungsvorgänge. Nach Poschmann, auf die die theoretische Fundierung des Begriffs Theatertext zurückgeht, besteht ein Spezifikum dieser Texte darin, dass sie »die Theatralität der Aufführung nicht nur sprachlich repräsentieren, sondern ›durch Akzentuierung der Materialität der Signifikanten‹ auch in der Sprachgestaltung selbst ›präsentieren‹«[49]. Poschmann verbindet diese Form der Texttheatralität mit einem ›postdramatischen‹ Theatralitätsbegriff, der nicht (mehr) die Fiktionsdarstellung in den Mittelpunkt stellt, sondern

die veränderten Bedingungen menschlicher Wahrnehmung und Bedeutungsproduktion reflektiert [...]. An die Stelle einer Form- oder Inhaltsanalyse tritt somit die *Funktionsanalyse* des Textes, der als Textmaschine verstehbar wird. [...] Der Theater-

---

48 Vgl. Hans-Thies Lehmann: Postdramatisches Theater. Frankfurt a. M. ⁴2008.
49 Gerda Poschmann: Der nicht mehr dramatische Theatertext. Aktuelle Bühnenstücke und ihre dramaturgische Analyse. Tübingen 1997, 44. Die im Poschmann-Zitat enthaltenen Sekundärzitate stammen aus Katharina Keim: Theatralität in den späten Dramen Heiner Müllers. Tübingen 1997, 42.

text wird so als Entwurf eines in Raum und Zeit situierten, kommunikativen Textgeschehens verstanden, dessen Mechanismen – und nicht: dessen diskursive Bedeutung – die Analyse zu erschließen hat, soweit dies aus dem Text möglich ist.[50]

Eine anschauliche Demonstration des leibsinnlichen Effekts einer solchen »Inszenierung der Sprache«[51] liefert Katharina Keim, an die Poschmann in ihren Überlegungen anknüpft, in einer Studie zu Heiner Müller. Anhand von Müllers *Hamletmaschine* (1979), eines bereits klassisch zu nennenden Beispiels eines ›postdramatischen‹ Texts, legt Keim etwa dar, wie das von einer eigenwilligen Interpunktion, Majuskelschrift, Verszeilen, Ziffern und Kursivierungen durchsetzte Schriftbild dazu anregt, den Text nicht allein in eingeschliffener Manier gemäß der üblichen Leserichtung zu erfassen, sondern »die unterschiedlich gesetzten Textpassagen wie Elemente eines Puzzles zu lokalisieren und zusammenzusetzen.«[52] Entgegen den Vorbehalten der artaudschen Tradition ergeben sich so gerade aus den medialen Bedingungen der »*geschriebenen* Poesie«[53] Möglichkeiten, eine ausschließliche Fixierung auf diskursiv verfügbare ›Inhalte‹ und ›Bedeutungen‹ zu durchkreuzen. Ein Text wie die *Hamletmaschine* besitzt mit seiner Zurschaustellung der Instabilität und kulturellen Bedingtheit von Bedeutung eine unübersehbar markante selbstreferenzielle Komponente; indem er die Aufmerksamkeit der RezipientInnen auf die gestalterische Organisation seines Zeichenmaterials lenkt, setzt er eine erhöhte, aufgefrischte Wahrnehmungsaktivität in Gang.

Neben den räumlich-visuellen Strukturen des Texts misst Keim zu Recht aber auch seiner Klangebene große Bedeutung bei. Insbesondere arbeitet sie die starke Rhythmisierung durch Rekurrenzen, Rückkopplungen und differente Wiederholungen heraus, die einer strikt linearen, einseitig sukzessiven Rezeptionshaltung entgegenwirkt. Die Musikalität rhythmisch gestalteter Texte geht generell besonders deutlich über ihren semantischen Sinngehalt hinaus und ruft ein gesteigertes Körperempfinden und damit einen Effekt erhöhter Selbstpräsenz hervor.[54] Dies gilt umso mehr beim lauten, stimmlich vollzogenen Lesen, zu dem keineswegs nur von ›postdramatischen‹ Theatertexten, sondern von der Gattung des Dramas insgesamt ein spezieller Impuls ausgeht. Sei es durch eine ausgeprägte sinnlich-musikalische Qualität, die dialogische Struktur ›traditioneller‹ Dramen, verlockend eingängige oder auch abenteuerlich ›unsprechbare‹ Redeeinheiten: Das Drama lädt dazu ein, seine Sprache buchstäblich in den Mund zu nehmen, sie auszuprobieren, auszukosten und auszuagieren. In der Resonanz der LeserInnen lässt es mithin das Zusammenwirken intellektu-

---

50 Ebd., 47, 51.
51 Keim: Theatralität, 72.
52 Ebd., 77.
53 Artaud: Das Theater, 83.
54 Vgl. Keim: Theatralität, 72–77.

ell-kognitiver, emotional-affektiver und physiologisch-sensorischer Prozesse in besonderer Eindringlichkeit in Erscheinung treten und bringt dualistische Entgegensetzungen von Geist und Körper, Sprache und Welt, Text und Leben ins Wanken. Zugleich weist das Drama literarisches Lesen damit als Aktivität aus, die die signifikative ›Ordnung der Repräsentation‹ mit der phänomenalen ›Ordnung der Präsenz‹ (Fischer-Lichte) verbindet und jene Interdependenz von Geist und Materie erfahrbar macht, die gleichermaßen zu den Kennzeichen der Lebendigkeit und der Kunst gehört.

Schon einige Streiflichter zeigen, dass eine Reduktion des Dramas auf sprachlich repräsentierbaren Sinn dem Spektrum dramatischer Spielarten und ihrer Wirkungskraft nicht gerecht wird. Wohl unterscheidet sich das Drama, als eigene Kunstform betrachtet, vom Theater zuvorderst durch seine grundlegende sprachliche Verfasstheit, doch eine gattungstypische Geringschätzung von Leiblichkeit und Materialität oder eine einseitige Überhöhung von Logos und Ratio lassen sich aus diesem Umstand nicht ableiten. Vielmehr zählt gerade eine Orientierung auch auf die sinnlich-physischen Dimensionen des Daseins hin zu den gattungslogischen Besonderheiten des Dramas.[55] Nicht ausschließlich, aber doch in besonderem Maße infolge seiner Bezogenheit auf das Theater zeichnet sich das Drama durch seinen Appell an Geist *und* Körper aus. Diese Grunddisposition kann als ökologischer Kern der Gattung gelten.

# 3. Diskursivität und Dialogizität

*Umweltdramen und ökologisches Denken*

Bei aller Wertschätzung der Bedeutsamkeit präsentischen Erlebens messen ökokritische Ansätze den in manchen Theorieströmungen unterschätzten repräsentationalen und diskursiven Funktionen von Kunst und Literatur wieder erhöhte Bedeutung bei. Nicht immer geschieht dies auf der Basis angemessener theoretischer Hinterfragung; gelegentlich wird eine mangelnde Reflexion begrifflicher und literarischer Strukturen oder auch eine restriktive, zweckgerich-

---

[55] Selbst ein Dramatiker wie Schiller, überzeugt vom Postulat des Absoluten, »das Physische ganz und gar zu verlassen [...] und von einer beschränkten Wirklichkeit zu Ideen aufzusteigen« (I), besteht darauf, dass die Tragödie »*Menschen* im vollen Sinne dieses Worts« voraussetze (II) – und gerade nicht Wesen, »die von dem Zwange der *Sinnlichkeit* befreit sind, wie wir uns die reinen Intelligenzen denken« (ebd.). Den *Zusammenhang der tierischen Natur des Menschen mit seiner geistigen* beschreibt er, auch anhand von Beispielen aus Drama und Theater, bereits in seiner gleichnamigen medizinischen Dissertation. (I) Friedrich Schiller: Über die ästhetische Erziehung des Menschen in einer Reihe von Briefen, in: Ders.: Sämtliche Werke. Bd. 8: Philosophische Schriften. Bearb. v. Barthold Pelzer. Berlin 2005, 305–408, hier 386. (II) Friedrich Schiller: Über die tragische Kunst, in: Ders.: Sämtliche Werke. Bd. 8: Philosophische Schriften. Bearb. v. Barthold Pelzer. Berlin 2005, 143–164, hier 162.

tete Kunstauffassung erkennbar. Mitunter leiten sich solche Unausgewogenheiten allerdings auch aus den künstlerischen Arbeiten her, die den kritischen Untersuchungen zugrunde liegen. Auch ›Umweltdramen‹ geraten, gerade wo sie sich vorrangig in den Dienst von Aufklärung und Überzeugung stellen, zuweilen zu schwerfälligen, eindimensionalen Thesenstücken. So besitzen beispielsweise nicht alle der in den letzten Jahren entstandenen Klimawandelstücken hohes künstlerisches Gewicht. Während in einer Reihe von Texten (zum Beispiel Emma Adams' *Ugly*, 2010, oder Nick Paynes *If There Is I Haven't Found It Yet*, 2012) der Klimawandel lediglich als düster-bedrohliche Kulisse oder als im Grunde austauschbares Sinnbild gesellschaftlicher Missstände figuriert, ergibt sich in dezidierten ›Klimawandelstücken‹ oftmals der umgekehrte Befund, dass ihre Geschichten wie bloße Anschauungshilfen, wie behelfsmäßige Fiktionalisierungen der ›eigentlich‹ relevanten, aber als allzu spröde empfundenen Sachzusammenhänge anmuten. Vor diesem Hintergrund hat etwa Steve Waters' *The Contingency Plan* (2009), ein Zweiteiler über eine Flutkatastrophe im England der nahen Zukunft, zu Recht viel Beifall für seine sachliche Korrektheit bei gleichzeitiger emotionaler Zugänglichkeit erhalten. Das Doppeldrama nutzt die Faszination psychologischer Dynamiken und zwischenmenschlicher Beziehungen, um das Publikum möglichst unaufdringlich an den Klimawandeldiskurs, sein sperriges und schwer zu greifendes Leitthema, heranzuführen. Der realistisch-einfühlungsorientierten Stiltradition folgend, die viele angloamerikanische Bühnen dominiert, modelliert Waters seine Hauptfigur als grundintegren, aber angenehm unperfekten Sympathieträger, konfrontiert ihn mit exzentrischen Gegenspielern und lässt ihn neben zunehmend verzweifelten auch komische und skurrile Momente durchleben. Die ambitioniert, wenn auch etwas schablonenhaft konstruierte Handlung[56] nimmt sich Zeit für die Erläuterung wissenschaftlicher Prognosen ebenso wie für die Gestaltung inter- und intrapersonaler Konflikte, spürt dysfunktionalen Machtgefügen sowohl in Wissenschaft und Politik als auch in der Familie nach und legt mancherlei Verschränkungen zwischen fern und nah, innen und außen, öffentlicher und individuell-privater Sphäre dar. Doch obwohl *The Contingency Plan* (2009) in vielen Rezensionen als vorbildhaftes Beispiel eines instruktiven und doch fesselnden Klimawandelstücks gelobt wird,[57] ist es als Beispiel oder Stimulus (kultur-)ökologischen Denkens nicht uneingeschränkt geeignet. Als ›ökologisches Drama‹ im hier vorgeschlagenen Sinn kann es somit nur bedingt gelten.

»In ecological thinking«, so (etwas plakativ) die kanadische Philosophin Lorraine Code,

---

56 Vgl. Caupert: Umweltthematik, 225–226.
57 Vgl. Bradon Smith: Staging Climate Change. The Last Ten Years, in: www.tippingpoint.org.uk [23.4.2017], 1–11, hier 3.

knowers are repositioned as self-consciously part of nature, while anthropocentric projects of mastery are superseded by projects of displacing Enlightenment ›man‹ from the center of the universe and developing radical critiques of the single-minded mastery claimed for ›human reason.‹ Ecological thinking works against the imaginary of [...] dominion arrogated to certain chosen members of the human race, not just over the earth but over human Others as well. Yet its purpose is not to substitute pure, disinterested contemplation for mastery. It aims to reenlist the successes of empirical science together with other kinds of knowledge, reflexively and critically, in projects committed to understanding the implications and effects of such ways of knowing and acting [...].[58]

*The Contingency Plan* konterkariert eine solche Geisteshaltung einerseits durch seinen auf reflexive Selbstbeobachtung weitestgehend verzichtenden, unkritisch realistischen Darstellungsmodus, mit dem der Zweiteiler letztlich Vorstellungen von Realität, Erkenntnis und Bedeutsamkeit fortschreibt, die der (kultur-)ökologische Diskurs als entschieden revisionsbedürftig problematisiert. Nach Kräften hält das Drama zum Beispiel am althergebrachten Dualismus von Subjekt und Objekt fest. Ganz auf den Gegenstand seiner Darstellung fokussiert, blendet es die eigenen kulturellen Voraussetzungen ebenso aus wie die Widerständigkeit und Eigendynamik der Sprache und macht sich damit in gewisser Hinsicht das Erkenntnisschema der klassischen Wissenschaften zu eigen: hier der um die eigene Wirkungsneutralität bemühte Beobachter, dort das von ihm unabhängige Beobachtete, das er zu erfassen sucht. Diese Anordnung prägt zum anderen – trotz deutlicher verantwortungsethisch ausgerichteter Wissenschaftskritik – auch das Handlungsgeschehen des Dramas, das ›Natur‹ fast durchweg als Objekt der Beobachtung und Vermessung durch menschliche Akteure präsentiert: als ominös deplatzierten Wasservogel im Blickpunkt eines Fernglases; als »[a] huge body of data«[59], die das Schmelzen des Antarktischen Eisschilds belegen; als Windstärken, Pegelstände und Notstandsmeldungen, die der Krisenstab der Regierung seinen Apparaten entnimmt. Ohne Frage ist die so ins Bild gesetzte naturwissenschaftlich-technische Sachkompetenz für eine Bewältigung der Umweltkrise unentbehrlich. Eine einseitige Dominanz objektivistischer und positivistischer Sichtweisen jedoch identifizieren Theoretiker wie Bateson oder Böhme angesichts der komplex vernetzten Vielfalt ökologischer Fragen als Teil des Problems selbst. Beide drängen daher auf eine Einbeziehung nicht quantifizierender, beziehungshafter und Anteil nehmender Erkundungs- und Verstehensformen.[60]

---

58 Lorraine Code: Ecological Thinking. The Politics of Epistemic Location. Oxford/New York 2006, 32.

59 Steve Waters: The Contingency Plan. On the Beach & Resilience. London 2009, 27.

60 Beide distanzieren sich zugleich ausdrücklich von Anti-Intellektualismus und Wissenschaftsfeindlichkeit. »Die Vernunft wird aus ihrer *Abschließung* gegen das Unbewusste, den Leib und die Natur befreit«, erklärt Böhme: Ich-Selbst, 22 [Hervorheb. v. C.C.]. Und Bateson

In der Nutzung und Integration unterschiedlicher Wissensformen liegt für Bateson eine besondere Stärke von Kunst und Literatur. Das Drama mit seiner gattungstypischen partizipativen und dialogischen Grundstruktur, die Anregungen zur physischen und psychischen Beteiligung mit dem (fragilen, störanfälligen, aber stets relationalen) Prinzip des kommunikativen Austauschs verbindet und Erkenntnis als tentatives Produkt diskursiver und außerdiskursiver Interaktionsprozesse erfahrbar macht, scheint dafür geradezu ideal geeignet. *The Contingency Plan* schöpft dieses Potenzial allerdings nur ansatzweise aus. So stellt sich vernünftiges Denken in dem Stück nicht als notwendigerweise an Empathie und Empfindung gebunden dar – obwohl das Stück, wie erläutert, Emotionen recht geschickt einsetzt, um beim Publikum Spannung und Interesse zu erzeugen. Doch die ethische und emotionale Aufmerksamkeit des Dramas ist exklusiv seinem menschlichen Personal vorbehalten: »All the reviewers noted [...] that the success of the plays was founded in the *human* conflicts and confrontations between characters.«[61] Die Relevanz der nichtmenschlichen Mitwelt erschöpft sich in ihren Auswirkungen auf den Menschen. ›Natur‹ wird weder als eigenwertiger Mitspieler wahrnehmbar noch als Konglomerat, das den Menschen unweigerlich einbegreift; vielmehr erscheint sie als Objekt – einerseits materielle Grundlage, andererseits ›Problem‹ – geistbegabter menschlicher Subjekte. Während der kulturökologische Diskurs die kritische Auseinandersetzung mit dergleichen kulturellen Grundüberzeugungen vorantreibt, bestätigt *The Contingency Plan* den Anschein ihrer vermeintlichen Selbstverständlichkeit. So bleibt das Stück eindimensional anthropozentrischen Bewertungsmaßstäben und verengten Vorstellungen von Vernunft verhaftet.

Bateson bestimmt als ästhetische Welthaltung ein ausgeprägtes Sensorium für »*the pattern which connects*«[62], ein Gespür für Analogien, Korrelationen und Affinitäten, aus dem er explizit auch die Fähigkeit ableitet, der menschlichen wie auch der nichtmenschlichen Welt mit »*recognition* and *empathy*«[63] zu begegnen. Sprachlich manifestiert sich diese Welthaltung für Bateson am deutlichsten im Modus des Metaphorischen und damit insbesondere des Fiktional-Literarischen, dem so eine genuine, über sekundäre, illustrierende oder extrapolierende Weltnachbildung klar hinausreichende Eigensignifikanz zukommt. Von ebenso essenzieller Bedeutung ist im ökologischen Denken zugleich jedoch die Anerkennung von Differenz und Diversität. Das Drama eignet sich in besonderer Weise, um beide Aspekte gleichermaßen zu ihrem Recht

---

führt aus: »It is the attempt to *separate* intellect from emotion that is monstrous, and I suggest that it is equally monstrous – and dangerous – to attempt to separate the external mind from the internal. Or to separate mind from body.« Bateson: Steps, 470.

61 Smith: Staging Climate Change, 3 [Hervorheb. v. C. C.].

62 Gregory Bateson: Mind and Nature. A Necessary Unity. New York 1979, 8.

63 Ebd.

kommen zu lassen. Denn die dialogische Grundstruktur, die die Gattung nach wie vor prägt (auch wenn zeitgenössische Theatertexte sie nicht selten sprengen), beruht fundamental auf der Pluralität der Akteure und der (potenziellen) Vielfalt und spannungsvollen Heterogenität ihrer Interessen und Perspektiven, die im Drama – anders als etwa im Erzähltext – nicht einem formal höherrangigen Standpunkt unvermeidlich untergeordnet und brennglasartig gebündelt sind. Gleichzeitig erfordert der Dialog ein gewisses Mindestmaß an Aufgeschlossenheit und Einfühlungsvermögen. Nicht zuletzt verwirklichen sich im Dialog zudem die ökologischen Grundprinzipien der Interdependenz und Interaktion. Schon August Wilhelm Schlegel benannte als »Wesen des Dialogs« die »Abhängigkeit der Wechselreden von einander, so daß sie eine Reihe von Wirkungen und Gegenwirkungen ausmachen.«[64] Es ergibt sich zum einen der mindestens »latente[] Handlungscharakter«[65] diskursiver Rede und zum anderen eine Anschauung von Wirklichkeit nicht als schlicht gegebenem Ist-Zustand, sondern als performativem, interaktionalem Werdensprozess.

## Austausch mit dem ›Mehr-als-Menschlichen‹

Indes zeichnet sich für das ökologisch orientierte Drama hier das Problem ab, wie nicht-menschliche Aktanten angemessen einbezogen werden können, ohne sie dabei in einer anderen Form anthropozentrischer Vereinnahmung dem Menschen gleichzumachen und ihre Alterität zu negieren. Nur mit Hilfe von Imagination und Empathie kann dies annäherungsweise gelingen – und bleibt doch stets heikel. Diese Problematik sondiert Edward Albee in seinem Stück The Goat, or Who Is Sylvia? (2002). Das zwischen moderner Tragödie und komisch-groteskem Schäferspiel changierende Drama konfrontiert die LeserInnen mit dem erotischen Verhältnis des hochgebildeten und glücklich verheirateten Protagonisten mit einer Ziege. Dessen entsetzte Ehefrau, auch sie ausnehmend klug und kultiviert, begründet ihr Gefühl der Demütigung mit der irreduziblen Sonderstellung des Menschen, die ihr Mann beleidige; allerdings findet sie für die reklamierte Einzigartigkeit des Menschen keine rational einsichtigen Argumente, sondern gibt, auch durch ihre wilden, animalischen Zornesausbrüche, eher Anlass zur Skepsis daran. Gegen ihre Anklagen wendet ihr Ehemann ein, »I thought we all were … animals.«[66] Er empfindet seine Affäre nicht als Ausdruck abnormer oder gar krankhafter Neigungen, sondern als

64 August Wilhelm Schlegel: Ueber den dramatischen Dialog, in: Ders.: Kritische Schriften. Bd. 1. Berlin 1828, 365–379, hier 369.

65 Pfister: Das Drama, 403, Anm. 68.

66 Edward Albee: The Goat, or Who Is Sylvia? Notes Toward a Definition of Tragedy. Woodstock/New York 2003, 86.

geradezu schicksalhafte Besiegelung einer Liebe, die er als elementares, intuitives wechselseitiges Verstehen schildert:

I knelt there, eye level, and there was a … a what!? … an understanding so intense, so natural … […] And there was a connection there – a communication – that, well … an epiphany, I guess comes closest, and I knew what was going to happen.[67]

Ethisch und epistemologisch erscheint die Einstellung des Protagonisten zu der Ziege nicht weniger problematisch als die seiner Frau. Wo diese die eigene Identität und Würde apodiktisch aus der unbedingten, singulären Exzeptionalität der menschlichen Spezies herleitet, maßt jener sich zusammen mit dem totalen, rückhaltlosen ›Erkennen‹ des Tiers eine rauschhafte Selbstermächtigung in ihrem Namen an – den er ihr in einem willkürlichen Akt symbolischer Besitznahme selbst gegeben hat. Die Belegung der Ziege mit dem nymphenhaften Namen Sylvia mutet an wie der Versuch einer Kompensierung der narzisstisch-regressiven Sehnsüchte des Protagonisten durch die Selbststilisierung zum dionysischen Pan. Emotionales Interesse und gefühlte Gewissheiten allein, so zeigt sich auch hier, garantieren noch nicht die Bereitschaft zum Dialog. Vielmehr bedarf es dafür auch eines kritisch-reflexiven Respekts für das Nichtidentische, eines Bewusstseins der eigenen fehlbaren Begrenztheit und der Überwindung einer rein erfolgsorientierten zugunsten einer verständigungsorientierten Grundhaltung, die sich asymmetrische Bedingungen bewusst hält und im Zweifelsfall vorschnelle Verabsolutierungen der eigenen Interessen und Begehrlichkeiten durch Selbsthinterfragung zu vermeiden sucht.

*The Goat* führt die Fallstricke vor Augen, die Überzeugungen von der Möglichkeit einer unmittelbaren ›mehr-als-menschlichen‹ Zwiesprache ›auf Augenhöhe‹ mit sich bringen. Andere Texte wagen dennoch den Versuch, Formen und Wege ökologischer Dialoge zu vergegenwärtigen. Marie Clements' *Burning Vision* (2002) nutzt die Visionen eines Sehers der Dene-Indianer, der einer lokalen Überlieferung zufolge den Abbau der Uranvorkommen am nordkanadischen Großen Bärensee und dessen Folgen geweissagt haben soll, als Strukturprinzip für eine detailliert recherchierte Darstellung des Produktionsprozesses der beiden auf Hiroshima und Nagasaki abgeworfenen Atombomben. Anstelle einer herausgehobenen Hauptfigur stellt das Stück die Wechselbeziehungen einer Vielzahl von Handlungsträgern in den Mittelpunkt, zu denen neben Menschen verschiedener Nationen auch Karibus, ein Kirschbaum, die Geister der Toten, Brot, ein Fisch, ein künstlicher Bombentestdummy und »the darkest uranium found at the centre of the earth«[68] in Gestalt eines Indianerjungen zählen. Gemeinsam bilden sie eine Art spirituell erweitertes Akteur-Netzwerk. Keiner der Akteure, so führt das Stück vor, ist passiv und ›stumm‹. Den Menschen teilen sie

---

67 Ebd., 81–82.
68 Marie Clements: Burning Vision. Vancouver 2003, 1.

sich mit durch die leiblichen und emotionalen Effekte ihrer Präsenz, aber auch durch Erzählungen, Mythen, Gesänge, Traumbilder und Erinnerungen. Auch das Drama selbst ist in diesem Sinne als imaginativer Dialogbeitrag zu verstehen, der »das kulturell Unverfügbare dennoch kulturell verfügbar zu machen«[69] fähig ist. Manch einer verschließt sich jedoch vor einer solchen Ansprache und den mit ihr einhergehenden Ansprüchen, etwa wenn einer der Erzsucher seinen Bruder zurechtweist, der das von den Dene als sakrosankt geschilderte Urangestein fürchtet und in der Tiefe ein mysteriöses Flüstern vernimmt: »It's dangerous for a prospector to be scared of a rock, and it's just plain naive for a grown white man to be scared of Indian fairy tales.«[70] Diese Verächtlichkeit basiert erkennbar nicht auf besserem Wissen, sondern auf einem Ethos extremer, einseitig zweckrationaler Priorisierung von Verwertbarkeit und Profitabilität. Und doch zeigt das Stück durch ein grenzüberschreitendes Geflecht von Zerstörung, Leid und Tod, dass ökologisches Denken keineswegs zu radikaler Selbstverleugnung aufruft, sondern zu einem tragfähigeren, vernetzten Verständnis des Selbst. Anders als die gängige, auch mit modernen naturwissenschaftlichen Erkenntnissen unvereinbare Auffassung vom isolierbaren, in sich geschlossenen Einzelnen hält dieses neue Verständnis die unermesslich vielfältigen materiellen und geistigen Zusammenhänge bewusst, aus denen jedes Selbst allererst hervorgeht, gleichsam als instabiler Knoten in einem untrennbar verwobenen Netz oder – wie im Theater – als ein Mitwirkender unter vielen, die sich gegenseitig ermöglichen. Eine Isolierung der eigenen Interessen und Belange von denen anderer erweist sich aus dieser Perspektive als unhaltbar, da weder Eigenwohl und Gemeinwohl noch Destruktivität und Selbstdestruktivität nachhaltig voneinander zu trennen sind. Entsprechend sucht *Burning Vision* nach einer Alternative zum unidirektionalen, linearen Erzählen. Clements' Drama stellt eine Simultanbühne vor Augen, auf der nur die Intensität der Beleuchtung die verschiedenen, über Raum und Zeit hinausgreifenden Handlungsstränge voneinander abschattet. So stürzt in dem Stück ein japanischer Fischer nach dem Atomschlag in einen dunklen Abgrund und schlägt in nordamerikanischen Gewässern auf, aus denen ihn die Besatzung eines Uranfrachters herauszieht, die ihn für eine Forelle hält. Es entsteht ein weltumspannender Dialog, in den auch die LeserInnen einbezogen sind. Sie sind es, die der indianische Seher über die ›vierte Wand‹ der Diegese hinweg zu erreichen sucht, wenn er als Stimme aus dem Off fragt:

Can you hear through the walls of the world? Maybe we are all talking at the same time because we are answering each other over time and space. Like a wave that washes over everything and [...] always ends up on the same shore.[71]

---

69 Zapf: Literatur als kulturelle Ökologie, 54.
70 Clements: Burning Vision, 11.
71 Ebd., 65.

## 4. Fazit und Ausblick

Schon aus ihren allgemeinen Funktions- und Organisationsmustern ergibt sich eine Affinität der dramatischen Gattung zu ökologischen Strukturen und Prinzipien wie der nicht-determinierenden Kohärenz von Geist und Materie; der unhintergehbaren Ubiquität von Rückkopplungsbeziehungen und Interdependenz; der Relativität und Durchlässigkeit der Grenzen zwischen innen und außen, dem Eigenen und dem Fremden oder auch dem Einzelnen, den Vielen und dem Ganzen; sowie der Auffassung von Wirklichkeit nicht als objekthaft-statischer ›Realität‹, sondern als emergentes, prozesshaft-instabiles Ergebnis der Interaktion zahlreicher, belebter und unbelebter Mitwirkender. Häufig manifestiert sich dieser Zusammenhang auch in den Themen und Motiven der Dramentexte und gibt damit umso reicheren Anlass für ökokritische Untersuchungen.

Gerade in jüngster Zeit ist zudem eine Reihe von Stücken entstanden, die sich explizit mit aktuellen umweltpolitischen Fragestellungen auseinandersetzen, wofür das Drama – nicht zuletzt dank seiner Beziehung zum Theater als einem depragmatisierten Ort der Empathiebildung und der öffentlichen Verhandlung gesellschaftlicher Kontroversen – attraktive Rahmenbedingungen bietet. Nicht immer sind diese Umweltdramen allerdings in dem Sinne als ›ökologisch‹ beschreibbar, dass ökologische Grundprinzipien die Texte auch in ihrer Tiefenstruktur prägen. Zuweilen führt dies zu einer unbesehenen Reproduktion von Welthaltungen und Wahrnehmungsstrukturen, die selbst zu den geistig-kulturellen Hintergründen der gegenwärtigen Umweltkrise gehören, nämlich indem sie menschliche Verhaltensweisen befördern, die im Zusammenschluss mit den technologischen Möglichkeiten die fragile Balance der Ökosphäre – einschließlich des Menschen – bedrohen.

Als ein solcher Komplex, dessen ökologische Relevanz nicht unmittelbar auf der Hand liegt, kristallisieren sich immer deutlicher die modernen Begriffe von Selbst und Individuum heraus. In einer Auswertung aktueller ökokritischer Arbeiten hält Richard Kerridge fest, dass »the liberal idea of selfhood and the need to respond to environmental crisis may be irreconcilable.«[72] Das wirkmächtige liberalistische Ideal des autonomen Individuums gilt weithin als Fundament der emanzipatorischen Leitbilder der Aufklärung, an denen auch der kultur-ökologische Diskurs in verschiedener Hinsicht festhält. Insbesondere in Verbindung mit einem einseitig wachstumsorientierten Wirtschaftsmodell erscheint es zugleich jedoch als Mitursache der ökologischen Krise, die auch die postulierten Rechte und Freiheiten des Individuums – von Eigentum über freie Entfaltung bis zur Unversehrtheit – untergräbt. »If there is a face of climate change,

---

72 Vgl. Richard Kerridge: Ecocriticism, in: The Year's Work in Critical and Cultural Theory 21, 2013, 345–374, hier 353.

it's the fender of the American SUV«,[73] entgegnet in Shonni Enelows Stück *Carla and Lewis* (2011) eine Künstlerin aus Bangladesch brüskiert, als eine wohlmeinende New Yorker Kuratorin sie mit der Fahndung nach einem authentischen ›Gesicht des Klimawandels‹ beauftragt. Das Konsumverhalten der reichen nördlichen Hemisphäre, an dessen globalen Konsequenzen hier Kritik geübt wird, findet seine Legitimierung in einer liberalistischen Weltdeutung, die sich, zumindest theoretisch, als universal begreift und prinzipiell allen Menschen die gleichen Rechte zuspricht. In ihrer marktökonomischen Ausgestaltung sieht die liberalistische Logik folglich die Ausbreitung des Lebensstandards und der Privilegien des Nordens auch in die sogenannten Entwicklungsländer vor. Gerade angesichts des ungeheuerlichen globalen Wohlstandsgefälles entfaltet diese Verheißung eine starke Sogwirkung, die auch Enelows Stück vor Augen führt. Doch wie die Kritik der Künstlerin aus Bangladesch bereits andeutet, würde die universale Verwirklichung so verstandener liberalistischer Ideale – sofern auf einem endlichen Planeten überhaupt möglich – die globale Umweltkrise, und damit auch die aus ihr erneut resultierenden existenziellen Missstände, noch um ein Vielfaches verschärfen. Die liberalistische, primär an den Interessen des jeweils Einzelnen orientierte Denktradition erweist sich so als Sackgasse, deren tief verankerte Wahrnehmungs- und Deutungsmuster dennoch schwer zu durchbrechen sind.

Kerridge konstatiert zu Recht, dass diese nach wie vor häufig auch die künstlerische und literarische Imagination strukturieren.[74] Die ästhetische und philosophische Exploration eines veränderten, zukunftsfähigen Verständnisses von Individualität und Interdependenz, das dem produktiven Spannungsverhältnis von Selbstentfaltung und Achtung vor dem Anderen, Aktion und Interaktion, Gestaltungsräumen und Widerfahrnissen in angemessener Weise Rechnung trägt, stellt eine große und komplexe Aufgabe dar. Doch Anfänge sind gemacht. Innovative Beiträge zur Auseinandersetzung mit diesem Problemfeld kommen nicht zuletzt von Drama und Theater. So erproben (post-)dramatische Texte bereits seit geraumer Zeit Alternativen zu traditionellen, problematisch gewordenen Handlungs- und Figurenentwürfen und setzen damit auch kulturökologisch relevante Impulse.

Clements' *Burning Vision* ist ein Beispiel eines Dramas, dessen auf ökologischen Prinzipien basierendes Grundkonzept sich im Einsatz von Gestaltungsmitteln wie etwa der Absage an die Etablierung einer zentralen, exponierten Einzelfigur niederschlägt, die ähnlich auch in klassische postdramatische Theatertexte Eingang gefunden haben. Stärker als jene hält Clements aber zugleich

73 Shonni Enelow: Carla and Lewis, in: Una Chaudhuri/Shonni Enelow: Research Theatre, Climate Change, and the Ecocide Project. A Casebook. New York 2014, 87–116, hier 110.
74 Vgl. Kerridge: Ecocriticism, 354–355. Siehe auch die Einleitung zum vorliegenden Band.

an der erzählenden Funktion ihres Texts fest, die im Zuge der ›ökologischen Wende‹ wieder an Bedeutung gewonnen hat:

> [S]tories can open new possibilities of being, can crack the eggshells of long-standing ideological paradigms, and can also devastate and kill both land and people. Stories layer upon one another like geological strata; [...] they are ecological forces as potentially powerful as hurricanes.[75]

Auch Enelow verbindet in *Carla and Lewis* experimentelle postdramatische Strategien mit dem Erzählen einer (stark fragmentierten) Geschichte. Anders als Clements geht sie dabei nicht von einem holistischen Ansatz der Einheit in der Vielfalt aus, sondern nimmt die radikal pluralen und anti-individualistischen deleuzeschen Denkfiguren des Rhizoms, der Assemblage und des ›Becoming‹ zum Ausgangspunkt. Ihre Titelfiguren verkörpern als geradezu symbiotisch verkoppeltes, subversiv-ungebärdiges Doppelgespann einen markanten Gegenentwurf zum Ideal des planvoll handelnden, selbstidentischen Individuums. Das Drama inszeniert den permanenten physischen, geistigen und emotionalen Austausch mit der belebten und unbelebten Umgebung als Katalysator chaotisch-belebender kreativer Energien, die gleichwohl zuweilen bedrohlich wirken und Risiken bergen können. Mit Blick auf die Aufführungssituation bezieht das Stück die Zuschauer – und mit ihnen in anderer Form die Leser – in sein Wirkungsgefüge ein und konfrontiert sie mit den materiellen und immateriellen Austauschprozessen, an denen auch sie selbst zu jedem je spezifischen Zeitpunkt beteiligt sind (»Did you take a train to this theatre? [...] Did you walk to this theatre? [...] How was gravity? Were you able to remove enough oxygen from the air? [...] Did your breathing make you lose too much water?«[76]). Wenn das Stück auch stellenweise einen bemühten Eindruck machen mag, führt *Carla and Lewis* das ökologische Potenzial von Drama und Theater doch eindrücklich vor Augen. Worin dieses besteht, lassen einige Zeilen Artauds erahnen:

> The theater is a passionate overflowing
> a frightful transfer of forces
> from body
> to body.[77]

---

75  Theresa J. May: Beyond Bambi. Toward a Dangerous Ecocriticism in Theatre Studies, in: Theatre Topics 17.2, 2007, 95–110, hier 95.

76  Enelow: Carla and Lewis, 89.

77  Antonin Artaud, zit. in: Jacques Derrida: Writing and Difference. Übs. v. Alan Bass. London 2001, 315.

# Literaturverzeichnis

Albee, Edward: The Goat, or Who Is Sylvia? Notes Toward a Definition of Tragedy. Woodstock/New York 2003.

Artaud, Antonin: Das Theater und sein Double. Das Théâtre de Séraphin. Übs. v. Gerd Henniger. Frankfurt a. M. 1981.

Bartl, Andrea: Natur, Kultur, Kreativität. Zu Bertolt Brechts Baal, in: Zapf, Hubert (Hrsg.): Kulturökologie und Literatur. Beiträge zu einem transdisziplinären Paradigma der Literaturwissenschaft. Heidelberg 2008, 209–228.

Bateson, Gregory: Mind and Nature. A Necessary Unity. New York 1979.

– Steps to an Ecology of Mind. Chicago/London 2000.

Böhme, Gernot: Atmosphäre. Essays zur neuen Ästhetik. Frankfurt a. M. 1995.

– Ich-Selbst. Über die Formation des Subjekts. Paderborn 2012.

Caupert, Christina: Umweltthematik in Drama und Theater, in: Dürbeck, Gabriele/Stobbe, Urte (Hrsg.): Ecocriticism. Eine Einführung. Köln u. a. 2015, 219–232.

Clements, Marie: Burning Vision. Vancouver 2003.

Code, Lorraine: Ecological Thinking. The Politics of Epistemic Location. Oxford/New York 2006.

Derrida, Jacques: Writing and Difference. Übs. v. Alan Bass. London 2001.

Enelow, Shonni: Carla and Lewis, in: Chaudhuri, Una/Enelow, Shonni: Research Theatre, Climate Change, and the Ecocide Project. A Casebook. New York 2014, 87–116.

Estok, Simon C.: Painful Material Realities, Tragedy, Ecophobia, in: Iovino, Serenella/Oppermann, Serpil (Hrsg.): Material Ecocriticism. Bloomington 2014, 130–140.

Fischer-Lichte, Erika: Ästhetik des Performativen. Frankfurt a. M. [9]2014.

– Theaterwissenschaft. Eine Einführung in die Grundlagen des Faches. Tübingen/Basel 2010.

Garrard, Greg (Hrsg.): The Oxford Handbook of Ecocriticism. Oxford/New York 2014.

Glotfelty, Cheryll: Introduction. Literary Studies in an Age of Environmental Crisis, in: Dies./Fromm, Harold (Hrsg.): The Ecocriticism Reader. Landmarks in Literary Ecology. Athens/London 1996, xv–xxxvii.

Grewe-Volpp, Christa: How to Speak the Unspeakable. The Aesthetics of the Voice of Nature, in: Anglia 124.1, 2006, 122–143.

Iser, Wolfgang: Der Akt des Lesens. Theorie ästhetischer Wirkung. München [4]1994.

Keim, Katharina: Theatralität in den späten Dramen Heiner Müllers. Tübingen 1997.

Kerridge, Richard: Ecocriticism, in: The Year's Work in Critical and Cultural Theory 21, 2013, 345–374.

Lehmann, Hans-Thies: Postdramatisches Theater. Frankfurt a. M. [4]2008.

Marx, Peter W.: Dramentheorie, in: Ders. (Hrsg.): Handbuch Drama. Theorie, Analyse, Geschichte. Stuttgart/Weimar 2012, 1–11.

– Vorwort, in: Ders. (Hrsg.): Handbuch Drama. Theorie, Analyse, Geschichte. Stuttgart/Weimar 2012, VII–VIII.

May, Theresa J.: Beyond Bambi. Toward a Dangerous Ecocriticism in Theatre Studies, in: Theatre Topics 17,2, 2007, 95–110.

– Ecocriticism in Theatre and Performance Studies. A Working Critical Bibliography (1991–2014), in: Bial, Henry/Magelssen, Scott (Hrsg.): theater-historiography.org. [24.4.2017].

Meeker, Joseph: The Comedy of Survival. Studies in Literary Ecology. New York 1974.

Nietzsche, Friedrich: Ecce Homo, in: Colli, Giorgio/Montinari, Mazzino (Hrsg.): Sämtliche Werke. Kritische Studienausgabe in 15 Bänden. Bd. 6. Berlin u.a [3]1999, 255–374.

– Götzen-Dämmerung, in: Colli, Giorgio/Montinari, Mazzino (Hrsg.): Sämtliche Werke. Kritische Studienausgabe in 15 Bänden. Bd. 6. Berlin u. a. [3]1999, 55–162.

O'Neill, Eugene: The Hairy Ape, in: Ders.: Nine Plays. Eingel. v. Joseph Wood Krutch. New York 1959, 37–88.

Pfister, Manfred: Das Drama. Theorie und Analyse. München [11]2001.

Poschmann, Gerda: Der nicht mehr dramatische Theatertext. Aktuelle Bühnenstücke und ihre dramaturgische Analyse. Tübingen 1997.

Schiller, Friedrich: Über die ästhetische Erziehung des Menschen in einer Reihe von Briefen, in: Ders.: Sämtliche Werke. Bd. 8: Philosophische Schriften. Bearb. v. Barthold Pelzer. Berlin 2005, 305–408.

– Über die tragische Kunst, in: Ders.: Sämtliche Werke. Bd. 8: Philosophische Schriften. Bearb. v. Barthold Pelzer. Berlin 2005, 143–164.

Schlegel, August Wilhelm: Ueber den dramatischen Dialog, in: Ders.: Kritische Schriften. Bd. 1. Berlin 1828, 365–379.

Smith, Bradon: Staging Climate Change. The Last Ten Years, in: www.tippingpoint.org.uk. [24.4.2017], 1–11.

Waters, Steve: The Contingency Plan. On the Beach & Resilience. London 2009.

Zapf, Hubert: Kulturökologie und Literatur. Ein transdisziplinäres Paradigma der Literaturwissenschaft, in: Ders. (Hrsg.): Kulturökologie und Literatur. Beiträge zu einem transdisziplinären Paradigma der Literaturwissenschaft. Heidelberg 2008, 15–44.

– Literatur als kulturelle Ökologie. Zur kulturellen Funktion imaginativer Texte an Beispielen des amerikanischen Romans. Tübingen 2002.

Urte Stobbe

# Naturvorstellungen im (Kunst-)Märchen

## Zur Modifikation, Adaption und Transformation
## zentraler Mytheme von der Romantik bis ins 21. Jahrhundert

Im Märchen spielt Natur aus mindestens drei Gründen eine herausragende
Rolle: Das Setting ist häufig in Naturräumen angesiedelt, das genretypische
›Wunderbare‹ hat dort seinen Ort und nicht selten zeichnen sich die Protagonisten durch eine besondere Nähe zur Natur aus. Damit bieten Märchen einen reichen Fundus an Motiven, Figuren, Handlungssequenzen und Erzählweisen, die
zentrale Deutungsmuster für die Situierung des Menschen in der (naturräum-
lichen) Welt bereithalten. In loser Anlehnung an Roland Barthes' »Mythen des
Alltags« sollen diese im Folgenden als Märchenmytheme bezeichnet werden.
Sie treten als kleinste konstitutive Einheiten in unterschiedlichen Varianten
und Kontexten auf, zeichnen sich in der Regel durch einen hohen Wiedererkennungswert aus und sind anschlussfähig für moralisch-didaktische Bedeutungszuschreibungen hinsichtlich des Mensch-Natur-Verhältnisses. Seit Ende des 18./
Anfang des 19. Jahrhunderts haben sie verschiedene, teils gegenläufige, teils in
Schüben verlaufende Adaptions-, Modifikations- und Transformationsprozesse
durchlaufen, die ohne Impulse und Rückimporte aus anderen Ländern sowie
die Popularisierungen im Medium des Films nicht denkbar sind. Zentrale Stationen dieser Entwicklung werden im Folgenden skizziert.

## 1. Herausbildung und Modifikation zentraler
## Märchenmytheme in der Romantik

Märchen kommt eine zentrale Bedeutung in der Menschheitsgeschichte zu, sie
lassen sich in allen Kulturen der Welt nachweisen. Die zunächst kurzen, einfach strukturierten Geschichten zeigen ubiquitäre Strukturen und Abläufe,
die sich teils der Fabel, teils der Legende und Sage annähern. Die erzählte Welt
des Märchens ist nach klaren Dichotomien geordnet: Gut steht gegen Böse, die
Charaktere sind eindimensional gestaltet und folgen, wie auch der Handlungs-
ablauf, stereotypen Mustern. Der Verzicht auf eine präzise zeitliche und örtliche

Fixierung gibt Märchen ein überzeitliches Gepräge. Märchen, abgeleitet als Diminutivform vom mittelhochdeutschen *maere* (Nachricht, Kunde), wurden mündlich wie schriftlich tradiert und erfuhren zahlreiche Adaptionen und Modifikationen über die Sprachgrenzen hinweg.[1] Noch bevor im deutschsprachigen Bereich Grimms *Kinder- und Hausmärchen* (KHM) in der *Kleinen Ausgabe* (1825) ihren Siegeszug antraten und über Ludwig Bechsteins *Deutsches Märchenbuch* (1845) bzw. *Neues deutsches Märchenbuch* (1856) weiter popularisiert wurden, waren im deutschsprachigen Bereich nicht nur die Feengeschichten aus Frankreich wie beispielsweise das 41-bändige *Le Cabinet des Fées ou Collection des Contes des Fées, et autres Contes Merveilleux* (1785–89) oder Charles Perraults *Contes de ma Mère l'Oye* (1697), sondern auch die *Märchen aus Tausend und einer Nacht* in der französischen (1704–08) und deutschen Übertragung (1823–24) präsent. Heutzutage sind vor allem Grimms Märchen durch populärmediale Adaptionen in aller Welt verbreitet und zählen seit 2005 zum UNESCO Weltdokumentenerbe. Seit 1975 sind Märchen, Sagen und Legenden auch touristisch über die »Deutsche Märchenstraße« erschlossen. Bezeichnenderweise war *Snow White and the Seven Dwarfs* (1937) der erste Walt Disney-Zeichentrickfilm, und noch in *Malificent – die dunkle Fee* (2014) finden sich zahlreiche intertextuelle bzw. interikonische Verweise auf Perraults *La Belle au Bois Dormant* (deutsch: *Dornröschen*).

Zentral für viele Märchen ist, dass sich die Geschichten, in denen Tiere und Pflanzen sprechen oder Wesen mit übernatürlichen Fähigkeiten ausgestattet sind, parabelhaft lesen lassen: Altruismus, das heißt selbstlose Hilfsbereitschaft gegenüber Tieren und Wesen der Natur, wird belohnt bzw. es zeigen sich nur demjenigen die hilfreichen Seiten der Natur, der zuvor auch die Bedürfnisse anderer Lebewesen berücksichtigt hat. Dies zeigt sich mustergültig in *Die Bienenkönigin* (KHM 62), aber auch in *Frau Holle* (KHM 24). In beiden Märchen wird der- bzw. diejenige dafür bestraft, der/die sich nicht um andere Lebewesen kümmert und nur gierig an Gold interessiert ist, während der/die andere, der/die Hilfsbedürftige unterstützt und dabei nicht nach dem eigenen Nutzen fragt, für das selbstlose Verhalten reich belohnt wird.

Im deutschsprachigen Bereich erfahren Märchen insbesondere in der Zeit der Romantik aus drei Gründen eine kulturelle Aufwertung. Zum einen werden mit dem Sammeln alter Sagen, Lieder und Märchen häufig (kultur-)poli-

---

1 Kurt Wagner: Märchen, in: Klaus Kanzog/Achim Masser (Hrsg.): Reallexikon der deutschen Literaturgeschichte. Bd. 2. Berlin/New York ²2001, 262–271. Den transnationalen Aspekt betonen auch Max Lüthi: Das europäische Volksmärchen. Form und Wesen [1947]. Tübingen/Basel ¹¹2005; Stefan Neuhaus: Märchen. Tübingen/Basel 2005, 45–69; Winfried Freund: Märchen. Köln 2005, 20–45. Ähnliches gilt entsprechend auch für das Kunstmärchen. Vgl. z.B. Hans-Heino Ewers: Nachwort. Das Kunstmärchen – eine moderne Erzählgattung, in: Ders. (Hrsg.): Deutsche Kunstmärchen von Wieland bis Hofmannsthal. Stuttgart 1987, 647–680.

tische Ziele verfolgt.[2] Angeregt durch die Liederanthologie *Des Knaben Wunderhorn* (1806–08) von Achim von Arnim und Clemens Brentano, sehen auch Jacob und Wilhelm Grimm ihre Aufgabe darin, textuelle Kulturgüter vor dem Vergessen zu retten. Mit dem Bild eines abgemähten Feldes, von dem nur noch einzelne Ähren übrig geblieben sind, warnen sie in der Vorrede der *Kinder- und Hausmärchen* davor, Märchen als Quelle alter Mythen endgültig zu verlieren. Die letzten Relikte einer natürlich entstandenen ›Volkspoesie‹ sollten vor dem Verlust und der Überblendung mit ›fremden‹ Stoffen bewahrt werden.[3] Jacob und Wilhelm Grimm geben zwar vor, nur vorgefundene Stoffe sprachlich überarbeitet zu haben, doch haben sie diesen durch verschiedene Veränderungen eine spezifisch bürgerliche Moral unterlegt;[4] zudem basiert ein Teil der vermeintlich authentischen Funde lediglich auf oral vermittelten Feengeschichten aus Frankreich.

Zum anderen halten Märchen ein Gegenbild zur rationalen Betrachtung von Natur bereit. Schon seit dem Mittelalter wurden Wälder im großen Umfang für den Schiff- und Hausbau wie auch den Tagebau abgeholzt, Berge auf kostbare Erze und Gesteine hin untersucht. Technische Naturbeherrschung und protowissenschaftliche Kenntnisse boten jedoch keinen Schutz vor den Fährnissen der Natur wie beispielsweise witterungsbedingten Missernten. Was vorher als göttliche Kraft oder als Vorsehung gedeutet wurde, wird im Märchen zunehmend dem Wirken einer menschlich gedachten oder personifizierten Natur zugesprochen. Vorbereitet durch Goethes *Das Märchen* (1795) und seine Balladen (v. a. *Der Erlkönig*, 1782) sowie die Adaptionen französischer Feengeschichten bei Christoph Martin Wieland (z. B. in *Timander und Melissa*, 1786) gewinnt die Vorstellung einer beseelten Natur an neuer Attraktivität.[5] In Anlehnung an Jakob Böhmes Naturmystik wird die gesamte Natur, »einschließlich des anorganischen Bereichs«, als ein Organismus verstanden, der »sich in einer Stufenfolge von minder organisierten zu höher organisierten Formen erhebt« und bei dem alles von einem Geist beseelt gedacht wird, »der aus Stadien des Ungewußten

---

2 Vgl. dazu beispielsweise Hermann Bausinger: Formen der Volkspoesie. 2., verb. u. erg. Aufl. Berlin 1980, 11–19; Günter Häntzschel: Sammel(l)ei(denschaft). Literarisches Sammeln im 19. Jahrhundert. Würzburg 2014, 43–52, 72–76.

3 Vgl. Vorrede, in: Jacob Grimm/Wilhelm Grimm: Kinder- und Hausmärchen. Ganz große Ausgabe. Bd. 1. Hrsg. u. mit einem Vorwort v. Axel Winzer. Leipzig 2012, 11–25, hier 11 f. Ein ähnlich patriotischer Impetus findet sich auch bei Ludwig Bechstein.

4 Vgl. Heinz Rölleke: Die Märchen der Brüder Grimm. Eine Einführung. Aktual. u. korr. Neudruck der 3., durchges. Aufl. Stuttgart 2004. In der Märchenforschung wurden deshalb auch die Bezeichnungen ›Gattung Grimm‹ (André Jolles: Einfache Formen. Legende, Sage, Mythe, Rätsel, Spruch, Kasus, Memorabile, Märchen, Witz. Darmstadt ²1958, 219) oder ›Buchmärchen‹ (Lüthi: Das europäische Volksmärchen, 99 f.) vorgeschlagen.

5 Vgl. allgemein Monika Schmitz-Emans: Feen – Nixen – Elementargeister, in: Hans Richard Brittnacher/Markus May (Hrsg.): Phantastik. Ein interdisziplinäres Handbuch. Stuttgart/Weimar 2013, 355–362.

zum Bewußtsein seiner selbst im Menschen emporwächst«.[6] Und schließlich verbindet die romantische Naturphilosophie mit Märchen die Vorstellung, dass sie die höchste Form der Poesie darstellen und in ihnen eine höhere Wahrheit aufgehoben sei.[7] Dichtung oder Kunst wird von Autoren wie Novalis und Friedrich Schlegel als der Ort betrachtet, an dem sich die Harmonie aller Wesen als tiefstes Geheimnis der Natur offenbart.[8] Zugang zu diesem Wissen zu erhalten, stellt eine Auszeichnung dar, die nur Wenigen – nach romantischer Programmatik in der Regel besonderen Kindern – zuteilwird. Dazu zwei Beispiele:

Ludwig Tiecks *Die Elfen* (1811) handelt von der zunächst achtjährigen Marie, die bei einem Wettlauf als Abkürzung den Weg durch den sogenannten Tannengrund wählt – eine scheinbar dunkle Gegend, die von allen Dorfbewohnern gemieden wird. Der unvoreingenommenen Marie gegenüber öffnet sich dort eine zauberhafte Welt der Elfen, von denen ihr eine, Zerina, spielend die Welt der vier Elemente (Erde, Wasser, Luft und Feuer) zeigt und ihr deren positive Auswirkungen auf die Fruchtbarkeit der umliegenden Gegend erklärt. Marie ist den Elfen schon zuvor positiv aufgefallen, sodass nur ihr Einblick in dieses ›andere‹ Wissen über die Zusammenhänge in der Welt gewährt wird. Als Marie nach einem Tag und einer Nacht, in der Realität jedoch sieben Jahre später, die Elfen wieder verlassen muss, wird ihr ein Schweigegebot auferlegt. Begründet wird das Schweigegebot nicht, aber es ist davon auszugehen, dass die Naturwesen um die Neigung des Menschen wissen, dieses Wissen aus niederen Beweggründen (z. B. Gier) gegen die Natur zu verwenden, sodass es nicht in die falschen Hände geraten darf. Als Marie nach ihrer Rückkehr alsbald heiratet und eine Tochter mit dem sprechenden Namen Elfriede bekommt, wird diese regelmäßig von Zerina zum Spielen aufgesucht. Marie hält sich jahrelang an das Schweigegelübde, doch als ihr Mann Andres einmal erneut schlecht über die Bewohner des Tannengrundes spricht, entfährt ihr ungehalten: »[S]chweig, denn sie sind deine und unser aller Wohltäter!«[9] Sie erzählt ihm von ihrem damaligen Besuch in der Elfenwelt und zeigt ihm Zerina, die den Verrat erbost bemerkt und sich zornig von Elfriede mit den Worten verabschiedet: »sie [die Erwachsenen] werden niemals klug, so verständig sie sich auch dünken.«[10] Damit nimmt das Unheil

---

6 Lothar Pikulik: Frühromantik. Epoche – Werke – Wirkung. München 1992, 243.

7 Vgl. Volker Klotz: Das europäische Kunstmärchen. Fünfundzwanzig Kapitel seiner Geschichte von der Renaissance bis zur Moderne. Stuttgart 1985, 138; Pikulik: Frühromantik, 230 f.; vgl. auch Helmut Lobeck: Kunstmärchen, in: Klaus Kanzog/Achim Masser (Hrsg.): Reallexikon der deutschen Literaturgeschichte. Bd. 1. Berlin/New York [2]2001, 909–912, hier 910.

8 Vgl. Otto Friedrich Bollnow: Der »goldene Topf« und die Naturphilosophie der Romantik, in: Ders.: Unruhe und Geborgenheit im Weltbild neuerer Dichter. Acht Essais. Stuttgart 1953, 207–226.

9 Ludwig Tieck: Die Elfen, in: Ders.: Schriften in zwölf Bänden. Bd. 6: Phantasus. Hrsg. v. Manfred Frank. Frankfurt a. M. 1985, 306–327, hier 324.

10 Ebd., 325.

seinen Lauf: Ähnlich wie bei strafenden Feen üblich[11] verlassen die Elfen noch in der Nacht die Gegend, die binnen kurzer Zeit verödet; und bald darauf sterben nacheinander erst Elfriede und dann ihre Mutter Marie.[12]

In E. T. A. Hoffmanns *Das fremde Kind* (1816/17) wachsen die Kinder Felix und Christlieb zunächst frei und naturnah auf dem Landgut der Familie von Brakel auf Brakelheim auf, bis sie Besuch von Verwandten aus der Residenz bekommen. Da sie an Bildung und Benehmen deutlich hinter ihrem städtischen Besuch zurückzustehen scheinen, wird den Kindern ein Hoflehrer empfohlen, der ihnen ihr gutes Verhältnis zur Natur und einer Fee, dem titelgebenden fremden Kind, das ihnen die Zauberwelt der Natur aufschließt, zerstören will. Dieser Magister Tinte kann die Stimmen der Natur nicht hören und mag auch keine Blumen: »[D]as fehlte noch, daß Wälder und Bäche dreist genug wären sich in vernünftige Gespräche zu mischen, [...] Blumen lieb ich wohl wenn sie fein in Töpfe gesteckt sind und in der Stube stehen«.[13] – sprechender Ausdruck seiner Auffassung, dass Natur ebenso wie Kinder gebändigt und zivilisiert gehören. Ohne Sinn für deren Schönheit und Zauber, versucht er Natur durch Züchtigung und/oder Tötung zu beherrschen, zu verformen oder zu verdrängen, bis er schließlich vom Vater des Hauses verwiesen wird, nachdem dieser sich wehmütig an seine eigene Kindheit und den Kontakt zum fremden Kind erinnert hat. Der Vater erkennt es als einen Fehler, den Glauben an das fremde Kind im Erwachsenenalter verloren zu haben, und wünscht seinen Kindern noch auf dem Sterbebett, es ihm nicht gleichzutun. Darin zeigt sich zum einen die für die Romantik typische Suche nach der sogenannten zweiten Kindheit sowie das Wissen um die große Nähe des Kindes zur Natur; zugleich zeigt sich hier noch eine enge Verbindung zwischen Mann und Natur, die sich auf lange Sicht indes längst nicht in dem Maße durchzusetzen vermochte wie die Verbindung zwischen Frau und Natur.

Schon den Grimms fiel die Differenz zwischen dieser Art von Texten und den von ihnen gesammelten und überarbeiteten Märchen auf:

Aber es ist doch ein gewisser Unterschied zwischen jenem halb unbewußten, dem stillen Forttreiben der Pflanzen ähnlichen, und von der unmittelbaren Lebensquelle getränkten Entfalten, und einer absichtlichen, alles nach Willkür zusammenknüp-

---

11 Vgl. Friedrich Wolfzettel: Fee, Feenland, in: Rolf Wilhelm Brednich (Hrsg.): Enzyklopädie des Märchens. Handwörterbuch zur historischen und vergleichenden Erzählforschung. Begr. v. Kurt Ranke. Bd. 4. Berlin 1984, 945–964, hier 947–951. Es kommt in Tiecks Text offenkundig zu einer Überblendung der Elfen mit Eigenschaften der Feen.

12 Zu Tiecks *Die Elfen* und E. T. A. Hoffmanns *Das fremde Kind* erscheint 2018 ein Artikel der Verfasserin (zur Auseinandersetzung mit der bisherigen Forschungsliteratur zu beiden Texte siehe dort).

13 E. T. A. Hoffmann: Das fremde Kind, in: Ders.: Sämtliche Werke in sechs Bänden. Bd. 4: Die Serapionsbrüder. Hrsg. v. Wulf Segebrecht unter Mitarb. v. Ursula Segebrecht. Frankfurt a. M. 2001, 570–616, hier 603.

fenden und auch wohl leimenden Umänderung; diese aber ist es, welche wir nicht billigen können.[14]

Daraus wurde in der germanistischen Literaturwissenschaft Anfang des 20. Jahrhunderts die wenig glückliche Entgegensetzung zwischen ›Kunstmärchen‹ und ›Volksmärchen‹, wobei sich die Bezeichnung ›Kunstmärchen‹ nicht nur daraus erklärt, dass diese Märchen von einem Autor ›künstlich‹ erfunden wurden, sondern dass diese Texte auch Fragen der Kunst, d. h. auch der Poesie und Phantasie, reflektieren.[15] Bis heute wird mehrheitlich an der Vorstellung von zwei Genres festgehalten,[16] zumal die Erzählstruktur des Kunstmärchens häufig komplex und mehrsträngig angelegt ist, die Figuren einer psychologisch motivierten Handlungslogik folgen und die Geschichten ambivalent enden.[17] Da viele Kunstmärchen einen Wendepunkt aufweisen, werden sie bisweilen auch als ›Märchennovellen‹ bezeichnet.[18] Da es hinsichtlich der Figurengestaltung häufig Wesen mit übernatürlichen Kräften gibt und sich die erzählte Welt in zwei verschiedene Welten oder Sphären aufteilen kann, lässt sich innerhalb der germanistischen Literaturwissenschaft auch eine Zuordnung zur phantastischen Literatur beobachten.[19]

Insbesondere romantische Kunstmärchen sind als Texte aufzufassen, die gezielt bestimmte Genrekonventionen – zu denken ist an die typische Zahlensymbolik und das Wunderbare auf der Ebene der Figurengestaltung und Handlung – aufgreifen, diese jedoch mit bislang gattungs-atypischen Vorstellungen und Schreibweisen unterlaufen. Erzählformen der Moderne werden vorweggenommen, die sich deutlich von derjenigen in Texten abheben, die gemeinhin als Märchen bezeichnet und vom Großteil der nicht fachwissenschaftlich ausgebildeten Rezipienten als solche rezipiert werden. Gemeint ist ein Unsicher-Werden der Wahrnehmung, das sich prototypisch in Ludwig Tiecks *Der blonde*

---

14 Grimm/Grimm: Vorrede, 20.

15 Heinz Rölleke: Kunstmärchen, in: Dieter Lamping (Hrsg.): Handbuch der literarischen Gattungen. Stuttgart 2009, 447–451, hier 447.

16 Das *Reallexikon der deutschen Literaturgeschichte* (3. Aufl. 2001) und das *Metzler Lexikon Literatur* (3. völlig neu bearb. Aufl. 2007) halten an der Unterscheidung zwischen Märchen und Kunstmärchen fest, wie auch die Überblicksdarstellungen und Studien von Klotz: Das europäische Kunstmärchen; Mathias Mayer/Jens Tismar: Kunstmärchen. Stuttgart/Weimar ⁴2003; Paul-Wolfgang Wührl: Das deutsche Kunstmärchen. Geschichte, Botschaft und Erzählstrukturen. 3. erg. Aufl. Baltmannsweiler 2012.

17 Neuhaus: Märchen, 7–9. Differenziert zur Unterscheidung siehe Ewers: Nachwort, 647–680.

18 Vgl. z. B. Dieter Arendt: Märchen-Novellen oder das Ende der romantischen Märchen-Träume. Tübingen 2012.

19 Vgl. z. B. Neuhaus: Märchen, 16. Auf dieser Zuordnung basiert auch der Artikel von Monika Schmitz-Emans: Märchen – Sage – Legende, in: Hans Richard Brittnacher/Markus May (Hrsg.): Phantastik. Ein interdisziplinäres Handbuch. Stuttgart/Weimar 2013, 300–305, hier 301. Der Artikel geht auch auf Kunstmärchen ein.

*Eckbert* (1797) oder E. T. A. Hoffmanns *Der goldne Topf* (1814) zeigt. Die Figuren nehmen nicht mehr, wie im einfachen Märchen, als gegeben hin, dass ein Lebewesen seine Gestalt ändern und über besondere Fähigkeiten verfügen kann und dass die Gesetze von Ort und Zeit aufgehoben sind. Stattdessen sehen sich die Protagonisten und mit ihnen die Leser damit konfrontiert, dass sich die Wirklichkeit und das Wunderbare geradezu programmatisch vermischen. Die Erzählinstanz klärt nicht mehr verlässlich darüber auf, was sich in der Erzählwirklichkeit oder lediglich in der Phantasie der jeweiligen Figur abspielt. Unter der Bezeichnung »Märchen«, so der Untertitel vom *Blonden Eckbert*, hat sich also in der Romantik eine neue Form des Schreibens formiert, die erst rückwirkend als Kunstmärchen bezeichnet worden ist.

Diese neuen Schreib- und Erzählweisen des romantischen Kunstmärchens unterlegen die Handlung in hochartifizieller Form mit einer zweiten Bedeutungsebene, die erst im Rezeptionsprozess erschlossen werden muss. Es ist ästhetisches Programm, den Leser zum Mit-Bedeutungsgeber zu machen, indem er die Leerstellen mit Sinn füllen und Verbindungen zu seiner eigenen Lebensrealität herstellen muss.[20] Während viele, wenn auch nicht alle einfachen Märchen den Menschen zu einem altruistischen Umgang mit anderen Lebewesen anhalten, regen insbesondere romantische Kunstmärchen zur kritischen Reflexion des Mensch-Natur-Verhältnisses an. Mytheme wie eine von Elementargeistern belebt gedachte Natur, die Abhängigkeit der Fruchtbarkeit der Erde von deren Wohlwollen wie auch die Vorstellung einer besonderen Nähe des Kindes bzw. der Frau zur Natur begegnen teilweise auch noch, wenn auch in abgeschwächter Form, in späteren Kunstmärchen wie zum Bespiel Theodor Storms *Die Regentrude* (1863). Auch hier wird erneut der Realität ein Reich der Naturwesen entgegenstellt, deren Bewohner im Verborgenen für das dauerhafte Wohlergehen der Menschen sorgen. Anders als in Texten von Tieck und E. T. A. Hoffmann werden die menschlich gedachten Naturwesen hier jedoch nicht verraten, bekämpft oder vertrieben, sondern schlichtweg vergessen, wodurch sie ihre Kraft verlieren. Erst wenn sich ihrer in der Not erinnert wird und sie wieder zum Leben erweckt werden – in diesem Fall die Regentrude –, können sie den segensreichen Regen über das verdorrte Land bringen.

---

20 Zu diesem Verfahren und seiner Herleitung aus Tiecks Beschäftigung mit dem Wunderbaren in Shakespeares Werk siehe Paul Gerhard Klussmann: Die Zweideutigkeit des Wirklichen in Ludwig Tiecks Märchennovellen, in: Zeitschrift für deutsche Philologie 83, 1964, 426–452, wiederabgedruckt in: Wulf Segebrecht (Hrsg.): Ludwig Tieck. Darmstadt 1976, 252–385, hier insbes. 354–362.

## 2. Adaptionen und Transformationen I:
## Märchenmytheme in Kinder- und Jugendliteratur,
## Fantasy und Science Fiction

Romantische Kunstmärchen insbesondere von Tieck und Hoffmann berei-
ten nicht nur Schreibweisen der sogenannten schwarzen Romantik mit Haupt-
vertretern wie Edgar Alan Poe vor, sondern einzelne Elemente werden auch in
populären Genres adaptiert, wie auch in Werken, die der Kinder- und Jugendliteratur zugeordnet werden.[21] So wird das Motiv der läuternd wirkenden Natur, wie es Oscar Wilde in Fortführung zentraler Motive aus der deutschen Romantik in *The Selfish Giant* (1888) entwirft, knapp 25 Jahre später in *The Secret
Garden* (1911) von Frances Hodgson Burnett aufgegriffen. Auch in der deutschsprachigen Kinder- und Jugendliteratur zeigen sich noch Nachklänge typisch
romantischer Märchenmytheme. So entscheidet sich in Max Kruses *Urmel zieht
zum Pol* (1972) das Expeditionsteam um Professor Habakuk Tibatong bewusst
dafür, den verborgenen Schatz im ewigen Eis zu belassen, um den Zauber nicht
zu zerstören und andere Menschen auf die Idee zu bringen, sich diese Rarität zu
eigen zu machen und zu zerstören.

Ebenso in der Tradition des romantischen Kunstmärchens steht *Der alte
Garten* (postum 1975) von Marie Luise Kaschnitz. Im Zentrum dieses 1940
entstandenen »Märchens«, so der Untertitel, stehen ein Junge und seine jüngere Schwester, die in einem großen Mietshaus in der Stadt wohnen. Ein altes Schloss, das einstmals an diesem Ort stand, musste der zunehmenden Verstädterung weichen, sodass nur noch der alte Schlossgarten übrig geblieben ist,
den ein hoher Zaun von der Terrasse des Mietshauses trennt. Wie in Tiecks *Die
Elfen* ranken sich düstere Gerüchte um diesen alten Garten und seinen Gärtner,
sodass alle Kinder diesen Ort fürchten. Doch den Jungen überkommt die Lust,
in dieses fremde Terrain wie ein Kolonialherr einzudringen (»Jetzt erobern wie
das feindliche Land«)[22] und die Tiere und Pflanzen seinem Willen zu unterwerfen: »Jetzt müssen wir die Tiere zähmen! […] Sie sind unsere Untertanen und
müssen alles tun, was wir von ihnen verlangen.«[23] Die Schwester begleitet und
unterstützt ihn dabei. Nachdem beide ihre Eroberungs- und Zerstörungslust in

---

21  Zur britischen Kinderliteratur siehe Lawrence Buell: Environmental Writing for Children. A Selected Reconnaissance of Heritages, Emphases, Horizons, in: Greg Garrard (Hrsg.):
The Oxford Handbook of Ecocriticism. Oxford/New York 2014, 408–422; zum deutschsprachigen Bereich siehe Berbeli Wanning/Anna Stemmann: Ökologie in der Kinder- und
Jugendliteratur, in: Gabriele Dürbeck/Urte Stobbe (Hrsg.): Ecocriticism. Eine Einführung.
Köln u. a. 2015, 258–270.
22  Marie Luise Kaschnitz: Der alte Garten. Ein Märchen [1940; postum 1975]. Frankfurt
a. M./Leipzig 1999, 21.
23  Ebd., 23.

dem alten Garten ausgelebt und zahlreiche wehrlose Pflanzen und Tiere verletzt, gequält und getötet haben, tritt der Rat aller Lebewesen und Naturgeister erbost unter einer Buche zusammen, um die Kinder für ihre Missetaten zu bestrafen. Den zunächst übermächtigen Wunsch, den Peinigern gleiches Leid zuzufügen, mildert die weise Buchenfrau aus Mitleid mit den Kindern dahingehend ab, dass sie bestimmte Aufgaben im Naturreich absolvieren müssen.

Auf dieser Reise gelangen die Kinder zur Erdmutter, zum Meervater, zur Sonne und in den Turm der Winde – und lernen die Wirkungen der vier Elemente kennen. Gleichzeitig durchlaufen sie die vier Jahres- und Tageszeiten mit den jeweils traditionell in Kunst und Literatur zugeordneten Stadien des Lebenszyklus: Geburt im morgendlichen Frühling, Kindheit und Jugend im Sommer zur Mittagszeit, Erwachsenenalter und Reife im Herbst zur Zeit der Dämmerung sowie Vergehen und Sterben im nächtlichen Winter. Den Kindern werden parabelhaft menschliche Verhaltensweisen anhand zweier Maulwürfe vor Augen geführt, die sich gegenseitig totbeißen statt friedlich zu koexistieren, während in der Pflanzenwelt die Zwiebel alle Kraft ihrem Kind, der Tulpe, gibt, damit es Schönheit in die Welt bringen kann. Mittels einer Gruppe von Spitzmäusen, die die Geschwister dazu zwingt, für sie zur Unterhaltung zu tanzen und Loblieder auf die Überlegenheit der Mäuse zu singen, wird die typische Verhaltensweise der Menschen kritisiert, andere Lebewesen zu unterdrücken und ihnen die eigene Sicht als dominante Lebensform aufzuzwingen. In Form eines Theaterstückes, das auf den antiken Persephone/Proserpina-Mythos rekurriert, wird das Kommen und Gehen der Vegetation veranschaulicht. Auf einer Bootsfahrt durch die Erdgrotten zeigt sich der Millionen Jahre andauernde Transformationsprozess auf der Erde, bei dem die Bedeutung der Menschheit relativiert wird. Als die Erdmutter im Traum beide Kinder den Lebenszyklus eines Fruchtbaums vom Samenkorn bis zur Verwesung durchlaufen lässt, erfährt ihre bisherige selbstbezogene, anthropozentrische Perspektive eine Revision. Auch die Lieder des Windes und der Wellen variieren, als Fortführung der typisch romantischen Vorstellung von Stimmen der Natur, immer wieder dasselbe Thema: Das Geben und Nehmen in der Natur, denn alles muss vergehen, um erhalten zu bleiben. Auf ihrer Reise werden die Kinder also mit einem an Harmonie, ewigen Kreisläufen und langen Zeiträumen orientierten Naturbild vertraut gemacht, sodass sie schließlich geläutert zurückkehren und vom Gärtner den Schlüssel zum Tor des Gartens ausgehändigt bekommen. Was ihnen zuvor als wild und problemlos zerstörbar erschien, haben sie als etwas erkannt, das sich in einem schutzwürdigen Gleichgewicht befindet – ein Mythem, das bis heute zumindest in einem Teil der Ökologiebewegung fortlebt.[24]

---

24 Modellhaft werden vier Typen von Menschen unterschieden, die gemäß ihrem Verständnis des Mensch-Natur-Verhältnisses unterschiedliche Vorstellungen vom Umgang mit Umweltproblemen bevorzugen. Die in Kaschnitz' Text transportierten Naturvorstellungen

Auch aktuelle Blockbuster-Filme wie *Avatar, Aufbruch nach Pandora* (2009) rekurrieren auf ganz ähnliche Märchenmytheme. Wie bei Kaschnitz eine besondere Buche den Ort des Ratschlusses bildet, gilt auch der Baum der Seelen in *Avatar* als Verbindungsort zum Geist der Ahnen, als Ort der Weisheit und der Kraft – eine Vorstellung, die sich bis auf die Weltesche Yggdrasil in der *Edda* zurückführen lässt. Ganz bewusst erschienen die DVD und die Blu-Ray des Films, der eine Mischung aus Fantasy und Science Fiction darstellt, in den USA auf Wunsch des Regisseurs James Cameron am 22. April 2010, dem Tag der Erde. Im Jahr 2017 soll in Florida ein Themenpark eröffnen, bei dem man unter dem nachgebauten Baum der Seelen wandeln kann. Offensichtlich besteht gerade in Zeiten sich abzeichnender schwerwiegender Veränderungen in der Biosphäre das Bedürfnis nach Geschichten und Orten, in denen als eskapistische Gegenwelt zur Realität eine enge Verbindung zwischen Mensch und Natur simuliert wird. Dazu passt auch ein neuerer Trend im Bereich des Science Fiction-Films. Auffällig häufig arbeiten diese Filme (z. B. *Oblivion*, 2013; *Interstellar*, 2014; *Planet der Affen. Revolution*, 2014 u. v. m.) mit dem Bild einer durch Kriege und Ressourcenplünderungen völlig zerstörten Erde, sodass für die Menschen neue Welten außerhalb des Planeten Erde gefunden werden müssen. Sie basieren letztlich auf der bereits im romantischen Kunstmärchen angelegten Vorstellung zweier Welten, deren Verbindung zu erkennen und die Grenzen zu überschreiten nur wenigen Auserwählten vorbehalten ist.

Im Fantasy-Genre wird vor allem das Märchenpersonal der Zwerge, Elfen und zaubermächtigen Wesen in seiner Funktion transformiert, sind sie es doch, die nun für den Fortbestand eines erdähnlichen Lebensraumes kämpfen müssen. Auch die Vorstellung von wehrhaften Pflanzen, zu denken ist an *Dornröschen*, findet hier eine neue Form. In J. R. R. Tolkiens monumentaler Trilogie *Lord of the Rings* (2001–2003) sind es die Ents, uralte Bäume, die schließlich doch anfangen, sich gegen die Zerstörung ihrer Umwelt zu wehren, und gemeinsam mit anderen Naturwesen, wie beispielsweise den Elben, gegen die sich ausbreitende dunkle Macht ankämpfen. Aufgerufen werden mit den Elben bestimmte Eigenschaften, die schon in den Elfen und Feen des (Kunst-)Märchens angelegt sind, hier aber transformiert werden: Weiterhin als Naturwesen konzipiert, treten sie nun verstärkt als geschickte, menschenscheue und im Notfall überaus wehrhafte Krieger in Erscheinung. Auch in der Phantasy-Filmtrilogie *The Hobbit* (2011–2013), die auf der Basis von J. R. R. Tolkiens *The Hobbit or There and Back Again* (1937) als Prequel an die vorangegangene Verfilmung von

---

stehen für den egalitär denkenden Menschen, der Natur als »fragil, flüchtig, kurzlebig und so hochgradig vernetzt« sieht, sodass Eingriffe in die Natur abgelehnt werden und eher das Vorsorgeprinzip bevorzugt wird, wonach die Lebensweise des Menschen stärker an die Gegebenheiten der Natur anzupassen sei. Vgl. Verena Winiwarter/Martin Knoll: Umweltgeschichte. Eine Einführung. Köln u. a. 2007, 121–126, hier 124.

*Lord of the Rings* anknüpft, finden sich erneut Rekurse auf typische Erzählweisen des romantischen Kunstmärchens, die stets zur Entschlüsselung einer zweiten Bedeutungsebene auffordern. So findet sich bei *The Hobbit* in den Zwergen erneut das Mythem vergegenwärtigt, dass die Aussicht auf Reichtum und der Besitz von Gold den Charakter verändern können und damit letztlich zerstörerisch wirken.

In ihrer Gesamtheit zeigen diese Beispiele, wie überaus populär Märchenmytheme bis heute geblieben sind. Erklärbar ist dies nur dadurch, dass sie auf jahrhundertealte mündliche Tradierungen rekurrieren, die eine tiefe Verwurzelung in menschlichen Vorstellungswelten haben (wie zum Beispiel die Vorstellung von den vier Elementen, menschenähnlichen Naturwesen und der Fragilität des Verhältnisses zwischen Mensch und Natur inklusive der Vorstellung einer strafenden und helfenden Natur je nach vorherigem Verhalten ihr gegenüber). Gerade weil sie über einen hohen Wiedererkennungswert verfügen, können Autoren und Filmemacher variabel und erfolgreich darauf zurückgreifen. Darüber hinaus ist in vielen Märchenmythemen offensichtlich die Sehnsucht nach einem ›guten‹ und ›wahrhaftigen‹ Leben im Einklang mit der Natur aufgehoben. Das wiederum macht Märchen und ihre Mytheme in den Hochphasen der Umweltschutz-Bewegungen des 20. Jahrhunderts attraktiv für Autoren, die mit ethisch-moralischem Anspruch auf eine Umkehrung des auf Ausbeutung und Zerstörung der Biosphäre ausgerichteten Mensch-Natur-Verhältnisses zielen.

## 3. Adaptionen und Transformationen II: Märchen in Zeiten der Umweltschutzbewegungen des späten 20. Jahrhunderts

In der Literatur der umweltbewegten 1980er Jahre wird mehrfach und in unterschiedlicher Weise auf Märchen bzw. Märchenmytheme rekurriert. So verbindet Christa Wolfs *Störfall. Nachrichten eines Tages* (1987) mit einem einzelnen, weithin bekannten Märchen eine grundlegende Technik- und Zivilisationskritik. In der Erzählung setzt sich die namentlich nicht genannte Ich-Erzählerin mit den Ursachen und möglichen Folgen der Reaktorkatastrophe in Tschernobyl auseinander, während zur gleichen Zeit ihr Bruder an einem Hirntumor operiert wird. Die Vor- und Nachteile technischen Fortschritts werden ebenso reflektiert wie auch die Frage, was den Menschen dazu veranlasst, Techniken zu entwickeln, die die Lebensgrundlagen der Menschen zerstören können.[25] In

---

25 Vgl. dazu auch Axel Goodbody: Catastrophism in Post-war German Literature, in: Colin Riordan (Hrsg.): Green Thought in German Culture. Historical and Contemporary Perspectives. Cardiff 1997, 160–180, hier 174–176.

den intertextuellen Verweisen auf Grimms Märchen *Brüderchen und Schwesterchen* spiegelt die Ich-Erzählerin zum einen das Verhältnis zu ihrem Bruder, der selbst Naturwissenschaftler ist, und zum anderen lässt sich das Erfinden gefährlicher Techniken dem Trinken des verbotenen Wassers auf der Märchenebene gleichsetzen:

> [D]ie Brunnen warnten uns mit ihren rauschenden Stimmen, die ich dir übersetzte: Brüderchen trink nicht. Sonst wirst du ein wildes Tier und wirst mich zerreißen. [...] aber wir wußten ja beide, wie das Märchen ging, und wir konnten nichts daran ändern.[26]

In *Die Rättin* (1986) von Günter Grass verweist ein zentraler Handlungsstrang intertextuell auf Figuren aus Grimms, Bechsteins und Andersens Märchen, die ihre Existenz vom Fortbestand des Waldes abhängig machen: »Es ist, als habe sie jetzt schon das Ende eingeholt. Alle spüren, daß wenn der Wald stirbt, auch sie sterben müssen.«[27] Ein Zwerg prophezeit: »Doch nach den Wäldern werden die Menschen sterben!«[28] – eine kaum verhohlene Anspielung auf die Parole der Baumschutzorganisation Robin Wood »Erst stirbt der Wald, dann der Mensch«. Der Roman stellt eine Dystopie dar, in der die Märchenfiguren »befremdlich böse, korrupt, traurig, deprimiert«[29] aus Protest gegen die Vernichtung ihres Lebensraumes agieren. Diese »eher spielerische Variante« einer »ökologische[n] Bewußtmachung«[30] wird flankiert von Erzählsträngen unter anderem über die Erforschung der sogenannten Verquallung in der Ostsee und die Produktion eines Stummfilmes über das Waldsterben, bis schließlich auf einer zweiten Erzählebene nach einer undefinierten Katastrophe, vermutlich einer Atombombenexplosion, die sogenannte posthumane Zeit anbricht.[31] In dieser menschenfreien Welt erlangen die Ratten die Oberhoheit. Während der Ich-Erzähler, dem die Rättin von den Veränderungen auf der Erde berichtet hat, verstört feststellt: »Was haben wir nur getan? Was trieb uns zu diesem Schluß? [...] [K]eine

---

26 Christa Wolf: Störfall. Nachrichten eines Tages [1987]. Frankfurt a. M. 2009, 88.

27 Günter Grass: Die Rättin, in: Ders.: Werkausgabe in zehn Bänden. Bd. 7. Hrsg. v. Angelika Hille-Sandvoss. Darmstadt/Neuwied 1987, 163.

28 Ebd., 214.

29 Irmgard Elsner Hunt: Vom Märchenwald zum toten Wald: ökologische Bewußtmachung aus global-ökonomischer Bewußtheit. Eine Übersicht über das Grass-Werk der siebziger und achtziger Jahre, in: Gerd Labroisse/Dick van Steckelenburg (Hrsg.): Günter Grass: ein europäischer Autor? Amsterdam/Atlanta 1992, 141–168, hier 155.

30 Ebd., 156.

31 Zur Ökothematik des Romans siehe Jonas Torsten Krüger: unter sterbenden bäumen. Ökologische Texte in Prosa, Lyrik und Theater. Eine grüne Literaturgeschichte von 1945 bis 2000. Marburg 2001, 176–178; Axel Goodbody: From Egocentrism to Ecocentrism: Nature and Morality in German Writing in the 1980s, in: Sylvia Mayer/Catrin Gersdorf (Hrsg.): Nature in Literary and Cultural Studies. Transatlantic Conversations on Ecocriticism. Amsterdam/New York 2006, 393–414, hier 398–404.

Märchen mehr, weil auch der Wald, der bis zuletzt nach Rettung schrie, Rauch wurde…«[32], gibt sich die Rättin hoffnungsfroh:

> Sei guten Mutes, Freund! Leben wird wieder umsichgreifen. Erneuern wird sich die alte Erde. Und neue Märchen, in denen die alten wundersam weiterleben, werden von Wurf zu Wurf erzählt werden.[33]

Solange es Leben auf der Erde gibt, wird es auch weiter Märchen geben – auch wenn sie, wie der Roman zuvor gezeigt hat, nicht verhindern können, was geschehen wird.

Neben intertextuellen Verweisen auf bekannte Märchen und ihre Mytheme sind auch Texte entstanden, die das Genre in ein didaktisches Aufklärungsmedium transformieren. So besteht das erste Kapitel in der deutschen Übersetzung von Rachel Carsons Sachbuch *Silent Spring* (1962), das zentral für die Umweltschutzbewegung in den USA und in Deutschland war, aus einem sogenannten *Zukunftsmärchen*. Bezeichnend ist, dass der Text nur in der deutschsprachigen Fassung diese Gattungszuordnung vornimmt – im Original wird der Text als Fabel ausgewiesen –, was viel über die spezifisch deutsche Märchentradition und ihre Adaptionen und Rezeptionsweisen aussagt. Märchen gelten hier offensichtlich nicht nur als einfache, unterhaltsame Texte für Kinder, sondern sie lassen sich *auch* als lehrhafte Texte mit zentralen Botschaften und Handlungsanweisungen lesen, wie das Verhältnis zwischen dem Menschen und seiner Mitwelt einschließlich der Natur *eigentlich* gestaltet sein sollte. Mit Blick auf das entsprechend vorgebildete, deutschsprachige Lesepublikum wurde der Text hier offenkundig als Märchen aufgefasst. Begonnen wird darin mit der Schilderung einer harmonischen Natur, der eine tote Natur mit einem stillen Frühling entgegen gesetzt wird: »Kein böser Zauber, kein feindlicher Überfall hatte in dieser verwüsteten Welt die Wiedergeburt neuen Lebens im Keim erstickt. Das hatten die Menschen selbst getan.«[34] Die folgenden Kapitel des Buches appellieren mit Sachinformationen, unter anderem über den Gifteinsatz in der Landwirtschaft, an den Leser, die eingangs gezeichnete Horrorvision nicht wahr werden zu lassen.[35]

Eine ähnlich lehrhafte und umweltschützerische Intention darf im deutschsprachigen Bereich Claus-Peter Lieckfeld unterstellt werden, der zuvor als Verfasser zahlreicher Fachartikel in der Zeitschrift *Natur* in Erscheinung getreten ist. Sein schmales Bändchen *Esel & Co* (1988) führt den Untertitel *Ökomärchen*. Diese Genrezuordnung ist in der germanistischen Literaturwissenschaft nicht

---

32 Grass: Rättin, 308.
33 Ebd.
34 Rachel Carson: Ein Zukunftsmärchen, in: Dies.: Der stumme Frühling [1962]. Übs. v. Margaret Auer. Mit einem Vorwort v. Joachim Radkau. München 2013, 15–17, hier 16.
35 Vgl. dazu auch Krüger: Eine grüne Literaturgeschichte, 76–79.

etabliert, sodass sie retrospektiv als Versuch gewertet werden kann, parallel zur Ökolyrik eine ähnliche Unterform im Bereich des Märchens einzuführen. Bereits das Vorwort stellt metanarrativ die Frage, wie es angesichts der Reaktorkatastrophe von Tschernobyl möglich sein kann, weiterhin Märchen zu erzählen. Die Erzählposition wird mit der Scheherazades verglichen, die in *Tausend und einer Nacht* ebenfalls Märchen erzählen muss, um ihr Leben zu retten. Die Texte jedoch, die in Lieckfelds Band versammelt sind, fassen die Genrezuordnung Märchen sehr weit; eher enthalten sie einzelne Elemente, die *auch* dem Märchen zugeordnet werden können bzw. auf dieses verweisen.

So enthalten einige der in Lieckfelds *Ökomärchen*-Band versammelten Texte intertextuelle Verweise auf bekannte Märchen wie *Die Bremer Stadtmusikanten* und *Hase und Igel*. Die Handlung ist jedoch in die Gegenwart versetzt und konfrontiert die Tier-Protagonisten mit vermeintlichen Errungenschaften der nach ökonomischen Aspekten optimierten Landwirtschaft. In der Titelgeschichte *Esel & Co* wird auf diese Weise die Massentierhaltung kritisiert, in *Hase* bieten die flurbereinigten Felder den Tieren keinen Schutz mehr vor Feinden. Unter der Bezeichnung Ökomärchen firmieren auch Texte, die formal als Hörspiel, Kurzgeschichte, Gebet oder Theaterstück zu bezeichnen sind. Sie bringen ebenfalls noch immer aktuelle ökologische Themen zur Sprache, wie zum Beispiel das Fehlen einer Rechtsprechung, die die Rechte von Tieren gegenüber den Bedürfnissen der Menschen verteidigt (in *Rebstock*). Oder aber sie thematisieren die ökonomische Verwertung des in Genbanken gesammelten Genmaterials, um damit eine weltweite Monopolstellung bei der Erzeugung von Nahrungsmitteln zu erlangen (in *Der grüne Heinrich*). Zur Darstellung kommen auch die möglichen Folgen des Klimawandels, wenn die Mäuse der Schlachthäuser von Chicago bereits optimal auf Temperaturveränderungen eingestellt sind (in *Mus major und Mus minor, Kurzes Endzeitdrama in zwei Szenen*).

Andere Texte in Lieckfelds Märchenband wie *Die Mazumanken* wirken parabelhaft, indem ein Vater seiner Tochter von einer unter der Erde lebenden Mazumanken-Population erzählt, die mit den Folgen von Fortschrittsgläubigkeit und Expansionsbestrebungen konfrontiert wird. Nur einer kleinen »Zurück-in-die-Erde-Bewegung«[36] – die Anspielung auf die »Zurück-zur-Natur«-Bewegung der Ökologie- und Aussteiger-Szene der 1980er Jahre ist keinesfalls Zufall – sei es zu verdanken, dass sich die Mazumanken am Ende nicht selbst vernichten. In *Jesuine*, einer legendenhaften Erzählung und damit einem dem Märchen nahe stehenden Genre,[37] wird ein Engel von Gott auf die Erde ge-

---

36  Claus-Peter Lieckfeld: Esel & Co. Ökomärchen. München 1988, 62.

37  Vgl. Schmitz-Emans: Märchen – Sage – Legende. Allgemein zählen Schwänke, Legenden, Märchen, Sagen und Anekdoten zu den mündlich tradierten Erzählformen. Vgl. Bausinger: Volkspoesie, 150–224. Vgl. auch Kathrin Pöge-Alder: Märchenforschung. Theorien, Methoden, Interpretationen. 3., überarb. u. erw. Aufl. Tübingen 2016, 34–47. Sowohl

schickt, um wenigstens Perlen vor dem Verschwinden zu bewahren, weil die Rettung der ganzen Welt als Aufgabe zu groß erscheint. In Gestalt von Gesine, einer Biologiestudentin, erkennt Jesuine, dass sie dazu vor allem die Flussmuschel schützen muss, da es ohne diese auch keine Perlen mehr geben kann. Jesuine bewirkt auf wundersame Weise einen Bewusstseinswandel bei den Menschen, der die lokalen und globalen ökologischen Probleme (Verdrängung der zum Überleben der Muscheln notwendigen Bachforelle durch die bei Anglern beliebte Regenbogenforelle, Überdüngung der Böden durch Massentierhaltung, zu der die Bauern aufgrund ungleicher Wettbewerbsbedingungen gezwungen werden, sowie die ökonomische Abhängigkeit der sogenannten Dritten Welt von der Ersten) ganzheitlich zu lösen vermag. Am Ende hat sie mit der Muschel doch die ganze Welt gerettet. Wie ein Nachhall auf romantische Aufklärungskritik wirkt es am Ende, wenn Spekulationen darüber, wie das alles geschehen konnte, entgegnet wird:»Wir müssen nicht alles wissen, es genügt, wenn wir wissen, was wissenswert ist«[38] – und, so klingt es unausgesprochen mit, wenn man weiß, wie dieses Wissen zum Schutz der Natur eingesetzt werden kann. Der moralisch-didaktische Impetus ist in diesen Texten allgegenwärtig.

## 4. Fazit

(Kunst-)Märchen enthalten zentrale Mytheme, die ein ›anderes‹ Wissen über die Zusammenhänge in der Natur transportieren. Dem anthropozentrisch verstandenen, auf Dominanz und Nutzbarmachung ausgerichteten Mensch-Natur-Verhältnis vermögen sie subversiv im Sinne Hubert Zapfs »das kulturell Ausgegrenzte«[39] entgegenzusetzen. Indem sie an lange tradierte Vorstellungen anknüpfen und in hohem Maße popularisiert sind, werden sie bis heute ubiquitär verstanden und bieten einen reichen Fundus an Erzählmöglichkeiten, um Gegenwelten zur Realität zu entwerfen. Das Märchen steht dabei sowohl hinsichtlich seiner Naturvorstellungen als auch bezogen auf seine Genrekonventionen in einem Spannungsverhältnis zwischen Subversion und Affirmation. Im romantischen Kunstmärchen wird das einfache Märchen zwar mit neuen Schreibweisen unterlaufen, doch lösen deren Mytheme nicht die Relevanz derer des einfachen Märchens ab. Beide werden vielmehr variantenreich in Kinder-

in Musäus' *Volksmährchen der Deutschen* (1782–1787) als auch in Grimms *Kinder- und Hausmärchen* finden sich beispielsweise auch Texte, die nach heutiger Gattungsunterscheidung eher den Legenden und Sagen zuzuordnen sind.
   38 Ebd., 38.
   39 Hubert Zapf: Kulturökologie und Literatur. Ein transdisziplinäres Paradigma der Literaturwissenschaft, in: Ders. (Hrsg.): Kulturökologie und Literatur. Beiträge zu einem transdisziplinären Paradigma der Literaturwissenschaft. Heidelberg 2008, 15–44, hier 34.

und Jugendliteratur, Fantasy und Science Fiction adaptiert und transformiert, wie auch in der Literatur der umweltbewegten 1980er Jahre in moralisch-didaktischer Hinsicht fruchtbar gemacht.

## Literaturverzeichnis

Arendt, Dieter: Märchen-Novellen oder das Ende der romantischen Märchen-Träume. Tübingen 2012.

Bausinger, Hermann: Formen der Volkspoesie. 2., verb. u. erg. Aufl. Berlin 1980.

Bollnow, Otto Friedrich: Der »goldene Topf« und die Naturphilosophie der Romantik, in: Ders.: Unruhe und Geborgenheit im Weltbild neuerer Dichter. Acht Essais. Stuttgart 1953, 207–226.

Buell, Lawrence: Environmental Writing for Children. A Selected Reconnaissance of Heritages, Emphases, Horizons, in: Garrard, Greg (Hrsg.): The Oxford Handbook of Ecocriticism. New York 2014, 408–422.

Carson, Rachel: Ein Zukunftsmärchen, in: Dies.: Der stumme Frühling [1962]. Übs. v. Margaret Auer. Mit einem Vorwort v. Joachim Radkau. München 2013, 15–17.

Ewers, Hans-Heino: Nachwort. Das Kunstmärchen – eine moderne Erzählgattung, in: Ders. (Hrsg.): Deutsche Kunstmärchen von Wieland bis Hofmannsthal. Stuttgart 1987, 647–680.

Freund, Winfried: Märchen. Köln 2005.

Goodbody, Axel: From Egocentrism to Ecocentrism: Nature and Morality in German Writing in the 1980s, in: Mayer, Sylvia/Gersdorf, Catrin (Hrsg.): Nature in Literary and Cultural Studies. Transatlantic Conversations on Ecocriticism. Amsterdam/New York 2006, 393–414.

– Catastrophism in Post-war German Literature, in: Riordan, Colin (Hrsg.): Green Thought in German Culture. Historical and Contemporary Perspectives. Cardiff 1997, 160–180.

Grass, Günter: Die Rättin, in: Ders.: Werkausgabe in zehn Bänden. Bd. 7. Hrsg. v. Angelika Hille-Sandvoss. Darmstadt/Neuwied 1987.

Grimm, Jacob/Grimm, Wilhelm: Kinder- und Hausmärchen. Ganz große Ausgabe. Bd. 1. Hrsg. u. mit einem Vorwort v. Axel Winzer. Leipzig 2012.

– Vorrede, in: Dies.: Kinder- und Hausmärchen. Ganz große Ausgabe. Bd. 1. Hrsg. u. mit einem Vorwort v. Axel Winzer. Leipzig 2012, 11–25.

Häntzschel, Günter: Sammel(l)ei(denschaft). Literarisches Sammeln im 19. Jahrhundert. Würzburg 2014.

Hoffmann, E. T. A.: Das fremde Kind, in: Ders.: Sämtliche Werke in sechs Bänden. Bd. 4: Die Serapionsbrüder. Hrsg. v. Wulf Segebrecht, unter Mitarb. v. Ursula Segebrecht. Frankfurt a. M. 2001, 570–616.

Hunt, Irmgard Elsner: Vom Märchenwald zum toten Wald: ökologische Bewußtmachung aus global-ökonomischer Bewußtheit. Eine Übersicht über das Grass-Werk der siebziger und achtziger Jahre, in: Labroisse, Gerd/Steckelenburg, Dick van (Hrsg.): Günter Grass: ein europäischer Autor? Amsterdam/Atlanta 1992, 141–168.

Jolles, André: Einfache Formen. Legende, Sage, Mythe, Rätsel, Spruch, Kasus, Memorabile, Märchen, Witz. Darmstadt ²1958.

Kaschnitz, Marie Luise: Der alte Garten. Ein Märchen [1940, postum 1975]. Frankfurt a. M./Leipzig 1999.

Klotz, Volker: Das europäische Kunstmärchen. Fünfundzwanzig Kapitel seiner Geschichte von der Renaissance bis zur Moderne. Stuttgart 1985.

Klussmann, Paul Gerhard: Die Zweideutigkeit des Wirklichen in Ludwig Tiecks Märchennovellen, in: Zeitschrift für deutsche Philologie 83, 1964, 426–452, wiederabgedr. in: Segebrecht, Wulf (Hrsg.): Ludwig Tieck. Darmstadt 1976, 252–385.

Krüger, Jonas Torsten: unter sterbenden bäumen. Ökologische Texte in Prosa, Lyrik und Theater. Eine grüne Literaturgeschichte von 1945 bis 2000. Marburg 2001.

Lieckfeld, Claus-Peter: Esel & Co. Ökomärchen. München 1988.

Lobeck, Helmut: Kunstmärchen, in: Kanzog, Klaus/Masser, Achim (Hrsg.): Reallexikon der deutschen Literaturgeschichte. Begr. v. Paul Merker/Wolfgang Stammler. Bd. 1. Berlin/New York ²2001, 909–912.

Lüthi, Max: Das europäische Volksmärchen. Form und Wesen [1947]. Tübingen/Basel ¹¹2005.

Mayer, Mathias/Tismar, Jens: Kunstmärchen. Stuttgart/Weimar ⁴2003.

Neuhaus, Stefan: Märchen. Tübingen/Basel 2005.

Pikulik, Lothar: Frühromantik. Epoche – Werke – Wirkung. München 1992.

Pöge-Alder, Kathrin: Märchenforschung. Theorien, Methoden, Interpretationen. 3., überarb. u. erw. Aufl. Tübingen 2016.

Rölleke, Heinz: Die Märchen der Brüder Grimm. Eine Einführung. Aktual. u. korr. Neudruck der 3., durchges. Aufl. Stuttgart 2004.

– Kunstmärchen, in: Lamping, Dieter (Hrsg.): Handbuch der literarischen Gattungen. Stuttgart 2009, 447–451.

Schmitz-Emans, Monika: Feen – Nixen – Elementargeister, in: Brittnacher, Hans Richard/May, Markus (Hrsg.): Phantastik. Ein interdisziplinäres Handbuch. Stuttgart/Weimar 2013, 355–362.

– Märchen – Sage – Legende, in: Brittnacher, Hans Richard/May, Markus (Hrsg.): Phantastik. Ein interdisziplinäres Handbuch. Stuttgart/Weimar 2013, 300–305.

Tieck, Ludwig: Die Elfen, in: Ders.: Schriften in zwölf Bänden. Bd. 6: Phantasus. Hrsg. v. Manfred Frank. Frankfurt a. M. 1985, 306–327.

Wagner, Kurt: Märchen, in: Kanzog, Klaus/Masser, Achim (Hrsg.): Reallexikon der deutschen Literaturgeschichte. Bd. 2. Berlin/New York ²2001, 262–271.

Wanning, Berbeli/Stemmann, Anna: Ökologie in der Kinder- und Jugendliteratur, in: Dürbeck, Gabriele/Stobbe, Urte (Hrsg.): Ecocriticism. Eine Einführung. Köln u. a. 2015, 258–270.

Winiwarter, Verena/Knoll, Martin: Umweltgeschichte. Eine Einführung. Köln u. a. 2007.

Wolf, Christa: Störfall. Nachrichten eines Tages [1987]. Frankfurt a. M. 2009.

Wolfzettel, Friedrich: Fee, Feenland, in: Brednich, Rolf Wilhelm (Hrsg.): Enzyklopädie des Märchens. Handwörterbuch zur historischen und vergleichenden Erzählforschung. Begr. v. Kurt Ranke. Bd. 4. Berlin 1984, 945–964.

Wührl, Paul-Wolfgang: Das deutsche Kunstmärchen. Geschichte, Botschaft und Erzählstrukturen. 3. erg. Aufl. Baltmannsweiler 2012.

Zapf, Hubert: Kulturökologie und Literatur. Ein transdisziplinäres Paradigma der Literaturwissenschaft, in: Ders. (Hrsg.): Kulturökologie und Literatur. Beiträge zu einem transdisziplinären Paradigma der Literaturwissenschaft. Heidelberg 2008, 15–44.

Claudia Schmitt

# Vom Leben jenseits der Zivilisation

## Ein vergleichender Blick auf das Verhältnis von Mensch und Natur in der Robinsonade

Die Beschäftigung mit einer Gattung wie der Robinsonade im Rahmen eines komparatistischen Aufsatzes macht zunächst einige grundsätzliche Vorüberlegungen nötig. Schon bei der Begrifflichkeit ›Robinsonade‹ zeigen sich erste Probleme. So weist Tina Deist darauf hin, dass die Robinsonade kein internationaler Genrebegriff sei. Im Deutschen und auch im Französischen gebräuchlich, wird im Englischen eher von *castaway story* oder *desert island fiction* gesprochen. Deist sieht in der Namensgebung die »Dominanz der inhaltlichen Ebene« und die »Betonung des Schauplatzes« anstelle des Handlungsträgers.[1] Letztere Feststellung ist gerade für den hier im Vordergrund stehenden Aspekt der Mensch-Natur-Beziehung[2] von Interesse.

Was ist eine Robinsonade? Robinsonaden sind zunächst einmal Inselgeschichten in der Nachfolge des gattungskonstituierenden Textes *Robinson Crusoe* von Daniel Defoe. In vielen der Robinsonade zugerechneten Texten wird auf den Prätext verwiesen, zum Beispiel durch Erwähnung des Buches und/oder der literarischen Figur. Durchaus in der Tradition der bisherigen Forschung zur Robinsonade bleibend,[3] aber mit einem verstärkten Augenmerk auf dem Ver-

---

1 Tina Deist: Homo Homini Lupus. Zur Markierung von Intertextualität in William Goldings Gruppenrobinsonade *Lord of the Flies*, in: Ada Bieber (Hrsg.): Angeschwemmt – Fortgeschrieben. Robinsonaden im 20. und beginnenden 21. Jahrhundert. Würzburg 2009, 55–74, hier 58.

2 Dem Folgenden soll eine recht allgemeine Definition von Natur gemäß Duden zu Grunde liegen: »[Gesamtheit der] Pflanzen, Tiere, Gewässer und Gesteine als Teil der Erdoberfläche oder eines bestimmten Gebietes [das nicht oder nur wenig von Menschen besiedelt oder umgestaltet ist].« http://www.duden.de/rechtschreibung/Natur.

3 Nach Hermann Ullrich ist die Robinsonade »eine mehr oder weniger kunstvoll komponierte Erzählung, die uns die Erlebnisse von einer Person oder mehreren in insularischer Abgeschlossenheit, d.h. von der menschlichen Gesellschaft und ihren Zivilisationsmitteln isolierter Lage, die nicht das Ergebnis einer sentimentalen Weltflucht ist, als Hauptmotiv oder doch als größere Episode vorführt.« Hermann Ullrich: Defoes *Robinson Crusoe*. Die Geschichte eines Weltbuches. Leipzig 1924, 82. Auch Erhard Reckwitz sieht das handelnde

hältnis des Menschen zur Insel, ist die sich anschließende Merkmalsübersicht so zu verstehen, dass keines dieser Merkmale für sich allein genommen die Gattung zu definieren ermöglicht, erst in ihrem Zusammenklang ergibt sich die idealtypische Robinsonade.

1) Voraussetzung für die Erzählung, sozusagen die Initialzündung, ist der Einbruch des Unkontrollierbaren in die alltägliche Welt in Form eines Unfalls oder einer Katastrophe. Durch dieses Merkmal unterscheidet sich die Robinsonade von der Inselgeschichte im Allgemeinen, in der die Insel auch bewusst angesteuert werden bzw. der Endpunkt einer Reise sein kann, wie im Fall des namenlosen Ich-Erzählers in Adolfo Bioy Casares' *La invención de Morel* oder bei Montgomery und Moreau in H. G. Wells' *The Island of Doctor Moreau*.

2) Der Inselhandlung vorangestellt und/oder in Form von Rückwendungen in die Erzählung integriert, ist die Schilderung der charakterlichen Exposition des/der Protagonisten. Kennen wir diesen Ausgangspunkt, stellt sich die Frage nach einer möglichen Veränderung des/der Protagonisten durch die Konfrontation mit dem neuen Lebensraum.

3) Nach dem Unfall oder der Katastrophe erfolgt das Erwachen des/der Protagonisten in der insularen Isolation. Ein Verlassen der Insel ist ohne Hilfe von außen nicht möglich. Auch hier liegt ein wichtiger Unterschied zu anderen Inselgeschichten, wie zum Beispiel zu Robert Louis Stevensons *Treasure Island*. In der Robinsonade wird die Insel für die Figuren, die abgeschnitten von menschlicher Gesellschaft und von den als essentiell empfundenen Errungenschaften der Zivilisation leben, zur zentralen Bezugsgröße. Die Beurteilung des neuen Lebensraums kann unterschiedlich ausfallen. Ein in der Forschung gebräuchliches Begriffspaar wäre Exil und Asyl (Erhard Reckwitz), denkbar wäre auch die Anwendung der aus der Humangeographie stammenden Begriffe Topophilia und Topophobia (Yi-Fu Tuan). Schon Horst Brunner hat zwischen der Insel als ›besserem‹ bzw. ›schlechterem‹ Bereich unterschieden, wobei diese Einstufung vom Individuum in Relation zu der es bisher umgebenen Welt gedacht wird: »Wer sich in der ›Welt‹ geborgen fühlt, wird nicht daran denken, den Raum der Insel so zu bewerten.«[4]

Als besserer Bereich wird die Insel mit Sicherheit, Übersehbarkeit, sinnvoller Beschränkung und beglückender Zeitlosigkeit assoziiert. Erscheint sie dem

Individuum im Zentrum seiner Definition: »ein oder mehrere Individuen werden aus dem Zusammenhang der großen Welt herausgelöst, um anhand ihres Verhaltens in einer experimentellen Situation, die die Bedingungen der Realität simuliert, Aussagen über ihre Eigenschaften, und zwar jenseits der in der großen Welt möglichen Täuschungen treffen zu können. Durch den entsprechenden Zwang der Mangelsituation wird dabei leben als überleben in einer extremen Situation definiert.« Erhard Reckwitz: Die Robinsonade. Themen und Formen einer literarischen Gattung. Amsterdam 1976, 11.

4 Horst Brunner: Die poetische Insel. Inseln und Inselvorstellungen in der deutschen Literatur. Stuttgart 1967, 24.

Betrachter schlechter, so sind die zentralen Schlagworte Einsperrung, Enge, Öde, Verarmung, Leere, Langeweile. Soweit ist Brunner zu folgen, Widerspruch möchte ich gegen seine Aussage einlegen, dass die Insel vom Betrachter entweder als ›Insel der Seligen‹ oder als ›Toteninsel‹ empfunden wird.[5] Meine These geht dahin, dass es zumindest bei den Nachfolgern von Robinson Crusoe zu einem Wandel in der Einstellung des Betrachters zur Insel kommt, bzw. dass die Insel sehr wohl von einer literarischen Figur zeitgleich mit Geborgenheit und Bedrohung assoziiert werden kann.

4) Das Ziel der Robinson-Figur(en) besteht zunächst im Überleben in ungewohnter Umgebung, wobei notwendige Schritte die Erkundung des neuen Lebensraums und die Erprobung der Anwendbarkeit von altbekannten und bewährten Strategien sind. Für einige Robinson-Figuren ergibt sich aus der veränderten Situation das Erkennen und Akzeptieren neuer Regeln, andere bleiben bei ihren gewohnten Denkmustern. Hier wäre auch bei einer Gattungsabgrenzung der Robinsonade zu Utopie bzw. Dystopie anzusetzen, die in vielen Fällen das Merkmal der insularen Isolation mit der Robinsonade teilen. Allerdings handelt es sich bei Texten wie Thomas Morus' *Utopia* oder Jewgeni Samjatins *Wir* um Zustandsbeschreibungen einer bereits bestehenden Gesellschaftsordnung,[6] wohingegen in der Robinsonade ein (Über-)Lebensmodell in einer insularen, menschenfernen Abgeschlossenheit vom Einzelnen oder bestenfalls einer (Klein-)Gruppe entwickelt wird, das nur für kleine Gemeinschaften ausgelegt ist und meist auch nur begrenzte Zeit Bestand hat.

Schon anhand dieser vier Grundkonstituenten der Robinsonade wird klar, dass das Verhältnis von Mensch und Natur zentral für die Gattung ist: Dies betrifft offensichtlich das Erwachen in der insularen Isolation und das Überleben in ungewohnter Umgebung. Aber auch bei den beiden anderen Elementen kann Natur in den Vordergrund rücken, zum Beispiel kann sich die Hauptfigur bereits vor dem Inselaufenthalt über ihr Verhältnis zur Natur definieren oder der Einbruch des Unkontrollierbaren kann auf Naturgewalten wie Sturm und Ähnliches zurückzuführen sein.

---

5 »Nur selten erscheinen beide Möglichkeiten im Blickfeld eines Betrachters, wobei aber die Beispiele Jean Paul und Winkler zeigen, daß auch dann eine Bedeutung überwiegt.« Ebd., 240.

6 Als gattungskonstituierendes Element sowohl in Utopien als auch Dystopien wird meist die »Statik« der dargestellten Weltordnung betont. Siehe z. B. Stephan Meyer: Die antiutopische Tradition. Eine ideen- und problemgeschichtliche Darstellung. Frankfurt a. M. u. a. 1998, 40. Man könnte zwar feststellen, dass es in den meisten Dystopien ein Element des kurzzeitigen Aufbegehrens gibt, am Ende der Romanhandlung ist aber die ursprüngliche Ordnung wieder (endgültig) verfestigt. Vgl. dazu: »Das Schema des anti-utopischen Romans erfordert, daß in ein oder zwei verlorenen Gestalten, Außenseitern einer vollendeten Anpassung, sich noch einmal ein spontanes Verlangen nach Individualität regt.« Irvin Howe: Der anti-utopische Roman, in: Rudolf Villgradter/Friedrich Krey (Hrsg.): Der utopische Roman. Darmstadt 1973, 344–354, hier 348.

Grundlage der sich anschließenden Analyse ist ein Textkorpus, das das Spektrum der Robinsonade möglichst breit abbilden soll. Fünf Texte stehen im Fokus: Daniel Defoes *Robinson Crusoe* (1719), Jules Vernes *L'Île mystérieuse* (1875), Jean Giraudoux' *Suzanne et le Pacifique* (1921), Marlen Haushofers *Die Wand* (1963) und J. B. Ballards *Concrete Island* (1974). Es überwiegen Einzelrobinsonaden, aber auch die Gruppenrobinsonade wurde durch ein Beispiel in die Überlegungen einbezogen. In einigen Fällen fehlt den Robinson-Figuren jegliche Form von menschlichem Kontakt während des Insellebens, in anderen wird das Auftauchen anderer Menschen auf der Insel geschildert. Zwei der Robinson-Figuren sind Frauen.[7] Die Handlungsräume variieren von exotischer Südseeinsel bis zur Verkehrsinsel im Londoner Schnellstraßenlabyrinth. Ziel dieser vergleichenden Betrachtung ist es, den Grundriss einer Typologie der Mensch-Natur-Beziehungen in Robinsonaden zu entwerfen.

## 1. Daniel Defoe: *Robinson Crusoe* (1719)

*Robinson Crusoe* ist der rückblickend erzählte Rechenschaftsbericht eines *homo faber*. Unemotional und nüchtern-kalkulierend im Ton geht es Defoe darum, eine ›wahre‹ Geschichte zu erzählen, in der Vernunft, Ordnung, Stabilität, Klarheit, Harmonie und Symmetrie dominieren. Robinson ist ein Unternehmer, dessen Schiffbruch sich ereignet während einer Reise, die dem Zweck dient, seinen materiellen Wohlstand durch den Einkauf von Sklaven auszubauen. Die Insel, die er »Island of Despair«[8] nennt, unterwirft er während seines 28 Jahre dauernden Aufenthalts erfolgreich seiner Herrschaft.[9] Mit Hilfe von im Schiffswrack gefunden Werkzeugen und anderen Zivilisationsgegenständen kultiviert er den Boden, domestiziert die Tiere. Er betrachtet die Insel als seinen rechtmäßigen Besitz:

> I descended a little on the Side of that delicious Vale, surveying it with a secret Kind of Pleasure, (tho' mixt with my other afflicting Thoughts) to think that this was all my own, that I was King and Lord of all this Country indefeasibly, and had a Right of Possession; and if I could convey it, I might have it in Inheritance, as compleatly as any Lord of a Mannor in *England*. (RC 73)

---

7 Speziell mit weiblichen Robinson-Figuren beschäftigt sich die Dissertation von Celia Torke: Die Robinsonin. Repräsentationen von Weiblichkeit in deutsch- und englischsprachigen Robinsonaden des 20. Jahrhunderts. Göttingen 2011.

8 Daniel Defoe: Robinson Crusoe: an authoritative text, contexts, criticism. Hrsg. v. Michael Shinagel. New York/London ²1994, 52. Im Folgenden wird daraus unter der Sigle RC mit Seitenzahl zitiert.

9 Schon Stuart Hannabuss weist darauf hin, dass in *Robinson Crusoe* das Motiv »Man against a hostile Environment« dominant sei. Vgl. Stuart Hannabuss: Robinsonaden and desert island themes in literature, in: The Bibliotheck 22, 1997, 79–101, hier 80.

Sein Besitzstandsdenken ist für ihn auch über seinen Glauben abgesichert, der von ihm verlangt, sich die Erde untertan zu machen. Schon direkt nach seiner Ankunft auf der Insel fürchtet er, dass die ihn umgebende Natur ihm schaden könne, und er ist darauf bedacht, sich ausreichend zu bewaffnen:

neither did I see any Prospect before me, but that of perishing with Hunger, or being devour'd by wild Beasts; and that which was particularly afflicting to me, was, that I had no Weapon either to hunt and kill any Creature for my Sustenance, or to defend my self against any other Creature that might desire to kill me for theirs. (RC 36)

Er erkundet in den ersten zehn Monaten nur die nächste Umgebung und begegnet der Umwelt ohne Vorkenntnisse (»I had made so little Observation while I was in the *Brasils*, that I knew little of the Plants in the Field [...]« RC 73), aber auch ohne sonderliches Interesse, außer im Hinblick auf die Essbarkeit von Tieren:

I shot at a great Bird which I saw sitting upon a Tree on the Side of a great Wood [...] I took it to be a Kind of a Hawk, its Colour and Beak resembling it, but had no Talons or Claws more than common, its Flesh was Carrion, and fit for nothing. (RC 73)

Seine natürliche Umwelt ist ihm Mittel zum Zweck, ebenso wie die den Schiffbruch überlebenden domestizierten Tiere bzw. die Tiere, die er während seines Aufenthaltes domestiziert:

It would have made a Stoick smile to have seen, me and my little Family sit down to Dinner; there was my Majesty the Prince and Lord of the whole Island; I had the Lives of all my Subjects at my absolute Command. I could hang, draw, give Liberty, and take it away, and no Rebels among all my Subjects. (RC 73)

Nachdem er nach 23 Jahren wieder menschliche Gesellschaft bekommt, wendet er denselben Herrschaftsgedanken auch auf Freitag[10] und späterhin auf den Spanier und Freitags Vater an. Wenn am Ende Robinson nach England zurückkehrt, so hat sich für ihn lediglich sein Glaube an Gott und an sich selbst gefestigt, seine Überzeugungen haben sich jedoch nicht verändert, Selbstbehauptung überwiegt hier vor Selbsterkenntnis.

---

10 Zum Zusammenhang zwischen Crusoes Verhalten gegenüber Tieren und Menschen auf der Insel, vgl. Alex Mackintosh: Crusoe's abattoir: cannibalism and animal slaughter in *Robinson Crusoe*, in: Critical Quarterly 53.3, 2011, 24–43.

## 2. Jules Verne: *L'Île mystérieuse* (1875)

Vernes Gruppenrobinsonade scheint auf den ersten Blick einen vergleichbaren
Optimismus zu verbreiten, was die unbegrenzten Möglichkeiten des Menschen
betrifft, die Natur zu beherrschen. Auf den zweiten Blick kann man aber in dem
Text eine kritische intertextuelle Auseinandersetzung mit dem Vorgänger erkennen.[11] Eine fünfköpfige Gruppe von Amerikanern, Bürgerkriegsflüchtlinge,
um genau zu sein, wird nach einem sturmbedingten Ballonabsturz auf eine Südseeinsel verschlagen. Zentrale Gestalt ist der Ingenieur Cyrus Smith, der zusammen mit seinem schwarzen Diener, einem Reporter, einem Seemann, einem
Waisenjungen und einem Hund nach und nach aufgrund seiner Kenntnisse in
Chemie, Physik, Geometrie usw. die Zivilisation auf die Insel bringt. Es werden
Felder angelegt, wilde Tiere domestiziert, eine Brücke und eine Mühle gebaut,
zuletzt werden sogar Drähte gespannt, um die Kommunikation per Telegraphie
von einem Siedlungsgebäude zum nächsten zu ermöglichen. Gegen die Regen-
stürme und die Kälte des Winters lässt sich allerdings nichts unternehmen, sodass die Siedler monatelang kaum aus ihrer Behausung heraus können. Überdeutlich zeigt sich die Unbezwingbarkeit der Natur, weil es den Siedlern nicht
gelingt, die Kolonie wie gewünscht dauerhaft zu halten, da ein Vulkanausbruch
zum Untergang der Insel und zur Flucht der Gruppe führt. Die Hilfe zu ihrer
Flucht verdanken sie dem Mann im Hintergrund, Capitaine Nemo, der wie ein
*deus ex machina* im Geheimen die selbsternannten Siedler beobachtet und in Situationen größter Not immer wieder eingreift. So ist er es, der den vollkommen
mittellos Gestrandeten nach einiger Zeit eine Kiste mit Werkzeugen und sons-
tigen nützlichen Zivilisationsgegenständen zukommen lässt. Aber nicht nur
Nemo sichert das Überleben der Gruppe: Von elementarer Wichtigkeit wird,
insbesondere in den ersten Monaten, der Hund Top, ohne den die Jagd schwierig bis unmöglich für die Siedler wäre, die sich, wie schon Robinson, überwiegend von frisch erlegten Tieren ernähren.

Das Interesse an der Natur ist aber bereits ein tiefgehenderes als bei Robinson
Crusoe. Jedes Tier und jede Pflanze werden von dem 15-jährigen Biologiegenie
Harbert Brown genau bestimmt. Es wird also nicht mehr im *trial-and-error*-
Verfahren jedes Tier erschlagen, um es auf seine Essbarkeit hin zu untersuchen,
eine Methode, auf die sich Robinson Crusoe verlassen hatte. Harbert weiß ge-
nau, welches exotische Tier welcher heimischen Spezies entspricht:

---

11 Verne nutzt seine Gruppenrobinsonade zur Kritik an der Einzelrobinsonade
Defoescher Prägung, z. B. durch die Binnengeschichte der Figur Ayerton, der es allein nicht
gelingt, bei geistiger Gesundheit auf einer einsamen Insel zu überleben. Zum komplexen
intertextuellen Beziehungsgeflecht zwischen Defoes und Vernes Roman siehe auch: Daniel
Compère: Les déclinaisons de Robinson Crusoé dans *L'Île mystérieuse* de Jules Verne, in:
Études françaises 35.1, 1999, 43–53.

Ah ! s'écria-t-il, ceux-là ne sont ni des goélands, ni des mouettes ! — Quels sont donc ces oiseaux ? demanda Pencroff. On dirait, ma foi, des pigeons ! — En effet, mais ce sont des pigeons sauvages, ou pigeons de roche, répondit Harbert. Je les reconnais à la double bande noire de leur aile, à leur croupion blanc, à leur plumage bleu cendré. Or, si le pigeon de roche est bon à manger, ses œufs doivent être excellents [...].[12]

Letztlich nehmen aber auch auf der Île mystérieuse die Menschen ihre Interessen ohne Rücksicht wahr. Es wird uneingeschränkt Jagd auf angeblich nutzlose Jaguare gemacht, und ein Orang-Utan wird gefangengenommen und zum Küchenjungen degradiert. Es bleibt festzuhalten, dass die Helden unverändert aus ihren Erlebnissen auf der Insel hervorgehen. Ihre Herrschaft auf der Lincoln-Insel – alle markanten geographischen Punkte der Insel wurden selbstverständlich von den Siedlern benannt – ist zwar gescheitert. Zurückgekehrt in den Vereinigten Staaten errichten sie aber eine Kolonie nach dem Vorbild der Insel. Es bleibt dem Leser überlassen, sich zu fragen, ob ein Überleben in der Wildnis ohne die Unterstützung durch den Hund Top und Capitain Nemo für die Gruppe möglich gewesen wäre.

### 3. J. B. Ballard: *Concrete Island* (1974)

Ballards Text überrascht mit einer ungewöhnlichen Ausgangssituation. Ein erfolgreicher Architekt, Robert Maitland, verliert auf einer Londoner Schnellstraße die Kontrolle über seinen Wagen. Das Auto stürzt eine Böschung hinab auf eine Art Verkehrsinsel, die von Straßen umgeben ist. Es wird Maitland nicht mehr gelingen, diese Insel zu verlassen, eine Einsicht, die ihm bereits zu Beginn seines Inselaufenthalts im Selbstgespräch aufgeht:

›Maitland, poor man, you're marooned here like Crusoe – If you don't look out you'll be beached here for ever...‹ He had spoken no more than the Truth. This patch of abandoned ground left over at the junction of three motorway routes was literally a deserted island.[13]

Entscheidend für sein Bleiben ist sein Verhältnis zu der Insel: Einerseits möchte er weg, weil sein Überleben aufgrund von Wunden und Nahrungsmangel akut gefährdet ist, andererseits – und dieser Impuls wird im Laufe seines Aufenthalts immer dominanter – möchte er die Insel beherrschen:»As he was already well

---

12 Jules Verne: Voyages extraordinaires. L'Île mystérieuse. Le Sphinx des glaces. Hrsg. v. Jean-Luc Steinmetz/Marie-Hélène Huet. Paris 2012, 42.
13 J. B. Ballard: Concrete Island. New York 2006, 32. Im Folgenden wird daraus unter der Sigle CI mit Seitenzahl zitiert.

aware, it was this will to survive, to dominate the island and harness its limited resources, that now seemed a more important goal than escaping.« (CI 64 f.) Die Insel ist ein unwirtlicher Ort, der sich selbst überlassen wird. Bestimmt wird der Raum von Brennnesseln und wildem Gras, das hüfthoch wächst. Maitland liebt und hasst die Insel zugleich und je nach Stimmung glaubt er einen Verbündeten oder Gegner in der Insel zu sehen: »As he crossed the island the grass weaved and turned behind him, moving in endless waves. Its corridors opened and closed as if admitting a large and watchful creature to its green preserve.« (CI 42) Für ihn ist die Insel ein einziger großer Organismus:

No point in going back to the car, he told himself. The grass seethed around him in the light wind, speaking his agreement. ›Explore the island now – drink the wine later.‹ The grass rustled excitedly, parting in circular waves, beckoning him into its spirals. Fascinated, Maitland followed the swirling motions, reading in these patterns the reassuring voice of this immense green creature eager to protect and guide him. (CI 68)

Angesichts des Einbruchs des Unkontrollierbaren treten bisher verdrängte Seiten der Persönlichkeit Maitlands zum Vorschein. Er wird sich selbst bewusst, dass er eigentlich am liebsten allein ist und andere nur erträgt, wenn er sie dominieren kann, wie er es mit den beiden anderen Inselbewohnern Jane und Proctor[14] macht, die Mittel zum Zweck sind, seinen Kampf gegen die Insel zu gewinnen. Von der heterodiegetischen Erzählinstanz wird der Geisteszustand Maitlands immer wieder durch Vergleiche in Frage gestellt: Maitland handelt »like a grotesque scarecrow« (CI 13), »like a demented race-track official« (CI 21), »an exultant madman in the driving rain« (CI 46). Zwar ist das Ende der Geschichte offen, alle Anzeichen deuten aber daraufhin, dass Maitland in Bälde seinen imaginierten Kampf gegen die Insel verlieren wird, weil er an seinen Wunden und an Unterernährung sterben muss, aber auch weil er zu einer friedlichen Koexistenz weder mit den Menschen noch mit der Natur fähig ist. Obwohl er sich zeitweise sowohl der Insel als auch Jane und Proctor tief verbunden fühlt, kann er sich das Leben nur als andauernden Kampf vorstellen, den man entweder gewinnen kann oder verlieren muss.

---

14 Beide, Jane und Proctor, sind als Obdachlose gesellschaftliche Außenseiter, die auf der Insel bewusst Zuflucht suchen, diese aber – im Gegensatz zum durch den Unfall in seiner Bewegungsfreiheit eingeschränkten Maitland – jederzeit verlassen können. Proctor, ein mental retardierter ehemaliger Zirkusartist, verlässt die Insel nie. Jane, die nach dem Verlust ihrer Familie traumatisiert ist, beschränkt ihren Kontakt zur Außenwelt auf Zeiten, in denen sie ihrer Tätigkeit als Prostituierte nachgeht, um Geld für Lebensmittel zu verdienen.

## 4. Jean Giraudoux: *Suzanne et le Pacifique* (1921)

Giraudoux stellt ins Zentrum seiner Robinsonade eine junge Französin, die die Geschichte ihres sechs Jahre währenden Inselaufenthalts erzählt. Bereits während ihrer Kindheit in Frankreich verspürt Suzanne eine starke Bindung an die Natur. Naturbeschreibungen sind bei Suzanne niemals objektiv, konventionell oder gar wissenschaftlich akkurat, immer werden subjektive Stimmungsbilder erzeugt, oft unter Einbeziehung aller Sinne. Auch bei ihrer Rückkehr nach Frankreich, nach dem Inselaufenthalt, spielt die Natur eine entscheidende Rolle: »Je te reconnais, France, à la grosseur des guêpes, des mûres, des hannetons et, bonheur d'être hors de ce rêve qui me donnait pouvoir sur les oiseaux, les oiseaux me fuient!«[15]

Suzanne gelangt auf ein Archipel, bestehend aus drei kleinen Inseln, weil sie als Gewinnerin einer Kreuzfahrt auf der Reise Schiffbruch erleidet. Sie findet sich auf einer Insel wieder, die durch ihre Üppigkeit besticht. In Reichweite gibt es »tout ce qui pourrait jamais apaiser ma faim et ma soif« (SP 50). Es ist ihr beinahe schon peinlich, angesichts ihres Wissens um das Inselleben anderer Schiffbrüchiger, ihren Alltag zu beschreiben: Am zweiten Tag legt sie sich eine Höhle mit Federn aus, am dritten nimmt sie die unbequemen Federn heraus, am vierten Tag sortiert sie die Federn der Farbe nach usw. Sechs bequeme Tage bringt sie damit zu, das ideale Bett aus Federn zu fertigen. Letztlich fühlt sie sich arbeitslos auf der vollkommenen Insel.

Die Insel der Vögel, auf der sie zunächst lebt, ist ein Ort der Unschuld, an den sie sich schnell anpasst. Sie wird zu einem Vogel-Mädchen: »Déjà pour dormir je me surprenais à mettre ma tête sous mon bras [...]« (SP 63). Sie findet ein Paradies vor,

cette nature [...] paralysée par le bonheur, par l'impuissance à faire venir des continents ses conduites de venin, et donc les réflexes, oiseau qui s'envole, lézard qui fuit, ne fonctionnaient jamais, même en frappant au bon endroit; parfois elle m'exaspérait. (SP 64)

Aggressionen haben auf dieser Insel keinen Platz, Suzannes negative Gefühle verschwinden immer wieder schnell, und sie lebt in friedlicher Koexistenz mit der Insel und ihren tierischen Bewohnern. Suzanne redet sich zeitweise ein, dass die Insel sie brauche, so verscheucht sie Raubtiere, die auf der Insel angespült werden, um die Vögel zu schützen. Die einzige Gefährdung Suzannes besteht darin, dass sie dem Wahn erliegt, sich als einziges menschliches Wesen als Herrscher oder gar als kleiner Gott der Insel zu sehen:

---

15 Jean Giraudoux: Suzanne et le Pacifique. Paris 1939, 156. Im Folgenden wird daraus unter der Sigle SP mit Seitenzahl zitiert.

Je succombais une minute à cette couronne qu'on m'offrait. J'étais malgré moi plus compassée, je me promenais d'un pas plus noble dans l'île [...] Déjà rusée comme un faux dieu, connaissant les habitudes des astres ou des éléments [...] je disais ›couche-toi‹ au soleil devant mes démons ébahis, quand le soleil touchait l'horizon. (SP 69)

Auf der zweiten Insel, der Insel der Säugetiere, entdeckt sie Anzeichen früheren menschlichen Lebens: »Un des singes donnait l'impression qu'il avait été battu, un autre d'avoir été humilié.« (SP 80) Sie stellt Spekulationen über den anderen Inselbewohner an:

Pas une femme sûrement, car il s'était entêté aux besognes pauvres qu'on assigne à l'énergie et au sexe fort dans les îles désertes: ici, où tout est abondance en fruits et en coquillages, il avait défriché et semé du seigle; ici, près de deux grottes chaudes la nuit et fraîches le jour, il avait coupé des madriers et bâti une hutte. (SP 81)

Ähnlich weinerlich, sprunghaft und vernunftüberladen stuft sie auch Robinson Crusoe ein:[16]

Cet arbre que tu veux couper pour planter ton orge, secoue-le, c'est un palmier, il te donnera le pain tout cuit; cet autre que tu arraches pour semer tes petits pois, cueille sur lui ces serpents jaunes appelés bananes, écosse-les. Je t'aime, malgré tout, toi qui parles du goût de chaque oiseau de l'île et jamais de son chant. (SP 124)

Der unbekannte Bewohner hat die Insel kartographiert und alles benannt: »Le science allait se poser sur cette tache ronde au milieu du Pacifique et la boire comme un buvard.« (SP 126) Sie verwirft im wahrsten Sinne des Wortes die Idee, mit Hilfe konventionellen Denkens die Insel zu erfassen, denn »je jetai l'inventaire au feu, je relevai mes oiseaux, mes poissons de leur passé, et le nom stupide de mon île, je ne veux même pas vous le dire, pour l'oublier.« (SP 127)

Suzannes Sprache ist zwar noch durchsetzt von Vergleichen aus der Welt der Zivilisation (ein Vogel leuchtet wie eine Glühbirne, Düfte sind so intensiv wie aus Parfumflakons), sie lehnt sich aber gegen den konventionellen Sprachgebrauch auf:

J'emploierai doc à tort, pour vous parler des plantes, tout ce que me reviendra des mots exotiques, palétuviers, mandragores, mancenilliers, tout ce que m'a appris de botanique le grand opéra, et pour vous décrire la plus belle volière du monde, ou des mots un peu simple: la poule tricolore, la pie à bavette [...] (SP 56)

Gegen Ende ihres Inselaufenthalts wird sie zur Wortschöpferin:

J'ai bien deux cents mots qui jamais ne me portent hors de l'île où ils sont nés [...] Glaïa, le sentiment que l'on éprouve quand toutes les feuilles rouges du manguier sont

16 Schon Inga Pohlmann stellt fest, dass Suzanne als »Antithese zum herkömmlichen Robinsonbild des ›homo faber‹« angelegt ist. Inga Pohlmann: Robinsons Erben. Zum Paradigmenwechsel in der französischen Robinsonade. Konstanz 1991, 205.

retournées par le vent et deviennent blanches; Kirara, le mouvement de l'âme quand
les mille chauve-souris, pendues à un arbre mort comme des figues, se détachent une
à une [...]. (SP 127)

Eines Tages erkundet Suzanne auch die dritte Insel: Sie findet sie ohne Bäume
und unfruchtbar vor, sogar Fische meiden die Nähe der Insel. In dieser men-
schenfeindlichen Umgebung verlässt Suzanne der Mut und sie denkt kurzzeitig ans Sterben.

Letztlich ist Suzanne aber trotz ihrer gelungenen Koexistenz mit der Natur
auf den beiden ersten Inseln froh, als drei männliche Retter sie mitnehmen, wodurch sie wieder in das ihr bekannte ländliche Gebiet in Frankreich zurückkehren kann, um auch dort ein naturnahes Leben zu führen.

## 5. Marlen Haushofer: *Die Wand* (1963)

*Die Wand* ist der rückblickend verfasste Bericht einer 40-jährigen Witwe, die
sich während eines Ausflugs zu einem Jagdhaus plötzlich in einer Bergregion
durch eine auf unerklärliche Weise erscheinende Wand von der Außenwelt isoliert sieht. Alle Menschen jenseits der Wand scheinen erstarrt zu sein. Anlass
zur Niederschrift ihrer Erlebnisse wird nach zweijähriger Isolation das Auftauchen eines Mannes, der zwei ihrer domestizierten Tiere erschlägt, woraufhin sie
ihn erschießt.

Der Aufenthalt hinter der Wand prägt die Erzählerin nachhaltig. Dies betrifft
ihren Körper, der sich durch die harten Arbeiten verändert, die nötig sind, um
ihr Überleben und das der domestizierten Tiere[17] zu gewährleisten. Bedeutender ist die Änderung ihres Selbstverständnisses, hervorgerufen durch das enge
Zusammenleben mit den Tieren in einer menschenfreien Natur. Die Erzählerin
versucht in friedlicher Koexistenz mit der sie umgebenden Natur und in Solidarität mit ihren Tieren zu leben. Die Mensch-Tier-Gesellschaft ersetzt ihr die
Familie. Anhand ihres Verhältnisses zur Kuh Bella lässt sich ein deutlicher Unterschied zu den Robinson-Figuren bei Defoe oder Verne zeigen. Die Erzählerin
nimmt sich der Kuh nicht aus wirtschaftlichen Gründen an, sondern weil das
domestizierte Tier ihrer Hilfe bedarf: »Es war ganz klar, daß ich die Kuh nicht
zurücklassen konnte.« (W 26) Die Kuh wird für die namenlose Erzählerin zur
Aufgabe, das eigene Leben erscheint ihr wieder sinnvoll: »Der folgende Morgen

---

17 Das sind der Hund Luchs (»mein einziger Freund in einer Welt der Mühen und Einsamkeit«, 43), die Kuh Bella, die Katze (»Ich glaube nicht, daß die Katze mich so nötig
braucht wie ich sie« ebd.) und ihr Nachwuchs, v. a. Perle und Tiger; später kommt noch Stier
hinzu, Bellas Kalb. Marlen Haushofer: Die Wand. München 1991. Im Folgenden wird aus
Haushofers *Die Wand* unter der Sigle W mit der Seitenzahl zitiert.

war nicht mehr so unerträglich wie der vergangene, denn sowie ich die Augen aufschlug fiel mir die Kuh ein.« (W 29) Es fehlt ihr zwar an praktischem Wissen über Kühe, doch die Erzählerin bemüht sich mit Hilfe eines Bauernkalenders und der vorgefundenen Gerätschaften und Werkzeuge der neuen Aufgabe gerecht zu werden. Schnell fasst sie Zuneigung zur Kuh: »Sehr bald war sie mir mehr geworden als ein Stück Vieh, das ich zu meinem Nutzen hielt.« (W 40) Letztlich erscheint ihr die Verhinderung des Leidens der Kuh wichtiger als ihr eigener Vorteil, den sie aus dem Leben mit der Kuh zieht: »Ich hoffe, sie wird vor mir sterben, ohne mich müßte sie im Winter elend umkommen.« (W 155)

Die Ich-Erzählerin wird zur Versorgerin und Beschützerin nicht nur der domestizierten Tiere, sondern sie nimmt sich, soweit es in ihren Möglichkeiten steht, auch der Wildtiere an, indem sie zum Beispiel das Wild im Winter füttert (vgl. W 115). Sie betrachtet mit Interesse und Empathie die natürliche Umwelt, so sieht sie in der Wand nicht nur eine Katastrophe für die Menschen: »Jener Kleiber war der erste einer langen Reihe kleiner Vögel, die auf jämmerliche Weise an einem strahlenden Maimorgen ihr Ende gefunden haben.« (W 15) Immer wieder verspürt sie Hemmungen, Tiere zu töten: »bei den Rehen erscheint es mir heute noch besonders verwerflich, fast wie ein Verrat« (W 46); kommt aber zu der Einsicht, dass sie das einzige Regulativ in einer Umwelt darstellt, in der »alles Raubzeug längst ausgerottet worden ist und das Wild außer dem Menschen keinen natürlichen Feind mehr hat« (W 85). Es geht ihr bei ihrem Eingreifen in die sie umgebende Natur darum, Leiden zu verhindern.

Ihre Identität als Mensch scheint ihr immer wieder gefährdet, doch sie erkennt trotz allem ganz klar, dass sie niemals eine vollständige Anpassung an die sie umgebende Natur und die mit ihr lebenden Tiere erreichen kann. Weder kann sie die Tiere verstehen (»Was verstehe ich schon überhaupt von ihren seltsamen Zuständen? Was verstehe ich überhaupt von ihrem Leben?« W 90), noch kann sie selbst zum Tier werden: »Nicht daß ich fürchtete ein Tier zu werden, das wäre nicht sehr schlimm, aber ein Mensch kann niemals ein Tier werden, er stürzt am Tier vorüber in einen Abgrund.« (W 37) Im Laufe ihres Aufenthalts entfernt sie sich nicht nur immer weiter von ihrem früheren Ich,[18] sie legt auch keinen Wert mehr auf menschliche Gesellschaft:

Nein, es ist schon besser, daß ich allein bin. [...] Vielleicht können mich überhaupt nur Tiere ertragen. Wären auch Hugo und Luise im Wald geblieben, hätten sich sicher im Laufe der Zeit endlose Reibereien ergeben. (W 55)

---

18 »Wenn ich heute an die Frau denke, die ich einmal war, die Frau mit dem kleinen Doppelkinn, die sich bemühte, jünger auszusehen, als sie war, empfinde ich wenig Sympathie für sie.« (W 69), oder auch: »Es fällt mir schwer, beim Schreiben mein früheres und mein neues Ich auseinanderzuhalten, mein neues Ich, von dem ich nicht sicher bin, daß es nicht langsam von einem größeren Wir aufgesogen wird.« (W 153)

Eine Rückkehr in die Zivilisation erscheint ihr sogar als Bedrohung: »Ich bin noch lange nicht in Sicherheit. Sie können jeden Tag zurückkommen und mich holen.« (W 86) Ihr Lebenszweck besteht nun ausschließlich in der Sorge um ihre Mitgeschöpfe: »Es gibt keinen Ausweg, denn solange es im Wald ein Geschöpf gibt, das ich lieben könnte, werde ich es tun; und wenn es einmal wirklich nichts mehr gibt, werde ich aufhören zu leben.« (W 133)[19]

## 6. Fazit

Defoes Ich-Erzähler sieht die unbewohnte Insel als Ort der omnipräsenten Bedrohung, dort zu verhungern und/oder gefressen zu werden. Die Insel wird durch Kultivierung und menschliche Herrschaft zu einem lebenswerten Ort, aber sie erscheint ihm keineswegs besser als die ›alte‹ Welt, weshalb er auch nach England zurückkehrt. Eine Veränderung seines Charakters findet nicht statt.

Vernes unbewohnte Insel wird zur Herausforderung für den menschlichen Erfindergeist und liefert alles benötigte Rohmaterial für die Herrschaft der Gruppe. Die Gefährdung durch die Natur erscheint nebensächlich. Die Robinson-Figuren erschaffen eine bessere Welt durch die Kultivierung der Insel, zumindest aus ihrer Sicht. Nach dem Untergang der Insel wird versucht, diese vom Menschen geschaffene, bessere Welt in der ›alten‹ Welt zu imitieren. Von einer Veränderung der Charaktere kann aber, wie auch schon bei Defoe, nicht gesprochen werden.

Bei Ballard wird eine von der Gesellschaft verlassene, nur noch von Außenseitern bewohnte Verkehrsinsel von der Robinson-Figur als Herausforderung zum Überlebenskampf mit dem Ziel der Alleinherrschaft über die Insel verstanden. Die Insel wird als Geschöpf bzw. Mikrokosmos wahrgenommen, das Maitland mal feindlich, mal freundlich gesinnt ist; dabei existieren keine akuten Gefährdungen zum Beispiel durch wilde Tiere. Bedingt durch die heterodiegetische Erzählinstanz mit starker Fokalisierung auf Maitland bleibt es dem Leser vorbehalten zu entscheiden, ob bei Maitland angesichts des Ortes bisher unterdrückte Aspekte seines Charakters zum Vorschein treten (keine Veränderung des Protagonisten) oder ob er dem Wahnsinn verfällt (Veränderung des Protagonisten), wobei ich zur ersteren Sichtweise tendiere.[20]

---

19 Haushofers posthumanistisch-postanthropozentrisches Weltbild untersucht Stefan Herbrechter: »Nicht daß ich fürchtete, ein Tier zu werden...« Ökographie in Marlen Haushofers *Die Wand*, in: figurationen 1, 2014, 41–55.

20 Lee Rozelle stellt fest, dass Maitland sich stark mit der Insel identifiziere, und kommt zu dem Schluss, dass er auf der Insel eine Veränderung durchlaufen würde: »Ballard undermines both ecological isolation and reparation narratives by introducing literary figures who become immersed in island ecologies and are radically transformed.« Lee Rozelle: I Am the Island: Dystopia and Ecocidal Imagination in *Rushing to Paradise*, *Super-Cannes*, and

| Autor | Figuren-konzeption | Angestrebte Position des Menschen | Verblei-ben auf der Insel | besserer vs. schlechterer Raum; Asyl vs. Exil; Topophilia vs. Topophobia |
|---|---|---|---|---|
| Defoe 1719 | statisch | Herrschaft (erfolgreich) | nein | Insel als feindlicher Ort; durch Kultivierung lebensfreundlich; Wunsch zu gehen |
| Verne 1875 | statisch | Herrschaft (gescheitert) | nein | Insel als Herausforderung; nach Kultivierung besserer Ort; Wunsch zu bleiben |
| Ballard 1974 | statisch? | Herrschaft (gescheitert) | ja | Insel als Kampfzone, Verbün-dete und Gegnerin; Wunsch zu bleiben und zu gehen |
| Giraudoux 1921 | statisch | Koexistenz/ vorüber-gehende Fürsorge | nein | 1. u. 2. Insel: besserer Raum; 3. Insel: schlechterer Raum; Wunsch zu gehen |
| Haushofer 1963 | Veränderung | Koexistenz/ dauerhafte Fürsorge | ja | besserer Raum, trotz punk-tueller Gefährdungen; Wunsch zu bleiben |

In Giraudoux' Roman gibt es eigentlich drei Inseln: die völlig menschenfreie Insel der Vögel und die ehemals von einem Menschen bewohnte Insel der Säugetiere als exotische Orte ohne Mühen, Gefahren und Arbeit, wohingegen die dritte Insel ein Ort der Gefährdung der Erzählerin ist. Die Erzählerin bemüht sich um eine friedliche Koexistenz mit der sie umgebenden Natur, die Sehnsucht nach der Kombination von heimatlicher Natur und menschlicher Gesellschaft lässt sie aber nach Frankreich zurückkehren, obwohl die Inseln der Vögel und der Säugetiere vor allem angesichts des Krieges in Europa als bessere Orte erscheinen. Es findet keine Wandlung der Protagonistin statt, da diese in Frankreich bereits naturverbunden war.

Haushofers ›Insel‹ findet sich an der Schnittstelle zwischen Zivilisation (Jagdhaus, Hütten, Alm) und menschenferner Natur und stellt die Erzählerin anfangs vor Probleme. Die neue Aufgabe, die darin besteht, in möglichst friedlicher Koexistenz mit der Natur zu leben bzw. für die Tiere zu sorgen, wird zentral für ihr Selbstverständnis. Die von der Menschheit isolierte Welt wird von der Erzählerin als bessere Welt verstanden, die sie nicht mehr verlassen will.

---

*Concrete Island*, in: ISLE 17.1, 2010, 61–71, hier 62. Diese Sichtweise vernachlässigt aber im Falle Maitlands seinen extremen Herrschaftsanspruch hinsichtlich der Insel, der sich durchgehend vom Anfang bis zum Ende der Erzählung nachweisen lässt.

Als Auffälligkeit erweist sich, dass nur in Texten mit weiblichen Robinson-Figuren eine friedliche Koexistenz zwischen Mensch und Natur möglich ist. Als modellhafte Entwürfe für ein Zusammenleben von Mensch und Natur betrachte ich sie trotzdem nicht. Haushofers Text lässt sich auch der Gattung der Postapokalypse zuordnen: Die Situation der Ich-Erzählerin erscheint aussichtslos und nicht übertragbar auf andere Menschen, nicht zuletzt, weil der Text nahelegt, dass sie der letzte Mensch auf Erden sein könnte. Die Inseln, die Giraudoux' Suzanne bewohnt, haben kein Pedant in der außertextlichen Wirklichkeit, es geht hier nicht um eine realistische Naturdarstellung.

Es bleibt aber festzuhalten, dass die Robinsonade sich als eine Gattung erweist, in der das Verhältnis des Menschen zur Natur im Spannungsfeld zwischen Topophilia und Topophobia, Exil und Asyl durch die Wahl eines insularen Handlungsraums auf vielfältige Weise besonders intensiv beleuchtet und durchdacht werden kann. Die hier erarbeiteten Ergebnisse ließen sich vertiefen einerseits durch eine stärkere Einbeziehung des jeweiligen Entstehungskontextes der Romane und andererseits durch eine Erweiterung des Lektürekanons. Hier wäre sicherlich auch die postkoloniale Perspektive von besonderem Interesse (zum Beispiel in Michel Tourniers *Vendredi ou les Limbes du Pacifique* und *Vendredi ou la Vie sauvage* oder auch in Jack Golds Film *Man Friday*).

## Literaturverzeichnis

Ballard, J. B.: Concrete Island. New York 2006.

Brunner, Horst: Die poetische Insel. Inseln und Inselvorstellungen in der deutschen Literatur. Stuttgart 1967.

Compère, Daniel: Les déclinaisons de Robinson Crusoé dans *L'Île mystérieuse* de Jules Verne, in: Études françaises 35.1, 1999, 43–53.

Defoe, Daniel: Robinson Crusoe: an authoritative text, contexts, criticism. Hrsg. v. Michael Shinagel. New York/London ²1994.

Deist, Tina: Homo Homini Lupus. Zur Markierung von Intertextualität in William Goldings Gruppenrobinsonade *Lord of the Flies*, in: Bieber, Ada (Hrsg.): Angeschwemmt – Fortgeschrieben. Robinsonaden im 20. und beginnenden 21. Jahrhundert. Würzburg 2009, 55–74.

Giraudoux, Jean: Suzanne et le Pacifique. Paris 1939.

Hannabuss, Stuart: Robinsonaden and desert island themes in literature, in: The Bibliotheck 22, 1997, 79–101.

Haushofer, Marlen: Die Wand. München 1991.

Herbrechter, Stefan: »Nicht daß ich fürchtete, ein Tier zu werden…«. Ökographie in Marlen Haushofers *Die Wand*, in: figurationen 1, 2014, 41–55.

Howe, Irvin: Der anti-utopische Roman, in: Villgrader, Rudolf/Krey, Friedrich (Hrsg.): Der utopische Roman. Darmstadt 1973, 344–354.

Mackintosh, Alex: Crusoe's abattoir: cannibalism and animal slaughter in *Robinson Crusoe*, in: Critical Quarterly 53.3, 2011, 24–43.

Meyer, Stephan: Die anti-utopische Tradition. Eine ideen- und problemgeschichtliche Darstellung. Frankfurt a. M. u. a. 1998.

Pohlmann, Inga: Robinsons Erben. Zum Paradigmenwechsel in der französischen Robinsonade. Konstanz 1991.

Reckwitz, Erhard: Die Robinsonade. Themen und Formen einer literarischen Gattung. Amsterdam 1976.

Rozelle, Lee: I Am the Island: Dystopia and Ecocidal Imagination in *Rushing to Paradise*, *Super-Cannes*, and *Concrete Island*, in: ISLE 17.1, 2010, 61–71.

Torke, Celia: Die Robinsonin. Repräsentationen von Weiblichkeit in deutsch- und englischsprachigen Robinsonaden des 20. Jahrhunderts. Göttingen 2011.

Tuan, Yi-Fu: Topophilia: A study of environmental perception, attitudes, and values. Englewood Cliffs [4]1974.

– Landscapes of Fear. Oxford 1980.

Ullrich, Hermann: Defoes Robinson Crusoe. Die Geschichte eines Weltbuches. Leipzig 1924.

Verne, Jules: Voyages extraordinaires. L'Île mysterieuse. Le Sphinx des glaces. Hrsg. v. Jean-Luc Steinmetz/Marie-Hélène Huet. Paris 2012.

Ursula Kluwick

# Die unheimliche Natur

## Schauer- und Sensationsroman als Spielarten einer ökologischen Ästhetik

Die englische Bezeichnung für den Schauerroman – *Gothic novel* – lenkt das Augenmerk des Lesers von Beginn an auf den Schauplatz der Ereignisse als inner- wie außertextuell wichtiges Element. Wie Robert Mighall bemerkt: »The ›Gothic‹ by definition is about history and geography.«[1] Von Horace Walpoles gattungsstiftendem *The Castle of Otranto* (1764) bis zu Angela Carters Neo-Gothic *Nights at the Circus* (1984) deutet der Begriff *Gothic* auf die handlungsbestimmende Funktion bestimmter Szenerien hin und weist dem Ort der Handlung damit auch eine tragende Rolle bei der Gattungszuordnung durch den Leser zu. Zentrale Handlungsstränge entwickeln sich in von mittelalterlicher Architektur geprägten oder weitläufig inspirierten Räumen:

> Though not always as obviously as in *The Castle of Otranto* or *Dracula*, a Gothic tale usually takes place (at least some of the time) in an antiquated or seemingly antiquated space – be it a castle, a foreign palace, an abbey, a vast prison, a subterranean crypt, a graveyard, a primeval frontier or island, a large old house or theatre, an aging city or urban underworld, a decaying storehouse, factory, laboratory, public building, or some new recreation of an older venue [...].[2]

Nur zwei der hier genannten Orte können als natürlich bezeichnet werden: das Grenzland und die Insel; die anderen sind durchwegs von Menschen gebaute oder gestaltete Räume. Hogle nennt diese Schauplätze nicht nur als besonders charakteristisch für den Schauerroman, sondern bezeichnet sie als seine primären gattungsbestimmenden Elemente – die Prominenz des von Menschen geschaffenen Raums für den Schauerroman weist gleichzeitig auch auf den zivilisationserschütternden Charakter dieser Gattung hin. Der Schauerroman lebt

---

1 Robert Mighall: A Geography of Victorian Gothic Fiction: Mapping History's Nightmares. Oxford 1999, xiv.
2 Jerrold E. Hogle: Introduction: the Gothic in western culture, in: Ders. (Hrsg.): The Cambridge Companion to Gothic Fiction. Cambridge 2001, 1–20, hier 2.

vom Hervorbrechen des Unheimlichen unter der glatten Oberfläche der Zivilisation, und es sind eben diese ›gotischen‹ Zwischenorte, Nischen des Rückgriffs auf eine ältere und oft als primitiver gedachte Kultur in einer sich selbstbewusst als modern und rational verstehenden Welt, die dieses antagonistische Neben- und Gegeneinander verkörpern. Für den Schauerroman ist der Handlungsort daher zentral, ein Umstand, der trotz der oft betonten Wichtigkeit der architektonischen Kulisse für den Schauerroman sofort auch die Frage nach der Bedeutung der Umwelt als natürlichem Schauplatz aufwirft.

Lisa Kröger beruft sich in ihrem Entwurf einer »Gothic ecology«[3] auf die literaturwissenschaftliche Konzentration auf die Innenräume des Schauerromans, nur um im Gegenzug die Bedeutung der Natur für diese Gattung hervorzuheben:

While much is made about the Gothic edifices, such as the ancient estate or the crumbling castle, the environment, often seen in the Gothic forest, plays just as integral a role in these novels.[4]

Krögers »Gothic ecology« bezeichnet die Konfluenz der menschlichen mit der natürlichen Welt.[5] Kröger stellt dabei die Darstellung der Natur bei Anne Radcliffe (1764–1823) dem Naturkonzept von Matthew Lewis (1775–1818) gegenüber. Während Radcliffe eine spirituelle Auffassung von Natur vertritt[6] und die Natur für ihre Figuren als bejahenden Ort des Trosts, der Erneuerung und des Schutzes konstruiert, sieht Lewis die Natur als dem Menschen feindlich gesinnten Bereich. Stark vom Marquis de Sade beeinflusst, zeichnet er in seinen Schauerromanen die Natur als furchterregende Wildnis, in der menschliche Figuren isoliert und korrumpiert werden.[7] Für Lewis handelt es sich dabei allerdings um ein wechselseitiges Phänomen, da der Mensch bei ihm auch an sich schon potenziell schlecht ist: »the nature of humanity is to corrupt, and that force carries over into mankind's environment.«[8] Obwohl Lewis' Naturkonzeption den Schauerroman laut Kröger nachhaltiger beeinflusst hat, läuft die Ideologie der verschiedenen Naturdarstellungen der beiden Autoren für Kröger im Endeffekt auf einen gemeinsamen Fluchtpunkt zu. Bei beiden findet sie eine »Gothic ecology«, die Einklang zwischen Mensch und Natur als die beste Lösung für den Menschen propagiert.[9]

3 Lisa Kröger: Panic, paranoia and pathos: ecocriticism in the eighteenth-century Gothic novel, in: Andrew Smith/William Hughes (Hrsg.): EcoGothic. Manchester/New York 2013, 15–27, hier 16.
4 Ebd., 16.
5 Ebd., 16. Kröger orientiert sich mit diesem Konzept an Jonathan Bates »Romantic ecology« aus dem gleichnamigen Buch.
6 Natur ist bei Radcliffe ein Raum der Anbetung und Verehrung. Kröger spricht etwas anachronistisch von Radcliffes »God-centred view of ecology« (ebd., 19).
7 Ebd., 20–21.
8 Ebd., 21.
9 Ebd., 26.

Wie Kröger möchte ich in meinem Beitrag die Rolle der Natur und natürlicher Handlungsschauplätze im Schauer- und im ihm verwandten Sensationsroman ins Zentrum rücken und neu überdenken. Mir geht es dabei allerdings im Unterschied zu Kröger weder um das Aufzeigen von Dichotomien (Natur als Heilung vs. Natur als physische Zersetzung; Natur als Harmonie vs. Natur als Ort des Schreckens), noch um die thematische Funktion der Natur, sondern um die Strategien und Effekte der Naturdarstellung, die Schauer- und Sensationsroman mit ihren spezifischen ästhetischen Mitteln erreichen. Hierfür müssen zunächst einmal aber Schauer- und Sensationsroman für meine Zwecke definiert und voneinander abgegrenzt werden.

Der Schauerroman ist eine vor allem aus literaturgeschichtlicher Hinsicht umstrittene Gattung, über deren zentrale Charakteristika jedoch trotz ihrer vielfach beschworenen unmöglichen Gattungsdefinition durchaus Einigkeit herrscht. David Punter etwa streicht folgende Aspekte hervor:

Gothic speaks of phantoms [...] Gothic takes place – very frequently – in crypts [...] The Gothic speaks of – indeed, we might say it attempts to invoke – spectres [...] Gothic has to do with the uncanny [...] And Gothic speaks, incessantly, of bodily harm and the wound.[10]

Diese Liste deckt sich gut mit der von Hogle:

Within this [d.h. the typically Gothic] space, or a combination of such spaces, are hidden some secrets from the past (sometimes the recent past) that haunt the characters, psychologically, physically, or otherwise at the main time of the story. These hauntings can take many forms, but they frequently assume the features of ghosts, specters, or monsters (mixing features from different realms of being, often life and death) that rise from within the antiquated space, or sometimes invade it from alien realms, to manifest unresolved crimes or conflicts that can no longer be successfully buried from view.[11]

Der Schauerroman ist demnach eine Gattung, die verdrängte Präsenzen sichtbar macht, in der die Figuren von lange unterdrückten Erinnerungen und tief vergrabenen Geheimnissen heimgesucht werden und in der diese Heimsuchung sich physisch manifestiert – durch Spuk ebenso wie in körperlichen Traumata und Wunden. Die Ästhetik des Schauerromans ist, wie Punter ausdrücklich hervorstreicht und Hogle anklingen lässt, vom Unheimlichen geprägt, vom Fremdwerden des Bekannten.

Diese Strategie teilt der Schauerroman mit dem Sensationsroman, und genau dieses Verfahren ist auch für eine ökokritische Analyse von Schauer- und Sensationsroman als ökologische Gattungen relevant. Der Sensations- und vor allem

---

10 Ebd., 2.
11 Hogle: Introduction, 2.

der späte Schauerroman verfremden die Natur auf eine Weise, die sie in einem
neuen Licht erscheinen und ihr nicht zu unterdrückendes Dasein erkennbar
werden lässt, das Handlung und Stimmung auf mannigfaltige Weise beeinflusst
und steuert. In dieser Neuperspektivierung der Natur liegt das ökologische
Potenzial[12] der beiden Genres. Dieses erreichen sie allerdings mit verschiedenen
Mitteln, da sie sich durch ihre Handlungsschauplätze und deren spezifische Natur wesentlich voneinander unterscheiden, was natürlich wiederum die Funktion der Umwelt und die Wirkung der Naturdarstellung beeinflusst.

Die Handlung des Schauerromans ist geographisch gesehen meist in abge-
legenen, vorzugsweise auch in schroffen und vor allem fremden Regionen angesiedelt. Der Schauerroman kann seinen Ausgang durchaus in lieblichen Gegenden nehmen, auf das Grauenerregende treffen die Figuren jedoch nach ihrer
Verschiebung in unbekannte und abweisende Umgebungen. In Ann Radcliffes
*The Mysteries of Udolpho* (1794) etwa muss Emily St. Aubert, die Heldin des Romans, die malerische Landschaft der Gascogne verlassen, um in der Abgelegen-
heit der Bergwelt von Udolpho den ganzen Terror des Radcliffschen Schauerromans kennenzulernen. Die schroffe Natur, in der Udolpho liegt, deutet von
Anfang an die Schrecken an, die Emily während ihres Aufenthalts zu bewältigen hat: »The extent and darkness of these tall woods awakened terrific images
in her mind, and she almost expected to see banditti start up from under the
trees.«[13] Die Konfrontation mit einer fremden und oft abweisenden Landschaft
unterstützt hier die Entwurzelung der Figuren durch das Hereinbrechen des
Unheimlichen in der Fremde. Sie schafft eine passende Stimmungslandschaft,
die die Isolation der Figuren betont. In Emilys Fall verstärken »the Apennines
in their darkest horrors«[14] nicht nur ihr Gefühl der Hilflosigkeit, sondern machen auch ihre Flucht praktisch unmöglich.

Auf den ersten Blick ließe sich dieser für den Schauer- aber auch für den Sensationsroman typische Natureffekt vielleicht als *pathetic fallacy* abtun, als reine
Spiegelung menschlicher Empfindsamkeiten durch die natürliche Umwelt[15]
und als nur auf den Menschen und seine Psyche bezogene Äußerung der Natur.
Die Naturphänomene, die Emilys entmutigenden ersten Eindruck von Udolpho
begleiten, sind ein klassisches Beispiel für diese Interpretationsmöglichkeit.

---

12 Dieses sollte allerdings nicht ›politisch-missionarisch‹ verstanden werden. Mir geht es
vielmehr um ökologisches Potential im Sinne einer Sichtbarmachung der Natur.
13 Ann Radcliffe: The Mysteries of Udolpho: A Romance. Eingel. u. komm. v. Jacqueline
Howard. Bd. II, Kap. V, London 2001, 216.
14 Ebd., 215.
15 Die *pathetic fallacy* bezeichnet die Projektion menschlicher Stimmungen und Gefühle
auf die Natur, wie etwa in der Darstellung von Gewittern als äußere Manifestation innerer
menschlicher Unruhe oder als Ankündigung unheilvoller Entwicklungen menschlicher
Schicksale. Ruskin definiert die *pathetic fallacy* als falsche Wahrnehmung der externen Welt,
die durch starke (»violent«) Gefühle hervorgerufen wird. John Ruskin: Modern Painters.
Bd. 3 [1856]. London 1873, IV, § 5, 160.

Ihre Mutlosigkeit findet eine direkte Entsprechung in der sinkenden Sonne, die Udolpho in unheilvolles Licht taucht, und diese Korrelation wird auch metaphorisch zum Ausdruck gebracht: »Emily's heart sunk«[16] ist ein direktes lexikalisches Echo des Sonnenuntergangs[17]. Meines Erachtens handelt es sich hierbei allerdings nicht nur um eine Projektion von Emilys Gefühlswelt auf ihre Umgebung. Die untergehende Sonne führt auch vor Augen, welch starken Anteil die Natur in Schauer- und Sensationsroman am Erzeugen der für die beiden Gattungen spezifischen Atmosphäre hat, die sich als eine generelle ›Verunheimlichung‹ der sozialen und natürlichen Umgebung beschreiben lässt. Und nicht nur das. Die Natur wirkt auch zentral an einer Neupositionierung der menschlichen Subjekte in einer plötzlich unheimlich gewordenen Welt mit. Die Sonne, die just zu dem Zeitpunkt, da Emily Udolpho zum ersten Mal sieht und betritt, untergeht, ist nicht bloß die Spiegelung von Emilys verängstigter Psyche, vielmehr verstärkt die plötzlich veränderte Natur Emilys Verunsicherung. Die Protagonisten des Schauerromans werden durch überraschende Ereignisse aus der Bahn geworfen, und die ihnen fremde Natur – sei es der Apennin wie in *The Mysteries of Udolpho*, seien es die Berge und Flüsse Transsylvaniens wie in *Dracula* – hat einen signifikanten Anteil an ihrer Entwurzelung.

Die unbekannte Natur zeigt den Figuren, dass sie in dieser fremden Welt keinen fixen Platz haben. Sie werden zur Neupositionierung gezwungen, einer Neupositionierung, die sie auch zu einer Neuverhandlung ihrer menschlichen Subjektposition zwingt. Wenn Jonathan Harker sich etwa nicht nur in Draculas Schloss eingesperrt, sondern auch noch das Schloss von Schluchten umringt und in der von wilden Tieren behausten transsylvanischen Gebirgslandschaft fernab jeder Zivilisation isoliert weiß, so besteht seine einzige Chance zur Flucht darin, ähnlich wie der transgressive Graf Dracula persönlich zu einem echsenhaften Wesen zu werden, das die Schlosswand hinunterklettern kann, um aus seinem versperrten Zimmer zu entkommen.[18] Diese Grenzüberschrei-

---

16 Radcliffe: Udolpho, 217.
17 Vgl. ebd., 215: »The sun had just sunk«.
18 Vgl. Bram Stoker: Dracula. Eingel. u. komm. v. Nina Auerbach/David J. Skal. Norton Critical Edition. New York/London 1997, 39. Jonathan ist von des Grafen Kletterkünsten zunächst abgestoßen: »What manner of man is this, or what manner of creature is it in the semblance of man? [...] I am in fear – in awful fear [...] I am encompassed about with terrors that I dare not think of ...«, ebd., 39. Menschsein verschwimmt in diesem Wechsel von »man« zu »creature« explizit mit Tiersein. Später sieht Jonathan Dracula in seinen eigenen Kleidern als Jonathan verkleidet die Schlosswand hinab klettern. Jonathans eigene Grenzüberschreitung wird demnach von Dracula initiiert und Jonathan gleichsam zur Nachahmung angeboten: »Where his body has gone why may not another body go? [...] why should not I imitate him [...] At the worst it can only be death; and a man's death is not a calf's«, ebd., 49. Die ausdrückliche Abgrenzung vom Tier gerade in dem Moment, in dem Jonathan sich anstellt, genau wie der Graf »just as a lizard« die Wand hinabzuklettern, ist natürlich besonders auffällig. Die gleiche Verdrängung des Tierseins, zu dem die typische Schauerromanszenerie

tung zwischen Mensch und Tier wird im Roman nie direkt thematisiert, aber ihre schwerwiegenden Folgen sind unübersehbar: Jonathan wird nach seiner Flucht mit schwerem »brain fever«[19] aufgefunden, ist also bis in die Grundfesten seiner menschlichen Rationalität erschüttert und findet auch im Spital und in der Obhut seiner späteren Frau Mina lange nicht zu seiner ursprünglichen Männlichkeit zurück. Sind es in *Dracula* auch generell die Frauen, die gebissen und damit selbst (beinahe) zu spitzzahnigen Bestien werden, so ist es in Jonathans Fall die Natur selbst, die ihn zu einer Neupositionierung seiner selbst nach ihren Parametern zwingt und damit zur identitätsverändernden Konfluenz mit dem Tier.

Der Sensationsroman wird in der englischen Literaturwissenschaft generell als eine domestizierte und zugleich hochaktuelle Form des Schauerromans angesehen.[20] Henry James etwa hob 1865 die Nähe des Sensationsromans zur Erlebniswelt seiner damaligen Leserinnen hervor, die ganz neue Dimensionen des Terrors ermöglichte:

To Mr. Collins belongs the credit of having introduced into fiction those most mysterious of mysteries, the mysteries which are at our own doors. This innovation gave a new impetus to the literature of horrors. It was fatal to the authority of Mrs Radcliffe and her everlasting castle in the Apennines. What are the Apennines to us, or we to the Apennines? Instead of the terrors of ›Udolpho‹, we were treated to the terrors of the cheerful country-house and the busy London lodgings. And there is no doubt that these were infinitely the more terrible.[21]

James nimmt Domestizierung hier interessanterweise mehr als wörtlich. Dem Apennin stellt er nicht die englische Natur, sondern englische Domizile gegenüber. Aber auch wenn James die heimische Natur hier nicht erwähnt, so ist die Strategie, die er beschreibt, doch gerade auch für die Naturdarstellung des Sen-

---

Jonathan zwingt, findet sich auch in dem Satz wieder, mit dem sein Tagebuch abbricht, genau nach seiner Entscheidung, die Wand wiederum und noch viel weiter hinunterzuklettern: »the precipice is steep and high. At its foot a man may sleep – as a man«, ebd., 55. Gerade die verzweifelte Verneinung von Jonathans prekärer Position zwischen Mensch und Tier (hier: Echse) macht die Erschütterung seiner menschlichen Stellung, die die Natur hier mit verantwortet, besonders deutlich.

19 Ebd., 100.

20 Hinweise auf diese Domestizierung findet man viele. Vgl. etwa Pamela K. Gilbert: Introduction, in: Dies. (Hrsg.): A Companion to Sensation Fiction. Chichester 2011, 1–10.: »sensation tends to avoid the supernatural as a primary plot element and domesticates the Gothic's exotic settings.« Ebd., 4.

21 Henry James: Miss Braddon [1865]. Notes and Reviews: A Series of Twenty-five Papers Hitherto Unpublished in Book Form. Cambridge 1921, 108–16. http://www.mocavo.co.uk/Notes-and-Reviews-by-Henry-James/883205/142#9. – Der im Zitat genannte Wilkie Collins ist Autor eines der Schlüsseltexte der englischen Sensationsliteratur (*The Woman in White*, 1859–60), auf dessen Werk ich im Folgenden noch zu sprechen komme.

sationsromans hochrelevant, denn hier ist es die wohlbekannte Natur, die plötzlich unheimlich wird. Das Vertraute kippt und erweist sich als trügerisch. Für seine zeitgenössischen Kritiker war die beunruhigendste Facette des Sensationsromans eben genau die Tatsache, dass Transgression hier nicht in weit entfernten und exotischen Gefilden stattfand, sondern mitten in Großbritannien, meist gar mitten in England selbst.[22]

Die in den beiden Gattungen unterschiedliche Nähe zwischen Leser und Natur bedingt verschiedene Methoden der Naturdarstellung. Die bevorzugte naturästhetische Strategie des Schauerromans ist das Erhabene. Vor allem im frühen Schauerroman handelt es sich dabei um das klassische Erhabene, das den Betrachter der Natur bis in die Grundfesten seines Seins erschüttert und ihn sprichwörtlich erschauern lässt. Radcliffe etwa bezeichnet die Natur häufig ganz direkt als sublim und greift bei der Naturdarstellung geradezu routinemäßig auf das Erhabene zurück.

Etwas komplexer ist die Rolle des Erhabenen im späten und stark vom Sensationsroman beeinflussten Schauerroman, für den ich *Dracula* als Beispiel heranziehe.[23] Der Kontakt mit der natürlichen Umwelt ist hier unmittelbarer als bei Radcliffe, die ihre Figuren bei aller Erschütterung doch einfach Natur*betrachter* sein lässt. Bei Stoker hingegen kommt es zu einer viel intensiveren und vor allem physischeren Auseinandersetzung mit der Natur.[24] Im Folgenden möchte ich einen kurzen Blick auf Graf Draculas Ankunft in Großbritannien werfen. Dracula gelangt auf einem Schiff nach England, dessen Besatzung er nach und nach getötet hat. Seine Landung im nordenglischen Kurort Whitby erfolgt während eines Seesturms, der die Bevölkerung von Whitby an die Hafenpromenade zieht, an der sie das Naturspektakel einschließlich der Ankunft des Geisterschiffes bestaunen kann. Die Beschreibung des Seesturms erfolgt im Rahmen des Augenzeugenberichtes eines Zeitungskorrespondenten:

---

22 Dieses Erbe des Sensationsromans findet man im Wiederaufleben des Schauerromans im ausgehenden 19. Jahrhundert, das dem Sensationsroman folgt, wieder. Das ›urban Gothic‹, zu dem auch *Dracula* teilweise zu zählen ist, verortet Horror und Terror direkt in der Stadt. Im Fall von *Dracula* handelt es sich dabei allerdings um eine Invasion von außen, die London, das Zentrum des britischen Imperiums, bedroht.

23 Mighall sieht hier eine viel stärkere Kontinuität. Er bezeichnet den Sensationsroman als »Suburban Gothic« und streicht damit die vielen Gemeinsamkeiten überzeugend hervor. *Gothic* ist für ihn ein Schreibmodus, keine Gattung. Mighall: A Geography of Victorian Gothic Fiction, 118, xix. Meiner Ansicht nach ist *Gothic* beides – Gattung (als Schauerroman) – und Modus. Da ich *Gothic* als Modus vor allem im Zusammenhang mit einer bestimmten Ästhetik verstehe, trage ich dieser Ambiguität mit dem Begriff ›Gothic aesthetics‹ Rechnung.

24 Im oben genannten Beispiel muss Jonathan die Schlosswand, die eine Verlängerung der Schlucht ist, eben hinunterklettern. Emily St. Aubert blickt nur in Abgründe, würde aber nie selbst den rauen Fels berühren.

Then without warning the tempest broke. With a rapidity which, at the time, seemed incredible, and even afterwards is impossible to realize, the whole aspect of nature at once became convulsed. The waves rose in growing fury, each overtopping its fellow, till in a very few minutes the lately glassy sea was like a roaring and devouring monster. White-crested waves beat madly on the level sands and rushed up the shelving cliffs [...] The wind roared like thunder, and blew with such force that it was with difficulty that even strong men kept their feet, or clung with grim clasp to the iron stanchions. It was found necessary to clear the entire pier from the mass of onlookers, or else the fatalities of the night would have been increased manifold. [...] At times the mist cleared, and the sea for some distance could be seen in the glare of the lightning, which now came thick and fast, followed by such sudden peals of thunder that the whole sky overhead seemed trembling under the shock of the footsteps of the storm. Some of the scenes thus revealed were of immeasurable grandeur and of absorbing interest – the sea, running mountains high, threw skywards with each wave mighty masses of white foam, which the tempest seemed to snatch at and whirl away into space.[25]

Auch hier wird das Erhabene aktiviert, aber die Beschreibung des Seesturms ist doch grundverschieden von der Beschreibung der Alpen in Radcliffes Roman. Zwischen beiden Texten liegen nicht nur hundert Jahre Literatur-, Sozial- und Wissenschaftsgeschichte, sondern auch der Sensationsroman. Wir sehen hier eine Natur, die nicht grundsätzlich wild und fremd ist, sondern die sich mit rasender Geschwindigkeit verändert und verfremdet *wird*. Die Natur ist hier dynamisch und lebendig: Das Meer ist eine wütend brüllende Bestie, die Wellen werfen sich wie wahnsinnig den Strand hinan, der Wind kreischt und tobt, der Sturm schnappt nach der Gischt und wirbelt sie hinweg. Das Meer stellt in dieser Szene eine sehr aktive Gefahr für den menschlichen Betrachter dar, und die Zuschauer an der Mole begeben sich mit ihrem Wunsch nach Nähe zum erhabenen Naturschauspiel in Lebensgefahr. Interessant ist dabei natürlich der Gebrauch des Passivs für den menschlichen Beschluss, den Pier zu räumen (»It was thought necessary«), der stark mit dem aktiven Modus des Meers kontrastiert. Die Hierarchie zwischen Mensch und Natur wird hier umgedreht und die Menschen beugen sich der Macht der Natur, müssen ihr den Raum überlassen, den sie sich einfach holt. Diese Dynamik wird auch in der Reaktion der Zuschauer auf die Boote deutlich, die im Sturm den sicheren Hafen erreichen: »As each boat achieved the safety of the port there was a shout of joy from the mass of people on shore, a shout which for a moment seemed to cleave the gale and was then swept away in its rush.«[26] Die Menschen scheinen mit ihrem Geschrei den Sturm kurz übertönen zu können, doch der Jubellaut, mit dem sie über die Naturgewalten triumphieren wollen, wird sofort wieder vom Wind verweht, er hat keine bleibende Kraft.

25  Stoker: Dracula, 76–77.
26  Ebd., 77.

Eine noch anders gelagerte Strategie der Naturdarstellung findet sich in einem Teil des Zitats, den ich oben ausgeklammert habe:[27]

To add to the difficulties and dangers of the time, masses of sea-fog came drifting inland – white, wet clouds, which swept by in ghostly fashion, so dank and damp and cold that it needed but little effort of imagination to think that the spirits of those lost at sea were touching their living brethren with the clammy hands of death, and many a one shuddered as the wreaths of sea-mist swept by.[28]

Die Ästhetik, die hier zum Tragen kommt, möchte ich als *Gothic*-Ästhetik bezeichnen, wobei ich diese als eine spezifische Ausformung des *Gothic* als viktorianischen (und späteren, nicht aber als romantischen) Schreibmodus betrachte, die durch die gegenseitige Befruchtung von Schauer- und Sensationsroman entsteht. Die Natur wird hier nicht bloß zum Ort, sondern zum Träger der Heimsuchung. Das Unheimliche kommt schleichend aus der und durch die Natur und lässt die Menschen im physischen Kontakt mit der Umwelt erschauern: »many a one shuddered«. Dass der Nebel hier als Hand des Todes imaginiert wird, erscheint angesichts des Kontextes dieser Szene, die die Natur als viel lebendiger zeichnet als die Menschen, paradox. Gerade diese Ambiguität ist jedoch passend, denn der Nebel ist in *Dracula* fest mit der Manifestation der Vampire – also der Untoten – verbunden.[29] Der späte Schauerroman greift hier also genau den Effekt auf, der durch seine Domestizierung im Sensationsroman entsteht: die Verunheimlichung der heimischen Natur durch die Interferenz zwischen Bekanntem und dahinter Verborgenem. Der Nebel, ein eigentlich schnödes Küstenphänomen, wird unheimlich aufgeladen. Interessanterweise ist in der *Gothic*-Ästhetik bemerkenswert oft der Nebel Mittel dieser Verunheimlichung, wohl weil er schon durch seine physischen Eigenschaften den Vorgang des Eindringens und der unheimlichen Vermischung so perfekt repräsentieren kann. Der Nebel verdeckt seine Umgebung und macht nur sich selbst sichtbar. Er breitet sich aus und dringt sogar in Häuser und andere menschliche Räume ein. Im Gegensatz zum Erhabenen werden durch die *Gothic*-Ästhetik die Grenzen zwischen Räumen, Wesen und Kategorien nicht erschüttert, sondern verwischt. Statt zur typischen Neukonstituierung des Selbst im Kontakt mit dem Erhabenen kommt es hier zu seiner Zersetzung.

In *Dracula* ist der Nebel durch seine Assoziation mit dem Grafen auch übersinnlich konnotiert. Diese Tatsache macht den transgressiven Aspekt der Kon-

---

27 Es handelt sich dabei um die zweite Ellipse im Zitat.
28 Ebd., 76.
29 Dracula macht die Schiffe, auf denen er sich befindet, stets durch Nebel unsichtbar. Gleichzeitig nimmt er auch selbst oft die Gestalt von Nebel an, etwa wenn er seinen ›Diener‹ Renfield im Irrenhaus besucht, oder wenn er in die Zimmer seiner beiden Opfer Lucy Westenra und Mina Harker eindringt.

fluenz von Natur und Mensch besonders deutlich, denn Dracula ist natürlich eine grundlegend ambivalente und grenzüberschreitende Figur. Ursprünglich ein Mensch, ist er jetzt ein Untoter, kann sich in Tiere (Hunde, Wölfe, Fledermäuse, etc.) sowie in Naturphänomene verwandeln, über die Naturgewalten gebieten und unterliegt in seiner Interaktion mit der Natur trotzdem ganz eigentümlichen Regeln. Während der Nebel hier also schon an sich ein Zwischending ist, so sind es in anderen Romanen mit einer *Gothic*-Ästhetik oft gerade die ›reinen‹ Naturphänomene, die unheimlich in die Lebenswelt der menschlichen Figuren einsickern und ihre Identität aufweichen.

Das lässt sich am Beispiel von Wilkie Collins' Sensationsroman *The Woman in White* aufzeigen. In Collins' Roman geht es um die für den Sensationsroman typische Thematik der geraubten Identität. Die verwaiste Laura Fairlie heiratet dem Willen ihres verstorbenen Vaters entsprechend und trotz ihrer Liebe zum Zeichenlehrer Walter Hartright Sir Percival Glyde, der allerdings ein brisantes Geheimnis hütet (seine Eltern waren nicht verheiratet, weshalb weder sein Erbe noch sein Name rechtmäßig ihm gehören). Nach der Hochzeit gelingt es ihm, Lauras Identität mit der ihrer Doppelgängerin Anne Catherick zu vertauschen, einer jungen Frau, die er für verrückt erklären lassen hat. Als Anne stirbt, wird sie als Laura begraben, Laura hingegen als Anne ins Irrenhaus gesperrt, schließlich aber von ihrer Halbschwester und Walter Hartright befreit.

Das Oszillieren von Identitäten ist für die Handlung des Romans zentral, und die Natur wirkt an dieser Unterminierung mit. Besonders deutlich wird dies am Ort der einzigen Begegnung zwischen Anne und Laura, am See auf Sir Percivals Landsitz. Blackwater Lake wird von Marian, Lauras legitimer Halbschwester, ganz im Einklang mit viktorianischen ätiologischen Diskursen als gesundheitsschädliches stehendes Gewässer geschildert. Das Wasser ist faul, schwarz und toxisch, das Ufer sumpfig und von Ratten bevölkert, die wie »live shadows« umherhuschen. Ein verrottendes Boot liegt am Ufer, auf dem sich eine Schlange sonnt, »fantastically coiled, and treacherously still«.[30] Alles deutet hier also auf Zersetzung und Zerstörung hin: die Ratten, die wie Schatten wirken, das vermodernde Boot, die heimtückische Schlange, das giftige Wasser. Diese Umwelt ist bedrohlich (nach viktorianischer Vorstellung übertrug stehendes Wasser Krankheit nicht nur, sondern erzeugte sie), und Marian wendet sich sogleich wieder von ihr ab.

In einer späteren Szene wird diese an sich schon verstörende Seenlandschaft durch Nebeleinfall vollends unheimlich. Hier zeigt sich, wie schon bei *Dracula*, wiederum das Potential des Nebels, die Natur zu verfremden:

---

30 Wilkie Collins: The Woman in White. Eingel. u. komm. v. Matthew Sweet. London 2003, 205.

A white fog hung low over the lake. The dense brown line of the trees on the opposite bank appeared above it, like a dwarf forest floating in the sky. The sandy ground, shelving downward from where we sat, was lost mysteriously in the outward layers of the fog. The silence was horrible.[31]

Die Parameter der natürlichen Welt scheinen verschoben und an ihre Stelle tritt eine surreale Landschaft: Die Bäume schweben wie ein Zwergenwald über dem See, der feste Boden verschwindet im Nebel, und die gewohnten Laute von Wald und See sind verstummt. In diese schreckliche Stille hinein offenbart Laura Marian den Horror ihrer Ehe, den Verlust jeglicher Selbstbestimmung als Lady Glyde, und aus dieser unheimlich schweigenden Landschaft heraus hören die zwei Schwestern schließlich die Schritte einer nicht erkennbaren Gestalt:

The mist over the lake below had stealthily enlarged, and advanced on us. [...] A living figure was moving over the waste of heath in the distance. It crossed our range of view from the boat-house, and passed darkly along the outer edge of the mist. It stopped far off, in front of us – waited – and passed on; moving slowly, with the white cloud of mist behind it and above it – slowly, slowly, till it glided by the edge of the boat-house, and we saw it no more.[32]

Der Leser mag in dieser mysteriösen Erscheinung zunächst einen Geist vermuten: Die Gestalt erscheint fast wie eine Manifestation des Nebels selbst, und ihre Bewegungen – ihr Warten, ihr Gleiten, ihr plötzliches Verschwinden – suggerieren eine übernatürliche Komponente. Wie sich am nächsten Tag herausstellt, handelt es sich bei dieser geisterhaften Gestalt um Anne Catherick, doch obwohl ihre Identität relativ schnell gelüftet wird, bleibt Anne hier im metaphorischen Sinne ein Phantom. Wir bekommen sie am See nie zu Gesicht: Sie erscheint nur in der Erzählung Lauras, die wiederum durch Marian gefiltert wird; Laura hat keine eigene Erzählstimme, sondern gehört zu den wenigen Figuren in diesem von mehreren Ich-Erzählern durch Berichte, Tagebucheinträge und Briefe erzählten Roman, die nie direkt zum Leser sprechen.[33] Auch der Brief, den Anne laut Laura für sie vergraben hat, wird sofort von Sir Percival entwendet und bleibt damit eine mehrfach gefilterte Erzählung. Aber auch abgesehen von dieser narratologischen Distanzierung ist Anne schwer greifbar. Sie erscheint Laura teils vertrauenswürdig, teils wirr; sie verschwindet mehrmals plötzlich oder taucht gar nicht auf; sie deutet Sir Percivals Geheimnis an, ohne es je preiszugeben, kennt es wahrscheinlich gar nicht; sie spricht Laura mit ihrem Mädchennamen an und macht sie damit selbst zu einem Gespenst ihrer beider Vergangenheit;[34]

---

31 Ebd., 257.
32 Ebd., 262.
33 Vgl. Emily Allen: Gender and Sensation, in: Pamela K. Gilbert (Hrsg.): A Companion to Sensation Fiction. Chichester 2011, 401–413, hier 405.
34 Vgl. Collins: Woman, 276.

sie erscheint Laura wie ihr eigenes von Krankheit gekennzeichnetes Spiegel-
bild;[35] und sie verschwindet vom See direkt in eine Obskurität, aus der sie nie
mehr direkt, sondern nur als verstorbene Lady Glyde in gefälschten Zeugen-
berichten auftauchen wird; letztendlich wird sie als Laura im Grab von Lauras
Mutter beerdigt.

Der spukhafte Charakter der Begegnung zwischen den beiden Doppelgän-
gerinnen, deren Zusammentreffen zum Ausgangspunkt eines Identitätenka-
russells wird, das erst in mühsamster detektivischer Kleinstarbeit rekonstruiert werden kann, ist in der vermodernden Landschaft von Blackwater Lake
bereits angelegt. Der See als Ort ihres einzigen Zusammentreffens und die Beschreibung dieser Wasserlandschaft deuten von Anfang an auf das Verschwimmen von Wirklichkeit und Horror, Realität und Schein hin. Dass die Verbindung zwischen Wasser, Nebel und verschwimmenden Identitätskonstruktionen
in diesem Roman keine zufällige ist, wird daran umso deutlicher, dass eine vergleichbare Unterspülung der Identität im Zusammenhang mit Wasser sich auch
in anderen Szenen und bei anderen Charakteren wiederfindet. So bildet etwa
nach dem Brand, bei dem Sir Percival stirbt, das monotone Tropfen des Regens
die Geräuschkulisse, vor der Walter Hartright sein Unvermögen eingestehen
muss, die Leiche zu identifizieren. Und Sir Percivals Komplize Count Fosco
wird nach seiner Ermordung ohne jegliche Möglichkeit zur Identifizierung aus
der Seine gefischt und wie alle anderen unbekannten Toten von Paris im Lei-
chenschauhaus öffentlich ausgestellt. Er wird damit zum Prototyp der anony-
men Wasserleiche und zur verkörperten Verknüpfung von Wasser und Identi-
tätsverlust. Bezeichnenderweise ist einer der wenigen Momente im Roman, in
denen die Natur vollkommen ignoriert wird, die öffentliche Identitätsbekun-
dung Lauras durch Walter, mit der er ihr ihre verlorene Position zurückgibt. Die
menschliche Identität scheint in Collins' Sensationsroman nur unter Ausklam-
merung der Natur halt- und fixierbar zu sein.

Schauer- und Sensationsroman geben preis, was die Zivilisation verdecken
soll. Der Schauerroman verlegt diesen Prozess in fremde und abgelegene Gegenden, in denen eine wilde Natur mit dem Hervorbrechen des unerwartet Bösen korreliert. Wie Helena Feder anmerkt, ist die Wildnis als Modell oder Metapher in letzter Zeit suspekt geworden, da sie in der Vergangenheit dazu gedient
hat, Zeichen menschlicher Präsenz auszulöschen und die Natur als statisch
und von der Menschheit getrennt darzustellen.[36] Aus der Sicht der ökokritischen Literaturwissenschaft kann der Schauerroman dem ein anderes Wild-
niskonzept entgegenhalten, in dem es durch die Einwirkung der Landschaft

---

35 Ebd., 277: »Her face was pale and thin and weary – but the sight of it startled me, as if
it had been the sight of my own face in the glass after a long illness.«
36 Vgl. Helena Feder: Ecocriticism and the Idea of Culture: Biology and the Bildungsroman. Farnham/Burlington 2014, 42–43.

auf die menschliche Psyche zu einer engen Verquickung von Mensch und Natur, Handlung und Landschaft kommt. Die Figuren sind in die Umwelt nicht nur eingebettet, sondern ihr Schicksal wird von ihr auch wesentlich mitgestaltet. Der Sensationsroman hingegen tauscht die Wildnis gegen die heimische Landschaft ein und lässt die Abgründe der menschlichen Psyche aus der bekannten Umgebung hervorbrechen. In beiden Fällen führt die plötzlich veränderte Empfindung der Natur (sei es durch die Wahrnehmung der Belebtheit der Natur, ihr Eindringen in als kulturell und menschlich gekennzeichnete Räume oder durch die das menschliche Selbstverständnis erschütternde Erfahrung spezieller Naturphänomene) zu einer generellen Verunsicherung der Figuren, die dazu gezwungen sind, sich in den durch die Konfrontation mit einer verfremdeten Natur verschobenen Parametern ihrer eigenen Welteinschätzung zurechtzufinden.

Sowohl für den Schauer- als auch für den Sensationsroman ist die Konfluenz von geistigen und körperlichen Prozessen charakteristisch, vor allem die Körperlichkeit mentaler Reaktionen auf die beschriebenen bzw. (aus Sicht der Figuren) erlebten Ereignisse, so wie sie schon in Radcliffes Differenzierung zwischen Terror und Horror angelegt ist.[37] Der Sensationsroman galt ja auch gerade wegen seiner angeblich starken Wirkung auf die *sensations* – die (insbesondere auch körperlichen) Empfindungen – vor allem der Leser*innen* als schockierendes Zeichen der Zeit, ein Symptom moralischer Degeneration.[38] Diese enge Verknüpfung von Empfindung und Materialität macht auch die interaktive Beziehung zwischen Natur und Figuren beziehungsweise Natur und Handlungsverlauf neu sichtbar. Als ökologische Gattungen öffnen Schauer- und Sensationsroman einen Raum, in dem die Umwelt eine wesentliche Rolle einnehmen und in ihrer untrennbaren Verstrickung mit dem Leben der menschlichen Figuren selbst als Akteur greifbar werden kann. Die Natur ist in Schauer- und Sensationsroman nicht nur Ort, sondern auch Träger der Heimsuchung, und gespenstische Naturphänomene erinnern daran, wie sehr menschliche Identitäten und Schicksale von ihrem spukhaften Wirken mitbestimmt sind.

37 Nach Radcliffe weitet Terror die Seele, während Horror sie zusammenschrumpfen lässt. Ann Radcliffe: On the Supernatural in Poetry, in: The New Monthly Magazine and Literary Journal 16.1, 1826, 145–152, hier 149. Vgl. dazu auch Patrick R. O'Malley: Gothic, in: Pamela K. Gilbert (Hrsg.): A Companion to Sensation Fiction. Chichester 2011, 81–93, hier 87.

38 Im Zentrum der Kritik der viktorianischen Gegner des Sensationsromans standen unter anderem die ›zarten Nerven‹ insbesondere der jungen weiblichen Leserschaft, die vor einer zu exzessiven Stimulierung starker (insbesondere auch sexueller) Gefühle geschützt werden sollte. Vgl. Allen: Gender and Sensation, 408.

# Literaturverzeichnis

Allen, Emily: Gender and Sensation, in: Gilbert, Pamela K. (Hrsg.): A Companion to Sensation Fiction. Chichester 2011, 401–413.

Collins, Wilkie: The Woman in White. Eingel. u. komm. v. Matthew Sweet. London 2003.

Feder, Helena: Ecocriticism and the Idea of Culture: Biology and the Bildungsroman. Farnham/Burlington 2014.

Gilbert, Pamela K.: Introduction, in: Dies. (Hrsg.): A Companion to Sensation Fiction. Chichester 2011, 1–10.

Hogle, Jerrold E.: Introduction: the Gothic in western culture, in: Ders. (Hrsg.): The Cambridge Companion to Gothic Fiction. Cambridge Companions Online. Cambridge: 2001, 1–20.

James, Henry: Miss Braddon [1865], in: Notes and Reviews: A Series of Twenty-five Papers Hitherto Unpublished in Book Form. Cambridge 1921, 108–16. http://www.mocavo.co.uk/Notes-and-Reviews-by-Henry-James/883205/142#9 [23.4.2017].

Kröger, Lisa: Panic, paranoia and pathos: ecocriticism in the 18th-century Gothic novel, in: Smith, Andrew/Hughes, William (Hrsg.): Ecogothic. Manchester/New York 2013, 15–27.

Lee, Louise: Lady Audley's Secret: How Does She Do It? Sensation Fiction's Technologically Minded Villainesses, in: Gilbert, Pamela K. (Hrsg.): A Companion to Sensation Fiction. Chichester 2011, 134–146.

Mighall, Robert: A Geography of Victorian Gothic Fiction: Mapping History's Nightmares. Oxford 1999.

O'Malley, Patrick R: Gothic, in: Gilbert, Pamela K. (Hrsg.): A Companion to Sensation Fiction. Chichester 2011, 81–93.

Punter, David: Introduction: The Ghost of a History, in: Ders. (Hrsg.): A New Companion to the Gothic. Chichester 2012, 1–9.

Radcliffe, Ann: The Mysteries of Udolpho: A Romance. Eingel. u. komm. v. Jacqueline Howard. London 2001.

– On the Supernatural in Poetry, in: The New Monthly Magazine and Literary Journal 16.1, 1826, 145–152.

Ruskin, John: Modern Painters. Bd. 3. London 1856.

Stoker, Bram: Dracula. Eingel. u. komm. v. Nina Auerbach/David J. Skal. Norton Critical Edition. New York/London 1997.

Wynne, Deborah: Critical Responses to Sensation, in: Gilbert, Pamela K. (Hrsg.): A Companion to Sensation Fiction. Chichester 2011, 389–400.

Berbeli Wanning

# Der ökologische Bildungsroman – Renaissance einer Gattung?

## 1. Einleitung

Bereits der Titel dieses Beitrags deutet an, dass es sich hier um die Ausdifferenzierung einer historischen Romangattung handelt, deren Höhepunkt länger zurückliegt. *Bildung* jedoch, als Teil des Kompositums *Bildungsroman*, ist ein Begriff von ungebrochener Aktualität, der die Gegenwart direkt mit der Aufklärung verbindet, hier verstanden als Entstehungszeit dieser Gattung. Neuerdings macht sie wieder von sich reden, zum Beispiel als Titel oder Untertitel[1] derzeitiger Prosatexte. Einen neuen Namen hat die von der Gegenwart adaptierte Gattung allerdings noch nicht. Noch fehlt eine randscharfe Definition des ›ökologischen Bildungsromans‹, insbesondere in Relation zu der unter diesem Signum subsumierten Bildung. Dennoch hat sich auf der narratologischen bzw. gattungspoetischen Ebene etwas getan. Richard Kerridge, der eine fundamentale Aufgabe der *Ecocritics* darin sieht, literarische Texte dahingehend zu evaluieren, inwiefern sie Umweltbelange betreffen,[2] beschäftigt sich mit dem Problem, wie sich die Auflösungstendenzen der *unitary selfhood*[3] in der Moderne im Rahmen konventioneller Narrative noch fassen lassen. Es ist dies ein theoretischer Ansatzpunkt, unter dem die Entwicklung des Bildungsromans hin zu einem ökologischen noch gründlicher, als es hier geschehen kann, erforscht werden sollte: als Aufbrechen, aber nicht Auflösung einer Gattung, die traditionellerweise Brüche in der individuellen Entwicklung der Protagonisten entweder gar nicht erst zulässt oder letztlich durch eine harmonische Lösung überdeckt.

In diesem Beitrag zeichne ich diese Veränderungen kurzgefasst nach, beginnend mit einer Beschreibung der klassischen Gattung. Mein Hauptaugenmerk liegt im zweiten Teil auf dem Wandel der Gattung am Ende des vorigen Jahr-

---

1 Gerhard Henschel: Bildungsroman. Hamburg 2014; Judith Schalansky: Der Hals der Giraffe. Bildungsroman. Berlin 2011.
2 Vgl. Richard Kerridge: Ecocritical Approaches to Literary Forms and Genre. Urgency, Depth, Provisionality, Temporality, in: Greg Garrard (Hrsg.): The Oxford Handbook of Ecocriticism. Oxford/New York 2014, 361–376, hier 61.
3 Ebd., 368.

hunderts und den neuen Herausforderungen, denen sich der kulturökologische Bildungsroman in der Gegenwart stellt. Welchen Beitrag leistet er für die *Environmental Humanities*?

## 2. Das historische Gattungsvorbild

Traditionell widmet sich der Bildungsroman als *novel of formation* seinem Thema – der Bildung – im doppelten Sinne: Zum einen wird die Entwicklung einer jungen Hauptfigur mit idealistischen Vorstellungen beschrieben, die sich im Umgang mit den Gegebenheiten einer als Korrektiv verstandenen Realität vollzieht. Zum anderen soll Bildung vermittelt werden, geleitet von dem Bildungsvorsprung des Autors, dem gleichsam eine erzieherische Funktion zukommt. Am Ende steht die Integration des jungen Helden in die Gesellschaft und eine in Harmonie aufgelöste Beziehung zur Umwelt, sofern der Bildungsroman nicht als negative Variante der Gattung eine Geschichte des Scheiterns erzählt. Man kann es sehr kurz gefasst so ausdrücken: Ein junger Mensch zieht in die Welt hinaus und findet sich schließlich selbst in der Liebe zu einer Frau. Es gibt keinen Widerspruch zwischen dem legitimen Anspruch des Individuums auf freie Entfaltung und der ebenso legitimen gesellschaftlichen Forderung nach Brauchbarkeit und Nutzen der Lebensweise dieses Individuums für den sozialen Zusammenhang. Der Reifungsprozess ist in einem teleologischen Sinne vorherbestimmt.

Idealer Prototyp des klassischen Bildungsromans ist Goethes *Wilhelm Meister*, in dem sich alle Bildungsdiskurse der Epoche finden. Formprägend für die gesamte Gattung wurde das dreiteilige Schema Jugendjahre, Wanderjahre, Meisterjahre, das, einem Kompass des Bildungsweges gleich, sowohl Richtung als auch Ziel vorgibt. Inhaltlich und stilistisch findet sich dieses Dreierschema als komplexes Gefüge von Vorgriffen und Rückblenden nicht nur in diesem Werk wieder. Die so gegliederte Konstruktion von Form, Inhalt und Stil gilt als typisch für diese Erzählgattung. Der Prozess der Identitätsfindung eines jungen Menschen mit seinen zahlreichen Abweichungen und Umbrüchen kann vor dieser Folie kohärent vermittelt werden. Dabei vollzieht sich ein subtiler Wandel hin zum normativen Imperativ, der den natürlichen Reifungsprozess des heranwachsenden Individuums sozial verbindlich flankiert und dessen erfolgreiche Integration in die Gesellschaft zur Pflicht erhebt.

Interessanterweise geht es im klassischen Bildungsroman, anders als im gegenwärtigen realen Bildungsdiskurs, nicht um den Erwerb formaler Qualifikationen, die Zugangsberechtigungen in gesellschaftlich relevante Schlüsselbereiche schaffen, sondern um das soziale Gefüge, um persönliche Bindungen und Erfahrungen, um Freundschaften bis hin zur Liebesbeziehung. Auf den Erziehungsprozess wirken diese Konstellationen entscheidend ein; die Selbsterprobung des Individuums in der Entwicklung rundet den Prozess ab, an dessen Ende eine Art harmonische Entfaltung aller Bildungsaspekte steht. Wichtig ist, dass die Ausformung der inneren Anlagen, deren Vorhandensein als natürlich unterstellt wird, durch die Einflussnahme von außen unterstützt und nicht behindert wird. Tendenziell stellt sich das Individuum damit gegen die Gesellschaft, wenn es der sogenannten inneren Stimme, also den von Natur eingeschriebenen Talenten usw., folgt. Es muss versuchen, hier einen Ausgleich zu finden, ohne sich zu verleugnen und damit seiner eigenen Natur zu widersprechen. Ziel ist die Konstruktion und Stabilisierung personaler Identität, die natürliche Anlage und gesellschaftlichen Einfluss in die Waage bringt, und idealerweise gelingt es zudem, diesen Bildungsbegriff auch als Grundlage der Erziehung nachfolgender Generationen zu etablieren. Alle Bildungsroman-Klassiker von Karl Philipp Moritz' *Anton Reiser* über Goethes *Wilhelm Meister*, Novalis' *Heinrich von Ofterdingen*, Gottfried Kellers *Grüner Heinrich* und Adalbert Stifters *Nachsommer*, um die bekanntesten zu nennen, folgen im Prinzip, mit je individuellen Abweichungen, diesem narrativen Schema. Man kann in dieser Hinsicht von einer stabilen Gattung sprechen.

## 3. Der Wandel der Gattung unter dem Einfluss ökologischer Bildung

Freilich ist der Bildungsbegriff in diesem langen Zeitraum nicht gleich geblieben. Während *Entwicklung* schon immer im Fokus des Interesses dieser Erzählgattung stand, kommt heutzutage unter ökologischer Prämisse die *Nachhaltigkeit* hinzu, am deutlichsten markiert durch die weltweite UNESCO-Initiative *Bildung für nachhaltige Entwicklung*. Während der Dekade 2005 bis 2014 setzte sie entscheidende Impulse zur Schaffung eines veränderten Bewusstseins im Umgang mit der Natur und Umwelt durch Bildung. Dieser neue, mit der *Nachhaltigkeit* verknüpfte Bildungsbegriff spielt eine wichtige, wenn nicht gar zentrale Rolle im Rahmen der *Sustainable Development Goals 2030*,[4] welche die Vereinten Nationen unter dem Motto 2015 – *Time for Global Action for People and Planet* ausgerufen haben. Unter den insgesamt 17 Zielen ist das vierte, *Quality Education*, in unserem Zusammenhang relevant, weil es Bildung nicht allein strukturell definiert, sondern auch personalisiert, indem es allen Lehrenden die Rolle der *change agents* zuschreibt. Diese sind dafür verantwortlich, die jüngeren Generationen dabei zu begleiten, sich den Herausforderungen der Zu-

---

4 United Nations Department of Economic and Social Affairs: Sustainable Development Goals – Transforming our World – the 2030 Agenda of Sustainable Development. 2015. https://sustainabledevelopment.un.org/?menu=1300.

kunft zu stellen. Um dieses Ziel zu erreichen, müssen die Subjekte des Bildungsprozesses – Lehrende und Lernende – stärker wahrgenommen werden als bisher: Was müssen wir wissen, was müssen wir lernen, wie müssen wir handeln,
um die Bildung der Zukunft zu gewährleisten? Im klassischen Bildungsroman
stehen die Bildungssubjekte im Fokus, vor allem das lernende, junge Individuum, jedoch auch dessen Lehrmeister – die Einzelpersonen, die gesellschaftlichen Gruppen oder, wie bei Stifter, die Natur selbst. Der ökologische Bildungsroman kann den Subjektbegriff nicht mehr so eindeutig fassen, ebenso wenig
kann er den Bildungsprozess als solchen zeitlich eingrenzen (zum Beispiel auf
das Jugendalter und knapp darüber hinaus); als Lehrmeister tritt jetzt zudem
die anthropogen massiv beeinflusste Natur hinzu, vor allem auch als beschädigte. Der Nachhaltigkeits- beeinflusst also den Bildungsbegriff bereits seit Beginn unseres Jahrhunderts.

Um diesen Einfluss präziser herauszustellen, schlägt Peter Finke eine »le-
bensnahe Definition« vor: »Bildung heißt, Zusammenhänge zu begreifen und
diesen Vorteil zum Wohle des Lebens und zur Lösung von Problemen nutzen
zu können.«[5] Wirkliche Bildung bedeutet dann »die Fähigkeit, Zusammenhänge zu erkennen und zu verstehen.«[6] Übergroße Spezialisierung, die Zusammenhänge zerschneidet und damit zerstört, ist der Feind einer so verstandenen
nachhaltigen Bildung. In der Hochphase der Gattung im 19. Jahrhundert gab es
das Nachhaltigkeitsproblem noch nicht in seiner heutigen Form, die Technolo-
gien der Naturbeherrschung waren nicht so weit fortgeschritten, dass sie dauerhafte und unumkehrbare Naturschäden anrichten konnten. Die Forderungen
›Natur verstehen‹ und ›Natur bewahren‹ standen als Bildungsziele eng beieinan-
der. Als Beispiel mag hier die Entwicklung Heinrich Drendorfs, des Helden in
Stifters *Nachsommer*, gelten. Dessen Bildungsgang kann ohne die Naturerfahrungen, die Heinrich auf Wanderungen oder als Steinesammler macht, gar
nicht vollendet werden: Das Naturverhältnis ist hier affirmativ, zerstörte Natur findet er gar nicht vor. Heinrichs Anlagen bilden sich im Einklang mit Natur und Umwelt aus, nicht im Konflikt. Der Bildungsweg geht von Außen nach
Innen und ist klar strukturiert. Die höchsten Stufen der Reflexion erreicht das
Individuum nur, nachdem es sich mit der außermenschlichen Natur auseinan-
dergesetzt hat. Für den Dichter und Pädagogen Adalbert Stifter ist die Bildungs-
funktion der Natur eindeutig bestimmbar, und sie kann ebenso deutlich mit
ästhetischer Bildung parallelisiert werden, im Zusammenspiel üben beide gehö-
rigen Einfluss auf die Entwicklung des Individuums aus:

---

5 Peter Finke: Nachhaltigkeit und Bildung. Merkmale zukunftsfähiger Kulturen. Vortrag im Rahmen der Tagung »Wurzeln in die Zukunft. Zur Nachhaltigkeit bilden«. Bozen
2007, 1–14. www.provinz.bz.it/gea/download/Referat_Finke.pdf, hier 4.
6 Ebd.

Zuerst Beschauen des Gegenstandes und Herrschaft desselben, dann Erregtheit des Innern und seine Geltendmachung also dort Beschreibung und Erzählung, hier Gefühlsäußerung (Lyrik) und Denken über die Dinge (Reflexion).[7]

Weder diese klare, hierarchische Struktur noch das affirmative Naturverhältnis haben sich über das 19. Jahrhundert hinaus poetologisch halten können. Natur ist heute nur als Kulturnatur auffindbar. Der ökologische Bildungsroman des ausgehenden 20. und 21. Jahrhunderts nimmt diesen Impuls der Gattung auf – die Auseinandersetzung mit der Natur ist unabdingbar für die individuelle Entwicklung. Nur ist diese Natur eine bedrohte, ihre Zerstörung hat entweder begonnen, wie die Rodung des Regenwaldes, oder ist vollendet, wie in der unbewohnbaren Umgebung des havarierten Atomkraftwerks Tschernobyl. Der Protagonist ist entweder aktiv involviert in diese Prozesse, denkt aber im Verlauf seines Bildungsweges um, oder er ist ein Opfer der Umstände und von daher gezwungen, sich anders zu orientieren als geplant. Der Bildungsbegriff ist also abhängig von Ereignissen und Umständen, die den jeweiligen technischen Stand der Naturzerstörung widerspiegeln. Ihm kommt seine definitorische Offenheit zu Gute, seine inhaltliche Flexibilität. Bildung bleibt in der bürgerlichen Gesellschaft ein Hochwertbegriff, aber was jeweils darunter zu verstehen ist, unterliegt dem Wandel. Notwendigerweise verändert dies den Bildungsroman als Gattung, insofern er der ästhetischen Reflexion über Bildung Vorschub leistet.

Das neuere Format des Bildungsromans ist funktional bestimmt.[8] Es geht um die Vermittlung von Bildung als Stoff, Motiv und als Erzählelement; die biographische Zentrierung ist nicht mehr zwingend erforderlich. Innerhalb dieser neuen Grundstruktur eröffnet sich so ein Gestaltungsspielraum, der auch periphere Merkmale des Bildungsdiskurses in den Mittelpunkt rücken kann. Nach dem dreiteiligen Modell der Literatur als kulturelle Ökologie von Hubert Zapf lässt sich ein semiotisches Kraftfeld entdecken, das das stets aktualisierbare Potential des Bildungsromans jeweils ausschöpfen kann. Wie Zapf an anderer Stelle schreibt,[9] betont die Postmoderne den endlosen Differenzierungsprozess von Diskurs, Geschichte und Individuum und setzt dem teleologischen Denken das Prinzip heterogener Vielfalt entgegen. Dies hat Folgen für den Bil-

---

7 Die Textstelle entstammt der Vorrede eines 1854 (also in der Entstehungszeit des *Nachsommers*) erschienenen Lesebuches, das Stifter gemeinsam mit dem Linzer Realschullehrer Johannes Aprent herausgegeben hat. Adalbert Stifter: Sämtliche Werke. Aus den nachgelassenen Schriften erstmals hrsg. v. Franz Hüller, reprographischer Nachdruck der Ausgabe Reichenberg 1939. Bd. XXV. Hildesheim 1972, 184 f.
8 Vgl. Rolf Selbmann: Der deutsche Bildungsroman. 2. erw. Aufl. Stuttgart/Weimar 1994, 44.
9 Vgl. Hubert Zapf: Cultural Ecology, Postmodernism, and Literary Knowledge, in: Sebnem Toplu/Hubert Zapf (Hrsg.): Redefining Modernism and Postmodernism. Newcastle upon Tyne 2010, 2.

dungsroman als solchen, weil dessen traditionelle Orientierungsfunktion, einen für Individuum wie Gesellschaft gleichfalls akzeptablen Bildungsgang zu beschreiben, obsolet geworden ist.

Demzufolge verändert sich die Gattung, doch sie verschwindet nicht, solange Bildung und Orientierung noch Bedürfnisse anzeigen, die einer poetologischen Antwort harren. Deshalb ist das Fehlen eines normierten Telos kein Ausschlussmerkmal der Gattung mehr, weil Bildung nun auf diskursive, d. h. verhandelbare Ziele gerichtet ist und darin besteht, auf Veränderungen ebenso angemessen reagieren zu können wie diese überhaupt zu gestalten. Darin besteht also die *neue* Funktion des Bildungsromans innerhalb des narrativen Spektrums. Zum Kernbestand gehört allerdings weiterhin die Auseinandersetzung des Protagonisten mit sich und seiner Umwelt, um personale Identität zu erreichen, sofern dies in der Postmoderne überhaupt noch gelingen kann. Doch auch das Scheitern auf diesem Weg stellt eine Auseinandersetzung dar, und in der Folge kann die personale Identität gerade durch Hereinnahme ihrer desintegrierenden Momente erreicht werden, wie es beispielsweise in dem Roman *Der Elefantenfuß* dargestellt wird (s. u.)

Die mühselige Identitätsfindung, der Bildungsromanprotagonisten nach wie vor unterworfen sind, die Suche nach der Antwort auf die Frage ›Wer bin ich?‹, ist von ihrem realen Ort (›Wo bin ich?‹) nicht zu trennen. Diese Koordinaten ersetzen nun die klaren Vorgaben, die der klassische Bildungsroman den Orientierung suchenden jungen Helden noch gegeben hat. Die Fragmentierung der Bildungsinhalte, für die es keine geordnete Synthesis mehr gibt, bedroht das Verstehen der interdependenten Beziehungen von Natur, Mensch und Umwelt. Das Gegenmittel einer nachhaltigen Bildung, das der ökologische Bildungsroman implizit transportiert, ähnelt stark dem Ideal, das im klassischen Vorbild propagiert wird, doch seine Begründung ist anders: Steht dort die freie Entfaltung der Naturanlagen des Individuums im Einklang mit der Gesellschaft im Mittelpunkt, muss jetzt der Fokus verschoben werden: Die Umweltsituation erzwingt ein Handeln der globalen Weltgesellschaft, in dem die erforderlichen Nachhaltigkeitsaspekte mit den Bildungsinteressen des Einzelnen möglichst konvergieren sollen, im Zweifel sich aber den Erfordernissen unterordnen müssen. Der Bildungsroman gerät in ein poetologisches Dilemma, will er gleichsam seinen Markenkern erhalten: Wie kann dennoch der Autonomieanspruch eines Bildungsprozesses in individueller Verantwortung erhalten bleiben? Ein Blick auf die jüngere Geschichte der Gattung erhellt diese Frage.

Während sich in den 80er und 90er Jahren des 20. Jahrhunderts unter dem Einfluss postkolonialistischer und feministischer Studien der Bildungsroman neuen Inhalten und Erzählweisen öffnet, bleibt die erweiterte ökologische Thematik zunächst meist außen vor. Angesprochen wird das schwierige Verhältnis von Individuum, Natur und Technik, ohne die globale Dimension in jedem Fall einzubeziehen. Die Entwicklung der Hauptfigur läuft in umgekehrter

Richtung als bei dem klassischen Vorbild: Längst etabliert und in einem technischen Beruf stehend, lernt der Protagonist, wie fragil das Verhältnis zur Natur sein kann und wie leicht es durch falsches Handeln ins Ungleichgewicht gerät. Orientiert an Max Frischs *Homo faber* als Prototyp, findet sich ein zum Öko-Aktivisten gewandelter Held in verschiedenen Romanen wieder, beispielsweise in Uwe Timms *Der Schlangenbaum* (1986) und in Friedrich Cramers Novelle *Amazonas* (1991). Ohne den Anspruch zu erheben, diese Texte zur Gänze als Bildungsromane zu rubrizieren, sollen sie hier dennoch als Beispiele gelten.

Uwe Timm erzählt in seinem Roman *Der Schlangenbaum* von der Lebenskrise des Bauingenieurs Wagner, der dieser zu entkommen sucht, indem er als Leiter den Bau einer Papierfabrik in Südamerika verantwortet. Er unterschätzt jedoch völlig die Gegebenheiten vor Ort, die widerständige Dschungelnatur, die durch Naturmagie und Aberglauben geprägte Mentalität der ortsansässigen Arbeiter sowie die von Vorteilsnahme getragene elitäre Führungsschicht, bestehend aus den europäischen Projektleitern und der einheimischen Militärjunta. Letztere lässt mutmaßlich die Spanischlehrerin Luisa verschwinden, in die sich Wagner verliebt hat. Auf der Suche nach ihr gerät der Protagonist in das Landesinnere, erkennt die Zusammenhänge von Unterdrückung der Menschen und rücksichtsloser Naturausbeutung, welche die Führungselite betreibt, und verweigert sich diesen. Der Roman endet offen, Wagner erlebt in einer Art Fiebertraum das Zurückschlagen der Natur, wenn Unmengen von dicken Kakerlaken aus dem Wasserhahn tropfen und direkt in die Badewanne fallen, deren Boden sie bedecken.[10]

Der offene Schluss führt eine neue Variante des von seiner teleologischen Verpflichtung entbundenen Bildungsromans der Gegenwart ein: Die Hauptfigur Wagner stellt fest, dass seine eurozentrische Bildung in Südamerika nicht ausreicht, die anstehenden Probleme zu lösen. Er macht einen großen Umdenkungsprozess durch, indem er seine Ansichten durch die Erlebnisse verändert und sich nicht der Korruption unterwirft, wie es die anderen Europäer im Einklang mit den Militärherrschern tun. Doch erfahren die Leser nicht, wie dieser Bildungsgang endet. Es bleibt ihnen überlassen, die Anstrengung zu unternehmen, den Bildungsprozess abzuschließen. Der Roman überträgt also die Verantwortung auf die Leser und verweigert eine eindeutige Antwort auf drängende Fragen. Uwe Timm teilt in einem Interview mit, dass die Handlung des Romans angeregt wurde durch die reale Begegnung mit einem Bauingenieur in Argentinien, der dort eine Papierfabrik bauen sollte. Der Schluss jedoch, so behauptet er weiter, sei bei allen seinen Romanen nicht direkt intendiert, sondern vielmehr die Folge des Schreibens selbst:

---

10 Vgl. Uwe Timm: Der Schlangenbaum. München 1999, 307.

Ich kann nicht weiterschreiben. Das hört sich etwas mystifizierend an, aber es ist so. Jeder weitere Satz, jede weitere Situation erscheint mir, habe ich den Schluss erreicht, überflüssig. Warum? Wenn ich das genau wüsste, würde ich vielleicht nicht schreiben. Ich weiß nämlich, wenn ich an einem Roman schreibe, nie den Schluss. Ich bin selbst auf den Schluss gespannt, der sich dann einstellt, notwendig und unumstößlich. Das Ende ist für mich das Geheimnisvolle am Schreiben: Ich kann dann nicht weiterschreiben.[11]

Folgt man dieser Aussage des Autors, dann ist der offene Schluss des Romans *Der Schlangenbaum* notwendig, weil der im Prozess des Schreibens hervorgebrachte Bildungsweg der Figur Wagner ohnehin kein Ende finden wird: Es ist der metaphorische Verweis auf das Mantra lebenslanger Bildung, das in der Gegenwart großen Einfluss hat und die Suche nach Identität als eine lebenslange ohne Gelingensgarantie beschreibt.

In der Novelle *Amazonas* des Chemikers und Genforschers Friedrich Cramer lebt der Protagonist F. ebenfalls in Südamerika, auch hier verschiebt sich also die eurozentrische Sicht in Richtung einer globalen Wahrnehmung spezifischer Umweltprobleme, die allerdings erst infolge der wirtschaftlichen Prinzipien der sogenannten Ersten Welt entstanden sind. In diesem Text lernen die Leser mit F. eine Figur kennen, die zwischen den Ansprüchen des technokratischen Naturverhältnisses und einer auf ganzheitlichen Respekt vor der Natur und der Kultur der indigenen Einwohner Brasiliens ausgerichteten Bildung zu vermitteln sucht. Ursprünglich in die zerstörerische Ausbeutung der Regenwaldnatur involviert, verändert sich F. im Laufe der Handlung, die in Rückblenden erzählt wird. Die Leser verfolgen F.s Lern- und Bildungsprozess vor dem Hintergrund der fremden Natur des Amazonasgebiets und erleben die fremden kulturellen Praktiken wie Macumba und andere Zauberrituale. Anders als im klassischen Bildungsroman ist F. allerdings bereits tot, als die Handlung einsetzt; gestorben an einem Schlangenbiss, Symbol einer Natur, die zurückschlägt, selbst wenn sie, wie hier, scheinbar den Falschen trifft. F.s Leben wird entfaltet in Gesprächen zwischen dem Ich-Erzähler, seinem besten Freund, und Eva, der Frau, die ihn liebte. Eingeschoben in das diskursive Konstrukt aus Erinnerungen sind Passagen im erzählten Präsens, die von der Zerstörung des Regenwaldes berichten. F., ein Mensch, der ständig über sich selbst reflektieren muss,[12] versucht, das Umweltbewusstsein der jungen Generation zu entwickeln (vgl. A 54), kämpfte gegen den Fatalismus und forderte vehement zum Handeln auf, wie sich der Ich-Erzähler im Gespräch mit Eva erinnert:

---

11 Interview: Uwe Timm im Gespräch mit Georg Deggerich und Joachim Feldmann. 1992. http://www.am-erker.de/int24.php.
12 Vgl. Friedrich Cramer: Amazonas. Novelle. Frankfurt a.M./Leipzig 1991, 64. Fortan zitiert unter Sigle A mit Seitenzahl.

Aber er habe keine Möglichkeit für sich gesehen, diese fatale und fatalistische Grundstimmung zu ändern. Gerade auch die junge Generation, die nun wirklich einiges ändern könne an unserer von Zivilisationsschäden geplagten Welt (er habe das Wort ›Umweltschäden‹ bewusst vermieden), gerade die jüngere Generation ergehe sich ja nur in Lamentieren und bringe im Übrigen ihr persönliches Schäfchen ins trockene (A 72 f.).

Hier wird bereits das von Lawrence Buell mit dem Begriff des *environmental doublethink*[13] bedachte Phänomen beschrieben, das die fehlende Konvergenz zwischen der verstandesmäßigen Einsicht in Umweltprobleme und den tatsächlich aus dieser Einsicht folgenden Handlungen bezeichnet.

Einen weiteren neuen Bildungsinhalt, der in seiner Bedeutung für ein kulturell gewandeltes Menschenbild erst in jüngster Zeit erforscht wird, thematisiert dieser Text von 1991 ebenfalls: Die Diversifikation der Arten und die Bedrohung des Artenreichtums durch die »Ökokatastrophe«, die als ernsthafter Einbruch in das Evolutionsgeschehen apostrophiert wird. Eva fragt den Ich-Erzähler, weshalb gerade am Amazonas ein so ungeheurer Artenreichtum entstand, mit dem sich F. beschäftigt habe:

Die Evolution ist eine ständige Flucht nach vorn. Wo immer sie weiterkommt, wird sie diversifizieren. Warum sie gerade am Amazonas so stark diversifiziert hat, kann ich schlecht sagen. Vielleicht hat sie einfach mehr Zeit gehabt, wurde nicht durch Eiszeiten und Klimakatastrophen unterbrochen und musste nicht immer wieder von neuem anfangen. Vielleicht ist die jetzt drohende Ökokatastrophe der erste ernsthafte Einbruch in dieses Evolutionsgeschehen. [...] Die Vernichtung von Arten ist eine Begleiterscheinung jedes menschlichen Zivilisationsprozesses. (A 99 f.)

Hierin ist ein Hinweis auf das Anthropozän enthalten, noch bevor Paul Crutzen und Eugene Stoermer diesen Terminus prägten.[14] Gemäß einer These von Ursula K. Heise löst das Artensterben Nachdenken über die »kulturelle Entwicklung, insbesondere über Modernisierungsprozesse«[15] aus. Das Konzept der Biodiversität ist selbst dann zentral für das moderne Umweltbewusstsein,[16] wenn es sich gar nicht genau definieren lässt. Es muss jedoch in seiner Bedeutung erkannt werden. Die Novelle *Amazonas* zeigt: Erst im unabschließbaren Bildungsprozess selbst gewinnt Biodiversität als Erkenntnisprinzip eine veränderbare und stets auf den Punkt zu formulierende Struktur. Das Prinzip changiert. F. kann deshalb als eine Identifikationsfigur dieses neuen Bildungsideals des

---

13 Lawrence Buell: The Environmental Imagination. Cambridge/London 1995, 4.
14 Zur Datierung des Begriffs vgl. Gabriele Dürbeck: Das Anthropozän in geistes- und kulturwissenschaftlicher Perspektive, in: Gabriele Dürbeck/Urte Stobbe (Hrsg.): Ecocriticism. Eine Einführung. Köln u. a. 2015, 107.
15 Ursula K. Heise: Nach der Natur. Das Artensterben und die moderne Kultur. Berlin 2010, 10.
16 Vgl. ebd., 26.

flexiblen Inhalts vor dem Fixum des Unumkehrbaren (hier: Artensterben) angesehen werden:

Ja, das sei der wunderbare Randbezirk zwischen Chaos und Ordnung. Da entstünde das Neue, und da sei auch der Tod angesiedelt. F. sei ein solcher Rand-Mensch gewesen, ein Grenzgänger, ein Gratwanderer. Und dann müsse man wohl eines Tages abstürzen. (A 100)

Prekär und in den Folgen für den Einzelnen unabschätzbar kann es also sein, diesem neuen ökologischen Bildungsbegriff zu folgen. Zu Beginn der 1990er Jahre finden wir allenfalls Hinweise auf dieses Problem. Noch bleibt diese Thematik im eher von Technikkritik beherrschten Bildungsroman ein Randphänomen.

Das ändert sich im 21. Jahrhundert. Der Bildungsroman gewinnt unter dem Eindruck der ökologischen Krise an Bedeutung, jedoch in einer im Vergleich zum traditionellen Vorbild veränderten, dekonstruierten Form. Übergänge in andere Gattungen wie zum Beispiel Briefroman, Tagebuch, Reiseliteratur und Reportage, doppelte Erzählperspektiven sowie die phasenweise beobachtbare Einbettung von Bildungsromanelementen in andere Erzählformen lassen sich feststellen. Die Klammer der Gattung besteht nun nicht mehr aus überkommenen normativen Kriterien; sie wird abgelöst durch eine sich öffnende Form, die im Kern einen inhaltlichen Bezug setzt: Wie entwickeln sich junge Hauptfiguren angesichts einer prekären Umweltsituation, wie gehen sie mit den Folgen der Katastrophen – allen voran der atomaren – um, wie setzt sich der Roman als Form damit auseinander?

Der Roman *Der Elefantenfuß* von Hans Platzgumer, erschienen 2011, ist ein Beispiel dafür, wie Bildungsromanelemente in einen Erzählfluss eingewoben werden können, ohne das Werk als Ganzes zu einem solchen zu machen. Schon das Druckbild ist auffällig, weil die Seiten in der Mitte geteilt werden, und während oben eine Liebesgeschichte erzählt wird, geht es unten um Alexander Kudrjagin, der als Tschernobyl-Opfer einen neuen zweiten Bildungsgang durchläuft mit einem unvorhersehbaren, radikalen Ende, das auf eine Paradoxie, auf eine »vollkommen leistungsmotivierte Resignation«[17] hinausläuft.

Die polyperspektivische Kompositionstechnik in *Der Elefantenfuß* erfordert eine durchgängige Darstellungsebene, um Alexanders Entwicklung zu erfassen: Hier die dominierende Zeitschiene der Gegenwart 25 Jahre nach der Atomkatastrophe in der Ukraine, auf die auch diejenigen Elemente der Handlung, die in anderen Zeitschienen spielen, projiziert werden, dort die Rückblenden, die vom Leben vor dem Atomunfall nur andeutend erzählen. Dem Protagonisten ist dies nicht mehr wichtig:

---

17 Ingrid Bertel: Die Stille nach dem nuklearen Tod, in: DIE ZEIT 17.3.2011, o. P. http://www.zeit.de/2011/12/A-Artgenossen.

Er würde nie mehr das sein, was er vor der Dampfwolke Tschernobyls gewesen war. Immer deutlicher sah er, dass der 26. April 1986 der Tag seiner Neugeburt war und es für ihn keine Zeit mehr davor gab, kein Zurück, sondern nur mehr ein Leben danach. Alles war anders, alles war neu.[18]

Das neue Leben verlangt von Alexander einen zweiten Bildungsgang, der die Logik des ersten komplett auf den Kopf stellt. Es sind die Atome und Moleküle, die er in sich zu spüren meint, sie wüten in seinem Körper, beherrschen seinen Geist, suchen nach einer neuen Ordnung, und er will helfen, sie ihnen zu geben. Er muss sich neu gestalten, neu definieren, und so wird ihm ganz wie im klassischen Bildungsroman sein Platz in der Welt bewusst – doch dieser liegt jenseits aller Ziele, in die ein Bildungsgang münden sollte. Unterwirft sich zum Beispiel Heinrich Drendorf, der bereits erwähnte Protagonist in Stifters *Nachsommer*, dem Integrationszwang in die Gesellschaft noch freiwillig, so vollzieht Alexander Kudrjagin als überraschendes Finale seines zweiten Bildungsweges tatsächlich die Desintegration mit äußerster Brutalität, nur scheinbar freiwillig, in Wahrheit getrieben von den Folgen eines Ereignisses, in das er nur ganz zufällig geriet: An jenem Tag besuchte er die Großeltern, die in der Nähe von Pripjat, am äußeren Rand der späteren Todeszone, wohnen; er wird verstrahlt. Noch am gleichen Tag zurück in Kiew empfindet er sich als Mutant, als Hybrid, ist die Stadt nicht mehr seine Heimat. Das Ereignis zwingt ihm neue Bildungsinhalte auf, er muss sich beschäftigen mit Ionisierung, mit Gammastrahlen und Atomhüllen, mit dem, was in seinem Körper geschieht. Nach der Evakuierung der Zone kommen auch die Großeltern in die elterliche Wohnung, leben mit dem Enkel in einem Zimmer, »in einer Parallelwelt, in einer Schleuse, einem Wartezimmer« (E 60), weil sie die Schwester aus Angst vor Verstrahlung dauerhaft isoliert: Ständig putzt und lüftet sie die Wohnung, und dieser Zustand hält zwanzig Jahre lang an, bis die Zone wieder freigegeben wird und die Großeltern, die Gefahren ignorierend, zurückkehren in das Haus, in dem sie den Großteil ihres Leben verbrachten. Alexander besucht sie häufig, und eines Tages findet er sie tot, begräbt sie, trauert um sie und nimmt dies Ereignis zum Anlass, eine letzte Wendung zu vollziehen und seinen Bildungsgang abzuschließen: Stark geworden durch das, was ihm zugefügt worden war, entschließt er sich zur Trepanation seiner Schädeldecke:

Einen zehn Millimeter breiten Verbindungstunnel wollte Alexander errichten von seinem weichen, elastischen Inneren hinaus in die unendliche Freiheit des Universums. Was immer er in sich aufgenommen hatte und auf normalem Wege nicht wieder abgeben konnte, würde er durch den neuen Tunnel in seinem Kopf wieder ausstoßen. (E 79)

---

18 Hans Platzgumer: Der Elefantenfuß. Innsbruck 2011, 35 f. Fortan zitiert unter der Sigle E mit Seitenzahl.

Den Vorgang der Trepanation schildert der Erzähler detailgenau und in einem sachlich-distanzierten Stil, der die Ungeheuerlichkeit des Geschehens kontrafaktisch unterstreicht. Der Tempuswechsel markiert das Erreichen des Ziels:

Alexander Kudrjagin hat es geschafft. Er ist nun nicht mehr derselbe. Er hat sich verändert, hat sich geöffnet. Der Veränderung gegenüber geöffnet, sie akzeptiert. Endlich ist er angekommen. (E 85)

Der symbolische Gehalt dieses Motivs ist unübersehbar. Das Individuum, das nicht mehr frei bestimmen kann, wie es sich bilden will, sondern sich herrschenden Umweltbedingungen fügen muss, ›befreit‹ sich von dieser Fremdbestimmung auf radikale und somatoforme Weise, in der umgekehrten Funktion des berühmten Nürnberger Trichters, Symbol des buchstäblichen ›Eintrichterns‹ von Bildungsinhalten auch entgegen der Selbstbestimmung des Individuums. Letztlich erobert sich Alexander Kudrjagin diese Selbstbestimmung zurück, aber er zahlt dafür einen immens hohen Preis.

Ein davon verschiedenes Prinzip des Bildungsromans stellt Judith Schalansky mit *Der Hals der Giraffe* vor. Zur Gattung bekennt sich das Werk in seinem Untertitel, doch ist die Protagonistin Inge Lohmark, etwa Mitte fünfzig, als Biologielehrerin in ganz anderer Weise in Bildungsprozesse involviert als die typischen Bildungsromanhelden. Die in einem lakonischen Stil erzählte Handlung zeigt den Alltag der Lehrerin mit ihrer Klasse, der sie die Grundlagen der Biologie vermitteln will – wie Stichworte sind ihre Unterrichtsinhalte oben auf den Seiten notiert. Immer wieder vermischen sich die Themen mit ihrem privaten Leben, mit dem problematischen Verhältnis zu ihrer Tochter und zu ihrem Strauße züchtenden Ehemann. Zusammenhänge werden sprachlich zerrissen durch den extrem parataktischen, teilweise anakoluthischen Satzbau der Beschreibungen und wiederhergestellt in den Reflexionen der Hauptfigur, die versucht, ihr eigentliches Ich über und hinter den biologischen Determinanten des weiblichen Lebens (gebären, die nächste Generation erziehen, altern) zu finden.

Mit dem klassischen Bildungsroman teilt sich *Der Hals der Giraffe* die Dreierstruktur, hier die Einteilung des Textes in die drei Kapitel »Naturhaushalte«, »Vererbungslehre« und »Entwicklungsvorgänge«, und die erzählte Zeit, drei Tage über ein Jahr verteilt, den Kapitelüberschriften zugeordnet. Doch anders als bei den Klassikern gibt es in diesem Bildungsprozess niemals eine freie Wahl, alles folgt vorgegebenen biologischen Mustern: »Aber die Natur lässt sich nicht überwinden. Dass er das nicht einsah.«[19] So denkt Inge Lohmark über einen Kollegen. Ihre Position ist damit klar ausgedrückt, dass es auch anders sein könnte, führt der Text allenfalls indirekt aus, denn es bleibt unentscheidbar. Vom Inhalt her weist der Roman deshalb in die Richtung eines Bil-

---

19 Judith Schalansky: Der Hals der Giraffe. Bildungsroman. Berlin 2011, 145. Fortan zitiert unter der Sigle HG mit Seitenzahl.

dungsdiskurses, wie er im Anthropozän gebraucht wird: Die Unterscheidung zwischen Kultur und Natur kann nur asymmetrisch getroffen werden, das Verhältnis ist nicht mehr ausgewogen. Die prekäre Einheit der Begriffe offenbart zugleich den Graben, der zwischen dem kulturalistischen und dem naturalistischen Ansatz klafft: Ist Natur nur als kulturelles Konzept zugänglich oder sind kulturelle Vorgänge nur auf der Basis der natürlichen und quasi als deren Fortsetzung verfügbar? Erzähltheoretisch ist diese Auseinandersetzung im Bereich der epistemischen Narrative verortet. Albrecht Koschorke diagnostiziert ein »Grenzrelais im epistemischen Feld«,[20] an dessen Linie die Unterscheidung Natur – Kultur permanent vollzogen wird, es gibt sie auch in der sozialen Praxis nur in prozeduraler Form. Aus der Perspektive des Bildungsromans ist es ein ständiger Lernprozess, weshalb *Der Hals der Giraffe* schon beim Durchblättern wie ein Lehrbuch der Biologie (also epistemisch) wirkt wegen seiner zahlreichen Abbildungen. Die Entscheidung der Protagonistin ist jedoch unzweifelhaft, die Kultur ist Folge der Natur und von dieser abhängig, nicht umgekehrt. Es handelt sich um einen Kampf, den der Mensch nicht gewinnen kann. Vorbildhaft ist hingegen das Leben der Pflanzen mit einer Strategie, die den Menschen weit überlegen ist:

Die stumme, geduldige Vegetation. Alle Achtung. Sie konnten ohne Sprache kommunizieren und waren ohne Nervensystem schmerzempfindlich. Angeblich hatten sie sogar Gefühle. Das wäre allerdings kein Fortschritt. Vielleicht waren sie uns ja gerade deswegen überlegen, weil sie ohne Gefühle auskamen. Einige Pflanzen hatten mehr Gene als der Mensch. Die vielversprechendste Strategie, an die Macht zu kommen, war immer noch, unterschätzt zu werden. Um dann, im richtigen Moment, zuzuschlagen. Es war nicht zu übersehen, dass die Flora auf der Lauer lag. In Gräben, Gärten und Gewächshauskasernen wartete sie auf ihren Einsatz. Schon bald würde sie sich alles zurückholen. Die missbrauchten Territorien mit sauerstoffproduzierenden Fangarmen wieder in Besitz nehmen, der Witterung trotzen, mit ihren Wurzeln Asphalt und Beton sprengen. Die Überreste der vergangenen Zivilisation unter einer geschlossenen Krautdecke begraben. (HG 69)

Das posthumane Paradies ist deshalb pflanzlich:

Wäre man grün, bräuchte man gar nicht mehr zu essen, nicht mehr einzukaufen, nicht mehr zu arbeiten. Es genügte, sich ein wenig in die Sonne zu legen, Wasser zu trinken, Kohlendioxid aufzunehmen, und alles, aber auch alles, wäre geregelt. (HG 69)

Im Konjunktiv scheint jedoch die Wahrheit auf: So ist es eben nicht, die Natur hat für die Menschen eine andere Lösung entwickelt, sie stellt ihn vor kulturelle Aufgaben. Leider ist dies ein Zeichen der Mangelhaftigkeit, Bildung

---

20 Vgl. Albrecht Koschorke: Wahrheit und Erfindung. Grundzüge einer Allgemeinen Erzähltheorie. Frankfurt a. M. 2012, 363.

braucht nur, was nicht von Natur aus perfekt ist. Inge Lohmark wird melancho-
lisch, wenn sie einsehen muss, dass ihre biologistische Weltsicht in letzter Konsequenz ihren eigenen Bildungsauftrag, den sie als Lehrerin hat, abschafft. Ein
Bildungsroman wie dieser, der den Bildungsbegriff auflöst und als unvollkom-
menes Natursurrogat hinterlässt, dekonstruiert seine Gattung und hebt gerade
dadurch hervor, wie notwendig sie heute wieder ist.

## 4. Fazit

Als ökologischer Bildungsroman hat die vormals klar normative Gattung ihre
gesellschaftlich affirmierende Bedeutung verloren. Sie hat sich einer Vielzahl
von Bildungsdiskursen geöffnet, in deren Mittelpunkt das Verhältnis des Menschen zu Natur und Umwelt in einer für dessen Entwicklung entscheidenden
Phase steht. Diese muss nicht unbedingt mehr die Adoleszenz betreffen, auch
in späteren Lebensaltern ist ein Neubeschreiten des Bildungsweges, meist eine
Folge des Umdenkens, möglich. Nach wie vor teilt der ökologische Bildungsroman jedoch einige Merkmale mit seinem klassischen Vorgänger, weswegen
an dem Begriff als solchem festgehalten werden kann. Als Struktur findet sich
häufig das Dreierschema (Auszug, Entwicklung, Ankunft), wenn es auch inhaltlich ganz anders, nämlich nicht zwingend auf die Jugendzeit bezogen, erscheinen kann. Neben der biographischen Zentrierung auf die Hauptfigur geht
es auch im ökologischen Bildungsroman um die Selbsterprobung des Individuums und die Stabilisierung personaler Identität, die sich im sozialen Gefüge
von Beziehungen, Freundschaften und Liebesverhältnissen vollzieht, nun aber
durch die veränderten Umweltbedingungen bedroht sein kann. Die Protagonisten sind Lernende und Lehrende zugleich. Formale Qualifikationen als Bildungsziel spielen auch hier eine völlig untergeordnete oder gar keine Rolle. Ob
das Individuum seine im Bildungsgang erworbene Autonomie tatsächlich und
möglichst zum Wohle der Gesellschaft ausleben kann, wird jedoch im ökologischen Bildungsroman zunehmend in Frage gestellt.

Die literarischen Beispiele der jüngsten Zeit deuten auf eine Dynamik hin, in
die der Bildungsroman aus gattungspoetologischer Sicht geraten ist. Auch wenn
es noch zu früh zu sein scheint, von einer veritablen Renaissance zu sprechen,
sollte die Forschung doch aufmerksam sein für eine Entwicklung, die sich hier
anbahnt. Sie könnte dazu führen, dass der ökologische Bildungsdiskurs auch
die Gattung erfasst, in der sich die bürgerliche Gesellschaft seit der Aufklärung
traditionell über ihre Bildungsziele ästhetisch verständigt hat. Hier könnte sogar mehr und reflektiertes ökologisches Bewusstsein geschaffen werden als
durch das momentan aktuelle Genre *Ökothriller*. Es wäre sogar zu wünschen,
dass der ökologische Bildungsroman seinen spezifischen Beitrag leistete im
Zeitalter der *environmental humanities*. Wenn Ursula K. Heises These stimmt,

dass im Anthropozän der Mensch Protagonist der großen Narrative ist, die entweder eine technisch optimierte oder eine unrettbar zerstörte Natur für die Zukunft vorhersagen,[21] dann muss das Verhältnis zwischen individueller Differenz und postulierter Universalität des Humanen neu verhandelt werden. Der ökologische Bildungsroman bietet dazu ein ästhetisches Feld. Es sollte beackert werden.

## Literaturverzeichnis

Bertel, Ingrid: Die Stille nach dem nuklearen Tod, in: DIE ZEIT 17.3.2011 o. P. http://www. zeit.de/2011/12/A-Artgenossen [23.4.2017].

Buell, Lawrence: The Environmental Imagination. Cambridge/London 1995.

Cramer, Friedrich: Amazonas. Novelle. Frankfurt a. M./Leipzig 1991.

Dürbeck, Gabriele: Das Anthropozän in geistes- und kulturwissenschaftlicher Perspektive, in: Dürbeck, Gabriele/Stobbe, Urte (Hrsg.): Ecocriticism. Eine Einführung. Köln u.a. 2015, 107–119.

Finke, Peter: Nachhaltigkeit und Bildung. Merkmale zukunftsfähiger Kulturen. Vortrag im Rahmen der Tagung»Wurzeln in die Zukunft. Zur Nachhaltigkeit bilden«. Bozen 2007, 1–14. www.provinz.bz.it/gea/download/Referat_Finke.pdf [23.4.2017].

Heise, Ursula K.: Comparative Ecocriticism in the Anthropocene, in: Moser, Christian/Simonis, Linda (Hrsg.): Komparatistik. Jahrbuch der Deutschen Gesellschaft für Allgemeine und Vergleichende Literaturwissenschaft, 2013, 19–30.

– Nach der Natur. Das Artensterben und die moderne Kultur. Berlin 2010.

Henschel, Gerhard: Bildungsroman. Hamburg 2014.

Hochmann, Björn: Uwe Timms Roman *Der Schlangenbaum*. Zum Umgang mit kultureller Alterität in postkolonialen Gesellschaften. München 2009.

Kerridge, Richard: Ecocritical Approaches to Literary Forms and Genre. Urgency, Depth, Provisionality, Temporality, in: Garrard, Greg (Hrsg.): The Oxford Handbook of Ecocriticism. Oxford/New York 2014, 361–376.

Koschorke, Albrecht: Wahrheit und Erfindung. Grundzüge einer Allgemeinen Erzähltheorie. Frankfurt a. M. 2012.

Platzgumer, Hans: Der Elefantenfuß. Innsbruck 2011.

Rall, Marlene: Interkulturelle Dialoge. Uwe Timm: *Reise nach Paraguay* und *Der Schlangenbaum*, in: Lützeler, Paul (Hrsg.): Schriftsteller und dritte Welt. Studien zum postkolonialen Blick. Tübingen 1998, 153–166.

Schalansky, Judith: Der Hals der Giraffe. Bildungsroman. Berlin 2011.

Selbmann, Rolf: Der deutsche Bildungsroman. 2., erw. Aufl. Stuttgart/Weimar 1994.

Stifter, Adalbert: Sämtliche Werke. Aus den nachgelassenen Schriften erstmals hrsg. v. Franz Hüller, reprographischer Nachdruck der Ausgabe Reichenberg 1939. Bd. XXV. Hildesheim 1972.

Timm, Uwe: Der Schlangenbaum. München 1999.

UNESCO Roadmap zur Bildung für nachhaltige Entwicklung. Hrsg. v. der deutschen UNESCO-Kommission. http://www.bne-portal.de/?id=12227 [23.4.2017].

---

21 Vgl. Ursula K. Heise: Comparative Ecocriticism in the Anthropocene, in: Christian Moser/Linda Simonis (Hrsg.): Komparatistik. Jahrbuch der Deutschen Gesellschaft für Allgemeine und Vergleichende Literaturwissenschaft, 2013, 19–30, hier 21 f.

United Nations Department of Economic and Social Affairs: Sustainable Development Goals – Transforming our World – the 2030 Agenda of Sustainable Development. 2015. https://sustainabledevelopment.un.org/?menu=1300 [23.4.2017].

Zapf, Hubert: Cultural Ecology, Postmodernism, and Literary Knowledge, in: Toplu, Sebnem/Zapf, Hubert (Hrsg.): Redefining Modernism and Postmodernism. Newcastle upon Tyne 2010, 2–14.

– Literatur als kulturelle Ökologie. Zur kulturellen Funktion imaginativer Texte an Beispielen des amerikanischen Romans. Tübingen 2002.

Interview: Uwe Timm im Gespräch mit Georg Deggerich und Joachim Feldmann. 1992. http://www.am-erker.de/int24.php [23.4.2017].

Sylvia Mayer

# Literarische Umwelt-Risikonarrative

Seit der zweiten Hälfte des 20. Jahrhunderts stellen Umweltrisiken auf nationaler wie transnationaler Ebene zentrale transformative Kräfte in den Bereichen Gesellschaft, Politik, Ökonomie und Kultur dar. Wie vor allem die stetig zunehmende Risikoforschung in den Sozialwissenschaften seit den 1970er/80er Jahren deutlich gemacht hat, kann die Rolle von Umweltrisiken in der Gegenwart gar nicht hoch genug eingeschätzt werden. Soziologie, Kulturanthropologie und kognitive Psychologie haben aufgezeigt, dass Gefahren, die zum Beispiel mit radioaktiver Strahlung und anderen Umweltgiften sowie mit dem globalen Klimawandel verbunden sind, einen neuen Typus von Risiko darstellen, der angesichts seines systemischen Charakters und seiner räumlichen wie zeitlichen Nicht-Eingrenzbarkeit in neuer Weise als unkalkulierbar gelten kann. Umweltrisiken, wie viele andere Typen von Risiko, gab es zweifelsohne schon immer – lange bevor der Begriff ›Risiko‹ in der Frühen Neuzeit im Kontext der globalen Handelsschifffahrt aufkam und sich seit dem 17. Jahrhundert als mathematisch-statistische Größe im entstehenden Versicherungswesen etablierte. Einzelne Menschen wie soziale Gemeinschaften sahen sich schon immer mit der Notwendigkeit konfrontiert, Unsicherheit und Kontingenz mental und praktisch zu bewältigen. Über die Jahrhunderte hinweg reagierten sie auf diese Notwendigkeit unter Rückgriff auf unterschiedlichste kulturelle Denk- und Wertesysteme.[1] Bei den heutigen globalen ›Groß-Risiken‹ – dem globalen Klimawandel gesellen sich hier, folgt man Ulrich Becks Überlegungen in *Weltrisikogesellschaft*, vor allem globale Finanzkrisen und der transnationale, letztlich global operierende Terrorismus hinzu – handelt es sich jedoch um Gefahren, die sich den existierenden Institutionen und Prozessen der Risikokalkulation und Risikominimierung weitgehend entziehen. Diese menschengemachten Risiken, die die Spätmoderne als unbeabsichtigte ›Nebenfolgen‹ technologischer Modernisierungsprozesse hervorgebracht hat, sorgten in den letzten Jahrzehnten dafür,

---

1 Einen historischen Überblick über die Entwicklung des Umgangs mit Unsicherheit und Kontingenz im westlichen Kulturkreis, der gerade auch den Übergang von religiösen zu säkularen Denk- und Wertesystemen analysiert, bietet Wolfgang Bonß: Vom Risiko. Unsicherheit und Ungewißheit in der Moderne. Hamburg 1995.

dass sich die Verwendung des Begriffs Risiko im Alltag weitgehend auf die Bedeutung ›Gefahr‹ verengt hat und alternative Bedeutungen wie ›Chance‹ oder
›Gewinn‹, die etwa im ökonomischen Bereich nach wie vor von zentraler Bedeutung sind, in den Hintergrund rückten. Diese Begriffsverengung markiert in
hohem Maße die gegenwärtige sozioökonomisch, politisch und kulturell transformative Kraft von Risiko. In Reaktion auf wahrgenommene Gefahren kam es
in vielen Teilen der Welt zur Veränderung traditioneller Denkweisen, Praktiken
und Organisationsformen.[2]

Um ihre transformative Kraft zu entfalten, um wahrgenommen und wirkmächtig zu werden, müssen Risiken artikuliert und kommuniziert werden. Im
Prozess der Artikulation bzw. Kommunikation kommt dabei der Imagination
eine wichtige Rolle zu. Risiken sind durch ein Gefahrenbewusstsein definiert,
das sich maßgeblich auf die Antizipation einer möglichen, d.h. einer zu ima-
ginierenden Zukunft bezieht. Diese Antizipation impliziert eine Gefahren-
einschätzung, die sowohl auf Erfahrung und (historischem) Wissen beruht als
auch auf dem Bewusstsein des Nicht-Wissens. Risiken weisen immer einen Bezug zu Zukunftsszenarien auf, die eintreten können, aber nicht eintreten müssen. Sie konkretisieren sich in kulturellen Erzählungen, in Risikonarrativen, die
als Teil von Risikodiskursen ontologische, epistemische und ethische Fragen,
welche sich bezüglich des je spezifischen Risikos ergeben, thematisieren und
den jeweiligen Diskurs mitkonstruieren. Damit partizipieren sie an der Reflexion, der Bestätigung oder auch der Erneuerung existierender Ideen, Werte und
damit einhergehender Praktiken, die das für die Subjektkonstitution und Iden-
titätsformierung zentrale Weltbild einer Gesellschaft formen und der Hand-
lungsorientierung dienen.[3] Diese Risikonarrative manifestieren sich in fiktionalen wie nicht-fiktionalen, in literarischen wie nicht-literarischen Texten. Aus

---

2 Dieser Aufsatz arbeitet schwerpunktmäßig mit Ulrich Becks Modell der Weltrisikogesellschaft. Das gesamte Feld soziologischer Risikoforschung ist natürlich weit umfassender;
als weitere zentrale Ansätze sind etwa der systemtheoretische Ansatz Niklas Luhmanns und
die von Foucault geprägte *governmentality*-Schule zu nennen. Einen Überblick über die Entwicklung des Forschungsfelds in den vergangenen Jahrzehnten, der auch auf die in diesem
Abschnitt skizzierten Punkte ausführlich eingeht, liefern die Einführungen von Jakob
Arnoldi: Risk. An Introduction. Cambridge 2009, und Deborah Lupton: Risk. London ²2012.
Zur Rezeption und zur ständigen Weiterentwicklung von Becks Risiko-Arbeiten seit Mitte
der 1980er Jahre siehe Mads P. Sørensen/Allan Christiansen: Ulrich Beck. An Introduction to
the Theory of Second Modernity and the Risk Society. London 2013. Zur Begriffsgeschichte
aus literaturwissenschaftlicher Sicht siehe Monika Schmitz-Emans: »Wagnis« und »Risiko«.
Semantisierungen und Nachbarbegriffe, in: Dies. (Hrsg.): Literatur als Wagnis/Literature
as a Risk. Berlin/Boston 2013, 835–870.
3 Vgl. Ansgar Nünning: Wie Erzählungen Kulturen erzeugen: Prämissen, Konzepte
und Perspektiven für eine kulturwissenschaftliche Narratologie, in: Alexandra Strohmaier
(Hrsg.): Kultur – Wissen – Narration. Perspektiven transdisziplinärer Erzählforschung für
die Kulturwissenschaften. Bielefeld 2013, 15–53.

einer kulturwissenschaftlich geprägten literaturwissenschaftlichen Sicht stellt sich dabei die Frage, welche Ideen, Werte oder Normen literarische Risikonarrative verhandeln, welcher Erzählmuster, Schreibweisen oder Gattungskonventionen sie sich bedienen und worin ihre spezifische Funktion innerhalb existierender Risikodiskurse besteht.

Der Schwerpunkt der Forschung zur Artikulation von Risiken im Bereich Risikokommunikation lag bisher auf der Analyse nicht-fiktionaler bzw. nicht-literarischer Texte.[4] Dies übersieht, wie massiv die Literatur, die visuellen Medien, aber auch die darstellenden Künste nicht nur in der Gegenwart, sondern seit dem Aufkommen von Risikodiskursen überhaupt an diesen partizipiert haben. Wichtige erste literatur- und kulturwissenschaftliche Studien entstanden unter Rückgriff auf Konzepte und Einsichten der Risikoforschung in den Sozialwissenschaften erst in den letzten Jahren. Hinsichtlich der Untersuchung von zeitgenössischen Risikonarrativen, die sich mit Umweltrisiken auseinandersetzen, ist im Bereich des Ecocriticism Ursula Heises *Sense of Place and Sense of Planet. The Environmental Imagination of the Global* aus dem Jahr 2008 hervorzuheben. In dieser Studie sowie in weiteren Aufsätzen verknüpft Heise sozialwissenschaftliche mit literatur- und kulturwissenschaftlicher Analyse, um ästhetische und ethische Merkmale sowie die Funktionen fiktionaler Artikulationsformen in Risikodiskursen zu bestimmen.[5] Die im selben Jahr erschienene, von John Welchman herausgegebene Aufsatzsammlung *The Aesthetics of Risk* beschäftigt sich mit der Relevanz von Risiko in den bildenden und darstellenden Künsten. Zwei weitere Aufsatzsammlungen aus jüngerer Zeit schließlich konzentrieren

---

4 Vgl. Alison Anderson: Media and Risk, in: Gabe Mythen/Sandra Walklate (Hrsg.): Beyond the Risk Society. Critical Reflections on Risk and Human Security. Maidenhead 2006, 114–131; zum Klimawandel-Risiko vgl. Susan Moser: Communicating Climate Change. History, Challenges, Process and Future Directions, in: Wires. Climate Change 1, 2010, 31–53.

5 Weitere literaturwissenschaftliche Studien zur Rolle von Umweltrisiken in anglophonen Texten finden sich in den folgenden separat publizierten Aufsätzen: Ursula K. Heise: Cultures of Risk and the Aesthetic of Uncertainty, in: Klaus Benesch/Meike Zwingenberger (Hrsg.): Scientific Cultures – Technological Challenges: A Transatlantic Perspective. Heidelberg 2009, 17–48; Sylvia Mayer: Science in the World Risk Society: Risk, the Novel, and Global Climate Change, in: Zeitschrift für Anglistik und Amerikanistik 64.2, 2016, 207–221; Sylvia Mayer: World Risk Society and Ecoglobalism: Risk, Literature, and the Anthropocene, in: Hubert Zapf (Hrsg.): Handbook of Ecocriticism and Cultural Ecology. Berlin 2016, 494–509; Alexa Weik von Mossner: Science Fiction and the Risks of the Anthropocene: Anticipated Transformations in Dale Pendell's *The Great Bay*, in: Environmental Humanities 5, 2014, 203–216; Evi Zemanek: Unkalkulierbare Risiken und ihre Nebenwirkungen. Zu literarischen Reaktionen auf ökologische Transformationen und den Chancen des Ecocriticism, in: Monika Schmitz-Emans (Hrsg.): Literatur als Wagnis/Literature as a Risk. Berlin/Boston 2013, 279–302; sowie Evi Zemanek: A Dirty Hero's Fight for Clean Energy: Satire, Allegory, and Risk Narrative in Ian McEwan's *Solar*, in: ecozon@. European Journal of Literature, Culture and Environment 3.1, 2012: Writing Catastrophes: Cross-disciplinary Perspectives on the Semantics of Natural and Anthropogenic Disasters. Hrsg. v. Gabriele Dürbeck, 51–60. www.ecozon@.eu.

sich maßgeblich auf die Rolle der Literatur in verschiedenen Risikodiskursen: Die Beiträge in *Literatur als Wagnis/Literature as a Risk* (2013) befassen sich mit der weiter gespannten, »doppelte[n] Fragestellung: Inwieweit spricht Literatur von Wagnissen und Risiken, und inwiefern ist sie selbst ein Wagnis bzw. ›riskant‹«[6]; die Beiträge in *The Anticipation of Catastrophe: Environmental Risk in North American Literature and Culture* (2014) nehmen erneut die Rolle von Umweltrisiken in literarischen, aber auch in filmischen und elektronischen Medien in den Blick.

In diesem Beitrag geht es darum, literarische Risikonarrative, die sich mit Umweltgefahren auseinandersetzen, als ökologisches Genres zu beschreiben, als Erzählform, die auf das zeitgenössische, stark gewachsene Risikobewusstsein reagiert und somit die Ästhetik und Ethik von Umweltrisikodiskursen mitbestimmt. Um den Begriff Risikonarrativ zu definieren, wird im Folgenden zunächst das Konzept Risiko aus sozialwissenschaftlicher Perspektive eingeführt, und es wird dargelegt, worin die kulturelle Relevanz gerade auch der fiktionalen Artikulation von Risiken besteht. Dem schließen sich Überlegungen zu grundlegenden konzeptionell-thematischen, formalen und funktionalen Merkmalen an, die es erlauben, das literarische Risikonarrativ, das sich mit Umweltgefahren beschäftigt, über spezifische Gestaltungsmuster als Gattung zu beschreiben. Im Anschluss wird beispielhaft der anglophone Klimawandel-Roman als Risikonarrativ vorgestellt, wobei die Unterscheidung zweier Typen von Risikonarrativen ins Zentrum gerückt wird: die Unterscheidung in *risk narratives of anticipation* und *risk narratives of catastrophe*.

## 1. Risiko: sozialwissenschaftliche und literaturwissenschaftliche Perspektiven

Ulrich Beck zufolge reflektiert der Klimawandel als paradigmatisches globales Risiko unserer Gegenwart auf die diversen Erfahrungsdimensionen einer »Weltrisikogesellschaft«. Diese bildete sich in der Folge technologisch-kultureller Modernisierungs- und Globalisierungsprozesse in der Spätmoderne heraus und ist durch die Antizipation unkalkulierbarer bedrohlicher Folgen menschlichen Entscheidungshandelns in der Zukunft – etwa eines globalen Klimakollapses – gekennzeichnet. In *Weltrisikogesellschaft* definiert Beck den Begriff Risiko in Abgrenzung zu dem der Katastrophe:

Risiko ist nicht gleichbedeutend mit Katastrophe. Risiko bedeutet die Antizipation der Katastrophe. Risiken handeln von den Möglichkeiten künftiger Ereignisse und

---

6 Monika Schmitz-Emans: Literatur als Wagnis. Zur Einleitung, in: Dies. (Hrsg.): Literatur als Wagnis/Literature as a Risk. Berlin/Boston 2013, 1–12, hier 7.

Entwicklungen, sie vergegenwärtigen einen Weltzustand, den es (noch) nicht gibt. Während jede Katastrophe räumlich, zeitlich und sozial bestimmt ist, kennt die Antizipation der Katastrophe keine raum-zeitliche oder soziale Konkretion. Die Kategorie des Risikos meint also die umstrittene Wirklichkeit der Möglichkeit [...]. Risiken sind immer zukünftige Ereignisse, die uns möglicherweise bevorstehen, uns bedrohen. Aber da diese ständige Bedrohung unsere Erwartungen bestimmt, unsere Köpfe besetzt und unser Handeln leitet, wird sie zu einer politischen Kraft, die die Welt verändert.[7]

Als »Wahrnehmungs- und Denkschablone« (W 20) mobilisieren Risiken Individuen wie ganze Gesellschaften. In seinen Arbeiten zunächst zur Risikogesellschaft und danach, im Zeichen des anwachsenden Einflusses von Globalisierungsprozessen, zur Weltrisikogesellschaft identifiziert Beck verschiedene politische und soziale Transformationen, die als Folge von Risikowahrnehmung und Risikobewertung begriffen werden können, etwa die Entstehung transnationaler politischer Akteure und das Phänomen der sozialen Individualisierung. Becks Betonung der »umstrittenen Wirklichkeit« von Risiken verweist zum einen auf den Autoritätsverslust der Wissenschaften, deren Forschungsergebnisse in ihrer Anwendung – und d. h. als Grundlage von Entscheidungshandeln – vielfach sowohl konstruktive als auch destruktive Folgen hervorgerufen haben und die darum als soziales Orientierungswissen mit anderen Wissensbeständen konkurrieren müssen.[8] Zum andern verweist sie auf die oft widersprüchliche Einschätzung postulierter Gefahren durch einzelne Gesellschaftsgruppen oder, im internationalen Vergleich, durch ganze (Mehrheits-) Gesellschaften, die sich, so die einschlägige kulturanthropologische Forschung in der Tradition von Mary Douglas, aus der unterschiedlichen Wertestruktur verschiedener Gesellschaften ergibt. Globalen Risiken wie dem Klimawandel-Risiko eignet, so Beck, zudem eine »kosmopolitische Kraft«: »Ihre Macht beziehen sie aus der Gewalt der Gefahr, die alle Schutzzonen und sozialen Differenzierungen innerhalb und zwischen Nationalstaaten aufhebt« (W 77). Die Reichweite globaler Risiken transzendiert nationale Grenzen und verlangt dementsprechend nach Entwürfen einer transnationalen bzw. »planetarischen Verantwortungsethik« (W 41).

In *Weltrisikogesellschaft* betont Beck darüber hinaus die Relevanz, die der »Inszenierung« – und damit der Artikulation und Kommunikation – von Risiken zukommt.[9] Er fragt:

---

7 Ulrich Beck: Weltrisikogesellschaft. Auf der Suche nach der verlorenen Sicherheit. Frankfurt 2007, 29. Im Folgenden wird daraus unter der Sigle W mit der Seitenzahl zitiert.
8 Vgl. Gotthard Bechmann/Nico Stehr: Risikokommunikation und die Risiken der Kommunikation wissenschaftlichen Wissens. Zum gesellschaftlichen Umgang mit Nichtwissen, in: GAIA 9.2, 2000, 113–121.
9 Vgl. Kapitel I. Einleitung: Die Inszenierung des Weltrisikos (W 13–54).

Wie wird die Gegenwart zukünftiger Katastrophen ›hergestellt‹? Auf welchen Wegen erlangt das Risiko das Prädikat ›wirklich‹, d. h. wie regiert es als ›geglaubte‹ Antizipation in den Köpfen und Institutionen, und zwar vielfach über Grenzen und Nationen, Regionen, Religionen, politischen Parteien, Armen und Reichen hinweg? (W 29–30)

Zu den verschiedenen Inszenierungsformen des Risikos zählt er auch die Literatur, deren Leistung darin bestehe, dass sie »Szenen aus dem unbekannten Bedeutungs-Kosmos« der Weltrisikogesellschaft imaginieren und formulieren kann, »deren Wirren, Widersprüche, Symbole, Ambivalenzen, Ängste, Ironien und versteckte Hoffnungen wir durchleben und erleiden, ohne sie zu begreifen und ohne zu verstehen« (W 19). Beck argumentiert zudem, dass der europäische Roman von Beginn an »eine Verbindung mit dem Risiko eingegangen« (W 20) sei, dass dieses »nicht nur Philosophie und Naturwissenschaften« beschäftigt, sondern dass auch der Romancier »die Ambivalenzen der Risikomoderne« (W 21) erkundet habe. Während sich Becks Darlegungen hier weitgehend auf die thematische Auseinandersetzung mit dem Risiko beschränken und formale und funktionale Aspekte außer Acht lassen, verweist sein Hinweis auf die parallele Entstehung von Risikobewusstsein und europäischem Roman auf funktionale Aspekte, die in Elena Espositos Studie *Die Fiktion der wahrscheinlichen Realität* ins Zentrum rücken. Esposito untersucht aus systemtheoretischer Perspektive die Entwicklung eines neuen, vielschichtigen Realitätsverständnisses im 17. Jahrhundert, das sich aus gesellschaftlichen Veränderungsprozessen ergibt und in der parallelen Entstehung von Wahrscheinlichkeitsrechnung und Roman erkennbar wird. Beide, Wahrscheinlichkeitsrechnung und Roman, reagieren auf das sich herausbildende frühneuzeitliche Bewusstsein für die Kontingenz menschlicher Existenz und für eine von Unsicherheit geprägte Zukunft, indem sie Fiktionen erschaffen. Diese Fiktionen markieren eigene Realitäten, und d. h. sozial bzw. kulturell formative Kräfte, die die jeweilige Gegenwart mitprägen und insbesondere der Orientierung im Umgang mit der Zukunft dienen.[10] Risikonarrative fungieren in diesem Kontext somit als Fiktionen, die an Aushandlungsprozessen einer unsicheren Zukunft partizipieren.

Die Affinität des Risikos zu »den Gegenständen literarischer und künstlerischer Darstellung« liegt somit darin begründet, dass sowohl das Risiko als auch Literatur und Kunst »mögliche Welten«[11] imaginieren. Mit Blick auf ein globales Umweltrisiko wie den Klimawandel liefern allerdings nicht nur die Risikoszenarien in literarischen Texten Modelle möglicher Welten; auch die

---

10 Um die Entstehung dieses durch eine »Gliederung innerhalb des Bereichs der Realität« gekennzeichneten Realitätsverständnisses nachzuzeichnen, nutzt Elena Esposito das systemtheoretische Konzept der »Realitätsverdoppelung«. Esposito: Die Fiktion der wahrscheinlichen Realität. Frankfurt a. M. 2007, 8.
11 Schmitz-Emans: »Wagnis« und »Risiko«, 856.

Risikoszenarien der Klimawissenschaften sind keine ganz und gar präzisen Vorhersagen, sondern Modelle möglicher Entwicklungen. Beide greifen für den Entwurf solcher Szenarien auf je spezifisches Wissen zurück und entwerfen auf dieser Grundlage Zukunftsszenarien. Der Unterschied zwischen ihnen ist somit ein gradueller, wenn auch ein sehr signifikanter: Während literarische Risikoszenarien alle Freiheiten fiktionalen Schreibens nutzen und Risiko als komplexes kulturelles Phänomen ausloten können, sind den klimawissenschaftlichen Szenarien deutlich engere disziplinäre bzw. methodische Grenzen gesetzt. Zum Erfassen des Beitrags literarischer Umwelt-Risikonarrative bedarf es somit einer literaturwissenschaftlichen Expertise, die aufzeigen kann, worin die inhaltlich-thematische, ästhetische und funktionale Spezifik dieser fiktionalen Risikonarrative besteht.

## 2. Literarische Umwelt-Risikonarrative: konzeptionell-thematische, formale und funktionale Merkmale

Literarische Umwelt-Risikonarrative zeichnen sich durch Flexibilität aus, d.h. sie lassen sich vor allem konzeptionell-thematisch und formal zwar durch ein gewisses Repertoire an Merkmalen charakterisieren, doch unterscheiden sich einzelne Narrative in deren Auswahl und Gewichtung. Zu den konzeptionell-thematischen Merkmalen lässt sich einführend Folgendes sagen: Im Gegensatz zu nicht-literarischen Risikonarrativen inszenieren literarische Risikonarrative Umweltrisiken als vielschichtige, sich dynamisch entwickelnde und umstrittene kulturelle Phänomene. Sie repräsentieren Umweltrisiken (1) als auf menschliches Entscheidungshandeln zurückzuführende Gefahrenpotenziale der Spätmoderne, die die konzeptionelle Trennung von Natur und Kultur aufheben; (2) als auf die Gegenwart wie die Zukunft wirkende antizipatorische Kräfte sowohl in (natur-)wissenschaftlicher als auch in sozialer, politischer, ökonomischer sowie kognitiver, emotionaler und psychischer Hinsicht; (3) als in der Gegenwart umstrittene Antizipationen möglicher Zukünfte (*risk narratives of anticipation*); und (4) als Zukunftsentwürfe, die den Schwerpunkt auf die Darstellung katastrophaler Auswirkungen legen (*risk narratives of catastrophe*). Darüber hinaus weisen sie (5) eine metafiktionale Bedeutungsdimension auf, da sie die Konstruktionsbedingungen von Risiko reflektieren.[12]

Grundlegende Aussagen zur konstitutiven Rolle von Erzählmustern, Schreibweisen und Gattungskonventionen und damit auch zu konzeptionell-thematischen Merkmalen von Risikonarrativen macht Heise in *Sense of Place and Sense*

---

12 Vgl. Stephanie Catani: Risikonarrative. Von der Cultural Theory (of Risk) zur Relevanz literaturwissenschaftlicher und literarischer Risikodiskurse, in: Monika Schmitz-Emans (Hrsg.): Literatur als Wagnis/Literature as a Risk. Berlin/Boston 2013, 159–189.

*of Planet*.[13] Sie verweist zunächst auf vier Gestaltungselemente, die Lawrence Buell für sein Konzept des »toxic discourse«, des Risikodiskurses über Umweltgifte und Umweltverschmutzung, als zentrale formale wie konzeptionelle Merkmale identifiziert hat: auf das Erzählmuster des zerstörten pastoralen Ideals, von Buell definiert als »a nurturing space of clean air, clean water, and pleasant uncluttered surroundings that is ours by right«;[14] auf die totalisierenden Bilder einer von Umweltverschmutzung gezeichneten Welt; auf das David-Goliath-Szenario, das die moralische Empörung und den leidenschaftlichen Widerstand des (vermeintlich) schwächeren Opfers gegenüber einem (vermeintlich) stärkeren Feind zum Ausdruck bringt; und schließlich auf Elemente der Schauerliteratur, wie zum Beispiel die Repräsentation von durch Umweltgifte deformierten, kranken Körpern und durch Umweltverschmutzung zerstörten Landschaften. Risikonarrative, die sich mit der Gefahr von Umweltgiften auseinandersetzen, tragen zur Entstehung und Perpetuierung einer »unifying culture of toxicity« bei, die konzeptionell zum einen den Natur-Kultur-Dualismus hinter sich lässt und zum andern eine soziale Welt zeichnet, die trotz existierender interner Differenzierungen Grenzziehungen überwindet:

Altogether, the four formations, both in their cultural embeddedness and in their contemporary transposition, promote a unifying culture of toxicity notwithstanding the increasing recognition of the importance of such marks of social difference as race, gender, and class in determining what groups get subjected to what degree of risk. (TD 655)

Buells Hinweis auf die »cultural embeddedness« seiner vier Gestaltungselemente bezieht sich auf deren literatur- und kulturhistorische Verwurzelung. Artikulationen des »toxic discourse«, inklusive Risikonarrative, können aus einem reichhaltigen Repertoire literarisch-textueller Konventionen schöpfen, um den gegenwärtigen Umgang mit spezifischen Risiken sowie die Erfahrungsdimensionen möglicher zukünftiger Katastrophenszenarien thematisch auszuloten. Dies betont auch Heise, wenn sie den formalen wie konzeptionellen Einfluss der folgenden etablierten Gattungskonventionen und Schreibweisen auf die Gestaltung von Risikonarrativen auflistet:

Implicitly or explicitly, accounts of risk tend to invoke different genre models, for example the detective story – in the evaluation of clues and eyewitness accounts, and in the discovery and exposure of the criminal; pastoral – in the portrayal of rural, unspoiled landscapes violated by the advent of technology; the gothic – in the

---

13 Ursula K. Heise: Sense of Place and Sense of Planet: The Environmental Imagination of the Global. Oxford 2008, 139. Siehe vor allem das Unterkapitel »Risk and Narrative« (136–143). Im Folgenden wird daraus unter der Sigle SP mit der Seitenzahl zitiert.
    14 Vgl. Lawrence Buell: Toxic Discourse, in: Critical Inquiry 24.3, 1998, 647–653, hier 648. Im Folgenden wird daraus unter der Sigle TD mit der Seitenzahl zitiert.

evocation of hellish landscapes or grotesquely deformed bodies as a consequence of pollution; the Bildungsroman – in the victim's gradually deepening realization of the danger to which she or he is exposed; tragedy – through the fateful occurrence of events that individuals are only partially able to control; and epic – in the attempt to grasp the planetary implications of some risks. (SP 139)

Dieser Auflistung können weitere Gattungen hinzugefügt werden. Science Fiction und Speculative Fiction etwa setzen sich mit der Rolle der (Natur-)Wissenschaften im Kontext von gegenwärtiger wie zukünftiger Risikoerfahrung auseinander und entwerfen komplexe fiktionale Projektionen möglicher katastrophaler Entwicklungen in der näheren oder entfernten Zukunft. Der pikarische Roman nutzt seine Heldenfigur, um zum Beispiel spezifische gesellschaftliche, politische und ökonomische Ausprägungen der Weltrisikogesellschaft kritisch in den Blick zu nehmen.[15] Hinzuzufügen ist aber auch die dystopische Schreibweise, die für die Zeichnung sich anbahnender oder voll ausgeprägter katastrophaler Entwicklungen eines Risikos in der Gegenwart wie in der Zukunft unverzichtbar ist.

Eine wichtige Abgrenzung des Risikonarrativs nimmt Heise in *Sense of Place and Sense of Planet* darüber hinaus zur apokalyptischen Schreibweise vor. Sie argumentiert, dass sich Risikonarrative tendenziell von apokalyptischen Narrativen unterscheiden, da sie mit andersartigen Projektionen (bzw. Antizipationen) der Zukunft arbeiten:

... apocalyptic scenarios differ from risk scenarios in the way they construe the relation between present, future, and crisis. In the apocalyptic perspective, utter destruction lies ahead but can be averted and replaced by an alternative future society; in the risk perspective, crises are already underway all around, and while their consequences can be mitigated, a future without their impact has become impossible to envision. (SP 142)

Im Unterschied zu apokalyptischen Narrativen, die mit Kontrastierungen, und d.h. vor dem Horizont eines letztlich pastoralen Ideals, arbeiten, liefern Risikonarrative keine Zukunftsszenarien einer regenerierten (Um-)Welt, in der Mensch und nicht-menschliche Natur – entsprechend dem pastoralen Ideal – in Harmonie miteinander leben. Stattdessen liefern sie Szenarien, in denen manche Gefahren abgewendet worden sein mögen, in denen Risiken, und d.h. fundamentale Unsicherheit und Kontingenz, jedoch ein konstitutiver Bestandteil menschlicher Erfahrungswelten bleiben. Heise folgt hier Überlegungen von Frederick Buell, der in *From Apocalypse to Way of Life* argumentiert, dass sich im

---

15 In diesem Zusammenhang weist Rob Nixon darauf hin, dass dieser Gattungseinfluss gerade auch für postkoloniale Umweltliteratur von großer Bedeutung ist. Nixon: Neoliberalism, Slow Violence, and the Environmental Picaresque, in: Modern Fiction Studies 55.3, 2009, 443–467.

Zeichen eines zunehmenden Bewusstseins für Umweltkrisen seit den 1960er Jahren deren literarische Repräsentation verändert hat. Buell konstatiert eine Abkehr von einem apokalyptisch-alarmistischen Schreibmodus, der die Überwindung der ökologischen Gefahren impliziert, hin zu einem Schreibmodus, der diese Krisen als dauerhaft akzeptiert.[16]

Risikonarrative, die sich mit globalen Umweltrisiken auseinandersetzen, lassen sich darüber hinaus unter Rückgriff auf Becks Definition des Risikos als Antizipation der Katastrophe und als notwendige Inszenierung, durch die allein »die Zukunft der Katastrophe Gegenwart« (W 30) wird, in zwei Typen unterteilen: in *risk narratives of anticipation* und in *risk narratives of catastrophe*.[17] Der erste Typus befasst sich schwerpunktmäßig mit dem Wahrnehmungs-, Erfahrungs- und Reaktionsspektrum, das ein Risiko in der Gegenwart – d.h. im Moment der Antizipation einer möglichen zukünftigen Katastrophe, im Moment der Umstrittenheit – kennzeichnet. Der zweite Typus fokussiert auf die Zukunft, auf eine Zeit, in der die von einem Risikoszenario antizipierte Katastrophe eingetreten ist und völlig neue soziale, politische, ökonomische und vor allem auch ökologische Bedingungen geschaffen hat. Diese Zukunft wird in diesen Narrativen mit einer vergangenen Gegenwart kontrastiert, die jedoch deutlich weniger narrativen Raum einnimmt. Wie in Kürze am Beispiel des Klimawandelromans aufzuzeigen sein wird, impliziert dies formal-ästhetische Unterschiede, nämlich den unterschiedlich starken Rückgriff auf bestimmte Gattungskonventionen und Gestaltungsmodi.

Die Auflistung möglicher Gattungsbezüge zeigt, dass das literarische Umwelt-Risikonarrativ als ›hybrides Genre‹ bezeichnet werden kann, als eine Gattung, die je nach inhaltlich-thematischer Ausrichtung aus einem weitgespannten Repertoire existierender formaler Gestaltungselemente schöpfen kann. Funktional, d.h. mit Blick auf die kulturelle Arbeit, die es leistet, zeichnet es

---

16 Vgl. Frederick Buell: From Apocalypse to Way of Life. Environmental Crisis in the American Century. New York 2003, bes. Kap. 8 (»Representing Crisis: Environmental Crisis in Popular Fiction and Film«) und Kap. 9. Abschließend stellt Buell fest: »as never before, literature today represents deepening environmental crisis as a context in which people dwell and with which they are intimate, not as an apocalypse still ahead. The emergence of a body of literature of this sort is genuinely new«, ebd. 321–322. Sowohl im Ansatz der Buell-Brüder als auch in Heises Ansatz zeigt sich, dass deren Beitrag zur Diskussion des literarischen Risikonarrativs im Aufzeigen der Relevanz von Erzählmustern, Schreibweisen und Gattungskonventionen besteht, die sich nur teilweise auf historisch und kulturraumspezifisch präzise definierte Gattungen beziehen. Zentral sind für sie historisch einflussreiche, kulturraumspezifische Diskurse und Konzepte, wie etwa der »Diskurs des Pastoralen« oder der »apokalyptische Diskurs«. Diese haben nicht zuletzt in der US-amerikanischen Literatur- und Kulturgeschichte vielfache Ausprägungen und Transformationen erfahren, wie z.B. in Paul Alpers *What Is Pastoral?* (1996) und Elizabeth K. Rosens *Apocalyptic Transformation: Apocalypse and the Postmodern Imagination* (2008).

17 Vgl. Mayer: Science in the World Risk Society; sowie Mayer: World Risk Society and Ecoglobalism.

sich durch seine konstitutive Teilnahme am entsprechenden Umwelt-Risiko-diskurs aus. Mit Esposito kann davon gesprochen werden, dass die fiktionalen Risikoszenarien Realitäten setzen, die Teil des gegenwärtigen diskursiven Aus-handlungsprozesses möglicher Zukünfte sind.

## 3. Klimawandelromane als Risikonarrative

Eines der zentralen globalen Risiken unserer Zeit ist das Risiko des globalen Klimawandels. Nach jahrzehntelanger Erforschung seiner Ursachen stimmen die Klimawissenschaften mittlerweile weitgehend darin überein, dass die glo-bale Erderwärmung in hohem Maße anthropogenen Ursprungs ist und erste Klimaveränderungen herbeigeführt hat.[18] Der durch die Verbrennung fossiler Energieträger vor allem seit Beginn der Industrialisierung ausgelöste und durch ökologische Rückkopplungseffekte verstärkte Treibhauseffekt führte zur Er-wärmung der Atmosphäre und damit u. a. zum Schmelzen von Gletschern, zum Tauen von Permafrost-Gebieten, zu einem Anstieg des Meeresspiegels und zur Versauerung der Meere – Phänomene, die sämtlich nicht nur weitere ökologi-sche, sondern auch gravierende sozioökonomische, politische und kulturelle Konsequenzen nach sich gezogen haben und weiter nach sich ziehen. Klima-wandelromane setzen sich mit diesem globalen Risiko, mit seiner auf Gegen-wart und Zukunft wirkenden antizipatorischen Kraft, auseinander. Als Risi-konarrative nehmen sie das vielfältige, geographisch, sozial oder auch kulturell z. T. äußerst diverse Spektrum individueller, alltäglicher Erfahrungen des Kli-mawandelrisikos in den Blick und sind so in der Lage, sich im Medium der Fiktion mit seinen naturwissenschaftlichen, sozialen, politischen und ökono-mischen ebenso wie mit seinen kognitiven, emotionalen und psychischen Di-mensionen auseinanderzusetzen.

Ehe hier exemplarisch aufgezeigt werden kann, welche ästhetischen und um-weltethischen Merkmale einzelne Klimawandelromane als Risikonarrative auf-weisen, muss an dieser Stelle jedoch zunächst kurz auf die besonderen Heraus-forderungen eingegangen werden, denen sich die fiktionale Auseinandersetzung mit dem Klimawandelrisiko gegenübersieht. Wie einschlägige Arbeiten zur Kommunikation dieses globalen Risikos betonen,[19] entzieht es sich in hohem

---

18 Vgl. den Climate Change 2014 Synthesis Report. International Governmental Panel on Climate Change (Hrsg.) http://www.ipcc.ch/pdf/assessment-report/ar5/syr/SYR_AR5_FINAL_full.pdf.

19 Zu den Kommunikationsproblemen des Klimawandelrisikos vgl. Moser: Communi-cating Climate Change; zur Reaktion der anglophonen Klimawandelliteratur auf diese Pro-bleme vgl. Adam Trexler/Adeline Johns-Putra: Climate Change in Literature and Literary Criticism, in: Wires. Climate Change 2, 2012, 185–200; Stephen Daniels/Georgina H. End-field: Narratives of Climate Change: Introduction, in: Journal of Historical Geography 35,

Maße der direkten Wahrnehmung: Menschen nehmen das Wetter, nicht jedoch das Klima wahr; Treibhausgase sind für das Auge unsichtbar; der Klimawandel stellt in seiner globalen und die Lebensspanne etlicher Generationen übersteigenden Reichweite ein räumlich wie zeitlich nur schwer fassbares Phänomen dar; und schließlich ist dem Klimawandel als globalem Risiko immer der Faktor Unsicherheit eingeschrieben: Die Klimamodelle der Naturwissenschaften kalkulieren und antizipieren mögliche bzw. wahrscheinliche Folgen menschlichen Entscheidungshandelns in Bezug auf das Klima, sind jedoch nicht in der Lage, präzise, unumstößlich gültige Voraussagen zu machen. Dieser Unsicherheitsfaktor, der sich auch in der Existenz unterschiedlicher Klimamodelle niederschlägt, provozierte in den letzten Jahrzehnten immer wieder politische wie gesellschaftliche Kontroversen und erzeugte ein hohes Maß an Unsicherheit in der Wahrnehmung und Bewertung des Klimawandelrisikos. Bis heute reicht das weltweite Spektrum der Reaktionen auf die Berichte des Weltklimarats von der Akzeptanz seiner Schlussfolgerungen bis hin zu deren Leugnung, und dies trotz weitgehender Übereinstimmung innerhalb der *scientific community*, dass heutige Klimaveränderungen maßgeblich menschengemacht sind.

Die Reaktion von Klimawandelromanen auf diesen von Abstraktheit, Entgrenzung, Unsicherheit und Kontroversen geprägten Risikodiskurs kann unter Rückgriff auf die beiden oben genannten Typen von Risikonarrativen – *risk narratives of anticipation* und *risk narratives of catastrophe* – beschrieben werden. Als *risk narratives of anticipation* können zum Beispiel Susan Gaines' *Carbon Dreams* (2001), Kim Stanley Robinsons Romantrilogie *Forty Signs of Rain* (2004), *Fifty Degrees Below* (2005) und *Sixty Days and Counting* (2007), Ian McEwans *Solar* (2010) und Barbara Kingsolvers *Flight Behavior* (2012) bezeichnet werden, oder auch Michael Crichtons Bestseller *State of Fear* (2004), der im Gegensatz zu den zuvor genannten Texten eine völlig andere ›politische Botschaft‹ aussendet, da er die Existenz eines anthropogenen globalen Klimawandels bestreitet. Alle diese Romane zeichnen fiktionale Welten, die einen zukünftigen globalen Klimakollaps antizipieren, sich jedoch auf einen kulturellen Moment in der Gegenwart oder der nahen Zukunft konzentrieren, in dem erste Anzeichen der globalen Gefahr erkennbar sind, ein vollständiger Kollaps jedoch noch nicht eingetreten ist. Stattdessen dominieren in ihnen die Unsicherheit und Kontroversen, die das Leben in der Weltrisikogesellschaft, ihr Erfahrungsspektrum und damit auch ihre Subjektivitäten kennzeichnen.

Auch wenn sich diese Risikonarrative thematisch wie formal voneinander unterscheiden, weisen sie doch Gemeinsamkeiten vor allem hinsichtlich des Figu-

2009, 215–222; Sylvia Mayer: Explorations of the Controversially Real: Risk, the Climate Change Novel, and the Narrative of Anticipation, in: Sylvia Mayer/Alexa Weik von Mossner (Hrsg.): The Anticipation of Catastrophe: Environmental Risk in North American Literature and Culture. Heidelberg 2014, 21–37.

renrepertoires und der Figurenkonstellation sowie hinsichtlich der Repräsentation des Raums auf. Das Figurenrepertoire zeichnet sich dadurch aus, dass die Figuren zum einen mit unterschiedlichstem Klimawissen ausgestattet sind und das Klimawandelrisiko ganz unterschiedlich bewerten und dass sie zum andern unterschiedlichen sozialen Milieus einer Gesellschaft angehören und oft auch aus verschiedenen Regionen der Erde stammen. Auffällig ist die zentrale Rolle von sowohl männlichen als auch weiblichen Wissenschaftlerfiguren; sie dienen zum einen dazu, das – kontrovers diskutierte – Wissen der Klimawissenschaften einzuführen, zum andern aber auch dazu, die soziopolitische Rolle und Relevanz der Naturwissenschaften zu thematisieren. Die so entstehenden Figurenkonstellationen inszenieren die »umstrittene Wirklichkeit der Möglichkeit«, die nach Beck das Risiko definiert. Sie inszenieren den Konflikt unterschiedlicher Denk- und Wertesysteme, auf denen jeweils unterschiedliche politische, ökonomische und kulturelle Organisationsformen und Praktiken beruhen – Denk- und Wertesysteme, die hier vereinfachend als klimaschädlich oder klimafreundlich bezeichnet werden sollen. Der Raum, d. h. einzelne lokale Schauplätze der Handlung, wird in den Romanen als deterritorialisiert gezeichnet, es wird der Einfluss überregionaler, letztlich globaler Kräfte auf das Lokale sichtbar gemacht. Darüber hinaus erhalten im Raum wirksame nichtmenschliche Kräfte, zum Beispiel Wetterphänomene wie Stürme, starker Regen, Hitze und Kälte oder auch Tiere, Handlungsmacht. Räume werden als von Mensch und nichtmenschlicher Natur ko-konstruiert gezeichnet. Dieses Verfahren markiert die Überwindung einer dualistischen Vorstellung von Natur und Kultur als zwei streng getrennten Bereichen und legt die Grundlage für umweltethische Positionen, die anders als tradierte interpersonelle Ethiken die nichtmenschliche Natur ins moralische Universum mit einbeziehen und – erneut vornehmlich über die Figurenzeichnung – in unterschiedlichen Ausprägungen in den Romanen verhandelt werden.[20]

Mit Blick auf die Ästhetik des »toxic discourse« und mit Blick auf den Einfluss von Gattungskonventionen weisen diese Risikonarrative durchweg einen realistischen Schreibmodus auf, der plausibel die Nähe zum Erfahrungsspektrum einer gegenwärtigen Leserschaft herstellen will. Für die Zeichnung der ersten, vor allem negativen Anzeichen des Klimawandels – etwa von zerstörerischen Wetterphänomenen – greifen sie auf einen dystopischen Schreibmodus zurück, der einen Eindruck von der möglichen Zerstörung menschlicher Existenzen als Konsequenz des ökologischen Kollapses vermittelt. Immer

---

20 Einen Überblick über umwelt- bzw. naturethische Positionen liefert Angelika Krebs: Naturethik im Überblick, in: Dies. (Hrsg.): Naturethik. Grundtexte der gegenwärtigen tier- und ökoethischen Diskussion. Frankfurt a. M. 1997, 337–379. Auf die Spezifik der umweltethischen Positionen, die in den einzelnen Risikonarrativen verhandelt werden, kann hier nicht detailliert eingegangen werden. Diese hochinteressante Fragestellung bedarf einer eigenen Studie.

wieder tauchen in der Figurenzeichnung, bei Haupt- wie bei Nebenfiguren, zudem Elemente des Bildungsromans auf, am ausgeprägtesten in Kingsolvers *Flight Behavior*. Darüber hinaus dominieren in den oben aufgezählten Romanen jedoch unterschiedliche Gattungseinflüsse: *Carbon Dreams* arbeitet in seiner Fokussierung auf eine junge Naturwissenschaftlerin mit den Mitteln der *science-in-fiction*-Literatur, Robinsons Trilogie, die generell als *Speculative Fiction* bezeichnet werden kann, nutzt darüber hinaus – ebenso wie *Solar* mit seiner allegorischen Hauptfigur – Gestaltungsmittel des pikarischen Romans, und *State of Fear* wird dominiert von Elementen des Thrillers. Keines der Klimawandelnarrative ist im apokalyptisch-alarmistischen Schreibmodus gehalten, sie alle repräsentieren das Klimawandelrisiko als dauerhaft, als Zeichen einer Krise, mit der es sich zu arrangieren gilt, die nicht vollständig überwunden werden kann.

Demgegenüber entwerfen *risk narratives of catastrophe* fiktionale Welten in der nahen oder in der entfernteren Zukunft, in der sich eine globale Klimakatastrophe ereignet hat. Die Zukunftsszenarien dieser Risikonarrative sind dominiert von der Zeichnung verheerender ökologischer wie sozioökonomischer, politischer und kultureller Folgen des Klimawandels. Soziale und politische Systeme, die auf der Grundlage des Wirtschaftens mit fossilen Brennstoffen basierten, sind weitgehend oder gar vollständig zusammengebrochen. Menschliches Leben ist einer dramatischen Veränderung der Lebensbedingungen unterworfen worden, vormals privilegierte Regionen der Erde haben ihre Versorgungssicherheit verloren, es ist zu einem weitreichenden Artensterben gekommen, das in manchen Texten auch die massive Dezimierung, gar das Beinahe-Aussterben, der menschlichen Bevölkerung des Planeten miteinschließt. Beispiele für solche *risk narratives of catastrophe* sind Octavia Butlers *Parable of the Sower* (1993) und *Parable of the Talents* (1998), T. C. Boyles *A Friend of the Earth* (2000), Steven Amsterdam's *Things We Didn't See Coming* (2009), Dale Pendells *The Great Bay. Chronicles of the Collapse* (2010) sowie Naomi Oreskes und Erik M. Conways *The Collapse of Western Civilization* (2014).

Auch diese Risikonarrative unterscheiden sich thematisch wie formal. Gemeinsam ist ihnen jedoch ihr Fokus auf die Repräsentation von Zeit und damit der Versuch, den globalen Klimawandel als zeitlich nur schwer fassbares Phänomen zu inszenieren. Sie entwerfen Versionen der Zukunft, die jene Katastrophe konkret werden lässt, die in Risikokalkulationen, etwa in Klimawandel-Modellen, des späten 20. und frühen 21. Jahrhunderts noch als »umstrittene Wirklichkeit der Möglichkeit« gelten muss. Texte, die sich den katastrophalen Folgen des Klimawandels in einer näheren Zukunft widmen – etwa die Romane von Butler, Boyle und Amsterdam, die bis in die 2020er, 2030er und 2040er Jahre reichen –, machen dabei darauf aufmerksam, dass gravierende zerstörerische Folgen des Klimawandels früher eintreten können als oft angenommen; Texte, die die drastisch veränderten, von neuen Risiken geprägten Lebensbedingungen in einer entfernten Zukunft entwerfen – so der Roman von Oreskes und Conway, dessen Erzähler ein Historiker des 24. Jahrhunderts ist, oder Pendells Roman, dessen Handlungsstränge gar den Zeitraum der Jahre 2012 bis circa 16.000 abdecken –, veranschaulichen die Notwendigkeit eines Risikodenkens in Zeitspannen, die die Lebenszeit mehrerer Generationen überschreiten und letztlich nur durch geologische Zeitskalen erfasst werden können. Gleichzeitig gestalten auch diese Risikonarrative die Zeit vor dem Klimakollaps, vor der Katastrophe. Sie tun dies entweder indem sie, wie zum Beispiel *A Friend of the Earth* oder auch *The Collapse of Western Civilization*, mit Rückblenden arbeiten, oder indem sie einen zeitlichen Ausgangspunkt wählen, der noch nahe an der Erfahrungswelt des Lesepublikums zum Zeitpunkt der jeweiligen Publikation ist. Auch diese *risk narratives of catastrophe* überwinden darüber hinaus in der Zeichnung des Raums die dualistische Vorstellung von Natur und Kultur als separaten Bereichen. Auch in ihnen sind sowohl die Menschen als auch die nichtmenschliche Natur mit Handlungsmacht ausgestattet und ko-konstruieren in Form unterschiedlichster Schauplätze den Raum. Die diversen umweltethischen Positionen, die dabei in den Texten entwickelt werden, d.h. das Anerkennen, dass nichtmenschliche Natur zumindest in Teilen in das moralische Universum aufgenommen werden sollte, ergeben sich hier jedoch unter dem Eindruck der Katastrophe. Sie ist es, die das Fehlen umweltethischen Denkens als einen Auslöser des Klimakollapses erkennbar werden lässt.

Wie die *risk narratives of anticipation* operieren auch diese Risikonarrative, die die Gefahr vor dem Horizont einer zukünftigen Katastrophe thematisch ins Zentrum stellen, mit dem realistischen Schreibmodus. Auch sie versuchen, dem Erfahrungsspektrum einer zeitgenössischen Leserschaft plausible Anknüpfungspunkte zu liefern. Weit deutlicher ausgeprägt ist hier jedoch der Rückgriff auf dystopische Gestaltungselemente bzw. auf Elemente der Schauerliteratur – ohne dass in den Romanen jedoch ein apokalyptisches Szenario entworfen würde. Auch hier wird das gegenwärtige, d.h. im frühen 21. Jahrhundert existierende Risiko des anthropogenen Klimawandels als dauerhaftes dargestellt. Am eindrücklichsten zeigt sich dies in Pendells zeitlich weit ausgreifendem Roman: Noch im Jahr 10.000 wirken die Treibhausgasemissionen des Anthropozäns aufgrund von ökologischen Rückkopplungsschleifen nach und beeinflussen die Abfolge von Eiszeiten. Wissenschaftler-Figuren, die Naturwissenschaften und damit auch der Bildungsroman spielen in diesen Risikonarrativen nicht mehr die Rolle, die sie in den *risk narratives of anticipation* spielen. Es tauchen keine Figuren mehr auf, die sich das international erarbeitete naturwissenschaftliche Klimawissen etwa des späten 20. und frühen 21. Jahrhunderts aneignen können, um aus solchem Wissen klimafreundliche politische oder ökonomische Einsichten zu entwickeln. Das Wissen, das sich die Hauptfiguren der *Parable*-Romane, in *A Friend of the Earth*, in *Things We Didn't See Coming* und in *The Great Bay* aneignen müssen, ist im Gegensatz dazu ein rudimentäres

Wissen, das auf das unmittelbare, tägliche Überleben vor Ort konzentriert ist.
Damit fehlt den *risk narratives of catastrophe* das ›utopische‹ Moment, das den
anderen Typus des Risikonarrativs, vor allem Robinsons Trilogie, auszeichnet:
die Hoffnung, dass durch konsequente Klimaschutzmaßnahmen, die sich aus
klimawissenschaftlichen Studien ableiten lassen und global befolgt werden, die
totale Katastrophe abgewendet werden kann.[21]

## Literaturverzeichnis

Alpers, Paul: What Is Pastoral? Chicago 1996.

Anderson, Alison: Media and Risk, in: Mythen, Gabe/Walklate, Sandra (Hrsg.): Beyond
the Risk Society. Critical Reflections on Risk and Human Security. Maidenhead 2006
114–131.

Arnoldi, Jakob: Risk. An Introduction. Cambridge 2009.

Bechmann, Gotthard/Stehr, Nico: Risikokommunikation und die Risiken der Kommunikation wissenschaftlichen Wissens. Zum gesellschaftlichen Umgang mit Nichtwissen, in:
GAIA 9.2, 2000, 113–121.

Beck, Ulrich: Weltrisikogesellschaft. Auf der Suche nach der verlorenen Sicherheit. Frankfurt 2007.

Bonß, Wolfgang: Vom Risiko. Unsicherheit und Ungewißheit in der Moderne. Hamburg
1995.

Buell, Frederick: From Apocalypse to Way of Life: Environmental Crisis in the American
Century. New York 2003.

Buell, Lawrence: Toxic Discourse, in: Critical Inquiry 24.3, 1998, 639–665.

Catani, Stephanie: Risikonarrative. Von der Cultural Theory (of Risk) zur Relevanz literaturwissenschaftlicher und literarischer Risikodiskurse, in: Schmitz-Emans, Monika (Hrsg.):
Literatur als Wagnis/Literature as a Risk. In Zusammenarbeit m. Braungart, Georg/Gei-
senhanslüke, Achim/Lubkoll, Christine. Berlin/Boston 2013, 159–189.

Climate Change 2014 Synthesis Report. International Governmental Panel on Climate
Change (Hrsg.). http://www.ipcc.ch/pdf/assessment-report/ar5/syr/SYR_AR5_FINAL_
full.pdf 18.03.2015 [23.4.2017].

Daniels, Stephen/Endfield, Georgina H.: Narratives of Climate Change: Introduction, in:
Journal of Historical Geography 35, 2009, 215–22.

Douglas, Mary/Wildavsky, Aaron: Risk and Culture: An Essay on the Selection of Technological and Environmental Dangers. Berkeley 1982.

Esposito, Elena: Die Fiktion der wahrscheinlichen Realität. Frankfurt a. M. 2007.

Heise, Ursula K.: Cultures of Risk and the Aesthetic of Uncertainty, in: Benesch, Klaus/Zwin-
genberger, Meike (Hrsg.): Scientific Cultures – Technological Challenges: A Transatlantic
Perspective. Heidelberg 2009, 17–44.

– Sense of Place and Sense of Planet: The Environmental Imagination of the Global. Oxford
2008.

Krebs, Angelika: Naturethik im Überblick, in: Dies. (Hrsg.): Naturethik. Grundtexte der gegenwärtigen tier- und ökoethischen Diskussion. Frankfurt a. M. 1997, 337–379.

Lupton, Deborah: Risk. London ²2012.

---

21 Vgl. Gib Prettyman: Living Thought: Genes, Genres and Utopia in the Science in the
Capital Trilogy, in: Burling, William J. (Hrsg.): Kim Stanley Robinson Maps the Unimaginable.
Critical Essays. Jefferson, NC 2009, 181–203.

Mayer, Sylvia: Explorations of the Controversially Real: Risk, the Climate Change Novel, and the Narrative of Anticipation, in: Mayer, Sylvia/Weik von Mossner, Alexa (Hrsg.): The Anticipation of Catastrophe: Environmental Risk in North American Literature and Culture. Heidelberg 2014, 21–37.

- Science in the World Risk Society: Risk, the Novel, and Global Climate Change, in: Zeitschrift für Anglistik und Amerikanistik 64.2, 2016, 207–221.
- World Risk Society and Ecoglobalism: Risk, Literature, and the Anthropocene, in: Zapf, Hubert (Hrsg.): Handbook of Ecocriticism and Cultural Ecology. Berlin 2016, 494–509.

Mayer, Sylvia/Weik von Mossner, Alexa (Hrsg.): The Anticipation of Catastrophe: Environmental Risk in North American Literature and Culture. Heidelberg 2014.

Moser, Susan: Communicating Climate Change: History, Challenges, Process and Future Directions, in: Wires. Climate Change 1, 2010, 31–53.

Nixon, Rob: Neoliberalism, Slow Violence, and the Environmental Picaresque, in: Modern Fiction Studies 55.3, 2009, 443–467.

Nünning, Ansgar: Wie Erzählungen Kulturen erzeugen: Prämissen, Konzepte und Perspektiven für eine kulturwissenschaftliche Narratologie, in: Strohmaier, Alexandra (Hrsg.): Kultur – Wissen – Narration. Perspektiven transdisziplinärer Erzählforschung für die Kulturwissenschaften. Bielefeld 2013, 15–53.

Prettyman, Gib: Living Thought: Genes, Genres and Utopia in the Science in the Capital Trilogy, in: Burling, William J. (Hrsg.): Kim Stanley Robinson Maps the Unimaginable. Critical Essays. Jefferson 2009, 181–203.

Rosen, Elizabeth K.: Apocalyptic Transformation: Apocalypse and the Postmodern Imagination. Lanham 2008.

Schmitz-Emans, Monika: Literatur als Wagnis. Zur Einleitung, in: Dies. (Hrsg.): Literatur als Wagnis/Literature as a Risk. In Zusammenarbeit m. Braungart, Georg/Geisenhanslüke, Achim/Lubkoll, Christine. Berlin/Boston 2013, 1–12.

- »Wagnis« und »Risiko«. Semantisierungen und Nachbarbegriffe, in: Dies. (Hrsg.): Literatur als Wagnis/Literature as a Risk. Berlin/Boston 2013, 835–870.

Sørensen, Mads P./Christiansen, Allan: Ulrich Beck: An Introduction to the Theory of Second Modernity and the Risk Society. London 2013.

Trexler, Adam/Johns-Putra, Adeline: Climate Change in Literature and Literary Criticism, in: Wires. Climate Change 2, 2012, 185–200.

Weik von Mossner, Alexa: Science Fiction and the Risks of the Anthropocene: Anticipated Transformations in Dale Pendell's The Great Bay, in: Environmental Humanities 5, 2014, 203–216.

Welchman, John C. (Hrsg.): The Aesthetics of Risk. SoCCAs Symposium Bd. 3. Zürich 2008.

Zemanek, Evi: Unkalkulierbare Risiken und ihre Nebenwirkungen. Zu literarischen Reaktionen auf ökologische Transformationen und den Chancen des Ecocriticism, in: Schmitz-Emans, Monika (Hrsg.): Literatur als Wagnis/Literature as a Risk. Berlin/Boston 2013, 279–302.

- A Dirty Hero's Fight for Clean Energy: Satire, Allegory, and Risk Narrative in Ian McEwan's Solar, in: ecozon@. European Journal of Literature, Culture and Environment 3.1, 2012: Writing Catastrophes: Cross-disciplinary Perspectives on the Semantics of Natural and Anthropogenic Disasters. Hrsg. v. Gabriele Dürbeck, 51–60. www.ecozon@.eu

Katrin Schneider-Özbek

# Der Ökothriller

Zur Genese eines neuen Genres an der Schnittstelle
von Thriller und ökologischem Narrativ

## 1. Gemengelage: Thriller, Utopie, investigativer Journalismus, Doku-Fiction?

Der Ausgangspunkt des Ökothrillers ist der Kriminalroman, besser gesagt, sein Subgenre – der Thriller. Mit Frank Schätzings Roman *Der Schwarm* wurde 2004 der deutschsprachige Thriller wieder salonfähig gemacht. Seit Jakob Arjouni, der mit seinen Kriminalromanen in der Tradition der *hard boiled school* das Genre des Kriminalromans im deutschsprachigen Raum revolutionierte, hat das Genre womöglich keine vergleichbare Innovation vollzogen.[1] Schätzing, der seinem Thriller »die Unberechenbarkeit der Eskalation« zuschreibt und damit der Vorstellung eines übermächtigen, moralisierenden und verkopften, genuin ›deutschen‹ Wissenschaftsthrillers entgegen treten will,[2] hat mit seinem bahnbrechenden Erfolg den Weg für viele Nachfolger bereitet. Das Genre Ökothriller hat zumindest das Feuilleton schon vor Schätzing ausgemacht und etwa dem Roman *Das Regenwald-Komplott* von Heinz G. Konsalik aus dem Jahre 1990 zugeschrieben.[3] Dem Kriminalromanen und insbesondere Thrillern anhaftende Ruf, sie seien Unterhaltungs- und Trivialliteratur, versucht der Ökothriller der 2000er Jahre mit seiner Amalgamierung mit dem Wissenschaftsroman entgegenzutreten. Gabriele Dürbeck etwa betont, dass es gerade gelte, das »Aufklärungspotenzial von Ökothrillern gegenüber den unterhaltenden Seiten kritisch zu analysieren.«[4]

1 Vgl. auch die Einschätzung zur Innovation des Genres bei Evi Zemanek: Naturkatastrophen in neuen Formaten. Fakten und Fiktionen des Tsunami in Frank Schätzings Ökothriller *Der Schwarm* und Joseph Haslingers Augenzeugenbericht *Phi Phi Island*, in: Julia Schöll/Johanna Bohley: Das erste Jahrzehnt: Narrative und Poetiken des 21. Jahrhunderts. Würzburg 2011, 83–98, hier 85.

2 »Ich bin eher der Opulente«. Andreas Fasel im Interview mit Frank Schätzing, in: Die Welt am Sonntag 14.3.2004.

3 Vgl. Kolja Mensing: Der Märchenerzähler, in: TAZ 4.10.1999.

4 Gabriele Dürbeck: Die Resonanz des Anthropozän-Diskurses im zeitgenössischen Ökothriller am Beispiel von Dirk C. Flecks *Das Tahiti-Projekt*, in: Siglinde Grimm/Berbeli

Entsprechend versteht sie den Ökothriller auch im Genre der Doku-Fiction beheimatet und die Wissensvermittlung als seine zentrale Funktion.[5] Im Folgenden werde ich zunächst das theoretische Feld des Genres näher ausleuchten, um dann anhand exemplarischer Analysen zu zeigen, welches Potenzial der Ökothriller als ökologisches Genre bietet.

Neuere Forschungen zur Kriminalliteratur zeigen, dass sich mit den Besonderheiten dieses Genres weit mehr erreichen lässt als bloße Unterhaltung der Leserinnen und Leser. So betont etwa Sandro M. Moraldo, dass sich Kriminalromane gerade durch »[f]ormale Kunstfertigkeit, sprachliche Finesse, Sinn für Dramaturgie, Detaildichte, präzise Charakterskizzen, glaubwürdig gezeichnete Nebenfiguren etc.« auszeichnen.[6] Darüber hinaus amalgamiert der Ökothriller Science Fiction und utopische Literatur mit fingiertem und tatsächlichem investigativem Journalismus, so dass das Konglomerat einer Doku-Fiktion entsteht. Überlegungen zu möglichen Technikzukünften, wie sie in der Technikphilosophie von Armin Grunewald angestellt werden, und Technikfolgenabschätzung beeinflussen das Genre entscheidend. So zeichnen sich die Texte[7] durch ein hohes Maß an Recherche aus, das ihren moralisierenden wie pädagogischen Ansatz,[8] ihre »informative Appellfunktion«[9] unterstreicht.

Gerade die für den pädagogischen Impetus notwendige Aktivierung der Leserinnen und Leser gelingt dem Ökothriller durch seine Herkunft aus der Kriminalliteratur. Die Abwehr des Bösen zwingt Leserinnen und Leser, selbst eine moralisch gute Position einzunehmen und zu verteidigen. Evi Zemanek zufolge korreliert damit die »relativ neue Einsicht, dass der Mensch dabei [bei Katastrophen] einen aktiven Part spielen kann, sei es bei der Verursachung oder

---

Wanning (Hrsg.): Kulturökologie und Literaturdidaktik. Beiträge zur ökologischen Herausforderung in Literatur und Unterricht. Göttingen 2015, 83–100.

5 Gabriele Dürbeck: Ökothriller, in: Gabriele Dürbeck/Urte Stobbe (Hrsg.): Ecocriticism. Eine Einführung. Köln u. a. 2015, 245–256, hier 248.

6 Sandro M. Moraldo: Einleitung, in: Ders. (Hrsg.): Mord als kreativer Prozess. Zum Kriminalroman der Gegenwart in Deutschland, Österreich und der Schweiz. Heidelberg 2005, 5.

7 Prominente Vertreter des Genres sind etwa Dirk C. Flecks *Das Tahiti-Projekt* (2008), *Maeva!* (2011) und *Feuer am Fuß* (2015), die eine Ökotopie in der Nachfolge Ernest Callenbachs in der Südsee verorten, diverse Umweltprobleme des Planeten thematisieren und Lösungsansätze vorschlagen; mit Dietmar Daths *Waffenwetter* (2007), Ulrich Hefners *Die dritte Ebene* (2008), Bernd Steinhardts *Impact* (2010) und Sven Böttchers *Prophezeiung* (2011) liegen Ökothriller über die Manipulationsmöglichkeiten des Wetters und der Wetterberichterstattung als Waffe vor; die Umweltprobleme, die durch Gentechnik hervorgerufen werden, finden sich in Fran Rays *Die Saat* (2010) und Albert Knorrs *Giftgrüne Gentechnik* (2011). Daneben lassen sich weitere Romane ausmachen, die das Kräftegleichgewicht von Natur und Mensch zum Gegenstand haben, wie etwa Frank Schätzings bereits zitierter Roman *Der Schwarm* (2004) oder Bernhard Kegels *Der Rote* (2007).

8 Vgl. auch Zemanek: Naturkatastrophen in neuen Formaten, 85.

9 Dürbeck: Die Resonanz des Anthropozän-Diskurses im zeitgenössischen Ökothriller, 87.

der Prävention.«[10] Der Ökothriller entstammt schließlich dem kriminalliterarischen Erzählen des Thrillers, das sich durch Determinismus, die Verkörperung der Alpträume der Leserinnen und Leser im *master criminal* oder den Bipolarismus, das heißt die Einteilung der Protagonisten in Gut und Böse, kennzeichnet. Diese Dichotomien spielen auch im Ökothriller eine herausragende Rolle.[11]

Zwar wird das Bedrohliche der Natur thematisiert, es geht allerdings nicht um eine kriminalisierte Natur – ein Gedanke, der einem mit Blick auf den Urtyp, Frank Schätzings *Der Schwarm* von 2004, vielleicht kommen könnte.[12] Die Rolle des *master criminal* kommt vielmehr dem Menschen als Zerstörer seiner Umwelt zu, und zwar vor allem der Wirtschaft und Wissenschaft. Der Ökothriller zeigt, was das Personal angeht, zudem eine gewisse Verwandtschaft zum Zeitroman, indem besonders Stereotype gezeichnet werden, die »konventionellen Darstellungsmuster[n]« folgen.[13] Die scharfe Grenzziehung zwischen den Antipoden Natur/Technik, Gut/Böse, die Jürgen Heizmann herausgehoben hat,[14] kann um die ebenso scharfe Differenzierung zwischen den Geschlechtern erweitert werden, was das Genre vor der Fragestellung von Kultur/Natur/Technik und Gender ausnehmend interessant macht. Besonders relevant ist jene Problemlösungsstrategie des Ökothrillers, für die ein »mythisch-spiritueller Diskurs in Anspruch genommen«[15] wird. Gerade in einer von Technik und Wissenschaft bestimmten, entmythisierten Welt kommt dem Menschen durch seine Beobachterrolle eine zentrale Funktion bei der Konstitution von Katastrophen zu.[16] Im Genre des Ökothrillers kann beobachtet werden, dass sich dieser

10  Zemanek: Naturkatastrophen in neuen Formaten, 90.

11  Vgl. Peter Nusser: Der Kriminalroman. 4. erw. Aufl. Stuttgart 2009, 50–68; vgl. hierzu auch Berbeli Wanning: Yrrsinn oder die Auflehnung der Natur – Kulturökologische Betrachtungen zu *Der Schwarm* von Frank Schätzing, in: Hubert Zapf (Hrsg.): Kulturökologie und Literatur. Beiträge zu einem neuen Paradigma der Literaturwissenschaft. Würzburg 2008, 339–357. Vgl. auch meine Ausführungen in: Frau rettet Welt? Ontologisierung des Weiblichen im Ökothriller, in: Marie Hélène Adam/Katrin Schneider-Özbek (Hrsg.): Technik und Gender. Technikzukünfte als geschlechtlich codierte symbolische Ordnungen. Karlsruhe 2016, 151–172.

12  Meike Kolodziejczyk: Die Natur schlägt zurück, in: Frankfurter Rundschau 20.8.2008, Magazin, 33.

13  Gabriele Dürbeck/Peter H. Feindt: *Der Schwarm* und das Netzwerk im multiskalaren Raum. Umweltdiskurse und Naturkonzepte in Schätzings Ökothriller, in: Maren Ermisch/Ulrike Kruse/Urte Stobbe (Hrsg.): Ökologische Transformationen und literarische Repräsentationen. Göttingen 2010, 213–230, hier 214.

14  Jürgen Heizmann: Bebende Erde, tobende Meere. Zum Phänomen des Ökothrillers. Vortrag in der Sektion Klimachaos und Naturkatastrophen in der deutschen Literatur – Desaster und deren Deutung, XII. Kongress der internationalen Vereinigung für Germanistik, Warschau 2010.

15  Ebd.

16  Vgl. Solvejg Nitzke: Apokalypse von Innen, in: Solvejg Nitzke/Mark Schmitt (Hrsg.): Katastrophen. Konfrontation mit dem Realen. Essen 2012, 167–187, hier 167 f.; sowie Rudolf Drux: Untergänge mit Zuschauerinnen. Katastrophenereignisse als Beispiele für die Beson-

Diskurs hin zu einer Re-Mythifizierung der Welt verschiebt. Denn der »kommunikative Aspekt« durch den Beobachter einer Katastrophe verleiht ihm die Aufgabe, durch Sinnstiftung und Konzeptualisierung eine Katastrophe als beherrschbar erscheinen zu lassen.[17]

Problematisch ist zudem die Verbindung von einerseits umfangreicher Recherche, die an Wissenschaftsjournalismus grenzt,[18] und einem Anstrich von investigativem Journalismus, der sich oft jedoch als fingiert entpuppt. Denn viele Texte weisen zwar auf die Gefahren von möglichen Verstrickungen von Politik, Wissenschaft und Wirtschaft hin, geraten dabei jedoch auf das Glatteis gängiger Verschwörungstheorien, wie etwa Dietmar Daths *Waffenwetter* von 2007.[19] Andreas Böhn betont, es sei gerade die bewährte Methode des Wissenschaftsjournalismus, »Unbekanntes und Unvertrautes« durch Analogien und Referenzen zu Bekanntem zu erläutern, hierbei relevant.[20] Neben der Metapher macht Böhn narrative Muster und mythische Figurationen als besonders bedeutsam aus.[21]

Der Thriller bietet mit seinem chronologisch sukzessiven Verlauf auch immer die Möglichkeit, dass sich durch Handlungsweisen der Protagonisten mögliche Folgen ändern würden. Denn anders als beim Detektivroman, der das Geschehene rekonstruieren muss und von einer Rätselstruktur lebt, gilt es beim Thriller, eine Katastrophe aufzuhalten. Der kriminalliterarische Dreischritt von Verbrechen, Fahndung und Überführung des Täters findet in genau dieser Reihenfolge statt.[22] Der Leser partizipiert so unmittelbar an der »Abwehr der Bedrohung« und ist von ihr fasziniert.[23] Die Figuren des Thrillers lassen sich in *in*- und *outgroup* unterteilen, die jeweils durch das Einhalten oder Überschreiten gesellschaftlicher Normen gekennzeichnet sind, so dass eine »Unterscheidung nach moralischen Kriterien von ›gut‹ und ›böse‹ gerechtfertigt erscheint«.[24] Gerade im Spannungsfeld von Technik- und Kulturkritik, in dem sich der Öko-

derheit literarischer Technikdarstellungen, in: Marie Hélène Adam/Katrin Schneider-Özbek (Hrsg.): Technik und Gender. Technikzukünfte als geschlechtlich codierte Ordnungen in Literatur und Film. Karlsruhe 2016, 9–28.

17 Nitzke: Apokalypse von Innen, 168 f.

18 Vgl. das Interview von Dirk Westphal mit Hans-Wolfgang Huberten: Expedition in die Kälte, in: Welt am Sonntag 21.2.2010.

19 Vgl. Dietmar Dath: Waffenwetter. Frankfurt a. M. 2007, ein Roman zum amerikanischen HAARP-Projekt in Alaska, der alle gängigen Verschwörungstheorien verschmilzt. Vgl. dazu auch die Rezension von Ijoma Mangold: Klassenkampf in der Schießbude, in: Süddeutsche Zeitung 20.11.2007, V2/2.

20 Andreas Böhn: Technik- und Wissenschaftsdiskurse im Frank Schätzings *Der Schwarm*, in: Simone Finkele/Burhardt Krause (Hrsg.): Technikfiktionen und Technikdiskurse. Karlsruhe 2012, 115–124, hier 122.

21 Vgl. ebd.

22 Vgl. Nusser: Der Kriminalroman, 48.

23 Ebd., 49.

24 Ebd., 54.

thriller bewegt, ist diese Wertung elementar, wird doch eine Wertung von Natur als Gutes und Schützenswertes und Kultur als Ort des Bösen propagiert, für den es so keine wissenschaftliche Grundlage gibt. Vielmehr verweist er auf einen philosophischen Streit in der Nachfolge Jean-Jacques Rousseaus, ob nun der Naturzustand des Menschen etwas moralisch Gutes oder Schlechtes sei.

Der Ökothriller mündet mit der Rettung der Welt als Happy End in ein weiteres moralisches Dilemma, das Schätzing doch versuchte, loszuwerden. Denn mit Emmanuel Éthis[25] ist ein glückliches Ende darum moralisch delikat, weil es den Leser zwingt, bestimmten Werten einer Erzählung zuzustimmen. Handelt es sich dabei um Handlungsanweisungen, als Mensch heute nachhaltig und ökologisch zu agieren, um so den Planeten zu schützen, so kann man hier mit Blick auf reale Geschehnisse nur zustimmen. Problematisch wird dies für den Ökothriller allerdings dort, wo er weitere soziale Rollen transportiert. Insbesondere betrifft das die Asymmetrie des Geschlechterverhältnisses, der orientalistischen Sichtweise auf Naturvölker, Nationalstereotype[26] sowie verschwörungstheoretische Aspekte bis hin zur Absage an demokratische Strukturen in zahlreichen Texten. Durch diese weite Entfernung von objektiver Wirklichkeit im Fiktionalen wird auch die Sicht auf den ökologischen Diskurs des Ökothrillers schwierig, marginalisiert er doch »die soziale Konstruktion sozial-ökologischer Lösungsansätze«[27] und erweist seinem eigentlichen Appell zur Nachhaltigkeit damit einen Bärendienst, hat also eine anti-ökologische Wirkung.

Die Suche nach einer endgültigen, eindeutigen Wahrheit zeigt einen weiteren Einflussfaktor auf dieses Genre. Die klassische Einteilung der Apokalypse in These, Antithese, Synthese hat Schwierigkeiten, ohne chiliastische Versprechung eine Alternative zu finden. Es scheint nämlich nicht möglich, nachdem die vernichtende Katastrophe durchschritten ist, die Welt zu einem besseren Ort zu machen. So konstatiert etwa Böttchers *Prophezeiung* von 2011[28] resignierend, dass sich die Menschheit, obgleich zunächst vor der Katastrophe gerettet, weil sie sich als fingiert herausgestellt hat, wohl doch nicht ändern wird. Vielmehr gehöre die Klima»trägodie« (P 438) zum Alltag, der »keinerlei Konsequenzen« folgen würden (P 438). Der Roman prophezeit zunächst in Figurenrede eines Antihelden die düstere Zukunft der Menschheit und appelliert nicht dafür, etwas zu ändern. Die Hoffnung liegt hier vielmehr in kleinen, aber medienwirksam arbeitenden Aussteiger-Splittergruppen, die das marode demokratische System als Medien-Guerilla angreifen und als integre Instanz erscheinen.

25 Natalie Frank: Das Happy End ist im Wesentlichen eine moralische Frage, in: Kulturen. Das Online-Magazin der KulturjournalistInnen des UdK Berlin 9.2.2012. http://kultur journalismus.de/2012/02/ursprunglich-endete-schneewittchen-viel-dunkler/.

26 Vgl. Nitzke: Apokalypse von Innen, 171.

27 Dürbeck: Die Resonanz des Anthropozän-Diskurses, 96.

28 Sven Böttcher: Prophezeiung. Köln 2011. Im Folgenden wird daraus unter der Sigle P mit der Seitenzahl zitiert.

Steinhardts *Impact* (2010)[29] hingegen verfolgt einen anderen Ansatz. Er setzt Hoffnung in die spirituelle Kraft der Menschheit:

Wir werden erkennen, dass der Geist fundamentaler ist als Raum, Zeit und Materie. Denn diese sind nur Konstrukte unserer vom rationalen Verstand beherrschten Wahrnehmung einer in Wirklichkeit virtuellen Welt, die vom schöpferischen Bewusstsein in uns ins Sein transformiert wird. (I, 515)

Diese genuin immaterialistische Position in der Nachfolge George Berkeleys erscheint im Rahmen der phantastischen Welt dieses Ökothrillers als Lösungsstrategie. Problematisch an ihr ist jedoch, dass sich dieses Wissen bei Naturvölkern bewahrt, die es kraft ihrer besseren Verbindung mit der Natur schaffen, die Welt wieder ins Gleichgewicht zu bringen. Es findet sich hier überspitzt, was bereits gegen Schätzing kritisch vorgebracht wurde, nämlich der edle Wilde, die Wurzel, auf den bzw. die sich die Menschheit zurückbesinnen soll.[30]

Abgesehen von einer Kategorisierung nach der Art von Lösungsansätzen lässt sich der Ökothriller auch durch die Schreibweise selbst kategorisieren, gibt es doch dystopische wie utopische Elemente im Ökothriller. Es stehen sich aber immer die Antipoden Mensch und Natur gegenüber, die Romane greifen die »klassische Dichotomie Natur – Kultur« auf und spielen »die beiden Pole gegeneinander aus«.[31] So werden einerseits Manipulationen an der Natur geschildert, die für Mensch oder Natur tödlich enden können, andererseits aber auch grüne Utopien vorgestellt, die eine harmonische Koexistenz von Natur und Mensch ausmalen. Die Natur wird dabei häufig personifiziert, was natürlich Zuschreibungen aller Art zulässt.

Ein weiterer wichtiger Bezugspunkt ist jener der möglichen Technikzukünfte, Überlegungen, die die Einflussnahme des Ökothrillers durch Science Fiction zeigen. Der Technikphilosoph Armin Grunwald bezeichnet mit Technikzukünften zunächst einmal »Vorstellungen über zukünftige Entwicklungen, in denen Technik eine erkennbare Rolle spielt.«[32] Dies bedeutet, dass es nicht um Prognosen von Seiten der Natur- und Technikwissenschaften geht, sondern um das Wechselspiel von Technik und Gesellschaft, die sich heute eine Zukunft

---

29 Bernd Steinhardt: Impact. Berlin 2010. Im Folgenden wird daraus unter der Sigle I mit der Seitenzahl zitiert.

30 Vgl. dazu: Markus Hien: Anthropozän: die Gaia-Hypothese und das Wissen der Naiven bei Döblin und Schätzing, in: Jörg Robert/Friederike F. Günther (Hrsg.): Poetik des Wilden. Würzburg 2012, 459–485, hier 474.

31 Julia Bodenburg: Was kommt nach der Nation? Das »Versprechen« des Schwarms in kulturwissenschaftlichen und soziobiologischen Diskursen und in Frank Schätzings Wissenschaftsroman, in: Katharina Grabbe/Sigrid G. Köhler/Martina Wagner-Egelhaaf (Hrsg.): Das Imaginäre der Nation. Zur Persistenz einer politischen Kategorie in Literatur und Film. Bielefeld 2012, 327–349, hier 338.

32 Armin Grunwald: Technikzukünfte als Medium von Zukunftsdebatten und Technikgestaltung. Karlsruhe 2012, 25.

konstruiert.[33] Versteht man die Prognosen, die eine Gesellschaft sich selbst mit allen möglichen dazugehörigen Akteuren für die Zukunft entwirft, in diesem Sinne als Konstrukt, dann lassen sie sich auch mit den Methoden der Literaturwissenschaft fassen – mehr noch, wenn Literatur eine bestimmte Technikzukunft ausgestaltet und abbildet. Literatur ist damit nicht allein ein Speichermedium, das einen Wissensstand abbildet, sondern wird selbst zu einem solchen gestaltenden Akteur von Technikzukünften.[34] Denn gerade der Widerstreit grüner und konventioneller Technik entfaltet sich im Ökothriller. Es werden dort Grenzen des technisch Machbaren zum Gegenstand, gleichzeitig aber auch die ethischen Fragen aufgeworfen, die diese Möglichkeiten mit sich bringen. So scheint nicht alles erlaubt, was möglich ist. Etwa in den Texten zur Gentechnik wird das sehr deutlich, wenn es um die Vernichtung traditioneller Landwirtschaft durch die Gentechnik geht, die Pflanze zum Produkt wird und dann einen Marktpreis hat.[35] Auch die Maeva-Trilogie von Dirk C. Fleck rückt die Möglichkeiten grüner Technologie mit einer Reihe innovativer Erfindungen in den Blick. Literatur könne das, so Fleck selbst in Bezugnahme auf seine Gespräche mit Journalisten in *Die vierte Macht*, weil sie eben anders als berichterstattende Medien auch avantgardistisches Potential habe.[36] Genauso also, wie Berbeli Wanning für die Darstellung von Natur in Literatur aus kulturökologischer Perspektive argumentiert – also dass Naturdarstellungen immer ein Spiegel gesellschaftlicher Entwicklungen seien[37] – genauso lässt es sich auch für die Darstellung künftiger technischer Möglichkeiten behaupten.

Technikzukünfte sind im Ökothriller aufgrund seines konventionellen Musters vielleicht noch etwas markanter geschlechtlich codiert als in anderen Technikromanen. Besonders im Gegenspiel von Natur und Technik wird ein Gegenspiel zwischen Frau und Mann konstruiert, in dem Ersterer oftmals die Rolle der Mahnerin, Warnerin und des moralischen Gewissens zukommt. Der Konstruktion der Frau als ›natürliches‹, also gewissermaßen vorkulturelles Lebewesen entspricht schließlich die literarische Darstellung der Natur in der Rolle des dämonisch-weiblichen Prinzips, das zerstören darf, was es selbst geschaffen hat. Die Menschen-Frau tritt dann in der Rolle der perfekten Dompteurin

---

33 Vgl. ebd., 26.

34 In genau diesem Sinn versteht sich der Autor wohl als Akteur, bloggt er doch als Journalist unter http://www.maeva-roman.de/blog/ zu technikkritischen Themen und ökologischen Fragen.

35 Vgl. Fran Ray: Die Saat. Köln 2010, 496.

36 Vgl. Sonja Striegel: Ahnungslose Journalisten in der Ökokrise. Autor Dirk Fleck über Verantwortungslosigkeiten seiner Zunft, in: SWR Kulturgespräch 21.1.2013. http://www.swr. de/swr2/kultur-info/kulturgespraech/journalisten-in-der-oekokrise/-/id=9597128/nid=959 7128/did=10886818/126qjv0/index.html.

37 Vgl. hierzu Berbeli Wanning: Der Naturbegriff in Literatur und Literaturwissenschaft, in: Ekkehard Felder (Hrsg.): Semantische Kämpfe. Macht und Sprache in den Wissenschaften. Berlin/New York 2006, 223–249, hier 224.

dieser Art von bedrohlicher Natur auf. Jene Aufspaltung führt in die Kampf-
zone zweier Prinzipien. In diesem dualistischen Modell sind den beiden Prinzipien die Geschlechter zugeordnet, so dass auf diese Weise in christlich-abend-
ländischer Tradition die vermeintliche Logik der Unterdrückung der Frau auch
im zeitgenössischen literarischen Diskurs fortgeschrieben wird. Es werden dabei letztlich Kategorien wie die Verknüpfung von *techné* und kultureller Überlegenheit sowie die konstruierte Ursprünglichkeit von Natur durch die Einordnung der Geschlechter in eine dieser Kategorien semantisch aufgeladen. Natur
wird dann umgekehrt geschlechtlich konstruiert – gerne im romantischen Bild
von Mutter Erde.

Entsprechend arbeitet Literatur, verstanden im Sinne eines Blumenberg'schen
Narrativs, das mithilfe des Mythos Erklärungsmuster angesichts Krisenzeiten
bereitstellt,[38] am Verhältnis des Menschen zu seiner Umwelt, das in Literatur
geschlechtlich codiert wird.[39] Mithin arbeiten also auch Mythen, somit auch
Literatur, an der Ontologisierung des Weiblichen.[40] Der Mann findet sich in
dieser Konstruktion von Wirklichkeit auf der Seite des schaffenden guten Prinzips wieder, das an Zivilisation und Fortschritt interessiert ist – der Frau wird
das unkultivierte, zerstörerische Böse zugeteilt, vertrete sie doch im Sinne einer
dämonisierten Lilith-Eva-Figur das irrationale und destruktive, auf jeden Fall
aber natürliche Prinzip von Werden und Vergehen, das die »elementare Fragilität menschlicher Kultur«[41] offenlegt.

Diese teils mythische, teils animistische und teils heilsgeschichtliche Bewertung des Verhältnisses von Technik und Natur und insbesondere desaströser
Technikfolgen zeigt sich bereits seit der Antike, wenn als Technikfolge die Ver-
treibung aus einem paradiesischen Menschheitszustand ins Chaos beschworen wird, und wird im zeitgenössischen Ökothriller als ein sehr »traditionelles
Mensch-Natur-Verhältnis« umgesetzt.[42] Aus einer prinzipiell positiven Bewertung technischer Errungenschaften in ihrer Prothesen- und Schutzfunktion
wird umgekehrt eine fatale, grundlegende »Überlegenheit des Maskulinen«[43]
abgeleitet, was unmittelbar die Reflexion von geschlechtlich kodierten Macht-
diskursen nach sich zieht.

38 Vgl. Bettina von Jagow: Ästhetik des Mythischen. Poetologien des Erinnerns im Werk
von Ingeborg Bachmann. Köln u. a. 2003, 36 ff.
39 Vgl. Christa Grewe-Volpp: Natural Spaces Mapped by Human Minds: Ökokritische
und ökofeministische Analysen zeitgenössischer amerikanischer Romane. Tübingen 2004.
40 Heinz-Peter Preußer: Kritik einer Ontologisierung des Weiblichen: mythische Frauenfiguren als das Andere der kriegerisch-männlichen Rationalität, in: Françoise Rétif/Ortrun
Niethammer (Hrsg.): Mythos und Geschlecht. Heidelberg 2005, 85–100.
41 Friedrich Willhelm Graf: Die Wiederkehr der Götter. Religion in der modernen Kultur. München 2007, 39.
42 Dürbeck/Feindt: *Der Schwarm* und das Netzwerk im multiskalaren Raum, 233.
43 Eckhard Meinberg: Homo Oecologicus. Das neue Menschenbild im Zeichen der ökologischen Krise. Darmstadt 1995, 125.

Gerade in der Literatur, die weibliche Heldinnen einsetzt, wird die vermeintliche Unterlegenheit der Protagonistin mehr oder weniger offen herausgestellt, indem sie entweder auf Grund ihrer Leiblichkeit besondere Fähigkeiten zur Lebenserhaltung beweist oder wider besseres Wissen ohne männliche mentale und körperliche Durchsetzungsstärke nicht zum Ziel kommt. In solchen Texten sind es tendenziell Männer, die negative Technikfolgen produzieren, und Frauen, denen die Rolle der Mahnerin zukommt. Insofern greifen an diesem Punkt ökofeministische Interpretationsansätze, die als Minimalkonsens die Ausbeutung von Frau und Natur miteinander in Verbindung setzen.[44] Insbesondere jene radikale Richtung, die einerseits eine »apolitische Romantisierung der Mutter Erde sowie eine essentialistische, universalisierende Vorstellung von den Kategorien Frau und Natur«[45] vornimmt und sich dazu eines biologischen Determinismus bedient,[46] entfaltet ihre Wirkkraft im Ökothriller vollständig. Da im Thriller die Rollen von Täter und Opfer nicht so eindeutig wie im Detektivroman sind, ist die Charakterisierung der Figuren zentral, ruht auf ihnen doch der »moralische Anspruch« des Thrillers, wie Peter Nusser herausstellt.[47] Für den Ökothriller ist dieses Faktum umso relevanter, da sein Figurenpersonal stark überspitzte sozial konstruierte Rollen wie Nationalsterotype[48] oder Genderrollen sind.

Die Kehrseite dieser Medaille ist, dass auch Männer nicht weniger deterministisch gezeichnet werden. Weitet man den Blick aus, findet man in anderen deutschsprachigen Ökothrillern auch Triebkräfte wie überschätzte menschlich-männliche Macht angesichts der systemischen Übermacht der weiblichen Natur – etwa in Schätzings *Der Schwarm*,[49] als die Königin der Meere am Ende nur mittels Pheromonen, also ›ursprünglicher‹ Kommunikation, beschwichtigt werden kann und die Menschen sich ihr fortan unterwerfen müssen. Auch Karen Weaver wird als Textweberin zur Archane stilisiert, wenn sie diejenige Dompteurin ist, die den Faden spinnt, und es ihr allein möglich ist, die Yrr zu beschwichtigen. Es gibt aber im Ökothriller auch Machtfantasien von der Unterwerfung des Lebewesens Natur – etwa in Steinhardts *Impact*, als die Welt am Ende nur mit Hilfe spiritistischer Meditation gerettet werden kann, die die an Gehirnwellen erinnernden Schwingungen des Planeten wieder ins Lot bringen – angeführt natürlich von Maori-Frauen.

---

44 Grewe-Volpp: Natural Spaces Mapped by Human Minds, 44.

45 Ebd., 45.

46 Ebd., 55.

47 Nusser: Der Kriminalroman, 55.

48 Julia Bodenburg etwa verweist darauf, dass im *Schwarm* von Schätzing die Dichotomie zwischen zwielichtigen Amerikanern und integren Europäern sich auch in ihren Lösungsansätzen zwischen Militärschlag und Diplomatie in zwei Lager aufteilt und damit gängigen Stereotypen entspricht. Vgl. Bodenburg: Was kommt nach der Nation, 339, Anm. 22.

49 Frank Schätzing: Der Schwarm. Köln 2004.

## 2. Ökofeministische Lesart des Ökothrillers

Ökothriller unterscheiden sich noch in einem weiteren wichtigen Punkt von Thrillern: Sie haben oft eine weibliche Heldin, die zwar von einem männlichen Gefährten eskortiert wird, aber die Schlüsselfigur der Handlung ist. Der Thriller schreibt dem Helden eine wichtige Funktion zu, nämlich darüber zu entscheiden, »wer gut, wer böse ist«,[50] und dies vornehmlich nicht allein aufgrund seiner moralischen, sondern vor allem seiner körperlichen Überlegenheit. Im ökologischen Kampf für eine bessere und gerechtere Welt ist diese Rolle entsprechend der Dichotomie Kultur-Natur vs. Mann-Frau weiblich besetzt, wobei sie für die Durchsetzung ihrer Ziele eine männliche starke Hand braucht. Die Grenzen zum kritischen Gesellschaftsroman werden hier ebenso überschritten wie bei sozialkritischen Thrillern, die »den Leser darauf hinweisen, in welchen Gruppen die wahren Feinde des Gemeinwohls zu suchen sind.«[51] Dennoch werden auch die Heldinnen mit für den Thriller typischen Attributen von Autonomie und Autorität sowie Einsamkeit gekennzeichnet, wenngleich die Tugenden der körperlichen Gewalt dem Begleiter zugeschrieben werden, anders, als es Nusser für das Genre charakterisiert.[52] So werden »Stolz, Entschlossenheit, Kaltblütigkeit, Tapferkeit«[53] weiterhin als typisch männliche Eigenschaften fortgeschrieben. Frauen stellt der Ökothriller, selbst als Heldinnen, als machtlose Expertinnen einerseits sowie als religiöse Leitfiguren und Naturwesen andererseits dar, die zwar moralisch integer agieren, deren kassandrisches Unken aber ungehört verhallt.

Im Ökothriller *Prophezeiung* von Sven Böttcher aus dem Jahr 2011 kämpft eine Wissenschaftlerin für die Rettung der Welt. Der Roman verweist die Protagonistin erstaunlich direkt auf ›ihren‹ untergeordneten Platz als Objekt männlicher Begierden. Nicht nur, dass sie als Frau quasi alleine auf weiter Flur in einer von Männern dominierten Welt kämpfen muss, viel schlimmer noch ist, dass sie ohne männliche Hilfe immer alles erst einmal falsch macht und dann, obwohl eigentlich sie die Expertin ist, gerettet werden muss.

Die Handlung spielt im zweiten Jahrzehnt des 21. Jahrhunderts und hat abgesehen von den zaghaften Beschreibungen technischer Möglichkeiten, mit denen sie spielt, und ihrer Prognose, wie sich die Welt in den kommenden Jahren verändern könnte, wenige Science-Fiction-Elemente. Auch hier geht es vornehmlich um eine noch bessere Rechenleistung der Computer oder die flächendeckende Einführung von Hybridmotoren und Ähnliches.

---

50 Nusser: Der Kriminalroman, 58.
51 Ebd., 57.
52 Vgl. ebd., 59.
53 Ebd.

Die Klimaforscherin Mavie Heller wird auf Empfehlung ihres ehemaligen Professors Eisele an ein geheimes Forschungsinstitut, das International Institute für Climate Observation, kurz IICO, berufen (P 18). Sie wird gleich zu Beginn als Objekt der Begierde eingeführt und darf nur Hilfsarbeiten leisten. Daraufhin hackt sie sich eines Abends ins System des IICO und macht eine folgenschwere Entdeckung: Die Einrichtung scheint über ein Programm zu verfügen, das den Zusammenbruch des Weltklimas prognostiziert. Es scheint zunächst kein menschengemachter Zusammenbruch zu sein, sondern ein natürlicher, gegen den es sich mit allen technologischen Errungenschaften der Menschheit zu wehren gilt. Sie macht es sich zur Aufgabe, die Weltbevölkerung zu warnen, und wird prompt entlassen. Gemeinsam mit Philip, dem Bruder einer ermordeten Freundin, als Sancho Panza führt sie diesen Kampf gegen Windmühlen: Denn die apokalyptische Vorhersage war vom Leiter des IICO gefälscht, um den Foltertod seiner eigenen Geliebten durch ›die‹ Chinesen zu rächen – und zwar indem er mittels einer chinesischen Atombombe einen afrikanischen Vulkan sprengen wollte, um vordergründig die Erde mit Vulkanasche zu beschatten, hintergründig jedoch einen Krieg der Welt gegen China anzustiften. Mavie bewundert ihn für diese männliche Tugend der Rache aus niederen Motiven: »Liebe! Leidenschaft! Er würde ganz China umbringen, um den Mord an seiner Geliebten zu sühnen! Was für ein Mann!« (P 385) Für ihr Anliegen, die Welt zu retten, hat sie nun auch plötzlich die vermeintliche Lösung gefunden:

Die schreckliche Wunde, die sie in sein Herz gerissen hatten – du hättest sie heilen können, heilen sollen! Warum hast du nichts begriffen? Warum hast du so vollständig versagt! All das [die Katastrophe] wäre nicht geschehen, hättest du irgendwann mal irgendwas rechtzeitig kapiert, du dumme, dumme Person! (P 325)

Auch wenn sie sich gleichzeitig für ihre Klein-Mädchen-Allüren hasst, so ist es doch genau jene subalterne Rolle, die Mavie hier auch noch als vermeintlich selbstgewählt unterstellt wird.

Denn auch bereits im Kampf für die Aufklärung der Menschheit überhaupt ist sie auf Philips Hilfe angewiesen. »Sie brauchte einen Begleiter, der ein breiteres Kreuz hatte als sie selbst, der lauter werden konnte als sie und bei Bedarf zuschlagen und echten Schaden anrichten.« (P 113) Philip lässt auch nicht daran zweifeln, welchen Platz er ihr umgekehrt zudenkt: den der »kleinen Mädchen«, die die »Natur für etwas Niedliches« halten (P 112). Völlig außen vor bleibt, dass eigentlich Mavie die Klimaforscherin ist, Philip nur ihr verlängerter Arm, den das Genre mit seinen Kampf- und Actionelementen einfordert.[54]

Nicht allein die Menschen unterliegen dieser Gender-Asymmetrie, auch für die Natur konstruiert der Roman etwas Analoges: Der egozentrische Nobelpreisträger Milett, von Mavie gewonnen, um der Welt die Schreckensnachricht

54 Vgl. ebd., 57.

zu verkünden, argumentiert gegen jene »Romantiker«, die in der Natur noch immer eine »Mutter« oder »Gaia« sähen (P 260). Es gelte vielmehr, sich vor dieser feindseligen Natur zu schützen. Interessanterweise sind es gerade jene Antipoden einer ökoaktivistischen Vereinigung, die sich ebenfalls »Gaia« nennen und die wahre Werbe- und Computerprofis sind, die letztlich dabei helfen, die kriminellen Machenschaften der beiden IICO-Leiter an Licht zu bringen. Es gewinnt also auch in dieser Konstellation ganz klar jene Ideologie, die nach Grewe-Volpp dem Ökofeminismus zu seinem »schlechten Ruf verholfen« hat,[55] weil sie das Bild einer reinen, ursprünglichen Weiblichkeit festschreibt, die allein in der Lage sei, mit der bedrohlichen Natur angemessen und nachhaltig umzugehen.

Was hier passiert, ist eine Ontologisierung des Weiblichen. Die Kapitelüberschriften des Romans (Prometheus, Kassandra, Pandora, Styx) eröffnen zusätzlich den Horizont der griechischen Mythologie und stilisieren den Kampf des Menschen mit den Kräften der Natur nicht alleine als Auseinandersetzung zwischen Himmel und Erde, sondern auch zwischen den Geschlechtern. Denn es ist die geöffnete Büchse der Pandora mit Sonnenfleckenphasen und natürlicher Klimakatastrophe, die Prometheus, so heißt eine männlich codierte Forschung, nicht in der Lage ist zu verstehen, geschweige denn zu beherrschen. Die mythologische Aufladung macht die Katastrophe sogar als Strafe für die Hybris des Menschen lesbar. Mavie als Kassandra, »die unter den Männern hervorragt«,[56] die Mahnerin, wird nicht erhört. Der Verlust ihrer Glaubwürdigkeit wird indes ebenfalls in den Kampf der Geschlechter eingeordnet und wird im Licht der antiken Mythologie zur Liebesstrafe.[57] Das mit Feuerquallen gefüllte Becken des Hamburger Hafens, das als Styx der letzte tödliche Schauplatz der Handlung ist, an dem auch Mavie fast ihr Leben verwirkt, wird zum entscheidenden Ort, an dem sich die Welt in Form afrikanischer Klimaflüchtlinge und der Hamburger Protagonistengruppe verbündet. Denn schließlich wollen alle nur das eine: Überleben. In dieser Antwort der Figuren auf die Katastrophe bietet der Roman die Lösung an: Denn genau jenen eschatologischen Szenarien, mit denen der Klimadiskurs aufgeladen ist – nämlich die Bedrohung des Überlebens der Arten, der Kampf des Menschen gegen seine Umwelt sowie die Wiederkehr der biblischen Plagen (hier in Form der Feuerquallenpopulation) – entspricht ein Prophet, der Klimaexperte,[58] und die Perspektive auf ein besseres Jenseits, einen besseren Zustand nach durchlittener Apokalypse.

---

55 Grewe-Volpp: Natural Spaces Mapped by Human Minds, 55.
56 Jan N. Bremmer: Kassandra, in: Hubert Cancik/Helmut Schneider (Hrsg.): Der Neue Pauly: Enzyklopädie der Antike. Bd. 6. Stuttgart/Weimar 1999, 316–318, hier 318.
57 Vgl. ebd., 317.
58 Vgl. François Walter: Katastrophen. Eine Kulturgeschichte vom 16. bis ins 21. Jahrhundert. Übs. v. Doris Butz-Striebel u. Trésy Lejoly. Stuttgart 2010, 253.

So ist es hier »die prometheische Unterwerfung der Natur durch den Menschen, die in die Katastrophe führt«,[59] in diesem Fall durch eine Fehlinterpretation – überladen mit den entsprechenden antiken Mythen, die den Kampf zwischen einer übermächtigen Natur und den Menschen geschlechtlich codiert.

Frauen treten im Ökothriller auch als politische Leader auf – so in Dirk C. Flecks Ökothriller *Maeva!* (2011), der in einer Südsee-Idylle die Frau als Naturwesen das Schicksal der Menschheit in die Hand nehmen lässt. Der Folgeroman von *Das Tahiti-Projekt* (2008) arbeitet somit ebenfalls an der Ontologisierung des Weiblichen. Als Ökotopie inszeniert sich der Text in der Nachfolge von Ernest Callenbachs *Ecotopia* von 1975 (TP 15) und entwirft eine Gesellschaft, die sich auf größtmögliche Nachhaltigkeit ausrichtet. Daneben werden als Negativbeispiele Formen von Ökodikaturen vorgestellt, in denen die Rechte der Natur über die des Menschen gestellt werden, somit also eine diametrale Opposition zwischen Natur und Mensch gezogen wird. Diesen Entwurf einer literarischen Öko-Dystopie hat Fleck bereits in *GO! Die Ökodiktatur* von 1994 entworfen, worauf er sich in *Maeva!* nun erneut beziehen kann. Dieser erste, dystopische Text *GO!* der losen Reihe Fleck'scher Zukunftsromane spielt in Deutschland, die utopischen Entwürfe nach der Jahrtausendwende, *Tahiti-Projekt* sowie *Maeva!*, hat Fleck in die Südsee verlegt – und das mit guten Grund, ist doch die Südsee schon seit dem 18. Jahrhundert der Sehnsuchtsort der Europäer schlechthin. Nicht allein als moralisches, sondern gerade als erotisches Paradies haben Haiti, Polynesien, ja die Südsee eine gewisse Tradition.

Im ersten Teil seines zweiteiligen Entwurfs einer Ökotopie kommt eine handverlesene Auswahl von Journalisten aus aller Welt nach Tahiti, eingeladen vom charismatischen Präsidenten Omai persönlich, um die grüne Revolution zu bestaunen und darüber in alle Welt zu berichten, auf dass sich der Funke verbreite. Einer der Journalisten, Cording aus Hamburg, verliebt sich in Omais Schwester Maeva und wird deren Ehemann. Im Nachfolgetext *Maeva!* paktiert er allerdings mit dem tahitianischen Männerbund, den Arioi, um Maeva, die mittlerweile Omais Nachfolgerin im Präsidentenamt geworden ist, zu stürzen. Die Polynesierin selbst ist nämlich mittlerweile Sprecherin eines Bundes von Regionen, die sich nach ökologischen Gesichtspunkten neu auszurichten versuchen, und wird wie schon zuvor ihr Bruder zur Gallionsfigur einer weltweiten Erweckungsströmung, die mit religiösen Zügen versehen die Menschheit aus dem zwangsläufig drohenden Untergang herausführen will, der wie ein Damoklesschwert als menschengemachter Klimawandel die düstere Kulisse der Romane bildet. Nach Maevas gewaltsamem Ausscheiden aus der aktiven Politik schreibt ein befreundeter Journalist weiter am »Mythos Maeva« und stilisiert sie zur Märtyrerin (M 297). Maeva selbst kommt nach einer Zeit der Ein-

---

59 Dürbeck/Feindt: *Der Schwarm* und das Netzwerk im multiskalaren Raum, 226.

samkeit und Abgeschlossenheit, in der sie mit sich ins Reine kommt, als Rache-
göttin zurück.

Zunächst erscheint in Maeva trotz aller Schwarz-Weiß-Färberei, was Gender-
Rollen angeht, dennoch etwas Enormes geschafft: Mit ihr steht erstmals eine
Frau an der Spitze einer weltumspannenden politischen Organisation. Sie erfüllt diese Rolle mit großen Sendungseifer und Verve. Allerdings wird hier permanent ein Bild von Weiblichkeit und Männlichkeit geliefert, das allein einem
essentialistischen Dualismus folgt. So charakterisiert Maeva die Rede, die
Cording und Omai für sie geschrieben haben, um sie anlässlich ihrer Wahl zur
Generalsekretärin der URP, der Konkurrenz-Organisation der UNO, zu halten,
als »so schrecklich männlich« (M 54) und als »so politisch« (M 55) – obwohl sie
ja Politikerin und Wissenschaftlerin ist. Stattdessen spricht sie über die Ängste
der Menschen angesichts von Krisenzeiten (M 55) – will der Rede in den Augen
Omais eine »weibliche Note verpassen« (M 56). Entsprechend inszeniert Maeva
sich auf einer Bastmatte sitzend im traditionellen Pareo, mit nacktem Ober-
körper, Blütenkranz, umgeben von Blumen. Sie spricht über die »Herzensange-
legenheit«, Menschen in Not zu helfen (M 61), über Nachhaltigkeit (ebd.), von
der Einheit der Menschen mit der Natur (M 62) und dieser zerbrochenen Verbindung, über nachhaltiges Wirtschaften (M 64), über eine notwendig gewordene Sensibilisierung der Wahrnehmung und der Herzen (M 66), über die Ver-
letzung der »Regeln der Schöpfung« (M 70). Nach dieser Listung könnte man
sagen, sie spricht über edle Ziele, aber auch hier liegt der Teufel im Detail: Denn
was ist diese Liste anderes, als ein Abklatsch empfindsamer, wenn nicht gar pie-
tistischer Tugenden, amalgamiert mit dem Bild des edlen Wilden? Begründet
wird dieses Bild in einem Essentialismus der Frau als Herzenswesen, die mit ihren mütterlichen Gefühlen die Welt zum Guten hin lenken könne.

Diese Gegenüberstellung der Geschlechter wurde zwar von Seiten der feministischen Theorie wie auch der Frauenforschung der zweiten Hälfte des
20. Jahrhunderts enorm bearbeitet, und die Kritik des Strukturalismus, der die
Dichotomie Natur-Kultur/Frau-Mann behauptet, hat aufgezeigt, wo Gender-Kon-
struktionsmechanismen am Wirken sind. Im Ökothriller zeigt sich ein Narrativ, das Weiblichkeits- und Männlichkeitsbilder in einen essentialistischen Zusammenhang stellt. Es geht um eine Festschreibung von sozialen Rollen, die die
Akteure zu Trägern von festgeschriebenen, ihr Wesen bestimmenden Merkmalen machen. Das Erzählmuster folgt hierbei antiken Mythen, die über- und
umgeschrieben werden. So finden sich vor allem Frauen entweder in der Rolle
Dianas, Kassandras, Medeas oder Pandoras wieder, treten also als Kriegerin,
Mahnerin, Rächerin oder unglückbringende Schicksalsgöttin auf. Nach Ortrun
Niethammer ist dieser Befund wenig überraschend, ist doch gerade in der Moderne

die Frage nach der sexuellen Differenz kaum losgelöst von der Dekonstruktion der sie
konstituierenden Mythen [...]. Letztere bieten Sinnkonstruktionen an, die Rollenkli-

schees legitimieren, die gesellschaftliche Positionen begründen und zu Ontologisierungen des Männlichen oder Weiblichen genutzt werden.[60]

Im Falle von Maeva erfährt die Figur am Ende des Romans eine Wendung zur nächtlichen Rächerin. Von Kopf bis Fuß tätowiert kehrt sie aus ihrer Isolationshaft zurück. Ihre Tattoos entschlüsseln ihre Verräter als den beflügelten Toro, den tahitianischen Gott der dunklen Nächte, und King Kai Makoi, den »wiedergeborene[n] Gott, der aus der Erde entsprang« (M 327).[61] In ihrer dämonischen Lilith-Werdung findet so auch Flecks Maeva zurück zu ihrem eigentlichen Ich – ein Ansinnen, das die Arioi mit ihrer Verschleppung auf eine von aller Zivilisation befreiten Insel nur scherzhaft im Auge hatten:

Der ideale Platz, so Rauura spöttisch, um einer erschöpften Priesterin der Tiefenökologie jenes Umfeld zu bieten, das mit ihren wahren Bedürfnissen im Einklang stand. (M 292)

Auch *Maeva!* wird damit der Ökosophie zugerechnet, allerdings im Verständnis Arne Næss', der ein ökologisches, harmonisches Gleichgewicht auf Erden als normative Weisheit wie spirituelle Aufgabe der Menschheit versteht.

Die Konstruktion der Natur als der natürliche Ort der Frau entspricht umgekehrt einem Weiblichkeitsbild, das sich im Zuge der Moderne ausgebildet hat. Die Frau wird dort als der Natur näherstehend betrachtet, unterliegt sie doch wie diese Zyklen, ist in der Lage, Leben zu gebären etc. Dadurch wird sie in diesem Verständnis zur besseren Leserin im Buch der Natur, sie kann die Zeichen der Natur besser verstehen und interpretieren.

Verfolgt man einen konstruktivistischen Ansatz, wie ich es hier tue, und versteht Natur und Weiblichkeit als diskursiv erzeugte soziale wie kulturelle Konstrukte, so zeigt sich in dem wechselseitigen Bezug keinesfalls eine Eindeutigkeit, wie Fleck sie sich zu wünschen scheint. Denn historisch betrachtet kann der »Wandel im Verhältnis von Weiblichkeits- und Naturkonzeptionen von solch einem Modell nicht erklärt werden«, wie Isabelle Stauffer zurecht

---

60 Ortrun Niethammer/Heinz-Peter Preußer/Françoise Rétif: Mythen überschreiben, Mythen überwinden? – Einleitung, in: Dies. (Hrsg.): Mythen der sexuellen Differenz. Übersetzungen, Überschreibungen, Übermalungen. Heidelberg 2007, 9–23, hier 10.
61 Es ist eine Übertragung des Lilith-Mythos unter tahitianischen Vorzeichen. Maeva wird so genau in jenen zweideutigen Kontext von Eva und Lilith gestellt, den diese ambivalente Frauenfigur ursprünglich jüdisch-christlicher Tradition in (jüdisch-)feministischer Lesart entwickelt hat. Lilith, die in der Spätantike noch ein nächtlicher Dämon war, wird im 9. Jahrhundert in den talmudischen Schriften zu Adams erster, eigentlicher Frau, die wie er aus Erde gemacht ist. Eva, die Frau aus der Rippe, ist sozusagen nur das Nachfolgemodell. Auch in der Literatur findet Lilith sich an prominenter Stelle, so etwa in der Walpurgisnacht in *Faust I*, wo die Wirkmacht ihrer Haare mit jener der Pandora gleichgesetzt wird – so schließt sich der Kreis zur antiken Mythologie.

betont.[62] Vielmehr unterstreicht dies die spiritistisch-animistischen Lösungsstrategien des Genres.

## 3. Fazit

Die Interpretationsbeispiele verdeutlichen ein fundamentales Problem zumindest des deutschsprachigen Ökothrillers, verwendet er doch zur Darstellung ökologischer Fragestellungen essentialistische wie deterministische Erzähllinien, die ein schwarz-weißes Weltverständnis abbilden, in dem strenge Hierarchien zwischen moralisch Guten und Bösen, aber auch zwischen Gesellschaftsgruppen und den Geschlechtern gezogen werden. Bedingt ist dies zwar durch die narrative Herkunft aus dem Thriller, der genau von dieser bipolaren Anordnung der Erzählung lebt, die Frage bleibt jedoch offen, ob das Genre des Ökothrillers damit dem ökologischen Diskurs wirklich hilfreich ist, liegen doch die Antworten auf vielschichtige ökologische Fragestellungen oft zu einfach auf der Hand. Die Erfahrung der ökologischen Krise dient den Texten zwar als Folie, eine kritische Auseinandersetzung mit der Rolle des Menschen angesichts des Klimawandels, angesichts der Umweltverschmutzung, angesichts von Kriegen um natürliche Ressourcen wird jedoch nicht geführt und wenn, dann nur pauschalisiert. Andererseits hat sich gezeigt, dass gerade die strenge Grenzziehung zwischen den Möglichkeiten die Leserinnen und Leser zur Positionierung zwingt und so ästhetisch anregt, selbst aktiv zu werden. Es bleibt abzuwarten, ob sich das Genre etablieren wird oder ob es sich mit seiner Schwarz-weiß-Darstellung um ein spezifisches Umbruchphänomen der krisenbehafteten ersten Dekade des neuen Jahrtausends handelt, das bald von anderen Narrativen abgelöst werden wird.

## Literaturverzeichnis

Bodenburg, Julia: Was kommt nach der Nation? Das »Versprechen« des Schwarms in kulturwissenschaftlichen und soziobiologischen Diskursen und in Frank Schätzings Wissenschaftsroman, in: Grabbe, Katharina/Köhler, Sigrid G./Wagner-Egelhaaf, Martina (Hrsg.): Das Imaginäre der Nation. Zur Persistenz einer politischen Kategorie in Literatur und Film. Bielefeld 2012, 327–349.
Böhn, Andreas: Technik- und Wissenschaftsdiskurse im Frank Schätzings Der Schwarm, in: Finkele, Simone/Krause, Burhardt (Hrsg.): Technikfiktionen und Technikdiskurse. Ringvorlesung des Instituts für Literaturwissenschaft im Sommersemester 2009. Karlsruhe 2012, 115–124.

62 Isabelle Stauffer: Florale Feminität? Natur, Ironie und Geschlechterperformativität bei Annette Kolb, in: Catrin Gersdorf/Sylvia Mayer (Hrsg.): Natur – Kultur – Text. Beiträge zu Ökologie und Literaturwissenschaft. Heidelberg 2005, 207–228, hier 207.

Böttcher, Sven: Prophezeiung. Köln 2011.

Bremmer, Jan N.: Kassandra, in: Cancik, Hubert/Schneider, Helmut (Hrsg.): Der Neue Pauly: Enzyklopädie der Antike. Bd. 6. Stuttgart/Weimar 1999, 316–318.

Dath, Dietmar: Waffenwetter. Frankfurt a. M. 2007.

Drux, Rudolf: Untergänge mit Zuschauerinnen. Katastrophenereignisse als Beispiele für die Besonderheit literarischer Technikdarstellungen, in: Adam, Marie Hélène/Schneider-Özbek, Katrin (Hrsg.): Technik und Gender. Technikzukünfte als geschlechtlich codierte Ordnungen in Literatur und Film. Karlsruhe 2016, 9–28.

Dürbeck, Gabriele/Feindt, Peter H.: *Der Schwarm* und das Netzwerk im multiskalaren Raum. Umweltdiskurse und Naturkonzepte in Schätzings Ökothriller, in: Ermisch, Maren/Kruse, Ulrike/Stobbe, Urte (Hrsg.): Ökologische Transformationen und literarische Repräsentationen. Göttingen 2010, 213–230.

– Die Resonanz des Anthropozän-Diskurses im zeitgenössischen Ökothriller am Beispiel von Dirk C. Flecks *Das Tahiti-Projekt*, in: Grimm, Siglinde/Wanning, Berbeli (Hrsg.): Kulturökologie und Literaturdidaktik. Beiträge zur ökologischen Herausforderung in Literatur und Unterricht. Göttingen 2015, 83–100.

– Ökothriller, in: Dies./Stobbe, Urte (Hrsg.): Ecocriticism. Eine Einführung. Köln u. a. 2015. 245–256.

Fasel, Andreas: Ich bin eher der Opulente, in: Die Welt am Sonntag 16.3.2004.

Fleck, Dirk C.: Das Tahiti-Projekt. München 2008.

– Maeva!. Berlin/Rudolstadt 2011.

– Die vierte Macht: Spitzenjournalisten zu ihrer Verantwortung in Krisenzeiten. Hamburg 2012.

Frank, Natalie: Das Happy End ist im Wesentlichen eine moralische Frage, in: Kulturen. Das Online-Magazin der KulturjournalistInnen des UdK Berlin 9.2.2012. http://kultur journalismus.de/2012/02/ursprunglich-endete-schneewittchen-viel-dunkler/ [23.4.2017].

Gamper, Michael/Wagner, Karl (Hrsg.): Figuren der Übertragung: Adalbert Stifter und das Wissen seiner Zeit. Zürich 2009.

Graf, Friedrich Willhelm: Die Wiederkehr der Götter. Religion in der modernen Kultur. München 2007.

Grewe-Volpp, Christa: Natural Spaces Mapped by Human Minds: Ökokritische und öko-feministische Analysen zeitgenössischer amerikanischer Romane. Tübingen 2004.

Grunwald, Armin: Technikzukünfte als Medium von Zukunftsdebatten und Technikgestaltung. Karlsruhe 2012.

Hien, Markus: Anthropozän: die Gaia-Hypothese und das Wissen der Naiven bei Döblin und Schätzing, in: Robert, Jörg/Günther, Friederike F. (Hrsg.): Poetik des Wilden. Würzburg 2012, 459–485.

Huberten, Hans-Wolfgang: Expedition in die Kälte, in: Welt am Sonntag 21.2.2010.

Jagow, Bettina von: Ästhetik des Mythischen. Poetologien des Erinnerns im Werk von Ingeborg Bachmann. Köln u. a. 2003.

Kolodziejczyk, Meike: Die Natur schlägt zurück, in: Frankfurter Rundschau 20.8.2008, Magazin, 33.

Mangold, Ijoma: Klassenkampf in der Schießbude, in: Süddeutsche Zeitung 20.11.2007, V2/2.

Meinberg, Eckhard: Homo Oecologicus. Das neue Menschenbild im Zeichen der ökologischen Krise. Darmstadt 1995.

Mensing, Kolja: Der Märchenerzähler, in: TAZ 4.10.1999.

Moraldo, Sandro M.: Einleitung, in: Ders. (Hrsg.): Mord als kreativer Prozess. Zum Kriminalroman der Gegenwart in Deutschland, Österreich und der Schweiz. Heidelberg 2005.

Neuhaus, Volker:»Zu alt, um nur zu spielen.« Die Schwierigkeit der Deutschen mit dem Kriminalroman, in: Morlado, Sandro M. (Hrsg.): Mord als kreativer Prozess. Zum Kriminalroman der Gegenwart in Deutschland, Österreich und der Schweiz. Heidelberg 2005, 9–20.

Niethammer, Ortrun/Preußer, Heinz-Peter/Rétif, Françoise: Mythen überschreiben, Mythen überwinden? – Einleitung, in: Dies.: Mythen der sexuellen Differenz. Übersetzungen, Überschreibungen, Übermalungen. Heidelberg 2007, 9–23.

Nitzke, Solvejg: Apokalypse von Innen, in: Dies./Schmitt, Mark (Hrsg.): Katastrophen. Konfrontation mit dem Realen. Essen 2012, 167–187.

Nusser, Peter: Der Kriminalroman. 4. erw. Aufl. Stuttgart 2009, 50–68.

Preußer, Heinz-Peter: Kritik einer Ontologisierung des Weiblichen: mythische Frauenfiguren als das Andere der kriegerisch-männlichen Rationalität, in: Rétif, Françoise/Niethammer, Ortrun: Mythos und Geschlecht. Heidelberg 2005, 85–100.

Schneider-Özbek, Katrin: Frau rettet Welt? Ontologisierung des Weiblichen im Ökothriller, in: Adam, Marie Hélène/Schneider-Özbek, Katrin (Hrsg.): Technik und Gender. Technikzukünfte als geschlechtlich codierte symbolische Ordnungen. Karlsruhe 2016.

Stauffer, Isabelle: Florale Feminität? Natur, Ironie und Geschlechterperformativität bei Annette Kolb, in: Gersdorf, Catrin/Mayer, Sylvia (Hrsg.): Natur – Kultur – Text. Beiträge zu Ökologie und Literaturwissenschaft. Heidelberg 2005, 207–228.

Steinhardt, Bernd: Impact. Berlin 2010.

Striegel, Sonja: Ahnungslose Journalisten in der Ökokrise. Autor Dirk Fleck über Verantwortungslosigkeiten seiner Zunft, in: SWR Kulturgespräch 21.1.2013. http://www.swr.de/swr2/kultur-info/kulturgespraech/journalisten-in-der-oekokrise/-/id=9597128/nid=9597128/did=10886818/126qjv0/index.html [23.4.2017].

Walter, François: Katastrophen. Eine Kulturgeschichte vom 16. bis ins 21. Jahrhundert. Übs. v. Doris Butz-Striebel u. Trésy Lejoly. Stuttgart 2010.

Wanning, Berbeli: Der Naturbegriff in Literatur und Literaturwissenschaft, in: Felder, Ekkehard (Hrsg.): Semantische Kämpfe. Macht und Sprache in den Wissenschaften. Berlin/New York 2006, 223–249.

– Yrrsinn oder die Auflehnung der Natur – Kulturökologische Betrachtungen zu *Der Schwarm* von Frank Schätzing, in: Zapf, Hubert (Hrsg.): Kulturökologie und Literatur. Beiträge zu einem neuen Paradigma der Literaturwissenschaft. Unter Mitarb. v. Timo Müller u. Michael Sauter. Würzburg 2008, 339–357.

Zemanek, Evi: Naturkatastrophen in neuen Formaten. Fakten und Fiktionen des Tsunami in Frank Schätzings Ökothriller *Der Schwarm* und Joseph Haslingers Augenzeugenbericht *Phi Phi Island*, in: Schöll, Julia/Bohley, Johanna: Das erste Jahrzehnt: Narrative und Poetiken des 21. Jahrhunderts. Würzburg 2011, 83–98.

Jeanette Kördel

# Lateinamerikanische Science Fiction aus ökofeministischer Perspektive

## 1. Einleitung

Das literarische Genre der Science Fiction (SF) beschäftigt sich seit jeher mit ökologischen Szenarien in Form von futuristischen Umweltentwürfen. Teilweise werden dystopisch anmutende Szenarien beschrieben, in der die Menschen ganz ohne Natur leben, in der diese von Technik und Künstlichkeit verdrängt und ersetzt wird. Andererseits werden aber auch weit entfernte Planeten und Regionen mit intakten ökologischen Systemen als Teil utopischer Szenarien zelebriert. Bereits Darko Suvin schreibt in seiner berühmten Studie *Metamorphoses of Science Fiction* (1979), dass, wie er sich ausdrückt, die SF »als Magd für futurologische Vorausschauen in Technik, Ökologie, Soziologie« herangezogen werden könne.[1] Patrick Murphy denkt die SF als eine

nature-oriented literature, in the sense of its being an aesthetic text that [...] directs reader attention toward the natural world and human interaction with other aspects of nature within that world, and [...] makes specific environmental issues part of the plots and themes.[2]

In Lateinamerika hat das ursprünglich im angelsächsischen Raum verortete literarische Genre der SF ganz eigene Modi und Thematiken herausgebildet. Die SF kann als ein globales Genre verstanden werden, welches in seinen lateinamerikanischen Ausprägungen klassische Merkmale mit ganz eigenen Charakteristika kombiniert. Im Zentrum der klassischen SF-Forschung steht die teilweise unkritische Untersuchung von Wissenschafts- und Technikdiskursen, in der besonders textinhärente Fortschreibungen stereotyper Geschlechterrollen

---

1 Hier zitiert aus Darko Suvin: Poetik der Science Fiction. Zur Theorie einer literarischen Gattung. Übs. v. Franz Rottensteiner. Frankfurt a. M. 1979, 52. Im Original heißt es, die SF »could be used as a handmaiden of futurological foresight in technology, ecology, sociology«. Darko Survin: Metamorphoses of Science Fiction. On the Poetics and History of a Literary Genre. New Haven 1979, 28.

2 Patrick Murphy: Non-Alibi of Alien Escape. SF and Ecocriticism, in: Karla Armbruster/ Kathleen Wallace (Hrsg.): Beyond Nature Writing. Expanding the Boundaries of Ecocriticism. Charlottesville 2001, 263–278, hier 263.

unangetastet bleiben. Eine ökofeministische Perspektive erscheint vor diesem Hintergrund besonders vielversprechend, da hier gezielt hinterfragt wird, inwiefern das Kultur-Natur-Verhältnis mit Geschlechterverhältnissen verbunden ist und wie inhärente Machtstrukturen beschrieben werden. Auch eine kritische Reflexion von Technik- und Wissenschaftsdiskursen im Kontext von Entwicklungs- und Modernisierungsprozessen, als ein zentrales Charakteristikum lateinamerikanischer Science Fiction, steht hier im Fokus der Betrachtung. In der ökofeministischen Analyse der SF-Romane *Waslala* (1996) der nicaraguanischen Autorin Gioconda Belli und *Cielos de la tierra* (1997) der Mexikanerin Carmen Boullosa wird also speziell der Frage nachgegangen, inwieweit das literarische Genre der SF genutzt wird, um lokale und globale Umweltszenarien zu beleuchten, und welche Rolle genderspezifische Aspekte in diesen ökologischen Debatten spielen. Darüber hinaus ist erstens nach der spezifischen Ausprägung dieses technikaffinen Genres in der südlichen Hemisphäre zu fragen, in der der technische Fortschritt gemeinhin als gering eingestuft wird, und zweitens zu prüfen, inwiefern das konventionelle Paradigma, das die Frau eher der Sphäre der Natur und den Mann eher der Technik zuordnet, in den Werken von Belli und Boullosa kritisch ausgelotet wird.

Das methodisch-theoretische Vorgehen der Analyse besteht darin, zunächst eine knappe gattungstheoretische Auseinandersetzung mit dem literarischen Genre der lateinamerikanischen SF zu liefern und im Anschluss die Mensch- bzw. Kultur-Natur- und Geschlechterverhältnisse in den beiden Romanen, in denen sich ökofeministische und utopische mit postkolonialen Aspekten verschränken, herauszuarbeiten. Ziel ist es, die in den Werken formulierten futuristischen Umweltszenarien zu präsentieren und zu untersuchen, wie die in den Texten thematisierten Konsequenzen der Wissenschafts- und Technikdiskurse für Mensch und Umwelt kritisch reflektiert werden, aber auch aufzuspüren, inwiefern alternative Entwürfe artikuliert und Widerstandsformen dargestellt werden.

Die ökofeministische Philosophin Karen J. Warren schreibt in dem Vorwort ihres Werkes *Ecological Feminist Philosophies* (1996), dass die 1990er Jahre oft als die ›Dekade der Umwelt‹ betitelt wurden.[3] Eine Aussage, die der mexikanische Autor und Literaturnobelpreisträger Octavio Paz in seinem Essayband *Itinerario* (1993) teilt, wenn er unterstreicht, dass die große historische Neuigkeit am Ende dieses 20. Jahrhunderts die Entstehung eines ökologischen Bewusstseins sei.[4] Auch die zwei hier vorgestellten Romane, beide Mitte der 1990er Jahre publiziert, widmen sich ökologischen Thematiken, inszenieren diese aber in futuristischen SF-Welten. Während in Bellis Roman die globale

---

3 Vgl. Karen J. Warren: Ecological Feminist Philosophies: An Overview of the Issues, in: Dies. (Hrsg.): Ecological Feminist Philosophies. Bloomington 1996, ix–xxvi, hier xix.
4 Vgl. Octavio Paz: Itinerario. Mexico 1993, 155.

Umweltvision als dystopische Szenerie einer peripheren Weltregion beschrieben wird, thematisiert Carmen Boullosas Roman den Verlust der ökologischen Integrität, welcher verknüpft ist mit dem Verlust der Erinnerung und der des Wortes an sich.[5] Der Roman *Waslala* von Gioconda Belli wurde bereits Untersuchungsgegenstand ökokritischer und ökofeministischer Analysen,[6] während Carmen Boullosas Werk *Cielos de la tierra* hauptsächlich gattungstheoretisch im Rahmen futuristischer und SF-Literatur untersucht wurde.[7] Im vorliegenden Beitrag wird nun eine gattungstheoretische mit einer ökofeministischen Analyse verknüpft.

## 2. Lateinamerikanische Science Fiction

Während das literarische Genre der SF im Kontext angloamerikanischer Literatur- und Kulturwissenschaften längst etabliert ist, fristet die lateinamerikanische »ciencia ficción« noch ein Schattendasein. Im europäischen und insbesondere im deutschsprachigen Raum sind bis dato kaum Untersuchungen lateinamerikanischer SF-Modelle besprochen und kanonisiert worden.[8] Bezüglich der gattungsimmanenten Wissenschafts- und Technikdiskurse seien zunächst Andrea Bell und Yolanda Molina-Gavilán genannt, die in *Cosmos Latinos* (2003) eine »weiche«, sozialwissenschaftliche Ausrichtung der lateinamerikanischen SF betonen:

---

5 Vgl. Rike Bolte: Señas de utopía: Codificación y (des)realización en recientes producciones de la ciencia ficción hispanoamericana, in: Geneviève Fabry/Claudio Canaparo (Hrsg.): El enigma de lo real. Las fronteras del realismo en la narrativa del siglo XX. Oxford 2007, 169–194, hier 182–183.

6 Vgl. Laura Barbas-Rhoden: Ecological Imaginations in Latin American Fiction. Gainesville 2011; Marisa Pereyra: Paradise Lost: A Reading of *Waslala* from the Perspective of Feminist Utopianism and Ecofeminism, in: Taylor Kane (Hrsg.): The Natural World in Latin American Literature. Ecocritical Essays on Twentieth Century Writings. Jefferson 2010, 136–153.

7 Vgl. Claire Taylor: Cities, Codes and Cyborgs in Carmen Boullosa's *Cielos de la tierra*, in: Bulletin of Spanish Studies: Hispanic Studies and Research on Spain, Portugal and Latin America 80.4, 2003, 477–492; Miguel López-Lozano: Utopian Dreams, Apocalyptic Nightmares: Globalization in Recent Mexican and Chicano Narrative. West Lafayette 2008; Andrew Brown: Cyborgs in Latin America. New York 2010.

8 Hier sei hingewiesen auf die Studien des Argentiniers Pablo Capanna: El cuento argentino de ciencia ficción. Buenos Aires 1995; und im US-amerikanischen Raum Yolanda Molina-Gavilán: Ciencia ficción en español: Una mitología moderna ante el cambio. Lewiston 2002. Siehe zudem die Übersicht lateinamerikanischer SF-Werke von Yolanda Molina-Gavilan/Andrea Bell/M. Elizabeth Ginway/Miguel Ángel Fernández-Delgado/Luis Pestarini/Juan Carlos Toledano Redondo: Chronology of Latin American Science Fiction, in: Science Fiction Studies 34.3, 2007, o. P. www.depauw.edu/sfs/chronologies/latin%20american.htm.

Latin American [...] SF's generally ›soft‹ nature and social science orientation; its examination of Christian symbols and motifs; and its uses of humor [...] do not aim for scientific plausibility [...] Also, the general preference for ›soft‹ sciences such as psychology or ecology as a point of departure for many SF narratives does not imply a total rejection of the ›hard‹ sciences.[9]

Der Begriff der weichen Wissenschaften ist hier nicht in einem wertenden Sinn zu verstehen, sondern bezieht sich allgemein auf das vermehrte Auftreten von Wissenschaften wie Psychologie, Ökologie oder auch der Anthropologie. Während der Roman *Waslala* von Belli der *soft SF* zugeordnet werden kann, da z. B. die technischen Aspekte nicht auf wissenschaftliche Glaubwürdigkeit abzielen, ließe sich *Cielos de la tierra* von Boullosa als ein Beispiel der *hard SF* lesen, in dem ein technokratisches Imperium, das durch Maschinen posthumane Lebewesen produziert und unterdrückt, beschrieben wird. Nichtsdestotrotz manifestiert sich in beiden SF-Texten der von Frederico Schaffler González als charakteristisch gekennzeichnete »humanistische touch« der lateinamerikanischen SF: Das »was uns menschlich macht, was wir fühlen, ersehnen, verabscheuen und sehnlichst verlangen« stehe im Fokus der Darstellungen der *Cyborgs* und posthumanen Figuren.[10]

Ein weiteres Merkmal lateinamerikanischer SF ist die Einbeziehung postkolonialer Perspektiven. Patricia Kerslake bezeichnet das »empire« als integrativen Bestandteil des literarischen Genres der SF selbst.[11] Ericka Hoagland und Reema Sarwal betonen, dass die SF wie die postkoloniale Literatur »challenges the imperialist paradigm and offers alternatives to that paradigm, both positioned within an ethical framework in which responsibility, equality, and justice are central.«[12]

---

9 Andrea Bell/Yolanda Molina-Gavilán: Introduction, in: Dies. (Hrsg.): Cosmos Latinos: An Anthology of Science Fiction from Latin America and Spain. Middletown 2003, 1–19, hier 14. Leider problematisieren Bell/Molina-Gavilán die Trennung zwischen weicher und harter SF hier nicht weiter, die z. B. innerhalb US-amerikanischer SF-Debatten dazu führte, dass die weibliche SF als »weiche« gegenüber einer männlich »harten« SF abgewertet wurde. Vgl. Nina Köllhofer: Bilder des Anderen: das Andere (be-)schreiben – vom Anderen erzählen. Deutungen in der aktuellen wissenschaftlichen Rezeption feministischer Science Fiction, in: Karola Maltry/Barbara Holland-Cunz/Nina Köllhofer/Susanne Maurer (Hrsg.): Genderzukunft: Zur Transformation feministischer Visionen in der Science Fiction. Königstein 2008, 17–68, hier 29.

10 Frederico Schaffler González: Prólogo, in: Fernando Arturo Galaviz Yeverino (Hrsg.): Mundos remotos y cielos infinitos: antología de la ciencia ficción contemporánea de Nuevo León. Monterrey 2012, 9–11, hier 10.

11 Patricia Kerslake: Science Fiction and Empire. Liverpool 2007, hier 191.

12 Ericka Hoagland/Reema Sarwal: Introduction, in: Dies. (Hrsg.): Science Fiction, Imperialism and the Third World: Essays on Postcolonial Literature and Film. Jefferson 2010, 5–19, hier 12.

In diesem Zusammenhang ist als ein zentrales Charakteristikum der lateinamerikanischen SF die kritische Reflexion von Fortschritts- und Modernisierungskonzepten genannt. Diese wird in den Romanen explizit anhand von Wissenschafts- und Technikdiskursen mitsamt ihren ökologischen Konsequenzen für Menschen und Umwelt in peripheren Weltregionen verhandelt und in einem lokalen und globalen Spannungsfeld kritisch ausgeleuchtet. Festzuhalten bleibt, dass die lateinamerikanische SF also weniger konkrete Problemlösungen für ökologische Krisenszenarien anbietet. Verstärkt tritt indes die Warnfunktion als gattungsspezifisches Wirkungsziel dieses Genres zutage.[13] Darüber hinaus betont Miguel López-Lozano, dass die SF in den letzten Jahren verstärkt die Situation von Frauen und den Status der Ökologie thematisiere:

The feminist current criticizes the exclusion of women [...] from the mainstream of society, while the ecocritical current addresses the effect of industrialization on the environment, proposing alternative worlds in which humankind lives in harmony with nature.[14]

Dies legt eine ökofeministische Analyse der SF nahe.

## 3. Die ökofeministische Perspektive

Eine ökofeministische Analyse der lateinamerikanischen SF verfolgt eine kritische Revision gängiger Fortschritts- und Modernisierungsprozesse unter spezieller Berücksichtigung der globalen Konsequenzen von Industrialisierungsprozessen und von Konsumverhalten aus dem Blickwinkel marginalisierter Akteure. Die SF-Romane von Belli und Boullosa setzten sich zwar mit technischen Neuerungen auseinander, doch geschieht dies weniger in Form technokratischer Weltraumschlachten, sondern stets in Verbindung mit ihren inhärenten sozio-ökologischen und genderspezifischen Implikationen. Im Fokus der ökofeministischen Analyse der SF-Werke steht auch die Frage, *wie* sich die textinhärenten Darstellungs-, Funktions- und Wirkungsweisen der Wissenschafts- und Technikdiskurse anhand genderspezifischer Aspekte ausgestalten.
    Betrachtet man die beiden Romane als feminine SF, so sei betont, dass diese nicht als strikter Gattungsbegriff verstanden wird, sondern als hybrider Schreibmodus, den Raffaella Baccolini wie folgt ausführt:

The attack, in recent years, against universalist assumptions, fixity and singularity, and pure, neutral, and objective knowledge in favor of the recognition of differences, multiplicity, and complexity, partial and situated knowledge, as well as hybridity and fluidity has contributed, among other things, to the deconstruction of genre purity [...]

---

13 Vgl. Murphy: Non-Alibi of Alien Escape, 264.
14 López-Lozano: Utopian Dreams, Apocalyptic Nightmares, 26.

that represents resistance to hegemonic ideology and renovates the resisting nature of science fiction and makes the new science fiction genre also multi-oppositional.[15]

In diesem Sinne nimmt die SF, geschrieben von Frauen aus der südlichen Hemisphäre, eine subversive Position in diesem von männlichen und ›weißen‹ Autoren dominierten Genre ein, in das sich Autorinnen wie Belli und Boullosa gezielt einschreiben und dieses von innen heraus kritisch reflektieren.[16]

Die ökofeministische Analyse der SF-Werke geht zunächst von einem »strukturellen Zusammenhang zwischen der Beherrschung und Ausbeutung der Natur und der Frau« aus,[17] die aufgedeckt, analysiert und kritisiert wird. Der Begriff des Ökofeminismus wird darüber hinaus terminologisch geöffnet und widmet sich, in Anlehnung an Barbara Holland-Cunz, auch den Interaktionen zwischen Natur- und Geschlechterverhältnissen.[18] Nicht nur weibliche Figuren stehen im Fokus der Analyse, sondern die Mensch-Natur-Beziehungen sollen anhand von (post)kolonialen Asymmetrie- und Ausbeutungsmustern entlang der Differenzlinie von Geschlecht und Ethnizität untersucht werden. Häufig wurde vor allem eine spirituelle Ausprägung als wichtigstes Charakteristikum eines lateinamerikanischen Ökofeminismus postuliert. Meine ökofeministische Analyse zielt schlussendlich auch darauf ab, zu zeigen, dass hier nicht nur ein spiritueller, sondern vor allem ein sozialkritischer Ökofeminismus formuliert wird, der neben postkolonialen auch utopische Aspekte[19] integriert.

15 Raffaella Baccolini: Gender and Genre in the Feminist Critical Dystopias of Katherine Burdekin, Margaret Atwood, and Octavia Butler, in: Marleen S. Barr (Hrsg.): Future Females, The Next Generation: New Voices and Velocities in Feminist Science Fiction Criticism. Lanham 2000, 13–34, hier 18.

16 Im Bereich genderspezifischer Untersuchungen lateinamerikanischer SF klaffen noch große Forschungslücken, wobei sich Molina-Gavilán in ihrer Studie zu spanischsprachiger SF in einem Kapitel mit femininen Figuren in der SF beschäftigt (Molina-Gavilán: Ciencia ficción en español, 107–137). Als eine lateinamerikanische Vorreiterin sei die argentinische Autorin Angélica Gorodischer (*1928) genannt, die sich bereits seit den 1960er Jahren in ihren SF-Werken wie Opus dos (1967) oder Trafalgar (1979) explizit genderspezifischen Aspekten widmet. Siehe hierzu auch Jeanette Kördel: Negociaciones de cuerpos en la ciencia ficción de Angélica Gorodischer, in: Teresa Hiergeist/Laura Linzmeier/Eva Gillhuber/Sabine Zubarik (Hrsg.): Corpus. Beiträge zum 29. Forum Junge Romanistik. Frankfurt a.M. 2014, 219–231; Jeanette Kördel: De obras híbridas. La obra Kalpa Imperial de la autora argentina Angélica Gorodischer, in: Barbara Greco/Laura Pache Carballo (Hrsg.): Sobrenatural, fantástico y metarreal. La perspectiva de América Latina, Actas del X. Congreso ALEPH. Madrid 2014, 107–118.

17 Catrin Gersdorf: Ökofeminismus, in: Renate Kroll (Hrsg.): Metzler Lexikon Gender Studies, Geschlechterforschung: Ansätze, Personen, Grundbegriffe. Stuttgart/Weimar 2000, 296–297, hier 296.

18 Vgl. Barbara Holland-Cunz: Die Natur der Neuzeit. Eine feministische Einführung. Opladen 2014.

19 Utopien werden hier im Sinne von Lucy Sargisson verstanden als transgressive Diskurse, die Kritik zulassen und auch bewusstseinsändernd wirken: »Utopianism is best approached

## 4. Von Recycling und Resistenzen in *Waslala* (1997) von Gioconda Belli

Der SF-Roman *Waslala* von Gioconda Belli erzählt die Geschichte der Protagonistin Melisandra, die sich in einem zentralamerikanischen Land namens Faguas auf die Suche nach dem verschollenen, sagenumwobenen Ort namens Waslala begibt. Dort lebt eine autarke Gemeinschaft, die sich durch basisdemokratische Strukturen und ökologische Nachhaltigkeit charakterisiert.[20] Auf ihrer Reise nach Waslala gerät Melisandra in die Hände der lokalen autoritären Machthaber der Espada-Brüder, die über das Land herrschen und mit Waffen und Drogen handeln.

Antonio Córdoba Cornejo kategorisiert Bellis Roman als »extrapolative SF«, die eine Dystopie in der nahen Zukunft erschaffe,[21] welche als ein »descendiente del presente«[22] direkt aus der Gegenwart hervorgeht. Scott DeVries, der sich verstärkt den utopischen Schreibweisen in dem Roman *Waslala* widmet, bezeichnet diesen als »environmental science fiction«:[23]

through discourses which are similarly transgressive and resistant to closure. In this way we can approach utopianism as a radical phenomenon and conceptualize a radical utopianism which is transformative. Approaching utopianism with tools of radical and transgressive discourses, then, permits the reconceptualization of utopianism«. Sargisson: Contemporary Feminist Utopianism. London 1996, 99. Die feministischen Utopie-Theorien propagieren u. a. eine Aufwertung der Natur, die als Zivilisations- und Wissenschaftskritik zu verstehen ist. Feminine SF formuliert Alternativen zum männlichen Wissenschaftsdiskurs und stellt eine andere Form von Wissen(schaft) dar. Außerdem hinterfragen die in der femininen SF artikulierten Utopien männlich-klassische Utopie-Entwürfe, wie die von Thomas Morus oder Francis Bacon. Vgl. auch Holland-Cunz: Die Natur der Neuzeit.

20 Der hier analysierte Roman *Waslala* ist nicht der einzige der Autorin Belli, der sich mit ökofeministischen Themen beschäftigt. Zu einer ökofeministischen Analyse ihres Werks *La mujer habitada* (1988) siehe Beatriz Rivera-Barnes: Love in the Time of Somoza. Gioconda Belli's ambivalent Ecofeminism, in: Beatriz Rivera-Barnes/Jerry Hoeg (Hrsg.): Reading and Writing the Latin American Landscape. New York 2009, 159–175. In einem Interview beschreibt Belli ihre ökofeministisch geprägte Mensch-Natur-Beziehung als integratives Konzept »des Menschen als Teil der Natur, und nicht separat von dieser. Und ich glaube, dass das auch mit einer Weiblichkeit zu tun hat: sich als Teil eines natürlichen Prozesses, eines natürlichen Raums zu sehen [...] das Gebären [...] gibt dir auch eine andere Beziehung zu dem, was Leben produziert, und zum Leben der Natur«. La visión femenina ante el amor, la naturaleza y la historia: Una charla con Gioconda Belli. Interview von Bethany Beyer/Oriel María Siu/Gabriela Venegas, in: Mester. Revista literaria de los estudiantes graduados 37, 2008, 83–99, hier 90 (Übs. v. J. K.). Außerdem betont sie das neue Bewusstsein in ihrer Generation, dass die natürlichen Umweltressourcen begrenzt und schützenswert sind, vgl. ebd., 91.

21 Vgl. Antonio Córdoba Cornejo: ¿Extranjero en tierra extraña? El género de la ciencia ficción en América Latina. Sevilla 2011, 111 f.

22 Ebd., 115.

23 Scott DeVries: A History of Ecology and Environmentalism in Spanish American Literature. Lewisburg 2013, 1.

It offers an account of how Utopian literature can function in the ecological debate and demonstrate the close relationship between ethical advocacy and the literary qualities of environmental fiction.[24]

In Abgrenzung von DeVries sollen hier verstärkt die dystopischen Elemente betrachtet werden, die bereits zu Beginn des Romans in den Beschreibungen der ökologischen Situation Faguas, einem imaginären postmodernen Nicaragua, in Erscheinung treten:

grüne Flecken ohne Wesenszüge, ohne Hinweise auf Städte: isolierte Gebiete, abgeschnitten von jeglicher Entwciklung, von der Zivilisation, dem technologischen Sprung in der ersten Hälfte des 20. Jahrhunderts; zurückgeworfen auf ihre tropischen Wälder, auf ihre Funktion als Lunge und Müllhalde der entwickelten Welt, die sie ausbeutete, um sie dann wieder dem Vergessen und ihrem Elend zu überlassen, ins Abseits zu verbannen, zur terra incognita zu stempeln, zu fluchbeladenen Landstrichen voller Kriege und Epidemien, Gegenden, in die niemand mehr kam – außer den Schmugglern.[25]

Die ökologische Situation ist prekär, denn Faguas exportiert auf der einen Seite Sauerstoff in den globalen Norden, auf der anderen Seite importiert es ausrangierte Waffen und Müll aus der nördlichen Hemisphäre. Die Figur Rafael, ein US-amerikanischer Journalist, der Melisandra begleitet, konstatiert: »Entwicklung ohne Abfall, ohne Verschwendung […] gibt es nicht« (W 197). Die Repräsentation der ›dritten Welt‹ als Müllhalde der ›ersten Welt‹, die Lawrence Buell in seinem Beitrag zum »toxic discourse« als dystopischen Endpunkt der Modernität beschreibt, wird hier deutlich.[26]

Die Mensch-Natur- und Geschlechterverhältnisse können in Bellis Roman durch die Figurenanalyse des Pärchens Engracia-Morris ausgelotet werden. Während der US-amerikanische Ökologe Morris, dargestellt als Cyborg, zunächst den konventionell ›männlichen‹ Bereich der Technik repräsentiert, wird Engracia als naturverbundene, kämpferische und übergroße Amazonen-Figur inszeniert:

Morris war sie immer wie eine verirrte Amazone vorgekommen, gut konnte er sie sich vorstellen, wie sie, braun und nackt […] Pfeil und Bogen trug […] Normalerweise laugte ihn Engracia in den ersten Tagen völlig aus. Sie befriedigte sich und kehrte danach wieder zu ihrem Amazonendasein zurück, den Lüsten des Fleisches gegenüber völlig gleichgültig. (W 183–184)

Die Darstellung der Figur Engracia, die einen Recyclinghof betreibt, ist nicht rein essentialistisch oder spirituell ausgestaltet, sondern spiegelt bei genauerer

---

24 Ebd., 285.

25 Gioconda Belli: Waslala. Übs. v. Lutz Kliche. Wuppertal 1996, 19. Im Folgenden wird daraus unter Angabe der Sigle W und der Seitenzahl zitiert.

26 Lawrence Buell: Toxic Discourse, in: Critical Inquiry 24.3, 1998, 639–665, hier 644.

Betrachtung eurozentrische Sichtweisen kritisch wider. Die Beschreibung Engracias als Amazone wird innerhalb männlicher Begehrenskonstellationen, aus der Erzählperspektive des Charakters Morris geschildert und verdeutlicht, wie auf Textebene ironisch mit westlichen Zuschreibungen von Frau und Natur im Kontext der Imagination des lateinamerikanischen Kontinents gespielt wird.

Die Wissenschaftsdiskurse der Kybernetik nehmen ebenfalls eine wichtige Rolle in Bellis Roman ein. Die Regelungs- und Kontrollwissenschaft von Maschinen und lebenden Organismen gestaltet sich z. B. in der Figur des Cyborg Morris aus. In den ökofeministischen Theorien der 1990er Jahre, prominent verhandelt in Donna Harraways *A Cyborg Manifesto* (1991), wird der *Cyborg* nicht mehr als eine »Abkehr von der Natur« gewertet, sondern als eine diskursive Neuausrichtung von Natur und Technik, in der organische und mechanische Aspekte changieren.[27] Der US-stämmige Ökologe Morris, der mit seinem »Metallarm« (W 66) Erdproben auf giftige Rückstände untersucht, ist im Roman nicht durch objektives wissenschaftlich-neutrales Denken, sondern durch seinen gefühlsbetonten Charakter gekennzeichnet. Der liebestrunkene, sentimentale Cyborg Morris konterkariert das klassische Paradigma des kühl-rationalen (westlichen) Wissenschaftlers, während Engracia hingegen als kämpferisch-weibliche Leitfigur inszeniert wird.

Bezüglich der gattungsimmanenten Wissenschafts- und Technikdiskurse der SF schreibt Laura Barbas-Rhoden, dass in *Waslala* die Funktion der Technologie v. a. eine definitive Kluft zwischen Menschen und Natur hervorgebracht habe.[28] Der technische Fortschritt habe nur geholfen, um noch schneller Erde und Menschen auszubeuten, die Kluft zwischen Arm und Reich zu vergrößern und soziale Ungleichheiten zu schüren. Marisa Pereyra unterstreicht zudem, dass die Bewohner Faguas von jeglichem technologischen, wissenschaftlichen und ökonomischen Fortschritt ausgeschlossen seien.[29] Auch in dem folgenden Zitat von Morris zeigt sich, dass die Wissenschafts- und Technikdiskurse in Bellis Roman innerhalb von Macht- und Ausbeutungsstrukturen kritisch betrachtet werden:

seinem Forscherherz [machte] die Erkenntnis zu schaffen, daß Technik und wissenschaftlicher Fortschritt die Welt nur noch tiefer gespalten und sie in zwei nie mehr vereinbare Teile geteilt hatten. Der eine Teil der Welt war so weit weg von jenem anderen. Die riesige Kluft. Unüberwindbarer Ströme. (W 67)

Die technischen Neuerungen im Roman sind z. B. das WorldNet und das Masterbook (vgl. W 192), welche aber nur im globalen Norden präsent sind. Auf dem Recyclinghof von Engracia werden indes alte Bücher gesammelt und

27  Vgl. Gersdorf: Ökofeminismus, 297.
28  Vgl. Barbas-Rhoden: Ecological Imaginations, 56.
29  Vgl. Pereyra: Paradise Lost, 145.

in einer Bibliothek geordnet, die auch der Journalist Rafael erkundet: »Klar war diese archaische Bibliothek sinnlicher, im Masterbook waren alle Bücher gleich« (W 193). Die technischen Neuerungen, z. B. die des Masterbooks, werden durch den Besuch in einer echten Bibliothek kontrastiert und aus der Erzählperspektive Rafaels in einem überspitzt nostalgischen Duktus beschrieben. Er bewertet die wissenschaftlich-technologische Rückständigkeit Faguas nicht negativ, sondern im Gegenteil als positives Gegenstück westlich-technokratischer Gesellschaften.

Eine kritische Reflexion eurozentrischer Sichtweisen auf den globalen Süden offenbart sich in Bellis Roman in der Imagination Faguas als Raum letzter unberührter Natur. Die Figur des Hermann, der ironisch »als gutherziger neugieriger europäischer Forscher der Kolonialzeit« (W 395) beschrieben wird, vergleicht seine Heimat Deutschland mit dem Land Faguas:

Die Technologie konnte ihn nicht annähernd so faszinieren wie die unbändige Natur. Auf den Feldern Deutschlands war es unmöglich, dem Gefühl zu entkommen, sie gezähmt, bezwungen zu haben. Alles war da so zivilisiert: die sterbenden Wälder waren unerbittlich in Grenzen gezwängt, die grünen Weiden ordentlich bewirtschaftet, die Parks sorgsam gepflegt. Hier brauchte man nur den Fluß ein Stück hinaufzufahren, um die verlorene Perspektive wiederzugewinnen und die Winzigkeit des Menschen angesichts der Üppigkeit des in Jahrhunderten gewachsenen Grüns zu begreifen. [...] Ein Glück, daß es diese Gegenden noch gab, in denen die Natur noch rebellisch und wild wachsen konnte. (W 102–103)

Die Strategie des Zitierens eurozentrischer Sichtweisen, das bereits in der Beschreibung von Engracia als Amazone durch die Figur Morris zu Tage trat, wird hier wieder aufgenommen. In den Naturbeschreibungen von Faguas, geschildert aus der Erzählperspektive Hermanns, spiegelt sich eine Sehnsucht nach einem verloren gegangenen Paradies wider. Doch diesem melancholisch-romantisch gefärbten Naturentwurf wird in Bellis Roman kritisch eine sozio-ökologische Umweltproblematik entgegengesetzt: Das imaginäre Faguas ist nicht durch die üppig-wilde Natur gekennzeichnet, vielmehr sind die einzigen wirklich unberührten Landschaften längst von der »internationalen Umweltpolizei« (W 126) abgeriegelte Gebiete, mit dem einzigen Ziel, Sauerstoff für die nördliche Hemisphäre zu produzieren – unter Ausschluss der lokalen Bevölkerung.[30] Zum einen fungieren die Naturbeschreibungen des lateinamerikanischen Faguas in Bellis Roman als Projektionsfläche (männlich-westlicher) Begehrensvisionen,

---

30 Auf der textlichen Metaebene lässt sich nicht nur eine Kritik an der Praxis der ›ersten Welt‹, Umweltprobleme zu lösen, erkennen, etwa durch die Schaffung von Nationalparks mit totaler Exklusion der lokalen Bevölkerung (vgl. Barbas-Rhoden: Ecological Imaginations, 158). Auch kann die beschriebene Situation in Faguas im Kontext von Umweltgerechtigkeit gedacht werden, in der ökologische stets mit sozialen Komponenten zusammen gedacht werden müssen.

die durch einen nostalgisch gefärbten Ton ironisch überspitzt werden und es als ursprüngliches Pendant einer technologisch hochgerüsteten nördlichen Hemisphäre inszenieren. Zum anderen werden die sozio-ökologischen Abhängigkeiten mit negativen Konsequenzen für die lokale Bevölkerung geschildert. In Bellis Roman werden aber auch bestimmte Widerstandsformen formuliert. Die Figur Engracia betreibt eine große Recycling-Anlage, wo Container aus aller Welt ankommen. Die Frage nach dem Müll ist im Roman ambivalent angelegt: Einerseits hat der globale Abfall schwere gesundheitliche Folgen für die lokale Bevölkerung, auf der anderen Seite ist er ein wichtiges Handels- und Baugut. Zudem erkämpft sich die Figur Engracia durch die Recycling-Anlage eine gewisse wirtschaftliche und politische Autonomie von den autoritären lokalen Machthabern, den Espada Brüdern. In Anlehnung an Gisela Heffes, die den Akt des Recycling als eine Form von Widerstand versteht,[31] wird die ökologische Misere nicht passiv hingenommen, sondern dieser wird durch ein kollektives, basisdemokratisch organisiertes Nachhaltigkeitssystem etwas entgegengestellt. Die von Engracia organisierte Recycling-Anlage stellt ein alternatives Gegenmodell dar zu dem von den Espada-Brüdern geführten autoritären Regime, geprägt durch Unterdrückungs- und Ausbeutungsstrukturen.

Am Ende des Romans findet die Protagonistin Melisandra den utopischen Ort Waslala, der jedoch (abgesehen von ihrer dort wartenden Mutter) verlassen ist. Waslala steht dennoch für Hoffnung und für einen Neuanfang in einer sonst dystopischen Welt. In diesem Szenario nehmen Frauencharaktere, die Figuren Melisandra, Engracia und Melisandras Mutter, eine zentrale Rolle ein. Dem gängigen Schema der Feminisierung von Landschaften,[32] der Gleichsetzung von Frau und Natur als passive Objekte, die es zu erobern, kontrollieren und auszubeuten gelte, setzt Gioconda Belli in ihrem SF-Roman aktive weibliche Figuren entgegen, die Umweltverschmutzung anprangern, sich für Nachhaltigkeit einsetzen und munter Widerstand gegen tradierte Muster der Ausbeutung von Natur und Menschen leisten. Waslala müsse gelebt und belebt werden – das ist der Appell zum Schluss des Werkes.

---

31  Vgl. Gisela Heffes: Políticas de la destrucción/poéticas de la preservación: Apuntes para una lectura (eco)crítica del medio ambiente en América Latina. Rosario 2013, 160.

32  Zur Feminisierung von Landschaften vgl. Christa Grewe-Volpp und Maureen Devine: »Metaphors in particular reveal specific patterns of perception and their ideological connotations [...] Ecofeminists have pointed out how gendered images of nature are closely linked to an essentialist view of women, how both nature and women (and other minorities) have been historically linked to enable their domination and exploitation.« Maureen Devine/ Christa Grewe-Volpp: Introduction, in: Dies. (Hrsg.): Words on Water. Literary and Cultural Representations. Trier 2008, 1–8, hier 2.

## 5. Artifizielle Rekonstruktionen von Natur
## und Mensch in *Cielos de la tierra* (1997)

Der fragmentarische Roman von Carmen Boullosa enthält drei unterschiedliche Erzählstränge: erstens den von Hernando de Rivas, einem Franziskaner-Mönch, der im kolonialzeitlichen Mexiko des 16. Jahrhunderts ein autobiographisches Manuskript verfasst. Der zweite Erzählstrang, der in den 1990er Jahren in Mexiko-Stadt spielt, handelt von der Archäologin Estela Díaz, die Hernando de Rivas' Manuskript vom Lateinischen ins Spanische übersetzt. Der dritte Erzählstrang ist aus der Sicht der Protagonistin Lear geschrieben, die das Manuskript von Hernando de Rivas wiederfindet und in einer post-apokalyptischen Welt lebt, die in der fernen Zukunft angesiedelt ist. Während Hernando die bereits in der Kolonialzeit massiven demographischen wie ökologischen Transformationen beschreibt, wird die extreme Umweltverschmutzung von Mexiko-Stadt in den 1990ern von Estela als erschreckende Destruktion der Natur dargestellt. In Lears futuristischer Welt namens L' Atlàntide, die im Folgenden näher untersucht wird, steht indes die künstliche Rekonstruktion der Natur im Mittelpunkt.[33]

Carmen Boullosa bedient sich in ihrem Roman des konventionellen SF-Modells, eines dystopischen technokratischen Imperiums, welches Technologie benutzt, um menschliche Körper zu kontrollieren und zu unterdrücken. Nicht nur die Reproduktion von Natur, sondern selbst die der Menschen unterliegt der Kontrolle von Maschinen und ist genauestens berechnet, um Ressourcen zu sparen. Die Technikdiskurse sind entgegen denen klassischer SF-Modelle negativ markiert, da das kollektive Ziel, die künstliche Reproduktion der Natur, hier über den menschlichen Bedürfnissen steht.[34]

Die Bewohner von L'Atlàntide leben in einer Art Wolkenreich, nachdem die Erde aufgrund eines nuklearen Supergaus und extremer Umwelt- und Luftver-

---

33  Die von Hoagland/Sarwal (vgl. dies.: Introduction) beschriebene historische Dimension der »postkolonialen SF« ist in Boullosas Roman in den drei Erzählsträngen präsent, die durch ökologische Thematiken miteinander verbunden sind. Die problematische Wasserpolitik- und Misswirtschaft ist z. B. als ein koloniales Erbe inszeniert: Die Figur Hernando beschreibt die Zerstörung des von den Mayas angelegten Wassersystems durch die spanischen Eroberer. Vgl. Carmen Boullosa: Cielos de la tierra. México 1997, 109–110. Im Folgenden wird unter Angabe der Sigle CT sowie der Seitenzahl zitiert. – Die Konsequenz der zerstörten Wasser-Systeme wird in Estelas Fragmenten wieder aufgenommen, in dem von extremen Überschwemmungen berichtet wird, die besonders die indigene Bevölkerung betreffen: Ein »ökologisches Desaster verschlimmerte ihre Armut noch – nichts ist geblieben« (CT 61).

34  Auf die Autorin Boullosa wird kurz verwiesen in Darrell Lockhart (Hrsg.): Latin American Science Fiction Writers: An A-to-Z Guide. Westport 2004, 104. Dort wird sie mit Hugo Hiriart verglichen, der ebenfalls die *hard Science Fiction* nutze, um sich kritisch mit der soziopolitischen, ökonomischen und kulturellen Zukunft Mexikos auseinanderzusetzen.

schmutzung unbewohnbar geworden ist. Die beschriebenen vermeintlich ›ökologischen Maßnahmen‹ sind äußerst vielfältig und wirken grotesk. In Laboratorien werden künstliche Bananen gezüchtet (CT 89), es gibt Gruppen zum »Schutz der Mango« (CT 22), wobei der soziale Druck, sich einer solchen Gruppe anzuschließen, enorm ist. Die einstige irdische Welt der sogenannten »Menschen der Geschichte« wird nur noch als eine kontaminierte »Kolonie mit künstlichen Bergen aus Plastikfragmenten« (CT 24) beschrieben. Die offizielle Erinnerung an die untergegangene Menschheit beschränkt sich unisono auf die als sträflich betrachtete Komplettzerstörung der irdischen Natur. Dem gegenüber ist in dem futuristischen Imperium L' Atlàntide ein striktes System des Naturschutzes etabliert, in dem ein »Imitieren von natürlichen Ressourcen« (CT 24) von zentraler Bedeutung ist.

Claire Taylor analysiert Boullosas Roman mit Rekurs auf das Simulacrum-Konzept von Jean Baudrillard, der dieses als ein Scheinbild, eine Kopie ohne Original, versteht. Demnach scheint sich die Darstellung auf ein reales Vorbild zu beziehen, diese Referenz ist aber nur simuliert. Bei Boullosa wird die Natur selbst als ein Simulacrum dargestellt. In L'Atlàntide existieren letztlich bloß noch die Effekte einer Natur, die als solche nicht mehr vorhanden und im Kontext einer künstlichen Kultur zu verstehen ist.[35] Während Bellis Roman eine dystopische Zukunftsinszenierung bietet, dessen Ende jedoch dank Auffinden des Ortes Waslalas einen utopischen Hoffnungsfunken enthält, wird in Boullosas Werk ein post-apokalyptisches Szenario beschrieben, in dem die einzige Möglichkeit in der künstlichen Rekonstruktion von Natur als kulturelles Simulacrum besteht.

In Boullosas Roman findet des Weiteren eine kritische Reflexion westlichmoderner Entwicklungsmodelle und deren zukünftiger Konsequenzen statt. Bereits in der Bezeichnung des Wolkenreiches als »L'Atlàntide« wird auf Francis Bacons klassische Utopie *Nova Atlantis* (1627) verwiesen, dessen Fortschrittsglauben sich in einem ›Sieg über die Natur‹ konkretisiert.[36] In *Cielos de la tierra* wird nicht nur die Natur mittels technischer Laboratorien rekonstruiert, auch die Bewohner sind Produkte von Maschinen.

Im Laufe des Werkes wird zudem eine Reform der Sprache eingeführt, welche ein totales Verbot des Sprechens vorsieht. Die Welt von L'Atlàntide ist gekennzeichnet durch konstante, omnipräsente Überwachung, die auf ein elektronisches Alarmsystem gestützt ist und selbst die zwischenmenschliche Konversation als »Luftverschmutzung« (CT 93) einstuft. Die durch das technokratische System auferlegten Naturschutzmaßnahmen werden von Lear immer stärker als Unterdrückung empfunden. Lear, die im »Museum des Men-

---

35 Vgl. Taylor: Cities, Codes and Cyborgs, 484.
36 Eine kritische Reflexion männlicher Utopiekonzepte bietet Carolyn Merchant: The Death of Nature. Women, Ecology and the Scientific Revolution. San Francisco 1980.

schen« arbeitet, leidet unter dieser Entwicklung und findet als einzigen Trost das intensive Studium und Archivieren überlieferter Literatur. Andrew Brown analysiert die Protagonistin Lear als eine Verkehrung des Harawayschen Cyborg-Modells, in der die posthumanen Ideale, die Auflösung einer »organischen Familienstruktur«,[37] konterkariert werden. In Abgrenzung zu Haraways *Cyborg*, der »alle Ursprünge zurückweist«,[38] sehnt sich Lear nach einer Familie, sucht stets nach Überliefertem, nach ihren Vorfahren und historischen Ursprüngen. Anders als die anderen Bewohner versucht Lear die Kultur der Menschen durch die Archivierung schriftlicher Zeugnisse zu erhalten: »Die einzige Erinnerung, die L'Atlàntide bewahren möchte, ist die, dass der Mensch der Geschichte verschwand und die Natur zerstörte.« (CT 21–22) In der post-apokalyptischen Welt L'Atlàntides, in der keine »echte« Natur mehr existiert, spielen die Literatur und die in ihr formulierten fiktiven Naturbeschreibungen eine zentrale Rolle. Die Protagonistin Lear ist die Einzige, die aufbegehrt, indem sie sich dem Studium der Literatur und der Geschichte widmet, welches als eine Widerstandsform gegenüber dem technokratischen System in L' Atlàntide verstanden wird, in dem mit allen Ursprüngen gebrochen werden soll. Die von Lear erinnerten und imaginierten Naturbeschreibungen werden in einem dialogischen Rekurs auf einen literarischen Korpus rekonstruiert[39] und die Sehnsucht nach familiären Ursprüngen verbindet sich mit einer Sehnsucht nach echter, natürlicher Umwelt. Durch das Lesen der Literatur der »Menschen der Geschichte« hinterfragt die Protagonistin auch den Gesellschaftsentwurf von L'Atlàntide, das am Ende des Werkes vor der Auflösung steht – und Lear resümiert:

ich bin das einzige menschliche Wesen, das auf der Welt übrig bleibt. Die atlántidos sind nicht mehr Söhne von Mann und Frau. Jetzt sind sie das, was sie sich wünschten, Söhne ihrer selbst. Wesen ohne Gott, ohne Eltern, ohne Sprache, ohne Erde, ohne Natur, ohne Zeit, ohne Schmerz, ohne Sinn. (CT 306)[40]

Die Mensch-Natur-Beziehung bildet die Schlüsselfrage: Was macht einen Menschen noch menschlich, wenn keine Natur mehr existiert? So reflektiert Lear, dass »[o]hne die wunderbare Natur [...] der Mensch nicht mehr menschlich [ist]« (CT 171). Die Zerstörung der Natur geht mit einer Entmenschlichung

---

37  Brown: Cyborgs, 55.
38  Ebd., 52.
39  Weltliterarisch-kanonische Werke von Johann Wolfgang Goethe, Octavio Paz oder Oscar Wilde werden ebenso zitiert wie Texte des berühmten nicaraguanischen Intellektuellen Rubén Darío.
40  Der Terminus »atlántidos«, der die Bewohner von L'Atlàntide meint, wird bewusst in der spanischen Form belassen. Hinsichtlich des nostalgischen Duktus dieser Textpassage sei auf Hoagland/Sarwal hingewiesen, die betonen, dass sich eine postkoloniale SF nicht nur prophetisch mit der Zukunft befasse, sondern auch die Vergangenheit, mittels eines nostalgischen Tons, überprüfe: »In this way, then, nostalgia for the now, as well as for the past that created that now, is encouraged« (Hoagland/Sarwal: Introduction, 9).

einher, an deren Ende wiederum der Zerfall des Planeten L'Atlàntide selbst steht. Schlussendlich wird in Boullosas SF-Roman Bacons utopisches Modell ins Gegenteil verkehrt: In L'Atlàntide werden die Konsequenzen von Bacons postuliertem Sieg über die Natur als menschliches Entwicklungsmodell aufgezeigt. Hier existieren Mensch wie Natur nur noch künstlich im technokratischen Laboratorium, die Kontrolle über die Natur wird nicht als Sieg des Menschen, sondern als dessen Auflösung verstanden. Entgegen klassischer SF-Modelle werden die Technikdiskurse in *Cielos de la tierra* nicht positiv markiert, sondern kritisch reflektiert. Die künstlich-technische Rekonstruktion von Mensch und Natur hat letztendlich eine absolute Dehumanisierung des Einzelnen zur Folge. Der Umweltschutz funktioniert nicht mittels technischer Neuerungen, die künstliche Rekonstruktion von Natur bleibt sinnlos – nur durch das Lesen und Studieren von Literatur wird die Sehnsucht Lears nach historischen Ursprüngen und Natur gestillt. Die literarischen Texte, inklusive ihrer inhärenten Natur- und Umweltbeschreibungen, spielen also eine Schlüsselfunktion in der Zukunftsvision von Carmen Boullosa, in der weder ›echte Natur‹ noch lebendige Beziehungen zwischen den Menschen und der Umwelt existieren.

Im Rahmen postkolonialer SF zeigt sich in Boullosas *Cielos de la tierra* auch eine implizite Kritik am Umgang mit dem indigenen Erbe. Durch die Darstellung der Eliminierung jeglicher Erinnerung und Schriften des heutigen Menschen durch die futuristische Gesellschaft wird dem fiktiven Leser sozusagen der Spiegel vorgehalten und indirekt eine ausgrenzende und diskriminierende Einstellung im Umgang mit seinen historistischen Ursprüngen, dem indigenen Erbe, aufgezeigt. In diesem Zusammenhang sei Patrick Murphy genannt, der die »ecological multiculturality«, eine Kombination aus kultureller und natürlicher Diversität, als ein charakteristisches Element der lateinamerikanischen Ökokritik bezeichnet. Murphy versteht den Begriff Ökologie an sich »in two related ways«:

One, the concept of ecosystem functions as metonymy and metaphor for a set of necessary human-land relationships. [...] Two, specific ecologies are a component of cultural heritage and continuity.[41]

Biodiversität wird im lateinamerikanischen Roman häufig im Kontext mit kultureller Diversität diskutiert, bzw. der in *Cielos de la tierra* beschriebene Verlust einer natürlichen Biodiversität wird in Verschränkung mit dem Untergang der kulturellen Diversität ausgeleuchtet.

---

41 Patrick Murphy: »The Women Are Speaking«: Contemporary Literature as Theoretical Critique, in: Greta Gaard/Patrick Murphy (Hrsg.): Ecofeminist Literary Criticism: Theory, Interpretation, Pedagogy. Urbana 1998, 23–48, hier 27.

## 6. Fazit

Die Untersuchung der SF-Werke der nicaraguanischen Autorin Gioconda Belli und der Mexikanerin Carmen Boullosa, genauer ihrer Natur- und Geschlechterverhältnisse in Verbindung mit gattungstheoretischen Fragestellungen der lateinamerikanischen SF, offenbarte eine kritische Reflexion männlich-westlicher Begehrenskonstellationen und Utopie-Entwürfe. In Bellis Roman werden männliche Erzählpositionen mittels ironisch überspitzter Beschreibung weiblicher Figuren (Engracia als Amazone) und Naturdarstellung (Faguas als verlorenes Paradies) zitiert, denen eine sozio-ökologische Realität gegenübergestellt wird. In Boullosas *Cielos de la tierra* fungiert das Studium überlieferter Literatur als eine Widerstandsform der Protagonistin Lear, die die dort vorherrschende Mensch-Natur-Beziehung an sich in Frage stellt. Nicht ein Sieg über die Natur wird in dem technokratischen Szenario von L' Atlàntide gefeiert, sondern die Zerstörung der natürlichen Umwelt hat eine Entmenschlichung und Vernichtung des Planeten zur Folge.

Trotz Rekurs auf die klassischen Topoi der SF, z. B. die Kybernetik oder die technische Reproduktion von Mensch und Natur, steht bei Belli und Boullosa die kritische Reflexion männlicher und westlicher Wissenschafts- und Fortschrittsdiskurse sowie das Aufzeigen der daraus resultierenden globalen sozio-ökologischen Konsequenzen im Fokus. In diesem Sinne kann abschließend argumentiert werden, dass die hier untersuchte SF sich von einer »techno-optimist fantasy«[42] abgrenzt. Die Wissenschafts- und Technikdiskurse liefern weniger Problemlösungen für ökologische Krisenszenarien, vielmehr findet eine kritische Auseinandersetzung mit »[t]echnofix solutions«[43] statt. Was die lateinamerikanische SF von Gioconda Belli und Carmen Boullosa auszeichnet, ist, dass sie Wissenschafts- und Technikdiskurse im Rahmen von Modernisierungs- und Fortschrittsdiskursen kritisch ausleuchtet und die sozio-ökologischen Konsequenzen für Mensch und Umwelt im Spannungsfeld von lokalen und globalen Macht- und Ausbeutungsmechanismen offenlegt.

## Literaturverzeichnis

Baccolini, Raffaella: Gender and Genre in the Feminist Critical Dystopias of Katherine Burdekin, Margaret Atwood, and Octavia Butler, in: Barr, Marleen S. (Hrsg.): Future Females, The Next Generation: New Voices and Velocities in Feminist Science Fiction Criticism. Lanham 2000, 13–34.

42 Val Plumwood: Environmental Culture: The Ecological Crisis of Reason. London 2002, 8.
43 Ebd.

Barbas-Rhoden, Laura: Ecological Imaginations in Latin American Fiction. Gainesville 2011.

Bell, Andrea/ Molina-Gavilán, Yolanda: Introduction, in: Dies. (Hrsg.): Cosmos Latinos: An Anthology of Science Fiction from Latin America and Spain. Middletown 2003, 1–19.

Belli, Gioconda: La visión femenina ante el amor, la naturaleza y la historia: Una charla con Gioconda Belli. Interview von Bethany Beyer/Oriel María Siu/Gabriela Venegas, in: Mester. Revista literaria de los estudiantes graduados 37, 2008, 83–99.

– Waslala. Übs. v. Lutz Kliche. Wuppertal 1996.

Bolte, Rike: Señas de utopía: Codificación y (des)realización en recientes producciones de la ciencia ficción hispanoamericana, in: Fabry, Geneviève/Canaparo, Claudio (Hrsg.): El enigma de lo real. Las fronteras del realismo en la narrativa del siglo XX. Oxford 2007, 169–194.

Boullosa, Carmen: Cielos de la tierra. México 1997.

Brown, Andrew: Cyborgs in Latin America. New York 2010.

Buell, Lawrence: Toxic Discourse, in: Critical Inquiry 24.3, 1998, 639–665.

Capanna, Pablo: El cuento argentino de ciencia ficción. Buenos Aires 1995.

Córdoba Cornejo, Antonio: ¿Extranjero en tierra extraña? El género de la ciencia ficción en América Latina. Sevilla 2011.

Devine, Maureen/Grewe-Volpp, Christa: Introduction, in: Dies. (Hrsg.): Words on Water Literary and Cultural Representations. Trier 2008, 1–8.

DeVries, Scott: A History of Ecology and Environmentalism in Spanish American Literature. Lewisburg 2013.

Gersdorf, Catrin: Ökofeminismus, in: Kroll, Renate (Hrsg.): Metzler Lexikon Gender Studies, Geschlechterforschung: Ansätze, Personen, Grundbegriffe. Stuttgart/Weimar 2000, 296–297.

Heffes, Gisela: Políticas de la destrucción/poéticas de la preservación: Apuntes para una lectura (eco)crítica del medio ambiente en América Latina. Rosario 2013.

Hoagland, Ericka/Sarwal, Reema: Introduction, in: Dies. (Hrsg.): Science Fiction, Imperialism and the Third World: Essays on Postcolonial Literature and Film. Jefferson 2010, 5–19.

Holland-Cunz, Barbara: Die Natur der Neuzeit. Eine feministische Einführung. Opladen 2014.

Kerslake, Patricia: Science Fiction and Empire. Liverpool 2007.

Köllhofer, Nina: Bilder des Anderen: das Andere (be-)schreiben – vom Anderen erzählen. Deutungen in der aktuellen wissenschaftlichen Rezeption feministischer Science Fiction, in: Maltry, Karola/Holland-Cunz, Barbara/Köllhofer, Nina/Maurer, Susanne (Hrsg.): Genderzukunft: Zur Transformation feministischer Visionen in der Science Fiction. Königstein 2008, 17–68.

Kördel, Jeanette: Negociaciones de cuerpos en la ciencia ficción de Angélica Gorodischer, in: Hiergeist, Teresa/Linzmeier, Laura/Gillhuber, Eva/Zubarik, Sabine (Hrsg.): Corpus. Beiträge zum 29. Forum Junge Romanistik. Frankfurt a. M. 2014, 219–231.

– De obras híbridas. La obra Kalpa Imperial de la autora argentina Angélica Gorodischer, in: Greco, Barbara/Pache Carballo, Laura (Hrsg.): Sobrenatural, fantástico y metarreal. La perspectiva de América Latina, Actas del X. Congreso ALEPH. Madrid 2014, 107–118.

Lockhart, Darrell (Hrsg.): Latin American Science Fiction Writers: An A-to-Z Guide. Westport 2004.

López-Lozano, Miguel: Utopian Dreams, Apocalyptic Nightmares: Globalization in Recent Mexican and Chicano Narrative. West Lafayette 2008.

Merchant, Carolyn: The Death of Nature. Women, Ecology and the Scientific Revolution. San Francisco 1980.

– Der Tod der Natur. Ökologie, Frauen und neuzeitliche Wissenschaft. Übs. v. Holger Fliessbach. München 1987.

Molina-Gavilán, Yolanda: Ciencia ficción en español: Una mitología moderna ante el cambio. Lewiston 2002.

Molina-Gavilan, Yolanda/Bell, Andrea/Ginway, M. Elizabeth/Fernández-Delgado, Miguel Ángel/Pestarini, Luis/Toledano Redondo, Juan Carlos: Chronology of Latin American Science Fiction, in: Science Fiction Studies 34.3 (2007), o. P. www.depauw.edu/sfs/chrono logies/latin%20american.htm [23.4.2017].

Murphy, Patrick: »The Women Are Speaking«: Contemporary Literature as Theoretical Critique, in: Gaard, Greta/Murphy, Patrick (Hrsg.): Ecofeminist Literary Criticism: Theory, Interpretation, Pedagogy. Urbana 1998, 23–48.

– Non-Alibi of Alien Escape. SF and Ecocriticism, in: Armbruster, Karla/Wallace, Kathleen (Hrsg.): Beyond Nature Writing. Expanding the Boundaries of Ecocriticism. Charlottesville 2001, 263–278.

Paz, Octavio: Itinerario. Mexico 1993.

Pereyra, Marisa: Paradise Lost: A Reading of *Waslala* from the Perspective of Feminist Utopianism and Ecofeminism, in: Kane, Taylor (Hrsg.): The Natural World in Latin American Literature. Ecocritical Essays on Twentieth Century Writings. Jefferson 2010, 136–153.

Plumwood, Val: Environmental Culture: The Ecological Crisis of Reason. London 2002.

Rivera-Barnes, Beatriz: Love in the Time of Somoza. Gioconda Belli's ambivalent Ecofeminism, in: Rivera-Barnes, Beatriz/Hoeg, Jerry (Hrsg.): Reading and Writing the Latin American Landscape. New York 2009, 159–175.

Sargisson, Lucy: Contemporary Feminist Utopianism. London 1996.

Schaffler González, Frederico: Prólogo, in: Yeverino Galaviz/Arturo Fernando (Hrsg.): Mundos remotos y cielos infinitos: antología de la ciencia ficción contemporánea de Nuevo León. Monterrey 2012, 9–11.

Suvin, Darko: Metamorphoses of Science Fiction. On the Poetics and History of a Literary Genre. New Haven 1979.

– Poetik der Science Fiction. Zur Theorie einer literarischen Gattung. Übs. v. Franz Rottensteiner. Frankfurt a. M. 1979.

Taylor, Claire: Cities, Codes and Cyborgs in Carmen Boullosa's *Cielos de la tierra*, in: Bulletin of Spanish Studies: Hispanic Studies and Research on Spain, Portugal and Latin America 80.4, 2003, 477–492.

Warren, Karen J.: Ecological Feminist Philosophies: An Overview of the Issues, in: Warren, Karen J. (Hrsg.): Ecological Feminist Philosophies. Bloomington 1996, ix–xxvi.

Christa Grewe-Volpp

# Die Befreiung des Cyborgs aus der Sklaverei

Bacigalupis *The Windup Girl* zwischen Sklavennarrativ
und ökologischer Science Fiction

Wissenschaftliche Erkenntnisse über den anthropogenen Klimawandel und
technologische Möglichkeiten der Genmanipulation sind in ihren langfristi-
gen Folgen für den Laien kaum vorstellbar oder gar erfahrbar. Die Zusammenhänge, die Wissenschaft und Forschung uns vermitteln, sind häufig zu komplex
und zu abstrakt für unser Vorstellungsvermögen. Es sind fiktive Erzählungen, die das Potenzial haben, die Zukunft nicht nur zu imaginieren, sondern sie
auch den Leserinnen und Lesern näher zu bringen und diese affektiv mit wahrscheinlichen Konsequenzen heutiger wissenschaftlicher und technologischer
Errungenschaften zu konfrontieren. Vor allem Science-Fiction-Erzählungen
sind hierfür geeignet, schließlich sei Science Fiction als Genre verpflichtet, sich
an wissenschaftliche Erkenntnisse und technologische Fakten zu halten und
diese in ihrer Entwicklung konsequent weiterzudenken. »Standards of plausibility,« so behauptet Joanna Russ über Science Fiction, »[...] must be derived not
only from the observation of life as it is or has been lived, but rigorously and
systematically, from science.«[1] Eine andere Definition des Genres betont den
technologischen Aspekt. Laut E. Crispin setzt Science Fiction »eine Technologie voraus [...], oder den Effekt einer Technologie, oder eine Störung der natürlichen Ordnung, die die Menschheit bis zum Zeitpunkt der Niederschrift noch
nicht erlebt hat.«[2] Diese imaginative Weiterentwicklung bestehender Technolo-
gien und wissenschaftlicher Erkenntnisse kann in Utopien zwar als segens-
reich zelebriert werden, häufig aber sind die negativen Folgen für Umwelt und
Gesellschaft in drastischen Details dystopisch ausformuliert. Sogenannte ökologische Krisen, bedingt durch extreme Klimaverhältnisse, das Artensterben
oder die zunehmende Technologisierung des Menschen (wie auch der Flora und

---

1 Joanna Russ: Towards an Aesthetic of Science Fiction, in: Dies.: To Write Like a
Woman: Essays in Feminism and Science Fiction. Bloomington/Indianapolis 1995, 3–14, hier 4.
2 Science Fiction, in: Günther Schweikle/Irmgard Schweikle (Hrsg.): Metzler Literatur
Lexikon. Stuttgart 1990, 421–423, hier 421.

Fauna) durch Genmanipulation werden in Science-Fiction-Erzählungen in plausiblen Szenarien als Fortführung heutiger Verhältnisse entworfen. Sie haben in der Regel den Zweck, die Leserinnen und Leser zu warnen und sie zum Umdenken und zu verantwortlichem Handeln zu motivieren, um die vorausgesehenen desaströsen Zustände vielleicht doch noch abzuwenden. Als Ursache der potenziellen Katastrophen wird in ökologisch motivierten Science-Fiction-Erzählungen häufig die Hybris des modernen Menschen, sich von der natürlichen Umwelt absetzen und sie beherrschen zu können, identifiziert. Ein ökologisches Bewusstsein muss aber – auch nach wissenschaftlichen Erkenntnissen – von der Tatsache ausgehen, dass Mensch und Natur untrennbar miteinander verbunden sind in einem Netz von materiellen, politischen, historischen und kulturellen Beziehungen. Ökologisch motivierte Fiktionen tragen dem Rechnung und fragen nach den Auswirkungen von Handlungen, die die äußere Natur als bloßes, beliebig zu nutzendes Objekt betrachten, anstatt die komplexen Verwicklungen von Natur und Kultur zu berücksichtigen.

Neben den Konventionen der wissenschaftlichen und technologischen Plausibilität und deren ethischen Implikationen finden sich in der US-amerikanischen Science Fiction interessanterweise auch Anleihen an ein Genre, das nicht zukunftsorientiert ist, sondern sich explizit mit der Vergangenheit auseinandersetzt: das Sklavennarrativ. In Science Fiction zur ökologischen Krise wird die Sklaverei häufig als eine soziale Folge drastisch geänderter Umweltbedingungen imaginiert, die archaische Formen menschlicher Ausbeutung wieder aufleben lassen – zum Beispiel in Cormac MacCarthys *The Road* (2006), Octavia Butlers *Xenogenesis Trilogy* (1987–1989) oder Joan Slonczewskis *The Children Star* (1998). Einige Romane greifen jedoch nicht nur die Sklaverei als Thema auf, sondern explizit bestimmte narrative Konventionen der Sklavenerzählung, wie etwa Octavia Butler in *Parable of the Sower* (1993)[3] oder Paolo Bacigalupi in dem 2009 erschienenen und äußerst erfolgreichen Debutroman *The Windup Girl*, der mit dem Hugo (d. i. der Science Fiction Achievement Award) und dem ebenfalls für Science Fiction und Fantasy vorgesehenen Nebula Award ausgezeichnet wurde. Bacigalupi thematisiert in diesem Roman die materiellen, ökonomischen und vor allem auch ethischen Konsequenzen von Klimawandel und Genmanipulation: Wie wirkt sich die globale Klimaerwärmung global und lokal auf gesellschaftliche Strukturen aus? Sind Roboter mit menschlicher DNA Roboter oder Menschen? Wenn sie fühlen, denken und handeln können, sollten

---

3 Vgl. Sylvia Mayer: Genre and Environmentalism: Octavia Butler's *Parable of the Sower*, Speculative Fiction, and the African American Slave Narrative, in: Dies. (Hrsg.): Restoring the Connection to the Natural World: Essays on the African American Environmental Imagination. Münster 2003, 175–196. *Speculative fiction* ist ein häufig gebrauchter Begriff, der nach Natalie M. Rosinsky sowohl *science fiction* als auch *fantasy* umfasst. Vgl. Natalie M. Rosinsky: Feminist Futures: Contemporary Women's Speculative Fiction. Ann Arbor 1982, 115.

sie dann Rechte haben wie Menschen? Was ist überhaupt die Natur des Menschen? Und wie ist sie mit Technologie und Umwelt verknüpft?

Ich werde im Folgenden die Konventionen des Sklavennarrativs skizzieren, um sie dann mit bestimmten Textbausteinen in *The Windup Girl* zu vergleichen. Abschließend werde ich überprüfen, inwiefern das Sklavennarrativ geeignet ist, ökokritisch motivierte Fragen nach der Verwicklung von Mensch, Kultur, Technologie und Natur zu diskutieren.

## 1. Das amerikanische Sklavennarrativ

Amerikanische Sklavennarrative, oder *slave narratives*, wurden vor allem im 19. Jahrhundert von Ex-Sklaven geschrieben. Bis zum Ende des Bürgerkriegs 1865 lagen ca. hundert Erzählungen in Buchformat vor. Insgesamt waren es jedoch wesentlich mehr: Zwischen 1703 und 1944 wurden 6006 Erzählungen aufgezeichnet, in Büchern, Interviews oder Essays.[4] Sie alle folgen inhaltlich wie formal einem bestimmten Muster, handeln sie doch von den brutalen Umständen der Gefangenschaft, der Sehnsucht nach Freiheit, der Flucht in den Norden und schließlich einem Neuanfang als freie Bürger. Die Flucht selbst wird nur angedeutet, um Fluchthelfer nicht in Gefahr zu bringen und um Fluchtrouten nicht zu verraten. Alle Erzählungen wurden eingeleitet von authentifizierenden Schriften gebildeter weißer Menschen, meist Männern, da man schwarzen Sklaven eine intellektuelle Leistung wie das Verfassen eines Buches damals nicht zutraute. Das allen Narrativen gemeinsame Ziel war, eine weiße Leserschaft davon zu überzeugen, dass das System der Sklaverei durch und durch moralisch verwerflich war, oder, wie Henry Louis Gates schrieb: »The black slave narrators sought to indict both those who enslaved them and the metaphysical system drawn upon to justify their enslavement.«[5] Die Sklaverei, darin stimmten weiße Abolitionisten wie schwarze Sklaven überein, brutalisierte alle im System Verstrickten, Weiße wie Schwarze, Männer wie Frauen, und gehörte ohne Wenn und Aber abgeschafft.[6]

Eine der Hauptargumentationen drehte sich um die Frage, ob einem schwarzen Sklaven der Status der Menschlichkeit zugesprochen werden kann. Sie hing im 18. und vor allem im 19. Jahrhundert eng zusammen mit der seit der Renaissance allgemein verbindlichen Annahme der strikten Trennung von Geist und Materie sowie der Bedeutung des schwarzen Körpers. Der Humanismus der

---

4  Henry Louis Gates (Hrsg.): The Classic Slave Narratives. New York 1987, ix.
5  Ebd., ix.
6  Vgl. zum Beispiel Charles T. Davis/Henry Louis Gates (Hrsg.): The Slave's Narrative. Oxford/New York 1985; Gates: The Classic Slave Narratives; sowie William L. Andrews (Hrsg.): Slave Narratives. New York 2000.

Aufklärung, insbesondere die Philosophie Descartes', ging davon aus, dass ein Lebewesen nur dann als Mensch gelten kann, wenn es das Körperliche transzendiert und rational über sich selbst und über andere nachdenken kann. Der Mensch sei nicht wie das Tier von seinen Leidenschaften und Instinkten getrieben, sondern nehme aufgrund seiner rationalen Fähigkeiten eine Sonderstellung im Universum ein. Sein nicht markierter, weißer Körper sei ein bloßes mechanisches Gefäß, das sich aber doch von anderen Körpern unterscheide, seien das Tierkörper, Maschinenkörper oder rassisch markierte Körper. Die Argumentation lautet, so Alexis Harley: »Because his body is not marked, because his body is normal, not raced, or sexed, he is not that body.«[7] Im Analogieschluss heißt das aber auch, dass der rassisch gekennzeichnete, schwarze Körper ganz Körper ist, was für den schwarzen Menschen fatale Konsequenzen hatte:

[...] and because she or he is body, her or his role is bodily labor, slavery, and because body and mind are oppositional categories, this marked body is all body. The marked body is the very opposite of Man (rational, rights-bearing, unmarked Man), which is why the seventy-year-old male slave was routinely addressed as ›boy‹ [...].[8]

Der schwarze Körper, Zeichen des unterlegenen Status in der US-amerikanischen Gesellschaft, symbolisierte folglich eine mythische Distanz vom Geist und eine mythische Gefangenschaft im Körperlichen,[9] was seine Unterdrückung und Ausbeutung legitimierte. Schließlich schloss die absolute Reduktion auf den Körper die Fähigkeit zu denken und sich sprachlich zu artikulieren aus. Lindon Barrett versteht, unter Rückgriff auf Elaine Scarrys The Body in Pain (1987), das Zufügen von körperlichen Strafen, zum Beispiel durch Auspeitschen, auch deshalb als ein Machtinstrumentarium, weil dem Sklaven im Augenblick größter Schmerzen die Sprache genommen wird, die ihn möglicherweise doch noch als Menschen kennzeichnen könnte: »The African-American body is voided of language, while the adversarial, torturing or injuring slaveholder or overseer is most fully vocal.«[10] Im Moment des Schmerzes ist der Sklave ganz Körper, der sich nur noch durch Schreie äußern kann.

Vor diesem Hintergrund ist leicht zu verstehen, warum die Befreiung aus der Gefangenschaft in den Sklavennarrativen untrennbar verbunden war mit »literacy«, der Fähigkeit zu lesen und zu schreiben, warum es so wichtig war, den Titel einer Erzählung mit »written by himself« oder »herself« zu ergänzen. Zahlreiche Literaturwissenschaftler betonen die immense Bedeutung der

---

7 Alexis Harley: The Slavery of the Machine, in: Marlene D. Allen/Seretha D. Williams (Hrsg.): Afterimages of Slavery: Essays on Appearances in Recent American Films, Literature, Television and Other Media. Jefferson/London 2012, 218–231, hier 221.

8 Ebd.

9 Lindon Barrett: African-American Slave Narratives. Literacy, the Body, Authority, in: American Literary History 7.3, 1995, 415–442, hier 425.

10 Ebd., 430.

»literacy« für schwarze Sklaven.[11] Lesen und schreiben zu können heißt eben, kein Tier, kein Sklave, kein bloßer Körper zu sein, sondern trotz des markierten schwarzen Körpers Teil der menschlichen Gemeinschaft. Viele Sklaven berichten, dass sie heimlich lesen und schreiben gelernt haben, was einem Akt der Selbst-Schöpfung gleichkam, der sie aus dem dumpfen Zustand des Nichtwissens und dem Status des Nicht-Menschlichen befreite. »Literacy« verhalf den Sklaven zur Einsicht in ihre eigene Position in einem Unterdrückungsapparat, den sie zu durchschauen begannen. So erkannten sie zum Beispiel, wenn sie die Bibel selbst studieren, dass die institutionalisierte Religion eine unrühmliche Rolle in der Sklavenhaltergesellschaft spielte, indem sie die Heilige Schrift selektiv interpretierte und somit das System unterstützte. Sie wurden sich zunehmend der Möglichkeit eines alternativen, freien Lebens in den Nordstaaten bewusst, was sie zur Flucht motivierte. Immer wieder hoben die Autoren von Sklavennarrativen ihre Fähigkeit hervor, rational über sich und ihr soziales Umfeld nachzudenken und zu urteilen, eigene Entscheidungen über ihr Schicksal zu treffen, wenn auch in sehr begrenztem Rahmen, und ethisch zwischen Gut und Böse unterscheiden zu können.

Neben der Ratio kam in der Romantik und mit der sentimentalen Literatur eine weitere Fähigkeit des Menschen ins Spiel, nämlich die zu fühlen.[12] Sie gilt als eine grundlegende menschliche Fähigkeit, die nach Descartes Körpern als bloßen Automaten, vor allem Tieren, aber auch Sklaven abgesprochen wurde. Mütterliche Gefühle oder andere zwischenmenschliche Emotionen oder gar Scham wurden ihnen nicht zugetraut; deshalb meinte man, sie wie Tiere halten, ausbeuten, züchtigen oder verkaufen zu können. Abolitionistische Literatur wie auch Sklavennarrative jedoch betonen die Gefühlswelt schwarzer Menschen und appellieren an die gemeinsame ›menschliche Grundausstattung‹. Harriet Jacobs zum Beispiel fleht ihre weißen Leserinnen in ihrer Erzählung *Incidents in the Life of a Slave Girl* (1861) an, sie als Mutter von zwei unehelichen Kindern nicht als gefallene Frau zu verurteilen, sondern mitzuempfinden, was es bedeutet, sexuelles Freiwild zu sein: »I know that some are too much brutalized by slavery to feel the humiliation of their position; but many slaves feel it most acutely, and shrink from the memory of it.«[13] Zweierlei macht dieses Zitat deutlich: Eine Sklavin fühlt sehr intensiv Scham und moralische Verantwortung, tut sie es nicht, liegt es an der Brutalität der Sklaverei. Auch Frederick Douglass betont in *Narrative of the Life of Frederick Douglass, an American Slave* (1845), dass der schwarze Sklave nicht von Natur aus ein degradiertes Wesen ist, sondern dass

---

11 Vgl. ebd. oder Davis/Gates: The Slave's Narrative.
12 Harley: The Slavery of the Machine, 223–224.
13 Harriet Jacobs: Incidents in the Life of a Slave Girl, in: Frederick Douglass/Harriet Jacobs: Narrative of the Life of Frederick Douglass, an American Slave & Incidents in the Life of a Slave Girl. New York 2004, 159.

die Sklaverei ihn erst dazu macht. Er berichtet, wie er selbst vom Aufseher Mr. Covey gebrochen wurde, »in body, soul, and spirit«, wie daraufhin seine intellektuellen Fähigkeiten verkümmerten, wie seine Lebensfreude schwand, und er warnt vor den Folgen: »the dark night of slavery closed in upon me; and behold a man transformed into a brute!«[14] Dieses Zitat veranschaulicht die soziale Konstruktion des angeblich nicht ganz menschlichen, nicht zivilisierten Sklaven, der, so Douglass' Implikation, ein disruptives Potenzial birgt. Die Überwindung der Stigmatisierung und Ausgrenzung, sei es aus scheinbar eigener Kraft wie bei Douglass oder mit Hilfe der afro-amerikanischen Gemeinschaft wie bei Jacobs, sowie die Eingliederung in die freie, weiße Gesellschaft steht im Zentrum aller Sklavennarrative.

Die Debatte um den Status des Menschen wird im 19. Jahrhundert auch anhand des Körpers als Maschine geführt. Wie Alexis Harley in einem Aufsatz zu Roboterfilmen (*Blade Runner* und *I, Robot*) gezeigt hat, stammen die Darstellungen von Maschinen als Sklaven bzw. Sklaven als Maschinen aus der Zeit der Postrenaissance, als die Beziehung zwischen Körper, Geist und Rechten diskutiert wurde.[15] Der afrikanische Körper, der angeblich wie eine Maschine arbeitete, ohne eigene Gedanken, ohne einen eigenen Willen, disqualifizierte ihn als Träger von Rechten:

The Man for whom life, liberty, and the pursuit of happiness are inalienable rights is a man who transcends his embodiment, the man who is not a machine, the rational man.[16]

Harley stellt fest, dass die abolitionistische Literatur des 19. Jahrhunderts häufig die Trope des Sklaven als Maschine bzw. als bloßem Automaten aufgreift und demontiert, indem die Fähigkeit des Sklaven zu denken, zu fühlen und moralisch zu werten immer wieder eindringlich betont wird.[17] Der Sklave ist demnach keine Maschine. In Roboterfilmen liegt der Schwerpunkt der Frage laut Harley etwas anders. Hier gehe es um die Befürchtung des Menschen, dass die Maschine menschenähnliche Eigenschaften entwickelt und sein Alleinstellungsmerkmal bedroht:

The robot film typically bespeaks two major anxieties about the machine: the first, a technophobia that is also a xenophobia, a fear that the technological other will usurp human autonomy (this is, of course, liberal democratic propertied humanity, for whom the illusion of autonomy has a special piquancy); the second, that if machines

---

14 Frederick Douglass: Narrative of the Life of Frederick Douglass, an American Slave, in: Douglass/Jacobs: Narrative of the Life of Frederick Douglass, 71.

15 Laut Tim Armstrong geht die Gleichsetzung von Maschinen und Sklaven noch weiter zurück bis in die Antike. Vgl. Tim Armstrong: The Logic of Slavery: Debt, Technology, and Pain in American Literature. Cambridge/New York 2012, 71–77.

16 Harley: The Slavery of the Machine, 220.

17 Ebd., 222–223.

become more than machines, if they become persons, then our using them is a mode of oppression. The machine will be slave, the human will be master, and the relationship between these categories will be as wrong, insecure, demoralizing – and falsely, destructively – oppositional as ever it was.[18]

Roboter, Cyborgs, »technoscientific posthuman[s]«[19] überschreiten die Grenze zwischen dem organisch Menschlichen und dem Künstlichen, zwischen Mensch und Maschine, zwischen Natur und Kultur. Literatur oder Filme zu menschen-ähnlichen Maschinen oder Maschinenmenschen werfen die alte ethische Frage auf, wem Rechte zugestanden werden sollen oder müssen. Und sie tun dies mit Bezug auf den markierten Körper. Harley zitiert in diesem Zusammenhang Lei-Lani Nishimes Interpretation von Cyborgs als »displaced representations of mixed-race people«,[20] als Wesen, die herkömmlichen Kategorien nicht eindeu-tig zugeordnet werden können. Literarische oder filmische Darstellungen von intelligenten Cyborgs und Robotern erinnern an den Diskurs über den Status nichtweißer Menschen in der Sklaverei. Sie veranschaulichen die Verunsiche-rung weißer bzw. genetisch nichtmanipulierter Menschen, die ihre Macht über die strikte Absetzung von Anderen aufgrund ihrer Rasse oder ihrer Spezies be-haupten. Grenzen überschreitende Wesen bedrohen diesen Status und stellen ihr Privileg in Frage. Genau diese Problematik um den Status des Menschlichen greift Paolo Bacigalupi in seinem Roman *The Windup Girl* auf originelle und in-novative Weise auf, wie ich im Folgenden demonstrieren werde.

## 2. Paolo Bacigalupis *The Windup Girl*

Als Genre ist *The Windup Girl* eindeutig der Science-Fiction-Literatur zuzurech-nen. Bacigalupi hat in seinem 2009 erschienenen Debutroman eine fantastisch detailreiche, komplexe Welt entworfen, die, gemäß der Definition des Genres, heutige wissenschaftliche Erkenntnisse und technologische Erfindungen als Grundlage für eine plausible Projektion in die Zukunft imaginiert. Es ist Baci-galupi gelungen, eine Welt des 22. Jahrhunderts zu gestalten, die von den Fol-gen des Klimawandels, dem Versiegen der Ölquellen und der Gentechnologie geprägt ist. Diese Welt ist keine steinzeitliche, sondern eine technologisch raf-finiert weiterentwickelte. Schauplatz der Handlung ist Bangkok, das sich ri-goros abgeschottet hat, um sich vor den Gefahren von im Vergleich zum frü-hen 21. Jahrhundert drastisch geänderten Lebensbedingungen zu schützen: Die

---

18 Ebd., 218–219.
19 Andrew Hageman: The Challenge of Imagining Ecological Futures: Paolo Bacigalupi's *The Windup Girl*, in: Science Fiction Studies 39, 2012, 283–303, hier 295.
20 Harley: The Slavery of the Machine, 219.

Stadt hat riesige Deiche gebaut, um die Fluten des gestiegenen Meeresspiegels abzuwehren; sie hat rigide Einfuhrbedingungen erlassen, um künstlich gezüchtete und für Pflanzen wie Menschen tödliche Ungeziefer und Krankheitserreger außen vor zu lassen; und sie strebt nach ökonomischer Unabhängigkeit von global agierenden, enorm einflussreichen US-amerikanischen und chinesischen Konzernen. Was Thailand so attraktiv macht für diese ausländischen Konzerne ist eine unschätzbar wertvolle Sammlung von nichtmanipuliertem Genmaterial, mit dem sich ausgerottete, gegen Schädlinge resistente Pflanzen wieder herstellen lassen. Den Ingenieuren der Hightechlabore ist nämlich wie dem Goetheschen Zauberlehrling die Kontrolle über ihre sterilen Produkte längst entglitten; sie mutieren, breiten sich aus und vernichten wertvolle Nahrungsmittel oder auch Menschen, so dass stets neue Produkte entwickelt und Gewinn bringend vermarktet werden müssen. Die Suche nach der Datenbank ist *ein* Plotelement, ein anderes betrifft den Machtkampf zwischen dem Handels- und dem Umweltministerium (das erste will das Embargo lockern, um wieder internationale Geschäfte zu machen, das andere will den Erhalt der ökologischen Reinheit), wieder ein anderes Plotelement dreht sich um die Existenzbedingungen von Immigranten, und noch ein weiteres um das Leiden und die Selbstbefreiung des titelgebenden Windup Girls Emiko, auf das ich hier näher eingehen werde.

Mit der Gestaltung dieser Figur greift Bacigalupi Elemente der Sklavenerzählung aus dem 19. Jahrhundert auf und verleiht dem ohnehin komplexen Text noch eine weitere Dimension, um Fragen nach dem Status eines als nichtmenschlich stigmatisierten Wesens aufzuwerfen und damit implizit in die ethische Debatte um genmanipulierte Menschen oder Tiere einzugreifen. Interessanterweise werden Überlegungen in diese Richtung fiktionsintern nicht von einem rassisch markierten Menschen ausgelöst, sondern von Emiko als einer Art Cyborg oder einem »windup«, einem in Japan aus menschlicher DNA künstlich hergestellten, roboterartigen Wesen, das für die persönlichen wie beruflichen Bedürfnisse eines reichen Geschäftsmannes konstruiert wurde. Zum einen entspricht sie dem asiatischen Schönheitsideal mit ihrer makellosen, porenfreien weißen Haut, auch ist sie resistent gegen Krankheiten, zum anderen hat man sie programmiert, zu dienen und zu gefallen. Ihr Besitzer hat sie verbotenerweise mit nach Thailand gebracht, sie aber aus Kostengründen zurückgelassen, obwohl er wusste, dass man sie dort, sollte sie entdeckt werden, als Abfall zerschreddern und zu Kompost verarbeiten würde. Emiko kann nur überleben, weil sie von einem Bordellbesitzer aufgegriffen wird, der sie jeden Abend in einer Art Freakshow sexuell misshandeln lässt. Als sie von einem Amerikaner hört, dass im Norden des Landes eine Gruppe anderer Windups selbstständig lebt, hat sie nur noch ein Ziel: die Befreiung aus der Sklaverei. Die zentrale Frage, die sich dabei stellt, ist, ob ein Roboter Rechte hat wie ein Mensch. Und wenn ja, auf welchen Annahmen sie beruhen. Unterliegen die fiktiven Menschen in Bangkok demselben Trugschluss wie die Sklavereibefürworter des 19. Jahrhunderts, die schwarze Sklaven nicht als vollwertige Menschen anerkannten, wenn sie Cyborgs wie Emiko als ein Objekt behandeln?

Zunächst sei festgestellt, dass die fiktionale Gestaltung Emikos in vielerlei Hinsicht Parallelen zu den Protagonistinnen und Protagonisten in Sklavennarrativen aufweist. Zwar ist sie keine Ich-Erzählerin, wie die Hauptprotagonisten des autobiographischen Sklavennarrativs es sind. Emikos Gedanken und Gefühle werden aber häufig in der erlebten Rede wiedergegeben, so dass der Leser einen guten Einblick in ihre Innenperspektive, ihre Gefühle, ihre Verzweiflung, ihre Hoffnung gewinnt. Wie die Ich-Erzähler in den historischen Sklavennarrativen weiß auch Emiko, dass sie Besitzgut ist und keinerlei Rechte über ihr Leben oder ihren Körper hat. »It makes no difference if I am rich or poor. I am owned,«[21] sagt sie Anderson, der ihr Geld schenken will. Ähnlich wie Sklaven braucht sie Papiere, um ihre Existenz in Bangkok zu rechtfertigen, einer Stadt, in der sie ohne den Schutz eines Besitzers sofort vernichtet werden kann. In Japan wurde sie zwar geschätzt, wenn auch nur als »exquisite valued object« (WG 153), doch auch ein wohlwollender Sklavenhalter ist letztlich kein dauerhafter Schutz. Er hat sie schließlich weggeworfen wie ein Stück Müll.

Wie bei einem schwarzen Sklaven ist auch bei Windups der markierte Körper ein Zeichen ihrer angeblichen Nichtmenschlichkeit. Es ist jedoch nicht ihre Hautfarbe, die sie verrät, sondern die Makellosigkeit einer porenfreien weißen Haut, die allerdings nur für ein Leben in klimatisierten Räumen geeignet ist. Windups können nicht schwitzen und überhitzen daher besonders schnell – und augenfällig – in einem subtropischen Klima wie dem Thailands. Noch verräterischer sind ihre ruckartigen Bewegungen, die an eine Aufziehpuppe erinnern und den Spielzeugstatus sofort sichtbar machen, sehr zum Vergnügen von Emikos sadistischen Peinigern in Raleighs Bordell und zu ihrem großen Nachteil, wenn sie durch die Stadt geht und Gefahr läuft, als – wie es heißt – »heetchy-keetchy« umgebracht zu werden (WG 153, Hervorheb. im Orig.). Ganz als markierter Körper definiert, wird ihr jegliches menschliche Gefühl abgesprochen. In Thailand ist sie wie genmanipulierte Pflanzen »a piece of genetic trash« (WG 53), ein Tier, »[s]ervile as a dog« (WG 262), ein exotisches Objekt, an dem die perversen Phantasien der Bordellbesucher ausgelebt werden können, »a toy for them to play with, to break even« (WG 53). Wie eine schwarze Sklavin ist Emiko bei der täglichen Folter ihres Subjektstatus beraubt, ist ihr Schmerzenskörper pure Materialität, genau wie der ausgepeitschte Sklavenkörper, denn, so Barrett: »the obdurate materiality of ›the body in pain‹ denies all other possibilities for the individual.«[22] Die Körper der Windups sind auch markiert, weil sie wie neue Pflanzenzüchtungen nicht fähig sind zur Reproduktion. Emiko

---

21 Paolo Bacigalupi: The Windup Girl. London 2010, 66. Im Folgenden wird daraus unter der Sigle WG mit Seitenzahl zitiert.
22 Barrett: African-American Slave Narratives, 431.

weiß, dass sie nur ein Produkt ist, Agrarprodukten ähnlich »a genetic dead end. Doomed to a single life cycle, just like SoyPRO and TotalNutrient Wheat« (WG 164). »I am marked«, klagt sie am Ende des Romans. »Always, we are marked« (WG 505).

In *The Windup Girl* wird mehrfach die Frage gestellt, ob Emiko eine Seele hat. Die großen etablierten Religionen negieren dies: Die ebenso in diesem Roman auftretenden Grahamites, fundamentalistische Christen, die die ursprüngliche Reinheit eines Garten Eden wiederherstellen möchten, halten Windups für Teufel, Buddhisten sehen sie als seelenlose Kreaturen aus der Hölle, für Hinduisten können sie niemals ins Nirwana eingehen, und für Islamisten sind sie eine Beleidigung des Koran (WG 50). Wie schon im 19. Jahrhundert unterstützen also die Religionen auch in dieser Fiktion die Versklavung sogenannter ›Anderer‹, da sie eine enge Definition des Menschlichen als Seelenwesen perpetuieren. Bereits Descartes und andere Philosophen seit der Renaissance waren überzeugt, dass nur der Mensch im Besitz einer Seele sei, alles Nicht-Menschliche, Tiere, Pflanzen, Maschinen, seien seelenlos und existierten folglich außerhalb moralischer Gesetze.

Auf ihren markierten, angeblich seelen- und gefühllosen Körper reduziert, wird Emikos Objektstatus auch durch den »gaze« der Machthaber definiert. In der thailändischen Gesellschaft bzw. in den Nischen, in denen ihre Existenz aus Profitgründen geduldet wird, hat sie keinerlei Rechte, sich selbst zu äußern und damit lenkend in ihr eigenes Leben einzugreifen. Stattdessen wird sie von anderen taxiert und kategorisiert. Als Anderson sie zum ersten Mal sieht, hat sie das unangenehme Gefühl, Stück für Stück auseinandergenommen zu werden: »It's as though he has sliced her open and gone rooting through her entrails, impersonal and insulting, like some cibiscosis medical technician making an autopsy.« (WG 64) Sie ist den Blicken der Bordellbesucher auf obszöne Weise ausgesetzt, und sie ist leicht Opfer der Blicke, wenn sie durch die Stadt geht und als anders erkannt wird. Jedes Mal ist es ihre angeblich seelenlose Körperlichkeit, die allein ihren Status bestimmt.

Doch anders als ein lebloses Objekt empfindet Emiko Schmerzen, Scham und Verzweiflung. Die täglichen Folterungen und Demütigungen gehen nicht spurlos an ihr vorbei. Douglass beschrieb, wie physische und psychische Brutalitäten aus einem Mann einen Sklaven machten und wie dann »the dark night of slavery broke in upon [him].« Ganz ähnlich kann der Leser beobachten, wie Emiko mehr und mehr an den ihr zugefügten Qualen zerbricht: »[She] sits against a wall, exhausted and broken. Her mascara runs. Inside, she is dead. Better to be dead than a windup, she thinks. [...] She is trash. Emiko understands this now.« (WG 365) Anhand der zitierten Passagen dürfte hinreichend klar geworden sein, dass ein Windup nicht wie ein totes Objekt bloßer Körper ist, sodass die Dichotomie Mensch – künstliches Wesen hochproblematisch wird. Bacigalupi hat einen Cyborg entworfen, den der Leser eher als Mensch mit besonderen Eigenschaften erlebt anstatt als seelenlose Maschine. Emiko verfügt über die Fähigkeiten, rational zu denken und tief zu empfinden, was sie nach humanistischen und romantischen Vorstellungen von einem Tier unterscheidet. Gleichzeitig unterwirft sie sich immer wieder gemäß der ihr zugrunde liegenden Konstruktionspläne. Dies führt zu der zentralen Frage, was ihr Wesen ist und inwiefern es sich von dem eines Menschen unterscheidet. Was an ihr ist genetisch konstruiert, was das Resultat ihrer Erziehung bzw. ihres Trainings? Anderson artikuliert diese Frage sehr zutreffend: »Does her eagerness to serve come from some portion of canine DNA that makes her always assume that natural people outrank her for pack loyalty? Or is it simply the training that she has spoken of?« (WG 262). Einige charakteristische Eigenschaften sind eindeutig genetisch, sie sind alle materieller Art: die porenfreie weiße Haut, die Resistenz gegen Krankheiten, die außergewöhnliche Sehschärfe und, was den Windups selbst unbekannt ist, eine enorme Schnelligkeit. Auch der Wunsch zu dienen scheint genetisch angelegt zu sein. »It is in our genes,« meint ein anderes Windup Girl namens Hiroko. »We seek to obey. To have others direct us. It is a necessity. As important as water for a fish. It is the water we swim in.« (WG 428–429) Doch genau diese Servilität ist auch das Ergebnis eines jahrelangen, rigorosen Trainings, das jeglichen eigenen Willen im Keim erstickt: »What are you?‹ ›New People.‹ ›What is your honor?‹ ›It is my honor to serve.‹ ›Who do you honor?‹ ›I honor my patron.‹« (WG 20). Die genetische Disposition braucht also ein bestimmtes soziales Umfeld und bestimmte Stimuli, um sich auf die gewünschte Weise zu entfalten. Einen Menschen oder ein menschenähnliches Wesen nur auf seine Gene reduzieren zu können, ist im 22. wie auch schon im 19. Jahrhundert ein Trugschluss.

Dieser Trugschluss wird im Roman besonders evident, als sich die äußeren Umstände für Emiko zu ändern beginnen, was auch eine radikale Wandlung in ihr bewirkt. Sie beginnt in dem Augenblick, als sie von den entlaufenen oder freigelassenen Windups im Norden erfährt, die ohne Besitzer in den Bergen eine eigene Gemeinschaft bilden. Die Möglichkeit eines selbstbestimmten Lebens erfüllt von nun an ihr Denken und ihr Streben; ihr Ziel wird die Flucht. Wie viele Sklaven des 19. Jahrhunderts versucht sie sich als erstes freizukaufen: »I can earn my passage,‹« fleht sie Raleigh an (WG 227), muss aber erkennen, dass er das niemals zulassen wird. Emiko entdeckt nicht nur ihre Sehnsucht nach Freiheit, sondern sie versucht auch in einem Akt der Selbstbehauptung, sich, sogar unter Einsatz ihres Lebens, jeglicher Fremdbestimmung zu erwehren, und fragt sich: »*Did the scientists make you too stupid even to consider fighting for your own life?*« (WG 155, Hervorheb. im Orig.) Dabei entdeckt sie ihre Individualität und verteidigt ihre Würde: »She will burn, but she will not die passive like some pig led to slaughter.« (WG 155)

Es müssen eine Reihe für sie unerträglicher Ereignisse geschehen, bevor sich ihre Wandlung zu einem freien Wesen vollzieht. Dazu gehört zum einen die

Einsicht, dass ihr Training sie versklavt hat und dass sie ihren Drang zu dienen überwinden muss. Sie muss sich aus ihrer Sklavenmentalität befreien, um handlungsautark zu werden. Ein wichtiger Schritt in diese Richtung ist ihre Umbenennung von Windup Girl zu New People, verweist doch die erste, ihr aufoktroyierte Bezeichnung auf ihren Spielzeug- und Objektstatus, während die andere Bezeichnung Menschlichkeit suggeriert. Die eigene Namensgebung wird auch in der afro-amerikanischen Literatur immer als ein wesentlicher Akt der Selbstbestimmung gewertet, als eine Befreiung von der Definitionsmacht der Sklavenhalter. Emiko gewinnt als New People Selbstvertrauen: »She is something else. Something different. Optimal in her own way. [...] She can fly.« (WG 358) Sie erwidert die Blicke anderer und schämt sich nicht mehr ihres markierten Körpers, ja sie ist stolz auf seine besonderen Fähigkeiten, vor allem seine Schnelligkeit:

At speed, she marvels at the movements of her body, how startlingly fluid she becomes, as if she is finally being true to her nature. As if all the training and lashes from Mizumi-sensei were designed to keep this knowledge buried. (WG 361)

Ihre endgültige Wandlung geschieht in einer äußerst brutalen und demütigenden Situation. Gerade hier sehe ich eine weitere Parallele zur Geschichte von Frederick Douglass, der laut seiner Erzählung unter den peinigenden Qualen des Sklavenaufsehers Covey zusammenbricht und »a brute« wird. Douglass kann sich aus eigener Kraft aus dem selbstzerstörerischen Zustand des »beastlike stupor«[23] retten, indem er sich wehrt und mit Covey kämpft. Ganz wesentlich ist dabei nicht seine physische Überlegenheit, sondern seine mentale Befreiung: »You have seen how a man was made a slave; you shall see how a slave was made a man,«[24] verspricht er seinen Leserinnen und Lesern. Genau wie Douglass schlägt Emiko in einem Moment körperlicher und seelischer Erniedrigung zurück, als sie beinahe von dem Gefühl, tatsächlich nur Abfall zu sein, überwältigt wird und ihr Kampfwille gebrochen zu sein scheint. Doch auch Emiko gewinnt aus sich selbst heraus die Kraft, sich zu wehren, denn »[s]ome things can never be borne« (WG 367). Blitzschnell schlägt sie zu und zerreißt Raleigh die Kehle.[25] Dann bringt sie ebenso schnell und effizient alle ihre Peiniger um, hochrangige Machthaber und deren Leibwächter, neun Männer insgesamt. Douglass konnte seine ungeheuerliche, wohlgemerkt reale Tat – es war schließlich unerhört, dass ein schwarzer Mann einen Weißen angreift – vor seiner weißen Leserschaft rechtfertigen, indem er Covey als teuflische Schlange darstellte und sich selbst als rechtschaffenen, gläubigen Mann. Harriet Jacobs verteidigte in ihrem Sklavennarrativ ihren unerlaubten Widerstand gegenüber ihrem

---

23 Douglass/Jacobs: Narrative of the Life of Frederick Douglass, 71.
24 Ebd., 73.
25 Ähnlich heißt es bei Douglass: »I seized Covey hard by the throat.« Ebd., 77.

weißen Besitzer durch die vielfachen Hinweise auf seine sexuelle Verfolgung, die ihr kein tugendhaftes Leben ermöglichte. Die fiktive Emiko gewinnt ebenfalls unsere Sympathie, weil das Verhalten der getöteten Männer als extrem abscheulich und moralisch verwerflich geschildert wird. In allen Fällen sind die Angreifer die moralisch Überlegenen, in allen Fällen ist es Notwehr, die vor physischer und seelischer Vernichtung schützt und die gleichzeitig als ein Akt der Selbstbefreiung und Selbstbehauptung gelesen werden muss.

Es sind in der narrativ dargestellten Welt des 19. wie des 22. Jahrhunderts nicht nur die individuellen Gewalttäter, die vom Leser zu verurteilen sind; es ist die Gesamtstruktur der Gesellschaft, die die Einzeltaten erlaubt und letztlich stützt. Sklaventreiber fühlten sich in ihrem Verhalten gerechtfertigt durch die Logik der Sklaverei, die schwarze Menschen zu Besitzobjekten und zu nichtmenschlichen Wesen degradierte; die fiktive Gesellschaft Thailands im 22. Jahrhundert, die genetische Reinheit mit allen Mitteln zu erhalten sucht, ermuntert, ja fordert die Zerstörung genetisch manipulierter Laborprodukte. Dass einige von ihnen zu denken und zu fühlen imstande sind, interessiert dabei nicht. In beiden Gesellschaften wird Macht durch Exklusion, Unterdrückung, Gewaltausübung und willkürliche Tötung behauptet; in beiden wird der markierte Körper als Bedrohung der eigenen, als überlegen deklarierten Existenz empfunden und bestraft.

Der Status einer als essentialistisch verstandenen Menschlichkeit wird in *The Windup Girl* wie in den Sklavennarrativen hinterfragt und vom schwarzen Sklaven bzw. von einem »technoscientific posthuman« erweitert. In beiden Fällen wird die Idee der genetischen Reinheit als Konstrukt einer auf Macht ausgelegten Ideologie entlarvt, in beiden Fällen werden strikte Grenzen zwischen Mensch und Nicht-Mensch brüchig. In den Sklavennarrativen wird die gesellschaftlich allgemein verbreitete Ansicht der Weißen, allein der Gruppe der Menschen anzugehören, gründlich zerstört. Seite um Seite beweisen die schwarzen Ex-Sklaven durch ihr Schreiben, ihre Rationalität, Intelligenz, Sensibilität und ihr moralisches Urteil, dass sie nicht maschinenartige, seelenlose Körper sind, sondern ebenso Menschen wie die Sklavenhalter. Das Ziel der Ich-Erzähler ist es daher, mit der Abschaffung der Sklaverei in die Gemeinschaft der menschlichen Zeitgenossen aufgenommen und ebenbürtige Mitbürger zu werden. In *The Windup Girl* ist das Ziel nicht primär die Integration Emikos in die Gesellschaft der Menschen Thailands, und Emiko erreicht nie den ersehnten freien Norden. Doch der Text verhandelt ähnlich wie das Sklavennarrativ die Frage, was den Menschen zu einem Menschen macht und wie mit Wesen, die eindeutige Kategorisierungen überschreiten, umzugehen ist. Es geht in *The Windup Girl* speziell um die Frage nach den ethischen Konsequenzen der Genmanipulation, die meines Erachtens nicht eindeutig beantwortet wird. Vielmehr wird der Leser einem Spannungsfeld von positiven Errungenschaften und negativen Auswirkungen ausgesetzt, deren Bedeutung er selbst generieren muss. So wird zum Einen am Beispiel von Emiko deutlich, dass Maschinenwesen, wenn sie denken und fühlen können, humanistischen Vorstellungen entsprechend auch wie Menschen zu behandeln sind. Genetische Reinheit, wie die Grahamites als fundamentalistische Christen sie wiederherstellen möchten, ist leicht als illusionär und diktatorisch zu entlarven. Durch die interne Fokalisierung Emikos werden wir davon überzeugt, sie als Wesen anzuerkennen, dem die gleichen Rechte zuzuerkennen sind wie sogenannten natürlichen Menschen. Gleichzeitig wird der Begriff »Natur« von Gibbons problematisiert. Gibbons ist ein nach Thailand ausgewanderter amerikanischer Geningenieur, ein Genie, der zahlreiche Mutationen hergestellt hat und keinerlei Skrupel bei seinen Experimenten zeigt. Seiner Meinung nach haben die Menschen ihre natürliche Umwelt immer schon verändert, einen natürlichen Ursprung hält er, ähnlich wie Donna Haraway in ihrem berühmten Cyborg Manifest, für Unfug: »>Nature.‹ He makes a disgusted face. ›We are nature. Our every tinkering is nature, our every biological striving. We are what we are, and the world is ours. We are its gods.‹« (WG 344–345) Ein Festhalten an traditionellen Vorstellungen von Menschlichkeit bezeichnet er als pure Nostalgie. Die Menschheit habe sich im Laufe von Millionen Jahren durch Anpassung an ihre jeweilige Umgebung entwickelt. Jetzt heiße es, sich an die neuen, gentechnisch veränderten Bedingungen anzupassen, und zwar durch weitere gentechnische Veränderungen. »Evolve or die« (WG 345), lautet sein Motto. Gibt ihm der Roman Recht? Am Ende bricht ein Krieg aus zwischen den beiden gegnerischen Mächten in Thailand. Die Deiche brechen und Bangkok wird sintflutartig überschwemmt, es gibt nur wenige Überlebende in der Stadt. Sie sind allesamt Wesen, die jeder herkömmlichen Vorstellung von Reinheit widersprechen: genetisch manipulierte Cheshirecats, Emiko als Windup Girl, Kip, ein Transsexueller, und Gibbons, der wie Frankenstein mit neuen Lebensformen experimentiert und Emiko verspricht, sie wie Menschen reproduzierfähig zu machen. Andrew Hageman sieht in diesem Ende des Romans die Möglichkeit eines neuen ökologischen Paradigmas, in dem es keinen Platz mehr gibt für essentialistisch definierte, reine Spezies. Natur und Mensch würden entlarvt als Phantasmen, die sie immer schon waren.[26] Das neue Kollektiv sei »constituted by diverse subjectivities intimately and inextricably in contact with each other.«[27] Diesem Fazit kann ich bis zu einem gewissen Punkt zustimmen, insbesondere der Behauptung, dass es keine essentialistisch reine Spezies gebe und dass die diversen Subjekte auf intrikate Weise miteinander verbunden seien. Dies scheint mir besonders wichtig, wenn man die Debatte um den Status des Menschen im Kontext der Sklaverei des 19. wie auch des 22. Jahrhunderts berücksichtigt. Und genau an diesem Punkt zeigt sich die Brauchbarkeit und Produktivität des Sklavennarrativs in einem ökologisch motivierten

---

26 Hageman: The Challenge of Imagining Ecological Futures, 298.
27 Ebd., 300.

Science-Fiction-Roman, zeigt es doch, wie sehr Vorstellungen von natürlicher Reinheit offensichtlich verbunden sind mit Kriterien des Ausschlusses und mit Machtansprüchen. Diese Vorstellungen dienen einer auf hegemoniale Kontrolle ausgerichteten Ideologie, die die Unterdrückung der Anderen braucht zur Konsolidierung der eigenen Vormachtstellung, sei es die Unterdrückung sogenannter anderer Menschen oder der natürlichen Umwelt. Wer als Mensch anerkannt wird, ist offenbar eine Frage des kulturellen Kontextes, oder, wie Alexis Harley schreibt: »We are forced to recognize the cultural contingency of the category ›human.‹ Who gets rights, or human rights, when qualifying as human is, always has been, culturally prescribed.«[28]

Der Roman beantwortet allerdings nicht die Frage, wer den Status des Menschen definieren sollte. Am Ende – hier widerspreche ich Hagemans Optimismus – bleibt die Gefahr der Manipulation und des Machtmissbrauchs. Denn auch wenn Gibbons sich Emiko gegenüber als Wohltäter geriert, so ist er doch ein Monster, der gottähnliche Funktionen übernimmt und dem moralische Skrupel fremd sind. Natur ist für ihn vollkommen in den Händen der Genmanipulatoren. Sie allein haben die Macht zu bestimmen, in welche Richtung sich neues Leben entwickeln wird. Dass ihre Erfindungen viel Unheil gebracht haben, beweist der Roman auf vielfältige und fantasievolle Weise. Die Spannungen zwischen zwei Lebensformen – sogenannten natürlichen und genetisch manipulierten – gehen potenziell weiter. Denn es überleben am Ende nicht nur die neuen, posthumanen Wesen, sondern auch Thais, die die genetisch reine Samenbank gerettet und an einem neuen Ort versteckt haben. Wer wird, wer sollte die Oberhand bei der Gestaltung der Zukunft haben? Gibbons weist Verantwortung von sich: »I built the tools of life. If people use them for their own ends, then that is their karma, not mine« (WG 348). Ein Zurück zu reinen, hermetisch abgeschlossenen Ursprungsformen ist sicher nicht möglich und auch nicht erstrebenswert. Doch ein »anything goes« ist offenbar verbunden mit Gefahren diktatorischer Willkür. Eine Lösung zwischen den beiden widersprüchlichen Positionen bietet der Roman nicht an, die Zukunft bleibt offen. Nach Hubert Zapf erfüllt Literatur die Funktion eines imaginativen Gegendiskurses, indem sie das kulturell Ausgegrenzte inszeniert und für den Leser erlebbar macht.[29] Der literarische Text fordert durch seine ästhetische Gestalt und durch seine inhaltlichen Konzepte das hermeneutische Vermögen des Lesers heraus. Er will nicht harmonisieren und endgültige Antworten liefern, sondern durch Horizonterweiterung zum Nachdenken anregen. Dies ist Bacigalupi auf fantasie- und anspruchsvolle Weise gelungen.

---

28  Harley: The Slavery of the Machine, 229.
29  Hubert Zapf: Literatur als kulturelle Ökologie: Zur kulturellen Funktion imaginativer Texte an Beispielen des amerikanischen Romans. Tübingen 2002, 65.

# Literaturverzeichnis

Andrews, William L. (Hrsg.): Slave Narratives. New York 2000.

Armstrong, Tim: The Logic of Slavery: Debt, Technology, and Pain in American Literature. Cambridge/New York 2012.

Bacigalupi, Paolo: The Windup Girl. London 2010.

Barrett, Lindon: African-American Slave Narratives: Literacy, the Body, Authority, in: American Literary History 7.3, 1995, 415–442.

Davis, Charles T./Gates, Henry Louis (Hrsg.): The Slave's Narrative. Oxford/New York 1985.

Douglass, Frederick/Jacobs, Harriet: Narrative of the Life of Frederick Douglass, an American Slave & Incidents in the Life of a Slave Girl. New York 2004.

Gates, Henry Louis (Hrsg.): The Classic Slave Narratives. New York 1987.

Hageman, Andrew: The Challenge of Imagining Ecological Futures: Paolo Bacigalupi's *The Windup Girl*, in: Science Fiction Studies 39, 2012, 283–303.

Harley, Alexis: The Slavery of the Machine, in: Allen, Marlene D./Williams, Seretha D. (Hrsg.): Afterimages of Slavery: Essays on Appearances in Recent American Films, Literature, Television and Other Media. Jefferson/London 2012, 218–231.

Heise, Ursula K.: Introduction: The Invention of Eco-Futures, in: Ecozon@ 3.2, 2012, 1–10.

Mayer, Sylvia: Genre and Environmentalism: Octavia Butler's *Parable of the Sower*, Speculative Fiction, and the African American Slave Narrative, in: Dies. (Hrsg.): Restoring the Connection to the Natural World: Essays on the African American Environmental Imagination. Münster 2003, 175–196.

Rosinsky, Natalie: Feminist Futures: Contemporary Women's Speculative Fiction. Ann Arbor 1982.

Russ, Joanna: Towards an Aesthetic of Science Fiction, in: Dies.: To Write Like a Woman: Essays in Feminism and Science Fiction. Bloomington/Indianapolis 1995, 3–14.

Science Fiction, in: Schweikle, Günther/Schweikle, Irmgard (Hrsg.): Metzler Literatur Lexikon. Stuttgart 1990, 421–423.

Zapf, Hubert: Literatur als kulturelle Ökologie: Zur kulturellen Funktion imaginativer Texte an Beispielen des amerikanischen Romans. Tübingen 2002.

Anna Stemmann

# Genretransgressionen und hybride Erzählstrategien in ökologischen Krisenszenarien der Kinder- und Jugendliteratur

## 1. Vorüberlegungen zur Kinder- und Jugendliteratur als Genre

Im Untersuchungsrahmen dieses Bandes ist die Kinder- und Jugendliteratur (KJL) ein Spezialfall: Sie ist strukturell nicht als *ein* Genre zu erfassen, sondern bildet ein Metagenre, das in seinem Symbolsystem ebenso unterschiedliche Genres wie die Allgemeinliteratur subsumiert und facettenreich den Themenkomplex ökologischer Transformationen entfaltet. Die Wechselwirkung zwischen dem Handlungs- und dem Symbolsystem[1] der KJL markiert in diesem thematischen Kontext jedoch einen möglichen Reibungspunkt: Denn obwohl heutige Kinder und Jugendliche die Betroffenen der zukünftigen Entwicklungen sein werden und damit wichtige Adressaten sind, gestaltet die KJL nicht alle Aspekte der damit verbundenen Katastrophen und Krisen in letzter Drastik aus.[2] Den daraus resultierenden inhaltlichen Spannungen oder Restriktionen der *histoire* stehen vielfältige erzählerische Verfahren des *discours* gegenüber. Diese Tendenzen lassen sich unter den Schlagworten der Hybridisierung[3] und

---

1 Hans-Heino Ewers hat herausgearbeitet, welche spezifischen Symbole und Zeichen in der KJL verwendet werden, und fasst dieses System von Zeichen, Motiven, Figuren und Codes als literarisches Symbolsystem zusammen. Vgl. Hans-Heino Ewers: Literatur für Kinder und Jugendliche. Eine Einführung. 2. überarb. u. aktual. Aufl. Paderborn 2012, 135–153.

2 Zum literaturdidaktischen Potential kulturökologischer Analysen im Deutschunterricht siehe: Berbeli Wanning: Nachhaltigkeit lehren. Die Forschungsstelle für Kulturökologie und Literaturdidaktik, in: kjl&m 13.4, 2013, 62–68; Elisabeth Hollerweger: Nachhaltig Lesen! Gestaltungskompetenz durch fiktionale Spiegelungen, in: interjuli 01, 2012, 97–108; Elisabeth Hollerweger/Anna Stemmann: *Wenn möglich, bitte wenden ...* Klimawandel als Makrothema einer Bildung für nachhaltige Entwicklung im medienintegrativen Deutschunterricht am Beispiel des Comics *Die große Transformation«*, in: Petra Josting/Ricarda Dreier (Hrsg.): Lesefutter für Groß und Klein. Kinder- und Jugendliteratur nach 2000 und literarisches Lernen im medienintegrativen Deutschunterricht. München 2014, 169–177.

3 Siehe dazu: Klaudia Seibel: Hybridisierung, in: Ansgar Nünning (Hrsg.): Metzler Lexikon Literatur- und Kulturtheorie. Ansätze – Personen – Grundbegriffe. 4., aktual. u. erw. Aufl. Stuttgart 2008, 297; sowie im selben Lexikon: Jutta Ernst: Hybride Genres, 296–297; Julika Griem: Hybridität, 297–298.

Transgression[4] erfassen: In narrativen Mischformen lösen sich die traditionellen Genregrenzen auf, unterschiedliche Schreibmodi werden miteinander kombiniert, intermediale Elemente eingebettet und faktuales mit fiktionalem Erzählen verflochten.

Zentrale Frage ist also nicht, ob die KJL ein ökologisches Genre ist, sondern *wie* die Aspekte ökologischer Transformationen in verschiedenen Genres der KJL ausgestaltet werden und welche erzählerischen Verfahren zum Einsatz kommen. Im Anschluss an die übergreifende Fragestellung nach spezifischen ökologischen Genres und Schreibmodi rückt im Folgenden also die Ebene des *discours* in den Fokus, um die diversifizierten narrativen Formen im ›Texthaushalt‹ der aktuellen KJL zu diskutieren.

## 2. Historischer Streifzug:
## Ökologie in der Kinder- und Jugendliteratur

Die bedrohte Umwelt, die zerstörte Natur, der Klimawandel und andere explizit ökologische Transformationen sind Themen, die in der KJL aufgegriffen werden. Auf der Ebene der *histoire* eröffnet sich spätestens seit dem Paradigmenwechsel der 1970er Jahre zu einer problemorientierten Literatur eine Vielfalt an ökologischen Bezügen.[5]

---

4 Vgl. Gabriele von Glasenapp: Apokalypse now! Formen und Funktionen von Utopien und Dystopien in der Kinder- und Jugendliteratur, in: Hans-Heino Ewers/Gabriele von Glasenapp/Claudia Maria Pecher (Hrsg.): Lesen für die Umwelt. Natur, Umwelt und Umweltschutz in der Kinder- und Jugendliteratur. Baltmannsweiler 2013, 67–86.

5 Für einen Überblick zur Genese ökologisch-problemorientierter Literatur siehe: Dagmar Lindenpütz: Das Kinderbuch als Medium ökologischer Bildung. Untersuchungen zur Konzeption von Natur und Umwelt in der erzählenden Kinderliteratur seit 1970. Essen 1999; Dagmar Lindenpütz: Natur und Umwelt als Thema der Kinder- und Jugendliteratur, in: Günter Lange (Hrsg.): Taschenbuch der Kinder- und Jugendliteratur. Bd 2. Baltmannsweiler 2000, 727–745. Lindenpütz zeichnet drei Tendenzen in der Entwicklung des Kinderbuchs als Medium ökologischer Bildung von den 1970er bis zum Ende der 1990er Jahre nach: (1) »Texte zur ökologischen Aufklärung«, die für die Krise als Hauptursache das mangelnde Wissen um die komplexen gesellschaftlichen und naturwissenschaftlichen Zusammenhänge ausmachen und primär den Wissensstand der Rezipienten erweitern sollen. (2) »Texte zur ethischen Fundierung umweltschonenden Verhaltens« sollen hingegen das Bewusstsein für empathisches Verständnis mit anderen Geschöpfen und der Natur verstärken. (3) »Radikal skeptische Texte, die das Scheitern der bisherigen Lösungsversuche bereits kritisch mit reflektieren«, zeigen dystopische zukünftige Gesellschaftsentwürfe, die in der Fiktion die dramatischen Folgen einer ökologischen Krise ausgestalten. Vgl. Lindenpütz: Natur und Umwelt, 732–736. Die Engführung auf Themen ökokritischer Dimensionen bietet dabei zwar einen umfassenden Überblick über die Tendenzen seit 1970, muss jedoch die vorherigen Entwicklungen ausschließen. Weniger Berücksichtigung findet dabei ebenso die erzählerische Konstruktion und ästhetisch-fiktionale Funktion, die Literatur bietet.

Geht man von einem weiten Kulturökologie-Begriff aus, der nicht nur die kritischen Dimensionen aktueller Entwicklungen beleuchtet, sondern das generelle Wechselverhältnis von Natur und Kultur reflektiert, zeigt sich in historischer Perspektive eine Vielzahl an Anknüpfungspunkten. Natur und Umwelt sind bereits seit der Entstehung spezifischer KJL im ausgehenden 18. Jahrhundert ein zentrales Thema und haben in der Verbindung von Naturraum und romantischem Kindheitsbild ein wirkmächtiges Narrativ hervorgebracht.[6] Diese Geschichten für Kinder sind in Naturräumen verortet, die zum spezifischen Kindheitsraum werden und die organische Verbindung von Kindheit und Natur exponieren, wie es etwa E. T. A. Hoffmann in *Das fremde Kind* (1817) exemplarisch im Waldraum erprobt.[7] Die Kindheitsnatur, als ein positives und unberührtes Areal, wird kontrastiert mit einem erwachsenen Gegenraum, dem die Wertmaßstäbe einer zivilisierten Kultur inhärent sind. Aus diesem Spannungsfeld von Natur und Kultur können Konflikte resultieren, aber auch Transitionen sichtbar gemacht werden und zeigen, dass ökologische Wechselwirkungen bereits ein zentrales Element in der historischen Genese der KJL sind. Im begrenzten Rahmen dieses Beitrags soll nun jedoch der Fokus auf aktuelle Ausformungen und thematische Aspekte in einem engeren ökologischen Sinne gelegt werden.

## 3. Hybridisierungsprozesse und Gattungstransgressionen

In der KJL wird seit den 2000er Jahren ein Phänomen besonders relevant: Zunehmend lösen sich nicht nur die Leser- und Adressatengrenzen zwischen Kindern und Erwachsenen auf,[8] sondern ebenso die Grenzen zwischen einzelnen Genres und Medien. Diese fließenden Leser- und Mediengrenzen und narrativen Transgressionen sind ein zentrales Moment aktueller Texte, die verschiedene Ebenen tangieren und sich in vier Kategorien systematisieren lassen: (1) Die (Inter-)Medialität des Buches, (2) die Pluralisierung von Genreelementen innerhalb eines Textes, (3) die komplexe narrative Ebene des *discours* und

---

6 Siehe dazu weiter Berbeli Wanning/Anna Stemmann: Ökologie in der Kinder- und Jugendliteratur, in: Gabriele Dürbeck/Urte Stobbe (Hrsg.): Ecocriticism. Eine Einführung. Köln u. a. 2015, 258–270.

7 Vgl. Hans-Heino Ewers: Kinder und Natur, Kinder der Natur. Ansichten zum kindlichen Naturverhältnis vom ausgehenden 18. Jahrhundert bis zur Gegenwart – ein Streifzug, in: Ewers/von Glasenapp/Pecher (Hrsg.): Lesen für die Umwelt, 1–12; Gina Weinkauff: »Wo Kinder sind, da ist ein goldenes Zeitalter«. Die romantische Gegenbewegung, in: Gina Weinkauff/Gabriele von Glasenapp: Kinder- und Jugendliteratur. Paderborn 2010, 44–71.

8 Zum All-Age oder Crossover siehe weiter: Agnes Blümer: Crossover-Literatur/All-Age-Literatur, in: Kurt Franz (Hrsg.): Kinder- und Jugendliteratur. Ein Lexikon. Autoren, Illustratoren, Verlage, Begriffe. Teil 5. Meitingen 2011, 15.

(4) die diversifizierten Inhalte der *histoire* als ein Changieren zwischen faktualem und fiktionalem Modus.

Viele der folgenden Beispiele weisen mehrere der genannten Merkmale auf und zeigen die dynamischen und offenen Prozesse aktueller kinder- und jugendliterarischer Texte: Die KJL ist im Umbruch begriffen und entwickelt sich lebendig weiter; diese Umformungen betreffen dabei sowohl die Inhalte der *histoire* als auch die erzählerischen Formen des *discours*.

## 4. Medienkonvergenz und Intermedialität

Mit zunehmender Konvergenz im Medienverbund der KJL treten Bilderbücher, Comics, Hörspiele, Filme, Serien, interaktive Apps und PC-Spiele gleichberechtigt zum ›klassischen‹ Buch hinzu.[9] Diese intermediale Vielfalt im kinderliterarischen Angebot und der literarischen Sozialisation schlägt sich auch in der Gestaltung von Büchern nieder: Die Beschaffenheit der Schrifttextseite wird immer öfter durch Medienkombinationen[10] geprägt. Visuelles Material, Zeichnungen, Fotos, Illustrationen oder Comicsequenzen werden zwischengeschaltet, erweitern den Erzähltext und schließen an die gewandelten Seh- und Lesegewohnheiten der Rezipienten an.[11] Die Konstruktion von Natur und Umwelt erfolgt dann nicht mehr nur über literarische Bilder, sondern wird ebenso in den graphischen Elementen ausgestaltet.[12]

In *Thelonius große Reise* (2012) von Susan Schade berichtet das gleichnamige Streifenhörnchen von einer in Trümmern liegenden Welt nach dem selbstverschuldeten Aussterben der Menschheit. Der Roman rekurriert in seiner Erzählanlage auf die kinderliterarische Tradition der anthropomorphisierten Tiergeschichte, lässt dabei jedoch Text, Illustrationen und ganzseitige Comicsequenzen alternierend nebeneinander stehen. Die graphischen Elemente sind nicht nur visuelles Füllmaterial, sondern tragen dezidierte narrative Funktionen: Während die Passagen des Erzähltextes die Sichtweise des Protagonisten in der Ich-Perspektive ausgestalten, beleuchten die Comicabschnitte die Standpunkte der anderen Figuren. Die subjektive Sicht des Ich-Erzählers öffnet sich

9 Siehe dazu: Gina Weinkauff/Ute Dettmar/Thomas Möbius/Ingrid Tomkowiak (Hrsg.): Kinder- und Jugendliteratur in Medienkontexten: Adaption – Hybridisierung – Intermedialität – Konvergenz. Frankfurt a. M. 2014; Anna Stemmann: »Mit den unzulänglichen Möglichkeiten unserer Sprache kaum zu beschreiben.« Intermediales Erzählen und narratologische Hybridisierungsprozesse, in: interjuli 02, 2014, 6–23.

10 Siehe dazu: Irina Rajewsky: Intermedialität. Tübingen/Basel 2002.

11 Siehe dazu: Michel Serres: Erfindet euch neu! Berlin 2013, 30.

12 Daraus ergibt sich eine noch zu erforschende Fragestellung, die den Einfluss von solchem visuellen Material für die kulturelle Konstruktion von Natur dezidiert untersuchen müsste, denn auch bildliche Narrative wirken auf diese ein und schreiben spezifische Traditionen fort.

und konstruiert eine Multiperspektivität.[13] Die spezifischen medialen Bedingungen des Comics, die sich in der dualen Erzählweise von Bild und Text manifestieren, werden so genutzt, um einen kaleidoskopischen Blick auf die Geschichte zu gestalten.

Über die gezeichnete Ebene werden außerdem verschiedene Anspielungen auf den kulturellen Bilderhaushalt eingeflochten, die eine doppelsinnige Leseebene eröffnen. Denn die Zeichnungen beinhalten subversive Hinweise und Referenzen auf verschiedene kulturelle Kontexte und konstruieren ein dichtes Verweisnetz, in dem vor allem Bücher zum zentralen Gut erklärt werden und metareferenziell Bezüge zu verschiedenen literarischen Traditionen einstreuen. In der Topographie und den Räumen der Erzählung installieren die visuellen Referenzen weitere Anknüpfungspunkte zum heutigen Zeitgeschehen: Das Empire State Building oder die Brooklyn Bridge werden zum Sinnbild der untergegangenen menschlichen Population und kulturellen Zeichenträger der ökologischen Krise. Bildelemente und Text wirken konsequent symbiotisch zusammen und können ein ästhetisch erfahrbares Bild der erzählten (Um-)Welt entwerfen.

Die Textpassagen innerhalb der Comicsequenzen fallen naturgemäß kürzer aus, damit sie in eine Sprechblase passen. Über die Verbindung zur Bildebene werden dennoch spannungsvolle Erzählbögen geschlagen, wenn darin zusätzliche Informationen enthalten sind, die parallel decodiert werden müssen, oder die Bild- die Textebene konterkariert. Bild-Text-Interdependenzen[14] sind zwar kein genuin neues Phänomen der heutigen Kinderliteratur, treten aber im Kontext von ökologischen Transformationen überraschenderweise zunehmend auch in der Jugendliteratur auf.

Saci Lloyds Roman *Euer schönes Leben kotzt mich an!* (2009) bindet Fotos, fragmentarische Notizzettel und Zeichnungen der Protagonistin als ergänzendes Narrativ in den Erzähltext ein. Diese Graphiken werden in ihrer Materialität als zerknitterte Versatzstücke nachgeahmt und verstärken darüber die scheinbare Authentizität des Erzählten. Die narrative Anlage des Tagebuchberichts wird auf dem Cover und in der Seitengestaltung des Buches fortgeführt und erfährt über das visuelle Angebot zusätzliche Unterstützung. Die Form des Tagebuchs bildet das erzählerische Grundgerüst, das gleichzeitig mit Elementen anderer Genres angereichert wird und damit die zweite Ebene der Hybridisierungsprozesse tangiert.

---

13 Vgl. Stemmann: Intermediales Erzählen, 12.

14 Vgl. Jens Thiele: Im Bild sein ... zwischen den Zeilen lesen. Zur Interdependenz von Bild und Text in der Kinderliteratur, in: Mareile Oetken (Hrsg.): Texte lesen – Bilder sehen. Beiträge zur Rezeption von Bilderbüchern. Oldenburg 2005, 11–15.

## 5. Pluralisierung von Genreelementen innerhalb eines Texts

Im Kontext der ökologischen Krise lösen sich die klassischen Gattungsgrenzen zunehmend auf und die Erzählstrategien unterschiedlicher Genres werden miteinander kombiniert.[15] In der aktuellen KJL erfahren insbesondere ökologische Dystopien einen großen Aufschwung[16] und bei genauerer Betrachtung zeigt sich, dass der Erzählkern zwar durch ein dystopisches Ausgangssetting gekennzeichnet ist, sich daran aber weitere erzählerische Verfahren anlagern und eine hybride Genremixtur erzeugen.

*Thelonius große Reise* ist als dystopische Tiergeschichte in einer unbestimmten Zukunft verortet, bindet dabei verschiedene Aspekte der Science-Fiction ein und gestaltet in Anlehnung an die fantastische Literatur die klassische Heldenreise des Protagonisten aus. Der Rekurs auf die symbolische Aufladung des Waldes als natürlicher Kindheitsraum verdichtet die literarischen Bezüge der narrativen Ebene zusätzlich. *Euer schönes Leben kotzt mich an!* spielt hingegen in London im Jahr 2015, als im Zuge dramatischer Klimaveränderungen eine riesige Flutwelle die bisherige weltweite Ordnung zerstört. Infolgedessen werden die wenigen verbleibenden Energieressourcen beschränkt, der Verbrauch strikt kontrolliert und der Alltag komplett umgeworfen. Geschildert werden die Ereignisse aus der Ich-Perspektive der Protagonistin, die diese in ihren Tagebucheinträgen festhält. Der erzählerische Duktus orientiert sich stark an assoziativen und flüchtigen Schilderungen, ist von einem umgangssprachlichen Einfluss geprägt und konstruiert bewusst die Sicht einer Teenagerin, die die Erlebnisse um sich herum nur mit eingeschränktem Blick reflektiert. Nicht zufällig bewirbt der Verlag die Fortsetzung mit dem Slogan: »How long can Laura distance herself from the struggle? And more importantly, how can she keep her style and hope alive in a world on the edge of madness?«[17] Die Erzählung kreist konsequent um die Aspekte der adoleszenten Krise, die auf der Folie des dystopischen Kerns verhandelt wird: Die Protagonistin streitet sich permanent mit ihrer älteren Schwester und den Eltern über den Energieverbrauch, will in einer Rockband spielen und ist unsterblich-unglücklich verliebt. Immer wieder

---

15 Diese Beobachtung wurde an anderer Stelle schon für die ökologische Allgemeinliteratur gemacht, zeigt sich in besonderer Weise aber auch in der KJL. Zur Verschränkung von faktualem und fiktionalem Erzählen im Comic siehe auch: Anna Stemmann: Gezeichnete Umwelt. Übergänge von faktualem und fiktionalem Erzählen in der Graphic Novel, in: kjl&m 67.3, 2015, 69–77.

16 Zum aktuellen Trend dystopischer Jugendliteratur siehe weiter: Ralf Schweikert: Nur noch kurz die Welt retten. Dystopien als jugendliterarisches Trendthema, in: kjl&m 64.3, 2012, 3–11; Ralf Schweikert: Wenn die Welt in Schutt und Asche fällt. Dystopien – der Versuch einer Einordnung, in: JuLit 1, 2014, 14–21.

17 http://www.sacilloyd.com/books/carbon-diaries-2017.

scheint das persönliche Drama der Hauptfigur die konfliktreichen Entwicklungen auf der Erde zu überschatten und es bleibt die Frage, ob das krisenhafte Szenario nicht nur funktionalisiert wird, um einen adoleszenten Entwicklungsprozess zu extrapolieren. Die ursprüngliche Funktion der Dystopie als Appell- oder Warnerzählung, die gesellschaftliche Prozesse und Diskurse kritisch spiegelt, weicht auf und erfährt offenbar eine zunehmende Trivialisierung.[18]

Ähnliches gilt für den Roman *Die Welt, wie wir sie kannten* (2010) von Susan Beth Pfeffer. Bezeichnenderweise ist dort der Auslöser für die Großkatastrophe nicht der Mensch selber, sondern der Mond kollidiert mit einem Asteroiden und lässt die Umwelt auf der Erde kollabieren. Penibel spielt Pfeffer die damit einhergehenden Katastrophen am Reißbrett durch und rückt den Überlebenskampf der Teenagerin Miranda und ihrer Familie in den Fokus.[19] Das Narrativ einer höheren Gewalt, der sich der Mensch ausgeliefert sieht, wird dabei zum zentralen Element, das in der Fortsetzung *Das Leben, das uns bleibt* (2012) eine zunehmend christlich-religiöse Aufladung erfährt. Der familiäre Mikrokosmos wird über das isolierte Setting zum überhöhten Ideal und das einzig bewohnbare Zimmer entwickelt sich zur Bühne eines Kammerspiels. Die Ereignisse werden aus der Ich-Perspektive der jugendlichen Protagonistin geschildert und ebenfalls in Tagebucheinträgen präsentiert. Deutlich divergierend zu *Euer schönes Leben kotzt mich an!* ist jedoch die sprachliche Gestaltung, die weniger assoziativ als poetisch ausgestaltet ist. Dies liegt auch in der Diegese begründet, denn das Geschichtenschreiben in ihrem Tagebuch ist in der Katastrophe der letzte imaginative Rückzugsraum des Mädchens.

Der zweite Teil schließt unmittelbar an die vergangenen Ereignisse an und berichtet von den weiteren Konflikten in der zerstörten Welt. Das (post-)apokalyptische Setting wird an vielen Stellen funktionalisiert, um die Adoleszenz als persönliche Grenz- und Krisenerfahrung in der eigenen Entwicklung noch zu verstärken. Es entspinnt sich eine Teenager-Lovestory, die gleichzeitig begleitet ist von einem religiösen Eifer und neben dem Ideal des Familienzusammenhalts besonders christliche Werte stark macht. Die Einschreibung von religiösen Aufladungen, in der diese als alternatives Lösungsangebot im Zuge der ökologischen Transformation[20] fungieren, ist also ein Narrativ, das auch in der KJL nachzuweisen ist.[21]

---

18 Vgl. Schweikart: Wenn die Welt in Schutt und Asche fällt, 17.

19 Vgl. Caroline Roeder: Die Dystopie als Dschungelcamp, in: Der Deutschunterricht 64.4, 2012, 36–45.

20 Das wurde an anderer Stelle etwa schon von Gabriele Dürbeck für die Allgemeinliteratur herausgestellt: Vgl. Gabriele Dürbeck/Peter H. Feindt: *Der Schwarm* und das Netzwerk im multiskalaren Raum. Umweltdiskurse und Naturkonzepte in Schätzings Ökothriller, in: Maren Ermisch/Ulrike Kruse/Urte Stobbe (Hrsg.): Ökologische Transformationen und literarische Repräsentationen. Göttingen 2010, 213–230.

21 Brian Falkners *Der Tomorrow Code* (2010) ist ein spannungsreicher Action-Thriller, in dem die beiden jugendlichen Protagonisten die Welt vor mutierten Bakterien retten.

Die Trilogie *Méto* (2012–2013) von Yves Grevet umgeht das Dilemma der möglichen thematischen Restriktion durch die Erzählanlage als *alternate-history-*Dystopie. Neben den überwiegend weiblichen Protagonisten rücken darin die Erlebnisse des Jungen Méto ins Zentrum. Erzählt wird aus seiner Ich-Perspektive, die mit bewussten Leerstellen und dem Nichtwissen der Hauptfigur arbeitet und den Leser ebenso im Unklaren lässt wie den Protagonisten. In nüchternem Stil berichtet er von seinem Alltag: Mit anderen Jungen lebt er ohne Eltern in einem isolierten Haus auf einer Insel, der Tagesablauf ist streng reguliert und geprägt von drastischen Erziehungsmethoden.

Der erste Band fokussiert das geschlossene System des Hauses, das sich im zweiten Teil öffnet, als Méto fliehen kann. Er stellt jedoch fest, dass er sich auf einer Insel befindet, und muss sich in diesem geöffneten, aber gleichzeitig immer noch limitierten Raum bewähren. Erst im dritten Band zeigen sich die dahinterstehenden gesamtgesellschaftlichen Zusammenhänge, als es Méto gelingt, von der Insel zu fliehen. Das tradierte Insel-Setting der Robinsonade und das damit einhergehende Konfliktpotential ist in *Méto* zentral und beinhaltet gleichzeitig viele Elemente der *Coming-of-Age*-Geschichte, was sich mit dem Hintergrund einer ökologischen Großkatastrophe verbindet.[22] Méto findet heraus, dass 1954 in sechs amerikanischen Großstädten biologische Bomben gezündet wurden, woraufhin sich ein Krieg zwischen den USA und der UdSSR entwickelte. Erst 1960 stabilisierte sich die Lage:

> der Krieg wird offiziell für beendet erklärt. Die UNO wird aufgelöst, und stattdessen wird die VUFZ (Vereinigung der unabhängigen freien Zonen) gegründet. [...] Die meisten Berechnungen gehen davon aus, dass nur fünf Tausendstel der Weltbevölkerung von 1953 überlebt haben.[23]

Die zunächst deutliche Kritik an einem repressiven und autoritären Staatssystem erweitert sich zum ökologischen Krisenszenario, in dem die Weltbevölkerung in der Mitte des 20. Jahrhunderts beinahe komplett zerstört wurde. Dies geschieht über die Konstruktion als *alternate history*, wenn bereits vergangene tatsächliche Ereignisse, wie der Abwurf der Atombomben der USA auf Japan

---

Nebenbei verhandelt der Text die Ablösung der Jugendlichen von ihren Eltern; auffällig ist dabei eine Verbindung mit und das Schutzsuchen der Erwachsenen bei religiösen Praktiken der Maori-Kultur. Interessant wird dieser Text auch im Hinblick auf die Genderkonstruktion, wenn das Mädchen als rational denkende Figur entworfen wird und deutlich mit dem Jungen kontrastiert ist, der in einer romantisch künstlerischen Tradition gezeichnet wird.

22 Zur Robinsonade als dystopische Erzählform: Christina Ulm: Tabula rasa. Die jugendliterarische Insel im Spannungsfeld zwischen Utopie, Dystopie und Heterotopie, in: kjl&m 3, 2012, 12–17.

23 Yves Grevet: Méto. Die Welt. München 2013, 44–45.

und die daraus resultierenden Folgen, umgeschrieben werden und die drastischen Konflikte durchspielen.[24]

Sarah Crossans *Breathe – Gefangen unter Glas* (2013) entwirft hingegen eine Dystopie der nahen Zukunft. Nach dem sogenannten und nicht weiter erläuterten ›Switch‹ ist die Welt nicht mehr bewohnbar und die verbliebenen Menschen müssen unter großen Glaskuppeln leben. Die Sauerstoffzufuhr ist streng rationiert und an den finanziellen Wohlstand gekoppelt. Zentral sind in dem Text demnach nicht nur die Zerstörung der Natur, sondern auch die damit einhergehenden sozialen Verschiebungen und Schieflagen. Diese gesellschaftliche Trennung manifestiert sich vor allem in räumlicher Dimension, wenn die Wohnlage am Rand der Kuppel, mit mehr Lichteinfall, den Reichen vorbehalten ist, während sich im Smog und Nebel der Mitte die armen Bewohner drängen müssen. Die klassische Zentrum-Peripherie-Antinomie wird zwar umcodiert, in die räumliche Anordnung schreiben sich aber weiterhin gesellschaftliche Hierarchisierungen ein.

Angereichert ist diese Erzählung darüber hinaus mit Elementen aus der Science-Fiction und der fantastischen Literatur: Eine der Protagonistinnen verlässt die Kuppel und muss sich auf ihrer Heldenreise bewähren.[25] Diese Erzählung streift mit ihren jugendlichen Protagonisten aber auch stets Aspekte des Adoleszenzromans und führt für die weibliche Protagonistin – in Shakespearscher Tradition – ein *love interest* in Form des Jugendfreundes ein; dieser gehört aber der besseren gesellschaftlichen Schicht an und ist somit unerreichbar.

# 6. Erzählerische und narrative Konstruktionen

In *Breathe* wird von einem Ich-Erzähler berichtet, jedoch in einer multiperspektivischen Konstruktion: Verschiedene Protagonisten, die den unterschiedlichen Gesellschaftsschichten angehören, geben Einblicke in ihre Wahrnehmungen der Situation, die zunächst unvermittelt nebeneinander stehen. Erst im Verlauf fügen sich die narrativen Fäden zusammen und lassen einzelne Figuren in Berührung miteinander treten. Über dieses Erzählverfahren können unter-

24 Mit dem zunehmenden Wissen über die Zusammenhänge, Kontakte mit anderen Menschen und sich entwickelnde Freundschaften verschiebt sich auch der sterile Erzählstil zu mehr Empathie und zeichnet nach, wie sich Méto aus dem repressiven System löst und in der Wiedervereinigung mit seinen Eltern endet.

25 Ewers hat auf die Parallelen dieser Formen der modernen Fantasy zum Heldenepos hingewiesen und macht darin spezifische Formen des vormodernen Heldentums aus, die sich in aktuellen Texten wieder finden. Vgl. Hans-Heino Ewers: Was ist von Fantasy zu halten? Anmerkungen zu einer umstrittenen Gattung, in: Ute Dettmar/Mareile Oetken/Uwe Schwagmeier (Hrsg.): SchWellengänge. Zur Poetik, Topik und Optik des Fantastischen in Kinder- und Jugendliteratur und -medien. Frankfurt a. M. 2012, 19–40.

schiedliche Standpunkte spannungsvoll ausgestaltet und kontrastiert werden, die polyvalente Facetten deutlich machen. Eng verbunden mit der Pluralisierung von spezifischen Genre-Elementen innerhalb einzelner Texte ist somit die Ebene der erzählerischen Konstruktion des *discours*. Im thematischen Kontext der ökologischen Krise scheinen in narratologischer Hinsicht zunächst wenige Experimente möglich zu sein, um das Thema in erzählerischer Einfachheit zu fokussieren – im Gegensatz zur aktuellen Entwicklung in anderen jugendliterarischen Texten, die komplexere Konstruktionen realisieren. In der Regel folgen diese Texte einer linearen Chronologie, erzählen überwiegend in der Ich-Perspektive und führen darüber die Betroffenheit der einzelnen Figuren vor. Eine Besonderheit lässt sich dabei dennoch beobachten, denn es zeigen sich immer wieder solche multiperspektivischen Erzählanlagen – wie in *Thelonius großer Reise, Breathe* oder *Somniavero* –, die einen facettenreichen Einblick in verschiedene Positionen gestalten.

Anja Stürzers Kinderbuch *Somniavero* (2012) trägt bereits im Untertitel die Bezeichnung *Ein Zukunftsroman* und ordnet sich darüber einem spezifischen Genre zu. Der Text entwirft zwei Zukunftsszenarien, die beide in Berlin verortet sind: Die erzählte Gegenwart findet im Jahr 2031 statt, während der zeitreisende Protagonist aus dem Jahr 2121 stammt. Urlaube finden in seiner Zeit nur noch in die Vergangenheit statt, um dort Natur erleben zu können. Neben den Anleihen aus den Genres der Fantastik und der Science-Fiction ist *Somniavero* aber auch eine klassische Geschichte einer Kinderbande und deren Freundschaft. In einem detektivischen Abenteuer, das an *Emil und die Detektive* im Berlin der 1920er Jahre erinnert, müssen die Freunde sich bewähren und immer wieder fließen dabei auch Anleihen aus dem Märchen ein, wenn etwa ein streunender Wolf durch Berlin zieht und mit der kulturellen Aufladung des Wesens gespielt wird.

Neben Referenzen auf verschiedene Erzähltraditionen beinhaltet die Ebene des *discours* einen – für ein Kinderbuch – ungewöhnlich komplexen erzählerischen Aufbau, der bereits in der äußeren Buchform aufgegriffen wird: Fünf Einzelbändchen sind in einem Schuber vereint und jeder Band etabliert einen anderen Ich-Erzähler. Dabei rücken nicht nur die Kinderfiguren in den Fokus, sondern auch die Sicht des erwachsenen Gegenspielers wird aufgegriffen. Diese multiperspektivische Konstruktion ist dabei geschickt über den narrativen Fluss verwoben, wenn sich am Anfang eines jeden Teils die Ereignisse mit denen des vorangegangen überschneiden, dabei jedoch neue Sichtweisen und Details liefern. So werden die polyvalenten Facetten und Absichten der Figuren spannungsvoll ausgestaltet und erzeugen ein dichtes Diskursnetz, in dem verschiedene Standpunkte miteinander in Berührung treten.[26]

---

26 Eine kulturökologische Lesart nach Zapf (2002) bietet sich für die Analyse an, siehe dazu auch: Elisabeth Hollerweger: »Wenn man Natur erleben will, dann muss man in der Zeit

Ergänzt wird der Schrifttext durch Illustrationen, die als eigenständiges Narrativ fungieren und beispielsweise die Übergänge zwischen den verschiedenen Erzählern auf der visuellen Ebene unterstützen. Wegweiser, Schilder und Karten werden dabei zum zentralen Motiv und in ihrer ungewöhnlich graphischen Schwarz-Weiß-Gestaltung als Collagen und Montagen spiegelt sich darin auch die zerstückelte erzählerische Konstruktion wider. Wichtiges Element ist dabei die Entfaltung des Zukunftsszenarios, das auf der topographischen Folie von Berlin die Folgen des Klimawandels auch in gesellschaftlicher Hinsicht nachzeichnet. So ist die Protagonistin Akascha ein Klimaflüchtling aus Pakistan und lebt illegal in dem mittlerweile verrufenen Stadtteil Kreuzberg. Die Topographie des Romans kontrastiert nicht nur die zerstörten Naturräume der beiden Zeitebenen in einer diachronen Sicht, sondern zeigt auch in synchroner Perspektive räumliche Separierungen und soziale Hierarchisierungen im Kontext der ökologischen Transformationen. Leitmotiv ist somit keine explizite Großkatastrophe, sondern die schleichende Transformation, die zu weitgreifenden gesellschaftlichen Umschichtungen und Konflikten führt. Daneben sind auch vegetarische Ernährung, die Artenvielfalt und der Anstieg des Meeresspiegels wichtige Themen, die der Text reflektiert in der *histoire* aufgreift.

## 7. Faktuales und fiktionales Erzählen

Das Changieren zwischen faktualem und fiktionalem Erzählmodus löst in diesem Kontext zunehmend Grenzen auf und lässt die Entwicklung graduell zunehmend hybrider Genres erahnen. Dabei etabliert sich insgesamt ein neues ökologisches Verständnis, wenn diese faktualen Diskurse wie selbstverständlich auch in anderen kinder- und jugendliterarischen Texten im Nebengeschehen thematisiert werden. Diese Beobachtung streift dabei sowohl ›realistische‹ als auch ›fantastische‹ KJL. In den populären Percy-Jackson-Romanen werden so nicht nur antike Heldensagen adaptiert, sondern die jungen Heroen sorgen sich auch um die Umwelt:»Deine Gattung müllt die Welt dermaßen schnell zu, dass … ach egal. Es hat doch keinen Sinn, einem Menschen Vernunft predigen zu wollen.«[27] Es erzählen aber auch immer mehr Öko-Sachbücher mit einer fiktionalen Rahmenhandlung und lassen hybride Erzähl- und Informationstexte entstehen. Als voraussetzungsvolle Comics sind Jens Harders *Alpha* (2009) und *Beta* (2014) angelegt. Darin zeichnet Harder die ökologischen Transformationen und evolutionären Entwicklungen von der Entstehung der Erde bis

zurückkreisen«. Der Zukunftsroman *Somniavero*, in: Sabine Planka (Hrsg.): Die Zeitreise. Ein Motiv in Literatur und Film für Kinder und Jugendliche. Würzburg 2014, 185–204.

27  Rick Riordan: Percy Jackson. Hamburg 2006, 227. Siehe dazu weiter: Jana Mikota: Fantastische Wesen als neue Umweltretter, in: DEUTSCHUNTERRICHT 2, 2014, 19–20.

zur Gegenwart nach. Neben den wissenschaftlichen Erklärungen fließen immer wieder Zitate und Ikonen aus dem kulturellen Bildergedächtnis ein, was auf einer Meta-Ebene die mediale Prägung, Vermittlung und unmittelbare Verschränkung von Kultur und Natur verdeutlicht und visuell aufgreift. Gleichzeitig wird der Comic zum Hybrid zwischen faktualem Sachcomic und fiktionaler Gestaltung. Dies gilt etwa auch für Yuko Ichimuras *Tagebuch nach Fukushima* (2012), in dem sie ihre Eindrücke der Ereignisse und Folgen des Reaktorunfalls von Fukushima erzählt. Längere Tagebucheinträge, kurze Comicsequenzen und einzelne Illustrationen stehen dabei im wechselseitigen Austausch, zitieren immer wieder Bilder der medialen Berichterstattung und liefern eine intime Schilderung, in der sich das persönliche Schicksal der Erzählerin mit dem gesamtgesellschaftlichen Kontext unauflöslich verbindet.

## 8. Fazit

Neben der hybriden narrativen Gestaltung ökologischer Themen erfährt insbesondere also die Kombination mit einer Bildebene große Popularität und das intermediale Spektrum umfasst dabei nicht nur Bilderbücher und Comics, sondern auch PC-Spiele, Filme und Serien. Der Film zur Serie *Die Simpsons* (2007) ist ein exemplarischer Vorreiter, der sowohl eine zunehmende Doppeladressierung aufweist als auch die Verbindung eines ökologischen Krisenszenarios mit vielfältigen Erzählstrategien, die hier insbesondere komische und satirische Dimensionen streifen.

Die aktuelle KJL bietet eine breite Palette an Themen und Erzählstrategien, die sich beständig der Allgemeinliteratur annähern und ökologische Transformationen in verschiedenen Facetten aufgreifen. Es zeigt sich aber auch, dass in der KJL insbesondere die Dystopie eine funktionale Umdeutung erfährt bzw. in der narrativen Gestaltung nicht eigenständig auftritt, sondern immer mit weiteren Erzählstrategien und Elementen anderer Genres angereichert wird und hybride neue Formen etabliert. In Abstufungen variabel ist dabei das Erklärungsangebot für die ökologischen Krise: Explizit menschliches Versagen, atomare Kriege oder übernatürliche Ereignisse gestalten die verschiedenen Dimensionen künftiger Entwicklungen aus, ohne dabei aber in letzter Drastik die möglichen katastrophalen und unumkehrbaren vernichtenden Folgen auszumalen.

Die Verbindung des dystopischen Ausgangssettings mit der Krise der Adoleszenz markiert eine der narrativen Strategien der aktuellen Jugendliteratur und lässt die Überlegung zu, dass zwar durchaus von drastischen ökologischen Szenarien erzählt wird, diese aber nicht als alleinstehendes Thema auftreten. Mit der erzählten zeitlichen Verortung in der direkten Gegenwart knüpfen die Geschichten dennoch an aktuelle Diskurse an und markieren diese als wichtige Themen. Trotz der entfalteten drastischen Szenarien enden die Geschichten mit einem positiven Ausblick – in letzter Konsequenz kann man den antizipierten jungen Lesern die Folgen der ökologischen Krise offenbar nicht zumuten. Die fiktionale Ausgestaltung wird so zwar zum Entlastungsraum, in der mögliche Ängste und Bedrohungen durchgespielt werden können, dabei aber immer ein hoffnungsvolles Ende anbieten. Diese Beobachtung markiert durchaus einen zeitspezifischen Wandel, der sich exemplarisch an Gudrun Pausewangs *Die Wolke* ablesen lässt: Während der Roman aus den 1980er Jahren mit einem drastischen und hoffnungslosen Ende offen verbleibt, entwirft die aktuelle Verfilmung der 2000er Jahre ein verharmlostes Bild. Im Anschluss an die von Lindenpütz entwickelten Funktionen ökologischer KJL lässt sich daraus eine nun gewandelte Funktion ableiten, die von den vorangegangen Tendenzen abweicht. Es erscheinen zwar weiterhin radikale und dystopisch-skeptische Texte, die nun aber ein versöhnliches Ende anbieten.[28]

## Literaturverzeichnis

Blümer, Agnes: Crossover-Literatur/All-Age-Literatur, in: Franz, Kurt (Hrsg.): Kinder- und Jugendliteratur. Ein Lexikon. Autoren, Illustratoren, Verlage, Begriffe. Teil 5. Meitingen 2011.

Dürbeck, Gabriele/Feindt, Peter H.: Der Schwarm und das Netzwerk im multiskalaren Raum. Umweltdiskurse und Naturkonzepte in Schätzings Ökothriller, in: Ermisch, Maren/Kruse, Ulrike/Stobbe, Urte (Hrsg.): Ökologische Transformationen und literarische Repräsentationen. Göttingen 2010, 213–230.

Ernst, Jutta: Hybride Genres, in: Nünning, Ansgar (Hrsg.): Metzler Lexikon Literatur- und Kulturtheorie. Ansätze – Personen – Grundbegriffe. 4., aktual. u. erw. Aufl. Stuttgart 2008, 296–297.

Ewers, Hans-Heino: Was ist von Fantasy zu halten? Anmerkungen zu einer umstrittenen Gattung, in: Dettmar, Ute/Oetken, Mareile/Schwagmeier, Uwe (Hrsg.): SchWellengänge. Zur Poetik, Topik und Optik des Fantastischen in Kinder- und Jugendliteratur und -medien. Frankfurt a. M. 2012, 19–40.

– Literatur für Kinder und Jugendliche. Eine Einführung. 2. überarb. u. aktual. Aufl. Paderborn 2012, 135–153.

– Kinder und Natur, Kinder der Natur. Ansichten zum kindlichen Naturverhältnis vom ausgehenden 18. Jahrhundert bis zur Gegenwart – ein Streifzug, in: Ewers, Hans-Heino/Glasenapp, Gabriele von/Pecher, Claudia Maria (Hrsg.): Lesen für die Umwelt. Natur, Umwelt und Umweltschutz in der Kinder- und Jugendliteratur. Baltmannsweiler 2013, 1–12.

Glasenapp, Gabriele von: Apokalypse now! Formen und Funktionen von Utopien und Dystopien in der Kinder- und Jugendliteratur, in: Ewers, Hans-Heino/Glasenapp, Gabriele

---

28 Mit Blick auf das internationale Spektrum der KJL, das insbesondere in Deutschland durch viele Übersetzungen breit vertreten ist, sind dabei einzelne Tendenzen zu wiederkehrenden narrativen Strukturen und inhaltlichen Elementen auszumachen. Beispielsweise ist in US-amerikanischen Texten neben der Parallelisierung von Adoleszenz und ökologischer Krise ein starker religiöser Einschlag auszumachen. Der dezidierte Vergleich dieser Nationalliteraturen wäre noch einmal Thema für eine weitere Untersuchung.

von/Pecher, Claudia Maria (Hrsg.): Lesen für die Umwelt. Natur, Umwelt und Umweltschutz in der Kinder- und Jugendliteratur. Baltmannsweiler 2013, 67–86.

Grevet, Yves: Méto. Die Welt. München 2013.

Griem, Julika: Hybridität, in: Nünning, Ansgar (Hrsg.): Metzler Lexikon Literatur- und Kulturtheorie. Ansätze – Personen – Grundbegriffe. 4., aktual. u. erw. Aufl. Stuttgart 2008, 297–298.

Hollerweger, Elisabeth: Nachhaltig Lesen! Gestaltungskompetenz durch fiktionale Spiegelungen, in: interjuli 01, 2012, 97–108.

– »Wenn man Natur erleben will, dann muss man in der Zeit zurückkreisen«. Der Zukunftsroman *Somniavero*, in: Planka, Sabine (Hrsg.): Die Zeitreise. Ein Motiv in Literatur und Film für Kinder und Jugendliche. Würzburg 2014, 185–204.

Hollerweger, Elisabeth/Stemmann, Anna: *Wenn möglich, bitte wenden* … Klimawandel als Makrothema einer Bildung für nachhaltige Entwicklung im medienintegrativen Deutschunterricht am Beispiel des Comics *Die große Transformation*, in: Josting, Petra/Dreier, Ricarda (Hrsg.): Lesefutter für Groß und Klein. Kinder- und Jugendliteratur nach 2000 und literarisches Lernen im medienintegrativen Deutschunterricht [kjl&m 14.extra]. München 2014, 169–177.

Lindenpütz, Dagmar: Natur und Umwelt als Thema der Kinder- und Jugendliteratur, in: Lange, Günter (Hrsg.): Taschenbuch der Kinder- und Jugendliteratur. Bd. 2. Baltmannsweiler 2000, 727–745.

– Das Kinderbuch als Medium ökologischer Bildung. Untersuchungen zur Konzeption von Natur und Umwelt in der erzählenden Kinderliteratur seit 1970. Essen 1999.

Mikota, Jana: Fantastische Wesen als neue Umweltretter, in: DEUTSCHUNTERRICHT 2, 2014, 19–20.

Rajewsky, Irina: Intermedialität. Tübingen/Basel 2002.

Riordan, Rick: Percy Jackson. Hamburg 2006.

Roeder, Caroline: Die Dystopie als Dschungelcamp, in: Der Deutschunterricht 64.4, 2012, 36–45.

Schweikert, Ralf: Nur noch kurz die Welt retten. Dystopien als jugendliterarisches Trendthema, in: kjl&m 64.3, 2012, 3–11.

– Wenn die Welt in Schutt und Asche fällt. Dystopien – der Versuch einer Einordnung, in: JuLit 1, 2014, 14–21.

Seibel, Klaudia: Hybridisierung, in: Nünning, Ansgar (Hrsg.): Metzler Lexikon Literatur- und Kulturtheorie. Ansätze – Personen – Grundbegriffe. 4., aktual. u. erw. Aufl. Stuttgart 2008, 297.

Serres, Michel: Erfindet euch neu! Berlin 2013.

Stemmann, Anna: Gezeichnete Umwelt. Übergänge von faktualem und fiktionalem Erzählen in der Graphic Novel, in: kjl&m 67.3, 2015, 69–77.

– »Mit den unzulänglichen Möglichkeiten unserer Sprache kaum zu beschreiben.« Intermediales Erzählen und narratologische Hybridisierungsprozesse, in: interjuli 02, 2014, 6–23.

Thiele, Jens: Im Bild sein … zwischen den Zeilen lesen. Zur Interdependenz von Bild und Text in der Kinderliteratur, in: Oetken, Mareile (Hrsg.): Texte lesen – Bilder sehen. Beiträge zur Rezeption von Bilderbüchern. Oldenburg 2005, 11–15.

Ulm, Christina: Tabula rasa. Die jugendliterarische Insel im Spannungsfeld zwischen Utopie, Dystopie und Heterotopie, in: kjl&m 3, 2012, 12–17.

Wanning, Berbeli: Nachhaltigkeit lehren. Die Forschungsstelle für Kulturökologie und Literaturdidaktik, in: kjl&m 13.4, 2013, 62–68.

Wanning, Berbeli/Stemmann, Anna: Ökologie in der Kinder- und Jugendliteratur, in: Dürbeck, Gabriele/Stobbe, Urte (Hrsg.): Ecocriticism. Eine Einführung. Köln u. a. 2015, 258–270.

Weinkauff, Gina: »Wo Kinder sind, da ist ein goldenes Zeitalter«. Die romantische Gegenbewegung, in: Weinkauff, Gina/Glasenapp, Gabriele von: Kinder- und Jugendliteratur. Paderborn 2010, 44–71.

Weinkauff, Gina/Dettmar, Ute/Möbius, Thomas/Tomkowiak, Ingrid (Hrsg.): Kinder- und Jugendliteratur in Medienkontexten: Adaption – Hybridisierung – Intermedialität – Konvergenz. Frankfurt a. M. 2014.

Zapf, Hubert: Literatur als kulturelle Ökologie. Zur kulturellen Funktion imaginativer Texte am Beispiel des amerikanischen Romans. Tübingen 2002.

Elisabeth Hollerweger

# Sich der Krise einschreiben

## Das Tagebuch als ökologisches Genre

»[D]as Tagebuch ist der scheinbar paradoxe Fall einer Literaturgattung, die so tut, als sei sie keine Literatur«,[1] bringt Lindner ein Kriterium auf den Punkt, das die von ihm untersuchten empirisch-literarischen Schriftstellertagebücher ebenso auszeichnet wie fiktive Tagebuchliteratur. Diese in der Forschung vorwiegend unabhängig voneinander verhandelten diaristischen Phänomene verbindet demnach nicht nur, dass sie formal »explizit oder implizit chronologisch geordnet sind«,[2] sondern auch, dass ihre Literarizität von der genrespezifischen Unmittelbarkeit überlagert oder – biologisch gesprochen – gewissermaßen getarnt wird. Für die Untersuchung des Tagebuchs als ökologisches Genre ist neben dieser strukturellen Analogie zur Tier- und Pflanzenwelt auch und gerade die Frage interessant, welche erzählerischen Strategien für die Auseinandersetzung mit ökologischen Krisen daraus hervorgehen.

Bereits *Ökotopia*[3] als Klassiker ökokritischer Literatur ist durch die Mischung von Reportagen und Notizen als eine Art Tagebuch lesbar, in dem der fiktive Journalist William Weston seine Eindrücke verarbeitet. Gerade im Zuge der Globalisierung gewinnen neben dieser apperzeptiven Funktion aber auch die in und mit Tagebüchern erprobte Subjektivierung, Ichbehauptung und individuelle Positionsbestimmung an Bedeutung, die angesichts der komplexen gesellschaftlichen, ökologischen und ökonomischen Zusammenhänge zur immer größeren Herausforderung werden. Dies spiegelt sich sowohl in einer Viel*zahl* an tagebuchähnlich strukturierten, dokumentarischen Selbsterfahrungsberichten[4] als auch in der Viel*falt* ästhetisch gestalteter Tagebücher wider. Letztere steht im Fokus des vorliegenden Beitrags und wird am Beispiel

---

1 Martin Lindner: »Ich« schreiben im falschen Leben. Passau 1998, o. P. http://martin lindner.pressbooks.com/front-matter/introduction/.
2 Ebd.
3 Ernest Callenbach: Ökotopia. Berlin 1978. Engl. Original: Ecotopia. The Notebooks and Reports of William Weston. Berkeley 1975.
4 Vgl. z.B. Leo Hickman: Fast nackt. München 2006; Peter Unfried: Al Gore, der neue Kühlschrank und ich. Köln 2008; Karen Duve: Anständig essen. Köln 2010.

von Liane Dirks' *Falsche Himmel*[5] (2006), Saci Lloyds *Euer schönes Leben kotzt mich an!*[6] (2009) und Yuko Ichimuras *03/11. Tagebuch nach Fukushima*[7] (2012) herausgearbeitet. Die drei Werke decken hinsichtlich der Thematik, der Form, des Adressatenbezugs sowie der Entstehungskontexte ein möglichst breites Spektrum ab und scheinen gerade deshalb geeignet, Charakteristika und Differenzierungen von Tagebuchliteratur systematisch zu erschließen. Im Rahmen eines Direktvergleichs soll deshalb exemplarisch analysiert werden, welche ökologischen Krisen und Konflikte in den Werken ausgestaltet werden, wie sich das schreibende Ich zu diesen bzw. innerhalb dieser Krisen positioniert, welche Rolle das Schreiben im Umgang mit dieser Krise einnimmt, auf welche Weise tagebuchtypische Elemente als Gestaltungsmittel eingesetzt oder variiert werden und inwiefern sich dies in den kulturökologischen Funktionen der Werke niederschlägt.

## 1. Differenzierung und Charakteristika von Tagebuchliteratur

Als »Randerscheinung der Literatur«, die unter den wissenschaftlichen Untersuchungsgegenständen »immer noch eine etwas unklare Position einzunehmen scheint«,[8] verortet Gugulski die Gattung des Tagebuchs und erfasst damit treffend die überschaubare Forschungslage. Weder eine transparente Kategorisierung der verschiedenen Repräsentationsformen noch ein übergreifendes Analysemodell haben sich bisher etabliert, was nicht zuletzt auf die fließenden Übergänge zwischen banal-alltäglichen, authentisch-literarischen und ästhetisch-fiktiven Tagebüchern zurückzuführen ist. Wie Lindner in Beispielanalysen zeigt, »unterscheidet also den Tagebuchtext selbst nichts von einer Ich-Erzählung – abgesehen vom Authentizitätspostulat des diaristischen Paktes, der vom« Paratext festgelegt ist und als eine Art Leseanweisung fungiert.«[9] Dennoch hält er an der grundlegenden Differenzierung von empirischen und erfundenen Tagebüchern fest und definiert erstere durch ihren Fragmentcharakter, das Fehlen eines Adressaten, die explizite oder implizite chronologische Ordnung, den Verweis auf die außertextuelle Wirklichkeit und die Präsenz des Autors als schreibendes Ich. Davon ausgehend nimmt Lindner verschiedene Formen wie Logbuch, Journal, Reise- oder Traumtagebuch sowie Beispiele von

---

5 Liane Dirks: Falsche Himmel. Köln 2006. Im Folgenden wird daraus unter der Sigle FH zitiert.

6 Saci Lloyd: Euer schönes Leben kotzt mich an! Würzburg 2009. Im Folgenden wird daraus unter der Sigle EL zitiert.

7 Yuko Ichimura: 03/11. Tagebuch nach Fukushima. Hamburg 2012. Im Folgenden wird daraus unter der Sigle 03/11 zitiert.

8 Grzegorz Gugulski: Die Selbstdarstellung im Tagebuch. Wien 2002, 9.

9 Lindner: »Ich« schreiben im falschen Leben, o. P.

den 1950er bis zu den 1970er Jahren in den Blick, fokussiert aber auf die Abgrenzung von Tagebuch-Literatur vs. literarisches Tagebuch und schließt fiktive Beispiele aus seiner Untersuchung aus.

Die Unterschiede zwischen literarischen Tagebüchern und Tagebuchromanen konkretisiert hingegen Glowinski,[10] wenn er Tagebuchromane aufgrund ihres globalen Sinns der Aussage, ihrer monothematischen Konzeption und ihrer Stilisierung von potentiell zusammenhanglosen, polythematischen und – auf das Leben des Autors bezogen – multifunktionalen Tagebüchern abgrenzt.

Neben diesen Kategorisierungsversuchen liegen auch unterschiedliche Ansätze zur Definition und Einordnung des Tagebuchromans als fiktives Genre vor. Während Friedemann diesen Texten aufgrund der Unabgeschlossenheit der Ereignisse, der Unmittelbarkeit der Darstellung und der fehlenden zeitlichen Entfernung zum Geschehen eine »Mittelstellung zwischen epischer und dramatischer Kunst«[11] zuschreibt, werden sie ansonsten weitestgehend einhellig als Subgenre des Ich-Romans verortet, das sich durch das »Fehlen des persönlichen Zuhörers«,[12] die »Zentralstellung ohne zeitliche Retrospektive«[13] sowie »besonders authentisch wirkende fingierte Wirklichkeitsaussagen«[14] auszeichnet.

Da sich die vorliegende Untersuchung auf ein empirisches und zwei fiktive Tagebücher bezieht, erscheint vor diesem theoretischen Hintergrund besonders interessant, inwiefern sich die Abgrenzung aufrechterhalten lässt und wie die tagebuchspezifische Erzählweise eingesetzt wird, um ökologische Problemfelder zu thematisieren.

## 2. Paratextuelle Einordnung der untersuchten Tagebücher

Ein Blick auf die Paratexte der drei Bücher lässt bereits bei der Genrezuordnung deutliche Unterschiede erkennen: Ist *Falsche Himmel* schlicht als Roman deklariert und *Euer schönes Leben* noch konkreter als »Umweltroman aus dem Jahr 2015« untertitelt, findet sich die Ankündigung der Tagebuchform nur bei *03/11. Tagebuch nach Fukushima* explizit auf dem Cover wieder. Dies kann nicht zuletzt darauf zurückgeführt werden, dass *Falsche Himmel* und *Euer schönes Leben* als eindeutig fiktive Zukunftsszenarien ausgestaltet sind und deshalb

---

10  Michal Glowinski: *Powieść a dziennik intymny*, in: Gry powieściowe. Warschau 1973, 83.
11  Käte Friedemann: Die Rolle des Erzählers in der Epik. Darmstadt 1965, 47. Obwohl dieser Ansatz als überholt gelten kann, stellen die dahinterstehenden Überlegungen erwähnenswerte Ergänzungen zu aktuellen Theorien dar.
12  Kurt Forstreuter: Die deutsche Icherzählung. Nendeln/Liechtenstein 1967, 54.
13  Jochen Vogt: Aspekte erzählender Prosa. Eine Einführung in Erzähltechnik und Romantheorie. Opladen/Wiesbaden 1998, 76.
14  Käte Hamburger, zitiert bzw. ausgewertet nach Regina Hofmann: Der kindliche Ich-Erzähler in der modernen Kinderliteratur. Gießen 2009, 126.

auch entsprechend eingeordnet werden. *03/11* ist hingegen nach der Katastrophe in Fukushima zunächst für den SZ-Blog entstanden, basiert also auf den realen Ereignissen und wurde erst nachträglich für eine Buchpublikation aufbereitet. Diese ist genauso wie Lloyds Roman in einem Jugendbuchverlag erschienen, während Dirks' Text in der allgemeinen Belletristik anzusiedeln ist.

Darüber hinaus entstammen alle drei Werke unterschiedlichen kulturellen Kontexten und literarischen Lebensläufen: Liane Dirks ist seit den 1980er Jahren als deutsche Gegenwartautorin bekannt, die Britin Saci Lloyd hat zunächst in der Filmbranche und am College gearbeitet, bevor sie mit *Euer schönes Leben* bzw. dem britischen Originaltext *The Carbon Diaries* ihren ersten Roman vorgelegt hat, und die japanische Illustratorin und Regisseurin Yuko Ichimura ist nicht als Schriftstellerin, sondern in der Werbebranche tätig. Inwiefern sich diese Diversität von Entstehungshintergründen auch in den Werken niederschlägt, rückt in den folgenden Abschnitten in den Fokus.

## 3. Auslöser des Schreibens

Alle drei Tagebuchschreiberinnen sind in ökologische Krisenzusammenhänge eingebunden, die allerdings verschiedenartig zutage treten. Dies lässt sich auf Basis des Handlungsanalysemodells nach Leubner/Saupe[15] übersichtlich verdeutlichen. Denn geht man von den erzählerischen Kernelementen Komplikation, Auflösung sowie jeweiligen Faktoren aus, zeigt sich im Vergleich, dass sich nur die Komplikation in *Falsche Himmel* in natürlichen Gegebenheiten manifestiert: Unerträglicher werdende Hitze und steigende Ozonwerte stellen eine Schädigung für die verbliebenen Menschen dar und machen das (Über-)Leben zunehmend unmöglich. Dementsprechend bringt die Protagonistin, die als Mutter einer pubertierenden Tochter in mehrerlei Hinsicht an ihre Grenzen stößt, aufs Papier und auf den Punkt: »Die Atmosphäre hat uns im Stich gelassen.« (FH 34) Diese Personifizierung der Atmosphäre[16] verschiebt die anthropogene Verantwortung für den Status quo auf eine abstrakte Kategorie, die nicht zur Rechenschaft gezogen werden kann. Zwar wird darüber hinaus auch menschliches Fehlverhalten der Vergangenheit als Faktor der Komplikation angedeutet und die Schuldfrage immer wieder aufgeworfen, allerdings verlieren die Ursachen in Anbetracht der Wirkungen letztlich an Bedeutung. An die Stelle des sinnlos gewordenen gesellschaftlichen Klimaschutzes tritt eine individuelle Klimaanpassung, im Rahmen derer jeder nur noch um sein eigenes

---

15 Martin Leubner/Anja Saupe: Erzählungen in Literatur und Medien und ihre Didaktik. Baltmannsweiler 2006, 53.

16 Ähnlich werden auch die Welt und die Sonne anthropomorphisiert: »Die Welt hat Fieber.« (FH 25) oder »[Die Sonne] ist nicht mehr die alte.« (FH 33).

Überleben kämpft. Die wenigen und flüchtig bleibenden Begegnungen fungieren als Auslöser für Erinnerungen an eine vormals bessere Zeit, die den einzig beständigen Anhaltspunkt im Alltag der Protagonistin bilden. Aufgrund der irreversiblen und globalen Umweltveränderungen ist eine Auflösung der Komplikation nicht möglich, auch wenn der Roman mit dem zu Beginn kategorisch ausgeschlossenen Aufbruch aus den gewohnten Zusammenhängen endet. In Anbetracht der globalen Omnipräsenz des atmosphärischen Kollapses wirkt diese lokale Flucht wie ein Selbstbetrug, steht aber gleichzeitig für einen instinktiven Überlebenswillen, der rationale Argumente aus- bzw. durch irrationale Hoffnungen überblendet.

Naturereignisse stehen zwar auch in *Euer schönes Leben* in Form von Stürmen und Wetterextremen im Fokus, fungieren innerhalb der Handlungslogik aber eher als Faktoren für die eigentliche Grundkomplikation. Diese manifestiert sich in der politischen *top-down*-Maßnahme der Energierationierung, die für die Menschen in Großbritannien mit einem grundlegenden Wandel der bisherigen Konsum- und damit auch Lebensgewohnheiten einhergeht. Diese Schädigung der Bevölkerung durch die Regierung fasst die jugendliche Protagonistin Laura in einer Mischung aus Ironie und Fatalismus zusammen:

Als ich heute morgen wach wurde, hatte jemand die Erde so sehr verunreinigt, dass das Klima total im Eimer war, in GB wurde die Energie rationiert und kein Mensch hatte jemals wieder Spaß. (EL 91)

Bleibt die Schuldzuweisung an dieser Stelle noch undefiniert vage, ist die Bewältigung des neuen Alltags, die Laura in ihrem Tagebuch dokumentiert, immer wieder geprägt von einer kritischen Auseinandersetzung mit der egoistischen Elterngeneration. In letzter Kausalität lassen sich die gesellschaftlichen Naturverhältnisse dadurch gleichermaßen als Ursache und Wirkung natürlicher Umweltveränderungen begreifen. Die Auflösung der Komplikation kann insofern als negativ betrachtet werden, als die Rationierung in Anbetracht zunehmender Stürme nicht aufgehoben oder rückgängig gemacht, sondern weiter verschärft wird. Aufgrund des bis dahin vollzogenen und verbreiteten Bewusstseinswandels innerhalb der Bevölkerung ist diese Verstetigung aber nicht mehr negativ konnotiert, sondern wird als notwendig akzeptiert und positiv umgedeutet.

Die Chiffre »Fukushima« erscheint in *03/11* bereits im Titel als schreibauslösende Grundkomplikation und umfasst sowohl die natürlichen Phänomene Erdbeben und Tsunami als auch die darauf folgenden technischen Reaktorstörfälle. Während erstere auf die topographische Lage der japanischen Großstadt zurückzuführen sind und dementsprechend auch nicht grundsätzlich erörtert werden, stellt Yuko letztere in ihren Tagebuchaufzeichnungen zumindest punktuell als eine Folge menschlichen und politischen Versagens in Frage. Dem Tagebuchtext, der erst nach der Komplikation der Handlung mit der rückblickenden Einschätzung »Ich dachte, ich muss sterben« (03/11 19) einsetzt, werden

Comicsequenzen vorangestellt, die die Schädigung der Protagonistin durch die Naturkatastrophen ins Bild setzen. Der Komplexität und Realität dieser Komplikation entsprechend kann die Auflösung nur auf individueller Ebene erfolgen und wird ausgestaltet in Yukos »abgedroschen« pathetischer Fokussierung auf Gesundheit als eines der »wirklich wichtigen Dinge in meinem Leben« (03/11 169).

Die Umweltkrise ist demnach auf verschiedenen Ebenen für die Entfaltung der Handlung von Bedeutung, kann aber in allen drei Texten am Ende nicht eindeutig aufgelöst werden.

## 4. (Selbst-)Konstruktionen des schreibenden Ichs

Die Ich-Erzählerinnen unterscheiden sich nicht nur hinsichtlich der natürlichen Rahmenbedingungen, innerhalb derer sie interagieren, sondern auch hinsichtlich der Lebensphasen, in denen sie mit der ökologischen Krise konfrontiert werden. Während sich Dirks' namenlose Ich-Erzählerin als Mutter mit der Pubertät und der damit verbundenen Ablösung ihrer Tochter Reba konfrontiert sieht, tritt Laura als pubertierender Teenager in einem entscheidenden Stadium der Selbstfindung in Erscheinung. Yuko steht hingegen zwischen diesen beiden Abschnitten auf eigenen Beinen und wohnt zwar mit ihrem Partner zusammen, wirkt aber in ihrer Lebensplanung und -gestaltung unabhängig und selbstbestimmt. Gerade die Korrelation von Alter der Figuren und Ausmaß der Umweltkrise wirkt sich entscheidend auf die Figurendynamik aus. So unterscheidet sich die resignierte und stagnierende Ich-Erzählerin in *Falsche Himmel* grundsätzlich von den jüngeren Protagonistinnen, die an ihren Aufgaben wachsen, ein erweitertes Verständnis für den Umgang mit der Krise gewinnen und sich und ihre Beziehungen zu anderen im Laufe der Erzählung immer wieder neu definieren, wobei Lauras Entwicklung wesentlich weitreichender wirksam wird als die von Yuko.

Die jeweilige Situation der Protagonistinnen spiegelt sich in Sprache und Stil ihrer Tagebücher wider. In *Falsche Himmel* zeichnen sich diese durch eine Mischung von parataktisch-nüchternen Beobachtungen und hypotaktisch-ausschweifenderen Überlegungen aus und lassen neben einer »ausgeprägten Neigung zu Alltagsphilosophie und syntaktisch über Kreuz gestellten Sentenzen«[17] auch das Bemühen um eine situationsadäquate Ausdrucksform erkennen.[18]

---

17  Sandra Kerschbaumer: Schrecklich, in: FAZ 21.09.2006.

18  Den dadurch erzeugten Grundton hält Rezensentin Meike Feßmann für »schwer erträglich: mal raunt der Tiefsinn, mal flapst forcierte Munterkeit, mal soll Lakonie vorgeführt werden, die aber, weil man ihr die Mühe anmerkt, gerade nicht lakonisch ist; ein Ausrufezeichen jagt das andere.« Meike Feßmann: Ein Skistock geht im Walde, in: Süddeutsche Zeitung 04.10.2006.

Demgegenüber sind Lauras Einträge geprägt von ihrer jugendsprachlich-salop-
pen Ausdrucksweise, in die ihre Emotionen, ironischen Alltagsbeobachtungen
und spontanen Vergleiche ungefiltert eingehen und die gerade deshalb unmittelbar und authentisch wirkt. Yuko Ichimuras Darstellung unterscheidet sich
von beiden Werken durch einen konstant lockeren, oberflächlichen Plauderton,
in dem sie ihre täglichen Eindrücke schildert, ohne dabei so philosophisch wie
Dirks' namenlos bleibende Heldin oder so direkt wie Lloyds Laura zu werden.

Das zeigt sich auch in intermedialen Bezugnahmen, die Rajewsky in ihrer
einschlägigen Intermedialitätstheorie grundlegend ausdifferenziert hat.[19] Obwohl alle drei Tagebuchschreiberinnen auf evozierende Systemerwähnungen
qua Transposition zurückgreifen, die laut Rajewsky »die Uneigentlichkeit der
filmischen Qualität des fraglichen Objekts in anderer, einem Vergleich entsprechender Weise offenlegen«,[20] kommen diesen jeweils unterschiedliche Bedeutungen zu. In *Falsche Himmel* dient der Rückgriff auf tradierte topographische
Narrative zunächst der detailgenauen Veranschaulichung der eigenen Situation:

Man kommt sich vor wie in Westernfilmen von früher, wo Knäuel von Wermut und
Sand durch leere Geisterstädte fegen, getrieben vom großen Ventilator, der seitlich neben den Kulissen steht. (FH 136)

Bleibt diese Bestandsaufnahme durch das Indefinitpronomen zunächst neutral,
wird im nächsten Abschnitt der Bogen zum erzählenden Ich geschlagen, aber
letztlich sofort wieder dekonstruiert:

Das habe ich lange nicht mehr gedacht, dass ich mir vorkomme wie im Film. Aber mir
fällt gerade auf, dass ich das eigentlich noch nie gedacht habe. Das haben immer andere getan. (FH 136)

Somit endet der Versuch, die omnipräsente, verunsichernde Tristesse greifbar
zu machen und in vertraute Erzählzusammenhänge einzuordnen, in einer erneuten Abgrenzung des Ichs von den Anderen und einer dabei mitschwingen-
den, aber nicht weiter konkretisierten Schuldzuweisung. Lauras medienunspezi-

---

19 Vgl. Irina Rajewsky: Intermedialität. Tübingen/Basel 2002. Für die Romananalyse
ist insbesondere das Phänomen der Systemerwähnung qua Transposition von Bedeutung,
das sich in Rajewskys Modell folgendermaßen einordnen lässt: Während eine explizite
Systemerwähnung dann vorliegt, wenn das Bezugssystem benannt oder reflektiert wird, ist
die Systemerwähnung qua Transposition mit verschiedenen Formen der Illusionsbildung
verbunden. Dieses »Als ob« des Medialen kann erzeugt werden durch: die *evozierende*
Systemerwähnung qua Transposition, die sich in Form von Vergleichen realisiert und die auf
den medialen Erfahrungswerten des Lesers aufbaut; die *simulierende* Systemerwähnung qua
Transposition, die sich in einer sprachlichen Imitation der medialen Mikroform realisiert;
die *teilreproduzierende* Systemerwähnung qua Transposition, die sich realisiert in einer Reproduktion medienunspezifischer Komponenten des Bezugssystems mit Mitteln des literarischen Systems.
20 Ebd., 91.

fisch bleibende Evokation »Es kommt einem vor wie Science Fiction, so sehr hat sich unser Leben in den letzten fünf Monaten geändert« (EL 127) dient hingegen der Authentizitätssteigerung. Das »wie« des Vergleichs impliziert die Abgrenzung der Romanhandlung von Science Fiction und rüttelt an der Sicherheit des das Geschehen nur beobachtenden Science-Fiction-Lesers.

Yuko Ichimura nutzt die intermediale Bezugnahme genau umgekehrt, um die realen Auswirkungen des Erdbebens in ihrer Wohnung in den Slapstick-Bereich zu verschieben:

Der Spiegel ist nach vorn durch den Türrahmen gekippt, aber nicht zerbrochen. Ich stelle mir die Szenen vor wie in einem Slapstick-Film mit Buster Keaton. Der Spiegel ist Keaton und fällt durch den Rahmen. Boing. Lacher. (03/11 21)

Der Übergang von der evozierenden Systemerwähnung in eine simulierende qua Transposition macht deutlich, wie sehr Yuko in dieses komödiantische Bild eintaucht, um die in ihrer Wohnung sichtbare eigene Betroffenheit zu überspielen.

## 5. Bedeutung des Schreibens

Den grundverschiedenen Konstitutionen und Situationen der Protagonistinnen entsprechend erfüllt das Tagebuch auch jeweils andere Funktionen. Die expliziteste und vielfältigste Thematisierung des Schreibaktes findet sich in *Falsche Himmel*. Inmitten des apokalyptischen Szenarios erscheint Schreiben als letzte Option, der Welt Ordnung und Struktur zu verleihen, sich selbst und die individuelle Geschichte darin zu verorten und Eindrücke der Gegenwart in einen kausalen Zusammenhang zu den Erinnerungen an die Vergangenheit zu bringen. Beim Versuch, den irritierenden Besuch einer Freundin zu verarbeiten, bietet das Schreiben der Protagonistin beispielsweise die Möglichkeit, verschiedene Erklärungsansätze zu entwickeln und zu einem Resümee zu gelangen, das als Resultat der schriftlichen Auseinandersetzung zumindest angedeutet wird, wenn es heißt: »[...] oder weiß ich es erst jetzt, da ich es schreibe?« (FH 21).

Noch expliziter als diese Sortierfunktion stellt die Erzählerin die Bedeutung des schriftlichen Festhaltens von Zeit heraus: »Dies ist eine neue Zeit. Und ich halte sie fest. Das habe ich mit der alten auch schon gemacht, aber ungenau. Das muss jetzt besser werden.« (FH 25) Scheinen diese Aufgabe und die damit verbundene Selbstdisziplinierung sich zunächst jeglicher Begründung zu entziehen und einer unhinterfragbaren Notwendigkeit zu folgen, werden sie im weiteren Verlauf in höhere Bedeutungszusammenhänge gestellt: »Ich schreibe sie [die Zeit; E. H.] nämlich auf. Wenn etwas Sinn hat, dann das. Als eine Form der Wiedergutmachung. Und einer muss es ja tun.« (FH 27) Die hier angeführten Aspekte der Sinnstiftung, der Kompensation und der Verpflichtung verdeutlichen die ambivalente Konstitution der Protagonistin, die sich der Dokumenta-

tion einer verlorenen Zeit gewissermaßen ›verschreibt‹, den Status quo krampf-
haft für eine im Untergang begriffene Nachwelt bewahren will und darin eine
Absolution zu finden hofft, die ihr im Leben verwehrt bleibt.

Die dadurch implizit aufgeworfene Schuldfrage verbindet die gesellschaftliche Katastrophe der Umweltzerstörung mit der individuellen Katastrophe des
erinnerten Unfalltodes der jüngeren Tochter, wirkt aber aufgrund der Irrever-
sibilität beider Ereignisse wie ein überflüssig gewordenes Relikt aus einem früheren Leben, das lediglich im Schreiben in einer Endlosschleife reproduziert
werden kann:

> Der Unfall und die Stürme, beides zur selben Zeit, dafür konnte ich nichts. Aufgeschrie-
> ben, hundertmal aufgeschrieben: Ich war nicht da. Dafür konnte ich nichts. (FH 61)

Doch nicht nur die Vergangenheit, auch die Gegenwart entzieht sich der akribischen Konservierung, denn die exakte Zeitmessung, die diesem fragwürdig erscheinenden Unterfangen zugrunde liegt, fällt letztlich der Ressourcenknapp-
heit zum Opfer: »Der Strom ist aus, die Zeit ist weg. Was soll ich jetzt schreiben?
Gescheitert? Wieder einmal.« (FH 28) Gleichzeitig geht mit einer Schreibpause
der Verlust des eigenen Zeitgefühls einher. Obwohl es im Alltag keine Anhaltspunkte mehr gibt, um die einzelnen Wochentage voneinander zu unterscheiden, und die Woche als überkommene Ordnungseinheit und »Fiktion« (FH 83)
entlarvt wird, basiert das Tagebuch auf der alten Zählung und erhält diese auf-
recht. Demnach verschwimmen die Wochentage, sobald sie nicht mehr regelmäßig schriftlich fixiert werden: »Heute ist doch Freitag, oder? Ich habe länger nicht mehr hier reingeschrieben.« (FH 41) Wie sehr die Protagonistin das
Schreiben als Reflex der Selbstvergewisserung verinnerlicht hat, wird deutlich,
wenn sie ihre Einträge auch in Momenten, in denen sie nicht bei Bewusstsein ist,
fortsetzt. Der in synchroner Erzählweise wiedergegebene Traum verschafft dem
Leser insofern einen Wissensvorsprung gegenüber der Tagebuchschreiberin, als
diese sich weder daran erinnern kann noch in der Lage ist, ihre Notizen dazu
zu entziffern: »Ich musste geschrieben haben. Die Schrift sah aber gar nicht aus
wie meine, sie war ganz klein, winzig, zeichenhaft, eine Art Stenographie. Lesen
konnte ich davon nichts.« (FH 92)

Trotz dieser individuellen Prägung hält die Protagonistin bis zum Schluss an
der Allgemeingültigkeit, der Beständigkeit und der Tragweite ihrer Aufzeichnungen fest, grenzt sie von emotionsüberfrachteten Erinnerungen ab und stellt
sie auf eine Stufe mit den ältesten Beweisen vergangenen Lebens:

> ich werde alles zurücklassen, auch meine Geschichte hier. Eine Art Einschluss, eine
> Gravur. Wir sind da gewesen. Uns gab es. Das ist etwas völlig anderes als Bewahrung
> und Erhalt. Wir sind zu Lebzeiten schon zum Fossil mutiert. Fossilien hinterlassen
> Abdrücke, aber keine Erinnerung. Der Erinnerung haften immer Gefühle an und
> Gefühle sind flüchtig. Ein Abdruck ist mehr als ein Gefühl. Ein Abdruck ist der Be-
> leg für Existenz. (FH 117)

Der Vergleich des eigenen Tagebuchs mit Fossilien löst die Grenzen zwischen Kultur- und Naturprodukt, zwischen bewusster Konstruktion und erdgeschichtlich entstandenem Zeugnis auf und spitzt die essentielle Bedeutung, die dem Medium Tagebuch in *Falsche Himmel* zugeschrieben wird, eindrücklich zu. Zentral erscheint dabei die Materialität des Schreibheftes, auf die bereits der vorangestellte Satz »Hinterlegt vor dem Durchschreiten einer Lichtschranke« verweist und die letztlich den Inhalt überlagern und überdauern soll. Erst nachdem das Heft voll ist, kann sich die Protagonistin auf den Weg an einen vermeintlich besseren Ort machen.

Im Gegensatz zu dieser mehrschichtigen Funktionalisierung findet das Tagebuchschreiben in *Euer schönes Leben* fast nur dann Erwähnung, wenn es Laura aufgrund ihrer körperlichen oder seelischen Verfassung nicht mehr möglich ist. Nach dem in der U-Bahn miterlebten Stromausfall sowie dem darauf folgenden Heimweg zu Fuß konstatiert sie beispielsweise: »Heute kann ich nicht mehr weiterschreiben.« (EL 43) Da dieser Stellungnahme eine ausführliche Beschreibung des Tages vorausgeht, wird neben den Ereignissen selbst auch das Schreiben über die Ereignisse als Grund dieser Erschöpfung nahegelegt. Wesentlich wortkarger fällt der Eintrag nach dem Treffen mit den Energieverschwendern am Vorabend einer wichtigen Prüfung aus, wenn es lediglich heißt: »Bin zu fertig, um jetzt noch mehr zu schreiben.« (EL 137) Diese Schreibabstinenz setzt sich am nächsten Tag insofern fort, als Lauras Bearbeitung der Prüfungsaufgaben den Tagebucheintrag ersetzt. Dabei wird offen gelassen, ob es sich dabei um einen Bruch mit der Tagebuchform handelt oder Laura ihren Prüfungsbogen an der entsprechenden Stelle in das Tagebuch einordnet, wie dies beispielsweise bei Zeitungsausschnitten, Flyern und anderen Dokumenten der Fall ist. »Zu müde um zu schreiben« (EL 225) äußert Laura sich über ihren Zustand während des Workshops mit ihrer Familie, dokumentiert dann aber im Zweistundenrhythmus ihre nächtliche Unruhe und ihren Rückzug vom Rest der Gruppe.

Obwohl das Tagebuch als solches nicht thematisiert wird, lassen Schilderungen wie »Ich schreibe jetzt am Ufer eines Bachs« (EL 225) darauf schließen, dass Laura ihre Schreibutensilien bewusst bei sich trägt, um Geschehnisse und Gedanken festzuhalten. Diese Konstruktion büßt in Anbetracht der durch einen Sturm eskalierenden Situation allerdings an Glaubwürdigkeit ein. Denn nachdem Laura um 1 Uhr nachts noch festhält »Ich kann kaum schreiben, meine Hände sind total zerkratzt und zittrig« (EL 309), verlässt sie um 7 Uhr morgens fluchtartig das Haus, fällt beim Versuch, eine Frau zu retten, mehrfach ins Wasser, schreibt aber im Lagerhaus, in das sie anschließend ohne Zwischenstopp zu Hause gebracht wird, nach wie vor in ihr Tagebuch, dessen Mitnahme an keiner Stelle erwähnt wird. Auf die dadurch fraglich bleibende Materialität des Tagebuchs verweist lediglich Lauras Eintrag vor dem ersten großen Bandauftritt der Dirty Angels, den sie sicherheitshalber mit einer Notiz für ihre Mutter versieht: »Es ist *ganz und gar* ausgeschlossen, dass meine Mutter zu unserem Auftritt kommt. Und Mum, falls du das hier lesen solltest, das meine ich ernst.« (EL 149) Unbestimmter als bei dieser direkten Adressierung des potentiell schnüffelnden Elternteils bleibt die Du-Anrede in Lauras gedanklicher Abrechnung mit Ravi Datta: »Ich hasse Ravi Datta so sehr. Und weißt du, warum?« (EL 264) Da diese Frage an niemanden als das Tagebuch gerichtet wird, scheint dieses kurzzeitig vom unhinterfragten Dokumentationsmedium zum imaginierten Gesprächspartner zu avancieren.

Findet das Tagebuch als Medium bei Laura keine explizite Erwähnung, wird seine Funktion in *03/11* bereits im Prolog vorweggenommen: »In diesem Tagebuch habe ich aufgezeichnet, was sich in meinem Leben seit dem besagten Tag ereignet hat.« (03/11 17) Die Dokumentation von Ereignissen, die auch Dirks' Protagonistin antreibt, bei ihr aber für eine zweifelhafte Nachwelt vorgesehen ist und zudem immer wieder aus den Fugen gerät, wird in *03/11* zu einer »Live-Berichterstattung« (03/11 42), die mit der direkten Anrede nicht etwa des Tagebuchs, sondern des anvisierten Rezipienten einhergeht. Die sequentielle Publikation der Aufzeichnungen in einem deutschen Blog ist dabei konstanter Referenzrahmen, sodass Aufforderungen zur Meinungsäußerung durchaus wörtlich zu nehmen sind:

Bitte sagen Sie mir: Gibt es noch ein anderes Land, in dem sich die Leute in einer Situation wie dieser in eine Fantasiewelt der Monster und Superkräfte flüchten? (03/11 25)

Neben dieser interkulturellen Grenzüberschreitung und Positionierung gewinnt in Anbetracht sich zuspitzender Katastrophen das Schreiben und die dadurch hergestellte Verbindung nach Deutschland auch als Möglichkeit existentieller Selbstvergewisserung an Bedeutung. Das zeigt sich zunächst in einem Schreiben auf Vorrat, das die angekündigten Stromausfälle bereits vorbeugend kompensieren soll: »Ich habe einen riesenlangen Tagebucheintrag zu Tim nach Deutschland geschickt. Wer weiß, dachte ich, wann es das nächste Mal wieder Strom gibt.« (03/11 43) Diese Prospektivität wird parallel zu der immer stärkeren Fokussierung auf das Leben im Hier und Jetzt ersetzt durch synchrone Schilderungen: »Unverzüglich schreibe ich die Mail an Tim zu Ende. Ich will in diesem Moment unbedingt mit einem Teil der Welt in Kontakt stehen, der nicht ständig wackelt.« (03/11 83)

Das Versenden von Zustandsbeschreibungen via E-Mail avanciert hier zum einzigen verbleibenden Fixpunkt in einer sich unvorhersehbar verändernden Welt, an dem das schreibende Ich gerade im Moment akuter Bedrohung und Überforderung festhält. Erst später gewinnt das Tagebuch auch für eine rückblickende Rekonstruktion der Entwicklungen an Bedeutung und fungiert somit nicht nur für die Leser in Deutschland, sondern auch für die Schreiberin selbst als Informationsquelle, die die mediale Berichterstattung ergänzt: »Was genau ist an diesem Tag passiert? Nach einer Antwort suchend gucke ich in mein Tagebuch. Denn das habe ich auch für mich geschrieben.« (03/11 135)

Dieses Changieren zwischen privater und öffentlicher Kommunikation, zwischen selbstreflexivem und fremdreflexivem Schreiben sowie zwischen individueller und kollektiver Tagebuchnutzung spiegelt sich auch darin wider, dass Yuko die Schilderungen ihres Beziehungslebens implizit als deplatziert einstuft und durch einen Verweis auf die universelle Dimension ihrer Erfahrung zu rechtfertigen versucht:

Es wird jetzt alles sehr persönlich hier, aber ein Tagebuch ist ja auch persönlich. Ich denke, mein kleines Drama findet in dieser oder ähnlicher Form überall in Japan statt. Denn im Angesicht einer solchen Katastrophe zeigt sich schnell der wahre Kern eines Menschen. (03/11 60)

Ähnlich wie Laura die Fragilität ihrer Familie erst erkennt, als es auf deren Zusammenhalt ankommt, und die Rationierung dementsprechend wahrnimmt wie einen »Suchscheinwerfer, der alle kleinen Fluchten und Geheimnisse aufspürt und ans Licht bringt« (EL 61), wird auch Yuko im Zuge der Krise bewusst, wie sehr die Lebensplanung ihres Partners Yudai von ihrer eigenen abweicht und konstatiert: »Das Beben hat Dinge freigelegt, die vorher im Verborgenen waren.« (03/11 74) Ihre äußeren und inneren Bestandsaufnahmen stuft Yuko letztlich sogar als Ersatz für ihre Teilnahme an den öffentlichen Protesten gegen Atomkraft ein:

Ich stütze mich lieber auf meinen Besen, anstatt hinter einem Transparent zu stehen, und schreibe meinen Tagebucheintrag als meine kleine persönliche Demonstration. (03/11 137)

Schreibt Yuko zunächst vorwiegend ihre eigenen Gedanken, Gefühle und Sichtweisen nieder, erweitert sie im Laufe der Zeit zunehmend ihren Fokus und nutzt das Tagebuch schließlich als Erzählraum, um verschiedene Perspektiven und Schicksale festzuhalten und vor dem Vergessen zu bewahren:

Ich dachte außerdem, dass ich nicht das Recht besitze, hier ihre Geschichten zu erzählen und sie zu meinen Geschichten zu machen. Doch vielleicht ist es jetzt an der Zeit, bevor sie in Vergessenheit geraten. (03/11 93)

Somit lässt sich festhalten, dass die Funktionen, die dem Tagebuch als Medium der Krisenbewältigung zugeschrieben werden, sowohl hinsichtlich der Konstruktion des schreibenden Ichs und seiner Konflikte als auch hinsichtlich der Kontextualisierung und Publikationsform des Geschriebenen deutlich variieren und von intimer Selbstbespiegelung über detailgenaue Dokumentationen der Apokalypse bis hin zum öffentlichen Statement reichen.

## 6. Inszenierung der Tagebuchform

Eng mit diesen differierenden Bedeutungszuschreibungen verbunden ist auch die Ausgestaltung der Tagebuchform. Der Absicht des Ordnens und Dokumentierens entsprechend gehen den Einträgen in *Falsche Himmel* Angaben des Datums, der Zeit, der Temperatur, des Ozonwerts sowie des Zustands des Himmels voraus. Da die entsprechenden Informationen aber immer seltener verfügbar sind, treten an ihre Stelle entweder Fragezeichen oder uneinheitliche Überschriften wie»Später«,»Neuer Tag«,»Gespräche«,»Vorhin«,»Mitte des Heftes« oder»Wieder Dienstag, glaube ich, dann müsste der 11. sein, Sankt Martin!« Durch derartig heterogene Substitutionen erzeugt paradoxerweise gerade der Perfektionismus der Tagebuchschreiberin in *Falsche Himmel* die größten Lücken. Dies steht in deutlichem Kontrast zu wörtlich wiedergegebenen Dialogen, die die Genauigkeit der Protagonistin, gleichzeitig aber einen Bruch mit der Tagebuchform darstellen. Die erzählte Zeit erstreckt sich vom 10. August bis zum 17. Dezember eines undefiniert bleibenden Jahres in der Zukunft, was den Roman trotz des fiktionsintern formulierten Ziels, Zeit festzuhalten, letztlich zeitlos erscheinen lässt.

Dagegen ist Lauras Tagebuch in einer konkreten Zukunft des Jahres 2015 verortet, umfasst den Zeitraum vom 1. Januar bis zum 31. Dezember und die Einträge sind eher konventionell nach Monaten und einzelnen Wochentagen strukturiert. Ergänzt werden die schriftlichen Aufzeichnungen durch fingiertes dokumentarisches Material, das der Authentizitätssteigerung dient und teilweise eine den Text ergänzende oder sogar kurzzeitig ablösende Erzählfunktion einnimmt. Der vorangestellte Zeitungsartikel zur bevorstehenden Energierationierung trägt beispielsweise entscheidend zum Verständnis von Lauras Situation bei, mit deren Schilderung sie *medias in res* beginnt. Auch Ausdrucke zum Energieverbrauch, Briefe, Klausurbewertungsbögen, Flyer und Zeichnungen werden direkt von Laura kommentiert, sind demnach fester Bestandteil des narrativen Gefüges und Voraussetzung dafür, die Reaktionen der Protagonistin nachvollziehen zu können.

Durch eine Kombination von Texten und Bildern zeichnen sich auch die Tagebucheinträge Yuko Ichimuras aus, die die realhistorische Vergangenheit vom 11. März bis zum 11. September 2011 schildern und durch Datumsangaben und Unterüberschriften strukturiert werden. Mit Ausnahme des mehrseitigen Comics zu Beginn, der die Ereignisse des 11. März in Szene setzt und damit den Erzählrahmen absteckt, dienen die Zeichnungen vorwiegend der Illustration des Geschriebenen, erzeugen eine grafische Verdichtung der sprachlichen Ausführungen, sind aber weder für das Verständnis des Textes notwendig noch ohne diesen zu entschlüsseln. So scheint beispielsweise die Gliederung der Textpassagen durch kurze Sinnabschnitte, die die vielfältigen Eindrücke der einzelnen Tage ordnen, in der collagenartigen Anordnung der Bilder zunächst aufgehoben und kann nur vor der Hintergrundfolie des Textes rekonstruiert werden.

Obwohl also alle drei Werke durch Datumsangaben auf die Grundstruktur diaristischen Schreibens rekurrieren, werden die mit der Form einhergehenden Gestaltungsräume literarisch und intermedial variantenreich ausgelotet.

## 7. Kulturökologische Perspektiven

Um diese Beobachtungen im Hinblick auf die ökokritischen Implikationen der Werke auszuwerten, soll auf Basis von Zapfs triadischem Funktionsmodell hinterfragt werden, auf welche Weise in den Werken kulturkritische Metadiskurse, imaginative Gegendiskurse und reintegrative Interdiskurse ausgestaltet werden und inwiefern sich die unterschiedlichen Schreib- und Figurenkonzepte auf die diskursiven Funktionen auswirken.

Als kulturkritischer Metadiskurs par excellence ist *Falsche Himmel* angelegt. Dabei fallen weniger explizite Vorwürfe ins Gewicht als vielmehr die laut Zapf typischen »Bilder des Gefangenseins, der Isolation, der Vitalitätslähmung, des *waste land* und des *death-in-life*«.[21] Diese bündeln sich vor allem in dem »Hochhaus des Wahns« (FH 75), in dem die Protagonistin mit ihrer Tochter ihr Dasein fristet, Dokumente sortiert, anderen gescheiterten Existenzen begegnet, Bewegungen flüchtender Menschengruppen »von oben herab« (FH 75) beobachtet und sich von der lebensfeindlichen Außenwelt weitestgehend abzuschirmen versucht. Das Gebäude, in dem die Erzählerin vor den Wetterkatastrophen bei einem Radiosender gearbeitet hat und von dem sich nun täglich Bungee Jumper in die Tiefe stürzen, wird als eine der letzten Bastionen inmitten einer irreversibel zerstörten Welt inszeniert und bildet einen topographischen Gegenpol zu dem ehemals bewohnten »Reihenhäuschen in der Vorstadt« (FH 25). Diese Umfunktionalisierung menschengemachter Innenräume als Reaktion auf die Veränderung natürlicher Außenräume entlarvt die langjährig vorherrschende Unterordnung der Natur unter die Kultur als Sackgasse, an deren Ende sich die Hierarchien zwangsläufig umkehren: »Heute ist das einfach. Die Temperatur regelt alles.« (FH 15) Diese existentielle Abhängigkeit der Kultur von der Natur manifestiert sich letztlich auch in einer Anpassung der Sprache an die neuen Rahmenbedingungen: »Manchmal sterben Wörter, ›wichtig‹ ist so eins. Es ist plötzlich nicht mehr da, kein Mensch gebraucht es mehr, dabei war es mal ein Lieblingswort: wichtig.« (FH 13) Während kulturelle Fehlentwicklungen auf

---

21 Hubert Zapf: Kulturökologie und Literatur. Ein transdisziplinäres Paradigma der Literaturwissenschaft, in. Ders. (Hrsg.): Kulturökologie und Literatur. Beiträge zu einem transdisziplinären Paradigma der Literaturwissenschaft. Heidelberg 2008, 15–44, hier 33.

Handlungs-, Figuren- und Darstellungsebene sichtbar gemacht werden, deuten sich imaginative Gegendiskurse lediglich in Erinnerungen an:

Viel zu spät habe ich erkannt, was ich hätte sagen müssen. Es hätte nichts genutzt. Insofern ist es egal, wann man etwas macht. Auch habe ich immer noch an Flucht geglaubt. Dass man noch weg kann, irgendwie. (FH 22)

In Anbetracht der globalen Verwüstung stuft die Protagonistin den eigenen Einfluss auf das Weltgeschehen als ebenso verschwindend gering ein wie die Möglichkeit, den Umweltgegebenheiten entkommen zu können. Die Vernetzung von Spezialdiskursen reduziert sich bei Dirks als logische Konsequenz des gesellschaftlichen Zerfalls auf die Parallelisierung von kollabierender Natur und kollabierender Mutter[22] sowie verschiedene Gedankenfetzen, deren Zusammenhänge allerdings nur fragmentarisch zu erschließen sind.

Auch in *Euer schönes Leben* dominieren zunächst kulturkritische Metadiskurse. Diese äußern sich insbesondere dann, wenn Laura ihre Situation als Resultat kurzsichtigen Verhaltens einordnet, indem sie intergenerationell die egoistische Elterngeneration und intragenerationell Energieverschwender oder Schaulustige aus anderen Ländern an den Pranger stellt. Insbesondere in der Figur des Vaters, der durch die Rationierung seinen Job verliert, zwischenzeitlich dem Alkoholismus verfällt und dessen Passivität parallel zum Aktivismus seiner Frau zunimmt, spiegeln sich zudem Vitalitätslähmung, Orientierungslosigkeit und Lebensmüdigkeit innerhalb des neuen Systems wider. Seine von Laura dokumentierte Entwicklung zum »Dorftrottel« (EL 170) wird im weiteren Verlauf aber als imaginativer Gegendiskurs lesbar, da Nicks Ambitionen, das Haus mit diversen Wasser- und Energiesparvorrichtungen zu versehen und mit den Nachbarn eine Selbstversorgergemeinschaft aufzubauen, »oppositionelle Wertansprüche zur Geltung«[23] bringen, die direkt auf die veränderten Rahmenbedingungen reagieren. Ähnlich werden auch in anderen Lebensbereichen die kulturkritischen Tendenzen durch gegendiskursive Bewegungen überlagert, die »Ausgegrenztes ins Zentrum«[24] rücken. So erweisen die als »Milchwagen« verachteten »Elektrokarren« (EL 45) als attraktive Alternative zu »schmutzige[n] Benzinfresser[n]« (EL 48), die obsolet gewordenen Paarungsmuster als Möglichkeit, oberflächliche Beziehungen zu überwinden, der als hilfsbedürftig wahrgenommene Vertreter der Kriegsgeneration als hilfreicher Krisenberater, die belächelten Frauenpowervertreterinnen als wichtige Akteurinnen, Natur als eine über eine »*verdammte* Pflanze« hinausgehende Größe und die Rationie-

---

22 Zur Bedeutung und Inszenierung des Mutter-Tochter-Konflikts vgl. Berbeli Wanning: In der Hitze des Raumes. Das Ende der Kultur in Liane Dirks' Roman *Falsche Himmel*, in: Martin Huber/Christine Lubkoll/Steffen Martus/Yvonne Wübben (Hrsg.): Literarische Räume: Architekturen – Medien – Ordnung. Berlin 2012, 273–284.
23 Zapf: Kulturökologie und Literatur, 34.
24 Ebd.

rungsmaßnahmen statt als Schikane als einzige Möglichkeit zu retten, was noch zu retten ist. Das Verhältnis von kulturkritischen Metadiskursen und imaginativen Gegendiskursen ist bei Lloyd und Dirks also genau gegensätzlich gelagert.

Reintegrative Interdiskurse schlagen sich in *Euer schönes Leben* nicht nur in der Verknüpfung von Adoleszenz- und Umweltkrise, sondern vor allem in dem richtungsweisenden Energiepunktesystem nieder, das mit Konsum, Mobilität, Reisen, Ernährung, sozialer Sicherung, Wohnen und Lifestyle verschiedene Makrothemen einer nachhaltigen Entwicklung umfasst und neben Suffizienz- auch Effizienz- und Konsistenzstrategien evoziert.

In *03/11* treten kulturkritische Metadiskurse schließlich vollkommen in den Hintergrund und lediglich in Yukos Wiedergabe von Meinungen anderer Menschen zutage. Auffällig ist, dass sie dazu kaum Position bezieht und sich weniger von den Ursachen als vielmehr von den Wirkungen verunsichert zeigt. So sind es nicht etwa die sich in Demonstrationen äußernden Reaktionen auf kulturelle Fehlentwicklungen, die ihr zu denken geben, sondern vielmehr die massenmedialen Berichte darüber, die die zuvor als typisch japanisch eingestufte »hoch geschätzte Gruppenharmonie« (03/11 119) gefährden. Diese bezieht Yuko nicht nur auf Mensch-Mensch-Beziehungen, sondern auch auf gesellschaftliche Naturverhältnisse und stellt dem europäischen Anthropozentrismus einen vermeintlichen japanischen Biozentrismus gegenüber:

Außerdem haben wir Japaner ein anderes Verhältnis zur Natur als Europäer. Für uns ist sie keine feindliche Kraft, die man unterjochen muss, sondern eine göttliche. Die Relation sieht so aus: Natur > Mensch. Das hat sich wieder einmal bestätigt. (03/11 69)

Inwiefern diese religiös aufgeladene Unterordnung unter die Natur zur langjährigen exzessiven Nutzung naturzerstörender Atomenergie passt, bleibt als eine Leerstelle offen, die weniger als bewusste Provokation des Lesers, sondern vielmehr als weiteres Indiz für Yukos kulturell begründetes Harmoniebestreben zu lesen ist. Der daraus resultierende Kompensationsdrang äußert sich in dem Bedauern über fehlende positive Erzählanlässe, das Yuko sogar mit der Sorge um sichere Nahrungsaufnahme vergleicht:

Ich würde auch gern über mehr gute Dinge berichten, die gerade passieren, aber ich finde dieser Tage kaum etwas. Das ist fast noch anstrengender als sich ständig Gedanken machen zu müssen, ob die Dinge, die wir essen, radioaktiv verseucht sind. (03/11 127)

Die existentielle Bedeutung von positiven Anekdoten, die in dieser Analogie zu Ernährung zum Ausdruck gebracht wird, spitzt sich schließlich in einer kurzsichtigen Umdeutung von kritischen Impulsen zu:

Meine Lieblingsgeschichte ist die von Nagi, die Heuschnupfen hat. Ihr Vater ist Wissenschaftler, und deswegen hat er Nagi schon als Kind vorgekaut, wie verdammt gefährlich Kernenergie ist. Als Fukushima ›passierte‹, war sie deswegen am Boden zerstört und voller Zorn. Und weil sie so wütend war, wurde sie plötzlich von ihrem starken Heuschnupfenschub geheilt. (03/11 38)

Statt der Tatsache Beachtung zu schenken, dass die Katastrophe von Fukushima zu verhindern gewesen wäre, wenn die Warnungen der Wissenschaftler rechtzeitig Gehör und Berücksichtigung gefunden hätten, fokussiert sich Yuko auf die esoterisch anmutende Wunderheilung des Heuschnupfenanfalls durch einen Wutanfall und kann damit indirekt sogar dem größten Unglück in der Geschichte Japans im Kleinen etwas Gutes abgewinnen. Die Missachtung von Nagis Wut sowie deren Ursprüngen zeugt von einer regelrechten Blindheit gegenüber allem, was das vertraute System angreifen könnte.

Nicht zu übersehende Veränderungen werden in dieses Weltbild integriert, sodass die als Stromsparmaßnahme eingeschränkte Beleuchtung einfach als »schöner so« (03/11 29) bewertet wird, ohne dass sich dadurch wie bei Laura die Wahrnehmungsmuster grundlegend verändern. Demnach wirkt es fast revolutionär, wenn Yuko ihr früheres Leben als »unschuldig und ignorant« (03/11 81) einstuft und zumindest der zitierten Ansicht zustimmt: »Radioaktivität ist echt Scheiße. […] Würde sie [Radioaktivität] wenigstens stinken wie Scheiße, würden alle sofort handeln. Auch die Regierung.« (03/11 127) Yukos Tendenz zur gegendiskursiven Auflösung kulturkritischer Ansätze manifestiert sich vor allem in der Verknüpfung von Geschichten und Meinungen verschiedener Menschen, sodass die vernetzend-reintegrierende Funktion ihrem Tagebuch konstant immanent ist und es als subjektiv gefärbtes Panorama der japanischen Gesellschaft nach Fukushima erscheinen lässt.

Damit ist zusammenfassend zu konstatieren, dass zwar alle drei Werke kulturkritische Elemente enthalten, imaginative Gegendiskurse eröffnen und reintegrativ Wissen vernetzen, dabei aber deutlich divergierende Schwerpunktsetzungen aufweisen.

## 8. Fazit

Die kulturökologisch ausgerichtete Lektüre der drei diaristischen Werke hat gezeigt, dass Tagebücher in Reaktion auf globale Umweltkrisen in diversen Kontexten entstehen, mit vielfältigen Bedeutungszuschreibungen, Identitätskonstruktionen und ästhetischen Ausgestaltungen einhergehen und sowohl innerhalb der Narration als auch paratextuell zentrale diskursive Funktionen erfüllen. Als ökologisches Genre sind Tagebücher aufgrund ihrer fingierten Nähe zu alltäglichen schriftlichen Gebrauchsformen und des damit einhergehenden spezifischen Immersionspotentials von besonderer Bedeutung und legen eine konstruktive Verknüpfung von literarischer Sozialisation und Bildung für nachhaltige Entwicklung nahe.

Die in der Forschung vorherrschende strikte Trennung zwischen empiri-
schem und fiktivem Tagebuch erweist sich im Hinblick auf die untersuchten
Werke nur bedingt als produktiv. Denn auch wenn *03/11* durch die sukzessive
Sammlung verschiedener Geschichten und Eindrücke weniger stringent aufgebaut ist als die Romane und Glowinskis Definition empirischer Tagebücher
als polythematisch und multifunktional entspricht, weist dieses Werk zu den
fiktiven Texten letztlich mehr Parallelen auf als diese untereinander. Das zeigt
sich exemplarisch in Figurendynamik und Tagebucheinsatz und ließe sich hinsichtlich Genderkonstruktionen, intertextueller und intermedialer Einzelrefe-
renzen sowie Nachhaltigkeitsdimensionen und -strategien[25] noch spezifizie-
ren. Die für Tagebuchromane herausgestellten Charakteristika sind zudem für
alle drei Werke konstitutiv und weniger in ihrer Faktizität vs. Fiktivität, sondern
vielmehr als Mittel einer übergreifenden Krisennarration zu beleuchten.

Für die Einordnung und weiterführende Untersuchung von Tagebüchern als
ökologische Genres scheint deshalb auch nicht die Kategorisierung und Ausgrenzung bestimmter Phänomene anhand paratextueller Kriterien zielführend,
sondern ein kulturökologisch erweiterter Textbegriff, der diverse Hybridformen als Teil des literarischen Ökosystems[26] selbstverständlich mit einschließt.

## Literaturverzeichnis

Callenbach, Ernest: Ökotopia. Berlin 1978.
Dirks, Liane: Falsche Himmel. Köln 2006.
Feßmann, Meike: Ein Skistock geht im Walde, in: Süddeutsche Zeitung 04.10.2006.
Forstreuter, Kurt: Die deutsche Icherzählung. Nendeln/Liechtenstein 1967.
Friedemann, Käte: Die Rolle des Erzählers in der Epik. Darmstadt 1965.
Glowinski, Michal: *Powieść* a dziennik *intymny*, in: Gry powieściowe. Warschau 1973.
Gugulski, Grzegorz: Die Selbstdarstellung im Tagebuch. Wien 2002.
Hofmann, Regina: Der kindliche Ich-Erzähler in der modernen Kinderliteratur. Gießen 2009.
Hollerweger, Elisabeth: Nachhaltig Lesen! Gestaltungskompetenz durch fiktionale Spiege-
    lungen, in: Interjuli 01, 2012, 97–108.
Ichimura, Yuko: 03/11. Tagebuch nach Fukushima. Hamburg 2012.
Kerschbaumer, Sandra: Schrecklich, in: FAZ 21.09.2006.
Leubner, Martin/Saupe, Anja: Erzählungen in Literatur und Medien und ihre Didaktik. Balt-
    mannsweiler 2006.
Lindner, Martin: »Ich« schreiben im falschen Leben. Passau 1998. http://martinlindner.press
    books.com/front-matter/introduction/ [24.4.2017].
Lloyd, Saci: Euer schönes Leben kotzt mich an! Würzburg 2009.
Rajewsky, Irina: Intermedialität. Tübingen/Basel 2002.

---

25 Vgl. Hollerweger, Elisabeth: Nachhaltig Lesen! Gestaltungskompetenz durch fiktionale Spiegelungen, in: Interjuli 01, 2012, 97–108.
26 Vgl. Zapf, Hubert: Literatur als kulturelle Ökologie. Zur kulturellen Funktion imaginativer Texte am Beispiel des amerikanischen Romans. Tübingen 2002.

Vogt, Jochen: Aspekte erzählender Prosa. Eine Einführung in Erzähltechnik und Romantheorie. Opladen/Wiesbaden 1998.

Wanning, Berbeli: In der Hitze des Raumes. Das Ende der Kultur in Liane Dirks' Roman *Falsche Himmel*, in: Huber, Martin/Lubkoll, Christine/Martus, Steffen/Wübben, Yvonne (Hrsg.): Literarische Räume: Architekturen – Medien – Ordnung. Berlin 2012, 273–284.

Zapf, Hubert: Literatur als kulturelle Ökologie. Zur kulturellen Funktion imaginativer Texte am Beispiel des amerikanischen Romans. Tübingen 2002.

– Kulturökologie und Literatur. Ein transdisziplinäres Paradigma der Literaturwissenschaft, in. Ders. (Hrsg.): Kulturökologie und Literatur. Beiträge zu einem transdisziplinären Paradigma der Literaturwissenschaft. Heidelberg 2008, 15–44.

Elisabeth Jütten

# »Die Wirklichkeit ist teilbar«

## Das Spiel mit Natur/Kultur-Hybriden
## in Ransmayrs episodischem Reiseatlas

Ransmayr gilt als »Meister der Reiseliteratur«, der seine Figuren mit Vorliebe auf »hohe Berge und in Eiswüsten« schickt. »Seine Bücher atmen die Sehnsucht nach Meer und Bergen.«[1] »Weite Ferne, offene Landschaften, Hochgebirge, Raum, Leere scheinen sein natürliches Habitat zu sein.«[2] Der Autor und seine literarischen Protagonisten werden zu wahrhaft Reisenden stilisiert, die sich im heroischen Aufbruch dem Fernen und Fremden vor kolossalischen Natur-kulissen aussetzen. Natur wird dabei nicht nur im Modus des Erhabenen, son-dern auch im Sinne des klassizistischen Projekts als das der Kultur Entgegen-stehende inszeniert. Die Vorstellung einer Natur/Kultur-Dichotomie lässt sich kultursemiotisch als eine bis heute wirkungsmächtige Variante der Kultur-Natur-Relation verstehen. Inwiefern Ransmayr in seinen Texten tatsächlich eine solche Natur/Kultur-Modellierung vornimmt, soll im Folgenden anhand des 2012 erschienenen *Atlas eines ängstlichen Mannes* analysiert werden. Bezug ge-nommen wird dabei auch auf den 1984 erschienenen Roman *Die Schrecken des Eises und der Finsternis*. Ausgangspunkt dieser ökologisch orientierten trans-kulturellen Analyse bildet die These, dass in den siebzig Episoden des *Atlas* ein Spiel mit der narrativen Natur/Kultur-Hybriden vorgeführt wird, das über eine transzendente Poetik der Zeitlosigkeit jedoch immer wieder stillgestellt wird. Die Analyse beginnt mit systematischen Überlegungen zu Reiseliteratur und Transkulturalität sowie zum Ecocriticism und seiner Verknüpfung mit Trans-kulturalitätskonzepten im Postcolonial Ecocriticism.

---

1 Hubert Spiegel: Christoph Ransmayr wird 60. Die Wirklichkeit kann noch nicht alles sein, in: FAZ 20.03.2014.
2 André Spoor: Der kosmopolitische Dörfler. Christoph Ransmayrs wüste Welten, in: Uwe Wittstock (Hrsg.): Die Erfindung der Welt. Zum Werk von Christoph Ransmayr. Frank-furt a. M. 1997, 181–187, hier 181.

# 1. Reiseliteratur

»Der Begriff ›Reiseliteratur‹ bezeichnet jede schriftliche Äußerung, die die Beziehung zwischen Ich und Welt über die Erfahrung und Verarbeitung des Fremden artikuliert.«[3] Gattungsübergreifend werden im deutschsprachigen Raum
unter dem Begriff Reiseliteratur verschiedene Textsorten bzw. Untergattun-
gen subsumiert. Zur Differenzierung und Klassifikation von Gattungen werden Kriterien wie die äußere Form (z. B. Länge, Vers oder Prosa) oder das Medium (z. B. Buch, Bühne, Hörfunk, Film) herangezogen. Die Reiseliteratur wird
primär über die Kategorie des Themas bestimmt. Das ist insofern problematisch, als bei stoffbezogenen Klassifikationen die jeweiligen Darstellungsverfahren und damit das spezifisch Literarische oftmals aus dem Blick gerät. Daher
tritt in der aktuellen Debatte zur allgemeinen Klage über die Begriffsanarchie
der Gattungstheorie und ihrer Aporien hinsichtlich der Reiseliteraturforschung
die Klage über das Theoriedefizit vieler Ansätze hinzu.[4] »Angemahnt wird
[insbesondere; E. J.], dass Beschreibungskonventionen, Beglaubigungsstrategien
und mythische Schemata, durch welche Authentizitätsfiktionen in der Reiseliteratur erzeugt werden, zu wenig in ihrem historischen Kontext untersucht werden [...].«[5] Damit ist auf die hybride Stellung der Reiseliteratur zwischen »Fakt
und Fiktion, zwischen Autobiographie und literarischem Text, zwischen positivistischer Beschreibung und ästhetischem Anspruch« verwiesen, die neben dem
historischen Wandel der Gattung die gattungstheoretische Arbeit bisher scheinbar eher behindert als provoziert hat.[6] Entsprechend fasst die Gattungstheorie
in gleichsam skalierter Abstufung von Faktualität und Fiktionalität[7] unter Rei-

---

3 Anne Fuchs: Reiseliteratur, in: Dieter Lamping (Hrsg.): Handbuch der literarischen
Gattungen. Stuttgart 2009, 593–600, hier 593.
4 Vgl. Birgit Neumann/Ansgar Nünning: Einleitung: Probleme, Aufgaben und Perspektiven der Gattungstheorie und Gattungsgeschichte, in: Marion Gymnich/Birgit Neumann/
Ansgar Nünning (Hrsg.): Gattungstheorie und Gattungsgeschichte. Trier 2007, 1–28, hier 1.
5 Ortrud Gutjahr: Einleitung zur Teilsektion »Interkulturalität und Alterität«, in: Akten
des X. Internationalen Germanistenkongresses Wien 2000. Zeitenwende – die Germanistik
auf dem Weg vom 20. ins 21. Jahrhundert. Hrsg. v. Peter Wiesinger. Bd. 9: Literaturwissenschaft
als Kulturwissenschaft: Interkulturalität und Alterität. Berlin u. a. 2003, 15–19, hier 17–18.
Gutjahr bezieht sich auf den Beitrag von Alfred Opitz: Bericht aus der ›Zweiten Heimat‹. Zum
Stand der Reiseliteraturforschung, in: Akten des X. Internationalen Germanistenkongresses
Wien 2000, 87–92, hier 87.
6 Sandra Vlasta: Reisen und davon erzählen. Reiseberichte und Reiseliteratur in der Literaturwissenschaft. http://www.literaturkritik.de/public/rezension.php?rez_id=21077.
7 Das Kriterium Fiktionalität bzw. Faktualität spielt gattungstheoretisch vor allem eine
gewisse Rolle »dort, wo es um die Auf- oder Ablösung des triadischen Gattungsmodells bzw.
um eine Erweiterung des Literaturbegriffes geht, derzufolge z. B. ›Gebrauchsformen‹, fak-
tographische Literatur oder Formen der Kunstprosa (Biographie, Aphorismus, Essay etc.)

seliteratur sowohl den praktischen Reiseführer, den wissenschaftlichen Entdeckungs- und Forschungsbericht, das subjektive Reisetagebuch als auch den ästhetisch ausgestalteten Reisebericht und die fiktionale Reisenovelle bzw. den Reiseroman.[8] Die Begriffe ›fiktional‹ und ›faktual‹ sind dabei als verschiedene Formen der Rede zu verstehen, nicht jedoch als Amalgam realer Daten mit fiktiven Momenten.

Als sprachliche Gebilde, die als solche zuallererst einer narrativen Eigengesetzlichkeit unterstehen, lassen sich die Beschreibungen von tatsächlich durchgeführten Reisen nicht einfach nach dem Wahrheitsgehalt ihrer Mitteilung bewerten.[9]

Als literaturwissenschaftliche analytische Kategorien der Poetik des Reiseberichts sind die Kriterien ›fiktiv‹ vs. ›realitätskonform‹, insofern sie der inhaltlichen Bestimmung des Wahrheitsgehaltes der Aussage dienen, immer schon obsolet.[10] Als Kriterien zur Bestimmung der Form der Rede als fiktional oder faktual verweisen sie jedoch auf die jeweilige Funktion des Textes im literarischen System seiner Zeit.[11] Trotz der generellen Literarizität der Reiseliteratur lässt sich beispielsweise innerhalb der Gattungsgeschichte ein Funktionswandel des Reiseberichts im späten 18. Jahrhundert erkennen. Im Zuge der allgemeinen Ausdifferenzierungsprozesse wird die Textsorte Bericht zunehmend durch narrative Techniken der zeitgenössischen Erzählliteratur poetisiert. Indem die Reiseerzählungen stärker den Strukturgesetzen fiktionaler Literatur folgen, können sie ein neues und anderes Publikum gewinnen.[12] Während im Reisebericht der Forscher hinter die Fremde zurücktritt, die aufgrund der enzyklopädischen

als Formen der Literatur betrachtet werden.« Michael Scheffel: Faktualtität/Fiktionalität als Bestimmungskriterium, in: Rüdiger Zymner (Hrsg.): Handbuch Gattungstheorie. Stuttgart/ Weimar 2010, 29–31, hier 30.

  8 Fuchs: Reiseliteratur, 593. Die viergliedrige Typologie geht auf Manfred Link zurück. Dieser unterscheidet, so referiert es Neuber, »1. Reiseführer und -handbücher; 2. (populär-) wissenschaftliche Reiseschriften, Entdeckungs- und Forschungsberichte seit dem 16. Jahrhundert zu praktischen Zwecken; 3. Reisetagebücher, -berichte, -beschreibungen, -schilderungen, -erzählungen; 4. Reisenovellen und -romane. Eine aufsteigende Linie offenbart die Wertung, welche der Typologie zugrunde liegt: Zunehmende epische Integration sei zugleich Ausdruck einer zunehmenden Fiktionalisierung bei abnehmender außersprachlicher Realität.« Wolfgang Neuber: Zur Gattungspoetik des Reiseberichts. Skizze einer historischen Grundlegung im Horizont von Rhetorik und Topik, in: Peter J. Brenner (Hrsg.): Der Reisebericht. Die Entwicklung einer Gattung in der deutschen Literatur. Frankfurt a. M. 1989, 50–67, hier 51. Vgl. Manfred Link: Der Reisebericht als literarische Kunstform von Goethe bis Heine. Köln 1963, 7–11.

  9 Albert Meier: Textsorten-Dialektik. Überlegungen zur Gattungsgeschichte des Reiseberichts im späten 18. Jahrhundert, in: Michael Maurer (Hrsg.): Neue Impulse der Reiseforschung. Berlin 1999, 237–245, hier 237.

  10 Vgl. Neuber: Gattungspoetik des Reiseberichts, 51–52.

  11 Matthias Martinez/Michael Scheffel: Einführung in die Erzähltheorie. München [7]2007, 17.

  12 Meier: Textsorten-Dialektik, 239–240.

Beobachtungsgabe zu einem Sammelsurium von Material wird, das in langen
Berichten und akribischen Beschreibungen wie ein Schatz gehortet wird, rückt der
Erzähler in der Reiseerzählung in den Vordergrund. Der Verlauf der Reise wird
zu einem bildlichen und szenischen Handlungsverlauf arrangiert, der den Leser
in das Geschehen hineinversetzt. Während der Lektüre wird er nicht durch ein
Museum der Dinglichkeit, sondern durch einen lebendigen, theatralisch aus-
geleuchteten Raum geführt. In der Reiseerzählung geht es um die Inszenierung
von Ereignissen und Erlebnissen.[13] Im Reisebericht stehen die Fremdreferenzen,
d. h. die außer- oder intertextuellen Bezüge auf Personen, Ereignisse, Gegebenheiten, Lebensweisen oder Texte im Vordergrund. Solche Realitätsreferenzen
treten im Reiseroman zugunsten verschiedener Formen von Selbstreflexivität
in den Hintergrund. Der Akzent verlagert sich damit auf die literarischen Verfahren der Verarbeitung und Konfiguration des Fremden. Hetero- und Autore-
ferenzialität schließen sich jedoch nicht wechselseitig aus, sondern sie können in
variablen Dominanzverhältnissen nebeneinander bestehen.[14] Zumal im Roman
bekanntlich mit Hilfe des von Roland Barthes als Realismus-Effekt bezeichneten Verfahrens der Eindruck von ausgeprägter Wirklichkeitsnähe und Lebens-
echtheit hergestellt werden kann. Ein solcher ›reality effect‹ lässt sich mit Stuart
Hall auch als Synonym für eine Ideologie verstehen, die mittels konstanter Aussagen über ›how things really are‹ ihren performativen Status als gesellschaftliche Vorurteile zu verschleiern sucht.[15] Die Reiseliteratur ist eine Gattung, die
in besonderem Maße trans- bzw. interkulturell[16] geprägt ist. Als Verhandlungs-

---

13  Vgl. Hanns-Josef Ortheil: Schreiben auf Reisen. Wie Schriftsteller vom Unterwegs-
Sein erzählen, in: Burkhard Moenninghoff/Wiebke von Bernstorff/Toni Tholen (Hrsg.): Literatur und Reise. Hildesheim 2013, 7–31, hier 16.
14  Was Ansgar Nünning für den historischen Roman festlegt, lässt sich auf die Reiseliteratur übertragen. Vgl. Ansgar Nünning: Kriterien der Gattungsbestimmung: Kritik und
Grundzüge von Typologien narrativ-fiktionaler Gattungen am Beispiel des historischen Romans, in: Gymnich/Neumann/Nünning (Hrsg.): Gattungstheorie und Gattungsgeschichte,
73–99, hier 86.
15  Vgl. Erhard Reckwitz: Realismus-Effekt, in: Ansgar Nünning (Hrsg.): Metzler Lexikon
Literatur- und Kulturtheorie. Ansätze – Personen – Grundbegriffe. 4., aktual. u. erw. Aufl.
Stuttgart/Weimar 2008, 609–610, hier 610.
16  Manfred Schmeling: Transkulturalität und Gattung, in: Rüdiger Zymner (Hrsg.):
Handbuch Gattungstheorie. Stuttgart/Weimar 2010, 123–126.»In einigen Forschungen werden Transkulturalität und Interkulturalität unterschieden: Dem Begriff ›Interkulturalität‹
liegt [laut Lüsebrink; E. J.] ›die Vorstellung autonomer kultureller Systeme‹ zugrunde [...].
Nur auf dieser Grundlage könne das Bewusstsein von Fremdheit und Eigenheit entstehen.
Die seit Jahrzehnten anhaltenden Diskussionen über kulturelle Hybridität, Kreolisierung,
Synkretismus etc. verdeutlichen allerdings, dass antipodische Konstruktionen wie Identität
und Alterität oder Eigenes und Fremdes an Trennschärfe verloren haben. Deutlich spiegelt
sich diese Entwicklung in literarischen Tendenzen wider, unter anderem im *postkolonialen
Roman*. Der Verzicht auf einen monolithischen Kulturbegriff und die Auseinandersetzung
mit kultureller Hybridität ist für viele Autoren Programm [...].« Ebd., 124.

raum kulturspezifischer Vorstellungen des Eigenen und des Fremden bietet sie daher gattungstypologisch diverse Möglichkeiten, eine solche ideologische Naturalisierung kritisch zu reflektieren.

## 2. Transkulturalität

Entsprechend erfolgt im Kontext einer kulturwissenschaftlich orientierten Reiseliteraturforschung eine Anknüpfung an die postkoloniale Debatte sowie an den Globalisierungsdiskurs. Denn als grenzüberschreitende Bewegung ist das Reisen ein »bedeutender Globalisierungsträger und die Reiseliteratur ein genuin transnationales Genre«,[17] auch wenn es in Zeiten des touristischen Reisens fraglich ist, inwiefern Fremderfahrung überhaupt noch vermittelbar ist. Mit den modernen Transport- und Kommunikationsmitteln und dem aufkommenden Massentourismus scheint das Reisen an sein Ende gekommen zu sein. Im Zeitalter der Globalisierung hinterfragt die Reiseliteratur daher die Bedingungen und Möglichkeiten der Fremderfahrung.[18] Im Sinne der Transkulturalität, die Kulturen jenseits des Gegensatzes von Eigenkultur und Fremdkultur denkt, bestehen diese Bedingungen und Möglichkeiten jedoch nicht nur auf gesellschaftlicher, sondern auch auf individueller Ebene.[19] Demnach sind nicht nur Gesellschaften, sondern auch Menschen multikulturell.[20] Das Transkulturalitätskonzept betont die Durchdringung und Verflechtung von Kulturen. Migrationsprozesse, weltweite materielle und immaterielle Kommunikationssysteme sowie ökonomische Interdependenzen führen zu Verflechtungen über nationale Grenzen hinweg. Lebensformen sowie grundlegende Probleme und Bewusstseinslagen gehen heute quer durch vermeintlich grundverschiedene Kulturen. Dazu gehört auch das ökologische Bewusstsein, das in jüngster Zeit zu einem mächtigen Wirkfaktor geworden ist.[21]

---

17 Fuchs: Reiseliteratur, 596.

18 Vgl. ebd., 599–600.

19 Wolfgang Welsch: Transkulturalität. http://www.forum-interkultur.net/uploads/tx_text db/28.pdf. Vgl. zur kritischen Auseinandersetzung mit dem Konzept der Transkulturalität Olga Iljassova-Morger: Transkulturalität als Herausforderung für die Literaturwissenschaft und Literaturdidaktik. Das Wort. Germanistisches Jahrbuch Russland, 2009, 37–57.

20 Vgl. Amy Gutmann: Das Problem des Multikulturalismus in der politischen Ethik, in: Deutsche Zeitschrift für Philosophie 43.2, 1995, 273–305, hier 284. Vgl. Wolfgang Welsch: Was ist eigentlich Transkulturalität? http://www2.uni-jena.de/welsch/papers/W_Welsch_Was_ ist_Transkulturalität.pdf.

21 Vgl. Welsch: Transkulturalität, o. P.

## 3. Postcolonial Ecocriticism

Trotz der optimistischen Nivellierung des Verhältnisses zwischen Zentrum und Peripherie, wie sie das Transkulturalitätskonzept vornimmt, verschwinden die Asymmetrien nicht automatisch. Probleme der Macht, der kulturellen Hierarchien, der politischen, ökonomischen und diskursiven Herrschaft und Gewalt sind gegenwärtig in einem Prozess der Reorganisation begriffen.[22] »Es gilt daher, die kulturwissenschaftliche Dimension mit der politischen und ökonomischen in Verbindung zu bringen und neben dem Diskurs der Vielfalt denjenigen der Macht kritisch mitzubedenken.«[23] Dem entspricht in jüngster Zeit das Bemühen, postkoloniale und ökologisch orientierte Ansätze zu verbinden, um sowohl anthropozentrischen Tendenzen der *postcolonial studies* als auch Tendenzen eines »ecological imperialism«, einer »biocolonisation« oder eines »environmental racism« innerhalb der ökologisch orientierten Ansätze entgegenzuwirken.[24] Der »ecological imperialism« reicht von der gewaltsamen Aneignung indigenen Landes bis zur Einschleppung nicht-einheimischer Tier- und Pflanzenarten und der damit verbundenen europäischen Landwirtschaft. Die biopolitisch motivierte »biocolonisation« reicht von der Biopiraterie, bei der sich Großkonzerne indigene Kultur- und Anbaulandschaften und das damit verbundene Wissen aneignen, bis zur Patentierung gentechnisch modifizierten Saatgutes sowie anderen Formen biotechnologischer Suprematie. Deane Curtin definiert »environmental racism« als »the connection, in theory and practice, of race and the environment so that the oppression of one is connected to, and supported by, the oppression of the other.«[25] Zum »environmental racism« gehört sowohl die Trope vom vermeintlich in Harmonie mit der Natur lebenden »Ecological Indian«[26] als auch der Vorwurf gegenüber bestimmten Bevölkerungsgruppen, die Umwelt aufgrund ihrer kulturellen Eigenheiten zu schädigen. Huggan und Tiffin, die die Beziehung zwischen der Umwelt und menschlichen sowie nicht-menschlichen Tieren in postkolonialen literarischen Texten untersuchen, bestimmen Ecocriticism als »a particular *way of reading*, rather than a specific corpus of literary and other cultural texts«.[27] Ihr Ansatz verbindet Politik und Ästhetik:

---

22  Vgl. Iljassova-Morger: Transkulturalität, 43.

23  Ebd.

24  Graham Huggan/Helen Tiffin: Postcolonial Ecocriticism. Literature, Animals, Environment. London/New York 2010, 3–4.

25  Deane Curtin: Environmental Ethics for a Postcolonial World. Lanham 2005, 145.

26  Vgl. Shepard Krech III: The Ecological Indian: Myth and History. New York 2000.

27  Huggan/Tiffin: Postcolonial Ecocriticism, 13.

Accordingly, postcolonial ecocriticism preserves the aesthetic function of the literary text while drawing attention to its social and political usefulness, its capacity to set out symbolic guidelines for the material transformation of the world.[28]

# 4. Die Natur-Kultur-Relation aus Sicht des Ecocriticism

Die aktuellen Grenzerfahrungen des Menschen in und mit der Natur sind von narrativen Strategien und kulturellen Schemata geprägt, die einerseits aus ›natürlichen‹ Vorgängen resultieren (naturalistischer Ansatz), andererseits erst hervorbringen, was sie zu beschreiben vorgeben (kulturalistischer Ansatz). Damit ist die Aporie einer epistemologischen Bestimmung der Natur/Kultur-Grenze beschrieben, die letztlich in der sich wechselseitig ausschließenden Komplementarität von naturalistischem und kulturalistischem Ansatz gefangen bleibt. Der kulturalistische Ansatz geht davon aus,

dass Natur den Menschen nur in ihren kulturbedingten Repräsentationen zugänglich ist, dass überhaupt ›Natur‹ ein kulturelles Konzept ist und dass über die Frage, wo die Grenze zwischen Kultur und Natur verläuft, nach kulturspezifischen Kriterien entschieden wird [...].[29]

Der naturalistische Ansatz hält dem entgegen,

dass Menschen die Reichweite ihrer kulturellen Autonomie grob überschätzen, wenn sie sich nicht der Tatsache bewusst bleiben, dass kulturelle Vorgänge gleichsam nur den verlängerten Arm natürlicher Vorgänge bilden. (Ebd.)

Die Ansätze basieren auf der Vorstellung, dass Natur und Kultur jeweils autonome Sphären beschreiben, die es begrifflich zu bestimmen und ins rechte Verhältnis zu setzen gilt. Ihren begrifflichen Ursprung hat diese Vorstellung im 18. Jahrhundert, als beide Begriffe autonom werden. Die Kultur wird gleichsam von etwas ihr zur Pflege Vorgegebenem gelöst. Auch wenn die Natur letztlich eine Randbedingung kultureller Erscheinungen bleibt, kann die Kultur sich nun auf die Gestaltung ihrer selbst fokussieren. Sie wird zu einer vollständigen Welt.[30] Auch der Naturbegriff emanzipiert sich im Zuge der Ausdifferenzierungsprozesse des 18. Jahrhunderts von seiner göttlichen Bezogenheit, wird zu einer eigenständigen, seinen eigenen Gesetzen folgenden und insofern geschlossenen Welt. Neben aller Vielfalt der Bestimmungen, die Natur vom griechischen Begriff *physis* und dem lateinischen Begriff *natura* her erfährt, rücken nun Aspekte der Frei-

---

28 Ebd., 14.
29 Albrecht Koschorke: Zur Epistemologie der Natur/Kultur-Grenze und zu ihren disziplinären Folgen, in: DVLG 83.1, 2009, 9–24, hier 18.
30 Ebd., 10.

heit und Bewegung in den Fokus. Diese, mit Kant gesprochen, »sich selbst über-
lassene«[31] Natur wird damit zum autonomen Partner der Kultur. In ihrer Bedeutung als das Angeborene, das sich selbst Bewegende, das Selbständige, Freie,
Mächtige, Ursprüngliche, Gute und Vorbildliche wird sie dann auch im Zuge
ästhetischer Konzepte wirkmächtig.[32] Die Autonomie beider Begriffe sowie die
damit einhergehende Natur/Kultur-Dichotomie lässt sich kultursemiotisch also
als *eine* historisch und kulturell bedingte Form der Modellierung der Natur/
Kultur-Unterscheidung beschreiben. Weshalb man paradox formulieren könnte,

> dass Gesellschaften in ihrem Begriff von ›Natur‹ symbolischen Zugang zu etwas su-
> chen, was *qua definitionem* unzugänglich, der kulturellen Gestaltung vorgeschaltet
> und letztlich kulturell *unverfügbar* ist. Im Begriff ›Natur‹ liegt also das Paradox einer
> symbolischen Verfügbarmachung des Unverfügbaren zutage.[33]

Dem Herder'schen Kulturbegriff entsprechend, der von ethnischer Fundierung, sozialer Homogenisierung und externer Abgrenzung ausgeht, basieren
die sich seit dem 18. Jahrhundert etablierenden Vorstellungen von der Natur/
Kultur-Relation auf der vermeintlichen Autonomie und Separation ontologisch
differenter Sphären. Im Gegensatz dazu entspricht der Ecocriticism postmodernen inter- und transkulturellen Konzepten, die die Komplexität (äußere Vernetzung) und innere Differenziertheit (Vielzahl unterschiedlicher Lebensformen
und Lebensstile) hervorheben. Ökologisch orientierte literaturwissenschaftliche
Zugänge gehen von einer hybriden Natur/Kultur-Relation aus, die von Verflüs-
sigungen, Verwischungen, Verflechtungen, Vernetzungen und Brüchen gekennzeichnet ist, sowie von Elementen, Motiven, Topoi und Figuren, die durch Na-
tur/Kultur hindurchgehen. Diese Elemente fungieren als integrativer Teil eines
komplexeren, fluiden Netzwerkes mit verschieden gerichteten, nicht-kontinuier-
lichen Strömungen und Transfers.[34]

## 5. Das Spiel mit den Natur/Kultur-Hybriden:
## Raum, Narration, Genealogie

Bereits formal bewegt sich Ransmayrs *Atlas eines ängstlichen Mannes* auf einem
»literarischen Grenzgang [...] zwischen Autobiographie, Erzählband, Reisebericht und Reportage«.[35] Auch in Bezug auf die Romane *Die Schrecken des Eises*

---

31 Vgl. Friedrich Kaulbach: Natur, in: Joachim Ritter (Hrsg.): Historisches Wörterbuch
der Philosophie. Bd. 6. Basel 1984, 241–478, hier 470.
32 Vgl. ebd., 468.
33 Koschorke: Zur Epistemologie der Natur/Kultur-Grenze, 19.
34 Vgl. Iljassova-Morger: Transkulturalität, 47.
35 Linda Karlsson Hammarfelt: Literatur an der Grenze der Kartierbarkeit. Ransmayrs
Atlas eines ängstlichen Mannes, in: Studia Neophilologica 86.1, 2014, 66–78, hier 68.

*und der Finsternis* und *Der fliegende Berg* spricht Peter Brandes von »Hybridformen der Literatur«.[36] Das Vorwort ist mit Ort- und Zeitangabe sowie Namenskürzel versehen: »Kollmannsberg Alm, im Frühjahr 2012/C. R.«[37]. Das Authentizitätsideal sowie die programmatische Selbstreflexion des Vorwortes sind zwar gattungstypisch für die (literarische) Reportage. Diese wird jedoch insofern um eine autobiographische Dimension erweitert, als neben den poetologischen Hinweisen auch Verweise auf Geschehnisse aus dem Leben des Autors auftauchen.[38] In der Episode »Zweiter Geburtstag« (A 271–279) wird beispielsweise auf den 1984 erschienenen Roman *Die Schrecken des Eises und der Finsternis*[39] verwiesen. Das Ich aus dem *Atlas* begibt sich auf die im Roman beschriebene Spur der österreichisch-ungarischen Nordpolexpedition von 1872–1874:

Ich war zur Polarfahrt an Bord der Kapitan Dranitsyn eingeladen worden, weil ich fast zwanzig Jahre zuvor einen Roman über die Entdeckung des Franz-Joseph-Landes geschrieben hatte – allerdings ohne je in der Arktis gewesen zu sein. (A, 273)

## Raum

In den siebzig zu einem Atlas zusammengefügten Episoden berichtet ein Ich-Erzähler retrospektiv von Orten, an denen er »gelebt«, die er »bereist« oder »durchwandelt« hat, sowie von Menschen, denen er dabei »begegnet« ist, die ihm »geholfen«, ihn »behütet, bedroht, gerettet oder geliebt« haben (A 5). Ein Atlas ist eine ziel- und zweckorientierte, systematische Sammlung von Karten. Atlanten lassen sich nach formalen und sachlichen Kriterien wie Medienart und Präsentationsform, Format und Umfang, nutzerorientierter Zweckbestimmung, Darstellungsgebiet oder thematischem Inhalt klassifizieren.[40] Ransmayrs Atlas folgt einem individuellen Ausschlusskriterium. Es ist »ausschließlich« (A 5) von Orten die Rede, die durch die Praxis des Durchwanderns und das Moment des Lebens, also durch die individuellen Interaktionen zwischen Mensch und Raum sowie das retrospektive Erzählen darüber hergestellt werden, und es ist »ausschließlich« (A 5) von Menschen die Rede, mit denen ein gemeinsamer Be-

---

36 Peter Brandes: Gewagte Ästhetik. Christoph Ransmayrs Darstellungsexperimente und die Risiken der Form, in: Monika Schmitz-Emans (Hrsg.): Literatur als Wagnis/Literature as a Risk. Berlin/Boston 2013, 724–746, hier 714–725.

37 Christoph Ransmayr: Atlas eines ängstlichen Mannes. Frankfurt a.M. ⁵2012, 5. Im Folgenden wird daraus unter der Sigle A mit Seitenzahl zitiert.

38 Vgl. Carsten Jakobi: Reportage, in: Dieter Lamping (Hrsg.): Handbuch der literarischen Gattungen. Stuttgart 2009, 601–605, hier 601–602.

39 Christoph Ransmayr: Die Schrecken des Eises und der Finsternis. Frankfurt a.M. ²¹1987. Im Folgenden wird daraus unter der Sigle SEF mit Seitenzahl zitiert.

40 Vgl. Lexikon Geografie, Lexikon Geologie, Lexikon Geodäsie, Topologie & Geowissenschaften. http://www.geodz.com/deu/d/Atlas.

ziehungsraum entwickelt worden ist. Gemäß dem sozialkonstruktivistischen Raumbegriff Henri Lefebvres wird ein Ort somit einerseits als ›Raum der Repräsentation‹ verstanden. Dies ist »der Raum der Bewohner, der Benutzer [...], die ihn subjektiv erfahren oder erleiden, die ihn durch Einbildungskraft zu verändern suchen, die ihn beschreiben.«[41] Andererseits gibt es den konzipierten Raum, wie er beispielsweise von Kartographen hergestellt wird. Zentrale Topoi von Kartographie und Geodäsie sind Exaktheit und Genauigkeit. Sie bilden die disziplinären Narrative, die mit Punkten und Linien operieren.[42] Auch wenn in Lefebvres dreistelliger Konzeption des sozialen Raumes das Wahrgenommene, das Konzipierte und das Gelebte »(räumlich gesprochen: Raumpraxis, Raumrepräsentation und Repräsentationsräume)«[43] keine distinkten Einheiten darstellen, kann der Fokus auf die jeweilige Produktionsweise verschoben sein. Im Roman *Die Schrecken des Eises und der Finsternis* wird dies anhand der unterschiedlichen Positionen der Expeditionsteilnehmer deutlich. Während der Expeditionsleiter Julius Payer an der exakten kartographischen Wissensproduktion interessiert ist, fokussiert die Mannschaft auf die räumliche Praxis, die einen wahrnehmbaren Raum produziert, also auf jene materiellen Praktiken, mit denen sich die soziale Praxis in den Naturraum einschreibt.

Die *räumliche Praxis* einer Gesellschaft sondert ihren Raum ab; in einer dialektischen Interaktion setzt sie ihn und setzt ihn gleichzeitig voraus: Sie produziert ihn langsam, aber sicher, indem sie ihn beherrscht und ihn sich aneignet.[44]

Entsprechend groß ist die Enttäuschung der Expeditionsteilnehmer, als sie erfahren, dass es kein Land zu erobern bzw. zu produzieren gilt, sondern das Nördliche Eismeer ihren Zielpunkt bildet.

Mit schmerzlicher Enttäuschung wurde die Lage und der Unwerth von ›Nordpolen‹ vernommen, daß es kein Land sei, kein zu eroberndes Reich, nichts als Linien, die sich in einem Punkte schneiden, und wovon nichts in der Wirklichkeit zu sehen sei! (SEF 43)

Payers kartographische Wissensproduktion richtet sich auf ein unsichtbares Ziel, in den Augen der Mannschaft »ein wertloser Punkt, ein Nichts« (SEF 43). Das Meer ist laut Deleuze und Guattari »der Archetypus aller glatten Räume«,[45]

---

41 Jörg Döring: Spatial Turn, in: Stephan Günzel (Hrsg.): Raum. Ein interdisziplinäres Handbuch. Stuttgart/Weimar 2010, 90–99, hier 92.

42 Vgl. Ute Schneider: Geowissenschaften. Kartographie und Geodäsie, in: Stephan Günzel (Hrsg.): Raum. Ein interdisziplinäres Handbuch. Stuttgart/Weimar 2010, 24–33, hier 24.

43 Henri Lefebvre: Die Produktion des Raums [Erstübersetzung Jörg Dünne], in: Jörg Dünne/Stephan Günzel (Hrsg.): Raumtheorie. Grundlagentexte aus Philosophie und Kulturwissenschaften. Frankfurt a. M. 2006, 330–342, hier 338.

44 Ebd., 335.

45 Gilles Deleuze/Félix Guattari: 1440 – Das Glatte und das Gekerbte [Die Übersetzung wurde vom Herausgeber korrigiert], in: Jörg Dünne/Stephan Günzel (Hrsg.): Raumtheorie.

da es im Gegensatz zum gekerbten Raum unstrukturiert ist. Es erfährt seine Strukturierung durch den astronomischen und den geographischen Zugriff:

durch *den Punkt* der Position, den man durch eine Reihe von Berechnungen auf der Grundlage einer genauen Beobachtung der Sterne und der Sonne bekommt; und durch *die Karte*, die die Meridiane und Breitenkreise, sowie die Längen- und Breitengrade verbindet und so die bekannten oder unbekannten Regionen rastert.[46]

Im *Atlas* wird diese Strukturarbeit der österreichisch-ungarischen Nordpolexpedition vorgeführt und kritisch reflektiert (vgl. A 271–279). »Nach mehr als zwei Jahren im Packeis, zwei Polarnächten mit den tiefsten bis dahin gemessenen und von Menschen ertragenen Temperaturen, nach Skorbut, Erfrierungen und allen Schrecken des Eises und der Finsternis« (A 274) gelingt den Expeditionsteilnehmern die Rückkehr. Auch wenn es sich bei der kartierten – heute zu Russland gehörenden – Insel lediglich »um eine mehr als sechzehntausend Quadratkilometer große menschenleere Wildnis« (A 275) handelt, hat die Expedition mit »der Taufe des Franz-Joseph-Landes […] den letzte[n] weiße[n] Fleck von der Landkarte der Alten Welt getilgt« (A 275). Erst mit ihrer Kartierung werden solche »Steine im Schleppnetz der Längen- und Breitengrade« (SEF 274) zu »Hoheitsgebieten« (SEF 274) des damit produzierten nationalen und imperialen Raumes. Doch das »Glatte verfügt immer über ein Deterritorialisierungsvermögen, das dem Gekerbten überlegen ist.«[47] Das Wechselspiel zwischen dem Glatten und dem Gekerbten, dem unstrukturierten und dem strukturierten Raum wird bei Ransmayr literarisch nicht nur als zeitliche Abfolge, sondern auch als Gleichzeitigkeit von Natur und Kultur inszeniert. Menschenleere Wildnis und ungarisch-österreichisches bzw. russisches Hoheitsgebiet existieren zugleich. Inseln sind – je nach erzählter Perspektive – Steine, Fische, kartographische Punkte oder Hoheitsgebiete. Über die Metapher des Fischfangs wird literarisch ein Raum der Repräsentation aufgespannt, der die Versuche einer symbolischen Verfügbarmachung des Unverfügbaren sichtbar macht. Gezeigt wird, wie im Aneignungsprozess des Fischens die Inseln zu Steinen werden, die im symbolischen Netz kartographischer Wissensproduktion gleichsam heimgebracht werden, um sie dem imperialen Begehren verfügbar zu machen.

---

Grundlagentexte aus Philosophie und Kulturwissenschaften. Frankfurt a. M. 2006, 434–446, hier 439.
   46  Ebd., 438.
   47  Ebd., 439–440.

## Narration

Auch der *Atlas* selbst leistet Strukturarbeit, indem er mit Längen- und Breiten-
graden operiert. Der blaue Schutzumschlag zeigt die Kartierung des Meeres
und die erste Episode beginnt mit einer exakten Angabe: »Ich sah die Heimat
eines Gottes auf 26°,28' südlicher Breite und 105°,21' westlicher Länge« (A 11).
Das »Ich sah«, mit dem jede Episode beginnt, verweist jedoch immer wieder auf
die Subjektivität der Repräsentation des Raumes. Das Ich wird zum deiktischen
Zentrum. Von diesem Punkt im Koordinatensystem der Geschichten wird Fer-
nes wie Nahes, Eigenes wie Fremdes, Menschliches wie Nicht-Menschliches
gleichermaßen angesehen. »Sehen als Wahrnehmung und Perzeption meint immer auch Deutung, die Konstitution der Wirklichkeit des Wahrgenommenen
als Objekt.«[48] Der Blick hingegen wird »als ein real körperlich-sinnliches Geschehen verstanden, eine Art des Körperausdrucks und zugleich als die Erfahrung, angeblickt zu werden.«[49] Kommunikationstheoretisch ist der Blick Sen-
der und Empfänger zugleich. Der homodiegetische Erzähler im *Atlas* inszeniert
sich als ein Sehender. Denn narrativ bleibt er trotz der geschilderten Begegnungen auf Distanz. In indirekter Rede kommen nur die Anderen zu Wort. Der Erzähler beobachtet, notiert oder sinniert bisweilen, enthält sich jedoch, wie im
Titel angegeben, ängstlich jeglicher Wertung. Ransmayr hat die Ängstlichkeit
als vorsichtige Wahrnehmungshaltung angesichts der Komplexität der Wirklichkeit bezeichnet.[50] Reisend nimmt das Ich entsprechend immer wieder neue
Positionen des Sehens ein. Auf »exotische Nostalgie« wird dabei ebenso verzichtet wie auf »postkoloniale Anbiederung: Das Ferne bleibt fern und *unverständlich.*«[51] Im Sinne einer reflexiven Ethnographie wird auch »die engste Nachbar-
schaft« (A 5) in ihrer Fremdheit und Befremdlichkeit erfasst. Die vorsichtige
Wahrnehmungshaltung ist zudem einer narrativen Poetik geschuldet, die, dem
Mythos vergleichbar, die Wirklichkeit in individuellen Erinnerungsnarrativen
gestaltet. »Geschichten ereignen sich nicht, Geschichten werden erzählt« (A 5),
heißt es im Vorwort. Auch wenn in den als Episoden bezeichneten Reportagen die Fremdreferenz in den Vordergrund rückt, handelt es sich um erzählte
Erinnerung.

---

48 Margarete Fuchs: Der bewegende Blick. Literarische Blickinszenierungen der Moderne. Berlin u. a. 2014, 7.
49 Ebd.
50 Paul Jandl: »Allen zuhören, aber keinem ganz glauben«, in: Die Welt 19.6.2014. http://
www.welt.de/kultur/literarischewelt/article129227523/Allen-zuhoeren-aber-keinem-ganz-
glauben.html.
51 Konstanze Fliedl: Unverständlich. Christoph Ransmayrs *Der Weg nach Surabaya*, in:
Patricia Broser/Dana Pfeiferová (Hrsg.): Der Dichter als Kosmopolit. Zum Kosmopolitismus
in der neuesten österreichischen Literatur. Wien 2003, 81–97, hier 93.

Die erzählte Erinnerung verändert als Fiktion die Wahrnehmung der Gegenwart. Denn in der erzählten Geschichte befindet sich der Erzähler – so beschreibt es der Autor in *Die Erfindung der Welt* – in der »Mitte der Welt«, in der alle Welt noch einmal erfunden wird. Erinnerung ist Fiktion, da sie nicht ›Fakten‹ wiedergibt, sondern sie ›nur‹ erzählt.[52]

»Die Wirklichkeit ist teilbar« (SEF 42), stellt der Erzähler in *Die Schrecken des Eises und der Finsternis* angesichts der verschiedenen Einträge in die Journale der Expeditionsteilnehmer fest. Gustav Brosch, der erste Offizier, trägt den 2. Juli 1872 als Ankunftstag in Tromsö ein, Julius Payer, der Expeditionskommandant zu Lande, den 3. Juli und Otto Krisch, der Maschinist, den 4. Juli (vgl. SEF 41–42). Der Erzähler spricht den auf Perzeptions- und Selektionsprozessen basierenden, individuell gestalteten Erinnerungserzählungen eine eigene erkenntnisleitende Funktion zu.

Denn wirklicher als im Bewußtsein eines Menschen, der ihn durchlebt hat, kann ein Tag nicht sein. Also sage ich: Die Expedition erreichte am zweiten, erreichte am dritten, erreichte am vierten Juli 1872 Tromsö. (SEF 42)

Der naturwissenschaftliche Zugang wird zwar nicht aufgehoben, jedoch von einem narrativen überlagert. Diese narrative Mnemotechnik ist multidiskursiv, da sie nicht nur auf eigene, sondern auch auf fremde Erinnerung zurückgreift, und sie ist intermedial, da sich die Erinnerung der Erzählenden nicht nur aus eigener Erfahrung, sondern vielfach auch aus Büchern und Filmen zusammensetzt. So kennt die einheimische Taxifahrerin in der *Atlas*-Episode »Im Schatten des Vogelmannes« (A 400–412) »die Geschichte der Rapa Nui nicht nur aus dem Lesebuch ihrer Tochter, sondern auch aus einem Hollywoodfilm« (A 408). Im Bewusstsein, dass man »natürlich [...] über Filme verschiedener Meinung sein« (A 408) kann, sucht sie sich aus den verschiedenen Quellen die für sie »wahrscheinlichste von den vielen Geschichten« (A 408) heraus. In ähnlicher Weise wird der Rezipient durch den episodischen Aufbau dazu aufgefordert, sich hin- und herblätternd durch den *Atlas* zu bewegen und dabei unabhängig vom Erzähler immer wieder neue, eigene Narrative der Wirklichkeit zu erstellen. Ökologisches Allgemeinwissen, »daß man Steine nicht essen« kann (A 408) oder dass der Atlantik überfischt ist (vgl. A 120), wird nicht vom Erzähler geäußert, sondern als indirekte Rede anderer wiedergegeben; ebenso die Kolonialgeschichte (vgl. A 409) oder der gegenwärtige koloniale Imperialismus eines Münsteraner Faszenderos, der den »stetig anrollenden, wuchernden, blühenden

---

52 Rainer Godel: Mythos und Erinnerung. Christoph Ransmayr: Die letzte Welt, in: Germanica 45, 2009. http://germanica.revues.org/827. Vgl. Christoph Ransmayr: Die Erfindung der Welt. Rede zur Verleihung des Franz-Kafka-Preises, in: Uwe Wittstock (Hrsg.): Die Erfindung der Welt. Zum Werk von Christoph Ransmayr. Frankfurt a.M. 1997, 198–202, hier 200.

Wogen immergrünen Dickichts« (A 131) »in erschöpfender und begeisterter Arbeit ihre Beute wieder abzujagen« (A 132) sucht. Sein langwieriges Unternehmen besteht darin, »kleinwüchsige Zebus aus Indien« (A 133) mit europäischen »Simmental-Embryonen« (A 133) zu kreuzen.

> Gab es denn etwas Lohnenderes, fragte der Frazendero, [...] gab es denn etwas Beglückenderes, als der Wildnis, der äußeren wie jener, die man in sich selber trug, etwas Neues, vielleicht sogar etwas wie eine Heimat abzugewinnen [...]? (A 132)

Eine Kommentierung des Unternehmens erscheint vor der allgemeinen Kenntnis um die problematischen Abholzraten des brasilianischen Regenwaldes obsolet. Damit umgeht Ransmayr die ökologische und »postkoloniale Klemme«[53], als europäischer Reisender immerfort in »quasikoloniale Attitüden«[54] zurückzufallen. Denn »seine Perspektive bleibt immer ein Privileg und seine Teilnahme passager und schon allein dadurch begrenzt, daß er notfalls jederzeit heimreisen kann.«[55] Unkommentiert bleibt auch, dass die Bändigung der äußeren wie inneren Wildnis selbst ein Akt der Gewalt ist, bei dem der Kolonisator selbst zum Kolonisierten wird, indem er die vermeintlich wilden inneren Naturanteile des eigenen Selbst domestiziert. Damit wird implizit auf die Hybridität des Menschen sowie der Gesellschaft verwiesen.

## Genealogie

Dass menschliche Gesellschaften selbst ein Hybrid aus Natur und Kultur sind, wird insbesondere im Hinblick auf die Genealogie deutlich.

> Es gibt keine Genealogie, ohne daß aus der ›natürlichen‹ Reproduktion soziale Strukturen der Verwandtschaft gebildet werden. Und es gibt keine Genealogie, ohne daß kulturelle Formen die Art und Weise regeln, in der Fortzeugung und Abfolge der Generationen geschehen.[56]

Koschorke spricht in Bezug auf das Verwandtschaftssystem von einem »Grenzrelais«[57], einem Ort »des *Austausches* zwischen den epistemischen Regimes ›Natur‹ und ›Kultur‹,«[58] an denen die Natur/Kultur-Dichotomie von ständigen

---

53 Fliedl: Unverständlich, 92.
54 Ebd.
55 Ebd.
56 Sigrid Weigel: Genea-Logik. Generation, Tradition und Evolution zwischen Kultur- und Naturwissenschaften. München 2006, 9. Vgl. Koschorke: Zur Epistemologie der Natur/Kultur-Grenze, 22.
57 Koschorke: Zur Epistemologie der Natur/Kultur-Grenze, 20.
58 Ebd., 22.

Transfers in beide Richtungen durchbrochen wird. Biologische Verwandtschaft und kulturbedingte Verwandtschaftstaxonomien können ›natürliche‹ Verwandtschaft sowohl annullieren als auch erzeugen.[59] Die Genealogie bedarf der Zeugung, aber auch der Sorge um die Vorfahren und Nachkommen, wozu auch die Sorge um die Überlieferung des materiellen und immateriellen Vermögens gehört.[60] »Denn sie beschreibt Wege der Überlieferung und Fortzeugung, die durch die Leiber hindurchgehen; sie beschreibt das Schicksal von Körpern und Körperschaften in der Dimension der Zeit.«[61] Damit liegt die Genealogie der Geschichte als materielle Matrix zugrunde. Im *Atlas* wird in der Episode »Flugversuch« (A 67–71) narrativ nicht nur eine komplexe genealogische Verknüpfung hergestellt, die jenseits der Natur/Kultur-Dichotomie verläuft, das Narrativ stellt auch Verbindungen zwischen phylogenetisch distinkten Verwandtschaftsgruppen her. In dieser Episode beobachtet der Ich-Erzähler aus dem Geländewagen eines Vogelwarts die Flugversuche eines jungen Königsalbatros. Neben der Beschreibung dieser Flugversuche wird in indirekter Rede die Lebensgeschichte des Vogelwarts wiedergegeben, die von einer genealogischen Überblendung von nicht-menschlichen und menschlichen Tieren geprägt ist. Nach dem tödlichen Verkehrsunfall seiner Frau vor neunzehn Jahren hätten Albatrosse »ihn aus der Welt eines Linienbusfahrers in jenes Vogelreich mitgenommen, das er wohl nicht mehr verlassen werde« (A 69). Die Vogelbeobachtung habe die jüngere Tochter geheilt, die aus »Protest gegen das Verschwinden der Mutter« (A 69) nicht mehr habe wachsen wollen. Schließlich seien die Vögel zum Familienersatz geworden. Denn nachdem seine Töchter »flügge geworden« (A 69) seien, habe »es für ihn nur noch die Albatrosse« (A 69–70) gegeben. Die Familiengeschichte des Vogelwarts, der »sein Leben an das der Albatrosse gebunden« (A 69) hat, wird damit genealogisch ohne taxonomische Distinktion an das »Vogelreich« (A 69) angeschlossen. Trotz seiner affektiven Besetzung lässt sich der Albatros nicht wie Hund und Katze als Einfühlungstier bestimmen, das an der Schwelle des Intimen und Privaten die häusliche Libido-Ökonomie hütet. Er erfüllt in der symbolischen Ordnung auch nicht die Funktion eines Gattungs-, Klassifikations- oder Staatstieres.[62] Im Kontext einer politischen Zoologie bestimmt Roland Borgards die Beziehung von Mensch und Tier im Hinblick auf die beiden Raumordnungen innen/außen, oben/unten als ein vom Bann der Gewalt bestimmtes hierarchisches Verhältnis. Dies gilt nicht nur für die Ausrottung, Zähmung oder Schlachtung, sondern für alle Umgangsweisen des Menschen mit ›seinen‹ Tieren in Institutionen wie Zoo, Zirkus oder

---

59  Vgl. ebd., 20–21.
60  Vgl. Weigel: Genea-Logik, 9.
61  Ebd.
62  Vgl. Anne von der Heiden/Joseph Vogl: Einleitung, in: Dies. (Hrsg.): Politische Zoologie. Zürich/Berlin 2007, 7–12, hier 11.

Wissenschaft.[63] Als Forschungsobjekt, dessen »Nistplätze zu kartographieren«
(A 68) sind, fungiert der Albatros zwar als »Figur aktueller Gewalt [...], die es
aus dem entwilderten Raum der Kultur [gewaltsam; E. J.] zu *verbannen* gilt«.[64]
Da er jedoch in der Raumordnung der oberen Sphäre zugeordnet wird, die seinen
eigentlichen Lebensraum bildet, kann er sich faktisch der symbolischen Ordnung
immer wieder entziehen, auch wenn diese damit nicht aufgehoben wird. Aufgrund dieser Fähigkeit lässt sich der Albatros innerhalb der symbolischen Ordnung der *Atlas*-Episode als Freiheitstier bestimmen, das sich den Bedingungen
der gewaltdurchwirkten Grundkonstellation zu entziehen vermag. Als solches
wird er in der Episode nicht nur für den Vogelhüter sondern auch für den Ich-
Erzähler relevant. Denn der Mensch stellt sich das Tier nicht nur als Lebewesen
gegenüber, das gezähmt, gezüchtet, gestreichelt, gegessen, getötet oder kartographiert werden soll. Er bezieht sich auch auf das Tier, insofern er sich selbst als ani-
malisches Wesen begreift. Die Grenze zwischen Mensch und Tier durchzieht den
Menschen selbst; das Verhältnis von Mensch und Tier ist immer auch ein Selbstverhältnis, das vom gewaltsamen Versuch, die Gewalt zu bannen, gekennzeichnet
ist.[65] Was Gesellschaften als Natur, als Tier, als das Fremde und Andere in wechselseitigen Ein- und Ausschlussprozeduren externalisieren, ist immer auch eine
politische Frage, die sowohl das äußere Tier-Mensch-Verhältnis betrifft als auch
das Selbstverhältnis des Menschen. Über die tierisch-gewaltsamen Anteile des
Menschen erfolgt der Zugriff souveräner Staatsgewalt und biopolitischer Kontrolle. Im Albatros trifft die kulturelle Semiose auf etwas von ihr Unabhängiges
und Unverfügbares – oder, anders betrachtet, externalisiert das kulturelle Zei-
chensystem den Albatros als Freiheitstier, und damit als unverfügbar.[66] Durch
eine narrative Überblendung in der Beschreibung des Ich-Erzählers wird dieses Freiheitstier zum Symbol menschlichen Freiheitsbegehrens angesichts politischer Gewalt und gesellschaftlicher Repression. Denn die Beschreibung der
Flugversuche des »jungen Königsalbatros« (A 67) wird von Radionachrichten
unterbrochen, die von Naturkatastrophen, Gewalt und Krieg handeln. Trotz
der räumlichen und zeitlichen Hinweise, die die Singularität hervorheben, sind
die Ereignisse letztlich austauschbar, das macht die knappe Zusammenfassung
deutlich: Erdbeben mit neun Verletzten, jugendlicher Waffenmissbrauch mit
Todesfolge, Walstrandung, Monsterwelle mit drei Toten, Krieg in Afghanistan
und Südeuropa (vgl. A 70–71). Unterbrochen von Werbung und Nachrichten
läuft Bob Dylans Song: »Highlands«, aus dem auszugsweise zitiert wird:

---

63 Vgl. Roland Borgards: Hund, Affe, Mensch. Theriotopien bei David Lynch, Paul Potter
und Johann Gottfried Schnabel, in: Maximilian Bergengruen/Roland Borgards (Hrsg.): Bann
der Gewalt. Studien zur Literatur- und Wissensgeschichte. Göttingen 2009, 105–142, hier
112–113.
  64 Ebd., 112.
  65 Vgl. ebd., 113.
  66 Vgl. Koschorke: Zur Epistemologie der Natur/Kultur-Grenze, 22.

Well my heart's in the highlands gentle and fair
Honeysuckle blooming in the wildwood air …
Feel like a prisoner in a world of mystery
I wish someone would come
And push back the clock for me. (A 69)

Scheinbar »beflügelt« von den düsteren »Radionachrichten« lässt der Albatros schließlich »diese Erde, alles Festland« (A 71) unter sich zurück, um die nächsten Jahre auf See zu verbringen. Das der Mantik und dem Kultischen zuzuordnende »Vogelreich« (A 69) erscheint in seiner textuellen Bezugsetzung zum Dylan-Song als »world of mystery«. In einer innen/außen-Dichotomie wird der politisch und gesellschaftlich kontrollierte Innenraum des menschlichen Tieres kontrastiert mit dem Außenraum des Freiheitstiers. Nimmt man den Verweis des Dylan-Songs auf Neil Young und Erica Jong hinzu, repräsentiert das nicht-menschliche Tier die politische und sexuelle Emanzipation von Gesellschaft, Staatssouveränität und Biopolitik. Im *Atlas* wird diese Befreiungsbewegung am Ende heroisch überhöht, wenn der »schwerelose Vogel im Sturm, ruhig über umbrandeten Klippen« (A 71) dahinsegelt.

## 6. Poetik zwischen Vor- und Postmoderne

Diese heroische Überhöhung entspricht einer transzendenten Poetik der Zeitlosigkeit, die das Spiel mit der narrativen Hybridität letztlich stillstellt. Zeit und Raum werden in den einzelnen Episoden immer wieder ins Unendliche ausgedehnt. In narrativer Annäherung wird von »Jahrhunderten« (A 49, 51) und »Jahrtausende[n]« (A 42) erzählt, von der »Ewigkeit« (A 35) und den »Abgründe[n] des Raumes« (A 37). Das Pathos, das »die Grenzen zum Kitsch bisweilen zu überschreiten in Gefahr ist«, scheint der literarischen Suche nach dem Wesentlichen geschuldet zu sein, nach »Wirklichem und Eigentlichem, alles Kategorien, die in der Moderne als obsolet gelten«.[67] Der Dichter wird damit zum Exponenten einer neuen Transzendenz, deren Leere und Flüchtigkeit einerseits beschworen, in widersprüchlicher Weise aber auch bestätigt wird. Zwischen dem Verschwinden des Autors hinter den Diskursen und der von einem »eschatologische[n] Impuls«[68] getragenen Poetik der Transzendenz be-

---

67 Vgl. Dirk Werle: Christoph Ransmayrs Poetik der Zeitlosigkeit im *Fliegenden Berg*, in: Silke Horstkotte/Leonhard Herrmann (Hrsg.): Poetiken der Gegenwart. Berlin/Boston 2013, 155–171, hier 159.

68 Philipp Weber: Ein Reisender in der ›geschichte-ten‹ Welt. Schlaglichter auf das neuere Schaffenswerk des österreichischen Autors Christoph Ransmayr, in: Zeitschrift für Germanistik und Literatur 14.19, 2010, 59–62, hier 61.

wegen sich die Texte Ransmayrs zwischen Vor- und Postmoderne.[69] Im Sinne
postmoderner Konzepte führt der *Atlas* das narrative Spiel mit binären Oppo-
sitionen vor. Die Relationen von Faktualität/Fiktionalität, Anderem/Eigenem,
Menschlichem/Nicht-Menschlichem sowie von Natur/Kultur werden in ihren
Vernetzungen, Verflechtungen und wechselseitigen Durchdringungen sichtbar gemacht. Dabei wird nicht nur die Überlagerung von Materialität und narrativer Konstruktion von Wirklichkeit vorgeführt, sondern auch die Mechanismen der Modellierung der Natur/Kultur-Relation. Dieses Spiel wird jedoch
in dem Moment obsolet, in dem es mittels transzendenter Verweise stillgestellt
wird, so als gäbe es jenseits des semantischen Spiels eine Welt des Eigentlichen
und Wirklichen.

## Literaturverzeichnis

Borgards, Roland: Hund, Affe, Mensch. Theriotopien bei David Lynch, Paul Potter und
Johann Gottfried Schnabel, in: Bergengruen, Maximilian/Borgards, Roland (Hrsg.): Bann
der Gewalt. Studien zur Literatur- und Wissensgeschichte. Göttingen 2009, 105–142.
Brandes, Peter: Gewagte Ästhetik. Christoph Ransmayrs Darstellungsexperimente und die
Risiken der Form, in: Schmitz-Emans, Monika (Hrsg.): Literatur als Wagnis/Literature
as a Risk. In Zusammenarbeit m. Braungart, Georg/Geisenhanslüke, Achim/Lubkoll,
Christine. Berlin/Boston 2013, 724–746.
Curtin, Deane: Environmental Ethics for a Postcolonial World. Lanham 2005.
Deleuze, Gilles/Guattari, Félix: 1440 – Das Glatte und das Gekerbte, in: Dünne, Jörg/Günzel,
Stephan (Hrsg.): Raumtheorie. Grundlagentexte aus Philosophie und Kulturwissenschaf-
ten. Frankfurt a. M. 2006, 434–446.
Döring, Jörg: Spatial Turn, in: Günzel, Stephan (Hrsg.): Raum. Ein interdisziplinäres Hand-
buch. Stuttgart/Weimar 2010, 90–99.
Fliedl, Konstanze: Unverständlich. Christoph Ransmayrs *Der Weg nach Surabaya*, in: Broser,
Patricia/Pfeiferová, Dana (Hrsg.): Der Dichter als Kosmopolit. Zum Kosmopolitismus in
der neuesten österreichischen Literatur. Wien 2003, 81–97.
Fuchs, Anne: Reiseliteratur, in: Lamping, Dieter (Hrsg.): Handbuch der literarischen Gattun-
gen. Stuttgart 2009, 593–600.
Fuchs, Margarete: Der bewegende Blick. Literarische Blickinszenierungen der Moderne. Ber-
lin u. a. 2014.
Godel, Rainer: Mythos und Erinnerung. Christoph Ransmayr: Die letzte Welt, in: Germanica
45, 2009, http://germanica.revues.org/827 [23.4.2017].
Gutjahr, Ortrud: Einleitung zur Teilsektion »Interkulturalität und Alterität«, in: Akten des
X. Internationalen Germanistenkongresses Wien 2000. Zeitenwende – die Germanistik
auf dem Weg vom 20. ins 21. Jahrhundert. Hrsg. v. Peter Wiesinger unter Mitarb. v. Hans
Derkits. Bd. 9: Literaturwissenschaft als Kulturwissenschaft: Interkulturalität und Alte-
rität. Berlin u. a. 2003, 15–19.
Gutmann, Amy: Das Problem des Multikulturalismus in der politischen Ethik, in: Deutsche
Zeitschrift für Philosophie 43.2, 1995, 273–305.
Huggan, Graham/Tiffin, Helen: Postcolonial Ecocriticism. Literature, Animals, Environ-
ment. London/New York 2010.

69 Vgl. Fliedl: Unverständlich, 90.

Iljassova-Morger, Olga: Transkulturalität als Herausforderung für die Literaturwissenschaft und Literaturdidaktik. Das Wort. Germanistisches Jahrbuch Russland, 2009, 37–57.

Jakobi, Carsten: Reportage, in: Lamping, Dieter (Hrsg.): Handbuch der literarischen Gattungen. Stuttgart 2009, 601–605.

Jandl, Paul: »Allen zuhören, aber keinem ganz glauben«, in: Die Welt 19.6.2014. http://www. welt.de/kultur/literarischewelt/article129227523/Allen-zuhoeren-aber-keinem-ganz-glauben. html [23.4.2017].

Karlsson Hammarfelt, Linda: Literatur an der Grenze der Kartierbarkeit. Ransmayrs Atlas eines ängstlichen Mannes, in: Studia Neophilologica 86.1, 2014, 66–78.

Kaulbach, Friedrich: Natur, in: Ritter, Joachim (Hrsg.): Historisches Wörterbuch der Philosophie. Bd. 6. Basel 1984, 241–478.

Koschorke, Albrecht: Zur Epistemologie der Natur/Kultur-Grenze und zu ihren disziplinären Folgen, in: DVLG 83.1, 2009, 9–25.

Krech III, Shepard: The Ecological Indian: Myth and History. New York 2000.

Lefebvre, Henri: Die Produktion des Raums, in: Dünne, Jörg/Günzel, Stephan (Hrsg.): Raumtheorie. Grundlagentexte aus Philosophie und Kulturwissenschaften. Frankfurt a. M. 2006, 330–342.

Lexikon Geografie, Lexikon Geologie, Lexikon Geodäsie, Topologie & Geowissenschaften. http://www.geodz.com/deu/d/Atlas [23.4.2017].

Link, Manfred: Der Reisebericht als literarische Kunstform von Goethe bis Heine. Köln 1963.

Martinez, Matthias/Scheffel, Michael: Einführung in die Erzähltheorie. München ⁷2007.

Meier, Albert: Textsorten-Dialektik. Überlegungen zur Gattungsgeschichte des Reiseberichts im späten 18. Jahrhundert, in: Maurer, Michael (Hrsg.): Neue Impulse der Reiseforschung. Berlin 1999, 237–245.

Neuber, Wolfgang: Zur Gattungspoetik des Reiseberichts. Skizze einer historischen Grundlegung im Horizont von Rhetorik und Topik, in: Brenner, Peter J. (Hrsg.): Der Reisebericht. Die Entwicklung einer Gattung in der deutschen Literatur. Frankfurt a. M. 1989, 50–67.

Neumann, Birgit/Nünning, Ansgar: Einleitung: Probleme, Aufgaben und Perspektiven der Gattungstheorie und Gattungsgeschichte, in: Gymnich, Marion/Neumann, Birgit/Nünning, Ansgar (Hrsg.): Gattungstheorie und Gattungsgeschichte. Trier 2007, 1–28.

Nünning, Ansgar: Kriterien der Gattungsbestimmung: Kritik und Grundzüge von Typologien narrativ-fiktionaler Gattungen am Beispiel des historischen Romans, in: Gymnich, Marion/Neumann, Birgit/Nünning, Ansgar (Hrsg.): Gattungstheorie und Gattungsgeschichte. Trier 2007, 73–99.

Opitz, Alfred: Bericht aus der »Zweiten Heimat«. Zum gegenwärtigen Stand der Reiseliteraturforschung«, in: Akten des X. Internationalen Germanistenkongresses Wien 2000. Zeitenwende – die Germanistik auf dem Weg vom 20. ins 21. Jahrhundert. Hrsg. v. Peter Wiesinger. Bd. 9: Literaturwissenschaft als Kulturwissenschaft: Interkulturalität und Alterität. Berlin u. a. 2003, 87–92.

Ortheil, Hanns-Josef: Schreiben auf Reisen. Wie Schriftsteller vom Unterwegs-Sein erzählen, in: Moenninghoff, Burkhard/von Bernstorff, Wiebke/Tholen, Toni (Hrsg.): Literatur und Reise. Hildesheim 2013, 7–31.

Ransmayr, Christoph: Die Schrecken des Eises und der Finsternis. Frankfurt a. M. ²¹1987.

– Die Erfindung der Welt. Rede zur Verleihung des Franz-Kafka-Preises, in: Wittstock, Uwe (Hrsg.): Die Erfindung der Welt. Zum Werk von Christoph Ransmayr. Frankfurt a. M. 1997, 198–202.

– Atlas eines ängstlichen Mannes. Frankfurt a. M. ⁵2012.

Reckwitz, Erhard: Realismus-Effekt, in: Nünning, Ansgar (Hrsg.): Metzler Lexikon Literatur- und Kulturtheorie. Ansätze – Personen – Grundbegriffe. 4., aktual. u. erw. Aufl. Stuttgart/Weimar 2008, 609–610.

Scheffel, Michael: Faktualität/Fiktionalität als Bestimmungskriterium, in: Zymner, Rüdiger (Hrsg.): Handbuch Gattungstheorie. Stuttgart/Weimar 2010, 29–31.

Schmeling, Manfred: Transkulturalität und Gattung, in: Zymner, Rüdiger (Hrsg.): Handbuch Gattungstheorie. Stuttgart/Weimar 2010, 123–126.

Schneider, Ute: Geowissenschaften. Kartographie und Geodäsie, in: Günzel, Stephan (Hrsg.): Raum. Ein interdisziplinäres Handbuch. Stuttgart/Weimar 2010, 24–33.

Spiegel, Hubert: Christoph Ransmayr wird 60. Die Wirklichkeit kann noch nicht alles sein, in: FAZ 20.03.2014.

Spoor, André: Der kosmopolitische Dörfler. Christoph Ransmayrs wüste Welten, in: Wittstock, Uwe (Hrsg.): Die Erfindung der Welt. Zum Werk von Christoph Ransmayr. Frankfurt a. M. 1997, 181–187.

Vlasta, Sandra: Reisen und davon erzählen. Reiseberichte und Reiseliteratur in der Literaturwissenschaft. http://www.literaturkritik.de/public/rezension.php?rez_id=21077 [23.4.017].

von der Heiden, Anne/Vogl, Joseph: Einleitung, in: Dies. (Hrsg.): Politische Zoologie. Zürich/Berlin 2007, 7–12.

Weber, Philipp: Ein Reisender in der ›geschichte-ten‹ Welt. Schlaglichter auf das neuere Schaffenswerk des österreichischen Autors Christoph Ransmayr, in: Zeitschrift für Germanistik und Literatur 14.19, 2010, 59–62.

Weigel, Sigrid: Genea-Logik. Generation, Tradition und Evolution zwischen Kultur- und Naturwissenschaften. München 2006.

Welsch, Wolfgang: Transkulturalität. http://www.forum-interkultur.net/uploads/tx_textdb/28.pdf [23.4.2017].

– Was ist eigentlich Transkulturalität? http://www2.uni-jena.de/welsch/papers/W_Welsch_Was_ist_Transkulturalität.pdf [23.04.2017]. Auch erschienen in: Darowska, Lucyna/Machold, Claudia (Hrsg.): Hochschule als transkultureller Raum? Beiträge zu Kultur, Bildung und Differenz. Bielefeld 2010, 39–66.

Werle, Dirk: Christoph Ransmayrs Poetik der Zeitlosigkeit im Fliegenden Berg, in: Horstkotte, Silke/Herrmann, Leonhard (Hrsg.): Poetiken der Gegenwart. Berlin/Boston 2013, 155–171.

Simone Schröder

# Deskription. Introspektion. Reflexion

## Der Naturessay als ökologisches Genre in der deutschsprachigen Literatur seit 1800

»›Natur‹ spielt im Essay eine geringe Rolle«,[1] schreibt der Schweizer Germanist Ludwig Rohner 1966 in seiner klassischen Studie zur Form und Gattung des deutschen Essays. Dieser knappe Befund, der aus heutiger Sicht vor allem dazu gemacht scheint, Widerspruch hervorzurufen und zu diesem Zweck am Beginn eines Beitrags über den Essay als ökologisches Genre zitiert zu werden, verweist auf zwei wichtige Zusammenhänge: zum einen auf das Verhältnis von Natur und Essayform, zum anderen auf die Frage nach der Relevanz und Wirkung naturthematischer Sujets in der deutschsprachigen Literatur. Rohners These von der relativen Nebensächlichkeit der Natur scheint sich auf ein Formverständnis zu stützen, das die intellektuelle Reflexion gegenüber der deskriptiven und poetischen Darstellung im Essay weitaus stärker gewichtet.[2] Gerade im Miteinander von *histoire*- und *discours*-Ebene[3] jedoch erweist sich der Essay, wie ich im Folgenden zeigen möchte, als literarisches Genre, das eine genuine schreibende

1 Ludwig Rohner: Deutsche Essays. Prosa aus zwei Jahrhunderten. Bd. 1. Neuwied 1966, 404.

2 Die Betonung von Kontemplation und Argumentation sind auch in der jüngeren Essaytheorie verbreitet. Simon Jander etwa hat sich kürzlich für eine »Konturierung des Essays als Reflexionstext-Typus« ausgesprochen. Simon Jander: Die Poetisierung des Essays: Rudolf Kassner, Hugo von Hofmannsthal, Gottfried Benn. Heidelberg 2008, 12. Magdalena Bachmann verdanke ich den Hinweis, dass die Vernachlässigung des Naturthemas in der deutschen Essaytheorie auch auf die zentrale Rolle Theodor Adornos (Der Essay als Form, 1958) und Georg Lukács' (Über Wesen und Form des Essays, 1910) zurückgeführt werden kann, die den Essay jeweils als Diskurs über bereits vorgefertigte, sekundäre Gegenstände ansehen, wohingegen Natur aus nichtkonstruktivistischer Perspektive als das Primäre schlechthin gelten kann.

3 Die Unterscheidung zwischen dem Inhalt einer Erzählung, der *histoire*, und dem *discours*, der Art und Weise, wie dieser Inhalt durch den Erzähler präsentiert wird, geht zurück auf Tzvetan Todorov: Les catégories du récit littéraire, in: Communications 8, 1966, 125–151. Auch wenn Todorov seine Kategorien auf fiktionale Literatur bezieht, sind sie in meinem Verständnis auch auf den Naturessay übertragbar.

Auseinandersetzung mit Natur und, genauer, mit ökologischen Prozessen möglich macht. Für Essays im hier diskutierten Sinne konstitutiv ist

der schriftliche Diskurs eines empirischen (d. h. nicht-fiktionalen) Ich über einen kulturellen Gegenstand, dessen Aspekte durch subjektive Erfahrung erschlossen worden sind und für den gleichwohl das allgemeine Interesse gebildeter Laien gewonnen werden soll.[4]

Wenn Essays ökologische Themen aufgreifen, nutzen sie genretypische ästhetische Verfahren: Sie rekurrieren auf assoziative Argumentationsmuster, inszenieren und thematisieren den Schreib- und Denkprozess, auch mit Hilfe rhetorischer Mittel, und bestehen oft auf der Perspektive des essayistischen Ichs, das mitunter Züge eines Erzählers trägt. Essayistisches Schreiben ist dabei meist auf einen Erkenntnisgewinn gerichtet, der nicht notwendigerweise objektives Weltwissen erweitern muss, sondern auch die persönliche und/oder subjektive, in der Anschauung und Reflexion gewonnene Haltung zum Gegenstand oder zum Thema betreffen kann, die schreibend behandelt werden.[5]

Obwohl Essays üblicherweise keine übergeordneten Handlungsstränge im Sinne einer *histoire* aufweisen, sind Beobachtungen von ökologischen Dynamiken, Anekdoten, Mikronarrative und andere erzählende Elemente charakteristisch für das Genre. Als auf die Ökologie bezogene Erzählsplitter fügen sie sich im Naturessay zu einer größeren Erzählung über Ökologie, die rhetorisch, stilistisch und argumentativ verschieden umgesetzt wird. Diese Erzählsplitter werden durch Verknüpfungsstrukturen – was ich im Folgenden als Ebenenwechsel bezeichnen werde – in Zusammenhang gebracht. Auf diese Weise entsteht ein kaleidoskopartiges Naturpanorama, in dem sich verschiedene Arten des Wissens über Ökologie kreuzen und zusammenwirken.

Im Folgenden möchte ich anhand von drei Beispielen exemplarisch zeigen, wie die »Wechselbeziehungen der Organismen unter einander«,[6] als welche Haeckel die Ökologie in seiner einflussreichen Begriffsprägung bestimmt hat, durch die textuellen Strategien des Essays verhandelt werden. Ich möchte Ausschnitte aus Alexander von Humboldts *Ansichten der Natur* (1808), Ernst Jüngers *Subtile Jagden* (1967) sowie Andreas Maiers und Christine Büchners *Bullau. Versuch über Natur* (2006) daraufhin untersuchen, welche Besonderheiten die Essayform und das Essayformat bei der literarischen Reflexion und Darstellung von Ökologie hervorbringen. Im Zuge dessen möchte ich den Naturessay

---

4 Heinz Schlaffer: Essay, in: Klaus Weimar u. a. (Hrsg.): Reallexikon der deutschen Literaturwissenschaft. Bd. 1. Berlin/New York 1997, 522–525, hier 522.

5 Einige grundsätzliche Überlegungen zur Essayform habe ich angestellt in: Moderne Essays der Weltliteratur, in: Dieter Lamping (Hrsg.): Meilensteine der Weltliteratur. Stuttgart 2015, 280–302.

6 Zit. nach Georg Toepfer: Ökologie, in: Ders.: Historisches Wörterbuch der Biologie. Geschichte und Theorie der biologischen Grundbegriffe. Stuttgart 2011, 681–714, hier 681.

zugleich unter einem weiteren Gesichtspunkt beleuchten, nämlich hinsichtlich seiner Brauchbarkeit für eine literaturhistorische Ordnung.

Zu den gängigen Annahmen des germanistischen Ecocriticism gehört auch die Einschätzung, anders als in der anglophonen Literatur gebe es im deutschsprachigen Raum keine vergleichbare Tradition des nonfiktionalen *Nature Writing*.[7] Axel Goodbody bringt diesen Standpunkt im Befund »Deutschland besitzt keine herausragenden Naturschriftsteller wie Henry David Thoreau« auf den Punkt.[8] Bei dieser Einschätzung geht es nicht allein um Rang, sondern auch um die Wahrnehmung, wie ein Autor für ein Thema steht. Schriftsteller wie Goethe, Alexander von Humboldt, Adalbert Stifter, Ernst Jünger, Peter Handke und W. G. Sebald haben zwar auch über Natur geschrieben, werden international wahrgenommen, aber bislang kaum im Kontext der Natur-Literaten. Dazu beitragen mag auch, dass mit Ausnahme Humboldts alle diese Autoren auch Fiktion geschrieben haben und sich damit von klassischen englischsprachigen Naturschriftstellern wie Gilbert White, Ralph Waldo Emerson, Thoreau und John Muir, aber auch von zeitgenössischen Vertretern des sogenannten *New Nature Writing*[9] unterscheiden. Für den deutschsprachigen Naturessay resultiert hieraus eine andere Rezeptionssituation. Obwohl es jeweils eigenständige Monografien zum Werk der genannten Autoren gibt, wurden sie bislang in keinen größeren Kontext gestellt, der ein gemeinsames naturkundliches Referenzsystem sichtbar machen würde.

Die Einschätzung, dass im deutschsprachigen Raum *Nature Writing* eine geringe Rolle spielt, beruht darüber hinaus auch auf der Wahrnehmung, dass im

---

7 *Nature Writing* wird dabei als thematische Kategorie gefasst, die so unterschiedliche literarische Genres wie etwa Tagebuch, Memoiren, Brief, Essay und naturkundliche Abhandlung umfasst. Es handelt sich demnach um eine Form der »literary nonfiction that offers scientific scrutiny of the world (as in the older tradition of literary natural history), explores the private experience of the individual human observer of the world, or reflects upon the political and philosophical implications of the relationships among human beings and between humans and the larger planet«. Scott Slovic: Nature Writing, in: Shepard Krech III/J. R. McNeill/Carolyn Merchant (Hrsg.): Encyclopedia of World Environmental History. Bd. 2. New York 2004, 886–891, hier 888.

8 Axel Goodbody: Literatur und Ökologie: Zur Einführung, in: Ders. (Hrsg.): Literatur und Ökologie. Amsterdam/Atlanta 1998, 11–40, hier 13. Goodbodys Fazit nimmt Bezug auf die Schlüsselrolle, die Henry David Thoreaus Essayzyklus *Walden* (1854) im Kanon der amerikanischen Literatur, aber auch im anglophonen Ecocriticism und der Geschichte des *Nature Writing* einnimmt.

9 Der Begriff *New Nature Writing* geht zurück auf eine 2008 erschienene Ausgabe der Literaturzeitschrift *Granta*. Der Herausgeber Jason Cowley beobachtet in seiner Einleitung eine Tendenz fort vom Paradigma des Pastoralen sowie der Verklärung einsamer Expeditionen in die Wildnis, hin zu ökologischen und lokalen Zusammenhängen. Dieser Strömung können in der britischen Literatur AutorInnen wie Robert Macfarlane, Richard Kerridge, Helen Macdonald und Kathleen Jamie zugerechnet werden. In ihren Texten geht es oftmals um die »discovery of exoticism in the familiar, the extraordinary in the ordinary. They are about new ways of seeing«, wie sie laut Cowley charakteristisch für das *New Nature Writing* ist. Jason Cowley: The New Nature Writing, in: Granta 102, 2008, 7–12, hier 11.

deutschen Verlagswesen keine übergreifende Kategorie für nichtfiktionale literarische Naturdarstellungen existiert. Es gibt Sparten für Gebrauchstexte, denen etwa Pilzführer und Wanderkarten zuzurechnen sind, Sektionen für populärwissenschaftliche Beiträge und natürlich gibt es die Naturlyrik. Das Fehlen einer Sektion, in die sich der Naturessay fügen ließe, wirkt sich sowohl auf den Vertrieb als auch die Rezeption aus. Es fehlt in Deutschland, Österreich und der Schweiz ein vorgegebener etablierter Publikationsweg für *Nature Writing*. Über die Betrachtung des Essays als ökologisches Genre lässt sich indessen, wie ich zeigen möchte, durchaus eine deutschsprachige Tradition nachweisen. Bevor ich anhand der drei genannten Essays einen knappen Abriss des naturessayistischen Schreibens geben werde, möchte ich mit einigen Vorbemerkungen über das Verhältnis zwischen Essayform und Ökologie beginnen.

## 1. Essay und Ökologie

Meinen Ausführungen lege ich einen Essaybegriff zugrunde, der von Robert Scholes und Carl Klaus geprägt,[10] jüngst von Peter Zima erneuert wurde und der das von Michel de Montaigne und Francis Bacon stammende Konzept des Essays als subjektive und empirische Form erweitert. Anders als bei Ludwig Rohner wird dabei der Essay nicht mehr auf seine Funktion als Reflexionsmedium beschränkt. In seiner 2012 erschienenen Monografie *Essay/Essayismus* betont Zima, dass der Essay als Intertext auch Schreibweisen anderer Gattungen wie Dialog, Deskription und lyrische Passagen adaptieren und folglich »auch Landschaften *beschreiben* oder den Tod eines Falters *erzählen*«[11] könne. Somit können auch Essays Natur erzählen, beschreiben und reflektieren. Inwiefern aber lässt sich vom Essay als ökologisches Genre sprechen? Begreifen wir den Naturessay als literarisches Genre, dessen Distinktionsmerkmale zunächst auf der *histoire*-Ebene evident werden – für Naturessays nach meinem Verständnis ist charakteristisch, dass sie sich mit Themen wie Zoologie, Botanik, aber auch neueren Konzepten wie Ökologie schreibend auseinandersetzen –, so zeigt sich gerade im Miteinander und Zusammenspiel von *histoire* und *discours* ein weiteres wesentliches Signum: die Möglichkeit zum Ebenenwechsel. Die Darstellung der Interaktion zwischen Organismen findet im Essay auf drei Ebenen statt, die ich Beschreibungs-, Introspektions- und Reflexionsebene nenne. Diese drei Ebenen fügen dem übergeordneten *discours* des Naturessay inhaltlich

---

10 Scholes/Klaus betonen, dass Essays stilistische Merkmale anderer Genres aufgreifen, und schließen: »an essay can be poetic, dramatic, or narrative as well as essayistic.« Robert Scholes/Carl H. Klaus: Elements of the Essay. New York u. a. 1969, 4. Unter einem essayistischen Stil wird dabei wiederum der erörternd kontemplierende Zugriff des Essays verstanden.

11 Peter V. Zima: Essay/Essayismus. Zum theoretischen Potenzial des Essays: Von Montaigne bis zur Postmoderne. Würzburg 2012, 3.

je eigene Schwerpunkte hinzu. Indem sie verschiedene Dimensionen ökologischer Prozesse betonen, entsteht durch ihr Zusammenspiel ein hybrides Panorama, in dem wissenschaftliche, subjektiv-emotionale und ethische Inhalte verknüpft werden. Im Folgenden skizziere ich diese drei Ebenen kurz, bevor ich sie in einem zweiten Schritt in den Textanalysen nachweise.

Für ökologische Naturessays ist konstitutiv, dass sie auf einer ersten Ebene die Wechselbeziehungen zwischen Organismen vor der Folie und mit den Mitteln eines naturkundlichen Schreibens darstellen. Diese Ebene des ökologischen Schreibens nenne ich *die Beschreibungsebene*. Auf ihr können klimatisch bedingte Abläufe in einem Ökosystem ebenso geschildert werden wie das Verhältnis von Tieren zu ihrer Umwelt. Formal geschieht dies vorwiegend mit den Mitteln literarischer Deskription. In ihrer Hinwendung zur sichtbaren, physischen Natur schließt die Beschreibungsebene an empirische Verfahren an. Diese lassen sich zurückverfolgen bis zu Francis Bacon, dem anglophonen Gründungsvater des literarischen Essays.[12] Dass der Naturessay in seinen detaillierten Beschreibungen auf eine textexterne Wirklichkeit bezogen bleibt, wird in diesem Modus des Schreibens durch eine Ästhetik der Genauigkeit an den Leser vermittelt. Hierzu zählt nicht nur der Gebrauch einer wissenschaftlichen Fachterminologie, sondern auch, dass geografische Markierungen auf reale Orte verweisen. Damit geht eine andere Verbindlichkeit als im fiktionalen Schreiben einher, denn anders als der Roman ist der Essay im Beschreiben gelöst vom Modus des verstellten Sprechens. Der Essay muss seine Aussagen nicht in ein fiktionales Handlungsschema einbetten, in dem Figuren vorgeschoben werden, um Aussagen über die Wirklichkeit zu treffen. Frei von den Notwendigkeiten des Plots sind Essayisten eher imstande, innezuhalten und sich ganz der Natur zuzuwenden. Wie Richard Kerridge festhält, ist das ein wesentlicher Vorteil gegenüber primär *story*-vermittelnden Genres:

There is a tension between nature writing and the narrative drive of novels: between the stillness required of the observer of nature, and the movement of plot. In pausing to notice the natural world, a character becomes less an actor and more a watcher, mediator or proxy reader, even a narrator. Awareness of nature in novels often comes at moments of solitary relief or consolation, in which the character is able to forget the immediate pressures of plot and find the calmness of detached observation, in what feels like an escape from self.[13]

Kerridge bezieht sich auf das Ungleichgewicht zwischen dem Modus des Erzählens und dem des Beobachtens, Beschreibens und Kontemplierens. Die Abwe-

---

12 Zu Bacons Rolle als Gründungsgestalt des Essays vgl. Christian Schärf: Geschichte des Essays. Von Montaigne bis Adorno. Göttingen 1999, 63–79.
13 Richard Kerridge: Nature in the English Novel, in: Patrick D. Murphy (Hrsg.): Literature of Nature. An International Sourcebook. Chicago/London 1998, 149–157, hier 149.

senheit von Handlungsabläufen, wie sie die erzählende Literatur bestimmen, ermöglicht es den Essayisten, so viele Beschreibungen wie notwendig aufzugreifen, ohne sie in übergeordnete Plotmuster integrieren zu müssen. Während die Naturbeschreibung im Roman oft eine Pause vom eigentlichen Erzählen, einen Moment des »relief«, bedeutet, steht die Beschreibung im Naturessay gleichberechtigt neben Passagen des Reflektierens und Erzählens.

In den Romanen Peter Handkes (etwa in *Mein Jahr in der Niemandsbucht*, 1994) kann man beobachten, was geschieht, wenn das Interesse an der Natur zu einer Auflösung des Romans führt. Übrig bleibt der »Solitary Walker«, der schon einem Naturessayisten gleicht. Als Verkörperung des gegensätzlichen Extrems ließe sich Jonathan Franzens Roman *Freedom* (2010) nennen, in dem die Figuren geradezu Berufe ausüben *müssen* und miteinander über das Projekt, ein Vogelreservat zu gründen, sprechen *müssen*, um den Artenschutz und die Vogelbeobachtung in die Handlung einzubetten. Während im Roman also Ökologie immer auf die fiktionale Welt bezogen bleibt und innerhalb dieser Welt legitimiert werden muss, ist das eigentliche Thema des Naturessays die Natur selbst, die damit deutlich in den Vordergrund rückt.

Für Naturessays ist darüber hinaus charakteristisch, dass sie auf einer zweiten Ebene den Modus der Innenschau nutzen, um die Interaktion zwischen einem Individuum – meist ist es das essayistische Ich selbst – und der Natur darzustellen. Man könnte sogar argumentieren, dass dieses Verhältnis bereits in der Perspektive des Essays angelegt ist. Seit Montaigne 1580 an der Schwelle zur Neuzeit seine *Essais* publizierte, gehört eine im Text wirksame selektierende und reflektierende Perspektive eines Subjekts zu den konstitutiven Gattungsmerkmalen. Diese Ebene, die ich die *Introspektionsebene* nenne, ist meist an den essayistischen Erzähler gebunden. Formal ist sie gekennzeichnet durch literarische Verfahren der Gedankenwiedergabe. Über die Introspektionsebene kann das Mensch-Natur-Verhältnis im Essay unterschiedlich inszeniert werden. Innenperspektiven erfüllen eine wichtige Funktion, da sie an einem konkreten Beispiel eine Möglichkeit, Natur zu erfahren, auch für den Leser nachvollziehbar machen. Dadurch ist der Essay in der Lage, das von ihm verhandelte empirischfaktische Material auf die menschliche Erfahrungswirklichkeit zu beziehen. Der Naturessay beschreibt folglich nicht nur, er interpretiert auch, stellt Verbindungen her und deutet ökologische Dynamiken. Nicht die zerstörerische Kraft des Menschen, sondern Interaktion als positiver bewusstseinserweiternder Prozess steht hierbei meist im Zentrum. Die subjektive, oft epiphanische Naturerfahrung wird dabei durch Mittel eines expressiven Sprachgebrauchs wiedergegeben, denn, wie Heinz Schlaffer betont, auch der ausgiebige Gebrauch von »poetischen und rhetorischen Mitteln«[14] gehört zu den Merkmalen essayistischen Schreibens.

---

14 Schlaffer: Essay, 522.

Diese formalen Merkmale erlauben es dem Essay, Naturerfahrungen einerseits emphatisch zu evozieren, sie andererseits aber auch in einem weiteren Schritt zu universalisieren. Essays können, wie Romane und Filme, lokale auf globale und individuelle Erfahrungen auf universelle Dynamiken und Kontexte beziehen, indem sie die Fokalisierung wechseln. Aufgrund seines Status ist der Essay bei der Darstellung von Naturerfahrung nicht rein ephemer-emotional, sondern zielt immer auch auf das Übersubjektive ab, indem er subjektive Erfahrungen beschreibt, sie zugleich aber auch diskursiv reflektieren und daraus eine Erkenntnis ableiten kann. Schließlich sind Essays, wie Zima hervorhebt, in der Lage, eine »spontaneous synthesis between the particular and the general« herzustellen.[15]

Im Ecocriticism wird ökologische Interaktion zudem oft um eine ethische Dimension ergänzt, wodurch Fragen nach Ressourcenverbrauch und Umweltzerstörung in den Fokus rücken. Die ökologische Krise wird im Naturessay nicht nur beschrieben und erlebt, sondern oft auch auf einer dritten Ebene thematisch verhandelt, nämlich auf der *Reflexionsebene*. Hier können wissenschaftliche Theorien zu ökologischen Transformationen berücksichtigt, aber auch eigenständige Überlegungen zum Verhältnis von Natur und Gesellschaft entwickelt werden. Statt sich auf ein einzelnes Wissensgebiet zu beschränken, tendieren Essayisten dazu, Material aus verschiedenen Diskurszusammenhängen aufzugreifen, weshalb Max Bense auch von der *ars combinatoria*[16] des Essays gesprochen hat und Rolf Parr in Anlehnung an Jürgen Link den Begriff des Interdiskurses gebraucht.[17] Der Blick über die Grenzen einzelner wissenschaftlicher Disziplinen hinweg ermöglicht es dem Essayisten, wie Timothy Clark hervorhebt, im besten Falle eine höhere Sichtbarkeit der Wechselwirkungen zwischen einzelnen Prozessen in der Natur zu erzielen, denn: »the essay form suits the often perplexingly interdisciplinary nature of environmental issues«.[18] Die

---

15 Peter V. Zima: Essay and Essayism between Modernism and Postmodernism, in: Primerjalna književnost 33.1, 2010, 69–82, hier 69.

16 Vgl. Max Bense: Über den Essay und seine Prosa, in: Merkur 3, 1947, 414–424.

17 Vgl. Rolf Parr: »Sowohl als auch« und »weder noch«. Zum interdiskursiven Status des Essays, in: Wolfgang Braungart/Kai Kauffmann (Hrsg.): Essayismus um 1900. Heidelberg 2006, 1–14. Parr bezieht sich auf den Umstand, dass Essays Fachwissen aufgreifen können, es aber mit den Mitteln der Literatur so aufbereiten, dass es auch für Laien zugänglich wird. Hubert Zapf hat der Literatur insgesamt in Bezug auf ökologische Sachverhalte eine interdiskursive Funktion zugesprochen. Vgl. Hubert Zapf: Literatur als kulturelle Ökologie. Zur kulturellen Funktion imaginativer Texte an Beispielen des amerikanischen Romans. Tübingen 2002, 33–39.

18 Timothy Clark: The Cambridge Introduction to Literature and the Environment. New York 2011, 36. Susanne Scharnowski äußert in ihrem Aufsatz zu *Bullau. Versuch über Natur* eine ähnliche Vermutung: »Aufgrund seines Potenzials, zwischen subjektiver Lebenserfahrung, literarischer Rede und wissenschaftlichem Spezialdiskurs zu vermitteln, wäre der Essay, so steht zu vermuten, besonders geeignet als Medium der Auseinandersetzung mit Fragen der Ökologie, die naturwissenschaftliche, soziale, ästhetische und kulturelle Aspekte

Tendenz des Essays zu Abschweifungen und »hermeneutischen Sprüngen«[19] erlaubt es dem Schreibenden dabei, von einem Reflexionsbereich zum nächsten
zu wechseln. Oft geschieht das im Kontext einer Art Rahmenerzählung. Der
Spaziergang oder die Reise sind beliebte Muster, weil sie es ermöglichen, Denk-
bewegungen relativ natürlich mit Naturschilderungen zu verbinden.

Auch wenn ich die drei Ebenen ökologischer Darstellung getrennt voneinander vorgestellt habe, sind sie natürlich nicht als abgeschlossene Einheiten zu begreifen. Im Schreiben werden sie ständig aufeinander bezogen. Essayistisches
Schreiben über Ökologie ist entsprechend von kontinuierlichen Ebenenwech-
seln bestimmt. Visuelle Beschreibungen von ökologischen Prozessen werden
auf den essayistischen Erzähler bezogen, der seine Erfahrung im Modus der Innenschau bespiegelt und unter Umständen räsonierend im Gestus der Welterklärung zu allgemeineren Überlegungen ausweitet. Wenn es darum geht, auf
der *discours*-Ebene herauszustellen, wie Ökologie im Naturessay dargestellt
wird, ist dieser Ebenenwechsel vielleicht sogar das deutlichste Merkmal eines
genuin essayistischen Verfahrens. Dabei ist zu berücksichtigen, dass sich nicht
alle Naturessays in gleichem Maße der drei Ebenen bedienen. Einige Essays beschreiben vorwiegend, andere stellen über die Introspektionsebene das Natur-
erlebnis aus und wieder andere Essays konzentrieren sich auf eine bestimmte
Argumentationslinie.

Welche Art des Schreibens formal am ehesten als strukturell *analog* zu ökologischen Systemen anzusehen ist, ist dagegen viel schwieriger zu sagen. Die
amerikanische Literaturwissenschaftlerin Denise Gigante hat den Essay in Opposition zur systematischen Ordnung der klassischen Rhetorik als »organic
form«[20] beschrieben, weil er sich gewissermaßen ›natürlich‹ von einem Gedan-

umschließen.« Susanne Scharnowski: »Unser Wissen ist ein bloßes Propädeutikum«. Bullau.
Versuch über Natur als Naturessay, in: Almut Hille/Marita Meyer/Sabine Jambon (Hrsg.):
Globalisierung – Natur – Zukunft erzählen. Aktuelle deutschsprachige Literatur für die Internationale Germanistik und das Fach Deutsch als Fremdsprache. München 2015, 10–25,
hier 14.

19 Georg Stanitzek hat die Tendenz des Essaygenres zu plötzlichen Abschweifungen
unter Rekurs auf Friedrich Schleiermachers Hermeneutik als »hermeneutischen Sprung«
beschrieben. Dadurch, dass der Essay in der Lage ist, die Gedanken plötzlich in eine neue
Richtung zu lenken, wird unter Umständen der eigentliche Kontext des Verstehens verlassen
und damit das hermeneutische Verstehen gefährdet. Vgl. Georg Stanitzek: Essay – BRD,
Berlin 2011, 57 f.

20 Denise Gigante: Sometimes a Stick is Just a Stick: The Essay as (Organic) Form, in:
European Romantic Review 21.5, 2010, 553–565, hier 556. Gigante bezieht sich in ihrer
Argumentation auf Samuel Taylor Coleridge. Coleridge beschreibt die organische Form als
Resultat eines impulsiven Schreibens, welches er mit der Sprechweise ungebildeter Menschen
assoziiert. Im Gegensatz zum strukturierten, aber artifiziellen Sprechen, bei dem Gedanken
intellektuell überformt werden, entwirft Coleridge das Ideal eines freien Diskurses. Aus der
spontanen Verbindung von Gedanken resultiert eine natürliche Struktur, die sich von der
klaren, aber hölzernen Form der klassischen Rhetorik abhebt.

ken zum nächsten bewege. Dass die Abschweifungen des Naturessays darüber hinaus das wilde Wuchern mancher pflanzlicher Ornamente nachahmen, mag sein. Doch wie viel lässt sich mit diesem Befund über die Feststellung hinaus anfangen? Tatsächlich greift die Literaturwissenschaft in diesem Kontext oft auf solche Metaphern zurück. Allerdings muss dabei berücksichtigt werden, dass es sich bei »explosionsartige[n] Wucherungen«[21] und »Diversität«[22] in Bezug auf Texte um Metaphern handelt, die Verfahren wie Abschweifung und Polyphonie umschreiben. Diese Verfahren können genutzt werden, um ökologische Dynamiken sichtbar zu machen, sind aber nicht von vorneherein darauf festgelegt. Ebenenwechsel hingegen sowohl zwischen Beschreibungs-, Introspektions- und Reflexionsebene als auch sprachlicher Art zwischen einer wissenschaftlichen Terminologie und einem expressiv literarischen Sprachgebrauch bestimmen nachweislich das essayistische Schreiben über Ökologie.

In den nun folgenden kurzen Textausschnittanalysen möchte ich exemplarisch aufzeigen wie Ebenenwechsel genutzt werden, um ökologische Prozesse darzustellen und zu reflektieren. Der erste Autor, an dem ich dies veranschaulichen möchte, ist Alexander von Humboldt.

## 2. Alexander von Humboldt: *Über die Steppen und Wüsten*

In seinem 1808 erstmals erschienenen Essayband *Ansichten der Natur* wendet sich Humboldt den südamerikanischen Tropen zu, die er auf seiner Forschungsreise von 1799 bis 1804 zusammen mit dem französischen Botaniker Aimé Bonpland erkundet hat. In den sechs Essays, die der Band umfasst, bezieht sich Humboldt auf ökologische Prozesse in verschiedenen Teilbereichen der Natur, die er als vernetztes Ganzes begreift. *Über die Steppen und Wüsten*, der erste Essay der Sammlung, beginnt mit einer Impression der venezolanischen Llanos:

Aus der üppigen Fülle des organischen Lebens tritt der Wanderer betroffen an den öden Rand einer baumlosen, pflanzenarmen Wüste. Kein Hügel, keine Klippe erhebt sich inselförmig in dem unermeßlichen Raume. Nur hier und dort liegen gebrochene Flözschichten von zweihundert Quadratmeilen Oberfläche bemerkbar höher als die angrenzenden Teile.[23]

---

21 Andrea Bartl: Natur, Kultur, Kreativität. Zu Bertolt Brechts *Baal*, in: Hubert Zapf (Hrsg.): Kulturökologie und Literatur. Beiträge zu einem transdisziplinären Paradigma der Literaturwissenschaft. Heidelberg 2008, 209–228, hier 224.

22 Vgl. Jörg Wesche: Zur Ökologie literarischer Diversität, in: Zapf: Kulturökologie und Literatur, 45–58.

23 Alexander von Humboldt: Ansichten der Natur, mit wissenschaftlichen Erläuterungen und sechs Farbtafeln, nach Skizzen des Autors. Frankfurt a. M. 2004, 15. Im Folgenden zitiert unter der Sigle AN mit Seitenangabe.

In dieser Passage zeigt sich bereits die für den Essay typische Hybridität. Das Erhabene als ästhetische Kategorie wird von der wissenschaftlichen Genauigkeit numerischer Angaben gekreuzt und nicht zuletzt um eine ökologische Dimension erweitert, wenn der Wanderer angesichts der Baumlosigkeit Betroffenheit empfindet und der Wüste als »nackte[r] Felsrinde eines verödeten Planeten« (AN 16) geradezu postapokalyptische Züge zuschreibt. Sehen wir den Wanderer zunächst von außen vor dem Landschaftspanorama, verschiebt sich die Fokalisierung in der Folge nach innen:

Wenn im raschen Aufsteigen und Niedersinken die leitenden Gestirne den Saum der Ebene erleuchten; oder wenn sie zitternd ihr Bild verdoppeln in der untern Schicht der wogenden Dünste: glaubt man den küstenlosen Ocean vor sich zu sehen. (AN 15 f.)

Humboldt beschreibt, wie aus dem Zusammenwirken von Lichteinfall, Weite und dem Blick des menschlichen Beobachters ein ozeanisches Landschaftspanorama entsteht. Es gibt kein Meer, und dennoch meint der Betrachter es zu sehen. Die Innenschau der Introspektionsebene resultiert somit in einer metaphysischen Überhöhung des Physischen, was im Einklang mit Humboldts Poetik einer »ästhetische[n] Behandlung naturhistorischer Gegenstände« (AN 7) steht.

Tatsächlich verarbeitet Humboldt in dieser Beschreibung geohistorisches Wissen, denn die Ebene war in früheren Zeiten wirklich einmal ein Meer. Als Ursache für ökologische Transformationen wie die vom Meer zur Steppe gibt Humboldt in *Ideen zu einer Physiognomik der Gewächse* Naturrevolutionen an, »Überschwemmungen, oder vulkanische Umwandlungen der Erdrinde« (AN 244). Diese können plötzlich auftreten, sind aber nicht ohne weiteres rückgängig zu machen:

Hat eine Gegend einmal ihre Pflanzendecke verloren, ist der Sand beweglich und quellenleer, hindert die heiße, senkrecht aufsteigende Luft den Niederschlag der Wolken; so vergehen Jahrtausende, ehe von den grünen Ufern aus organisches Leben in das Innere der Einöde dringt. (AN 244)

Hier zeigt sich die Beschreibungsebene. Nicht die Interaktion zwischen Mensch und Natur wird reflektiert, sondern das Zusammenwirken nichtmenschlicher Kräfte, das sowohl in mehr als auch weniger Diversität resultieren kann.

Doch zurück zum eigentlichen Textausschnitt. Auf die an einen konkreten Beobachterstandpunkt gebundene Impression zu Beginn folgen Reflexionen über das Entstehen von Wüsten und den Bewuchs von Steppen im Allgemeinen. Damit vollzieht sich ein solcher Ebenenwechsel, wie er zuvor als typisches Merkmal eines essayistischen Schreibens über Ökologie identifiziert wurde. »In allen Zonen bietet die Natur das Phänomen dieser großen Ebenen dar« (AN 16), schließt Humboldt und verweist auf die europäischen »Heideländer« (AN 24), die afrikanischen »Sandmeere« (AN 17) und die Steppen in Asien. Die gedankliche Bewegung in den globalen Raum erfolgt perspektivisch durch ein »Herauszoomen«, als nutze Humboldt etwa Google Earth. Die Digression führt dabei vom tatsächlich in der Landschaft präsenten essayistischen Betrachter fort. Sie dient dem Ziel, im Sinne von Humboldts holistischer Weltsicht ein globales Naturganzes sichtbar zu machen. Auf der *discours*-Ebene erzeugen Abschweifungen wie diese, wie Hartmut Böhme festhält, »eine Art Mimesis der Vernetzungsformen von Natur selbst.«[24]

Bilden Naturrevolutionen eine mögliche Ursache ökologischer Transformationsprozesse, richtet Humboldt seine Aufmerksamkeit im letzten Drittel des Essays auf den positiven Effekt der Abwesenheit menschlicher Einwirkung. Die Naturkräfte haben sich, schreibt er, in den Wäldern am Orinoco, »wo der Hymenäe und dem riesenstämmigen Lorbeer nie die verheerende Hand des Menschen, sondern nur der üppige Andrang schlingender Gewächse droht« (AN 27), frei und mannigfaltig entwickelt. Geradezu als Vorgriff auf Lovelocks in den 1960er Jahren entwickelte Gaia-Hypothese mutet der Umstand an, dass Humboldt dabei das Ökosystem als sich selbst regulierenden Prozess ansieht.

### 3. Ernst Jünger: *Subtile Jagden*

Der Schriftsteller und Entomologe Ernst Jünger hat sein Interesse an der Naturkunde mehr als hundert Jahre nach Humboldt entdeckt, als die Erkundung der Natur im Großen bereits abgeschlossen war. Deutlicher als Humboldt bezieht sich Jünger, der ein begeisterter Leser von Rachel Carsons *Silent Spring* (1962) war,[25] auf die Gefährdung des Ökosystems durch einen rücksichtslosen Umgang mit Ressourcen. Insofern erstaunt es, dass sein 1967 erschienener Essayband *Subtile Jagden* bislang kaum unter ökologischen Gesichtspunkten betrachtet worden ist.[26] Auf etwa 280 Seiten erzählt und reflektiert Jünger darin im Rahmen von autobiografischen Episoden, wie er Insekten, insbesondere Käfer, beobachtet, sammelt und bestimmt. In der Tradition der großen Forschungs-

---

24 Hartmut Böhme: Ästhetische Wissenschaft: Aporien der Forschung im Werk Alexander von Humboldts, in: Ottmar Ette/Ute Hermanns/Bernd M. Scherer/Christian Suckow (Hrsg.): Alexander von Humboldt – Aufbruch in die Moderne. Berlin 2001, 17–32, hier 24.

25 Jünger erwähnt Carson in Zusammenhang mit den verheerenden Folgen des Walfangs. Im Essay »Schwalben« nennt er die amerikanische Biologin und Umweltschützerin eine »moderne Kassandra«, deren Lied gehört, aber »so wenig beachtet [wird] wie das der troischen Seherin.« Ernst Jünger: Subtile Jagden, in: Ders.: Sämtliche Werke. Bd. 10: Essays IV. Stuttgart [1967] 1980, 265. Aus Jüngers *Subtile Jagden* wird fortan unter Sigle SJ mit Seitenangabe zitiert.

26 Einige Überlegungen zur ökologischen Dimension der *Subtilen Jagden* finden sich in Dan Gorenstein: Entomologische Horizontverschmelzung. Ernst Jüngers Hermeneutik der Käfer, in: Daniel Alder/Markus Christen/Jeannine Hauser/Christoph Steier (Hrsg.): Inhalt. Perspektiven einer categoria non grata im philologischen Diskurs. Würzburg 2015, 169–188.

reisenden bettet Jünger seine »Jagd« nach Insekten oft in Reiseerzählungen ein, dabei hat um ihn herum längst der Tourist den Forschungsreisenden abgelöst.[27]

In *Der Moosgrüne* beschreibt Jünger wie er auf der Suche nach einem seltenen Langtasterwasserkäfer, dem er den Spitznamen »der Moosgrüne« gegeben hat, nach Sardinien reist. Der Essay beginnt im elegischen Modus. Jünger beklagt, dass auch in Italien die Verstädterung zunimmt:

> Der Raum für die freie Bewegung schmilzt schnell zusammen, sowohl durch die immer dichtere Besiedlung als auch durch den rapiden Verkehr. […] So ziehen die Zugvögel über Straßen und Schienen hinweg von einer Waldinsel zur anderen. (SJ 179)

Ökologische Interaktion wird in den *Subtilen Jagden* vor der Folie technisierter und kommerzialisierter Beziehungen zur Natur reflektiert. Als Bedrohung für die Insektenwelt identifiziert Jünger nicht etwa den »waidgerecht ver[fahren-den]« (SJ 165) Entomologen – obwohl Insekten zu sammeln, wie Benjamin Bühler zu Recht betont, letztlich auch nichts anderes heißt als sie zu töten –,[28] sondern einerseits den modernen Naturforscher, der, anders als der Naturkundler, seiner Umwelt nicht mehr mit Liebe begegnet, sondern »auf immer schärfere Gifte und auf deren Ausbreitung über immer größere Flächen sinnt« (SJ 116), und andererseits die allgemeine Erschließung bislang ungenutzter Flächen, wie Jünger sie zu Beginn des Essays beobachtet. Baumaßnahmen beeinträchtigen das Habitat von Tieren und dehnen den urbanen Raum weiter in die Natur aus. Doch ein Wechsel im Maßstab eröffnet neue, unbekannte Räume.

Als würde er wie ein Naturwissenschaftler durch ein Mikroskop blicken, kommentiert Jünger in aphoristischem Duktus: »Durch den Anblick eines Edelsteins kann sich ein Gebirge aufschließen« (SJ 179 f.) – und setzt diesen Gedanken einige Seiten später auf der Beschreibungsebene um. Bei einem Waldspaziergang in Sardinien bleibt er vor einem Erdbeerstrauch stehen, in dem er vor einigen Jahren Buprestiden, sogenannte Prachtkäfer, beobachtet hat. Die Präsenz an diesem Ort löst eine Kette von Erinnerungen aus. Vom Strauch, über die »violette Rüstung mit eingeschmolzenen goldgelben Schmuckflecken« (SJ 198) der Käfer, zur Farbpalette Toulouse-Lautrecs führt eine Kette von Assoziationen, wie sie für das Essaygenre charakteristisch sind, fort aus Sardinien. Während rasche Sprünge durch den Raum bei Humboldt noch mit dem Ziel erfolgten, eine globale Vernetzungsstruktur sichtbar zu machen, sind sie bei Jünger vorwiegend als biografisch motivierter Assoziationsprozess zu verstehen, in dessen Folge Käfer, Lokalitäten und persönliche Erlebnisse zueinander in Bezug

---

27 Alexander Pschera schließt deshalb: Jünger »bricht als zweiter Alexander von Humboldt in die Welt auf und kommt in Tunesien und Griechenland als Chartertourist an.« Alexander Pschera (Hrsg.): Bunter Staub. Ernst Jünger im Gegenlicht. Berlin 2008, 11.

28 Vgl. Benjamin Bühler: Subtile Jagden, in: Matthias Schöning (Hrsg.): Ernst Jünger-Handbuch. Leben – Werk – Wirkung. Stuttgart 2014, 232–235, hier 233.

gesetzt werden, und damit auch die drei Ebenen der Beschreibung, Introspektion und Reflexion.[29]

Wie bei Humboldt macht die Existenz einer Spezies an weit voneinander entfernten Orten eine verborgene Alleinheit der Natur sichtbar. Diese wird indessen nicht mehr als wissenschaftlicher Befund vorgestellt, sondern von Jünger als epiphanischer Glücksschauer erlebt, der vorwiegend privater Natur ist. »Sprühlichter im Schaum der Fahrten, denn jeder Glücksfund ist nur ein Gleichnis, ein Versprechen des Glücks überhaupt« (SJ 174) – so beschreibt Jünger seine Insektenfunde auf der Introspektionsebene in *Goslar am Harz*. Dieter Zissler hat deshalb betont, dass Jünger in seinem Bestreben, in der »Mannigfaltigkeit die Einheit zu erkennen«,[30] das von Alexander von Humboldt geprägte Ideal einer holistischen Forschung fortsetzt, dabei allerdings verstärkt als Literat agiere, da er die materielle Welt immer wieder »vom Physischen ins Metaphysische, vom Realen zum Surrealen führt.«[31] Gedanklich wieder vor dem Erdbeerstrauch angelangt, schließt Jünger:

Nicht nur die Zeit verdichtet sich im Hinblick auf die winzigen Objekte und ihre magischen Charaktere, sondern auch der Raum gewinnt an Ausdehnung. Der Wald von Acquacalente ist nicht nur Menschen-, er ist auch Buprestidenreich, und dieser Busch ist ebenbürtig einer Stadt. (SJ 199)

Jünger nutzt die durch eine syntaktische Inversion ans Ende des Satzes verschobene kulturelle Kategorie ›Stadt‹, um den Maßstab eines Buschs aus Insektenperspektive zu illustrieren. Die Auswirkungen von Waldrodungen, wie sie Jünger am gleichen Ort beobachtet hat, sind aus Insektenperspektive folglich weit verheerender als aus menschlicher Sicht. Die Verschiebung im Maßstab macht das sichtbar. Trotz der Baumfällarbeiten sind die Hügel Sardiniens aber noch immer von »Urwaldbäumen« bewachsen,

die nicht der Axt, sondern allein der Zeit zum Raube fallen, vor allem mächtige Stecheichen. [...] Es gibt Tiere, die den Urwäldern folgen und mit ihnen aussterben; hier kann man sie einholen. (SJ 200)

Sardinien repräsentiert folglich eine Art ökologischer Zeitkapsel, in der sich Arten beobachten lassen, die anderswo längst ausgestorben sind, was zu der abgeschnittenen räumlichen Ordnung der Insel passt. Im Angesicht einer verschwindenden Natur heißt Schreiben für Jünger deshalb auch, Diversität schriftlich zu fixieren. Mitunter inszeniert sich Jünger geradezu als außerhalb aller Ordnung

29 Benjamin Bühler beschreibt den Band auch als »literarisch-autobiografisches Insektarium«, ebd., 232.
30 Dieter Zissler: In der Mannigfaltigkeit die Einheit zu erkennen, in: Text + Kritik 105/106, 1990, 125–140, hier 128.
31 Ebd.

stehender Archivar einer untergehenden Welt, der in der naturkundlichen Tradition des 19. Jahrhunderts die Vielfalt der Natur einsammelt, bevor die ökologische Krise sie endgültig zu zerstören droht. Dass er am Schluss von *Der Moosgrüne* sein Sieb durchs Wasser zieht und im Quellmoos nicht den seltenen Käfer findet, ist in diesem Zusammenhang auch symbolisch zu lesen.

## 4. Andreas Maier und Christine Büchner:
### *Bullau. Versuch über Natur*

Knapp 40 Jahre nach den *Subtilen Jagden* erzählen der Schriftsteller Andreas Maier und seine Frau Christine Büchner, die heute Theologieprofessorin ist, in ihrem 2006 erschienen Essayband *Bullau. Versuch über Natur* von ihrer persönlichen Entdeckung der Natur. Auf knapp 127 Seiten und im Rahmen von sieben zusammenhängenden Texten stellt *Bullau* die Frage, was Natur im 21. Jahrhundert bedeutet. Der Untertitel »Versuch« verweist bereits auf die essayistische Gattungstradition. Das für den Essay typische Moment der Selbstreflexivität zeigt sich zum Beispiel, wenn Maier/Büchner ihr unsystematisches Verfahren beschreiben:

Wir denken diffus, es ist nicht einmal ein Denken, sondern eine Mischung aus Denken und Fühlen und bloßen Geschmacksurteilen, die möglicherweise keine Grundlage haben und sich wahrscheinlich sogar selbst widersprechen.[32]

Als zentrale Erfahrungsparadigmen werden einerseits Nicht-Wissen und andererseits die mediale Vermitteltheit von Naturerfahrungen identifiziert. Während eine engere Verschränkung von Natur und Existenz ihren Vorfahren einen größeren Erfahrungswissensschatz mitgegeben hat, müssen Maier und Büchner sich ihr Wissen erst von Grund auf neu aneignen. Diesen Prozess machen sie nachvollziehbar, indem sie einzelne Schritte ihrer Naturerkundung darstellen. Sekundäre Naturerfahrungen, wie zum Beispiel das Hören einer Schallplatte mit Vogelstimmen, das Lesen in einem Naturkundeführer oder auch eines Naturgedichts, werden in primäre Erfahrungen rückübersetzt, wenn sie die Tiere und Pflanzen zum ersten Mal in der Natur sehen.

In der Sektion *Das Blumenbuch* beschreiben sie, wie sie in der Tradition der naturkundlichen Laienbewegung des 19. Jahrhunderts ein Notizbuch anlegen, in dem sie Tier- und Pflanzenarten wie in einem sprachlichen Herbarium notieren. Auf einem Spaziergang in Südtirol, in der Nähe von Brixen, beobachten

---

32 Andreas Maier/Christine Büchner: Bullau. Versuch über Natur. Frankfurt a. M. 2008, 27. Fortan zitiert unter Sigle B mit Seitenangabe. Zur Rolle *Bullau*s als Naturessay vgl. Scharnowski: »Unser Wissen ist ein bloßes Propädeutikum«, 17.

Maier und Büchner im Wald, abseits einer Skipiste und abseits des »stetig wachsende[n] Neubaugebiet[s]« (B 39), Vögel. Sie entdecken ihre ersten Birkenzeisige, »gestrichelt in Rot und Eierschalfarbe, wie aus dem Lehrbuch« (B 41). Anschließend überqueren sie Wasserläufe,

an denen zur Sommerzeit Massen des hohen Drüsigen Springkrauts stehen, das schöne violett leuchtende Blüten hat, aber unbeliebt ist, weil es, vor fünfzig Jahren aus Indien hergekommen, einheimische Florabestände verdrängt. (B 41)

Die Beobachtung einer Transformation in der Botanik wird folgendermaßen kommentiert:

Es gibt mittelalterliche Allegoresen, die von den Geschehnissen der Natur auf die Eigenart der Welt schließen. Eine solche würde hier vielleicht die Erkenntnis ableiten, daß in der Welt das Exotische und Auffallende aggressiven Wesens ist und das Unscheinbare und Demütige verdrängt. (B 42)

Die Naturbeschreibung wird folglich durch einen Ebenenwechsel im Modus der Reflexion zur allgemeinen Welterklärung ausgeweitet. Natur- und Kulturdiagnose ergänzen sich.

Anders als bei Humboldt und Jünger werden ökologische Transformationen und die Zerstörung von Habitaten durch den Menschen in *Bullau* als etwas Sekundäres, bereits in der Literatur Verhandeltes diskutiert. So erinnern sich Maier und Büchner zu Beginn von *Das Blumenbuch* an die Erzählung *Pfisters Mühle* (1884). Darin habe Wilhelm Raabe eine »Chemohöllenfabrik, die den gesamten Flußlauf vergiftet« beschrieben, »als hätte er den Lauf der Dinge (der Menschen) noch ändern können, der ja nie zu ändern war.« (B 34 f.) Statt die ökologische Krise auf übergeordnete Problembegriffe wie »Klimawandel« oder »Kapitalismus« zu reduzieren und damit von sich zu distanzieren, identifizieren Maier und Büchner die Wurzeln des Problems im Menschen selbst:

Denn täuschen wir uns nicht: Wir schalten zu Hause das Licht an, wir, als sei das natürlich, und kaufen dadurch Strom und produzieren einen Stoff, den sie noch in hundertundzwanzigtausend Jahren von der Welt […] technisch abschließen wollen, weil sie es müssen. (B 36)

Epistemisch beruht diese Hinwendung zum Selbst, wie sie typisch für das Essaygenre ist, auf einem christlichen Dispositiv, das die menschliche Existenz infolge des Sündenfalls immer auch im Kontext von Schuld und Trennung von der Welt liest.

Anders aber als die Landschaftsgärtner in Raabes Erzählung *Meister Autor*, die einen neuen Stadtteil planen und also die Natur umgestalten und damit zu menschlichen Zwecken zu optimieren versuchen, plädieren Maier und Büchner für eine ausgestellte Passivität im Umgang mit der Natur. »Man muß lernen zu warten, bis die Dinge sich zeigen. Man kann es nicht wollen. Wollen hilft nichts«

(B 40 f.), kommentieren sie ihre Naturerfahrung. Diese geradezu demütig-beobachtende Haltung trägt ausgeprägt religiöse Züge. Sie kann auch als Gegenentwurf zu einem rein funktionellen Nutzendenken verstanden werden.

## 5. Fazit

Im Vergleich der drei Essays hat sich gezeigt, dass sich unabhängig von sehr verschiedenen epistemologischen Voraussetzungen – Humboldt versucht in seinem Blick noch den ganzen Globus zu umspannen, Jüngers Fokus liegt auf einer Nische, während Maier/Büchner im 21. Jahrhundert darauf warten, dass die Natur sich ihnen offenbart –, eine literarische Tradition des deutschsprachigen Naturessays nachweisen lässt, die von 1800 bis in die Gegenwart reicht und für die Ökologie als Gegenstand von zentraler Bedeutung ist. Humboldt, Jünger und Maier/Büchner thematisieren jeweils ökologische Transformationen, Entwicklungen und Krisen unter Rückgriff auf eine genuin essayistische Ästhetik. Diese zeigt sich nicht nur in einem expressiv-literarischen Sprachgebrauch, in extensiven reflexiven und erörternden Passagen, sondern auch in rapiden Wechseln zwischen der Ebene partikularer Naturanschauungen und allgemeiner welterklärender Überlegungen. Erlaubt der Modus der faktual-empirischen Weltbeschreibung es im Essay, ökologische Dynamiken ausführlich visuell darzustellen, werden in der Natur und zwischen Natur und Mensch ablaufende Prozesse aber auch im Modus der Innenschau erfahren und reflektiert. Dadurch, dass im Naturessay Beschreibungen, Selbstbeobachtungen und Reflexionen kombiniert werden können, entsteht, wie gezeigt werden konnte, ein eigenes epistemologisches Potential. Die konkrete Beobachtung ökologischer Interaktion steht somit zugleich immer auch für ein universelleres Wissen über Natur ein, das zudem in einem Akt persönlicher Sinngebung durch das essayistische Ich mit Bedeutung versehen werden kann. Eine Ästhetik des Ebenenwechsels ist dabei charakteristisch für eine genuin essayistische Darstellung und Reflexion ökologischer Interaktion.

## Literaturverzeichnis

Bartl, Andrea: Natur, Kultur, Kreativität. Zu Bertolt Brechts *Baal*, in: Zapf, Hubert (Hrsg.): Kulturökologie und Literatur. Beiträge zu einem transdisziplinären Paradigma der Literaturwissenschaft. Heidelberg 2008, 209–228.
Bense, Max: Über den Essay und seine Prosa, in: Merkur 3, 1947, 414–424.
Böhme, Hartmut: Ästhetische Wissenschaft: Aporien der Forschung im Werk Alexander von Humboldts, in: Ette, Ottmar/Hermanns, Ute/Scherer, Bernd M./Suckow, Christian (Hrsg.): Alexander von Humboldt – Aufbruch in die Moderne. Berlin 2001, 17–32.
Bühler, Benjamin: Subtile Jagden, in: Schöning, Matthias (Hrsg.): Ernst Jünger-Handbuch. Leben – Werk – Wirkung. Stuttgart 2014, 232–235.

Clark, Timothy: The Cambridge Introduction to Literature and the Environment. New York 2011.

Cowley, Jason: The New Nature Writing, in: Granta 102, 2008, 7–12.

Gigante, Denise: Sometimes a Stick is Just a Stick: The Essay as (Organic) Form, in: European Romantic Review 21.5, 2010, 553–565.

Goodbody, Axel: Literatur und Ökologie: Zur Einführung, in: Ders. (Hrsg.): Literatur und Ökologie. Amsterdam/Atlanta 1998, 11–40.

Gorenstein, Dan: Entomologische Horizontverschmelzung. Ernst Jüngers Hermeneutik der Käfer, in: Alder, Daniel/Christen, Markus/Hauser, Jeannine/Steier, Christoph (Hrsg.): Inhalt. Perspektiven einer categoria non grata im philologischen Diskurs. Würzburg 2015, 169–188.

Humboldt, Alexander von: Ansichten der Natur, mit wissenschaftlichen Erläuterungen und sechs Farbtafeln, nach Skizzen des Autors. Frankfurt a. M. 2004.

Jander, Simon: Die Poetisierung des Essays: Rudolf Kassner, Hugo von Hofmannsthal, Gottfried Benn. Heidelberg 2008.

Jünger, Ernst: Subtile Jagden, in: Ders.: Sämtliche Werke. Bd. 10: Essays IV. Stuttgart [1967] 1980.

Kerridge, Richard: Nature in the English Novel, in: Murphy, Patrick D. (Hrsg.): Literature of Nature. An International Sourcebook. Chicago/London 1998, 149–157.

Maier, Andreas/Büchner, Christine: Bullau. Versuch über Natur. Frankfurt a. M. 2008.

Parr, Rolf: »Sowohl als auch« und »weder noch«. Zum interdiskursiven Status des Essays, in: Braungart, Wolfgang/Kauffmann, Kai (Hrsg.): Essayismus um 1900. Heidelberg 2006.

Pschera, Alexander (Hrsg.): Bunter Staub. Ernst Jünger im Gegenlicht. Berlin 2008.

Rohner, Ludwig: Deutsche Essays. Prosa aus zwei Jahrhunderten. Bd. 1. Neuwied 1966.

Schärf, Christian: Geschichte des Essays. Von Montaigne bis Adorno. Göttingen 1999.

Scharnowski, Susanne: »Unser Wissen ist ein bloßes Propädeutikum«. Bullau. Versuch über Natur als Naturessay, in: Hille, Almut/Meyer, Marita/Jambon, Sabine (Hrsg.): Globalisierung – Natur – Zukunft erzählen. Aktuelle deutschsprachige Literatur für die Internationale Germanistik und das Fach Deutsch als Fremdsprache. München 2015, 10–25.

Schlaffer, Heinz: Essay, in: Weimar, Klaus u. a. (Hrsg.): Reallexikon der deutschen Literaturwissenschaft. Bd. 1. Berlin/New York 1997, 522–525.

Scholes, Robert/Klaus, Carl H.: Elements of the Essay. New York u. a. 1969.

Schröder, Simone: Moderne Essays der Weltliteratur, in: Lamping, Dieter (Hrsg.): Meilensteine der Weltliteratur. Stuttgart 2015, 280–302.

Slovic, Scott: Nature Writing, in: Krech III, Shepard/McNeill, J. R./Merchant, Carolyn (Hrsg.): Encyclopedia of World Environmental History. Bd. 2. New York 2004, 886–891.

Stanitzek, Georg: Essay – BRD. Berlin 2011.

Toepfer, Georg: Ökologie, in: Ders.: Historisches Wörterbuch der Biologie. Geschichte und Theorie der biologischen Grundbegriffe. Stuttgart 2011, 681–714.

Wesche, Jörg: Zur Ökologie literarischer Diversität, in: Zapf, Hubert (Hrsg.): Kulturökologie und Literatur. Beiträge zu einem transdisziplinären Paradigma der Literaturwissenschaft. Heidelberg 2008, 45–58.

Zapf, Hubert: Literatur als kulturelle Ökologie. Zur kulturellen Funktion imaginativer Texte an Beispielen des amerikanischen Romans. Tübingen 2002.

Zima, Peter V.: Essay/Essayismus. Zum theoretischen Potenzial des Essays: Von Montaigne bis zur Postmoderne. Würzburg 2012.

– Essay and Essayism between Modernism and Postmodernism, in: Primerjalna književnost 33.1, 2010, 69–82.

Zissler, Dieter: »In der Mannigfaltigkeit die Einheit zu erkennen«, in: Text + Kritik 105/106, 1990, 125–140.

Elmar Schmidt

# Hybride Gattungen und mediale Transformationen

## Ökologische Positionen in der zeitgenössischen lateinamerikanischen Chronik und Testimonialliteratur

Im Folgenden sollen zwei Gattungen vorgestellt werden, die in ihren regional-spezifischen Ausprägungen als geradezu paradigmatische lateinamerikanische Genres gelten können: die zeitgenössische Chronik und das *testimonio*, die Testimonialliteratur. Beide Gattungen sind Mischformen mit Wurzeln in mehreren, teilweise ähnlichen Genretraditionen und durch die Akkumulation und Aneignung neuer medialer Formate und Ausdrucksweisen zudem in steter Entwicklung begriffen. Als hybride Gattungskreuzungen entsprechen sie der heterogenen lateinamerikanischen Realität auf einer textuellen Ebene. Sie sind Ausdruck unterschiedlicher, parallel existierender, sich überlappender und gleichzeitig gegenseitig transformierender Wahrnehmungen von lokaler Gegenwart in ihrer Verschränkung mit globaler Moderne. Mehr noch: Sie begleiten die Herausbildung regionaler Versionen und Interpretationen einer eigenen lateinamerikanischen Moderne, etwa durch die Reflexion soziokultureller Transformationsprozesse oder das Bemühen, repräsentative Stimmen marginalisierter, subalterner Bevölkerungsteile in einer breiteren Öffentlichkeit hörbar, lesbar, sichtbar zu machen. Beide Gattungen zeichnen sich durch einen ausgeprägten, kritisch Stellung beziehenden Bezug zu außertextuellen regionalen, nationalen oder transnationalen gesellschaftlichen Realitäten aus. Umweltprobleme wiederum sind in Lateinamerika schon seit längerem und mit wachsender Bedeutung Bestandteil öffentlicher, auch medial geführter Debatten[1] – und so thematisieren auch Chronik und Testimonialliteratur zunehmend ökologische Fragestellungen.

Wie die jüngere lateinamerikanistische Forschung gezeigt hat, reflektiert gerade die Literatur spezifische Ausprägungen von Natur-Kultur-Beziehungen – oftmals ist sie gar als wichtiger Motor an deren Weiterentwicklung beteiligt. Spätestens mit den Unabhängigkeitsbewegungen im ausgehenden 18. und frühen

---

1 Vgl. etwa Shawn William Miller: An Environmental History of Latin America. Cambridge 2007, 211.

19. Jahrhundert gewinnt die Frage nach der kulturellen Funktion von natür-licher Umwelt zentrale Bedeutung für die einsetzenden Prozesse des *nation building*. In fiktionalen wie faktualen Texten wird Natur nicht nur als Grund-lage für wirtschaftlichen Wohlstand verhandelt, sondern zur umkämpften Chiffre neu zu besetzender nationaler Identitäten und perpetuierten kulturellen Metapher gesellschaftlicher Umstände.[2]

Die sich im 19. Jahrhundert entwickelnde Koppelung dominierender Wahr-nehmungsformen natürlicher Umwelt an die Entwicklung liberaler wirtschaft-licher Modernisierungskonzepte setzt sich im 20. und 21. Jahrhundert fort. Während die Ausbeutung natürlicher Ressourcen in weiten Teilen des Kon-tinents weiterhin der Absicherung der ökonomischen Vormachtstellung der gesellschaftlichen Eliten im Verbund mit internationalen Investorenkonglo-meraten dient, und auch linksgerichtete Regierungen primär auf extraktivisti-sche Entwicklungspolitik setzen, scheint gerade die lateinamerikanische Litera-tur die Etablierung eines kritischen diskursiven Gegenraumes zu ermöglichen.[3] Wie in anderen Teilen des Globalen Südens[4] werden ökologische Themen vor allem vor dem Hintergrund spezifischer nationaler Wirtschaftspolitiken und deren Vernetzungen mit kapitalistischen Märkten und globaler Moderne dis-kutiert.[5] Die Inhalte kreisen zumeist um konkrete ökologische Problemfel-der mit gravierenden Folgeschäden für Umwelt und Bevölkerung. Der Begriff der *problemática socio-ambiental*, der die enge Verknüpfung ökologischer und gesellschaftlicher Kontexte impliziert, ist mittlerweile omnipräsent. Kritische Stimmen postulieren in diesem Kontext eine *ecología de los pobres*, die als ›Öko-logie der Armen‹ an die Dependenztheorie anknüpft und eine eigene Version der *environmental justice* aus der Perspektive des Globalen Südens entwickelt.[6] Dennoch haben in der Theorie formulierte ökologische Ansätze und Beden-ken, die auf die gesellschaftlichen Konsequenzen nicht nachhaltiger Konzepte von wirtschaftlicher Entwicklung hinweisen, in der konkreten Realität oft nur

---

2 Vgl. Jennifer L. French: Nature, Neo-Colonialism, and the Spanish American Regional Writers. Hanover 2005, 15.

3 Zur Entwicklung ökologischer Konzepte in der lateinamerikanischen Literatur vgl. auch Scott DeVries: A History of Ecology and Environmentalism in Spanish American Li-terature. Lewisburg 2013.

4 Vgl. etwa Scott Slovic/Swarnalatha Rangarajan/Vidya Sarveswaran: Introduction: Ecocriticism of the Global South, in: Dies. (Hrsg.): Ecocriticism of the Global South. Lanham 2015, 1–10, hier 9.

5 Vgl. für die Literatur des ausgehenden 20. und beginnenden 21. Jahrhunderts etwa Laura Barbas-Rhoden: Ecological Imaginations in Latin American Fiction. Gainesville 2011; sowie Gisela Heffes: Políticas de la destrucción/Poéticas de la preservación. Apuntes para una lectura (eco)crítica del medio ambiente en América Latina. Rosario 2013.

6 Vgl. Joan Martínez Alier: El ecologismo de los pobres. Conflictos ambientales y lenguajes de valoración. Lima 2010.

wenig Bedeutung. Die kulturelle Lücke, die sich vor diesem Hintergrund für eine zugleich ökologisch und sozial engagierte Literatur bietet, ist entsprechend groß.

Die beiden im Folgenden zu betrachtenden Genres, die zeitgenössischen Chroniken und die Testimonialliteratur, sind hierbei in unterschiedlichen Verhältnissen an den Überschneidungspunkten zwischen faktualen und fiktionalen medialen Formaten angesiedelt. Beide Gattungen sollen, beginnend mit der Chronik, zunächst in ihren historischen Entwicklungslinien erläutert werden, um dann aufzuzeigen, welches Potenzial ihnen für die Verhandlung von Umweltproblemen und ökologischen Fragestellungen innewohnt.

## 1. Gesellschaftskritisches Engagement und subjektive Positionierung: Die lateinamerikanische Gattung der Chronik

Die zeitgenössische Chronik wurzelt in historischen Vorläufern, die bis in die Zeit der spanischen Eroberung Amerikas zurückreichen. Diese wurde von Texten begleitet, die – zumeist verfasst von Vertretern des katholischen Klerus – den Verlauf der *conquista*, die natürlichen Begebenheiten der ›Neuen Welt‹ und die Sitten und Gebräuche der einheimischen Bevölkerung beschrieben. Als intellektuelle Fortsetzung der militärischen territorialen Landnahme dienten sie der Fixierung und Diskursivierung der Fremdheit Amerikas und der effektiveren Missionierung der indigenen Bevölkerung. Ihre Adressaten waren Leser im spanischen Mutterland. In der frühen Kolonialzeit avancierte die Chronik zum wichtigsten Genre der Textproduktion, auch da der Import oder das Verfassen etwa von Romanen untersagt oder streng reglementiert war. In der Hochphase der Kolonialzeit verlor die Gattung an Bedeutung, reüssierte jedoch im Kontext der Unabhängigkeitsbewegungen, um dann im 19. Jahrhundert zu erneuter Blüte zu gelangen. Im für die jungen Republiken so wichtigen Zeitschriftenwesen wurde die Chronik, nun verstanden als meinungsbildendes Format des Kommentars historischer wie aktueller gesellschaftlicher und politischer Entwicklungen, zur Plattform der von den intellektuellen Eliten geführten Debatten. Als journalistisches Format, das den Rückgriff auf die Möglichkeiten fiktionaler Literatur erlaubte, diente sie den Vertretern des lateinamerikanischen *modernismo* der Jahrhundertwende zur Selbstverortung in einer sich immer schneller wandelnden Welt.[7] Spätestens in der zweiten Hälfte des 20. Jahrhunderts verändert sich wiederum die gesellschaftliche Funktion der Chroniken und ihr politischer Anspruch spitzt sich zu. Sie ermöglichen nun die kritische Refle-

---

7 Vgl. Susana Rotker: La invención de la crónica. México 2005.

xion der verschiedensten Transformationsprozesse der lateinamerikanischen Gesellschaften. Borsò hebt ihre »diskursive Heterogenität«[8] hervor und zeigt verschiedene Merkmale auf:

- Chroniken schreiben sich intentional in die Historiographie ein [...] Anders als der historische Diskurs wollen diese Texte jedoch nicht deuten, sondern konstatieren.
- Ihr Stil steht zwischen journalistischer Reportage und Zitat. Die Pluralität der Perspektiven und der Stimmen läuft der Bildung einer vereinheitlichten Erzählperspektive zuwider. [...]
- Die Erzählperspektive spiegelt keine ›Neutralität‹ vor, sondern setzt sich im Status des beteiligten Zeugen in Szene, dessen Erfahrungen Teil des artikulierten Wissens sind.
- Die Stilebene ist ebensowenig einheitlich. Sie kann weder dem literarischen noch dem Alltagsbereich einseitig zugeordnet werden. Sie repräsentiert weder die geschriebene noch die mündliche Tradition, sondern läßt beide als rhetorisches Textprinzip im Widerspruch zueinander stehen. [...] sie zitiert Elemente aus verschiedenen Traditionen, wie Roman, Essay, Tagebuch, Reportage, und siedelt sich zwischen ihnen an.[9]

Das Medium der Chronik wird nun zum Mittel der Kritik an sozialen Missständen und als Möglichkeit begriffen, den Positionen offizieller Rhetorik mit einem subversiven Gegendiskurs zu begegnen. Für die Autoren steht gesellschaftliches Engagement im Vordergrund. Im Fokus stehen vor allem urbane Themen und das Aufeinandertreffen von regionalen Realitäten und globaler Moderne. Für die mexikanische Chronik formuliert dies Carlos Monsiváis folgendermaßen:

Since 1968, what is the role of the chronicle? In the descriptive sense, it allows society to take peek at the cutting-edge customs of disorder and massification, scenarios of modernity in blue jeans and Walkman, and a sensation of chaos that is infinitely truer than any proclamation of order. If investigative reporting is truly central to our publications, there is a place for chronicles that pay attention to the emergence of new customs, new styles, and the political upheaval ranging from the 1994 Chiapas rebellion to the consequences of neoliberalism. For the time being it is also the chronicle's task to make a public space available to those who do not have it.[10]

---

8 Vittoria Borsò: Mexikanische »Crónicas« zwischen Erzählung und Geschichte – Kulturtheoretische Überlegungen zur Dekonstruktion von Histographie und nationalen Identitätsbildern, in: Birgit Scharlau (Hrsg.): Lateinamerika denken. Kulturtheoretische Grenzgänge zwischen Moderne und Postmoderne. Tübingen 1994, 278–296, hier 281.

9 Ebd.

10 Carlos Monsiváis: On the Chronicle in Mexico, in: Ignacio Corona/Beth E. Jörgensen (Hrsg.): The Contemporary Mexican Chronicle: Theoretical Perspectives on the Liminal Genre. Albany 2002, 25–35, hier 33–34.

Seit der Jahrtausendwende ist das Genre der Chronik in umso dynamischerer Entwicklung begriffen. Hierfür ist vor allem die erfolgreiche Etablierung einer Reihe von Zeitschriftenprojekten verantwortlich, die lateinamerikanischen Autoren eine Plattform in der Tradition etwa des investigativen und zugleich subjektiv berichtenden US-amerikanischen *New Journalism* bieten.[11] Sorgfältig und hochwertig editierte Formate wie *Gatopardo* (Kolumbien, Argentinien, Mexiko), *Letras Libres* (Mexiko), *El Malpensante* (Kolumbien) oder *Etiqueta Negra* (Peru) tragen dazu bei, dass die Literaturkritik bereits von einem neuen, durch den *periodismo narrativo* ausgelösten *boom* spricht.[12] Die wachsenden Verkaufszahlen auch der in Buchform publizierten längeren Essays oder Sammlungen von Chroniken einiger Autoren und die in letzter Zeit speziell für das Genre ausgelobten, in der spanischsprachigen Welt so wichtigen Literaturpreise belegen zudem den aktuellen Erfolg der Chronik. Dieser schafft auch die Rahmenbedingungen für die verstärkte Diskussion ökologischer Themen. Nur ein Beispiel: Mit dem Ableger *Etiqueta Verde* publiziert die peruanische Zeitschrift *Etiqueta Negra* seit 2012 regelmäßig auch ein exklusiv umweltbezogenen Inhalten gewidmetes Format.

## 2. (Post-)apokalyptische Szenarien im urbanen Raum: Die Chroniken von Carlos Monsiváis

Als einer der prägenden Väter der zeitgenössischen Chronik gilt der bereits zitierte und im Folgenden eingehender zu behandelnde Schriftsteller Carlos Monsiváis (geb. 1938), der nicht nur Literaturkritiker, sondern auch selbst Autor von *crónicas* ist. Zumeist nutzt er das Format, um sich mit der komplexen Gegenwart der mexikanischen Hauptstadt und den sie bestimmenden kulturellen Phänomenen auseinanderzusetzen. In *Los rituales del caos* (1995) widmet er sich der subjektiven Betrachtung der mexikanischen Konsumgesellschaft anhand einer collage-artigen Aneinanderreihung von Momentaufnahmen, die sich mit der Alltagskultur und dem Leben – oder Über-Leben – in der überbordenden Mega-Stadt auseinandersetzen. Er thematisiert Aspekte wie den öffentlichen Nahverkehr, alternative Flohmärkte, die Fernseh- und Werbeindustrie, populäre Kunst und Musik oder die Sportspektakel der *lucha libre*. Die Umweltrisiken des städtischen Habitats werden in dieser Zusammenschau der *conditio urbana* als kollektive Herausforderung reflektiert:

---

11 Vgl. Jorge Carrión: Prólogo: Mejor que real, in: Ders. (Hrsg.): Mejor que ficción. Crónicas ejemplares. Barcelona 2012, 13–43, hier 32.
12 Darío Jaramillo Agudelo: Collage sobre la crónica latinoamericana del siglo veintiuno, in: Ders. (Hrsg.): Antología de crónica latinoamericana actual. Madrid 2012, 11–47, hier 11.

*De los orgullos que dan (o deberían dar) escalofríos [...]*
¿Adónde se fue el chovinismo del ›Como México no hay dos‹? No muy lejos desde luego, y volvió protagonizando el chovinismo de la catástrofe y del estallido demográfico. Enumero algunos *orgullos* (compensaciones psicológicas):
– México es la ciudad más poblada del mundo (¡La Super-Calcuta!!)
– México es la ciudad más contaminada del planeta (¡El laboratorio de la extinción de las especies!) [...]
– México es la ciudad donde lo invivible tiene sus compensaciones, la primera de ellas el nuevo status de sobrevivencia.
¿Qué es una mentalidad apocalíptica? Hasta donde veo, lo antagónico a lo que se observa en la Ciudad de México. [...] Para muchos, el mayor encanto de la capital de la República Mexicana es su (verdadera y falsa) condición ›apocalíptica‹. [...] ¡Cómo fascinan las profecías bíblicas, las estadísticas lúgubres y la selección catastrofista de experiencias personales![13]

Anders als zum Beispiel der Schriftsteller Homero Aridjis, der Mexiko Stadt in seinem Roman *La leyenda de los soles* (1993) in der mit aztekischen Mythen verwobenen ökologischen Apokalypse untergehen lässt, entwirft Monsiváis kein mexikanisches Pendent westlicher Warnliteratur. Vielmehr setzt er sich mit den Konsequenzen lokaler und globaler Umweltrisiken für Kultur und Identität im städtischen Alltag auseinander. Ihm geht es nicht darum, aufzuzeigen, was die Bewohner der Stadt anders machen sollten, sondern darum, wie sie mit ihrer Situation umgehen: Das apokalyptische Szenario, das in der mexikanischen Hauptstadt schon Wirklichkeit geworden ist, wird hingenommen. Im Angesicht der ökologischen Apokalypse durchzuhalten, zu bestehen und zu überleben produziert sogar eine eigene Form von Identität, kompensiert das Gefühl der essentiellen Bedrohung und verleiht – so Monsiváis – letztlich eine ›postapokalyptische Mentalität‹:

13 Carlos Monsiváis: Los rituales del caos. México 1995, 19. Dt. v. E. S.:
*Vom Stolz, der schaudern lässt (oder schaudern lassen sollte) [...]*
Wo ist die chauvinistische Rhetorik des ›Mexiko gibt es nur einmal‹ abgeblieben? Nicht sehr weit weg jedenfalls, denn sie kam als chauvinistische Rhetorik der Katastrophe und der demografischen Explosion zurück. Ich zähle einige Dinge auf, auf die wir *stolz* sind (psychologische Kompensationen):
– Mexiko ist die meistbevölkerte Stadt der Welt (Das Super-Kalkutta!!)
– Mexiko ist die am stärksten kontaminierte Stadt des Planeten (Das Laboratorium der Ausrottung der Arten!) [...]
– Mexiko ist die Stadt, in der das Unlebbare kompensiert wird, zuallererst durch den neuen Status des Überlebens.
Was ist eine apokalyptische Mentalität? Soweit ich sehe, das Gegenteil dessen, was sich in Mexiko Stadt beobachten lässt. [...] Für viele ist der Charme der Hauptstadt der mexikanischen Republik ihr (echter oder falscher) ›apokalyptischer‹ Zustand. [...] Wie sehr faszinieren die biblischen Prophezeiungen, die düsteren Statistiken und die katastrophistische Auswahl persönlicher Erfahrungen!

En el origen del fenómeno, el centralismo, la concentración de poderes [...] Quedarse en la capital de la república es afrontar los riesgos de la contaminación, el ozono, la inversión térmica, el plomo en la sangre, la violencia, la carrera de ratas, la falta de significación individual. Irse es perder las ventajas formativas e informativas de la extrema concentración, las sensaciones de modernidad (o posmodernidad) que aportan el crecimiento y las zonas ingobernables de la masificación. [...] De hecho, la argumentación se unifica: todo, afuera, está igual o peor. ¿Adónde ir que no nos alcancen la violencia urbana, la sobrepoblación, los desechos industriales, el Efecto Invernadero? [...]

En la práctica gana el ánimo contabilizador. En última instancia, parecen mayores las ventajas que los horrores. Y éste es el resultado: *México, ciudad post-apocalíptica*. Lo peor ya ocurrió (y lo peor es la población monstruosa cuyo crecimiento nada detiene), y sin embargo la ciudad funciona de modo que a la mayoría le parece inexplicable, y cada quien extrae del caos las recompensas que en algo equilibran las sensaciones de vida invivible.[14]

Der Schlüssel zum Verständnis der ›post-apokalyptischen Stadt‹ ist der im Zitat als *masificación* präsente Begriff der ›Masse‹.[15] Im Kontext der Passage klingt dieser zunächst abwertend, Monsiváis konnotiert ihn jedoch keinesfalls durchweg negativ, vielmehr wird er ambivalent und ironisch gebrochen gebraucht: Die städtische Bevölkerung scheint sich der Monstrosität des eigenen Wachstums bewusst, arrangiert sich aber damit und reproduziert sich trotzdem. Die negative Besetzung der ›Masse‹ zeichnet Monsiváis in einer späteren Passage des Textes in ihrer Entwicklung vom spanischen Philosophen Ortega y Gasset bis ins Mexiko der Jetztzeit nach. Er entlarvt sie als diskursives Konstrukt der Eliten und Ausdruck der Angst der Herrschenden vor gesellschaftlichem Kontrollverlust. Städtische Gebiete, die durch das Bevölkerungswachstum unregierbar werden, sind so bei Monsiváis auch positiv konnotiert. Im Fokus seiner Überlegungen steht die aufzuwertende urbane Populärkultur, die Monsiváis als he-

---

14 Ebd., 20–21. Dt. v. E. S.:
Das Phänomen wurzelt im Zentralismus, in der Konzentration der Macht [...] In der Hauptstadt der Republik zu bleiben heißt, sich den Risiken der Kontamination, dem Ozon, dem Smog, dem Blei im Blut, der Gewalt, dem Hamsterrad, der eigenen Bedeutungslosigkeit zu stellen. Weggehen heißt, die Vorteile der extremen Konzentration aufzugeben, das Gefühl von Moderne (oder Postmoderne), das zum Wachstum der unregierbaren Vermassungsgebiete beiträgt. [...] Letztlich vereinheitlicht sich die Argumentation: außerhalb ist alles genauso, oder schlimmer. Wohin sollen wir gehen, wo es keine städtische Gewalt, Überbevölkerung, Industrieabfälle, keinen Treibhauseffekt gibt? [...]
In der Praxis siegt der berechnende Geist. Letztlich überwiegen die Vorteile die Abscheulichkeiten. Und dies ist das Resultat: *Mexiko, die post-apokalyptische Stadt.* Das Schlimmste ist schon passiert (und das Schlimmste ist die monströse Bevölkerung, deren Wachstum nicht aufzuhalten ist), und dennoch funktioniert die Stadt auf eine der Mehrheit unerklärliche Weise, und jeder zieht aus dem Chaos die Wiedergutmachung, die das Gefühl des nicht zu lebenden Lebens ausgleicht.
15 Vgl. auch María Ángela Cifuentes de Häbig: Entgegengesetzt? Masse – Massenmedien – urbane Kultur in den Crónicas von Carlos Monsiváis. München 2010, 27–37.

terogene Gegenkultur zu offiziellen, homogenisierenden Kultur- und Identitätskonzepten interpretiert. Die aus dem unkontrollierbaren Chaos erwachsene Populärkultur schafft sich nun eigene, offizieller Kontrolle entzogene, physische und diskursive Räume. Sie schafft das chaotische aber fruchtbare Fundament der ›post-apokalyptischen Stadt‹, da sie gleichzeitig den disziplinarischen Effekt überwindet, der den apokalyptischen Katastrophenszenarien – auch den ökologischen – innewohnt. Monsiváis weist so darauf hin, dass diese ebenso als Bestandteil elitengesteuerter Kontrollmechanismen und Deutungshoheiten der mexikanischen Realität funktionieren – oder eben nicht mehr funktionieren, da sie von neuen, aus dem populärkulturellen urbanen Alltag erwachsenden Deutungen ausgehebelt und unterwandert werden. Er befürwortet weder Umweltzerstörung, noch positioniert er sich gleichgültig gegenüber der fortschreitenden Kontamination des urbanen Raums. Vielmehr fügt er ihren soziokulturellen Auswirkungen auf seine Weise eine sozialkritische Komponente hinzu.

### 3. Umweltzerstörung und Megadiversität: Die Aktualisierung der kolonialen Chronik im grafischen Werk von Miguel Det

Das folgende Beispiel, das aufzeigt, wie zeitgenössische Chroniken Bezug auf ökologische Fragestellungen nehmen, dabei neue mediale Formate adaptieren und gleichzeitig durch die explizite Referenz auf ihre historischen Vorläufer neue Bedeutungen produzieren, stammt aus dem peruanischen Kontext. Mit seiner 2011 publizierten *Novísima corónica i malgobierno* übernimmt der Comiczeichner Miguel Det (geb. 1968) die grafische Form eines in der lateinamerikanischen Literaturgeschichte singulär gebliebenen Textes: die um 1615 verfasste *Primer nueva coronica y buen gobierno* von Felipe Guamán Poma de Ayala. Als Angehöriger der indigenen Adelsschicht im Peru des 16. und 17. Jahrhunderts erzählt dieser in seiner Chronik zum einen den Verlauf der spanischen *conquista* des Inka-Reichs aus der Perspektive der Eroberten. Zum anderen verfasst er eine Bestandsaufnahme des kolonialen Herrschaftssystems, das er aufgrund der Brutalität und ausbeuterischen Praktik der spanischen Kolonisatoren gegenüber der indigenen Bevölkerung anklagt. Zur zentralen Metapher des Textes für die Beschreibung der erlebten kolonialen Realität wird die Figur des *mundo al revés*, der ›verkehrten Welt‹. Guamán Poma integriert dabei in sein insgesamt 1200 Seiten umfassendes Werk an die 400 ganzseitige Grafiken, in denen er visuelle Praktiken der katholischen Gegenreform mit vorspanischen Bildtraditionen mischt.

Miguel Det wiederum adaptiert in der *Novísima corónica i malgobierno* die grafische Gestaltungsform Guamán Pomas. Er erarbeitet auf dieser Basis eine kritische Zusammenschau der Problemfelder der gegenwärtigen peruanischen

Realität. Teilweise übernimmt Det ganze Bildvorlagen, in denen einzelne Elemente aktualisiert und so neue, aktuelle Zusammenhänge und Bedeutungen hergestellt werden. Inhaltlich arbeitet sich Det an den verschiedensten Themen ab: von der problematischen Geschichte der peruanischen Republik seit ihrer Unabhängigkeit, über Armut und extreme soziale Ungleichheit, Korruption, unfähige Politiker, Staatsverschuldung und Abhängigkeit von internationalen Krediten, Rassismus, sowie den Bürgerkrieg der 1980er und 1990er Jahre, bis hin zu Fußball, Essen, unterschiedlichen Ausdrucksformen der Populärkultur und Aspekten kultureller bzw. ethnischer Diversität. Auch auf Umweltprobleme nimmt Det Bezug. Er integriert in seine Grafik mit dem Titel *el consumismo de aires, ríos y mares es contaminación* (Abb. 1) in komprimierter Form die geläufigsten Umweltprobleme, die auch in der peruanischen Öffentlichkeit präsent sind: Luftverschmutzung durch Industrieemissionen, Deforestation, giftige Abwässer und Vermüllung, die globale Erwärmung, die die peruanischen Andengletscher zum Schmelzen bringt. Auf den zentralen Aspekt peruanischer Umweltdiskurse, die ökologischen und sozialen Folgeschäden des Bergbaus in den Anden, verweist das Portrait von Ira Rennert, dem US-amerikanischen CEO des multinationalen Konzerns Doe Run, der die Minen des in den Zentralanden gelegenen Cerro de Pasco ausbeutet. Als *criminales ambientales*, als Umweltverbrecher, werden er und sein Firma direkt verantwortlich gemacht für verantwortungslosen und zerstörerischen Extraktivismus. Die überspitze Frage, die Rennert in den Mund gelegt wird – mit welchen finanziellen Mitteln er denn seine umweltzerstörerischen Praktiken korrigieren solle, wenn man ihn nicht zuvor weiter den Cerro de Pasco ausbeuten und kontaminieren ließe – schreibt sich umso mehr in die medial geführten Debatten der peruanischen Öffentlichkeit ein. Det kritisiert übersteigerten globalen Ressourcenverbrauch und verweist gleichzeitig auf das grundlegende Paradox der peruanischen Entwicklungspolitik. Zu deren spezifischem Konzept gesellschaftlichen und wirtschaftlichen Fortschritts bezieht auch einer der Herausgeber der bereits erwähnten Zeitschrift *Etiqueta Verde* kritisch Stellung:

Si alguien no progresa es porque no quiere. Bajo esta misma lógica, cada vez que un pueblo se opone a la apertura de una mina, a la construcción de una represa o a la exploración de petróleo en sus tierras, es acusado de estar en contra del progreso. Una y otra vez los gobiernos y los inversionistas se preguntan por qué alguien se opondría a que dinamiten las montanas y el suelo, inunden sus tierras, talen los bosques y vuelquen cianuro en las fuentes de agua, si podría a cambio recibir fuentes de trabajo, carreteras nuevas, casas de ladrillo y clases de inglés.[16]

16 Eliezer Budasoff: Los profesionales de la sonrisa, in: Etiqueta Verde 3.12.2014, 6. Dt. v. E. S.:
Wenn jemand nicht fortschrittlich ist, dann weil er es nicht will. Nach der gleichen Logik wird jedes Dorf, das sich der Errichtung einer Mine, dem Bau eines Staudamms oder der Förderung von Öl auf seinem Land widersetzt, angeklagt, sich gegen den Fortschritt zu stellen.

In seiner *Novísima corónica i malgobierno* kontrastiert Miguel Det neoliberale Fortschrittslogik mit dem Bezug auf die Biodiversität der peruanischen Natur. Diese wird nicht nur als um ihrer selbst willen als wertvoll und schützenswert dargestellt, sondern gleichsam zum möglichen neuen Nenner nationaler Identitätsbildung erhoben. Die zweite Grafik Dets mit der Überschrift *preservemos la megadiversidad* (Abb. 2) spiegelt so auch, wie sich in Peru ein neues Verständnis natürlicher Ressourcen herausbildet. *El Perú es un mendigo sentado en un banco de oro* – dem metaphorisch chiffrierten Gründungsmythos der peruanischen Nation als Bettler auf einer Bank aus Gold,[17] der auf die extraktive Ausbeutung der natürlichen Reichtümer des Landes durch zunächst spanische Kolonialherren und später ausländische Investoren anspielt, wird das Bewahren biologischer Vielfalt als neues identitäres Paradigma entgegengesetzt. Als Kontrapunkt zu umweltzerstörerischen Praktiken zeigt das Panel das Bild einer grafisch stilisierten intakten Natur, insbesondere der Amazonasregion, aber auch des Andengebiets. Die biologische Vielfalt des Landes erscheint zugleich bedroht, etwa durch die im Bild erwähnten *transgénicos*, gentechnisch veränderte Pflanzen. In der Tat zählt Peru zu den weltweiten Biodiversitäts-Hotspots und zu den 17 *megadiverse countries*, die zusammen einen Großteil der globalen Artenvielfalt beherbergen. Megadiversität ist in der öffentlichen Wahrnehmung nicht nur als wichtiger touristischer Faktor präsent, sondern wird zunehmend auch als identitätsstiftendes Merkmal Perus gehandelt – ebenso wie die vielfältige multikulturelle Esskultur, die inkaische Vergangenheit oder die erfolgreiche Volleyball-Nationalmannschaft der Damen.

Die Adaption der historischen Chronik des 17. Jahrhunderts in der zeitgenössischen Aktualisierung im grafischen Medium wiederum impliziert eine Reihe unterschiedlicher Auswirkungen. Zunächst einmal weckt die deutlich erkennbare Referenz die Aufmerksamkeit des Zielpublikums: Guamán Poma ist hinlänglich bekannt, der Stil der Chronik und die Schriftart geradezu omnipräsent und zu einer Art peruanischem Alleinstellungsmerkmal geworden, das zum Beispiel auch in der Tourismusindustrie Verwendung findet. Darüber hinaus verweist Det mit seiner Adaption auf die historischen Kontinuitäten des *malgobierno*, der ›schlechten Regierungsform‹: Korruption, Ausbeutung und Vetternwirtschaft mit ihren Wurzeln in der Kolonialzeit existieren bis heute, die peruanische Realität erscheint in weiten Teilen immer noch als ›verkehrte Welt‹.

---

Ein ums andere Mal fragen sich Regierungen und Investoren, wieso jemand dagegen ist, dass Berge und Boden gesprengt, sein Land geflutet, Wälder abgeholzt und Wasserquellen mit Zyanid verseucht werden, wenn man doch im Austausch Arbeitsplätze, neue Straßen, Häuser aus Ziegeln und Englischkurse bekommen könnte.

17 Vgl. Gonzalo Portocarrero: ¿Inacabadas ruinas? Notas críticas sobre el imaginario peruano, in: Ders. (Hrsg.): Perspectivas sobre el nacionalismo en el Perú. Lima 2014, 215–252, hier 220–224.

Abb. 1: »el consumismo de aires, ríos y mares es contaminación« (aus: Miguel Det: Noví-sima corónica i malgobierno. Lima 2011, 136)

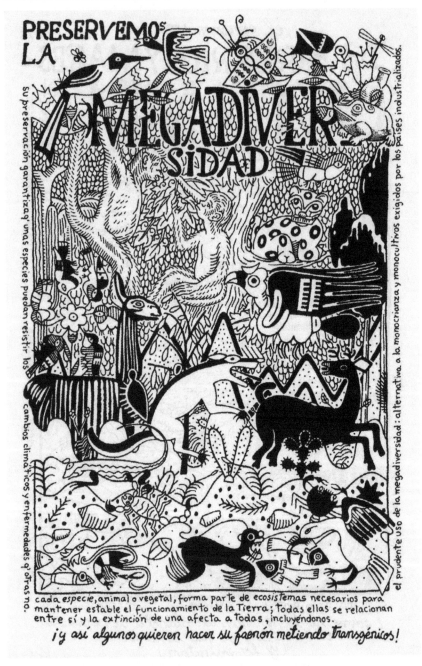

Abb. 2: »preservemos la megadiversidad« (aus: Det: Novísima, 139)

Die Unabhängigkeit hat daran nichts geändert, alte Machteliten und Herrschaftsstrukturen haben sich selbst über die Jahrhunderte reproduziert. Der kolonialismuskritische Guamán Poma, der mit seiner Chronik längst in die peruanischen Identitätsdiskurse integriert worden ist, wird zum Ahnherrn auch heutigen gesellschaftspolitischen und kulturellen Widerstands berufen und dieser so historisch legitimiert.[18]

Kritisch anzumerken ist jedoch auch, dass der Fokus auf biologische Diversität als identitätsstiftender Faktor Gefahr läuft, das sich erst langsam entwickelnde und längst noch nicht in der gesamten peruanischen Gesellschaft angekommene Bewusstsein für die Bedeutung ethnischer und kultureller Diversität wieder an den Rand des gesellschaftlichen Bewusstseins zu drängen. Biodiversität erscheint als konsensfähiger, von allen affirmierbarer Faktor, sie ist hervorragend touristisch vermarktbar und bedroht nicht die Privilegien der alten kreolischen Eliten – die wirkliche Anerkennung ethnischer und kultureller Diversität hingegen unter Umständen schon. Kombiniert man beides, besteht die Gefahr, dass die diskursive Verbindung von biologischer und ethnischer Diversität zur Übertragung biologischer Kategorien auf ethnisch-kulturelle Aspekte zurückführt, und damit letztlich zur Essentialisierung von Kategorien, die zunächst einmal kulturell zu denken sind.

Die kulturellen Differenzen zwischen hegemonialen und subalternen, marginalisierten Gesellschaftsschichten sind zudem eines der zentralen Themen der Testimonialliteratur. Im Folgenden soll darauf eingegangen werden, wie sich auch dieses lateinamerikanische Genre ökologischen Fragestellungen annähert, diese adaptiert, funktionalisiert und transformiert.

## 4. Subalterne Erfahrungen für die globale Öffentlichkeit: Das lateinamerikanische Genre der Testimonialliteratur

Die lateinamerikanische Testimonialliteratur schreibt ganz ähnliche Bezüge auf literaturhistorische Vorläufer wie die Chronik unterschiedlich weiter. Während letztere erzählstrukturell durch die polyphone, collage-artige Aneinanderreihung von gesellschaftlichen Momentaufnahmen geprägt ist, die ein teilnehmender, engagierter Betrachter subjektiv organisiert, zeichnet sich das *testimonio* zumeist durch den Fokus auf eine einzige Erzählstimme, ein einziges mehr oder weniger homogenes Kollektiv oder einen singulären – wenn auch ggf. repräsentativen und verallgemeinerbaren – gesellschaftlichen Problem- oder Konflikt-

18 Ein weiteres Beispiel für die Verwendung der grafischen Referenz auf die Chronik von Guamán Poma ist der Dokumentarfilm *Operación Diablo* (Peru, 2010), Regie: Stephanie Boyd. Der Film setzt sich kritisch mit dem Bergbau in den peruanischen Anden auseinander und integriert passagenweise animierte Sequenzen im Stil der kolonialzeitlichen Vorlage.

fall aus. Während die Chronik auch, aber nicht ausschließlich, darum bemüht ist, marginalisierte Perspektiven in eine breitere Öffentlichkeit zu tragen, ist die Sichtbarmachung und Repräsentation subalterner Erfahrungswelten das hauptsächliche Anliegen der Testimonialliteratur. Als grundlegendes Charakteristikum beschreibt Beverley die folgende Kommunikationssituation:

A *testimonio* is a novel or novella-length narrative, produced in the form of a printed text, told in the first person by a narrator who is also the real protagonist or witness of the events she or he recounts. Its unit of narration is usually a ›life‹ or a significant life experience. Because in many cases the direct narrator is someone who is either functionally illiterate or, if literate, not a professional writer, the production of a *testimonio* generally involves the tape-recording and then the transcription and editing of an oral account by an interlocutor who is a journalist, ethnographer, or literary author.[19]

Neben der wichtigen Funktion des Vermittlers, der den zumeist mündlichen Bericht eines subalternen Protagonisten nicht nur transkribiert, sondern auch organisiert, strukturiert und editiert, identifiziert Beverley die prätextuellen Vorläufer des *testimonio*. Er verweist auf die Bedeutung nichtfiktionaler Textformen wie die Chroniken der Kolonialzeit, den kostumbristischen Essay, die zum Beispiel von Unabhängigkeitskämpfern wie Simón Bolívar oder José Martí gepflegten Kriegstagebücher, biografische Formate der lateinamerikanischen Romantik, den von Sozialwissenschaftlern der 1950er Jahre entwickelten Ansatz der Verschriftlichung von Tonbandaufnahmen mit ›Lebensgeschichten‹ oder Che Guevaras Erinnerungen an die kubanische Revolution, die *Pasajes de la guerra revolucionaria*. Insbesondere letzterer Titel erscheint Beverley entscheidend für die spätere Entwicklung des *testimonio*, da er nicht nur breit rezipiert wurde, sondern zum Vorbild für eine ganze Reihe weiterer Texte wurde, in denen die Teilnehmer bewaffneter Auseinandersetzungen, letztlich in der gesamten ›Dritten Welt‹, subjektiv von ihren persönlichen Erfahrungen im politischen Kampf berichten.[20]

Als Format des politisch engagierten Berichts eines involvierten Zeugen erscheint die Testimonialliteratur als »an ›emergency narrative‹ – involving a problem of repression, poverty, marginality, exploitation, or simply survival in the act of narration itself.«[21] Zugleich erscheint die Gattung – wie auch das Genre der Chronik – in kontinuierlicher Transformation begriffen:

---

19 John Beverley: Testimonio, Subalternity, and Narrative Authority, in: Sara Castro-Klarén (Hrsg.): A companion to Latin American literature and culture. Oxford 2008, 571–583, hier 571.

20 Vgl. John Beverley: The Margin at the Center, in: Modern Fiction Studies 35.1, 1989, 11–28, hier 13–14.

21 Beverley: Testimonio, 572.

[...] testimonio de facto on the ground has undergone a profound metamorphosis and many migrations: from discipline to discipline and border to border; from text to textiles, radio and graphic art; from transcribed and written to spoken, public and performative; from fixed contexts to interactional ones; and from nonfiction to fiction and film. Included in these movements is the key figure of the *testigo*, or eyewitness.[22]

Im Kontext seiner medialen und formalen Weiterentwicklung erfuhr das *testimonio* zudem einen »veritable boom«[23] und stilbildende Wirkmächtigkeit – »once again a genre has emerged from Latin America to go global.«[24] Als ›Notstandsnarrativ‹ widmet es sich darüber hinaus in zunehmendem Maße auch dem Sichtbarmachen ökologischer Probleme. In dieser thematischen Ausrichtung verbindet es die Darstellung von Umweltrisiken mit der Anklage politischer und ökonomischer Ungerechtigkeit. Das sich herausbildende *ecotestimonio*[25] formuliert hierbei zumeist lokale Perspektiven auf regionale ökologische Problemfelder. Zugleich adaptiert es Aspekte global geführter Debatten um Umweltgerechtigkeit und widmet sich der kritischen Hinterfragung der »master Western narratives of man's dominion over nature and neo-capitalist ideology«.[26] Aktuelle Testimonialliteratur, die sich mit ökologischen Themen auseinandersetzt, fokussiert »not only political violence *per se*, but also systemic and environmental violence that is right now being waged across the Global South.«[27] Im lateinamerikanischen Kontext ist sie hierbei teilweise verknüpft mit den sich entwickelnden Positionen neuer sozialer Bewegungen.[28]

Wie im Folgenden zunächst zu zeigen sein wird, ist die Beschreibung von alternativen, nachhaltigen, insbesondere indigenen Formen der Naturwahrnehmung schon seit längerem Bestandteil der Testimonialliteratur. Ihr kommt eine besondere argumentative Funktion zu, die sich auch in den aktuellen Versionen des *testimonio*, das sich nun zum Beispiel auch im Dokumentarfilm weiterentwickelt, wiederfindet.

---

22 Louise Detwiler/Janis Breckenridge: Introduction: Points of Departure, in: Dies. (Hrsg.): Pushing the Boundaries of Latin American Testimony: Meta-morphoses and Migrations. New York 2012, 1–9, hier 1–2.

23 Kimberley A. Nance: »Something that might resemble a call«: Testimonial Theory and Practice in the Twenty-First Century, in: Detwiler/Breckenridge: Pushing the Boundaries of Latin American Testimony, 239–247, hier 239.

24 Ebd.

25 Erin S. Finzer verweist darauf, dass der Begriff des *ecotestimonio* erstmals im Sammelband *Pushing the Boundaries* von Detwiler und Breckenridge Verwendung findet. Finzer: Putting Environmental Injustice on the Map: Ecotestimonies from the Global South, in: Studies in 20th & 21st Century Literature 39.2, 2015, 1–8. http://newprairiepress.org/sttcl/vol39/iss2/2/, hier 3.

26 Ebd., 5.

27 Ebd., 3.

28 Vgl ebd., 5.

## 5. Indigene Naturwahrnehmung und politischer Widerstand: Das *testimonio* von Rigoberta Menchú

Eines der bekanntesten Werke der lateinamerikanischen Testimonialliteratur ist der 1982 veröffentlichte Text *Me llamo Rigoberta Menchú y así me nació la conciencia*. Das Buch erfuhr weltweit über ein Dutzend Übersetzungen – auf Deutsch erschien es unter dem Titel *Rigoberta Menchú. Leben in Guatemala* (1984) – und avancierte zum Bestseller. In ihrem *testimonio* erzählt die guatemaltekische Maya-Aktivistin und spätere Friedensnobelpreisträgerin Menchú von ihrem Leben als subalterne Indigene und *campesina*, das geprägt ist von Rassismus, Unterdrückung, extremer Gewalterfahrung und Ausbeutung. Es mündet schließlich im Engagement der Familie im Widerstand und in der eigenen Arbeit als Koordinatorin der indigenen Bauernbewegung. Das Werk basiert auf den auf Tonband aufgezeichneten Interviews Menchús mit der venezolanisch-französischen Ethnologin Elisabeth Burgos-Debray, die diese im Anschluss transkribierte, überarbeitete, sortierte und veröffentlichte.

Naturbezüge spielen, wie schon im ersten Satz des folgenden Zitats zu sehen ist, eine wichtige Rolle bei der diskursiven Markierung eines möglichst profunden Gegensatzes zwischen auf Harmonie bedachter indigener und ausbeuterischer westlicher Kultur:

*La naturaleza. La tierra madre del hombre. El sol, el copal, el fuego, el agua. [...]*
Entonces también desde niños recibimos una educación diferente de la que tienen los blancos, los ladinos. Nosotros, los indígenas, tenemos más contacto con la naturaleza. Por eso nos dicen politeístas. Pero, sin embargo, no somos politeístas... o, si lo somos, sería bueno, porque es nuestra cultura, nuestras costumbres. De que nosotros adoramos, no es que adoremos, sino que respetamos una serie de cosas de la naturaleza. Las cosas más importantes para nosotros. Por ejemplo, el agua es algo sagrado. [...] Tenemos la tierra. Nuestros padres nos dicen ›Hijos, la tierra es la madre del hombre porque es la que da de comer al hombre.‹ Y más, nosotros que nos basamos en el cultivo, porque nosotros los indígenas comemos maíz, fríjol y yerbas del campo y no sabemos comer, por ejemplo, jamón o queso, cosas compuestas con aparatos, con máquinas. Entonces, se considera que la tierra es la madre del hombre. Y de hecho nuestros padres nos enseñan a respetar esa tierra. Sólo se puede herir la tierra cuando hay necesidad.[29]

---

[29]  Elizabeth Burgos: Me llamo Rigoberta Menchú y así me nació la conciencia. México 1985, 80–81. Dt.: Elizabeth Burgos: Rigoberta Menchú. Leben in Guatemala. Göttingen 1984, 62–63.
*Die Natur. Die Erde, Mutter des Menschen. Sonne, Kopal, Feuer und Wasser*
Schon vom jüngsten Kindesalter an werden wir Indios anders erzogen als die Weißen, die Ladinos. Weil wir einen direkteren Kontakt zur Natur haben, nennt man uns Polytheisten. Wir sind jedoch keine Polytheisten in dem Sinne, daß wir die Natur anbeten. Wir respektieren eine Reihe von Dingen in der Natur, die für uns sehr wichtig sind. Wenn man uns trotzdem Polytheisten nennt... gut, es ist eben unsere Kultur. Das Wasser zum Beispiel ist

*Me llamo Rigoberta Menchú y así me nació la conciencia* verfolgt kein explizit
ökologisches Programm. Vielmehr dient der Verweis auf indigene Mythologie,
spezifische Naturwahrnehmung und die mit ihr verbundene, nachhaltige Lebensweise der Maya der Hervorhebung kultureller Differenz zur mestizischen,
europäischstämmigen Bevölkerung Guatemalas. Er ist zu verstehen vor dem
Hintergrund der historischen Kontexte des Textes, den das Land beherrschen-
den Militärdiktaturen und der Entwicklung des guatemaltekischen Bürgerkriegs insbesondere in den 1970er und 1980er Jahren, der hohe Opferzahlen
gerade unter der indigenen Zivilbevölkerung forderte. Menchús *testimonio* ist
auch Teil des Bemühens seiner Protagonistin darum, international auf den Bürgerkrieg aufmerksam zu machen und politische Solidarität mit dem Widerstand
in Guatemala zu generieren – mit allen damit verbundenen Ambivalenzen:

These undertakings forced her into an inevitable duality. She had to embrace elements
of Western discourse to make herself heard by her target audiences, but she also had
to guarantee the preservation and continuity of her Mayan identity, which was the
validating element of her discourse.[30]

Die subalterne Stimme, die an globalen Sinnstiftungsprozessen teilhaben will,
muss sich auf deren Parameter einlassen und zugleich ihren Status des ›An-
dersseins‹ umso deutlicher markieren, da dieser im Umkehrschluss überhaupt
erst ihre Teilhabe rechtfertigt. Indigene Identität wird in diesem Zusammenhang diskursiv kanalisiert und als legitimierende Folie des politischen Anliegens genutzt. Texte wie der Testimonialbericht von Rigoberta Menchú dienen in diesem Sinne auch dem Ausloten neuer, flexibler kollektiver Identitäten
vor dem Hintergrund konkreter gesellschaftlicher Umstände. Sie sind »means
of empowering subaltern subjects and hearing their voices« und zugleich »tool
for political agency.«[31] Ethnizität wird zum Mittel der Selbstermächtigung indigener Akteure, das auf nationaler und internationaler Ebene Handlungsmacht verleiht. Die Betonung des kulturell differenten Naturbezugs als wich-
tigem Aspekt autochthoner Identität, die zunächst wie ein Rückbezug auf das
Stereotyp des ›Edlen Wilden‹ erscheint, ist vielmehr performativ konstruier-
ter Bestandteil eines strategisch gesetzten Arguments. Hierbei steht nicht die
romantisierende Frage nach ›authentischer‹ indigener Naturverbundenheit im

---

uns heilig. […] Und dann die Erde! Unsere Eltern sagen: ›Kinder, die Erde ist die Mutter des
Menschen, denn sie gibt dem Menschen seine Nahrung.‹ Wir Indios leben vom Mais, von den
Bohnen und anderen Pflanzen, die auf unseren Feldern wachsen. Wir sind nicht gewohnt,
zum Beispiel Käse oder Schinken zu essen – Dinge, die maschinell, mit Apparaten hergestellt
werden. So lernen wir, die Erde als unsere Mutter anzusehen und zu achten. Sie darf nicht
unnötig verletzt werden.

30  Arturo Arias: Authoring Ethnicized Subjects: Rigoberta Menchú and the Performative
Production of the Subaltern Self, in: PMLA 116.1, 2001, 75–88, hier 79–80.

31  Ebd., 77.

Vordergrund, sondern vielmehr die dringliche Authentizität des subalternen, politischen Anliegens.[32]

Wie bereits erwähnt, ist die explizite Verknüpfung von ökologischen Diskursen und Fragen der Umweltgerechtigkeit mit der Thematisierung indigener Ansprüche, etwa auf kulturelle Selbstbestimmung, Anerkennung von Landrechten oder Mitbestimmung bei der Nutzung natürlicher Ressourcen, zunehmend im *testimonio* präsent. Gleichzeitig ist auch diese Gattung – wie die Chronik – in konstanter Weiterentwicklung begriffen, zum Beispiel durch die Adaption neuer medialer Ausdruckformen wie dem Dokumentarfilm.

## 6. Mediale Weiterentwicklungen des *testimonio*: Umweltdiskurse und indigene Identität im Dokumentarfilm von Francesco Taboada Tabone

Auch in Lateinamerika befördert die immer kostengünstigere Verfügbarkeit digitaler Aufnahme- und Produktionstechnik sowie die Option, das Internet als schnellen und einfach handhabbaren Distributionskanal zu nutzen, den kontinuierlichen Aufschwung des Dokumentarfilms, insbesondere zur Diskussion gesellschaftspolitischer Themen. In umweltbezogenen Kontexten stehen hierbei Fragen der Umweltgerechtigkeit, die filmische Vermittlung von Risikonarrativen sowie die kritische Hinterfragung nicht nachhaltiger Gesellschaftsentwürfe und neoliberaler Globalisierungsprozesse im Vordergrund. Charakteristisch für eine ganze Reihe aktueller *documentales* ist zudem die aktive Parteinahme für die Anliegen sozialer Bewegungen, insbesondere indigener Akteure, in deren Forderungen und Argumenten ökologischen Aspekten häufig zentrale Bedeutung zukommt.[33] Zu nennen wären in diesem Zusammenhang repräsentative Produktionen[34] wie etwa *La voz mapuche* (Chile, 2008), *Operación Diablo* (Peru, 2010) oder jüngst *Hija de la laguna* (Peru, 2015). Der Dokumentarfilm lässt sich hierbei aufgrund der ihm häufig zugrunde liegenden Kommunikationssituation auch als Möglichkeit der medialen Weiterentwicklung und Fortführung der Testimonialliteratur bestimmen. Nun ist es ein Regisseur, dem oftmals die Funktion des politisch engagierten Vermittlers zukommt, der marginalisierte Stimmen und Zeugenberichte von Repräsentanten subalterner Gesellschaftsschichten, ggf. zusammen mit seinem Filmteam, aufnimmt, schneidet, sortiert, wie im folgenden Beispiel wenn nötig mit Untertiteln versieht und zum fertigen Film montiert.

---

32  Vgl. ebd., 83.

33  Vgl. Roberto Forns Broggi: Nudos como estrellas. ABC de la imaginación ecológica en nuestras Américas. Lima 2012, 210–211.

34  Vgl. auch ebd., 211–219. Forns Broggi integriert in seine Studie zum *ecocine* eine Liste mit insgesamt 53 lateinamerikanischen *ecofilmes*.

Auch dem 2008 fertiggestellten mexikanischen Dokumentarfilm *13 Pueblos en defensa del agua, el aire y la tierra* des Filmemachers Francesco Taboada Tabone (geb.

1973) liegt die für das *testimonio* typische Entstehungssituation zugrunde: Der schon zuvor durch Filme, die sich kritisch mit Globalisierung und Neoliberalismus auseinandersetzen, bekannt gewordene Regisseur nimmt eine vermittelnde, Interviews und Bilder als *emergency narrative* organisierende Position zwischen einem indigenen Kollektiv und dem nationalen wie internationalen Zielpublikum ein. Obwohl aus der Region seiner Protagonisten stammend, ist er eher dem urbanen, intellektuellen Protestmilieu Mexikos zuzuordnen. Im Film geht es um einen südlich von Mexiko Stadt, im Bundesstaat Morelos situierten Verbund indigener Dorfgemeinschaften, die sich gegen die Gefährdung von Umwelt und Wasserversorgung durch diverse Großbauvorhaben und die Errichtung einer Müllhalde wehren. Die Darstellung der besonderen, harmonischen Naturverbundenheit der indigenen Dorfbewohner wird hierbei kontrastiert mit Aussagen korrupter Regierungsbeamte und Bildern von Umweltzerstörung in anderen Teilen Mexikos. Neben der Berufung auf historisch verbriefte Landrechte und nationale Erinnerungsorte wie die mexikanische Unabhängigkeit und die Revolution, die den eigenen Widerstand legitimieren, ist der Verweis auf die kulturelle Differenz zur westlichen Naturwahrnehmung ein zentrales Argument des Films. Der Widerstand gegen die staatlichen Infrastrukturprojekte wird explizit verknüpft mit ökologischen Argumenten und durch den Verweis auf indigene Identität gerechtfertigt. Die Vertreter der Dorfgemeinschaften heben insbesondere das kommunitär organisierte indigene Gemeinwesen und seinen besonderen Naturbezug hervor. Interviews werden im Film dementsprechend in Teilen auf Nahuatl geführt und in der fertigen Version des Films mit Untertitelungen versehen.

Wie schon *Me llamo Rigoberta Menchú y así me nació la conciencia* aktiviert der Film durchaus bewusst stereotype Repräsentationen des »ecologically noble savage«.[35] Taboada Tabones Dokumentarfilm entwirft Bilder von naturverbundenen Indigenen, die den ›Edlen Wilden‹ unter neuen, jetzt ökologischen Vorzeichen in die Gegenwart zu perpetuieren scheinen. Er knüpft an die Parameter globaler Umweltdiskurse an, in deren Rahmen indigene Bevölkerungen als essentialisierte »nature's defenders«[36] zum nachhaltigen, ökologisch bewussteren Gegenbild einer zerstörerischen globalen Moderne stilisiert werden.[37] Dies birgt

35 Kent Redford: The Ecologically Noble Savage, in: Cultural Survival 15.1, 1991, 46–48, hier 46.

36 Julie Gibbings: Becoming Nature's Defenders: Fashionable Identities and Subversive Community in the Mayan Biosphere Reserve, Guatemala, in: Hendrik Kraay (Hrsg.): Negotiating Identities in Modern Latin America. Calgary 2007, 257–276, hier 257.

37 Vgl. auch Beth A. Conklin/Laura R. Graham: The Shifting Middle Ground: Amazonian Indians and Eco-Politics, in: American Anthropologist 97.4, 1995, 695–710, hier 697.

einerseits die Gefahr, Projektionen eines »hyperreal Indian«[38] zu erzeugen, der zum Simulakrum und »model that by anticipation replaces the lived experience of indigenous peoples«[39] wird. Andererseits sind indigene Aktivisten mittlerweile selbst zu versierten sozialen und medialen Akteuren geworden, die darüber hinaus oftmals Teil globaler Netzwerke von sozialen Bewegungen sind. Als solche sind sie sich sehr wohl bewusst, welche Bilder vom naturbewussten Indigenen im kollektiven globalen Imaginären zirkulieren und wie man diese in den eigenen Konflikten um zum Beispiel Landrechte, Ressourcenzugänge oder kulturelle Selbstbestimmung funktionalisieren kann – denn »the ecological native is not only a stereotype, but a useful and effective means of indigenous self-representation in non-indigenous arenas.«[40]

In diesem Sinne zeugt auch *13 Pueblos en defensa del agua, el aire y la tierra* davon, wie indigene Akteure Stereotype als symbolisches Kapital[41] nutzen und gleichzeitig flexible Identitäten entwerfen und medial inszenieren können.[42] Die öffentliche Präsenz ökologischer Problemfelder als zentrale Herausforderungen auch der lateinamerikanischen Gegenwart eröffnet hierbei zugleich die Möglichkeit, neue strategische Allianzen mit anderen gesellschaftlichen Akteuren zu etablieren.[43]

Im konkreten mexikanischen Kontext wird *13 Pueblos en defensa del agua, el aire y la tierra* zum Ausdruck einer gesellschaftlichen Protestbewegung, die Ethnizität funktionalisiert, gleichzeitig aber starre Auffassungen von indigener und nicht-indigener Identität transzendiert und stattdessen eine neue, gemeinschaftliche »comunidad identitaria de resistencia«[44], eine ›Identitätsgemeinschaft im Widerstand‹ propagiert. Diese bemüht sich darum, Umweltaktivismus, Globalisierungskritik und Widerstand gegen neoliberale Entwicklungspolitik, urbane und rurale Belange sowie umfassend alle Bevölkerungsteile und gesellschaftlichen Schichten gleichermaßen zu integrieren.[45]

---

38 Alcida Rita Ramos: The Hyperreal Indian, in: Critique of Anthropology 14, 1994, 153–171, hier 161.

39 Ebd.

40 Astrid Ulloa: The Ecological Native: Indigenous Peoples' Movements and Eco-governmentality in Colombia. New York 2005, 134.

41 Vgl. Molly Doane: The Political Economy of the Ecological Native, in: American Anthrpologist 109.3, 2007, 452–462, hier 452.

42 Vgl. Ulloa: Ecological Native, 54.

43 Vgl. Beth A. Conklin: Environmentalism, Global Community and the New Indigenism, in: Max Kirsch (Hrsg.): Inclusion and Exclusion in the Global Arena. New York 2006, 161–176, hier 168.

44 Carlos A. Gadea: Modernidad global y movimiento neozapatista, in: Nueva Sociedad 168, 2000, 49–62, hier 49.

45 Vgl. auch Lourdes Romero Navarrete: Experiencias de acción colectiva frente a la problemática ambiental en México, in: Revista mexicana de ciencias políticas y sociales 203, 2008, 157–176, hier 164.

Als Fortsetzung der testimonialen Form im Gewand des Dokumentarfilms trägt *13 Pueblos en defensa del agua, el aire y la tierra* so dazu bei, Vertreter subalterner Gesellschaftsteile in soziale Akteure zu verwandeln, deren Stimmen öffentliche Präsenz erlangen. Gleichzeitig ist der Film nicht nur ›Notstandsnarrativ‹, sondern auch Plattform für die performative Entwicklung neuer Identitäten und Positionen des Widerstands in Mexiko als Teil des Globalen Südens.[46]

## 7. Fazit

Wie sich gezeigt hat, sind hybride, zumal auf ähnliche literarische Traditionen und Vorläufer zurückgreifende lateinamerikanische Gattungen wie die Chronik und die Testimonialliteratur durch die Übernahme und Integration neuer medialer Formate ohnehin in ständiger Transformation begriffen. Als subjektiv positionierte, zugleich eng mit der außertextuellen Realität verzahnte Genres, die sich durch die kritische Stellungnahme zu gesellschaftlichen, politischen oder kulturellen Konflikten überhaupt erst legitimieren, nehmen sie folgerichtig auch Umweltprobleme und ihre sozialen Konsequenzen in den behandelten Katalog von zentralen Aspekten lateinamerikanischer Realität auf. Weiterentwicklungen von Inhalten und Erzählweisen ergeben sich hierbei insbesondere durch die Verschränkung von lokalen und globalen Parametern. Kernelemente des Imaginären globaler Umweltdiskurse werden aufgegriffen, an lokale Realitäten adaptiert, dabei modifiziert – teilweise auch hinterfragt – und letztlich in neuer Form wieder in transnationale Zirkulationskreisläufe abgegeben.

Die vier behandelten Beispiele, zwei Texte, eine grafische Arbeit und ein Dokumentarfilm, veranschaulichen dies repräsentativ. Carlos Monsiváis eignet sich in seiner Chronik *Los rituales del caos* (1995) den Begriff der ›post-apokalyptischen Stadt‹ an. Er problematisiert Umweltrisiken in der mexikanischen Megalopole und zeigt zugleich die Überlebensreflexe der urbanen Populärkultur, die im Begriff der positiv konnotierten, chaotischen, unregierbaren ›Bevölkerungsmasse‹ kodifiziert wird und jenseits offizieller Deutungsmuster eigene Umgangsformen mit dem apokalyptischen Szenario entwickelt. Miguel Det zeichnet die Gattung der Chronik in seiner *Novísima corónica i malgobierno* (2011) in grafischer Form weiter. Er verleiht seiner gesellschaftskritischen Perspektive eine historisch legitimierte Komponente, indem er auf die bildliche Darstellungsform der kolonialzeitlichen Chronik des indigenen Autors Felipe

---

46 Vgl. zu *13 Pueblos en defensa del agua, el aire y la tierra,* zum strategischen Potential flexibler indigener ökologischer Identitäten und zur *authenticity fallacy* westlicher Wahrnehmungen des stereotypen *ecological native* ausführlicher: Elmar Schmidt: Latin American Environmental Discourses, Indigenous Ecological Consciousness and the Problem of ›Authentic‹ Native Identities, in: Hubert Zapf (Hrsg.): Handbook of Ecocriticism and Cultural Ecology. Berlin/Boston 2016, 413–437.

Guamán Poma de Ayala zurückgreift und diese aktualisiert. Det hinterfragt das Fortschritts- und Entwicklungskonzept der peruanischen, neoliberal-extraktivistisch ausgerichteten Wirtschaftspolitik. Deren ökologische Folgeschäden erscheinen letztlich als Fortführung kolonialer Ausbeutungspraktiken im Zeitalter des globalen, auf Konsummaximierung ausgerichteten Kapitalismus. Zugleich werden Nachhaltigkeit und die Bewahrung biologischer Vielfalt als neue, alternative Paradigmen peruanischer Identitätskonstitution dargestellt. Das *testimonio* der indigenen Aktivistin Menchú, *Me llamo Rigoberta Menchú y así me nació la conciencia* (1982), entsteht vor dem Hintergrund des politischen Widerstands in Guatemala und des Bürgerkriegs. Es thematisiert nachhaltige indigene Naturwahrnehmung zur Markierung kultureller Differenz, zu einer Zeit, als sich das symbolische Kapital ökologischer Diskurse für das politische Engagement indigener Akteure bereits abzeichnet.[47] Im mexikanischen Dokumentarfilm *13 Pueblos en defensa del agua, el aire y la tierra* (2008) wiederum zeigt sich die volle Bandbreite der strategischen Möglichkeiten der Aktivierung ökologischer Imaginationen. Der Film inszeniert Ethnizität performativ und belegt gleichzeitig, wie Umweltdiskurse beteiligt sind an der Erschaffung neuer Identifikationspotentiale für sich verändernde soziale Bewegungen.

In unterschiedlicher Form waren Chronik und Testimonialliteratur als spezifisch lateinamerikanische Genres schon immer global agierende Formate – die Chronik knüpft an die Entwicklungen des investigativen Journalismus in Europa und den USA an, das *testimonio* richtet sich letztlich an ein internationales Zielpublikum. Unter ökologischen Vorzeichen eignen sie sich zusätzlich das vollständige Repertoire der spezifischen Argumentationsweisen und Erzählmuster globaler Umweltdiskurse an: von Risikonarrativen, apokalyptischer Rhetorik und Elementen des *toxic discourse* bis hin zu den Bildlichkeiten imaginierter ökologischer Utopien und pastoraler Fluchträume. Im Prozess der Aneignung werden diese narrativen Versatzstücke transformiert. Ökologische Risikonarrative und Weltuntergangsszenarien hinterfragen vor dem Hintergrund sozialer Realitäten in der lateinamerikanischen Peripherie nicht nur diese selbst, sondern auch die Verantwortlichkeiten der ökonomischen Machtzentren der globalisierten Moderne. Indigene Akteure nutzen westliche Vorstellungen vom *ecological native* strategisch und sind dadurch zugleich an der Weiterentwicklung des globalen ökologischen Imaginären beteiligt – die weltweite Rezeption des Konzepts des ›Buen Vivir‹ könnte hierfür als weiteres Beispiel angeführt werden. Chronik und *testimonio* speisen so nicht nur Perspektiven und marginalisierte Stimmen des Globalen Südens ebenso wie kritische Reflexionen der Metanarrative der globalen ökonomischen Moderne in weltumspannende Debatten ein. Sie sind zudem an der kontinuierlichen Transformation

---

47  Doane: Political Economy, 453.

und Weiterentwicklung der grundlegenden Imaginarien und Erzählmuster globaler Umweltdiskurse beteiligt.

## Literaturverzeichnis

Arias, Arturo: Authoring Ethnicized Subjects: Rigoberta Menchú and the Performative Production of the Subaltern Self, in: PMLA 116.1, 2001, 75–88.

Barbas-Rhoden, Laura: Ecological Imaginations in Latin American Fiction. Gainesville 2011.

Beverley, John: The Margin at the Center, in: Modern Fiction Studies 35.1, 1989, 11–28.

– Testimonio, Subalternity, and Narrative Authority, in: Castro-Klarén, Sara (Hrsg.): A companion to Latin American literature and culture. Oxford 2008, 571–583.

Borsò, Vittoria: Mexikanische »Crónicas« zwischen Erzählung und Geschichte – Kulturtheoretische Überlegungen zur Dekonstruktion von Histographie und nationalen Identitätsbildern, in: Scharlau, Birgit (Hrsg.): Lateinamerika denken. Kulturtheoretische Grenzgänge zwischen Moderne und Postmoderne. Tübingen 1994, 278–296.

Budasoff, Eliezer: Los profesionales de la sonrisa, in: Etiqueta Verde 3.12, 2014, 6.

Burgos, Elizabeth: Rigoberta Menchú. Leben in Guatemala. Göttingen 1984.

– Me llamo Rigoberta Menchú y así me nació la conciencia. México 1985.

Carrión, Jorge: Prólogo: Mejor que real, in: Ders. (Hrsg.): Mejor que ficción. Crónicas ejemplares. Barcelona 2012, 13–43.

Cifuentes de Häbig, María Ángela: Entgegengesetzt? Masse – Massenmedien – urbane Kultur in den Crónicas von Carlos Monsiváis. München 2010.

Conklin, Beth A.: Environmentalism, Global Community and the New Indigenism, in: Kirsch, Max (Hrsg.): Inclusion and Exclusion in the Global Arena. New York 2006, 161–176.

Conklin, Beth A./Graham, Laura R.: The Shifting Middle Ground: Amazonian Indians and Eco-Politics, in: American Anthropologist 97.4, 1995, 695–710.

Det, Miguel: Novísima corónica i malgobierno. Lima 2011.

Detwiler, Louise/Breckenridge, Janis: Introduction: Points of Departure, in: Dies. (Hrsg.): Pushing the Boundaries of Latin American Testimony: Meta-morphoses and Migrations. New York 2012, 1–9.

DeVries, Scott: A History of Ecology and Environmentalism in Spanish American Literature. Lewisburg Press 2013.

Doane, Molly: The Political Economy of the Ecological Native, in: American Anthropologist 109.3, 2007, 452–462.

Finzer, Erin S.: Putting Environmental Injustice on the Map: Ecotestimonies from the Global South, in: Studies in 20th & 21st Century Literature 39.2, 2015, 1–8. http://newprairiepress.org/sttcl/vol39/iss2/2/ [23.4.2017].

Forns Broggi, Roberto: Nudos como estrellas. ABC de la imaginación ecológica en nuestras Américas. Lima 2012.

French, Jennifer L.: Nature, Neo-Colonialism, and the Spanish American Regional Writers. Hanover 2005.

Gadea, Carlos A.: Modernidad global y movimiento neozapatista, in: Nueva Sociedad 168, 2000, 49–62.

Gibbings, Julie: Becoming Nature's Defenders: Fashionable Identities and Subversive Community in the Mayan Biosphere Reserve, Guatemala, in: Kraay, Hendrik (Hrsg.): Negotiating Identities in Modern Latin America. Calgary 2007, 257–276.

Heffes, Gisela: Políticas de la destrucción/Poéticas de la preservación. Apuntes para una lectura (eco)crítica del medio ambiente en América Latina. Rosario 2013.

Jaramillo Agudelo, Darío: Collage sobre la crónica latinoamericana del siglo veintiuno, in: Ders. (Hrsg.): Antología de crónica latinoamericana actual. Madrid 2012, 11–47.

Martínez Alier, Joan: El ecologismo de los pobres. Conflictos ambientales y lenguajes de valoración. Lima 2010.

Miller, Shawn William: An Environmental History of Latin America. Cambridge 2007.

Monsiváis, Carlos: Los rituales del caos. México 1995.

– On the Chronicle in Mexico, in: Corona, Ignacio/Jörgensen, Beth E. (Hrsg.): The Contemporary Mexican Chronicle: Theoretical Perspectives on the Liminal Genre. Albany 2002, 25–35.

Nance, Kimberley A.: »Something that might resemble a call«: Testimonial Theory and Practice in the Twenty-First Century, in: Detwiler, Louise/Breckenridge, Janis (Hrsg.): Pushing the Boundaries of Latin American Testimony: Meta-morphoses and Migrations. New York 2012, 239–247.

Portocarrero, Gonzalo: ¿Inacabadas ruinas? Notas críticas sobre el imaginario peruano, in: Ders. (Hrsg.): Perspectivas sobre el nacionalismo en el Perú. Lima 2014, 215–252.

Ramos, Alcida Rita: The Hyperreal Indian, in: Critique of Anthropology 14, 1994, 153–171.

Redford, Kent: The Ecologically Noble Savage, in: Cultural Survival 15.1, 1991, 46–48.

Romero Navarrete, Lourdes: Experiencias de acción colectiva frente a la problemática ambiental en México, in: Revista mexicana de ciencias políticas y sociales 203, 2008, 157–176.

Rotker, Susana: La invención de la crónica. México 2005.

Schmidt, Elmar: Latin American Environmental Discourses, Indigenous Ecological Consciousness and the Problem of ›Authentic‹ Native Identities, in: Zapf, Hubert (Hrsg.): Handbook of Ecocriticism and Cultural Ecology. Berlin/Boston 2016, 413–437.

Slovic, Scott/Rangarajan, Swarnalatha/Sarveswaran, Vidya: Introduction: Ecocriticism of the Global South, in: Dies. (Hrsg.): Ecocriticism of the Global South. Lanham 2015, 1–10.

Ulloa, Astrid: The Ecological Native: Indigenous Peoples' Movements and Eco-governmentality in Colombia. New York 2005.

Nadja Türke

# Ökologisch-nachhaltiges Leben im Selbstversuch

## Zur aktuellen Konjunktur der Ratgeber
## für eine umweltverträglichere Lebensführung

Wie führe ich ein ökologisch-nachhaltiges Leben? Welche Konsequenzen hat eine solche Umstellung für meinen Alltag? Der Klimawandel, ein verändertes ökologisches Bewusstsein und ein verstärkt geführter Umweltethikdiskurs stellen die westliche Lebensweise zunehmend in Frage. Die Unsicherheiten und offenen Fragen, die damit einhergehen, hat vor allem ein Genre aufgegriffen: die Ratgeberliteratur.

Zu Beginn des 21. Jahrhunderts, und damit dreißig Jahre nach Rainer Grießhammers *Öko-Knigge* aus dem Jahr 1984, etabliert sich eine neue Form von ›ökologischen‹ Lebensführungsratgebern, welche versuchen, die oben gestellten Fragen zu beantworten. Dabei stehen jeweils unterschiedliche Bereiche im Fokus, sei es unsere Ernährung, unser Naturverhältnis oder die Frage nach der Resilienz, also der Fähigkeit, schwierige Lebenssituationen zu überstehen. Jedoch ist allen gemein, dass es nicht lediglich um die Suche nach einem möglichst ökologisch und ethisch korrekten Lebensstil geht, sondern um ein ökologisch-ethisches und zugleich gutes, glückliches Leben. Mit anderen Worten: Im Vordergrund steht nicht nur die Frage, worauf verzichtet werden muss, sondern worin der Gewinn für das eigene Leben liegen kann. Einig sind sich alle Autorinnen und Autoren, dass die Frage nach der *richtigen* Lebensführung – die bereits zum ›Kerngeschäft‹ der antiken Philosophie gehörte – durch eine ökologische Krise und die dadurch aufkommenden ethisch-sozialen Fragestellungen eine neue Dringlichkeit erfährt.[1]

---

1 Dagmar Fenner: Das Gute Leben. Berlin/New York 2007, 7.

## 1. Das Genre der Ratgeberliteratur

Das Bedürfnis zur Selbstformung und die Fähigkeit zur Übung gehört zu den Ur-Tugenden des Menschen.[2] Die Entstehung eines Ratgeber-Genres scheint also zwingend logisch: als unterstützendes Hilfsmittel des »übenden Lebens«.[3] Ratgeber können als kulturanthropologische Phänomene gelesen werden, die sich in ihrer orientierungsgebenden Dimension und aufgrund ihres unmittelbaren Zeitbezugs sowie ihres Anschlusses an die Alltags- und Populärkultur als äußerst wirkmächtig erweisen – jedenfalls sprechen ihre Verkaufszahlen dafür.[4] Dies gilt nicht nur für heute: Schon die Erfindung des Buchdrucks hatte in erster Linie einen Markt für Sach- und Ratgeberliteratur geschaffen.[5]

Als ein Subgenre der breitgefächerten Sachliteratur[6] gibt es für Ratgeber nur vage Genredefinitionen. Fest steht, dass Ratgeber inhaltlich-thematisch wie auch formal weitgefasst und vorrangig über ihre Funktion bestimmt werden. Eine erste Annäherung an eine Funktionsbestimmung liefert die 2007 neu geordnete Warengruppensystematik des Börsenvereins des Deutschen Buchhandels. Diese bestimmt die Funktion der Ratgeber folgendermaßen: Ratgeber sind »handlungs- oder nutzenorientiert für den privaten Bereich«.[7] Sie werden damit sowohl vom Sachbuch (»wissensorientiert mit primär privatem Nutzwert«) als auch vom Fachbuch (»handlungs- bzw. wissensorientiert mit pri-

---

2 Vgl. Peter Sloterdijk: Du mußt Dein Leben ändern. Über Anthropotechnik. Frankfurt a. M. 2009.

3 Ebd., 14.

4 Die Warengruppe »Ratgeber« steht auf Platz drei der meistverkauften Warengruppen, hinter der Belletristik und den Kinder- und Jugendbüchern, vgl.: Börsenverein des Deutschen Buchhandels: Tabellenkompendium zur Wirtschaftspressekonferenz des Börsenvereins des Deutschen Buchhandels e. V. am 3. Juni 2014. http://www.boersenverein.de/sixcms/media. php/976/Wirtschaftspressekonferenz_2014_Tabellenkompendium.pdf. Die Zahlen sind von 2013, die Angaben für das Jahr 2014 waren zur Zeit der Erstellung des Beitrags noch nicht online einsehbar.

5 Im 17. Jahrhundert lag der Marktanteil der sog. schönen Literatur bei lediglich 5 % und derjenige von religiöser Fachliteratur bei 30 %. Vgl. Stephan Porombka: Regelwissen und Weltwissen für die Jetztzeit. Die Funktionsleistungen der Sachliteratur, in: Arbeitsblätter für die Sachbuchforschung 2, 2005. http://www.sachbuchforschung.uni-mainz.de/arbeitsblatter/ regelwissen-und-weltwissen-fur-die-jetztzeit/, 31–9, hier 10.

6 Sachliteratur dient als Sammelbezeichnung für allgemeinverständliche Textsorten, die »ein ganzes Sachgebiet oder einen einzelnen Gegenstand aus einem Sachgebiet darstellen und sich dadurch von der Belletristik abgrenzen.« Carsten Würmann: Sachbuchliteratur, in: Dieter Burdorf/Christoph Fasbender/Burkhard Moeninghoff (Hrsg.): Metzler Lexikon Literatur. Begriffe und Definitionen. Stuttgart 2007, 671–672, hier 671. Unter Sachliteratur fallen also auch Autobiographien oder Kochbücher, ebd., 671 f.

7 Börsenverein des Deutschen Buchhandels e. V.: Warengruppen – Systematik neu (WGSneu) – Version 2.0. Einheitlicher Branchenstandard ab 1. Januar 2007 (Stand: 15.06.06). http://www. boersenverein.de/sixcms/media.php/976/wgs2012.pdf, 2.

mär beruflichem oder akademischem Nutzwert«) abgegrenzt.[8] Die buchwissenschaftliche Warenkunde vollzieht noch eine weitere Unterscheidung zwischen ›richtigen‹ Ratgebern und bloßen Anleitungen. Die Differenz zwischen einer Anleitung und einem eigentlichen Ratgeber liegt in ihrer Funktionsabsicht und Informationsvermittlung: Während Anleitungen konkrete Anweisungen – vor allem im handwerklichen Bereich – erteilen, konzentrieren sich Ratgeber im engeren Sinne auf die mentale Haltung der Lesenden.[9] Veröffentlichungen, die konkret handlungsanleitend sind, wie etwa Cornelia Schinharls *Biokisten Kochbuch* (2010), sind demnach keine Ratgeber; ebenso wenig Alexander Neubachers Sachbuch *Ökofimmel: Wie wir versuchen, die Welt zu retten – und was wir damit anrichten* (2013),[10] das kontraproduktive Umweltschutzmaßnahmen aufdeckt.

In der literaturwissenschaftlichen (Gattungs-)Forschung bisher wenig beachtet,[11] zeigt sich aber gerade die Ratgeberliteratur – erst recht, wenn die Rede von ökologischen Genres ist – als lohnenswertes Material. Um ihrer orientierungsgebenden Funktion gerecht zu werden, müssen sich alle Ratgeber durch die Bezugnahme auf die Anliegen und Probleme ihrer potenziellen Leserschaft auszeichnen, denn nur dies garantiert ihnen, auch konsumiert zu werden. Ratgeber vollführen also einen Spagat zwischen dem Anspruch auf Allgemeingültigkeit einerseits und der Anpassung an die Wirklichkeit des Lesepublikums andererseits.

Ein unmittelbarer Gegenwarts- und Alltagsbezug ist für Ratgeber somit entscheidend. Folglich ist man geneigt, aus Themen und Rhetorik der Ratgeber Rückschlüsse auf den aktuellen gesellschaftlichen Zustand zu ziehen. Der Ethnologe Timo Heimerdinger warnt allerdings zu Recht davor, hier vorschnelle Schlüsse zu ziehen: Ratgeber sind keineswegs einfach Abbild der Wirklichkeit. Der Entstehung der meisten Ratgeber geht die Erstellung eines ausgeklügelten Marketingkonzepts voraus. Gerade Verlage wie Gräfe und Unzer (GU), die sich auf Ratgeber spezialisiert haben, betreiben vor jeder Neuerscheinung aufwendige Marktforschungen und Trendanalysen.[12] Diesen Analysen liegen Milieustudien zugrunde, deren größte Gruppe, die sogenannte »bürgerliche Mitte«, als Orientierungsgruppe dient: Ausschließlich für dieses Milieu werden die Rat-

8  Ebd.
9  Vgl. Sigrid Pohl/Konrad Umlauf: Warenkunde Buch. Wiesbaden 2007, 116.
10  Neubacher geht zwar ebenso wie die hier behandelten Ratgeber von seinem eigenen (Familien-)Leben aus, setzt sich aber vor allem mit der politischen Wirksamkeit von Öko-Gesetzen und Regularien auseinander.
11  Seit 2005 wird verstärkt zum Sachbuch geforscht. Aus einem universitätsübergreifenden und interdisziplinären Verbundprojekt gingen die Internetplattform *sachbuchforschung. de* und die Zeitschrift *Non Fiktion. Arsenal der anderen Gattungen* sowie *Arbeitsblätter für die Sachbuchforschung*, eine online-Schriftenreihe, in der neue Texte zur Sachbuchforschung ebenso erscheinen wie bislang nur verstreut zugängliche Arbeiten, hervor.
12  Ebd. 117.

geber produziert.[13] Das eigentliche Interessante aber ist, wie Heimerdinger herausstellt, dass es nicht die aktuelle Lebenswirklichkeit der Zielgruppe ist, auf die Ratgeber zugeschnitten werden: »GU interessiert sich […] dafür, in welche Richtung die Wünsche, Träume und Sehnsüchte der Leserinnen streben, wohin jene ›blicken‹, wenn sie ihre eigene Identität bzw. Zukunft im Sinn haben.«[14] Ratgeber sind »gelebte[r] Konjunktiv«, Ausdruck imaginierter idealer Lebensführung, das heißt ihnen wohnt immer auch ein ›utopisches‹ Moment inne.[15]

In dieser kurzen Einführung ins Genre der Ratgeber deutet sich bereits an, dass diese pragmatische und nach Massentauglichkeit strebende Textsorte nicht unter rein literarischen Kriterien beurteilt werden kann.

## 2. ›Ökologische‹ Lebensführungsratgeber

Ratgeber für eine umweltverträglichere Lebensführung werden im Buchhandel (noch) keiner eigenen Sparte zugeordnet. Folgt man der Systematik des Berliner »Kulturkaufhauses« Dussmann, sind sie in mindestens vier thematischen Rubriken zu finden, die verschiedene Bereiche und Dimensionen eines ökologisch-nachhaltigen Lebens markieren: Der Titel *Das Leben ist eine Öko-Baustelle. Mein Versuch, ökologisch bewusst zu leben* von Christiane Paul findet sich im Kaufbereich »Naturwissenschaften – Ökologie – globaler Wandel«. Die Schauspielerin durchleuchtet verschiedene Bereiche ihres Lebens, wie Ernährung, Mobilität und Kleidung, auf ihre Umweltverträglichkeit. Ihre Möglichkeiten, aber auch ihre Schwierigkeiten bei der ihr notwendig erscheinenden Änderung ihres Lebensstils diskutiert sie in Interviews mit verschiedenen ›Experten‹, darunter dem Klimawissenschaftler Anders Levermann, dem Schriftsteller Jonathan Safran Foer, dem Grünen-Politiker und Tübinger Bürgermeister Boris Palmer und dem Sozialpsychologen Harald Welzer. Außerdem interviewt Paul ihre Schwester, die stellvertretend für ›die Durchschnitts-Deutsche‹ steht.[16] Ergänzend werden autobiografische Passagen eingeschoben, in denen Paul über ihre Kindheit in der DDR, ihre Ängste und Sorgen als Mutter und ihre Berufswahl reflektiert und berichtet, wie sie begann sich mit den Folgen des Klimawandels auseinanderzusetzen.[17]

---

13 Timo Heimerdinger: Der gelebte Konjunktiv. Zur Pragmatik von Ratgeberliteratur in alltagskultureller Perspektive, in: Andy Hahnemann/David Oels (Hrsg.): Sachbuch und populäres Wissen im 20. Jahrhundert. Frankfurt a. M. 2008. 97–108, hier 104.

14 Ebd., 104.

15 Ebd., 107.

16 Vgl. Christiane Paul: Das Leben ist eine Öko-Baustelle. Mein Versuch, ökologisch bewusst zu leben. Unter Mitarb. v. Peter Unfried. München 2011.

17 Die autobiografischen Passagen dienen natürlich mitunter der Befriedigung der Erwartungen der Käuferinnen und Käufer, die den Ratgeber vor allem wegen der namhaften Autorin kaufen.

Leo Hickmans *Fast Nackt: Mein abenteuerlicher Versuch, ethisch korrekt zu leben*[18] (2006) und *Anständig leben. Mein Selbstversuch rund um Massenkonsum, Plastikmüll und glückliche Schweine* (2014) von Sarah Schill sind einer weiteren Rubrik zugeordnet. Beide sind im besagten Berliner Kulturkaufhaus unter »Psychologie – Resilienz« zu finden. Hickmann und Schill – er Redakteur bei *The Guardian*, sie freiberufliche Schriftstellerin und Drehbuchautorin – berichten von ihren persönlichen Veränderungen während ihres einjährigen Selbstversuchs, einen ethisch-korrekten Lebensstil zu führen. Ebenso wie bei Christiane Paul geht es auch bei Hickmann und Schill um die Mühen, die das Ablegen von Gewohnheiten erfordert.

In eine dritte Rubrik fallen Karin Duves *Anständig essen. Ein Selbstversuch* (2010) und *Tiere essen* (2010)[19] von Jonathan Safran Foer. In *Anständig essen* erzählt Duve davon, wie sie sich ein Jahr lang zuerst biologisch-organisch, dann vegetarisch, daraufhin vegan und am Ende frutarisch ernährt, also nur noch Nahrungsmittel konsumiert, die beim Ernten die Pflanze nicht zerstören. Anstoß dieses Experiments war das Entsetzen ihrer neuen Mitbewohnerin bei Duves Kauf eines Grillhähnchens für 2,99 €. Diese Mitbewohnerin, die den Selbstversuch begleitet, wird fortan als »Jiminy Grille« angeführt, benannt nach dem personifizierten Gewissen der Holzpuppe Pinocchio, dessen Funktion sie übernimmt. Im Verlauf ihrer Umstellung überholt Duve ›Jiminy‹ sogar im Einhalten von ökologisch-ethischen Prinzipien.

Foer hingegen erzählt, wie die Geburt seines Sohnes und die bald anstehenden Entscheidungen in Erziehungsfragen ihn dazu veranlassten, ein Buch über das Konsumieren von Tieren zu schreiben. In *Tiere essen* nimmt er seine Leserschaft mit auf eine Recherche-Reise durch Tierfarmen und Schlachtanlagen. Er befragt Unternehmer, Handlanger und Experten, konsultiert Studien zu Landwirtschaftsformen und Essgewohnheiten. Fluchtpunkt ist dabei seine Lebensgeschichte, aus der er auszugsweise berichtet. Obwohl beide Ratgeber in der Rubrik »Ernährung« stehen, in der auch Kochbücher und Diät-Ratgeber zu finden sind, geht es auch hier insgesamt um einen ökologisch-ethischen Lebensstil. Bei beiden Autoren führt die Ernährungsumstellung zu einer umfassenden Veränderung der Lebensweise.

Unter »Garten – Natur« steht Hilal Sezgins *Landleben. Von einer, die raus zog* (2011) exemplarisch für die rasant anwachsende Zahl verschiedener Garten- und ›Raus-aufs-Land‹-Ratgeber. Diese zeugen von der aktuell in den Medien den Großstädtern diagnostizierten Sehnsucht nach ›mehr Natur‹.[20] »Sie traut

---

18 *A life stripped bare. My year trying to live ethically* heißt das englische Original.
19 Die Jahreszahl bezieht sich auf das Erscheinungsjahr im deutschsprachigen Raum. Das Original *Eating Animals* wurde bereits 2009 in den USA veröffentlicht.
20 Die Preisung des Landlebens war auch in der Hausväterliteratur und den volksaufklärerischen Schriften bereits ein zentrales Element, vgl. Ulrike Kruse: Der Naturdiskurs

sich, wovon andere träumen«, steht dann auch im Klappentext von *Landleben*.[21] Darin beschreibt die Journalistin und Autorin ihren Umzug von der Großstadt Frankfurt am Main in die Lüneburger Heide, ihre Anstrengungen und Erfolge im ersten Jahr in der Schafzucht, beim Hühnerstallbauen – und Hühnerretten.[22] Zugleich bezieht Sezgin Stellung zu Fragen nach artgerechter Tierhaltung, ethisch-ökologischer Ernährung und Konsumverzicht.

Mit ihrem Anliegen einer ökologisch-nachhaltigen und guten Lebensführung stehen diese Ratgeber in der Nachfolge von Henry David Thoreaus *Walden*. *Life in the woods* (1854), dem bekannten Erfahrungsbericht des US-Amerikaners über seinen zweijährigen Aufenthalt als Selbstversorger in einer kleinen Hütte im Wald von Concord. Dieses Kultbuch des Ecocriticism ist im besagten Kulturkaufhaus übrigens unter der Rubrik »Klassische Literatur« zu finden. An den Klassiker erinnern die hier untersuchten Ratgeber nicht nur thematisch-ideologisch, sondern auch in ihrem Schreibverfahren und ihrer hybriden Textstruktur.

## 3. Das Erzählmuster: Der Selbstversuch

Ratgeber können in den unterschiedlichsten Formen realisiert sein: Sowohl hinsichtlich des Modus (das heißt des Mischungsverhältnisses aus Erzählung, Bericht oder Beschreibung) als auch in Bezug auf die textinterne Sprechinstanz kennzeichnet sie ein großer Gestaltungspielraum. Die vorliegende Auswahl von aktuellen ökologischen Lebensführungsratgebern lässt eine Gemeinsamkeit erkennen: Als Plot oder narrativer Rahmen dient der (zumeist zeitlich begrenzte) Selbstversuch, der nie einfach zu bewältigen ist und nicht immer ganz gelingt. Die Autorinnen und Autoren sind folglich Protagonistinnen und Protagonisten ihres eigenen Berichts, in den Informationen eingeflochten werden, etwa indem sie Fachleute befragen oder wissenschaftliche Thesen reflektieren. Foer, der die Lesenden dazu bringen will, ihren Fleischkonsum zu überdenken und letztlich zu reduzieren, erzählt zunächst davon, wie er zu einem Hundefreund wurde – wobei er selbst die Zuneigung für Hunde nicht als Selbstverständlichkeit voraussetzt, sondern als individuelle Entwicklung beschreibt, die er als ersten Schritt einer umfassenderen Anteilnahme am Schicksal aller Tiere deutet.

Die ersten 26 Jahre meines Lebens mochte ich keine Tiere. Ich fand sie lästig, schmutzig, unzugänglich, furchtbar, unberechenbar, schlicht und ergreifend überflüssig. […]

---

in Hausväterliteratur und volksaufklärerischen Schriften vom späten 16. bis zum frühen 19. Jahrhundert. Bremen 2013, 47.

21 Vgl. Hilal Sezgin: Landleben. Von einer, die raus zog. Köln 2012.

22 Auch Sezgin steht nur stellvertretend für eine Reihe von weiteren Veröffentlichungen, in denen die Autoren ihren Umzug aufs Land thematisieren.

Und dann wurde ich eines Tages jemand, der Hunde liebte. [...] Der erste Tag vom Anfang meines neuen Lebens war ein Samstag. Wir gingen in Brooklyn, wo wir wohnten, die Seventh Avenue entlang und stießen auf einen winzigen Hundewelpen.[23]

Wenige Absätze weiter erfolgt ein Modus-Wechsel. Der autobiografischen Erzählung wird ein Abschnitt statistischer Daten hinzugefügt, die sogleich historisch gedeutet werden:

63 Prozent aller amerikanischen Haushalte haben mindestens ein Haustier. [...] Das Halten von Haustieren ging mit dem Erstarken der Mittelschicht und der Urbanisierung einher, vielleicht weil infolgedessen der Kontakt zu anderen Tieren verloren ging oder schlicht weil Haustiere Geld kosten und deshalb ein Symbol für Wohlstand sind (Amerikaner geben jährlich 34 Milliarden Dollar für ihre Haustiere aus). Der in Oxford lehrende Historiker Sir Keith Thomas, dessen umfassendes Werk *Man and the Natural World* heute als Klassiker gilt, sagt dazu: [...].[24]

Die Ratgeber changieren durch die »subjektgebundene Verfasstheit« zwischen dem, was Ralf Klausnitzer als »literarisches Wissen« ausmacht, also einem »prozedurale[n] Erfahrungswissen«, und einem »propositional verfasste[n] ›Wissen‹, das empirisch überprüft werden kann«.[25] Daraus resultiert ein beabsichtigtes Wechselspiel aus autobiografischem Impuls und Wissensgenerierung, denn die ›Selbsterfahrungsberichte‹ zeichnen eine geistige Entwicklung der Autorinnen und Autoren nach und können gleichzeitig durch die Zuordnung zur Sachliteratur als spezifische Medien der Wissensvermittlung rezipiert werden.[26]

In dieser Inszenierung der Selbsterfahrung liegt das Spezifikum der vorliegenden Lebensführungsratgeber. Jeglicher Ratgeber muss sich in irgendeiner Art und Weise durch ein »Kompetenzgefälle« auszeichnen,[27] weswegen Verfasserinnen und Verfasser aller Ratgeber vor der Herausforderung stehen, die Ratsuchenden davon zu überzeugen, dass gerade sie geeignet sind, Ratschläge zu erteilen. Bei Erziehungsratgebern oder Ratgebern im medizinischen Bereich beispielsweise können es bereits die Doktortitel »Dr. paed.« respektive »Dr. med.« vor dem Namen der Autorin oder des Autors auf dem Cover sein, die den Eindruck erwecken, dass die vorausgesetzten Kompetenzen, Ratschläge auf dem jeweiligen Gebiet zu erteilen, auch tatsächlich gegeben sind. Wie aber legitimie-

23 Jonathan Safran Foer: Tiere essen. Frankfurt a. M. 2012, 31.

24 Ebd., 32.

25 Ralf Klausnitzer (Hrsg.): Literatur und Wissen. Zugänge – Modelle – Analysen. Berlin 2008, 44f.

26 Dass die Selbsterfahrungsberichte dabei gewisse Berührungspunkte mit Bildungsromanen aufweisen können, habe ich in meinem Beitrag »Anständig schreiben über anständig essen – Erzählmuster der neueren Ratgeberliteratur« gezeigt, in: Elisabeth Hollerweger/Anna Stemmann (Hrsg.): Narrative Delikatessen. Kulturelle Dimensionen von Ernährung. Siegen 2015, 31–44.

27 Rainer Paris: Raten und Beratschlagen, in: Sozialer Sinn 2, 2005, 353–388, hier 357.

ren sich Verfasserinnen und Verfasser von Lebensführungsratgebern? Eine oft
gewählte Strategie ist das Darbieten einer scheinbar einfachen Lösung gegen die
Komplexität der Wirklichkeit. Der Lebensführungsratgeber-Bestseller *Simplify
your life* von Werner Tiki Küstenmacher und Lothar J. Seiwert (2001, inzwischen in der 16. Auflage erschienen!), der durch eine achtstufige Methode ein
glücklicheres Leben verspricht, beginnt mit den Worten:

Das Buch, das Sie hier in Händen halten, wird eines der wichtigsten Bücher ihres Lebens werden. [...] Wenn Sie den im Folgenden beschriebenen *simplify*-Weg gehen,
werden Sie den Sinn und das Ziel ihres Lebens finden.[28]

Die Autorinnen und Autoren der ökologischen Lebensführungsratgeber zeichnen sich hingegen gerade dadurch aus, dass sie eben keine Experten sind und
auch keine Heilsversprechen geben. Es ist genau diese inszenierte Unwissen-
heit, die den Ausgangspunkt der Berichte markiert und Spannung hinsichtlich
der Entwicklung des Narrativs aufbaut. Duve führt ihr Alter Ego in *Anständig
essen* als eine Unmengen von Coca Cola trinkende Bratwurst- und Süßigkeiten-
Liebhaberin ein. In *Das Leben ist eine Öko-Baustelle* lässt sich Paul von Anders
Levermann, der Professor für die Dynamik des Klimasystems am Potsdam-In-
stitut für Klimafolgenforschung ist, den Klimawandel erklären, kann ihm aber
nicht in allen Punkten folgen:

Obwohl ich im Thema bin und mich vorbereitet habe, finde ich so ein Gespräch mit
einem Klimawissenschaftler nicht ganz einfach. Etwa, wenn es um die Bedeutung der
Aerosole für den Klimawandel geht. [...] Manchmal traue ich mich und sage: »Das
verstehe ich jetzt nicht.«[29]

Die Verständnisfrage ermöglicht Paul, Begrifflichkeiten zu definieren und damit in komplexere Thematiken einzusteigen, ohne bei ihren Leserinnen und Lesern womöglich den Eindruck zu erwecken, sie würden durch den Wissensvorsprung (einer Schauspielerin) bevormundet.

Dass die autobiografischen Selbsterfahrungsberichte dennoch als Ratgeber
gelesen werden möchten, belegen die Paratexte. Die orientierungsbietende Intention belegen die direkte Leseransprache im Vorwort, ein Literaturverzeich-
nis sowie ein Stichwort-Register im Anhang. Die eingangs genannte kommunikative Anschlussfähigkeit, die das Genre auszeichnet, zeigt sich in den hier
vorgestellten ›ökologischen‹ Lebensführungsratgebern vor allem am jeweiligen Schluss. Anstatt allgemeingültiger Verbrauchertipps reflektieren die Autorinnen und Autoren hier über ihre erfolgte persönliche lebenspraktische Veränderung. Um die Lesenden nicht mit einem Resümée des Selbstlobs angesichts

---

28 Werner Tiki Küstenmacher/Lothar J. Seiwert: Simplify your life. Einfacher und glücklicher leben. München 2013, 14.
29 Paul: Das Leben ist eine Öko-Baustelle, 29.

der geleisteten Umstellung abzuschrecken, suchen die Autorinnen und Autoren gern einen auch für ihre Leserschaft erreichbaren, ermutigenden Kompromiss zwischen Ideal und Wirklichkeit. Duve zum Beispiel gibt die frutarische Ernährungsweise auf, fasst jedoch den Vorsatz, sich zukünftig möglichst vegetarisch zu ernähren und sich nur noch rund 10 % ihres früheren Konsums von Milchprodukten und Fisch zu gestatten. Realistisch kommentiert sie ihre Vorsätze abschließend: »Und nein, ich finde es auch nicht ethisch überzeugend oder befriedigend, was ich mir da vorgenommen habe, aber das ist das, was ich schaffen kann.«[30]

Christiane Paul bekennt sich zu ihrer »Öko-Baustelle« und lässt den Widerspruch, einerseits als Schauspielerin einen ressourcen- und energieaufwändigen Beruf gewählt zu haben und sich andererseits im Privaten um ein ökologisch-ethisches Leben zu bemühen, für sich so stehen.

Der Selbstversuch simuliert eine Unmittelbarkeit und Authentizität, die die Glaubwürdigkeit verstärken soll. Der per se normative Gestus eines Ratgebers wird allerdings lediglich verdeckt. Denn selbstverständlich sollen die Leserinnen und Leser trotz dieser Subjektgebundenheit des Erfahrungsberichts zur Überprüfung und Abgleichung der eigenen Lebenspraxis angeregt werden. So steht dann auch in Schills *Anständig leben*:

[D]er folgende Text ist ein Erfahrungsbericht, ein Dokument meiner persönlichen Reise. Zuweilen impulsiv, zuweilen polemisch, aber vor allem: subjektiv. Es liegt mir fern, belehren oder missionieren zu wollen. Sollten meine Gedanken und Erfahrungen Sie jedoch zum Nachdenken oder gar Nachahmen anregen, freue ich mich natürlich sehr.[31]

Der Kunstgriff des subjektiven Selbstversuchs verweist auf ein Problem der ›ökologischen‹ Lebensführungsratgeber: »Aber das Schwierigste ist es, einen guten Ton zu finden, der die Leute nicht verärgert oder aggressiv macht«, gesteht Foer.[32] Schuld daran sei eine bestimmte, verbreitete, Foer überzogen erscheinende »Rhetorik des Vegetarismus« (wie sie etwa von politischen Aktivisten geprägt wird), die anklagend den moralischen Zeigefinger über diejenigen erhebt, die nicht vegetarisch oder gar vegan leben.[33] Das Gleiche gilt wohl erst recht für den Anspruch, den kompletten Alltag ökologisch-korrekt zu gestalten. Für Foer stelle sich vielmehr die Frage: »Was willst du mit deiner Botschaft erreichen?«[34] Wie schreibt man also am besten über Lebensstil und Moral? Die subjektive Erzählweise scheint nicht nur die am wenigsten angreifbare Strategie zu sein, es ist

---

30  Duve: Anständig essen, 317.
31  Sarah Schill: Anständig leben. Mein Selbstversuch rund um Massenkonsum, Plastikmüll und glückliche Schweine. München 2014, 11.
32  Peter Unfried: Veganer bis 17 Uhr, in: TAZ 14.8.2010. http://www.taz.de/!56975/.
33  Ebd.
34  Ebd.

auch eine Absicherung: Die Ratsuchenden können im Lesen des Berichts an der leibhaftigen Erfahrung der Autorinnen und Autoren teilhaben. Auf diese Weise bieten Letztere den Ratsuchenden die Evidenz, die ihr ›Wissen‹ nicht nur nachvollziehbar macht, sondern gleichzeitig auch als vertrauenswürdig ausweist.

Der Selbstversuch ist inzwischen auch ein beliebtes Setting im Film: Man denke etwa an den Dokumentarfilm *Super Size Me* (2004) von Morgan Spurlock, in dem Letzterer die Auswirkungen von übermäßigem Fast Food am eigenen Leib testet. Der Film changiert aufgrund der gewählten Form des Selbstversuchs zwischen einer sehr eindrücklichen und drastischen Übermittlung der Botschaft »Fast Food ist gesundheitsschädigend« und einer Art unterhaltsamen Voyeurismus. Genau diese Mischung ist es, die auch die Erzählstrategie der Ratgeber kennzeichnet.

## 4. »Du *mußt* Dein Leben ändern!«[35] – Schlussbemerkungen

Was können die ökologischen Lebensführungsratgeber nun tatsächlich leisten? Die Autorinnen und Autoren der Ratgeber geben unumwunden zu, sich inkonsequent zu verhalten. Dies ist nicht nur Teil des Verkaufsrezepts, sondern auch ein klares Eingeständnis der – übrigens auch von Sloterdijk festgestellten – Überforderung, der wir angesichts der ökologischen Krise ausgesetzt sind.[36]

Die allgegenwärtige globale ökologische Krise, deren Fortgang und Ausgang noch niemand vorherzusagen vermag, sei laut Sloterdijk die »einzige Autorität«, die heute sagen darf: »Du mußt dein Leben ändern!«[37] Es gelte nun, »gefahrenbewußter [zu] denken« und ein »globales Immunsystem aufzubauen, das uns eine gemeinsame Überlebensperspektive eröffnet«.[38] Dabei bezieht sich Sloterdijk explizit auf den Appell von Hans Jonas, der seinen »ökologischen Imperativ« bereits vor mehr als 30 Jahren formulierte: »Handle so, dass die Wirkungen

---

35  Titel von Sloterdijk, Hervorhebung NT.

36  Meike Feßmann: Peter Sloterdijks Essay »Du musst dein Leben ändern«. Überforderung macht den Meister, in: Der Tagesspiegel 2.4.2009. http://www.tagesspiegel.de/kultur/literatur/peter-sloterdijks-essay-du-musst-dein-leben-aendern-ueberforderung-macht-den-meister/1486908.html. Sloterdijk formuliert die Überforderung folgendermaßen: »Man bleibt pragmatisch bei der Überzeugung, mit dem Ernstnehmen könne man sich Zeit lassen. Überdies: Eine Person, die die Zeichen am Horizont persönlich nehmen wollte – müßte sie nicht sofort unter ihren Sorgen zusammenbrechen?« Sloterdijk: Du mußt Dein Leben ändern, 705.

37  Sloterdijk: Du mußt Dein Leben ändern, 701.

38  Julia Encke: Uns hilft kein Gott. Interview mit Peter Sloterdijk aus der Frankfurter Allgemeinen Sonntagszeitung (22.3.2009), in: Bernhard Klein (Hrsg.): Peter Sloterdijk. Ausgewählte Übertreibungen. Gespräche und Interviews 1993–2012. Frankfurt a.M. 2013, 338–344, hier 343. Sloterdijk spricht von drei Immunsystemen, die das menschliche Leben erst ermöglichen: das biologische, das soziale und das symbolische Immunsystem, Sloterdijk: Du mußt Dein Leben ändern, 709 f.

deines Handelns verträglich sind mit der Permanenz echten menschlichen Lebens auf Erden.«[39] Diese Aufforderung müsse jeder auf sich selbst beziehen, so Sloterdijk, »als wäre ich sein einziger Adressat. [...] Ich soll die Wirkung meines Handelns in jedem Augenblick auf die Ökologie der Weltgesellschaft hochrechnen.«[40] Die Motivation darf nicht mehr die Unzufriedenheit mit dem eigenen Lifestyle sein. Bei den hier betrachteten Ratgebern spielte sie aber doch eine gewisse Rolle – zumindest auf der Ebene des autobiografischen Narrativs. Abgesehen von ihrer textexternen finanziellen Motivation könnte man diesen Autorinnen und Autoren also vorwerfen, einen übergreifenden, verschiedene Lebensbereiche umfassenden Zeitgeist-Gedanken aufzugreifen und lediglich ein ›Wohlfühl-Ökotum‹ zu propagieren, das eigentlich das individuelle Streben nach Glück ins Zentrum stellt. Gleichzeitig ist es durchaus als ein Verdienst der Ratgeber anzusehen, die Auseinandersetzung um ein ökologisch-ethisches und gutes Leben mit ihrem personenbezogenen Narrativ des Selbstversuchs ein Stückchen ins Private hineinzutragen, auch wenn die Bemühungen im Weltmaßstab nicht ausreichend sein mögen. Daher lässt sich abschließend gerade als Leistung dieser Ratgeber festhalten, individualethische und sozialethische Aspekte miteinander zu verbinden und in unterhaltsamer, massentauglicher Form zu kommunizieren.

## Literaturverzeichnis

Börsenverein des Deutschen Buchhandels e. V.: Tabellenkompendium zur Wirtschaftspressekonferenz des Börsenvereins des Deutschen Buchhandels e. V. am 3. Juni 2014. http://www.boersenverein.de/sixcms/media.php/976/Wirtschaftspressekonferenz_2014_Tabellenkompendium.pdf [24.4.2017].
– Warengruppen-Systematik neu (WGSneu) – Version 2.0. Einheitlicher Branchenstandard ab 1. Januar 2007. http://www.boersenverein.de/sixcms/media.php/976/wgs2012.pdf [23.4.2017].
Duve, Karen: Anständig essen. Ein Selbstversuch. Berlin 2011.
Encke, Julia: Uns hilft kein Gott. Interview mit Peter Sloterdijk aus der Frankfurter Allgemeinen Sonntagszeitung (22.3.2009), in: Klein, Bernhard (Hrsg.): Peter Sloterdijk. Ausgewählte Übertreibungen. Gespräche und Interviews 1993–2012. Frankfurt a. M. 2013, 338–344.
Fenner, Dagmar: Das Gute Leben. Berlin/New York 2007.
Feßmann, Meike: Peter Sloterdijks Essay »Du musst dein Leben ändern«. Überforderung macht den Meister, in: Der Tagesspiegel 2.4.2009. http://www.tagesspiegel.de/kultur/literatur/peter-sloterdijks-essay-du-musst-dein-leben-aendern-ueberforderung-macht-den-meister/1486908.html [23.4.2017].
Foer, Jonathan Safran: Tiere essen. Frankfurt a. M. 2012.
Hahnemann, Andy/Oels David (Hrsg.): Sachbuch und populäres Wissen im 20. Jahrhundert. Frankfurt a. M. 2008.

39  Zitiert nach Sloterdijk, ebd., 708.
40  Ebd., 709.

Heimerdinger, Timo: Der gelebte Konjunktiv. Zur Pragmatik von Ratgeberliteratur in alltagskultureller Perspektive, in: Hahnemann, Andy/Oels, David (Hrsg.): Sachbuch und
populäres Wissen im 20. Jahrhundert. Frankfurt a. M. 2008, 97–108.

Hickmann, Leo: Fast Nackt: Mein abenteuerlicher Versuch, ethisch korrekt zu leben. München 2006.

Klausnitzer, Ralf (Hrsg.): Literatur und Wissen. Zugänge – Modelle – Analysen. Berlin 2008.

Klein, Bernhard (Hrsg.): Peter Sloterdijk. Ausgewählte Übertreibungen. Gespräche und
Interviews 1993–2012. Frankfurt a. M. 2013.

Kruse, Ulrike: Der Naturdiskurs in Hausväterliteratur und volksaufklärerischen Schriften
vom späten 16. bis zum frühen 19. Jahrhundert. Bremen 2013.

Küstenmacher, Werner Tiki/Seiwert, Lothar J.: Simplify your life. Einfacher und glücklicher
leben. München 2013.

Neubacher, Alexander: Ökofimmel: Wie wir versuchen, die Welt zu retten – und was wir damit anrichten. München 2013.

Paris, Rainer: Raten und Beratschlagen, in: Sozialer Sinn 2, 2005, 353–388.

Paul, Christiane: Das Leben ist eine Öko-Baustelle. Mein Versuch, ökologisch bewusst zu leben. Unter Mitarbeit von Peter Unfried. München 2011.

Pohl, Sigrid/Umlauf, Konrad: Warenkunde Buch. Wiesbaden 2007.

Porombka, Stephan: Regelwissen und Weltwissen für die Jetztzeit. Die Funktionsleistungen der Sachliteratur, in: Arbeitsblätter für die Sachbuchforschung 2, 2005, 3–19. http://
www.sachbuchforschung.uni-mainz.de/arbeitsblatter/regelwissen-und-weltwissen-fur-
die-jetztzeit/ [23.4.2017].

Schill, Sarah: Anständig leben. Mein Selbstversuch rund um Massenkonsum, Plastikmüll
und glückliche Schweine. München 2014.

Schirnhal, Cornelia: Biokisten Kochbuch. Gemüsegenuss für alle Jahreszeiten. Stuttgart
2010.

Sezgin, Hilal: Landleben. Von einer, die raus zog. Köln 2011.

Sloterdijk, Peter: Du mußt Dein Leben ändern. Über Anthropotechnik. Frankfurt a. M. 2009.

Türke, Nadja: Anständig schreiben über anständig essen – Erzählmuster der neueren Ratgeberliteratur, in: Hollerweger Elisabeth/Stemmann, Anna (Hrsg.): Narrative Delikatessen. Kulturelle Dimensionen von Ernährung. Siegen 2015, 31–44.

Unfried, Peter: Veganer bis 17 Uhr, in: TAZ 14.8.2010. http://www.taz.de/!56975/ [23.4.2017].

Würmann, Carsten: Sachbuchliteratur, in: Burdorf, Dieter/Fasbender, Christoph/Moening-
hoff, Burkhard (Hrsg.): Metzler Lexikon Literatur. Begriffe und Definitionen. Stuttgart
2007, 671–672.

# Die Herausgeberin, die Autorinnen und Autoren

JProf. Dr. **Evi Zemanek** ist Juniorprofessorin für Neuere deutsche Literatur und Intermedialität an der Universität Freiburg und Gründerin des DFG-Netzwerks *Ethik und Ästhetik in literarischen Repräsentationen ökologischer Transformationen*. Buchprojekt zu »Karikaturen der Natur. Satirische Reflexionen des anthropogenen Umweltwandels in deutschen Zeitschriften aus der Ära der Industrialisierung«. Forschungsschwerpunkte: Literatur und Ökologie, bes. Proto-ökologische Diskurse, Wissenspoetologie, Medienkomparatistik, Text-Bild-Relationen, u. a. Publikationen (Auswahl): Das Gesicht im Gedicht. Studien zum poetischen Porträt, 2010; Mensch – Maschine – Materie – Tier. Entwürfe posthumaner Interaktionen, hrsg. zus. m. C. Grewe-Volpp, Philologie im Netz, Beiheft 10, 2016; Ecological Thought in German Literature and Culture, hrsg. zus. m. G. Dürbeck, U. Stobbe u. H. Zapf, 2017.

Dr. **Urs Büttner** ist wissenschaftlicher Mitarbeiter im DFG-Projekt »Literarische Meteorologie« am Peter-Szondi-Institut für Allg. u. Vergl. Literaturwissenschaft der FU Berlin. Habilitationsprojekt zur Literatur- und Wissensgeschichte des Schnees 1611–2016. Forschungsschwerpunkte: Literatur- und Wissensgeschichte seit dem 17. Jh., Mediengeschichte der Handschrift, Post-Romantiken, u. a. Publikationen (Auswahl): Poiesis des ›Sozialen‹. Achim von Arnims frühe Poetik bis zur Heidelberger Romantik (1800–1808), 2015; Wind und Wetter. Kultur – Wissen – Ästhetik, hrsg. zus. m. G. Braungart, 2017; Phänomene der Atmosphäre. Ein Kompendium Literarischer Meteorologie, hrsg. zus. m. I. Theilen, 2017.

**Christina Caupert**, M. A., promoviert an der Universität Augsburg zu Ökologie in Drama und Theater. Forschungsschwerpunkte: Ecocriticism und Kulturökologie, amerikanische Literaturgeschichte. Publikationen (Auswahl): Umweltthematik in Drama und Theater, in: G. Dürbeck/U. Stobbe (Hrsg.): Ecocriticism: Eine Einführung, 2015, 219–232; What Are We? The Human Animal in Eugene O'Neill's *The Hairy Ape*, in: S. Oppermann (Hrsg.): New International Voices in Ecocriticism, 2015, 161–176; Kanongeschichte USA, in: G. Rippl/ S. Winko (Hrsg.): Handbuch Kanon und Wertung, 2013, 296–300.

Prof. Dr. **Christa Grewe-Volpp** ist apl. Professorin für amerikanische Literatur und Kultur an der Universität Mannheim. Forschungsschwerpunkte: Ökokritik und Ökofeminismus, New Materialism und Critical Animal Studies. Publikationen (Auswahl): Natural Spaces Mapped by Human Minds: Ökokritische und ökofeministische Analysen zeitgenössischer amerikanischer Romane, 2004; No Environmental Justice without Social Justice: A Green Postcolonialist Reading of Paule Marshall's *The Chosen Place, the Timeless People*, in: T. Müller (Hrsg.): Literature, Ecology, Ethics. Recent trends in ecocriticism, 2012, 227–237; Making Love to Whale and Bear: Human-Animal Relationships in Zakes Mda's *The Whale Caller* and Marian Engel's *Bear*, in: Anglistik 27, 2016, 71–83.

Dr. des. **Jakob Christoph Heller** ist akademischer Mitarbeiter am Lehrstuhl für Westeuropäische Literaturen, Europa-Universität Viadrina, Frankfurt/ Oder. Promotion 2015 über Idyllenpoetik als Reflexionsform von Literatur im DFG-Graduiertenkolleg »Lebensformen und Lebenswissen«. Forschungsschwerpunkte: Medien- und Literaturkomparatistik, Ästhetik und Poetik des 18. Jahrhunderts und der Frühen Neuzeit, Funktionen und Formen literarischer Naturdarstellung. Publikationen (Auswahl): Masken der Natur. Das Nachleben der Bukolik in der Idylle des 18. Jahrhunderts, 2018; From Baroque Pastoral to the Idyll, in: G. Dürbeck/U. Stobbe/H. Zapf/E. Zemanek (Hrsg.): Ecological Thought in German Literature and Culture, 2017, 249–262.

Dr. **Elisabeth Hollerweger** ist Lektorin im Bereich Literaturdidaktik an der Universität Bremen. Forschungsschwerpunkte: Nachhaltige Literaturdidaktik, Literarisches Lernen, Bilderbuchnarration, Kulturökologie, Human-Animal-Studies. Publikationen (Auswahl): Ver-rückte Welt? Zur De- und Rekonstruktion von Ich – Natur – Gesellschaft in Wolfgang Herrndorfs *Bilder deiner großen Liebe*, in: Jan Standke (Hrsg.): Wolfgang Herrndorf lesen, 2016, 167–183; Freund oder Futter? Tierethische Narrative als literaturdidaktische Herausforderung, in: K. Schröder/B. Hayer (Hrsg.): Didaktik des Animalen, 2016, 69–87; »ES SEI DENN, jemand, so wie du…«. Der Umweltklassiker *Der Lorax* zwischen Bilderbuch und Kinoleinwand, in: S. Grimm/B. Wanning (Hrsg.): Kulturökologie und Literaturdidaktik, 2015, 29–48.

PD Dr. **Ursula Kluwick** arbeitet am Institut für Anglistik der Universität Bern. Von 2014–2016 war sie Marie Heim-Vögtlin Stipendiatin des Schweizerischen Nationalfonds, 2004–2007 Assistentin für englische Literatur- und Kulturwissenschaft an der Universität Wien. Forschungsinteressen: Ecocriticism und die Darstellung von Natur, zeitgenössische und postkoloniale Literatur, die viktorianische Epoche, magischer Realismus. Publikationen (Auswahl): Exploring Magic Realism in Salman Rushdie's Fiction, 2011; The Beach in Anglophone Literatures and Cultures: Reading Littoral Space, hrsg. zus. m. V. Richter, 2015. Habilitation 2017 zu: Fictions of Fluctuation: Water in the Victorian Age.

**Jeanette Kördel,** M. A., promovierte über ökofeministische Perspektiven im Werk der argentinischen Autorin Angélica Gorodischer am Lateinamerika-Institut der FU Berlin. Forschungsschwerpunkte: (Öko-)Feminismus und Gender Studies, Science Fiction, (Stadt-)Raumtheorien und Erinnerungskulturen. Publikationen (Auswahl): Negociaciones de cuerpos en la ciencia ficción de Angélica Gorodischer, in: T. Hiergeist/L. Linzmeier/E. Gillhuber/S. Zubarik (Hrsg.): *Corpus. Beiträge zum 29. Forum Junge Romanistik* 2014, 219–231; Lecturas ecofeministas de literaturas latinoamericanas. De angustias, aguas y agroquímicos: La novela *Distancia de rescate* de Samanta Schweblin, in: E. Schmidt/M. Wehrheim (Hrsg.): *Umweltdiskurse in Lateinamerika/Discursos ambientales en América Latina* (im Druck).

**Prof. Dr. Sylvia Mayer** hat einen Lehrstuhl für Amerikastudien/Anglophone Literaturen und Kulturen an der Universität Bayreuth. Forschungsschwerpunkte: American Studies, Ecocriticism, Environmental Risk Criticism. Publikationen (Auswahl): The Anticipation of Catastrophe. Environmental Risk in North American Literature and Culture, hrsg. zus. m. A. Weik von Mossner, 2014; American Environments. Culture – Climate – Catastrophe, hrsg. zus. m. C. Mauch, 2012; Science in the World Risk Society: Risk, the Novel, and Global Climate Change, in: Zeitschrift für Anglistik und Amerikanistik 64.2, 2016, 207–221; World Risk Society and Ecoglobalism: Risk, Literature, and the Anthropocene, in: H. Zapf (Hrsg.): Handbook of Ecocriticism and Cultural Ecology, 2016, 494–509.

**Anna Rauscher** ist Doktorandin an der Albert-Ludwigs-Universität Freiburg. Forschungsschwerpunkte: deutsch- und englischsprachige Literatur, bes. 19. Jh., Moderne und Gegenwart, Literatur und Ökologie. Publikationen (Auswahl): Esther Kinsky, in: Munzinger Online/Kritisches Lexikon zur deutschsprachigen Gegenwartsliteratur, hrsg. v. L. Arnold, 2016; »leiblich offenbarst,/ die schwärzungen.« Transgression, Polysemie und hybrides Denken in Franz Josef Czernins *zungenenglisch. visionen, varianten* (2014), in: Thomas Eder (Hrsg.): Franz Josef Czernin (edition text + kritik), 81–97 (im Druck).

**Dr. Elmar Schmidt** lehrt spanische und lateinamerikanische Literatur- und Kulturwissenschaft in der Abteilung für Romanistik der Rheinischen Friedrich-Wilhelms-Universität Bonn. Forschungsschwerpunkte: Umweltdiskurse in der lateinamerikanischen Literatur, Kriegsdarstellungen und postkoloniale Literaturtheorie. Publikationen (Auswahl): Inszenierungen des Rifkriegs in der spanischen, hispano-marokkanischen und frankophonen marokkanischen Gegenwartsliteratur. Traumatische Erinnerung, transnationale Geschichtsrekonstruktion, postkoloniales Heldenepos, 2015; *Umweltdiskurse in Lateinamerika. Historische und gegenwärtige Perspektiven zwischen Lokalität und Globalität/*

*Discursos ambientales en América Latina. Perspectivas históricas y contemporáneas entre localidad y globalidad,* hrsg. zus. m. M. Wehrheim (im Druck).

**Dr. Claudia Schmitt** unterrichtet am Lehrstuhl für Allgemeine und Vergleichende Literaturwissenschaft der Universität des Saarlandes, Saarbrücken. Promotion zum Thema *Der Held als Filmsehender. Filmerleben in der Gegenwartsliteratur,* 2007. Forschungsschwerpunkte: zeitgenössische Literatur, Literatur und Ökologie, Literatur und Film, Literatur- und Erzähltheorie. Publikationen (Auswahl): Literatur und Ökologie. Neue literatur- und kulturwissenschaftliche Perspektiven, hrsg. zus. m. C. Solte-Gresser; Wasser Schreiben – Wasser Lesen. Versuch einer transmedial ökologischen Perspektive, in: Komparatistik. Jahrbuch der Deutschen Gesellschaft für Allgemeine und Vergleichende Literaturwissenschaft 2013/14, 79–90; Aus der Vogelperspektive oder: Wie denken Braunelle und Brachvogel? Erzähltexte auf den Spuren eines Innenlebens der Vögel, in: Philologie im Netz, Beiheft 10, 2016.

**Dr. Katrin Schneider-Özbek** ist wissenschaftliche Angestellte am Institut für Germanistik am Karlsruher Institut für Technologie. Promotion 2009 zur Intertextualität von Philosophie und Literatur in Elias Canettis Roman *Die Blendung.* Aktuelle Forschungsprojekte: Kriegserinnerung in der Nachkriegsliteratur der dritten Generation; Geschlechtlich codierte Ordnungen in der Figuration von Natur-, Technik- und Umweltkatastrophen. Publikationen (Auswahl): Technik und Gender. Technikzukünfte als geschlechtlich codierte symbolische Ordnungen, hrsg. zus. m. M.-H. Adam, 2016; Gewissheit und Zweifel. Interkulturelle Studien zum kriminalliterarischen Erzählen, hrsg. zus. m. S. Beck, 2015.

**Dr. Simone Schröder,** promovierte 2017 an der University of Bath (UK) über Naturessayistik. Forschungsschwerpunkte: Nature Writing, Ecocriticism, Essayistik. Publikationen (Auswahl): Die neuen Ufer der Themse: J. G. Ballards *The Drowned World* als Climate Fiction, in: U. Büttner/I. Theilen (Hrsg.): Phänomene der Atmosphäre. Ein Kompendium (im Druck); Transient Dwelling in German-language Nature Essay Writing: W. G. Sebald's *Die Alpen im Meer* and Peter Handke's *Die Lehre der Sainte-Victoire.* in: Ecozon@: European Journal of Literature, Culture and Environment 6.1, 2015, 25–42; Die vergangene Zeit bleibt die erlittene Zeit. Untersuchungen zum Werk von Hans Keilson, hrsg. zus. m. U. Weymann u. A. Widmann, 2013.

**Anna Stemmann,** M. A./M.Edu., ist wissenschaftliche Mitarbeiterin am Institut für Jugendbuchforschung an der Goethe-Universität Frankfurt. In ihrem Promotionsprojekt beschäftigt sie sich mit jugendliterarischen Topographien der Adoleszenz. Weitere Forschungsschwerpunkte: Kinder- und Jugendliteratur, Comics und Formen des intermedialen Erzählens. Publikationen (Auswahl):

Narrative Delikatessen. Kulturelle Dimensionen von Ernährung, hrsg. zus. m. Elisabeth Hollerweger, 2015; (zus. m. Berbeli Wanning) Ökologie in der Kinder- und Jugendliteratur, in: G. Dürbeck/U. Stobbe (Hrsg.): Ecocriticism. Eine Einführung, 2015, 258–270.

PD Dr. **Urte Stobbe**, Studium der Deutschen Philologie, Mittleren und Neueren Geschichte und Politikwissenschaft in Göttingen, Udine und Berkeley; Habilitandin im Bereich Neuere deutsche Literaturwissenschaft an der Universität Vechta; Mitglied im DFG-Netzwerk *Ethik und Ästhetik in literarischen Repräsentationen ökologischer Transformationen* und in der *Kulturwissenschaftlichen Gesellschaft* (KWG) u. a.; Forschungssschwerpunkte: Ecocriticism, Adligkeitskonzepte in der deutschsprachigen Literatur, (Kunst-)Märchen der Romantik, schriftstellerische Inszenierungspraktiken. Publikationen (Auswahl): Ecocriticism. Eine Einführung, hrsg. zus. m. G. Dürbeck, 2015; Pückler als Schriftsteller. Mediale Inszenierungspraktiken eines schreibenden Adligen, 2015; Nach der Natur. Biologismen in Figurengestaltung und Erzählverfahren bei Jenny Erpenbeck und Judith Schalansky, in: KulturPoetik 16.1, 2016, 89–108.

**Nadja Türke**, M. A., ist Mitglied der Forschungsstelle Kulturökologie und Literaturdidaktik an der Universität Siegen. Forschungsschwerpunkte: Exilliteratur, Literaturtheorie und Literaturvermittlung, u. a. Publikationen (Auswahl): Die Suche nach dem guten und gelungenen Leben: Nachhaltigkeit und Literaturunterricht am Beispiel von Birgit Vanderbekes Roman *Das lässt sich ändern*, in: S. Grimm/B. Wanning (Hrsg.): Kulturökologie und Literaturdidaktik, 2016, 71–82; Anständig schreiben über anständig essen – Erzählmuster der neueren Ratgeberliteratur, in: E. Hollerweger/A. Stemmann (Hrsg.): Narrative Delikatessen. Kulturelle Dimensionen von Ernährung, 2015, 31–44.

Prof. Dr. **Berbeli Wanning** hat einen Lehrstuhl für Literatur und Literaturdidaktik an der Universität Siegen und leitet die Forschungsstelle Kulturökologie und Literaturdidaktik. Weitere Forschungsschwerpunkte: Poetik und Ästhetik, Mediendidaktik, Theorie der Literatur und Literaturvermittlung, u. a. Publikationen (Auswahl): Die Fiktionalität der Natur. Studien zum Naturbegriff in Erzähltexten der Romantik und des Realismus, 2005; Kulturökologie und Literaturdidaktik, hrsg. zus. m. S. Grimm (2016); Cultural Ecology and the Teaching of Literature, in: H. Zapf (Hrsg.): Handbook of Ecocriticism and Cultural Ecology, 2016; Poet and Philosopher: Novalis and Schelling on Nature and Matter, in: G. Dürbeck/U. Stobbe/H. Zapf/E. Zemanek (Hrsg.): Ecological Thought in German Literature and Culture, 2017, 43–62.

# Dank

Idee und Konzept dieses Bandes entstanden im Rahmen des DFG-Netzwerks *Ethik und Ästhetik in literarischen Repräsentationen ökologischer Transformationen.* Die meisten Beiträge dieses Buches gehen auf Vorträge zurück, die auf den beiden Tagungen »Ökologische Utopien und Dystopien in kulturkomparatistischer Perspektive« (Siegen 2013, organisiert von Berbeli Wanning, Elmar Schmidt und Evi Zemanek) und »Ökologische Genres« (Bayreuth 2014, organisiert von Sylvia Mayer und Evi Zemanek) von Mitgliedern und Assoziierten des Netzwerks gehalten wurden. Ihnen allen sei sehr herzlich gedankt für die fruchtbare Zusammenarbeit. Aber auch diejenigen Mitglieder und Assoziierten, die hier keinen Text beigesteuert haben, trugen zum Gelingen des Bandes mit wertvollen Anregungen in Diskussionen bei diversen Netzwerktagungen bei. Gedankt sei den vielen Freunden des Netzwerks sowie besonders Hannes Bergthaller, Georg Braungart, Catrin Gersdorf, Axel Goodbody, Serenella Iovino, Michael Kempe, Christian Klein, Anke Kramer, Peter Utz, Alexa Weik von Mossner, Sabine Wilke – und nicht zuletzt Hubert Zapf, dessen wegweisende Arbeiten zur Literaturökologie viele der vorliegenden Beiträge inspiriert haben. Ihm sei dieser Band gewidmet.

Dank gebührt außerdem der DFG für die Unterstützung jener Tagungen und dieser Buchpublikation, sowie Christof Mauch und Helmuth Trischler, den Direktoren des *Rachel Carson Center for Environment and Society* (LMU München), für die Aufnahme des Bandes in ihre Buchreihe »Umwelt und Gesellschaft«, dem Freiburger FRIAS für beste Rahmenbedingungen bei der Redaktionsarbeit und den Freiburger Absolventinnen Anna Rauscher, Carina Engel, Sophia Burgenmeister und Carolin Gluchowski für ihre Hilfe im Redaktionsprozess.

Evi Zemanek, Freiburg 2017

# Register

## Namensregister

# Sachregister